中国国家标准汇编

2006年修订-25

中国标准出版社 编

中国标准出版社
北京

图书在版编目（CIP）数据

中国国家标准汇编：2006 年修订. 25/中国标准出版社编．—北京：中国标准出版社，2007

ISBN 978-7-5066-4614-7

Ⅰ．中…　Ⅱ．中…　Ⅲ．国家标准-汇编-中国-2006　Ⅳ．T-652.1

中国版本图书馆 CIP 数据核字（2007）第 106929 号

中国标准出版社出版发行
北京复兴门外三里河北街 16 号
邮政编码：100045
网址 www.spc.net.cn
电话：68523946　68517548
中国标准出版社秦皇岛印刷厂印刷
各地新华书店经销

*

开本 880×1230　1/16　印张 37.75　字数 1 146 千字
2007 年 8 月第一版　2007 年 8 月第一次印刷

*

定价 180.00 元

ISBN 978-7-5066-4614-7

9 787506 646147 >

出 版 说 明

1.《中国国家标准汇编》是一部大型综合性国家标准全集，自1983年起，按国家标准顺序号以精装本、平装本两种装帧形式陆续分册汇编出版。《汇编》在一定程度上反映了我国建国以来标准化事业发展的基本情况和主要成就，是各级标准化管理机构，工矿企事业单位，农林牧副渔系统，科研、设计、教学等部门必不可少的工具书。

2. 由于标准的动态性，每年有相当数量的国家标准被修订，这些国家标准的修订信息无法在已出版的《汇编》中得到反映。为此，自1995年起，新增出版在上一年度被修订的国家标准的汇编本。

3. 修订的国家标准汇编本的正书名、版本形式、装帧形式与《中国国家标准汇编》相同，视篇幅分设若干册，但不占总的分册号，仅在封面和书脊上注明"2006年修订-1，-2，-3，……"等字样，作为对《中国国家标准汇编》的补充。读者配套购买则可收齐前一年新制定和修订的全部国家标准。

4. 修订的国家标准汇编本的各分册中的标准，仍按顺序号由小到大排列(不连续)；如有遗漏的，均在当年最后一分册中补齐。

5. 2006年度发布的修订国家标准分27册出版。本分册为"2006年修订-25"，收入新修订的国家标准10项。

中国标准出版社

2007年6月

目　　录

ICS 35.240
L 67

中华人民共和国国家标准

GB/T 19256.4—2006

基于XML的电子商务
第4部分:注册系统信息模型规范

Electronic business eXtensible Markup Language(ebXML)—
Part 4: Registry Information Model specification(ebRIM)

(ISO/TS 15000-3:2004,MOD)

2006-09-18 发布　　2007-03-01 实施

中华人民共和国国家质量监督检验检疫总局
中国国家标准化管理委员会　发布

前言

GB/T 19256《基于 XML 的电子商务》目前分为下列 9 个部分：

—— 第 1 部分：技术体系结构；

—— 第 2 部分：协同规程轮廓与协议规范；

—— 第 3 部分：消息服务规范；

—— 第 4 部分：注册系统信息模型规范；

—— 第 5 部分：注册服务规范；

—— 第 6 部分：业务过程规范模式；

—— 第 7 部分：业务过程构件设计规则；

—— 第 8 部分：报文设计规则；

—— 第 9 部分：核心构件与业务信息实体规范。

将来还可能增加新的部分。

本部分为 GB/T 19256 的第 4 部分。

本部分修改采用 ISO 15000-3:2004《基于 XML 的电子商务　第 3 部分：注册系统信息模型规范(ebRIM)》。

本部分与 ISO 15000-3:2004 的差别主要体现在以下几个方面：

—— 按照国家标准的编写格式要求对原文的一些章节做了适当的调整，删除了原文中的第 1 章、第 2 章，以及第 3 章中的部分常识性内容；

—— 原文第 3 章"Introduction"和第 4 章"Design Objectives"中的内容调整到了引言中；

—— 增加了第 2 章"规范性引用文件"和第 3 章"术语、定义和缩略语"，其中的术语主要引用自 GB/T 18811—2002《电子商务基本术语》以及 UN/CEFACT 和 OASIS 于 2001 年出版的《ebXML Glossary》(0.99 版草案)；

—— 本部分中第 4 章对应原文的第 5 章；本部分中第 5 章对应原文的第 6 章；本部分中第 6 章对应原文的第 7 章；本部分中第 7 章对应原文的第 8 章；本部分中第 8 章对应原文的第 9 章；本部分中第 9 章对应原文的第 10 章；本部分中第 10 章对应原文的第 11 章；

—— 将原文中举例时使用的国外环境更改为了中国的环境；

—— 对原文中一些错误地方进行了修正。

本部分由中国标准化研究院提出。

本部分由全国电子业务标准化技术委员会归口。

本部分起草单位：中国标准化研究院、交通部水运所、中国国际电子商务中心、中科院软件所。

本部分主要起草人：陈煌、刘碧松、魏宏、任冠华、胡涵景、孙文峰、章建方、刘颖。

ISO 前言

国际标准化组织(ISO)是一个世界性的各国标准机构(ISO成员团体)的联盟。国际标准的制定工作一般通过ISO技术委员会完成。每个成员团体如果对某个技术委员会建立的某个项目感兴趣,则有权向该技术委员会表述意见。任何与ISO有联络关系的官方和非官方国际组织都可以直接参与该项工作。ISO与IEC(国际电工委员会)在电工技术标准的所有领域密切合作。

国际标准是根据ISO/IEC标准化工作导则第3部分规定的规则进行起草的。

技术委员会的主要任务是起草国际标准。由技术委员会正式通过的国际标准草案须经各成员团体投票表决。一项标准至少需要75%的成员团体投票赞成,才能作为正式的国际标准发布。

在某些情况下,尤其是当市场有迫切需求时,技术委员会也可以决定发布其他类型的国际标准:

—— ISO公共适用规范(ISO/PAS):它代表ISO标准工作组中的技术专家间达成的协议,且该工作组的上一级委员会中有50%以上的成员投票赞成对其进行发布。

—— ISO技术规范(ISO/TS):它代表技术委员会成员间达成的协议,且该委员会成员中有2/3以上的成员投票赞成对其进行发布。

ISO/PAS或ISO/TS发布3年之后要进行复审,以确定其是否在下一个3年内继续有效,或通过修订将其转化成国际标准,或将其废止。如果被确认为继续有效,那末在随后的另一个3年之后,仍需对其再进行一次复审,但这时的复审结论只能在将其转化成国际标准或者废止两者中做出选择。

需要注意的是,本部分的某些内容可能会涉及一系列专利权。ISO不负责标出这些专利权。

ISO/TS 15000-3由OASIS下设的ebXML注册技术委员会起草(原文件名为《OASIS/ebXML注册系统信息模型规范(2.0版)》),由ISO/TC 154(行政、商业和工业中的过程、数据元和文档格式)采纳。ISO/TS 15000-3与OASIS/ebXML注册系统信息模型规范2.0版在内容上完全相同。

ISO/TS 15000系列标准在《基于XML的电子商务》的总标题下由下列部分组成:

—— 第1部分:协同规程轮廓与协议规范(ebCPP);

—— 第2部分:消息服务规范(ebMS);

—— 第3部分:注册系统信息模型规范(ebRIM);

—— 第4部分:注册服务规范(ebRS)。

引　言

本部分规定了用于 ebXML 注册系统的信息模型，定义了存储在注册系统中的对象的类型以及如何组织这些对象，为 ebXML 注册系统的建设提供了一个总体框架。注册系统信息模型主要供 ebXML 注册系统的实施者使用，它为注册系统的实施者提供了元数据类型以及元数据类之间的关系信息，其中元数据存储于注册系统之中。

本部分的目标在于：

a) 表达注册系统中有什么样的信息以及这些信息如何组织；

b) 尽可能支持在 OASIS[OAS]和 GB/T 18391 注册模型中已有的成果；

c) 与其他 ebXML 工作组的相关工作保持一致；

d) 能支持未来的 ebXML 注册系统的需要；

e) 与其他的 ebXML 规范兼容。

本部分包含下列约定：

a) 文中使用 UML 图作为简明地描述概念的一种方法，而不是用于表达具体实施或方法需求。

b) 术语"存储库项"指一个在存储库中安全存储的对象(例如，XML 文档或 DTD)。在注册系统中使用 RegistryObject(注册对象)实例来描述每个存储库项。

c) 术语"Registry Entry(注册条目)"指提供存储库项元数据的对象。

d) 本信息模型不涉及注册库的实际内容。它的所有元素表示有关内容的元数据，而不是内容本身。

e) 软件开发者在创建符合 ebXML 的软件时可以把本文件与其他 ebXML 规范文件结合起来使用。

基于 XML 的电子商务
第 4 部分:注册系统信息模型规范

1 范围

本部分规定了用于电子商务领域的 ebXML 注册系统信息模型,主要内容是涉及到注册对象、注册系统审计跟踪、注册对象的关联以及注册系统安全等方面的类、类之间的关系以及类的属性和方法。

本部分适用于 ebXML 注册服务的实施人员和 ebXML 注册系统客户端的实施人员。

2 规范性引用文件

下列文件中的条款通过 GB/T 19256 的本部分的引用而成为本部分的条款。凡是注日期的引用文件,其随后所有的修改单(不包括勘误的内容)或修订版均不适用于本部分,然而,鼓励根据本部分达成协议的各方研究是否可使用这些文件的最新版本。凡是不注日期的引用文件,其最新版本适用于本部分。

GB/T 18811—2002 电子商务基本术语

GB/T 19256.2—2006 基于 XML 的电子商务 第 2 部分:协同规程轮廓与协议规范(ISO/TS 15000-1:2004,MOD)

GB/T 19256.5—2006 基于 XML 的电子商务 第 5 部分:注册服务规范(ISO/TS 15000-4:2004,MOD)

GB/T 19256.6—2006 基于 XML 的电子商务 第 6 部分:业务过程规范模式(UN/CEFACT:ebXML business process specification schema V1.1,MOD)

GB/T 19256.9—2006 基于 XML 的电子商务 第 9 部分:核心构件与业务信息实体规范(ISO/TS 15000-5:2004,MOD)

3 术语、定义和缩略语

本标准其他部分确立的术语和定义,以及下列术语和定义都适用于本部分。

3.1

注册系统 registry

能够对相关的存储库中的项及其有关的元数据进行登记,以检索这些项的位置及其所有元数据的指针的一种机制。

3.2

注册机构 registry authority

对注册系统进行维护和管理的机构。

[GB/T 18811—2002,定义 3.52]

3.3

注册系统客户端 registry client

一种使用由注册系统通过消息传输服务所提供的服务的 ebxml 应用程序。

3.4

注册项 registry item

在存储库中注册的内容。

3.5

注册系统接口 registry interface

向注册系统客户端提供访问注册系统内容的一组注册服务。

3.6

注册条目 registry entry

对注册项进行编目的元数据。

3.7

注册服务 registry service; RS

向注册系统客户端提供访问注册系统内容的一种方法。

3.8

存储库 repository

由注册系统指向的位置或分配位置的集合。存储库项驻留在其中并能被注册系统检索。

3.9

实现 implementation

对一个规范的实现。它可能是软件产品、系统或程序。

3.10

参与方 party

生成、发送、接收，或转发文件的实体，如：公司、部门、组织或个人。

3.11

类 class

对具有相同的属性、操作、方法、关系和语义的一系列对象的统一描述。

3.12

一致性 conformance

产品、过程或服务在实现其所有特定需求时遵守一个或多个标准或技术规范的具体要求。

3.13

类图 class diagram

把概念、类型和类的静态结构显示出来的图形表示方式。

3.14

提交机构 submitting organization

任何把将存储库项提交上来以让其成为被注册的存储库项的机构。

3.15

继承 inheritance

把在行为上相关的多个一般元素的结构和特性，合并到多个特定元素的一种机制。

3.16

安全模型 security model

对一系列实体和关系进行的图解描述。通过这些实体和关系，系统或在系统中能提供特定的一套安全服务。

3.17

文档类型定义 document type definition; DTD

允许相同类型文档的不同实例能够以统一的方式被自动处理。

3.18

实例 instance

实例是一种实体，对于这种实体可以应用一系列操作，并且该实体具有的状态能记录这些操作的结果。

3.19

角色　role

在一个特定语境中的某一参与实体的指定的具体行为的表现。

[GB/T 18811—2002,定义 3.55]

注：一个角色可以是静态的(如:关联末端)或动态的(如:合作角色)。

3.20

可扩展置标语言 extensible markup language;XML

被优化在互联网上使用的一个标准通用置标语言(SGML)的子集,它为描述和交换结构化数据提供统一方法,且独立于应用程序和供应商。

[GB/T 18811—2002,定义 3.36]

3.21

协同规程轮廓　collaboration protocol profile;CPP

描述某一参与方所支持的一个或多个协同过程及相关的协同规程的信息。

[GB/T 18811—2002,定义 3.16]

4　系统概述

4.1　ebXML 注册系统的任务

注册系统的任务是将提交机构所提交的信息进行永久存储。所提交的信息可以是 XML 模式和文档、过程描述、ebXML 核心构件、语境描述、UML 模型、参与方信息,甚至是软件构件,它们有利于简化基于 ebXML 的 B2B 伙伴关系和业务交易。

4.2　注册服务

GB/T 19256.5 定义一系列注册服务,这些服务为注册系统客户端提供访问注册内容的途径。本部分没有给出这些服务的具体细节,但不时会引用它们。

4.3　注册系统信息模型如何工作

ebXML 注册系统的实施者可以使用信息模型来决定实施时应包括哪些类以及这些类可以有哪些属性和方法,还可以使用信息模型来决定实施他们的注册系统需要什么种类的数据库模式。

注:本信息模型是说明性的,而不规定任何特定的实施选项。

4.4　在何处可以实施注册系统信息模型

注册系统信息模型可以在 ebXML 注册系统中以关系数据库模式、对象数据库模式或某种其他物理模式的形式来实施,还可以在注册系统实施中作为接口和类来实施。

4.5　与 ebXML 注册系统的一致性

如果一项实施声明符合本部分,则它应支持所有必备型的信息模型类和接口,以及它们的属性和语义定义。ebXML 注册服务中具体规定了这些属性和语义定义。

5　注册系统信息模型:高层公用视图

本章给出了反映注册系统中最直观对象的高层公用视图。

图 1 以 UML 类图的形式给出了注册系统中各对象及其关系的高层公用视图。但它并没有给出继承、类属性和类方法,这些内容将在第 6 章中详细说明。

应注意,本信息模型并不对实际的存储库项进行建模。

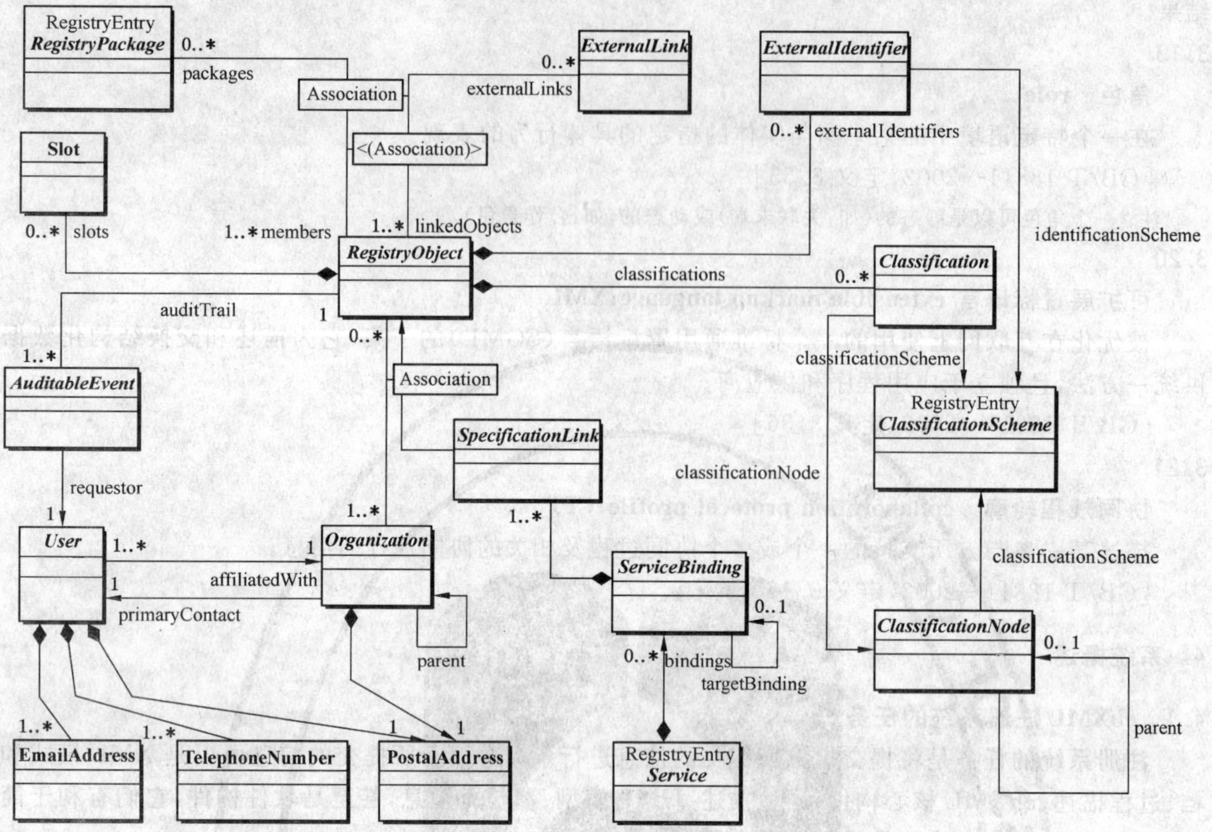

图 1　信息模型高层公用视图

5.1　RegistryObject 类

RegistryObject(注册对象)类是本模型中大多数类所使用的抽象基础类。它为注册对象提供了最小的元数据。它还为访问相关对象提供了方法，而这些相关对象为注册对象提供了其他的动态元数据。

5.2　Slot 类

Slot(插槽)实例给出了将任意属性添加到 RegistryObject 实例中的动态方法。这种动态添加属性到 RegistryObject 实例中的能力使注册系统信息模型内部具有了可扩展性。例如，如果一家公司想将“copyright(版权)”属性添加到它所提交的每一个 RegistryObject 实例中，则它可以通过添加一个名为“copyright(版权)”且其值包含版权说明的 Slot 来实现。

5.3　Association 类

Association(关联)实例是一种 RegistryObject 实例，这些实例定义了信息模型中对象间多对多的关联关系。在第 8 章中将详细描述这些 Association。

5.4　ExternalIdentifier 类

ExternalIdentifier(外部标识符)实例为 RegistryObject 实例提供了另外的标识符信息，例如：DUNS 码、社会保障号或组织机构的别名等。

5.5　ExternalLink 类

ExternalLink(外部链接)实例是一种 RegistryObject 实例，这些实例为不受注册系统管理的外部内容指定了一个 URI。与被管理的内容不同，这些外部内容可以随时发生改变或者被删除而无需让注册系统知道。一个 RegistryObject 实例可以与任意数量的 ExternalLink 相关联。

例如，提交机构提交了一个存储库项(例如，一个 DTD)，并准备把一些外部内容(例如，提交机构的网络主页)与该对象相关联。此时，ExternalLink 类就实现了这种能力。可以通过在 GUI 工具中显示与 RegistryObject 相关联的具体 ExternalLink 来使用这种能力。此时，用户可以点击这些链接并可以访问链接所指向的外部网页。

5.6 **ClassificationScheme 类**

ClassificationScheme（分类方案）实例是一种 RegistryEntry（注册条目）实例，它描述了对 RegistryObject 实例进行分级和分类的一种结构化方法。分类方案的结构可以在注册系统内部或外部进行定义，这导致了内部和外部分类方案间存在区别。科学领域中一个很普通的分类方案例子是生物分类，它以一种树状的结构对生物进行了分类。另一个例子是在图书馆中用来对书籍和其他出版物进行分类的杜威十进制系统。ClassificationScheme 的具体内容详见第 9 章。

5.7 **ClassificationNode 类**

ClassificationNode（分类节点）实例是一种 RegistryObject 实例，它定义了 ClassificationScheme（分类方案）下的树状结构。树状结构中的每个节点就是 ClassificationNode（分类节点），并且树的根就是 ClassificationScheme。由 ClassificationNode 构建的分类树用来定义分类方案的结构或本体。ClassificationNode 的具体内容详见第 9 章。

5.8 **Classification 类**

Classification（分类）实例是一种 RegistryObject 实例，它对其他的 RegistryObject 实例进行了分类。Classification 实例标识了 ClassificationScheme（分类方案）实例和该实例中定义的分类值。分类是内部的还是外部的，取决于它所引用的分类方案是内部的还是外部的。

在第 9 章中对 Classification 进行了详细描述。

5.9 **RegistryPackage 类**

RegistryPackage（注册包）实例是一种 RegistryEntry（注册条目）实例，它将逻辑上相关的 RegistryObject 实例组合在一起。

5.10 **AuditableEvent 类**

AuditableEvent（可审计事件）实例是一种 RegistryObject 实例，它为 RegistryObject 实例提供审计跟踪。AuditableEvent 具体内容详见第 7 章。

5.11 **User 类**

User（用户）实例是一种 RegistryObject 实例，它给出了在注册系统中已注册的用户的信息。RegistryObject 实例的审计跟踪使用 User 对象。在第 7 章中对 User 进行了详细描述。

5.12 **PostalAddress 类**

PostalAddress（邮政地址）类是一种可重用的简单实体类，它定义了邮政地址的属性。

5.13 **EmailAddress 类**

EmailAddress（电子邮件地址）类是一种可重用的简单实体类，它定义了电子邮件地址的属性。

5.14 **Organization 类**

Organization（组织机构）实例是一种 RegistryObject 实例，它给出了组织机构（如提交机构）的有关信息。每个 Organization 实例可以引用父 Organization。

5.15 **Service 类**

Service（服务）实例是一种 RegistryEntry（注册条目）实例，它提供有关服务的信息（例如，web 服务）。

5.16 **ServiceBinding 类**

ServiceBinding（服务绑定）实例是一种 RegistryObject 实例，它包含了关于访问由 Service 实例所提供的特定接口的具体方法的技术信息。一个 Service 包括多个 ServiceBinding。

5.17 **SpecificationLink 类**

SpecificationLink（规范链接）给出了 ServiceBinding（服务绑定）与某一技术规范之间的链接，该技术规范描述了如何通过 ServiceBinding 来使用服务。例如，一个 ServiceBinding（服务绑定）实例可以有一个 SpecificationLink(规范链接)实例,该实例描述了如何使用 WSDL 规范或 CORBA IDL 规范来访问该服务。

6 注册系统信息模型:详细视图

本章描述了比公用视图更详细的信息模型类。该详细视图还介绍了在信息模型的公用视图中没有描述过的其他类。

图 2 给出了信息模型中各类之间的继承关系或者说"……是……"的关系。应注意,它并没有给出其他类型的关系,例如"……有……"的关系,因为这种关系在前面的公用视图中已经给出。类的属性和方法同样不在本图中给出。大多数接口和类的方法及其属性将在本模型中每个类的描述之后用表格的形式详细给出。

Association 类的描述详见第 8 章。ClassificationScheme 类、Classification 类和 ClassificationNode 类的描述详见第 9 章。

应注意,本信息模型不对实际的存储库项进行建模。

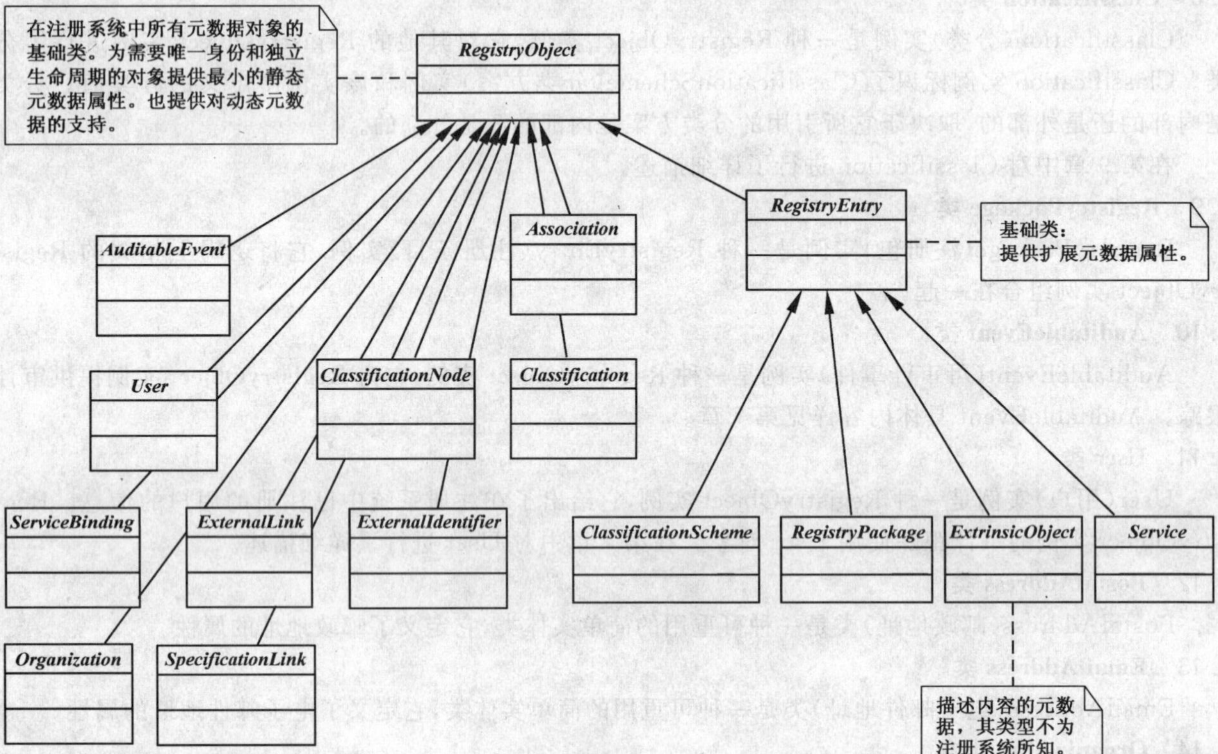

图 2 信息模型继承关系视图

6.1 信息模型类的属性和方法

信息模型类主要根据它们所具有的属性来定义。这些属性给出了这些类的实例的状态信息。实际的注册系统通常把类属性映射到 XML 存储库中的属性或映射到关系型存储库中的列。

在信息模型类中还定义了方法。这些方法给出了类的附加行为。目前,这些方法具有映射作用,用于实现 GB/T 19256.5 中的过滤查询和 SQL 查询功能。

因为本模型支持类之间的继承关系,所以通常某个类除了定义它自身的专有属性和方法外,还从它的基础类那里继承属性和方法。

6.2 数据类型

表 1 列出了信息模型类中各属性所使用的各种数据类型。

表 1 信息模型类中属性用到的数据类型

数据类型	XML Schema 数据类型	说明	长度
Boolean	boolean	值为"true"或"false"	
String4	string	4 字符的长字符串	4 个字符
String8	string	8 字符的长字符串	8 个字符
String16	string	16 字符的长字符串	16 个字符
String32	string	32 字符的长字符串	32 个字符
ShortName	string	短文本行	64 个字符
LongName	string	长文本行	128 个字符
FreeFormText	string	自由格式的长文本行	256 个字符
UUID	string	引用其他对象的 DCE128 位通用唯一标识符	64 个字符
URI	string	值为 URL 或 URN	256 个字符
Integer	integer	值为整数值	4 字节
DateTime	dateTime	值为诸如日期之类的时戳	

6.3 国际化支持

某些信息模型类的字符串属性具有国际化能力(即 I18N 能力),并且这些属性可以本地化为多种语言。例如,6.4 中 RegistryObject 类的 name(名称)属性和 description(说明)属性。

本信息模型定义了 InternationalString(国际字符串)和 LocalizedString(本地化字符串)接口以支持信息模型类中具有国际化能力的属性。下面对这些类进行定义。

6.3.1 InternationalString 类

当 String(字符串)属性需具有国际化能力时,用 InternationalString(国际字符串)类替代 String 类型。一个 InternationalString 类的实例是由多个 LocalizedString(本地化字符串)实例组成的 Collection(集合),其中每个 LocalizedString 都对应一个具体的地区。为了增加或得到 InternationalString 实例中对应具体地区的 String 值,InternationalString 类给出了设置/获取的方法。

6.3.2 LocalizedString 类

LocalizedString(本地化字符串)类用作一种简单封装类,将 String 与其对应的地区关联起来。该类在 InternationalString 类中是必需的。每个 LocalizedString 实例都有一个 charset(字符集)属性、lang(语言)属性以及为 String 类型的 value(值)属性。

6.4 RegistryObject 类

RegistryObject 类是信息模型中绝大部分对象的公共基础类。其实例拥有唯一身份的信息模型类属于 RegistryObject 类的子类。RegistryObject 类的子类包括 Association(关联),AuditableEvent(可核查事件),Classification(分类),ClassificationNode(分类节点),ExternalIdentifier(外部标识符),ExternalLink(外部链接),Organization(组织机构),RegistryEntry(注册条目),User(用户),Service(服务),ServiceBinding(服务绑定),SpecificationLink(规范链接)。

应注意,Slot、PostalAddress 和若干其他类不是 RegistryObject 类的子类,因为它们的实例不能独立存在,也不具有唯一的身份。它们通常是其他类实例的一部分(例如 Organization 拥有一个 PostalAddress)。

6.4.1 属性

表 2 中列出了 RegistryObject 类的各种属性。表 3 对包括表 2 在内的属性列表的标题栏进行了说明。

表 2 RegistryObject 类的属性

属性	数据类型	必备性	缺省值	由……规定	可变性
accessControlPolicy（访问控制策略）	UUID	否		注册系统	否
description（说明）	International-String	否		客户端	是
id（标识符）	UUID	是		客户端或注册系统	否
name（名称）	International-String	否		客户端	是
objectType（对象类型）	LongName	是		注册系统	否

表 3 属性表标题栏的相关说明

标题栏	说　　明
属性（Attribute）	属性的名称
数据类型（Data Type）	属性的数据类型
必备型（Required）	规定是否有必要规定该属性
缺省（Default）	当属性省略时，规定其缺省值
由……规定（Specified By）	指明该属性是由客户端还是由注册系统来规定。在某些情况下，还可以由两者共同规定
可变性（Mutable）	规定了当设置了该属性的具体值时，该属性是否可以改变

6.4.2 accessControlPolicy 属性

每个 RegistryObject 实例都可以有一个与之相关联的 accessControlPolicy（访问控制策略）实例。针对 RegistryObject“允许谁”用其“做什么”，accessControlPolicy 实例定义了与该 RegistryObject 相关联的安全模型。

6.4.3 description 属性

每个 RegistryObject 实例可以有人工可读的、用户界面友好的文本说明，即 description（说明）属性。这项属性具有 I18N 的能力，因此也是 InternationalString 类型。

6.4.4 id 属性

每个 RegistryObject 实例必须有一个通用唯一的 ID，即 id（标识符）属性。可以使用 RegistryObject 实例的 id 来引用这些对象。这样一个注册对象可以引用其他的注册对象。

应注意，本信息模型中某些类并不需要唯一的 id。这些类并不继承 RegistryObject 类。例如，TelephoneNumber、PostalAddress、EmailAddress 和 PersonName（个人姓名）等 Entity（实体）类。

所有从 RegistryObject 得出的类都有一个 id，该 id 是按照[UUID]定义的通用唯一标识符。该 id 属性可以由客户端指定。当一个新的 RegistryObject 实例首次提交给注册系统时，如果客户端没有指定该 id 属性，则它必须由注册系统生成。

6.4.5 name 属性

每个 RegistryObject 实例可以有人工可读的 name（名称）属性。相对其他 RegistryObject 实例来说，name 属性不必是唯一的。此项属性具有 I18N 能力，因此也属于 InternationalString 类型。

6.4.6 objectType 属性

每个 RegistryObject 实例都有一个 objectType（对象类型）属性。信息模型中绝大多数对象的 objectType是它们的类的名称。例如，一个 Classification（分类）的 objectType（对象类型）是“Classification（分类）”。此规则的唯一例外是：ExtrinsicObject（外部对象）实例的 objectType 是由用户定义的，并且指出了与该 ExtrinsicObject 相关联的存储库项的类型。

表 4 列出了预定义的对象类型。应注意,ExtrinsicObject 具有多种对象类型,这些对象类型基于存储库项的类型。另外,表 4 还列出了为 RegistryObject 所有叶子类定义的对象类型。

这些预定义的对象类型整体就是一种 ClassificationScheme(分类方案)。该方案可以很容易被扩展,但注册系统必须支持表 4 所列的对象类型。

表 4 预定义的对象类型

名 称	说 明
Unknown(未知)	ExtrinsicObject 的内容类型未规定或未知
CPA(协同规程协议)	ExtrinsicObject 的对象类型为 CPA XML 文档。CPA 是两个参与方就如何使用特定规程进行沟通所达成的协议
CPP(协同规程轮廓)	ExtrinsicObject 的对象类型为 CPP 文档。CPP 给出了参与方参与业务交易的信息。详见 GB/T 19256.5
Process(过程)	ExtrinsicObject 的对象类型为过程说明文档
SoftwareComponent(软件构件)	ExtrinsicObject 的对象类型为软件构件(如,EJB 或 Class 库)
UMLModel(UML 模型)	ExtrinsicObject 的对象类型为 UML 模型
XMLSchema(XML 模式)	ExtrinsicObject 的对象类型为 XML 模式(DTD, XML Schema, RELAX 语法,等)
RegistryPackage	RegistryPackage(注册包)对象
ExternalLink	ExternalLink(外部链接)对象
ExternalIdentifier	ExternalIdentifier(外部标识符)对象
Association	Association(关联)对象
ClassificationScheme	ClassificationScheme(分类方案)对象
Classification	Classification(分类)对象
ClassificationNode	ClassificationNode(分类节点)对象
AuditableEvent	AuditableEvent(可审计事件)对象
User	User(用户)对象
Organization	Organization(组织机构)对象
Service	Service(服务)对象
ServiceBinding	ServiceBinding(服务绑定)对象
SpecificationLink	SpecificationLink(规范链接)对象

6.4.7 方法

RegistryObject 类除了定义其属性外,还定义了表 5 所示的方法。这些方法用于实现从 RegistryObject 实例到其他对象之间关系的链接。

表 5 RegistryObject 类的方法

Return Type (结果类型)	Method(方法及其说明)
Collection(集合)	**getAssociations( )** 获取该对象作为其源的所有 Association(关联)
Collection	**getAuditTrail( )** 获取所有请求的全部审计跟踪(由 AuditableEvent 对象有序集组成),这些请求引起了该对象的状态改变

表 5（续）

Return Type（结果类型）	Method（方法及其说明）
Collection	**getClassifications( )** 获取对此对象进行分类的 Classification
Collection	**getExternalIdentifiers( )** 获取与此对象关联的 ExternalIdentifier 集合
Collection	**getExternalLinks( )** 获取与此对象关联的多个 ExternalLink
Collection	**getOrganizations(String 类型)** 获取与此对象关联的多个 Organization。如果指定了一个非空(nonnull)的类型，它将用作一个过滤器以匹配给定的组织机构类型，这与将该对象链接到 Organization 上的 Association（关联）实例中 associationType（关联类型）属性所指出的一样
Collection	**getRegistryPackages( )** 获取此对象作为其成员之一的多个 RegistryPackage
Collection	**getSlots( )** 获取与此对象相关联的多个 Slot

6.5 RegistryEntry 类

除了 RegistryObject 类所提供的几个元数据外，信息模型中还存在需要额外元数据的类，RegistryEntry（注册条目）是这些类的一个公共基础类。RegistryEntry 类被用作注册系统中高层宏观对象的一种基础类。通常，它们的生命周期需要更多的管理（例如，可能需要批准或反对）。虽然它们的实例相对较少，但它们往往被用作由众多对象组成的层级结构的根。其中，这些对象是 RegistryObject 类的子类，而不是 RegistryEntry 类的子类。RegistryEntry 类超类为 RegistryObject 类，其已知的直接子类有 ClassificationScheme（分类方案），ExtrinsicObject（外部对象），RegistryPackage（注册包）。

其他元数据由表 6 所示的下列 RegistryEntry 类的属性来描述。

6.5.1 属性

表 6 中列出了 RegistryEntry 类的属性，该表不包括继承属性，即 RegistryEntry 类从 RegistryObject 类继承来的属性不在表 6 中给出。

表 6 RegistryEntry 类的属性

属性	数据类型	必备性	缺省值	由……规定	可变性
expiration（有效期截止时间）	DateTime	否		客户端	是
majorVersion（主版本）	Integer	是	1	注册系统	是
minorVersion（次版本）	Integer	是	0	注册系统	是
stability（稳定性）	LongName	否		客户端	是
status（状态）	LongName	是		注册系统	是
userVersion（用户版本）	ShortName	否		客户端	是

6.5.2 **expiration 属性**

每个 RegistryEntry 实例可以有一个 expirationDate(有效期截止日期),即 expiration(有效期截止时间)属性。该属性定义了 stability(稳定性)属性提供的保持稳定性的时间限制。一旦达到 expirationDate,stability 属性值就为 STABILITY_DYNAMIC(动态稳定性),这意味着该存储库项可以在任何时候以任何方式发生改变。expiration 值为空则表明没有关于 stability 属性的截止日期。

6.5.3 **majorVersion 属性**

每个 RegistryEntry 实例必须有一个其当前版本的主版本号,即 majorVersion(主版本)属性。主版本号是在生成对象时由注册系统分配的。当对象更新时,可以由注册系统更新其主版本号。

6.5.4 **minorVersion 属性**

每个 RegistryEntry 实例必须有一个其当前版本的次版本号,即 minorVersion(次版本)属性。次版本号是在生成对象时由注册系统分配的。当对象更新时,可以由注册系统更新其次版本号。

6.5.5 **stability 属性**

每个 RegistryEntry 实例可以有一个 stability(稳定性)指示符,即 stability(稳定性)属性。stability 指示符由提交方给出,用来指明所提交的存储库项的稳定性级别。

表 7 列出了预定义的 RegistryEntry 稳定性属性选项。这些预定义的稳定性类型整体为一种 ClassificationScheme(分类方案)。该方案可以很容易被扩展,但注册系统可以支持表 7 所示的稳定性类型。

表 7 预定义的 RegistryEntry stability 属性类型

名　　称	说　　明
Dynamic(动态)	表明内容是动态的并随时可被提交方任意修改
DynamicCompatible(动态兼容)	表明内容是动态的并随时可被提交方以向下兼容的方式进行修改
Static(静态)	表明内容是静态的且不可被提交方修改

6.5.6 **status 属性**

每个 RegistryEntry 实例必须有一个生命周期状态指示符,即 status(状态)属性。该 status(状态)由注册系统指定。

表 8 列出了 RegistryObject 的 status 属性的预定义选项。这些预定义的状态类型整体为一种 ClassificationScheme(分类方案)。

表 8 预定义的 RegistryObject status 属性类型

名　　称	说　　明
Submitted(已提交)	RegistryObject 所编目的内容被提交给注册系统
Approved(已批准)	RegistryObject 所编目的内容被提交给注册系统并且随之被批准
Deprecated(被反对)	RegistryObject 所编目的内容被提交给注册系统并且随之被反对
Withdrawn(被撤销)	RegistryObject 所编目的内容从注册系统中被撤销

6.5.7 **userVersion 属性**

每个 RegistryEntry 实例可以有一个 userVersion(用户版本)属性。userVersion 类似于 majorVersion-minorVersion 元组。它们都给出对象的版本说明。majorVersion-minorVersion 元组由注册系统给出,而 userVersion(用户版本)是用户为该对象规定的版本。

6.5.8 **方法**

RegistryEntry 类除定义了它的属性外,还定义了表 9 所示的方法。

表 9 RegistryEntry 类的方法

Return Type (结果类型)	Method(方法及其说明)
Organization (组织机构)	**getSubmittingOrganization ( )** 获取提交 RegistryEntry 实例的组织机构的 Organization 实例。本方法对于每个 RegistryEntry 都返回一个非空的结果。对于所有权的分配,本方法所返回的组织机构被认为是该 RegistryEntry 实例的所有者
Organization	**getResponsibleOrganization ( )** 获取负责对给定 RegistryEntry 实例所引用的存储库项进行定义、批准和/或维护的组织机构的 Organization 实例。如果该 RegistryEntry 的提交机构没有标识一个负责的机构,或者如果注册权威机构未指派一个负责机构,则本方法可以返回一个"空"结果

6.6 Slot 类

Slot(插槽)实例给出了将任意属性添加到 RegistryObject 实例中的动态方法。这种动态添加属性到 RegistryObject 实例中的能力使注册系统信息模型内部具有了可扩展性。

一个 RegistryObject 实例可以有零个或多个 Slot 实例。一个 Slot 实例由 name(名称)、slotType(插槽类型)以及一系列 values(值)组成。

6.6.1 属性

表 10 中列出了 slot 类的属性。

表 10 slot 类的属性

属性	数据类型	必备性	缺省值	由……规定	可变性
name(名称)	LongName	是		客户端	否
slotType(插槽类型)	LongName	否		客户端	否
values(值)	Collection of ShortName	是		客户端	否

6.6.2 name 属性

每个 Slot 实例必须有一个 name(名称)属性。该 name 是用于标识注册对象中 Slot 实例的主要方法。因此,Slot 实例的名称在该 RegistryObject 实例中必须是唯一的。

6.6.3 slotType 属性

每个 Slot 实例可以有一个 slotType(插槽类型)属性,该属性允许不同的插槽组合在一起。

6.6.4 values 属性

每个 Slot 实例必须有一个由多个值组成的集合,即 values(值)属性。这个值集合可以为空。由于 Slot 具有可扩展的属性,因此允许 Slot 有一系列的值组成的集合,而不仅只有一个单一值。

6.7 ExtrinsicObject 类

ExtrinsicObject(外部对象)类给出了具有特定类型的提交内容的元数据,这里特定类型是指该内容的类型不是注册系统本身所规定的,也因此必须依靠其他属性来对其进行说明(例如,mime 类型)。

ExtrinsicObject 类的超类为 RegistryEntry 类,RegistryObject 类。

因为注册系统能包含任意内容而不必明确该内容的实质性信息,所以 ExtrinsicObject 需要专门的元数据属性来对该对象进行说明(例如,mime 类型)。

ExtrinsicObject(外部对象)所描述的具体内容包括协同规程轮廓(GB/T 19256.2)、业务过程描述以及模式等。

6.7.1 属性

表 11 中列出了 ExtrinsicObject 类的属性,该表不包括继承属性,即 ExtrinsicObject 从 RegistryEntry 和 RegistryObject 继承来的属性不在表 11 中给出。

表 11 ExtrinsicObject 类的属性

属性	数据类型	必备性	缺省值	由……规定	可变性
isOpaque(是否不透明)	Boolean	否		客户端	否
mimeType(mime 类型)	LongName	否		客户端	否

6.7.2 isOpaque 属性

每个 ExtrinsicObject 实例可以有一个 isOpaque(是否不透明)属性。该属性决定了由该 ExtrinsicObjects 所分类的内容对于注册系统来说是否不透明(不可读)。在某些情况下,一个提交机构可以提交加密的并且注册系统不可读的内容。

6.7.3 mimeType 属性

每个 ExtrinsicObject 实例可以有一个 mimeType(mime 类型)属性。该属性给出了 ExtrinsicObject 实例所编目的存储库项的类型信息。

6.8 RegistryPackage 类

RegistryPackage(注册包)实例允许把逻辑上相关的 RegistryObject 实例组合在一起,即使每个成员对象属于不同的提交机构。

RegistryPackage 类的超类为 RegistryEntry 类和 RegistryObject 类。

6.8.1 属性

RegistryPackage 类没有定义新的属性,而它已定义的属性都从 RegistryEntry 和 RegistryObject 基础类继承而来。所继承的属性在此处不再重复给出。

6.8.2 方法

RegistryPackage 类除了定义其属性外,还定义了表 12 所示的方法。

表 12 RegistryPackage 类的方法

Return Type (结果类型)	Method(方法及其说明)
Collection	**getMemberObjects( )** 获取多个 RegistryObject 实例(属于 RegistryPackage 的成员)的集合

6.9 ExternalIdentifier 类

ExternalIdentifier(外部标识符)实例为 RegistryObject(注册对象)提供了另外的标识符信息,例如:DUNS 码、社会保障号或组织机构的别名等。identificationScheme(标识方案)属性引用了标识的方案(如:“DUNS 码”,“社会保障号”等),而 value(值)属性包含了标识方案的实际信息(例如:DUNS 码的值、社会保障号码值等)。

ExternalIdentifier 类的超类为 RegistryObject 类。每个 RegistryObject 可以包含零个或多个 ExternalIdentifier 实例。

6.9.1 属性

表 13 中列出了 ExternalIdentifier 类的属性,该表不包括继承属性,即 ExternalIdentifier 从其基础类继承来的属性不在表 13 中给出。

表 13 ExternalIdentifier 类的属性

属性	数据类型	必备性	缺省值	由……规定	可变性
identificationScheme (标识方案)	UUID	是		客户端	是
registryObject (注册对象)	UUID	是		客户端	否
value(值)	ShortName	是		客户端	是

6.9.2 **identificationScheme 属性**

每个 ExternalIdentifier 实例必须有一个引用了 ClassificationScheme(分类方案)的 identificationScheme(标识方案)属性。其中,这个 ClassificationScheme 定义了命名空间,并且在此命名空间中用 value 属性为 RegistryObject(registryObject 属性所引用的 RegistryObject)定义了一个标识符。

6.9.3 **registryObject 属性**

每个 ExternalIdentifier 实例必须有一个 registryObject(注册对象)属性,该属性引用了 ExternalIdentifier 所属的父 RegistryObject。

6.9.4 **value 属性**

每个 ExternalIdentifier 实例必须要有一个 value(值)属性,该属性给出了这个 ExternalIdentifier 的标识符值(如:实际的社会保障号)。

6.10 **ExternalLink 类**

ExternalLink(外部链接)类使用 URI 将注册系统中的内容与注册系统外部的内容关联起来。例如,提交 DTD 的机构可以使用 ExternalLink 把 DTD 与该机构的主页关联起来。

ExternalLink 类的超类为 RegistryObject 类。

6.10.1 **属性**

表 14 中列出了 ExternalLink 类的属性。

表 14 ExternalLink 类的属性

属性	数据类型	必备性	缺省值	由……规定	可变性
externalURI (外部 URI)	URI	是		客户端	是

6.10.2 **externalURI 属性**

每个 ExternalLink 实例必须有一个 externalURI(外部 URI)属性。externalURI 属性给出了 ExternalLink 实例所指向的外部资源的 URI。如果该 URI 是一个 URL,则在该 ExternalLink 被提交时,注册系统必须验证其 URL 为可解析的,才能接受 ExternalLink 的提交。

6.10.3 **方法**

ExternalLink 类除了定义其属性外,还定义了表 15 所示的方法。

表 15 ExternalLink 类的方法

Return Type (结果类型)	Method(方法及其说明)
Collection	**getlinkedObjects ( )** 获取通过该 ExternalLink 链接到注册系统外部内容的 RegistryObject 集合

7 注册系统审计跟踪

本章描述了支持注册系统审计跟踪能力的信息模型元素。本章中的某些类属于实体类,实体类用作封装以对一系列相关的属性进行建模。它们类似于 C 程序语言中的"struct"结构。

RegistryObject 的 getAuditTrail()方法返回了一个有序的 AuditableEvent(可审计事件)集合。这些 AuditableEvent 构成了对该 RegistryObject 的审计跟踪。AuditableEvent 包含了该事件的时戳。每个 AuditableEvent 都引用一个 User(用户类),该 User 标识了已执行某一动作并由此产生 AuditableEvent 的具体用户。每个 User 隶属于某一个 Organization,该 Organization 通常是提交机构。

7.1 **AuditableEvent 类**

AuditableEvent(可审计事件)实例为可在 RegistryObject(注册对象)中引起变化的事件提供了一个长期记录。RegistryObject 与一套有序的 AuditableEvent 实例集相关联,这些实例为该 RegistryObject 提供了一个完整的审计跟踪。

AuditableEvent 的超类为 RegistryObject 类。

AuditableEvent 实例的产生通常是由发起于客户端的请求引起的。AuditableEvent 实例由注册服务生成并将这些事件记入到日志中。

通常，这些事件会引起 RegistryObject 在其生命周期中的变化。例如：一个客户端请求可以生成、更新、反对或者删除一个 RegistryObject。当且仅当请求生成一个 RegistryObject 或改变 RegistryObject 的内容或所有权时，才导致 AuditableEvent 的产生。只读性请求不产生 AuditableEvent。当 RegistryObject被分类时，或被分配给一个 RegistryPackage 时，或者关联到其他的 RegistryObject 上时，也不产生 AuditableEvent。

7.1.1 属性

表 16 中列出了 AuditableEvent 类的属性。

表 16 AuditableEvent 类的属性

属性	数据类型	必备性	缺省值	由……规定	可变性
eventType（事件类型）	LongName	是		注册系统	否
registryObject（注册对象）	UUID	是		注册系统	否
timestamp（时戳）	DateTime	是		注册系统	否
user（用户）	UUID	是		注册系统	否

7.1.2 **eventType 属性**

每个 AuditableEvent（可审计事件）实例必须有一个 eventType（事件类型）属性，该属性标识了 AuditableEvent 所记录的事件的类型。

表 17 列出了预定义的可审计事件类型。这些事件类型整体是一个名为“EventType”的 ClassificationScheme（分类方案）。注册系统必须支持表 17 列出的事件类型。

表 17 预定义的可审计事件类型

名　称	说　明
Created（生成）	生成 RegistryObject 的事件
Deleted（删除）	删除 RegistryObject 的事件
Deprecated（反对）	反对 RegistryObject 的事件
Updated（更新）	更新 RegistryObject 状态的事件
Versioned（版本操作）	对 RegistryObject 版本进行过操作的事件

7.1.3 **registryObject 属性**

每个 AuditableEvent 实例必须有一个 registryObject（注册对象）属性，以标识受该事件影响的 RegistryObject 实例。

7.1.4 **timestamp 属性**

每个 AuditableEvent 实例必须有一个 timestamp（时戳）属性，以记录该事件发生日期和时间。

7.1.5 **user 属性**

每个 AuditableEvent 实例必须有一个 user（用户）属性，以标识发送请求的用户。该请求引起了影响 RegistryObject 实例的事件。

7.2 **User 类**

User（用户）实例用在 AuditableEvent 类中，以便跟踪请求者的身份。该请求者发送了引起产生

AuditableEvent 的请求。

User 类的超类为 RegistryObject 类。

7.2.1 属性

表 18 中列出了 User 类的属性。

表 18 User 类的属性

属性	数据类型	必备性	缺省值	由……规定	可变性
address(地址)	PostalAddress	是		客户端	是
emailAddresses (email 地址)	Collection of EmailAddress	是		客户端	是
organization (组织机构)	UUID	是		客户端	否
personName (个人名称)	PersonName	是		客户端	否
telephoneNumbers (电话号码)	Collection of TelephoneNumber	是		客户端	是
url	URI	否		客户端	是

7.2.2 **address 属性**

每个 User 实例必须有一个 address(地址)属性,以给出用户的邮政地址。

7.2.3 **emailAddresses 属性**

每个 User 实例必须有一个 emailAddresses(Email 地址)属性,该属性是多个 EmailAddress 实例组成的集合。每个 EmailAddress 为该用户提供了一个 email 地址。一个 User 必须至少有一个 email 地址。

7.2.4 **organization 属性**

每个 User 实例必须有一个 organization(组织机构)属性,该属性引用该用户所属的 Organization (组织机构)实例。

7.2.5 **personName 属性**

每个 User 实例必须有 personName(个人名称)属性,以给出用户的个人名称。

7.2.6 **telephoneNumbers 属性**

每个 User 实例必须有一个 telephoneNumbers(电话号码)属性,该属性包含了多个 TelephoneNumber实例组成的集合,每个实例为该用户定义了的一个具体电话号码。一个 User 必须至少有一个电话号码。

7.2.7 **url 属性**

每个 User 实例必须有一个 url 属性,以给出用户相关网页的 URL 地址。

7.3 **Organization 类**

Organization(组织机构)实例给出了诸如“提交机构”的机构信息。每个 Organization 实例可以引用一个父 Organization。

Organization 类的超类为 RegistryObject 类。

7.3.1 属性

表 19 中列出了 Organization 类的属性。

表 19 Organization 类的属性

属性	数据类型	必备性	缺省值	由……规定	可变性
address(地址)	PostalAddress	是		客户端	是
parent(父)	UUID	否		客户端	是
primaryContact(主要联系人)	UUID	是		客户端	否
telephoneNumbers(电话号码)	Collection of TelephoneNumber	是		客户端	是

7.3.2 address 属性

每个 Organization 实例必须有一个 address(地址)属性,以给出该组织机构的邮政地址。

7.3.3 parent 属性

每个 Organization 实例可以有一个 parent(父)属性,以引用其父 Organization 实例(如果有的话)。

7.3.4 primaryContact 属性

每个 Organization 实例必须有一个 primaryContact(主要联系人)属性,以引用作为该机构的主要联系人 User 实例。

7.3.5 telephoneNumbers 属性

每个 Organization 实例必须有一个 telephoneNumbers(电话号码)属性,该属性包含了多个 Organization 实例组成的集合,每个实例为该用户定义了的一个具体电话号码。一个 Organization 必须至少有一个电话号码。

7.4 PostalAddress 类

PostalAddress(邮政地址)是一个简单可重用的实体类,它定义了有关邮政地址属性。

7.4.1 属性

表 20 中列出了 PostalAddress 类的属性。

表 20 PostalAddress 类的属性

属性	数据类型	必备性	缺省值	由……规定	可变性
City(城市)	ShortName	否		客户端	是
Country(国家)	ShortName	否		客户端	是
postalCode(邮编)	ShortName	否		客户端	是
State(省)	ShortName	否		客户端	是
Street(街道)	ShortName	否		客户端	是
streetNumber(门牌号)	String32	否		客户端	是

7.4.2 city 属性

每个 PostalAddress 可以有一个 city(城市)属性,以标识该地址中的城市名。

7.4.3 country 属性

每个 PostalAddress 可以有一个 country(国家)属性,以标识该地址中的国家名。

7.4.4 postalCode 属性

每个 PostalAddress 可以有一个 postalCode(邮政编码)属性,以标识该地址中的邮政编码。

7.4.5 state 属性

每个 PostalAddress 可以有一个 state(省)属性,以标识该地址中的省、自治区、直辖市名称。

7.4.6 street 属性

每个 PostalAddress 可以有一个 street(街道)属性,以标识该地址中的街道名称。

7.4.7 streetNumber 属性

每个 PostalAddress 可以有一个 streetNumber(门牌号)属性,以标识该地址中的街道门牌号码(例如,65)。

7.4.8 方法

PostalAddress 类除了定义其属性外,还定义了表 21 所示的方法。

表 21 PostalAddress 类的方法

Return Type (结果类型)	Method(方法及其说明)
Collection	**getSlots ( )** 获取该对象的 Slot 集合。每个 PostalAddress 可以有多个 Slot 实例,这里每个 Slot 都是一个动态定义的属性。针对地点的特定需求,Slot 允许客户端通过定义其他的动态属性来扩展 PostalAddress 类

7.5 TelephoneNumber 类

TelephoneNumber(电话号码)类是简单可重用的实体类,它定义了关于电话号码的属性。

7.5.1 属性

表 22 中列出了 TelephoneNumber 类的属性。

表 22 TelephoneNumber 类的属性

属性	数据类型	必备性	缺省值	由……规定	可变性
areaCode(区域代码)	String4	否		客户端	是
countryCode(国家代码)	String4	否		客户端	是
extension(分机号)	String8	否		客户端	是
number(号码)	String16	否		客户端	是
phoneType(电话类型)	String32	否		客户端	是
url	URI	否		客户端	是

7.5.2 areaCode 属性

每个 TelephoneNumber 实例可以有一个 areaCode(区域代码)属性,以给出该电话号码的区号。

7.5.3 countryCode 属性

每个 TelephoneNumber 实例可以有一个 countryCode(国家代码)属性,以给出该电话号码的国家代码。

7.5.4 extension 属性

每个 TelephoneNumber 实例可以有一个 extension(分机号)属性,以给出该电话号码的分机号码(如果有的话)。

7.5.5 number 属性

每个 TelephoneNumber 实例可以有一个 number(电话号码)属性,以给出该电话号码的本地号码(除去区号、国家代码和扩展号码外的部分)。

7.5.6 phoneType 属性

每个 TelephoneNumber 实例可以有一个 phoneType(电话类型)属性,以给出该 TelephoneNumber 的类型。例如:家庭电话和办公室电话等。

7.6 EmailAddress 类

EmailAddress(电子邮件地址)类是一个简单的可重用的实体类,它定义了关于 email 地址的属性。

7.6.1 属性

表23中列出了EmailAddress类的属性。

表23 EmailAddress类的属性

属性	数据类型	必备性	缺省值	由……规定	可变性
address(地址)	ShortName	是		客户端	是
type(类型)	String32	否		客户端	是

7.6.2 address属性

每个EmailAddress实例必须有一个address(地址)属性,以给出实际的email地址。

7.6.3 type属性

每个EmailAddress实例可以有一个type(类型)属性,以提供email地址的类型。这是一个任意值。例如可以包括"家"和"工作"等等。

7.7 PersonName类

PersonName(个人名称)类是表示个人名称的简单实体类。

7.7.1 属性

表24中列出了PersonName类的属性。

表24 PersonName类的属性

属性	数据类型	必备性	缺省值	由……规定	可变性
firstName(名)	ShortName	否		客户端	是
lastName(姓)	ShortName	否		客户端	是
middleName(中间名)	ShortName	否		客户端	是

7.7.2 firstName(名)属性

每个PersonName可以有一个firstName(名)属性,它是该人的第一名字。

7.7.3 lastName(姓)属性

每个PersonName可以有一个lastName(姓)属性,它是该人的姓氏。

7.7.4 middleName(中间名)属性

每个PersonName可以有一个middleName(中间名)属性,它是该人的中间名。

7.8 Service类

Service(服务)实例给出了关于服务的信息,如web服务。Service类的超类为RegistryEntry类和RegistryObject类。

7.8.1 属性

Service类除了其继承的属性外,没有定义任何新的属性。

7.8.2 方法

Service类除了定义了其属性外,还定义了表25所示的方法。

表25 Service类的方法

Return Type (结果类型)	Method(方法及其说明)
Collection	**getServiceBindings( )** 获取该Service的ServiceBinding实例集

7.9 ServiceBinding类

ServiceBinding(服务绑定)实例是一种RegistryObject实例,它包含了关于访问由Service实例所提供的特定接口的具体方法的技术信息。一个Service包括多个ServiceBinding。

ServiceBinding 类的超类为 RegistryObject 类。

ServiceBinding 类的属性详细描述了组成 ServiceBinding 实例的几个 SpecificationLink(规范链接)实例之间的关系。这些属性用于人工理解，然后由人工适当地配置运行系统。这里有可能进一步结构化这些属性，以便使 ServiceBinding 能够被机器处理，但如何结构化不属于本部分的范围。

7.9.1 属性

表 26 中列出了 ServiceBinding 类的属性。

表 26 ServiceBinding 类的属性

属性	数据类型	必备性	缺省值	由……规定	可变性
accessURI (访问 URI)	URI	否		客户端	是
targetBinding (目标绑定)	UUID	否		客户端	是

7.9.2 **accessURI 属性**

ServiceBinding 可以有一个 accessURI(访问 URI)属性，该属性定义访问该 ServiceBinding 的 URI。如果为该 ServiceBinding 规定了一个 targetBinding(目标绑定)属性，则 accessURI 属性可以省略。如果该 URI 是一个 URL，则在该 ServiceBinding 被提交时，注册系统必须验证其 URL 为可解析的，才能接受 ServiceBinding 的提交。

7.9.3 **targetBinding 属性**

ServiceBinding 可以有引用另一个 ServiceBinding 的 targetBinding(目标绑定)属性。当一个服务转到另一个服务时，可以规定一个 targetBinding。这就允许由另一个服务提供方重新提供服务。

7.9.4 方法

ServiceBinding 类除了定义了其属性外，还定义了表 27 所示的方法。

表 27 ServiceBinding 类的方法

Return Type (结果类型)	Method(方法及其说明)
Collection	**getSpecificationLinks ( )** 获取该 ServiceBinding 的 SpecificationLink 实例集

7.10 **SpecificationLink 类**

SpecificationLink(规范链接)实例给出了 ServiceBinding(服务绑定)与某一技术规范之间的链接，该技术规范描述了如何通过 ServiceBinding 来使用服务。例如，一个 ServiceBinding 可以有一个 SpecificationLink 实例，该实例描述了如何使用 WSDL 规范或 CORBA IDL 规范来访问该服务。

SpecificationLink 类的超类为 RegistryObject 类。

7.10.1 属性

表 28 SpecificationLink 类的属性

属性	数据类型	必备性	缺省值	由……规定	可变性
specificationObject (规范对象)	UUID	是		客户端	是
usageDescription (用法描述)	InternationalString	否		客户端	是
usageParameters (使用参数)	Collection of FreeFormText	否		客户端	是

7.10.2 specificationObject 属性

SpecificationLink(规范链接)实例必须有一个 specificationObject(规范对象)属性,该属性引用了给出父 ServiceBinding 技术规范的 RegistryObject 实例。典型地,它是一个描述该技术规范的 ExtrinsicObject(外部对象)实例(如,WSDL 文档)。

7.10.3 usageDescription 属性

SpecificationLink 实例可以有一个 usageDescription(用法描述)属性,该属性给出了如何使用可选型属性 usageParameter(使用参数)的文本描述。usageParameter 属性见 7.10.4。usageDescription 是一种 InternationalString(国际字符串)类型,因此它允许用多种语言来进行描述。

7.10.4 usageParameters 属性

SpecificationLink 实例可以有一个 usageParameters(使用参数)属性,给出了一系列字符串。这些字符串表示了使用技术规范[由 SpecificationLink(规范链接)对象规定的]时所需的具体实例参数。

8 注册对象的关联

一个 RegistryObject 实例可以与零个或多个 RegistryObject 实例相关联。本部分定义了一个 Association(关联)类,其实例可将任何两个 RegistryObject 实例关联起来。

8.1 Association 的示例

图 3 是两个 ClassificationScheme(分类方案)实例之间关联的例子,其中一个 ClassificationScheme 取代另一个 ClassificationScheme。也可以看作是提交了一个 ClassificationScheme 的新版本。

图 3 给出了如何在 NAICS ClassificationSchem 的一个新版本与一个旧版本之间定义一个 Association。

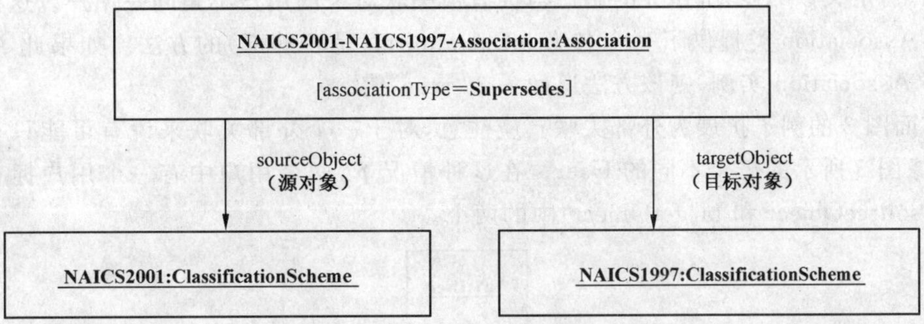

图 3 注册对象的关联示例

8.2 源对象和目标对象

Association 实例表示源 RegistryObject 实例和目标 RegistryObject 实例之间的关联。这些 RegistryObject 实例称为该 Association 实例的 sourceObject(源对象)和 targetObject(目标对象)。重要的是要确定哪个对象是 sourceObject,哪个对象是 targetObject,因为这决定了 Association 实例的关联方向。

在图 3 的例子中,重要的是要让 NAICS ClassificationScheme 的较新版本成为 sourceObject,NAICS 的较旧版本成为 targetObject,因为这种 associationType(关联类型)隐含说明 sourceObject 要替代 targetObject(而且没有其他的方式)。

8.3 Association 类型

每个 Association 实例必须有一个 associationType(关联类型)属性,以标识该关联的类型。

8.4 内部关联

这里给出 Association 类一个通常用法:User“u”在两个 RegistryObject“o1”和“o2”之间创建了一个 Association“a”,这里 Association“a”和 RegistryObject“o1”、“o2”都是由同一个 User“u”所创建的对

象。这是最简单的使用情况，此时关联是在属于同一 User 的两个对象之间进行，该 User 又同时定义此 Association。这样的关联被称为内部关联。

图 4 将前面图 3 的例子扩展为内部关联的情况。

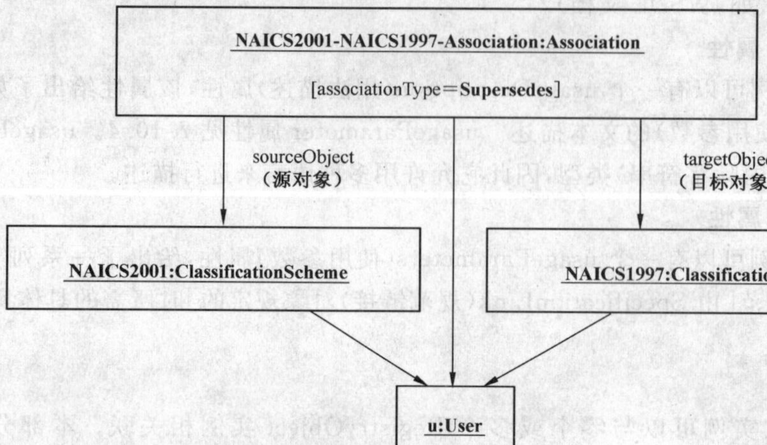

图 4　内部关联示例

8.5　外部关联

信息模型还允许更复杂的情况。例如：User"u1"在两个 RegistryObject 实例"o1"和"o2"之间创建了 Association 实例"a"，这里关联"a"被用户"u1"所拥有，但对象"o1"和"o2"分别被 User"u2"和 User"u3"所拥有。

在此情况中，定义该 Association 的用户与拥有被关联对象的用户不是同一用户。这样的关联被称为外部关联。Association 类提供了一个名为 isExtramural(是否外部)的方法。如果此 Association 实例是一个外部 Association 实例，则该方法返回一个"true"值。

图 5 将前面图 3 的例子扩展为外部关联。应注意，对于一个外部关联来说有可能只有两个不同的 User，而不是像图 5 所示的三个不同的 User。在这种情况下，两个用户中有一个用户拥有着三个对象(Association、sourceObject 和 targetObject)中的两个。

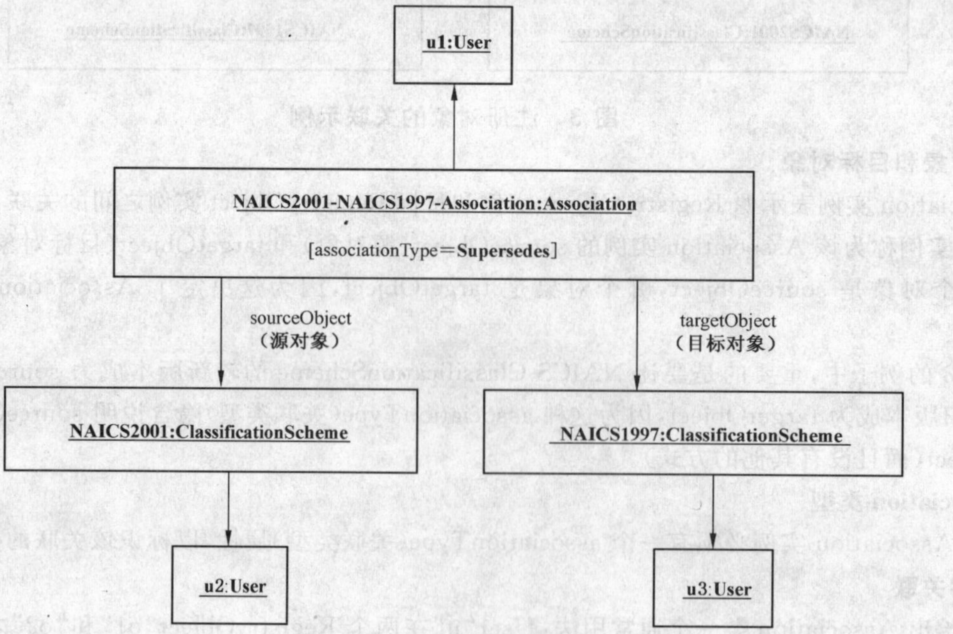

图 5　外部关联示例

8.6 Association 的确认

关联可以要求参与方进行确认，此时参与方的对象是该 Association 实例中的 sourceObject 或 targetObject。本节描述了参与方确认关联相关的语义。

8.6.1 内部关联的确认

内部关联可以看作对关联关系真实性的声明，而不需要任何具体的步骤来确认该 Association 实例的真实性。换句话说，内部关联被认为是已确认的。

8.6.2 外部关联的确认

外部关联可以看作一种单方面的声明，只有所涉及的其他(外部)参与方(例如，8.5 中用户"u2"和"u3")对其进行了确认之后，该声明才是真实的。

为了确认一个外部关联，每个外部参与方(拥有源或目标对象但不拥有该关联的参与方)必须通过使用 SubmitObjectsRequest(提交对象请求)来提交一个与他们想要确认的 Association 相同的 Association(克隆 Association)。该克隆 Association 必须有与原始 Association 相同的标识。

8.7 未经确认 Association 的可见性

外部关联需要每个外部参与方对其进行确认，所有确认完毕后，该 Associations 才能被无关的第三方看到。这就确保了未被确认的 Association 对于第三方注册客户端是不可见的。

8.8 可能的确认状态

设想一个最普通的情况，如图 5 所示一个外部关联有三个不同的 User 实例。该外部关联需要被其他的两个(外部)参与方(即 User"u2"和"u3")都确认，以便保证它被完全确认。在 Association 类中的 isConfirmedBySourceOwner 和 isConfirmedByTargetOwner 方法用于访问 sourceObject 和 targetObject 的确认状态。第三个方法是 isConfirmed，它决定了该 Association 是否被完全确认。因此，外部联接的确认状态存在下列 4 种可能性：

a) 该 Association 既没有被 sourceObject 的所有者确认，也没有被 targetObject 的所有者确认。
b) 该 Association 被 sourceObject 的所有者确认，但没有被 targetObject 的所有者确认。
c) 该 Association 没有被 sourceObject 的所有者确认，但被 targetObject 的所有者所确认。
d) 该 Association 既被 sourceObject 的所有者确认，也被 targetObject 的所有者所确认。只有这种状态才表明该 Association 是被完全确认的。

8.9 Association 类

在信息模型中 Association(关联)实例定义 RegistryObject 间多对多的关联。Association 类的一个实例表示了两个 RegistryObject 之间一个关联。

Association 的超类为 RegistryObject 类。

8.9.1 属性

表 29 中列出了 Association 类的属性。

表 29 Association 类的属性

属性	数据类型	必备性	缺省值	由……规定	可变性
associationType(关联类型)	LongName	是		客户端	是
sourceObject(源对象)	UUID	是		客户端	是
targetObject(目标对象)	UUID	是		客户端	是

8.9.2 associationType 属性

每个 Association 实例必须有一个 associationType(关联类型)属性，以标识该关联的类型。

表 30 列出了预定义的关联类型。这些预定义的关联类型整体是一种 ClassificationSheme。该 ClassificationSheme 可以很容易地被扩展，但注册系统必须支持表 30 列出的关联类型。

表 30 预定义的关联类型

名　　称	说　　明
RelatedTo	源 RegistryObject 关联到目标 RegistryObject 上
HasMember	源 RegistryPackage 对象具有目标 RegistryObject 对象作为其成员。用于 RegistryEntry 的打包操作
ExternallyLinks	源 ExternalLink 对象从外部链接了目标 RegistryObject 对象。用于将 ExternalLink 与 RegistryEntry 关联起来
Contains	源 RegistryObject 包含目标 RegistryObject。包含的详情与具体的使用情况有关。例如:在一个目录里,对象 Engine 与对象 Transmission 可以具有包含关系
EquivalentTo	源 RegistryObject 等同于目标 RegistryObject
Implements	源 RegistryObject 实现目标 RegistryObject 的功能
InstanceOf	源 RegistryObject 是目标 RegistryObject 的一个实例
Supersedes	源 RegistryObject 接替目标 RegistryObject
Uses	源 RegistryObject 以某种方式使用目标 RegistryObject
Replaces	源 RegistryObject 以某种方式代替目标 RegistryObject
SubmitterOf	源 RegistryObject 是目标 RegistryObject 的提交者
ResponsibleFor	源 RegistryObject 有责任维持当前的目标 RegistryObject

8.9.3 **sourceObject 属性**

每个 Association 必须有一个 sourceObject(源对象)属性,以引用特定的 RegistryObjects 实例作为该关联的源。

8.9.4 **targetObject 属性**

每个 Association 必须有一个 targetObject(目标对象)属性,以引用特定的 RegistryObjects 实例作为该关联的目标。

8.9.5 **方法**

Association 类除了定义了其属性外,还定义了表 31 所示的方法。

表 31 **Association 类的方法**

Return Type (结果类型)	Method(方法及其说明)
boolean(布尔型)	**isConfirmed( )** 如果 isConfirmedBySourceOwner 和 isConfirmedByTargetOwner 都返回“true”值,则返回“true”值。对于内部 Association 来说,总是返回“true”值。如果 isConfirmed 返回“true”值,则关联对于(不涉及该 Association 的)第三方应仅为可见的
boolean	**isConfirmedBySourceOwner( )** 如果关联已被 sourceObject 的所有者所确认,则返回“true”值。对于内部 Association 来说,总是返回“true”值
boolean	**isConfirmedByTargetOwner( )** 如果关联已被 targetObject 的所有者所确认,则返回“true”值。对于内部 Association 来说,总是返回“true”值
boolean	**isExtramural( )** 如果拥有 sourceObject 和/或 targetObject 的 User 不同于生成该 Association 的 User,则返回“true”值

9 RegistryObject 的分类

本节描述了本信息模型如何支持 RegistryObject 实例的分类。它是 OASIS 分类模型[OAS]的简化版本。

RegistryObject 实例可以以多种方式进行分类。例如,对于 CPP 这样的 RegistryObject 实例,可以按行业、按销售的产品或按地理位置等进行分类。

通常 ClassificationScheme(分类方案)可以被看作一个 Classification(分类)树。在图 6 的例子中,表示 CPP 的 RegistryObject 实例以填充阴影的方格示出。每个 CPP 代表一个汽车制造商。每个 CPP 被名为"Automotive"的 ClassificationNode(分类节点)所分类,而该 ClassificationNode 处在名为"Industry"的 ClassificationScheme 实例下。进一步说,美国汽车制造商(gasguzzler 和 yourdadscar)被名为"Geography"的 ClassificationScheme 实例下的名为"US"的 ClassificationNode 所分类。类似的,欧洲汽车制造商被处在名为"Geography"的 ClassificationScheme 实例下的名为"Europe"的 ClassificationNode 所分类。

这个例子显示了一个 RegistryObject 实例如何被多个 ClassificationScheme 实例(例如,行业、地理等)下的多个 ClassificationNode 实例所分类。

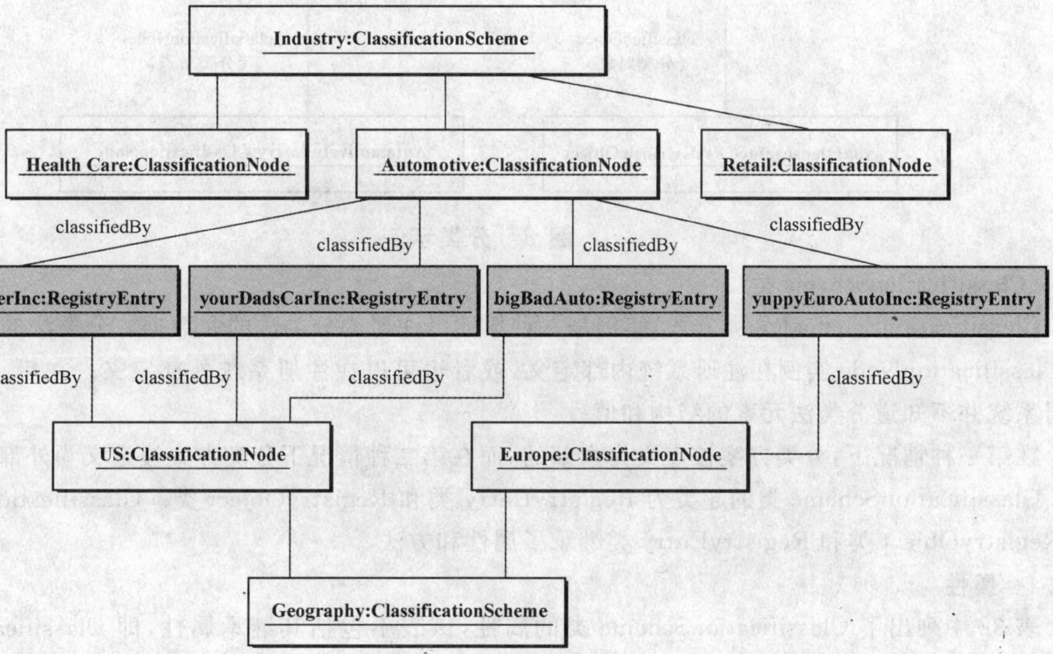

图 6 分类树示例

注:需着重指出的是,填充阴影的方框(gasGuzzlerInc, yourDadsCarInc 等)不是 Classification 树的一部分。该 Classification 树的叶节点是 Health Care, Automotive, Retail, US 和 Europe。灰色方框通过 Classification 实例与 Classification 树相关联,本图中没有以图的方式给出这些 Classification 实例。

为了使一般的分类方案既能支持单层 Classification(分类)也能支持多层 Classification(分类),本信息模型定义了如图 7 所示的类和它们之间的关系。

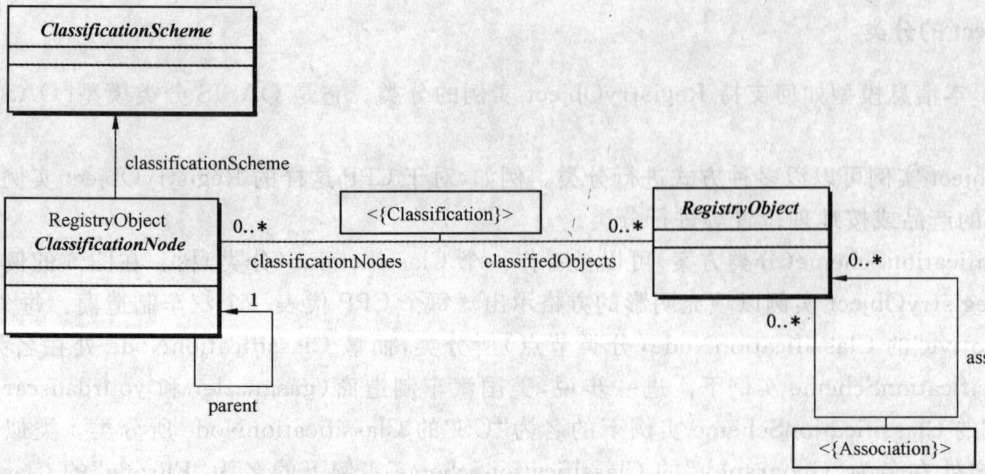

图 7 信息模型的 Classification 视图

Classification 类似于特定形式的 Association 类。图 8 给出了 CPP 对象作为一个 ExtrinsicObject 实例的例子。其中该 CPP 对象被代表其所属行业的 ClassificationNode 所分类。

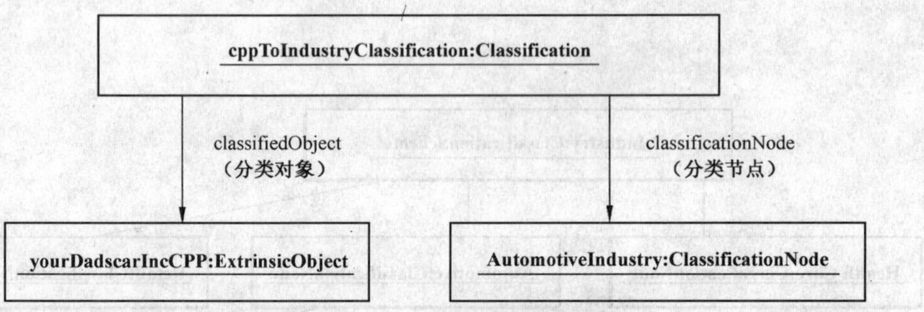

图 8 分类示例

9.1 ClassificationScheme 类

ClassificationScheme(分类方案)实例是一种描述已注册的分类法的元数据。分类法的层次可以通过 ClassificationNode 实例在注册系统内部定义,或者也可以在注册系统外部定义。在后一种情况下,注册系统并不知道分类法元素的结构和值。

在第一种情况下,分类方案被定义为内部的,而在第二种情况下分类方案被定义为外部的。

ClassificationScheme 类的超类为 RegistryEntry 类和 RegistryObject 类。ClassificationScheme 类从 RegistryObject 类和 RegistryEntry 类继承了属性和方法。

9.1.1 属性

表 32 中列出了 ClassificationScheme 类的属性,该表不包括其继承属性,即 ClassificationScheme 类从 RegistryEntry 类继承来的属性不在表 32 中列出。

表 32 ClassificationScheme 类的属性

属性	数据类型	必备性	缺省值	由……规定	可变性
isInternal(是否内部)	boolean	是		客户端	否
nodeType(节点类型)	String32	是		客户端	否

9.1.2 isInternal(是否内部)属性

当提交一个 ClassificationScheme 实例时,提交机构需要声明该 ClassificationScheme 实例是表示内部的分类法还是外部的分类法。本属性允许注册系统验证后续提交的 ClassificationNode 和 Classification 实例,以便保持 ClassificationScheme 类型在其整个生命周期中的一致性。

9.1.3 **nodeType(节点类型)属性**

当提交 ClassificationScheme 实例时,提交机构需要声明该 ClassificationScheme 实例表示的分类法节点的结构是什么。本属性具有下列枚举值:

a) UniqueCode(唯一代码)。该值说明该分类法的每个节点都有一个分配给它的唯一代码。

b) EmbeddedPath(内嵌路径)。该值说明了分配给分类法中的每个节点的唯一代码,同时也是每个节点路径的编码。NAICS(北美行业分类法)分类法就是这样的情况。

c) NonUniqueCode(非唯一代码)。在某些情况下,节点不是唯一的,并且有必要命名一个完整的路径以便标识该节点。例如,在地理分类法中,"Moscow"可以位于"Russia"和"USA"的下一级,这里在不同的州中有五个城市都叫 Moscow。

以上枚举值在将来可以扩展。例如,诸如"种/类"这样按名称分级的分类法可以考虑增加一个名为 NamedPathElements(命名路径元素)的枚举值。

9.2 **ClassificationNode 类**

ClassificationNode(分类节点)实例用于定义树状结构,在此树中的每个节点是一个 ClassificationNode(分类节点)。这个分类树由 ClassificationScheme 实例下的 ClassificationNode 实例构成,并定义了分类方案或本体。

ClassificationNode 类的超类为 RegistryObject 类。

9.2.1 **属性**

表 33 中列出了 ClassificationNode 类的属性。

表 33 ClassificationNode 类的属性

属性	数据类型	必备性	缺省值	由……规定	可变性
parent(父)	UUID	否		客户端	否
code(代码)	ShortName	否		客户端	否

9.2.2 **parent 属性**

每个 ClassificationNode 实例可以有一个 parent(父)属性。该属性引用父 ClassificationNode。当 ClassificationNode 为第一级节点时,该 ClassificationNode 的 parent 属性就引用其 ClassificationScheme 实例。

9.2.3 **code 属性**

每个 ClassificationNode 实例可以有一个 code(代码)属性。该代码属性包括一个标准编码方案中的代码。

9.2.4 **方法**

ClassificationNode 类除了其属性外,还定义了表 34 所示的方法。

表 34 ClassificationNode 类的方法

Return Type(结果类型)	Method(方法及其说明)
Classificationscheme(分类方案)	**getClassificationScheme( )** 获取该 ClassificationNode 所属的 ClassificationScheme
Collection	**getClassifiedObjects( )** 获取由该 ClassificationNode 所分类的 RegistryObject 的集合
String	**getPath( )** 获取来自该 ClassificationNode 的 Classificationscheme 的路径。该路径的语法在 9.2.5 中定义
Integer	**getLevelNumber( )** 获取在分类方案的层级关系中该 ClassificationNode 所处的层数。该方法返回一个正整数,并用于每个节点实例

在图 6 中，定义了 ClassificationNode 类的几个实例（在白色框中）。一个 ClassificationNode 实例有零个或一个父节点，以及零个或多个直接的子 ClassificationNode。ClassificationNode 的父节点可以是其他的 ClassificationNode，对于第一级 ClassificationNode 而言，其父节点就是 ClassificationScheme。

9.2.5 规范的路径语法

ClassificationNode 类的 getPath 方法返回一个以规范化表示法表示的绝对路径，它唯一地标识了从 ClassificationScheme 到这个 ClassificationNode 的路径。

路径的规范化表示法由下列 BNF 语法所定义：

```
canonicalPath::='/'schemeId nodePath
nodePath   ::=   '/'nodeCode
           |     '/'nodeCode(nodePath)?
```

在上面的语法中，schemeId 是 ClassificationScheme 实例的 id 属性。并且 nodeCode（节点代码）由 NCName 来定义。

注：可参考：http://www.w3.org/TR/REC-xml-names/#NT-NCName。

9.2.5.1 路径规范化表示法的示例

下面的规范化路径表示了在 9.2.5.2 Geography 方案中 getPath 方法所返回的代码为"United States"的 ClassificationNode 的路径。

/Geography-id/NorthAmerica/UnitedStates

9.2.5.2 Geography 方案示例

下面给出了 Geography 分类方案的示例。应注意，示例中的 ID 属性是为了提高易读性，它不是有效的 URN 或 UUID 值。

```
<ClassificationScheme id='Geography-id' name="Geography"/>
<ClassificationNode id="NorthAmerica-id" parent="Geography-id" code=NorthAmerica" />
<ClassificationNode id="UnitedStates-id" parent="NorthAmerica-id" code="UnitedStates" />
<ClassificationNode id="Asia-id" parent="Geography-id" code="Asia" />
<ClassificationNode id="Japan-id" parent="Asia-id" code="Japan" />
<ClassificationNode id="Tokyo-id" parent="Japan-id" code="Tokyo" />
```

9.3 Classification 类

Classification（分类）实例通过引用具体分类方案中定义的节点对 RegistryObject 实例进行分类。内部分类总是通过节点的 id 直接引用节点，而外部分类通过节点值的表示法来间接引用节点，该节点值在外部分类方案中是唯一的。

Classification 类的基础类为 RegistryObject 类。

Classification 类的属性和方法使其既能表达内部分类也能表达外部分类，以便尽量减少为了区分内部分类和外部分类而进行的提交或查询。

在图 6 中，Classification 实例虽然没有明确给出，但隐含在 RegistryObject 实例（填充阴影的方框）与相关 ClassificationNode 的关联中。

9.3.1 属性

表 35 中列出了 Classification 类的属性，该表不包括其继承属性，即从基础类继承来的属性不在表 35 中显示。

表 35 Classification 类的属性

属性	数据类型	必备性	缺省值	由……规定	可变性
classificationScheme（分类方案）	UUID	用于外部分类	null	客户端	否
classificationNode（分类节点）	UUID	用于内部分类	null	客户端	否
classifiedObject（分类对象）	UUID	是		客户端	否
nodeRepresentation（节点表示法）	LongName	用于外部分类	null	客户端	否

9.3.2 **classificationScheme 属性**

如果 Classification 实例表示外部分类，则需要有 classificationScheme（分类方案）属性。该属性的值必须引用 ClassificationScheme 实例。

9.3.3 **classificationNode 属性**

如果 Classification 实例表示内部分类，则需要有 classificationNode（分类节点）属性。该属性的值必须引用 ClassificationNode 实例。

9.3.4 **classifiedObject 属性**

内部和外部分类都需要有 classifiedObject（分类对象）属性，该属性引用由 Classification 所分类的 RegistryObject 实例。

9.3.5 **nodeRepresentation 属性**

如果 Classification 实例表示外部分类，则需要有 nodeRepresentation（节点表示法）属性。它是分类方案中分类元素的表示法。注册系统有责任区分不同类型的 nodeRepresentation，如分类方案节点代码与分类方案的节点规范化路径。这就允许客户端可以透明地使用不同语法的 nodeRepresentation。

9.3.6 **语境敏感的 Classification**

在图 9 描述的情况中，ACME 公司的 Collaboration Protocol Profile 被 Geography Classification scheme 下的 China ClassificationNode 所分类。在缺乏上下文语境的情况下，该 Classification 的意思是不明确的。它表示 ACME 的地址在中国，还是表示 ACME 把产品船运到中国，或者其他什么意思？要澄清这种模糊的含义，Classification 可选择与另一个 ClassificationNode（在例子中名为 isLocatedIn）关联起来，它给出了该 Classification 所缺失的语境。MyParcelService 的另一个 CPP 可以被 China ClassificationNode 所分类，这里这个 Classification 和一个与 ACME 公司所用的不同的 ClassificationNode（比如名为 shipTo）关联起来，这样也显示了不同的语境。

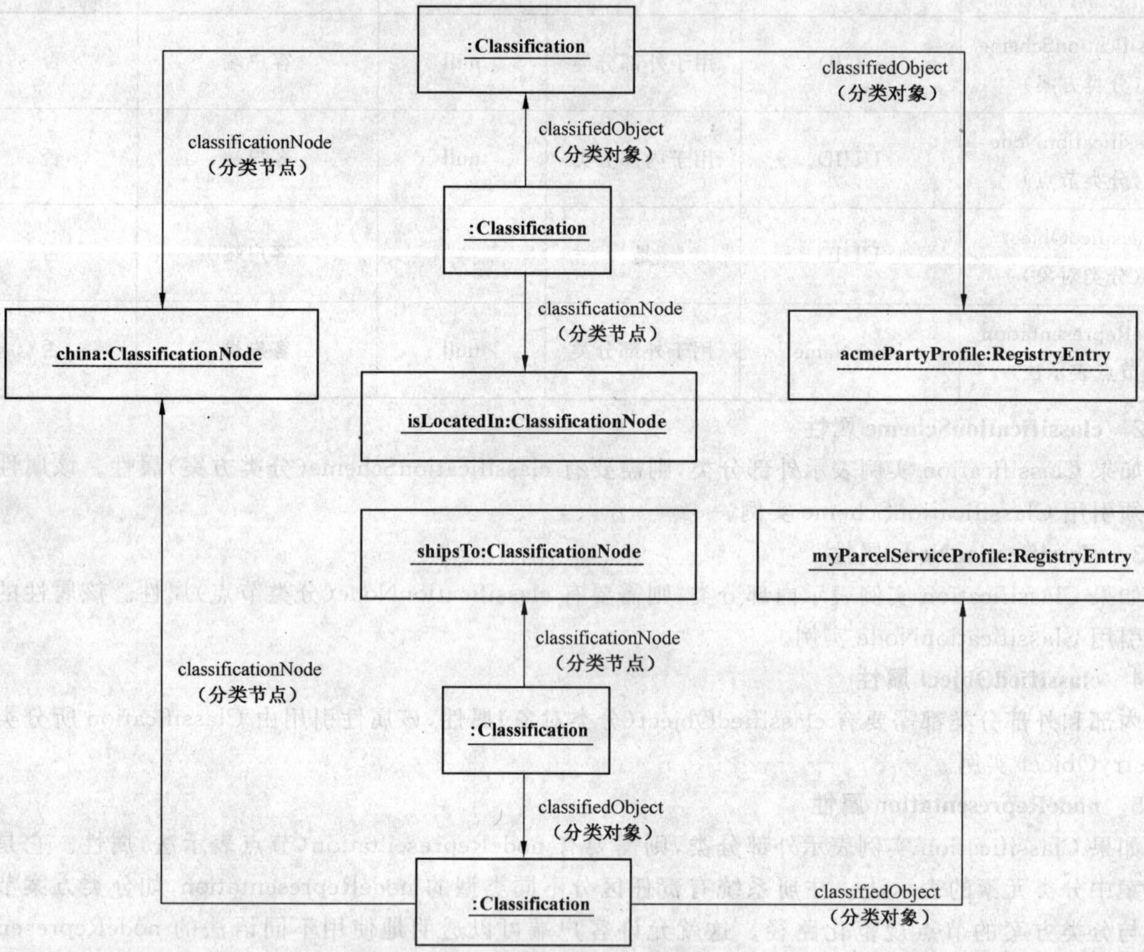

图 9　语境敏感的 Classification 示例

这样，为了支持在多重语境中这种 Classification 的可行性，任意数量的其他 Classification 可通过把其中的第一个 Classification 绑定到能提供所缺失语境的 ClassificationNode 上来对该 Classification 进行分类。

概括起来，在本信息模型中对于分类方案的一般支持允许：

a) 通过定义一个内部 Classification 对一个 RegistryObject 进行分类，该内部 Classification 能在一定的 ClassificationScheme 中用一个 ClassificationNode 与此 RegistryObject 关联起来。

b) 通过定义一个外部 Classification 对一个 RegistryObject 进行分类，该外部 Classification 能在一定的外部 ClassificationScheme 中用一个值与此 RegistryObject 关联起来。

c) 通过拥有多重 Classification 来从多个方面对一个 RegistryObject 进行分类，这些 Classification 能在一定的 ClassificationScheme 中用多重 ClassificationNode 或值与此 RegistryObject 关联起来。

d) 在某一 RegistryObject 被分类的具体语境中，该语境对定义给该 RegistryObject 的 Classification 进行具体约束。

9.3.7　方法

Classification 类除了定义了其属性外，还定义了表 36 所示的方法。

表 36 Classification 类的方法

Return Type (结果类型)	Method(方法及其说明)
UUID	**getClassificationScheme( )** 对于外部分类,返回由 classificationScheme(分类方案)属性返回的方案。对于内部分类,返回由应用于 ClassificationNode 实例的相同方法所标识的方案
String	**getPath( )** 对于外部分类,返回一个 string 类型值,其结构与 ClassificationNode 的 getPath()方法所返回值的 string 结构一致。对于内部分类,返回的值与其 classificationNode 属性所标识的 ClassificationNode 实例的 getPath()方法所返回的值相同
ShortName	**getCode( )** 对于外部分类,返回表示分类元素值的一个字符串,而不必唯一的标识该节点。对于内部分类,返回其 classificationNode 属性所标识的 ClassificationNode 实例的 code 属性的值
Orgnization	**getSubmittingOrganization( )** 获取提交了给定 RegistryEntry 实例的组织机构的 Organization 实例。本方法对每个 RegistryEntry 都返回非空结果。对于权限分配,本方法所返回的组织机构被看作该 Classification 实例的所有者

9.4 分类方案示例

表 37 列举了一些在本模型中有效的分类方案的例子。这些方案是基于 GB/T 19256.6 和 GB/T 19256.9 所定义的相关语境概念的子集上。表 37 主要是资料性的而不是说明性的。

表 37 分类方案示例

分类方案	用法示例	标准分类方案
行业	查找在汽车行业中的所有部分	NAICS
进程	查找执行了某一进程的服务接口	
产品/服务	查找销售了某一产品或提供了某一服务的交易	UNSPSC
方位	查找来自中国的厂商	ISO 3166
时限	查找能在 24 小时之内送到货的厂商	
角色	查找角色为“卖方”的所有厂商	

10 信息模型:安全视图

本章描述了本信息模型在与注册系统的安全特征相关的方面。

图 10 给出了在注册系统中出自安全考虑方面的对象的视图。它用 UML 分类图表的形式给出了各对象关系。图中未给出的类属性和类方法将在后续章节中给出。本图主要用来起到说明作用,而不是规范目的。

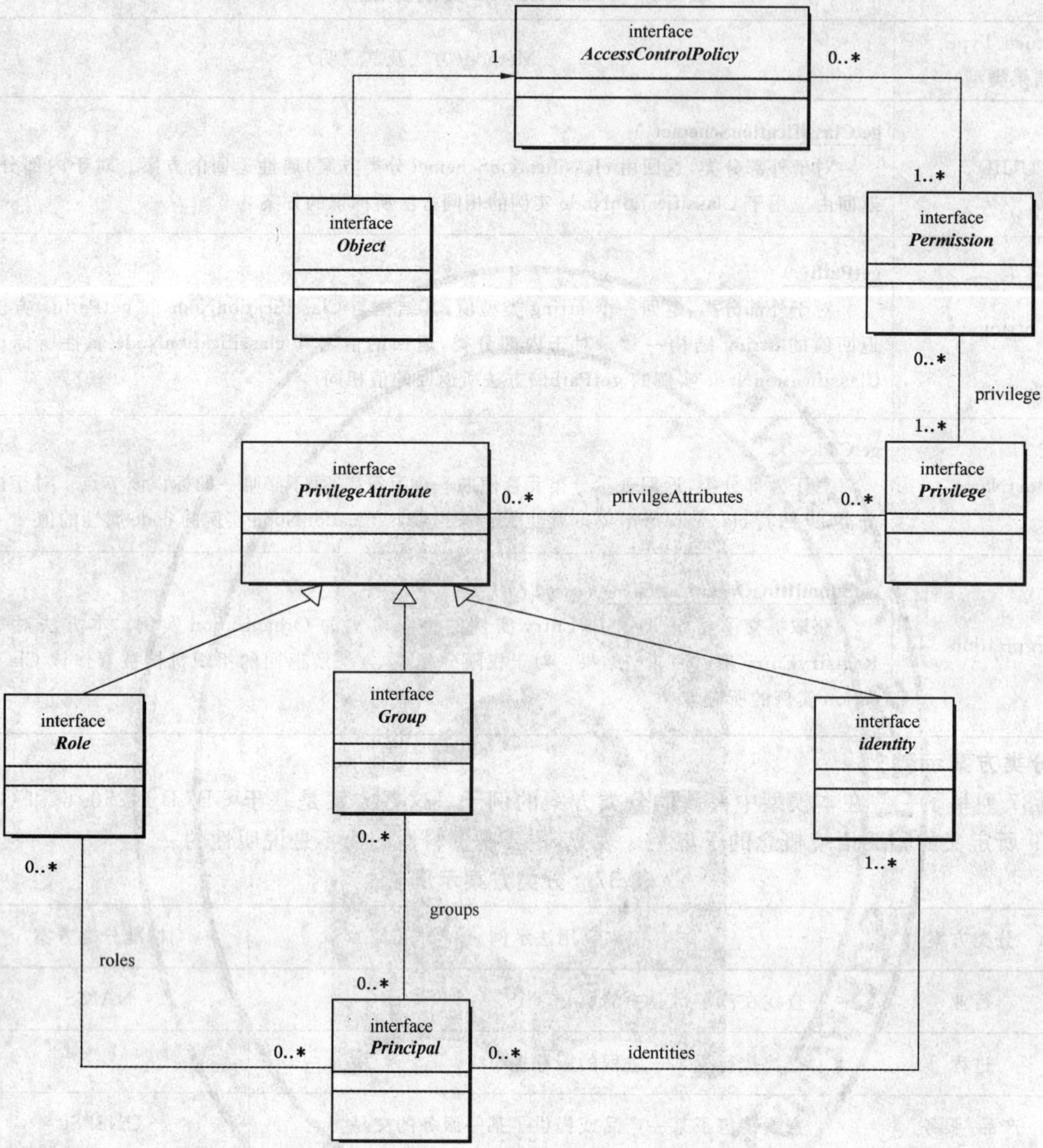

图 10 信息模型:安全视图

10.1 AccessControlPolicy 类

每个 RegistryObject(注册对象)可以严格地与一个 AccessControlPolicy(访问控制策略)关联起来。对于执行在该 RegistryObject 上的操作或方法,它定义了控制对这些操作或方法进行访问的策略规则。这样的策略规则可以定义为一个 Permission 集合。表 38 中列出了 AccessControlPolicy 类的方法。

表 38 AccessControlPolicy 类的方法

Return Type (结果类型)	Method(方法及其说明)
Collection	**getPermissions( )** 获取该 AccessControlPolicy(访问控制策略)的 Permission(许可)集合,并映射到名为 permissions 的属性上

10.2 Permission 类

Permission(许可)类对象被用于在注册系统中对 RegistryObject 的认证和访问控制。一个 RegistryObject 的各个 Permission 是在一个 AccessControlPolicy 中定义的。

如果提出请求的 Principal(主体)有在 Permission 中定义的任一 Privilege(权限),这个 Permission 对象将批准对 RegistryObject 中的方法的访问。表 39 中列出了 Permission 类的方法。

表 39 Permission 类的方法

Return Type (结果类型)	Method(方法及其说明)
String	**getMethodName( )** 获取能被拥有由该 Permission(许可)所指定的 Privilege(权限)的 Princinal(主体)所理解的方法的名称,并映射到名为 methodNames(方法名称)的属性上
Collection	**getPrivileges( )** 获取与该 Permission 相关联的 Privilege,并映射到名为 privileges 的属性上

10.3 Privilege 类

一个 Privilege(权限)类对象包含零个或多个 PrivilegeAttribute(权限属性)。PrivilegeAttribute 可以是一个 Group,Role 或 Identity(组、角色或身份)。

为了获得对受保护的 RegistryObject 中的方法的访问,一个请求中的 Principal(主体)必须具有所有的在 Privilege 中指定的 PrivilegeAttribute。在该 RegistryObject 的 AccessControlPolicy 中定义的 Permission 能够批准对具体方法进行访问的 Privilege。

这种机制保证了拥有对象访问控制策略的灵活性,这些策略可以是基于各种 Group,Role 或 Identity 的任意组合。表 40 中列出了 Privilege 类的方法。

表 40 Privilege 类的方法

Return Type (结果类型)	Method(方法及其说明)
Collection	**getPrivilegeAttributes( )** 获取与该 Privilege 相关联的 PrivilegeAttributes,并映射到名为 privilegeAttributes 的属性上

10.4 PrivilegeAttribute 类

PrivilegeAttribute(权限属性)是一种提供给所有类型安全属性的公用基础类,它被用来授予明确的访问控制权限给 Principal(主体)。一个 Principal 可以有数个不同类型的 PrivilegeAttribute。几个 PrivilegeAttribute 构成的具体组合可以被定义成一个 Privilege 对象。

PrivilegeAttribute 类的所有子类为 Group 类、Identity 类和 Role 类。

10.5 Role 类

在实际情况中,一个医院可以有 Nurse、Doctor、Administrator(护士、医生、行政人员)等之类的角色。Role(角色)被用于授予 Privilege(权限)给 Principal(主体)。例如:一个 Doctor Role(医生角色)被允许开具处方,但 Nurse Role(护士角色)却不可以。

10.6 Group 类

Group(组)是用户的聚合体,它可以有不同的 Role(角色)。例如一个医院里可以有由护士和医生一块加入到具体临床实验中所组成的 Group(组)(比如:阿司匹林实验组)。Group(组)被用于授予 Privilege(权限)给 Principal(主体)。例如阿司匹林实验组的成员可以被允许开具阿司匹林处方[即使 Nurse Role(护士角色)的规则并不允许开具处方]。

10.7 Identity 类

Identity(身份)类的典型用途是被用来识别个人、组织机构或软件服务等。Identity 的属性可以是数字证书的形式。

10.8 Principal 类

Principal(主体)是一个一般术语,它被安全团体使用,包含人和软件系统等。Principal(主体)对象是具有一套 PrivilegeAttribute(权限属性)的实体。这些 PrivilegeAttribute(权限属性)至少包括一个身份和一个可选项,可选项包括一套角色成员或组成员或安全手续。一个 Principal(主体)被用于以关联在此 Principal(主体)上 PrivilegeAttribute(权限属性)为基础,验证请求者或者批准被请求的动作。表 41中列出了 Principal(当事人)类的方法。

表 41 Principal 类的方法

Return Type (结果类型)	Method(方法及其说明)
Collection	**getGroups( )** 获取与该 Principal 相关联的 Group。映射到名为 Group 的属性上
Collection	**getIdentities( )** 获取与该 Principal 相关联的 Identitie。映射到名为 Identitie 的属性上
Collection	**getRoles( )** 获取与该 Principal 相关联的 Role。映射到名为 Role 的属性上

参 考 文 献

[1] [ebGLOSS] ebXML Glossary
http://www.ebxml.org/documents/199909/terms_of_reference.htm
[2] [OAS] OASIS Information Model
http://xsun.sdct.itl.nist.gov/regrep/OasisRegrepSpec.pdf
[3] [BRA97] IETF (Internet Engineering Task Force). RFC 2119: Key words for use in RFCs to Indicate Requirement Levels
http://www.cis.ohio-state.edu/cgi-bin/rfc/rfc2119.html
[4] [UUID] DCE 128 bit Universal Unique Identifier
http://www.opengroup.org/onlinepubs/009629399/apdxa.htm#tagcjh_20
http://www.opengroup.org/publications/catalog/c706.htmttp://www.w3.org/TR/REC-xml
[5] [XPATH] XML Path Language (XPath) Version 1.0
http://www.w3.org/TR/xpath
[6] [NCName] Namespaces in XML 19990114
http://www.w3.org/TR/REC-xml-names/#NT-NCName

ICS 35.040
L 67

中华人民共和国国家标准

GB/T 19256.5—2006

基于 XML 的电子商务 第 5 部分：注册服务规范

Electronic business eXtensible Markup Language(ebXML)— Part 5: Registry Services specification(ebRS)

(ISO/TS 15000-4:2004,MOD)

2006-09-18 发布

2007-03-01 实施

中华人民共和国国家质量监督检验检疫总局
中国国家标准化管理委员会
发布

前言

GB/T 19256《基于XML的电子商务》目前分为下列9个部分：

——第1部分：技术体系结构；

——第2部分：协同规程轮廓与协议规范；

——第3部分：消息服务规范；

——第4部分：注册系统信息模型规范；

——第5部分：注册服务规范；

——第6部分：业务过程规范模式；

——第7部分：业务过程构件设计规则；

——第8部分：报文设计规则；

——第9部分：核心构件与业务信息实体规范。

将来还可能增加新的部分。

本部分为GB/T 19256的第5部分。

本部分修改采用ISO/TS 15000-4：2004《基于XML的电子商务 第4部分：注册服务规范(ebRS)》。

本部分与ISO/TS 15000-4：2004的差别主要体现在以下几个方面：

——按照国家标准的编写格式要求对原文的一些章条做了适当的调整，如将原文第3章"Introduction"中的部分内容调整到正文中；

——删除了原文中的第1章、第2章和第3章；

——增加了第3章"术语、定义和缩略语"，其中的术语引用自UN/CEFACT和OASIS于2001年出版的《ebXML Glossary》(0.99版草案)；

——第4至9章对应于原文的第4章至第9章；

——附录A至附录H对应于原文的附录A至附录H；

——参考文献对应于原文的参考文献；

——对文中一些错误地方进行了改正；

——将参考文献中的部分标准删除或更改为相应的中华人民共和国国家标准。

本部分的附录A到附录H为规范性附录。

本部分由中国标准化研究院提出。

本部分由全国电子业务标准化技术委员会归口。

本部分起草单位：中国标准化研究院、交通部公路科学研究所、中国国际电子商务中心、中科院软件研究所。

本部分主要起草人：任冠华、刘碧松、魏宏、胡涵景、孙文峰、刘颖、章建方、陈煌、顾芳。

ISO 前言

国际标准化组织(ISO)是一个世界性的各国标准机构(ISO 成员团体)的联盟。国际标准的制定工作一般通过 ISO 技术委员会完成。每个成员团体如果对某个技术委员会建立的某个项目感兴趣,则有权向该技术委员会表述意见。任何与 ISO 有联络关系的官方和非官方国际组织都可以直接参与该项工作。ISO 与 IEC(国际电工委员会)在电工技术标准的所有领域密切合作。

国际标准是根据 ISO/IEC 标准化工作导则第 3 部分规定的规则进行起草的。

技术委员会的主要任务是起草国际标准。由技术委员会正式通过的国际标准草案须经各成员团体投票表决。一项国际标准草案至少需要 75%的成员团体投票赞成,才能作为正式的国际标准发布。

在某些情况下,尤其是当市场有迫切需求时,技术委员会也可以决定发布其他类型的国际标准:

——ISO 公共适用规范(ISO/PAS):它代表 ISO 标准工作组中的技术专家间达成的协议,且该工作组的上一级委员会中有 50%以上的成员投票赞成对其进行发布。

——ISO 技术规范(ISO/TS):它代表技术委员会成员间达成的协议,且该委员会成员中有 2/3 以上的成员投票赞成对其进行发布。

ISO/PAS 或 ISO/TS 发布 3 年之后要进行复审,以确定其是否在下一个 3 年内继续有效,或通过修订将其转化成国际标准,或将其废止。如果被确认为继续有效,那么在随后的另一个 3 年之后,仍需对其再进行一次复审,但这时的复审结论只能在将其转化成国际标准或者废止两者中做出选择。

需要注意的是,本部分的某些内容可能会涉及一系列专利权。ISO 不负责标出这些专利权。

ISO/TS 15000-4 由 OASIS 下设的 ebXML 注册技术委员会起草(原文件名为《OASIS/ebXML 注册服务规范(2.0 版)》),由 ISO/TC 154(行政、商业和工业中的过程、数据元和文档格式)采纳。ISO/TS 15000-4与 OASIS/ebXML 注册服务规范 2.0 版在内容上完全相同。

ISO/TS 15000 系列标准在《基于 XML 的电子商务》的总标题下由下列部分组成:

——第 1 部分:协同规程轮廓与协议规范(ebCPP);

——第 2 部分:消息服务规范(ebMS);

——第 3 部分:注册系统信息模型规范(ebRIM);

——第 4 部分:注册服务规范(ebRS)。

基于XML的电子商务
第5部分:注册服务规范

1 范围

本部分规定了注册服务接口、互作用规程、消息定义以及XML模式。

本部分适用于注册服务的实施者和ebXML注册系统客户端的实施者。

2 规范性引用文件

下列文件中的条款通过GB/T 19256的本部分的引用而成为本部分的条款。凡是注日期的引用文件,其随后所有的修改单(不包括勘误的内容)或修订版均不适用于本部分,然而,鼓励根据本部分达成协议的各方研究是否可使用这些文件的最新版本。凡是不注日期的引用文件,其最新版本适用于本部分。

GB/T 18811—2002 电子商务基本术语

GB/T 19256.2 基于XML的电子商务 第2部分:协同规程轮廓与协议规范(GB/T 19256.2—2006,ISO/TS 15000-1:2004,MOD)

GB/T 19256.3 基于XML的电子商务 第3部分:消息服务规范(GB/T 19256.3—2006,ISO/TS 15000-2:2004,MOD)

GB/T 19256.4 基于XML的电子商务 第4部分:注册系统信息模型规范(GB/T 19256.4—2006,ISO/TS 15000-3:2004,MOD)

ebXML Glossary (version 0.99),UN/CEFACT

3 术语、定义和缩略语

3.1 术语和定义

下列术语和定义适用于本部分。

3.1.1

注册系统 registry

能够对相关的存储库中的项及其有关的元数据进行登记,以检索这些项的位置及其所有元数据的指针的一种机制。

3.1.2

注册机构 registry authority

对注册系统进行维护和管理的机构。

[GB/T 18811—2002,定义3.52]

3.1.3

注册系统客户端 registry client

一种使用由注册系统通过消息传输服务提供的服务的ebXML应用程序。

3.1.4

注册条目 registry entry

对注册项进行编目的元数据。

3.1.5

注册系统接口　registry interface

向注册系统客户端提供访问注册系统内容的一组注册服务。

3.1.6

注册项　registry item

在存储库中注册的内容。

3.1.7

注册服务　registry service

向注册系统客户端提供访问注册系统内容的一种方法。

3.1.8

存储库　repository

由注册系统指向的位置或分配位置的集合。存储库项驻留在其中并能被注册系统检索。

3.2　缩略语

下列缩略语适用于本部分。

ASP	Active Server Page	动态服务器网页
B2B	Business to Business	企业到企业
CPA	Collaboration-Protocol Agreement	协同规程协议
CPP	Collaboration-Protocol Profile	协同规程轮廓
DTD	Document Type Definition	文档类型定义
ebMS	ebXML Messaging Service	ebXML 消息服务
ebRIM	ebXML Registry Information Model	ebXML 注册系统信息模型
ebXML	electronic business eXtensible Markup Language	电子商务可扩展置标语言
GUI	graphical user interfaces	图形用户接口
HTTP	HyperText Transfer Protocol	超文本传输协议
MIME	Multipurpose Internet Mail Extensions	多功能因特网邮件扩展
RS	registry service	注册服务
SOAP	Simple Object Access Protocol	简单对象访问协议
SQL	Structured Query Language	结构化查询语言
TRP	Transport，Routing and Packaging	传输、路由及封装
UDDI	Universal Description，Discovery，and Integration	统一描述、发现和集成
URI	Uniform Resource Identifier	统一资源标识符
URL	Uniform Resource Locator	统一资源定位器
URN	Uniform Resource Name	统一资源名称
UUID	Universally Unique Identifier	全球唯一标识符
VPN	Virtual Private Network	虚拟个人网络
W3C	World Wide Web Consortium	互联网联合组织
WSDL	Web Service Description Language	Web 服务描述语言
XML	eXtensible Markup Language	可扩展置标语言

4　设计目标

4.1　目的

本部分的目的是：

a）为软件开发者提供注册服务的通信功能；

b) 规定注册系统客户端与注册系统的接口；

c) 为进一步根据需求完善 ebXML 注册系统奠定基础；

d) 与其他 ebXML 规范相兼容。

4.2 发展趋势

本部分的今后版本可能新增下列功能：

a) 互操作性需求规定必须至少支持一个本部分引用的规范性接口；

b) 对注册系统内容的所有访问均可通过为注册服务定义的接口实现；

c) 注册系统使用存储库来存储和检索注册服务所要求的持久信息，但其实施细节不在本部分中阐述。

5 系统概述

5.1 ebXML 注册系统功能

ebXML 注册系统提供了一组服务，这组服务能够在有关的参与方之间实现信息共享，以便按照 ebXML 规范实现业务过程的集成。这些共享的信息是以存储库中的对象的形式进行维护的，并由本部分规定的 ebXML 注册服务进行管理。

5.2 ebXML 注册系统实施

本条通过一些案例，从较高层面说明了注册系统客户端如何利用注册服务开展 B2B 交换。这里仅是举例说明，并非具体规定。

下面从注册系统客户端与注册系统间的互作用角度出发，从较高层面上以文字形式给出了这些案例中的一个例子。这一例子并未列出所有可能的案例。在该例中，假设买方和卖方都希望使用 RosettaNet PIP3A4“订单业务协议”进行 B2B 交换且都使用由第三方提供的同一注册系统。需要强调的是，该例仍能支持其他可能的情况（如每个参与方都使用其专用的注册系统）。

5.2.1 提交模式文档

第三方（如产业联盟或标准组织）使用 7.3 中描述的注册系统的 LifeCycleManager（生命周期管理器）服务，并根据 RosettaNet PIP3A4“订单业务协议”的要求，向注册系统提交必要的模式文档。

5.2.2 提交业务过程文档

第三方（如产业联盟或标准组织）使用 7.3 中描述的注册系统的 LifeCycleManager 服务，并根据 RosettaNet PIP3A4“订单业务协议”的要求，向注册系统提交必要的业务过程文档。

5.2.3 卖方提交协同规程轮廓

卖方向注册系统提交其符合 GB/T 19256.2 规定的 CPP。该 CPP 描述了卖方、卖方所扮演的角色、所提供的服务以及如何访问这些服务的技术细节。卖方利用注册系统提供的灵活的分类能力对其 CPP 进行分类。

5.2.4 买方找到卖方

买方使用注册系统浏览器 GUI 工具，并根据注册系统中定义的分类方案浏览注册系统，以找到合适的卖方。如买方可以按照汽车行业、扮演卖方角色、支持 RosettaNet PIP3A4 过程及销售轿车音响的顺序来查找所需的参与方。

买方找到卖方的 CPP 并决定与其建立贸易关系。

5.2.5 生成 CPA

买方根据卖方的 CPP 和自己的 CPP，单方面地生成一个符合 GB/T 19256.2 规定的 CPA，然后使用该 CPA 向卖方建议与其建立贸易关系。卖方接受所建议的 CPA 并建立贸易关系。

一旦卖方接受该 CPA，双方就可以按照 GB/T 19256.3 的规定开展 B2B 交易。

5.3 注册系统用户

本条从安全角度描述了注册系统的不同用户，并分析了注册系统的安全性问题。在 9.7 中对部分用户进行了定义。应注意的是,同一实体可以代表不同的用户。如注册机构和注册系统管理者可以具有同一身份。

表 1 注册系统用户

用户	功能	与 ISO/IEC 11179 的对应关系	说明
注册机构	管理注册对象	注册机构(RA)	
注册系统管理者	评估、实施和改进注册系统安全策略		可以与注册机构具有同一身份
注册用户	与注册机构有一个合同并且必须由注册机构进行鉴别		该合同可能是一个CPA,也可能是一个其他形式的合同
注册系统访问者	与注册机构没有合同。对注册系统访问时不对其进行鉴别。不能改变注册系统的内容(可允许对某些注册对象进行读操作)		注意:注册系统访问者不是注册系统读者
提交机构	对所允许的注册对象进行生命周期操作的注册用户	提交机构(SO)	
注册系统读者	具有只读访问权限的注册用户		
负责机构	建立注册对象	负责机构(RO)	RO 可与 SO 具有同一身份
注册系统客户端	注册用户或已注册的访问者		

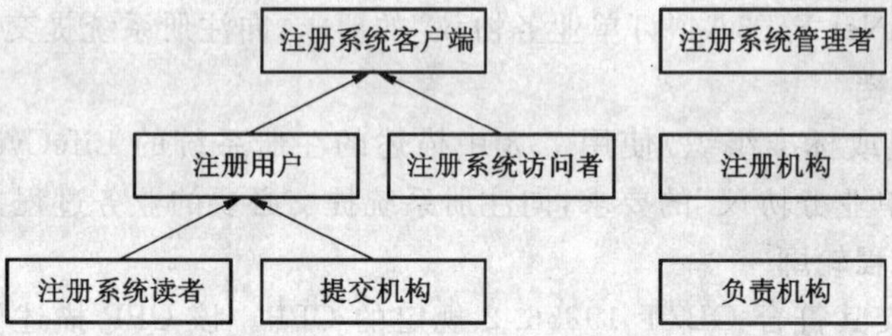

图 1 用户关系

注意:在本部分的当前版本中,提交机构和负责机构相同,没有规定用户注册过程,注册系统管理者和注册机构相同。

5.4 实施注册服务的途径

注册服务可以以多种途径实施,包括像由 ASP 或 VPN 供应商经营的公共网站或私人网站。

5.5 实施系统的一致性

实施系统如果满足 5.5.1 的条件,则是一个 ebXML 注册系统;如果满足 5.5.2 的条件,则是一个 ebXML 注册系统客户端;如果同时满足 5.5.1 和 5.5.2 的条件,则它既是一个 ebXML 注册系统,又是一个 ebXML 注册系统客户端。因此,实施系统可以是一个 ebXML 注册系统。一个 ebXML 注册系统客户端,或既是一个 ebXML 注册系统、又是一个 ebXML 注册系统客户端。

5.5.1 与 ebXML 注册系统的一致性

如果满足下列条件,则实施系统是一个 ebXML 注册系统:

a） 符合 GB/T 19256.4；

b） 支持注册系统接口和安全模型的语法和语义；

c） 支持所定义的 ebXML 注册系统模式(见附录 B)；

d） 可选择地支持 8.3 的语法和语义。

5.5.2 与 ebXML 注册系统客户端的一致性

如果满足下列条件，则实施系统是一个 ebXML 注册系统客户端：

a） 支持 ebXML CPA 及其引导过程；

b） 支持注册系统客户端接口的语法和语义；

c） 支持所定义的 ebXML 错误消息的 DTD；

d） 支持所定义的 ebXML 注册系统模式(附录 B)。

6 ebXML 注册系统体系结构

ebXML 注册系统体系结构是由一个 ebXML 注册服务和一个 ebXML 注册系统客户端组成的(见图 2)。ebXML 注册服务提供管理存储库的方法。ebXML 注册系统客户端是一个访问该注册系统的应用程序。

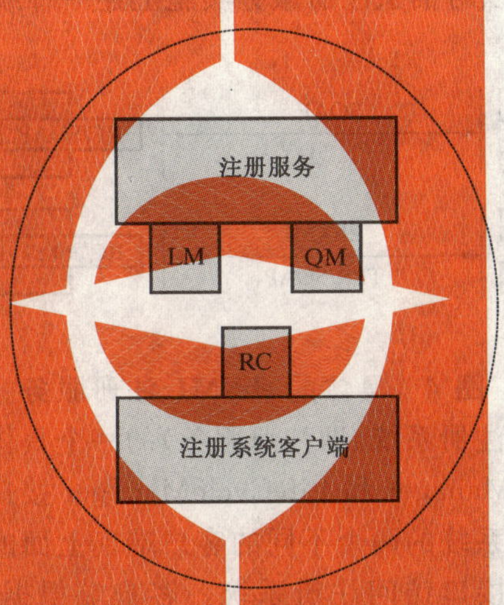

图 2 ebXML 注册系统体系结构

6.1 注册服务概述

ebXML 注册服务由一组健壮的接口组成。这些接口用于对与 ebXML 注册系统相关的对象和查询进行最基本的管理。注册服务的两个主要接口如下：

a） 生命周期管理接口：提供用于管理注册系统中的对象的一系列方法；

b） 查询管理接口：控制对注册系统中的信息的查询和检索。

注册系统客户端程序通过调用上述接口中的一个来使用注册服务。本部分定义了注册服务对外提供的接口(见 6.4 和 6.5)以及注册系统客户端的接口(见 6.6)。

6.2 抽象注册服务

本体系结构将 ebXML 注册系统定义为一个如下所述的抽象注册服务：

a） 注册系统必须支持的一组接口；

b） 每个接口必须支持的一组方法；

c） 每个方法必须支持的参数和响应。

抽象注册服务既没有定义 ebXML 注册系统的实施细节，也没有规定注册系统使用的具体协议。这样的实施细节由实现抽象注册服务的具体注册服务描述。

图 3 对一个抽象的 ebXML 注册系统如何提供两个关键功能接口进行了说明。这两个接口一个称

为 QueryManager(查询管理器,简写为 QM),另一个称为 LifeCycleManager(简写为 LM)。

图 3 抽象的 ebXML 注册服务

附录 A 给出了 WSDL 语法中的抽象服务定义的超链接。

6.3 具体注册服务

本体系结构允许将抽象注册服务按下列方式映射到一个或多个具体注册服务:

a) 抽象注册服务定义的接口的实施;

b) 具体接口与特定通信协议的绑定。

本部分描述了抽象注册服务的两种具体绑定:

a) 使用 HTTP 协议的 SOAP 绑定;

b) ebMS 绑定。

如图 4 所示,一个注册系统可以对抽象注册服务实施上述一种或两种具体绑定。

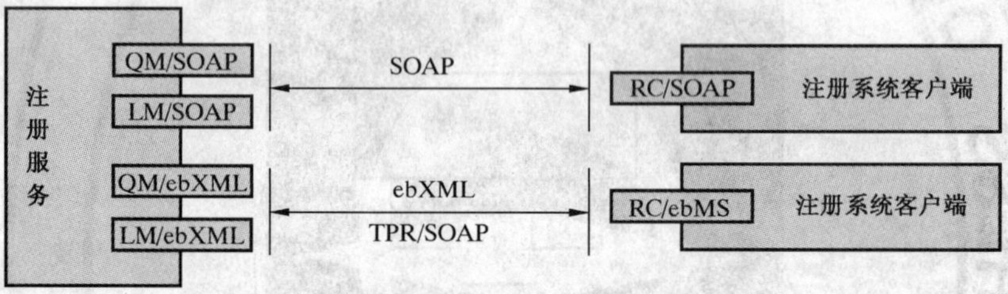

图 4 具体的 ebXML 注册服务

图 4 左侧给出了抽象 ebXML 注册系统(即注册服务)的一个具体实施。注册服务提供了与多个协议绑定(SOAP 和 ebMS)的 QueryManager 和 LifeCycleManager 接口。

图 4 右侧给出了 ebXML 注册系统的两个不同的客户端。上面的客户端使用 SOAP 接口访问注册系统,而下面的客户端使用 ebMS 接口访问注册系统。客户端根据其对协议优先顺序来使用 RegistryService 服务中合适的具体接口。

6.3.1 SOAP 绑定

6.3.1.1 WSDL 简介

WSDL 可以以抽象方式描述 web 服务,并将其具体绑定到特定协议上。在 WSDL 中,抽象服务由一个或多个端口类型或端点组成,每个端口类型由一系列操作组成,而每个操作又是根据消息进行定义的(该消息定义了作为操作的一部分进行交换的数据),每个消息又是根据 XML 模式定义中的元素进行定义的。

抽象服务不与任何特定协议(如 SOAP)绑定。在 WSDL 中,抽象服务通过其与特定协议的绑定来定义具体服务。这种绑定是通过为每个抽象端口类型提供一个绑定定义来实现的,其中抽象端口类型定义协议的其他具体细节。最后,一个具体服务被定义为一个端口集,其中每个端口只增加了诸如 URL 这样的地址信息而成为具体端口。

6.3.1.2 SOAP 的具体绑定

本条假设读者对 SOAP 和 WSDL 有一定的了解。对 ebXML 注册系统的 SOAP 绑定被定义为用 WSDL 表达的 web 服务描述,具体如下:

a) 名为"RegistryService"的单个服务元素定义注册服务的具体 SOAP 绑定。

b) 服务元素包括两个端口定义,其中每个端口对应于抽象注册服务的一个接口。每个端口包括一个用于访问该端口的 HTTP URL。

c) 每个端口定义还引用了一个绑定元素，供在 WSDL 中为抽象注册服务而定义的每个接口使用。

```
<service name = "RegistryService">
    <port name = "QueryManagerSOAPBinding" binding = "tns:QueryManagerSOAPBinding">
        <soap:address location = "http://your_URL_to_your_QueryManager"/>
    </port>

    <port name = "LifeCycleManagerSOAPBinding" binding = "tns:LifeCycleManagerSOAPBinding">
        <soap:address location = "http://your_URL_to_your_QueryManager"/>
    </port>
</service>
```

SOAP 绑定的完整的 WSDL 描述可通过附录 A 中的超链接获得。

6.3.2 ebXML 消息服务绑定

6.3.2.1 Service 与 Action 元素

当使用 GB/T 19256.2 时，对应于消息服务元素的 ebXML 注册服务元素如下：

a) MessageHeader(消息头)中的 Service(服务)元素值是 ebXML 注册服务接口的名称(如 LifeCycleManager)。Service 元素的 type(类型)属性值应为 ebXMLRegistry。

b) MessageHeader 中的 Action(动作)元素值是 ebXML 注册服务方法的名称(如 submitObjects)。

```
<eb:Service eb:type="ebXMLRegistry">LifeCycleManger</eb:Service>

<eb:Action>submitObjects</eb:Action>
```

应注意，上述内容允许注册系统客户端的每个消息只有一个成对的接口/方法。这表明注册系统客户端向注册系统提出请求时只能调用指定接口的一种方法。

6.3.2.2 同步响应和异步响应

注册系统提供的接口中的所有方法都返回一个响应消息。

6.3.2.2.1 异步响应

当以异步形式发送消息时，注册系统将返回两个响应消息。

第一个消息是对请求的立即响应，但不反映对请求的实际响应。该消息应包括：

a) MessageHeader；

b) 内容为空的 RegistryResponse(注册系统响应)元素(如值为 NO 的 AdhocQueryResponse(特别查询响应))，其 status(状态)属性值为 Unavailable(不可用)。

随后的第二个消息是注册系统以异步方式返回的，它含有非空内容的实际响应元素。同由注册系统客户端应用程序来实施一样，该过程由调用注册系统客户端接口中的 onResponse 方法的注册系统来完成。onResponse 方法由如下元素组成：

a) MessageHeader；

b) RegistryResponse 元素，它包括：

1） status 属性：值为 Success（成功）或 Failure（失败）。

2） 可选型属性 registryErrorList（注册系统错误列表）。

6.3.2.2.2 **同步响应**

当以同步方式发送消息时，消息服务处理器将保持通信机制处于运行状态，直到注册系统返回一个响应消息为止。该消息包括：

a） MessageHeader；

b） RegistryResponse 元素，它包括：

1） status 属性：值为 Success 或 Failure。

2） 可选型属性 registryErrorList。

6.3.2.3 **ebXML 注册系统协同规程轮廓和协议**

GB/T 19256.2 把 CPP 和 CPA 定义为两个参与方共享彼此业务过程信息的机制，并把 CPA 作为两个参与方为了能够从事 B2B 互作用而商定的一个协议。

本部分不强制要求在注册系统和注册系统客户端之间使用 CPA。然而，如果注册系统不使用 CPP，则应为注册系统客户端提供另一种机制（如一个简单的 URL），以发现由 CPP 提供的服务或其他信息。

客户端和注册系统间的 CPA 应对它们彼此间提供的、用以实现具体的注册互作用的接口进行说明。注册系统的 CPP 模板及注册系统客户端的 CPP 模板不在本部分进行定义。

6.4 LifeCycleManager 接口

LifeCycleManager 接口是由注册服务提供的一个接口，用于实现注册系统的对象生命周期管理功能。该接口中的方法由注册系统客户端调用，如客户端可以使用该接口提交对象、分类和关联对象、拒绝和删除对象。这些提交、分类、关联、拒绝以及删除的语义见 GB/T 19256.4。

表 2 LifeCycleManager 方法列表

结果类型	方法及说明
RegistryResponse	ApproveObjects（ApproveObjectsRequest req） 批准一个或多个先前提交的对象
RegistryResponse	DeprecateObjects（DeprecateObjectsRequest req） 拒绝一个或多个先前提交的对象
RegistryResponse	RemoveObjects（RemoveObjectsRequest req） 从注册系统中删除一个或多个先前提交的对象
RegistryResponse	SubmitObjects（SubmitObjectsRequest req） 提交一个或多个对象以及可能相关的元数据（如 Association（关联）和 Classification（分类））
RegistryResponse	UpdateObjects（UpdateObjectsRequest req） 更新一个或多个先前提交的对象
RegistryResponse	Addslots（AddslotsRequest req） 向一个或多个注册条目中增加插槽
RegistryResponse	RemoveSlots（RemoveSlotsRequest req） 从一个或多个注册条目中删除规定的插槽

6.5 QueryManager 接口

QueryManager 接口是由注册系统提供的一个接口，用于执行注册系统的查询管理服务功能。该接口中的方法由注册系统客户端调用，如客户端可以使用本接口进行浏览并进行向下查询或对注册内容进行特别查询。

表 3　QueryManager 方法列表

结果类型	方 法 及 说 明
RegistryResponse	SubmitAdhocQuery(AdhocQueryRequest req) 提交一个特别查询请求

6.6　注册系统客户端

6.6.1　注册系统客户端说明

注册系统客户端接口可以位于注册系统一方，也可位于用户一方。图 5 从注册系统和注册系统客户端的角度描述了注册系统体系结构支持的两种可能的拓扑结构。

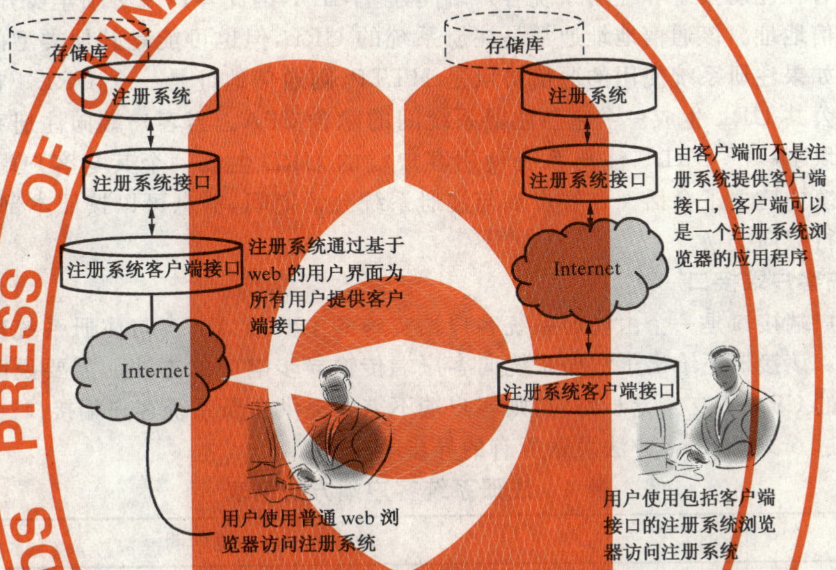

图 5　注册系统体系结构的两种拓扑结构

图 5 左侧描述了这样一种情况：注册系统提供了用于访问注册系统的、基于 web 的“瘦客户端”应用程序，从而使得用户可以使用普通的 web 浏览器访问注册系统。此时从用户角度看，注册系统客户端接口位于互联网另一侧的注册系统一方。图 5 右侧描述了另一种情况：用户使用“胖客户端”注册系统浏览器应用程序来访问注册系统。此时从用户角度看，存在于注册系统浏览器工具中的注册系统客户端接口位于用户一侧。在这种情况下，注册系统客户端接口通过互联网与注册系统进行通信。

注册系统体系结构可能支持的第三种拓扑结构是：注册系统客户端接口位于服务器一侧的业务构件(如采购业务构件)中。在这种情况下，可以没有直接的用户界面或用户干预。相反，采购业务构件可以以自动方式访问注册系统，从而根据当前业务所需选择卖方或服务提供方。

6.6.2　注册系统通信引导

客户端访问注册系统的服务之前，必须与其进行某些通信引导。对客户端来说，该引导过程的最基本功能是发现注册系统的每个具体服务接口的寻址信息(如 HTTP URL)。客户端可以通过在公共注册系统(如 UDDI)中或另一个 ebXML 注册系统中搜寻 ebXML 注册系统来获得寻址信息。

a)　在 SOAP 绑定的情况中，客户端需要的所有信息(如注册系统的 URL)可以从注册系统的 WSDL 描述中获得。其中该 WSDL 描述符合 A.1 中的 WSDL 描述模板，并可在公共注册系统(如 UDDI)中找到。

b)　在 ebMS 绑定的情况中，客户端和注册系统之间的信息交换可以通过与注册系统有关的方式来完成，这可能涉及到建立客户端和注册系统间的 CPA。一旦发生这样的信息交换，客户端和注册系统就拥有了对方的寻址信息(如 URL)。

6.6.2.1 **SOAP 绑定的通信引导**

每个 ebXML 注册系统必须为按照附录 A.1 定义的注册服务提供 WSDL 描述。客户端以协议指定的方式使用 WSDL 描述来确定注册服务的地址信息，如可以通过注册系统的 WSDL 描述中规定的 URL 来访问基于 SOAP/HTTP 的注册服务端口。

使用 WSDL 可以使客户端能够利用自动化工具(如 WSDL 编译器)生成代码存根，从而为客户端提供了一种以特定语言方式访问注册系统的方法。

根据最少的基础设施需求而不是对基于 SOAP 的注册服务端口进行同步 SOAP 调用的能力，任何客户端都至少可以使用 WSDL 中的地址信息，并通过 SOAP/HTTP 来访问注册系统。

6.6.2.2 **ebMS 通信引导**

由于事先没有在注册系统和注册系统客户端间建立 CPA，因此客户端必须至少知道注册系统的一个具体的传输通信地址。该通信地址通常是注册系统的 URL，但也可能是其他类型的地址(如电子邮件地址)。例如，如果注册系统使用的通信协议是 HTTP，则通信地址是一个 URL。在本例中，客户端使用注册系统的公共 URL 生成一个它与注册系统间的隐含 CPA。当客户端向注册系统发送请求时，它同时为自己提供了一个 URL。注册系统使用客户端的 URL 生成一个其与客户端间的隐含 CPA。这样就在注册系统中建立了会话。在客户端与注册系统会话期间，消息可以按照本部分定义的互作用协议所要求的进行双向交换。

6.6.3 **注册系统客户端接口**

注册系统客户端接口是一个由注册系统客户端实施的主要接口。当与注册系统建立连接时，客户端就提供该接口。该接口还给出了注册系统向客户端传输异步响应的方法。需要说明的是，如果客户端和注册系统间的 CPA 不支持异步响应，则客户端不需要提供注册系统客户端接口。

注册系统通过 onResponse 方法发送所有的异步响应。

表 4 注册系统客户端方法列表

结果类型	方法及说明
void	onResponse(RegistryResponse resp) 注册系统通过发送对先前提交的请求的响应来通知客户端

6.6.4 **注册系统响应**

RegistryResponse 是由注册系统接口定义的一个通用类，注册系统用其对客户端请求进行响应。

6.7 **互操作性需求**

6.7.1 **客户端的互操作性**

本体系结构要求，任一 ebXML 注册系统客户端应能以互操作方式访问任一 ebXML 注册系统。ebXML 注册系统可实施本部分定义的规范性绑定(目前有 ebXML TRP 和 SOAP/HTTP)中的任意多个协议绑定，是否支持其他协议绑定可以视情况而定。

6.7.2 **注册系统间的合作**

本部分的当前版本既不排除多个 ebXML 注册系统相互合作以共享信息，也不排除 ebXML 注册系统的拥有者将其 ebXML 注册系统注册到其他注册系统、目录或路径中。例如：

a) 一个 ebXML 注册系统：作为 ebXML 注册系统的一个注册系统。

b) 一个非 ebXML 注册系统：作为 ebXML 注册系统的一个注册系统。

c) 协同 ebXML 注册系统：多个 ebXML 注册系统为了形成一个联盟而相互注册。

7 生命周期管理服务

本章定义了注册系统的生命周期管理服务。生命周期管理服务是注册系统服务的子服务。它提供了注册系统客户端管理存储库项(如 ebXML 业务过程所需的 XML 文档)生命周期所需的功能。生命周期管理服务可用于管理所有类型的存储库项以及在 GB/T 19256.4 中规定的元数据对象(如 Classification(分类)和 Association(关联))。

ebXML 注册系统的最小安全策略是:对于来自任一客户端的内容,只要由 ebXML 注册系统认可的证书机构签发的证书对其进行了数字签名,则接受该内容。

7.1 存储库项的生命周期

生命周期管理服务的主要目的是管理存储库项的生命周期。图 6 给出了存储库项的典型生命周期。需特别说明的是,本部分的当前版本不支持对对象的版本进行管理的功能,拟在今后增补。

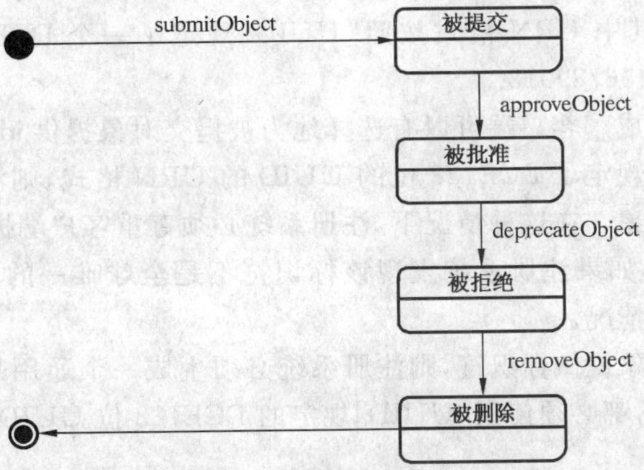

图 6 存储库项的生命周期

7.2 RegistryObject 的属性

存储库项与一组标准元数据相关联。按照 GB/T 19256.4 的描述,这组标准元数据被定义为 RegistryObject(注册对象)类及其子类的属性。这些属性存在于实际存储库项之外,并对存储库项描述信息进行编目。称为 ExtrinsicObject(外部对象)的 XML 元素和其他元素(详见附录 B.1)把 GB/T 19256.4中定义的所有对象的元数据属性统称为 XML 属性。

7.3 提交对象协议

提交对象协议是一种注册服务协议,它允许注册系统客户端以提交机构身份使用 LifeCycleManager 接口向存储库提交一个或多个存储库项。图 7 给出了提交对象协议的 UML 表示(UML 表示法见附录 C)。

图 7 所示的业务文档模式详见附录 B。

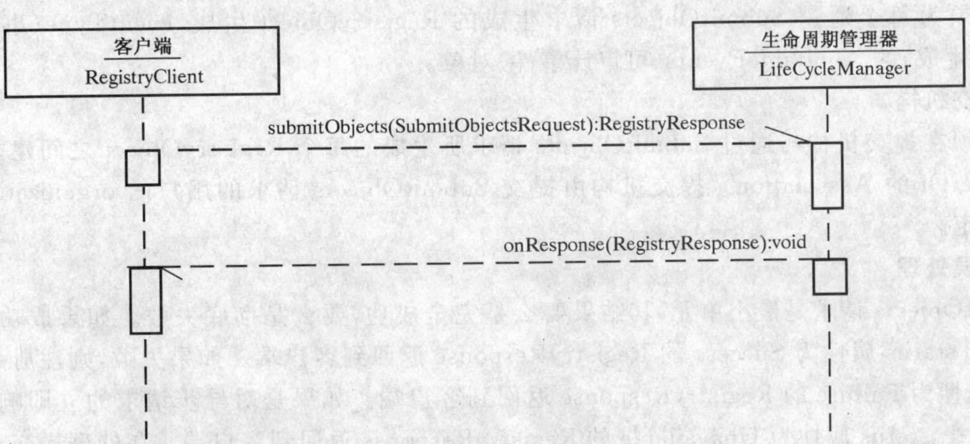

图 7 提交对象序列图

SubmitObjectsRequest(提交对象请求)消息包括一个 LeafRegistryObjectList(叶注册对象列表)元素。

LeafRegistryObjectList 元素规定了一个或多个 ExtrinsicObject 或其他 RegistryEntry(注册条目)(如 Classification、Association、ExternalLink(外部链接)或 Package(包))。

ExtrinsicObject 元素给出了与提交到注册系统的内容有关且符合 GB/T 19256.4 规定的元数据。需特别注意的是,这些标准的 ExtrinsicObject 属性独立于存储库项本身,因此允许 ebXML 注册系统对任何类型的对象进行编目。

7.3.1 UUID 的生成

按照 GB/T 19256.4 的规定,注册系统中的所有对象都有一个唯一的标识符。该标识符必须是一个 UUID 且符合 URN 格式,其中 URN 格式按照[UUID]规定了一个 DCE128 位的 UUID,如 urn:uuid:a2345678-1234-1234-123456789012。

标识符通常由注册系统生成。客户端可以有选择地为被提交对象提供 id(标识符)属性。如果客户端提供标识符且该标识符符合规定了 DCE128 位的 UUID 的 URN 格式,则注册系统就认为客户端希望将该标识符赋予所提交的对象。在这种情况下,注册系统必须尊重客户端提供的标识符,并将其作为对象在注册系统中的 id 属性。如果注册系统发现该标识符不是全球唯一的,则必须用 InvalidIdError(无效标识符错误)指出该错误情况。

如果客户端不为被提交对象提供标识符,则注册系统必须生成一个通用唯一标识符。标识符不论是由客户端还是注册系统生成,都必须使用[UUID]规定的 DCE128 位 UUID 生成算法。

7.3.2 id 属性和对象引用

一个对象的 id 属性可以被其他对象用来引用该对象。这样的引用无论是在 SubmitObjectsRequest 中还是在注册系统中都是相同的。在 SubmitObjectsRequest 中,可使用 id 属性来引用 SubmitObjectsRequest 中的对象或注册系统中的对象。如果需在请求文档中引用 SubmitObjectsRequest 中的对象,则提交者可以给该对象分配一个标识符,以便在请求文档中对其进行引用。提交者可以为该对象提供一个符合 URN 格式的正确的 UUID。此时,在注册系统中该标识符被永久地分配给该对象。提交者也可以为对象任意分配一个标识符(它可以不是一个完全符合 URN 格式的 UUID),只要该标识符在请求文档中是唯一的。在这种情况下,该标识符在请求文档内部只起链接作用,在提交时注册系统必须将其忽略,并用注册系统生成的标识符将其替代。

当 SubmitObjectsRequest 中的对象需要引用注册系统中的某个对象时,该请求必须包括一个 ObjectRef(对象引用)元素,而该元素的 id 属性是所引用对象在注册系统中的标识符。根据规定,这一标识符是一个完全符合 URN 格式的 UUID。ObjectRef 元素可被看作是注册系统对象在请求中的代理。

7.3.3 审计跟踪

RS 必须为每个通过 SubmitObjects 请求生成的 RegistryObject 生成,eventType(事件类型)为 Created(已生成)的 AuditableEvents(可审计事件)对象。

7.3.4 提交机构

RS 必须在提交机构与通过 SubmitObjects 请求所生成的每个 RegistryObject 之间建立一个类型为 SubmitterOf 的 Association。提交机构由提交 SubmitObjects 请求的用户的 organization(组织机构)属性确定。

7.3.5 错误处理

SubmitObjects 请求是最小单元,其结果要么是完全成功,要么是彻底失败。如果成功,则注册系统发送一个 status 属性为 Success 的 RegistryResponse 返回到客户端。如果失败,则注册系统发送一个 status 属性为 Failure 的 RegistryResponse 返回到客户端。如果是对异步请求的立即响应,则注册系统发送一个 status 属性为 Unavailable 的 RegistryResponse 返回到客户端。在处理提交对象的过程中,如果出现一个或多个 Error(错误)情况,则会导致失败。Warning(警告)消息不会导致请求失败。

表 5 为业务规则的应用说明。

表 5　提交对象错误处理

业　务　规　则	适用对象	Error/Warning
标识符不唯一	所有类	Error
没有授权	所有类	Error
没有找到被引用对象	Association 类 Classification 类 ClassificationNode(分类节点)类 Organization 类	Error
不允许关联与被拒绝对象连接	Association 类	Error
对象的 status、majorVersion(主版本)、minorVersion(次版本)由 RS 设置。如果提出,则可将其忽略	所有类	Warning

7.3.6　SubmitObjectsRequest 示例

下面的示例给出了 SubmitObjectsRequest 中的几种不同使用情况。它是一个不带消息头和附加负载的 SOAP 或 ebMS 消息。

SubmitObjectsRequest 包括一个可含有任意多个提交对象的 RegistryObjectList(注册对象列表),它也可以包括任意多个 ObjectRef 来将正被提交的对象链接到注册系统中已有的对象上。

```
<? xml version = "1.0" encoding = "UTF-8"? >
<SubmitObjectsRequest
  xmlns = "urn:oasis:names:tc:ebxml-regrep:registry:xsd:2.0"
  xmlns:xsi = "http://www.w3.org/2001/XMLSchema-instance"
  xsi:schemaLocation = "urn:oasis:names:tc:ebxml-regrep:rim:xsd:2.0
file:///C:/osws/ebxmlrr-spec/misc /schema/rim.xsd urn:oasis:names:tc:ebxml-regrep:registry:
xsd:2.0
file:///C:/osws/ebxmlrr-spec/misc/ schema/rs.xsd"
  xmlns:rim = "urn:oasis:names:tc:ebxml-regrep:rim:xsd:2.0"
  xmlns:rs = "urn:oasis:names:tc:ebxml-regrep:registry:xsd:2.0"
>
  <rim:LeafRegistryObjectList>

    <! --
The following 3 objects package specified ExtrinsicObject in specified RegistryPackage, where
both the RegistryPackage and the ExtrinsicObject are being submitted
      -->
    <rim:RegistryPackage id = "acmePackage1" >
      <rim:Name>
        <rim:LocalizedString value = "RegistryPackage #1"/>
      </rim:Name>
      <rim:Description>
        <rim:LocalizedString value = "ACME's package #1"/>
```

```
    </rim:Description>
  </rim:RegistryPackage>

  <rim:ExtrinsicObject id = "acmeCPP1" >
    <rim:Name>
      <rim:LocalizedString value = "Widget Profile" />
    </rim:Name>
    <rim:Description>
      <rim:LocalizedString value = "ACME's profile for selling widgets" />
    </rim:Description>
  </rim:ExtrinsicObject>

  <rim:Association id="acmePackage1-acmeCPP1-Assoc" associationType="Packages" sourceObject ="acmePackage1" targetObject = "acmeCPP1" />
  <! --
  The following 3 objects package specified ExtrinsicObject in specified RegistryPackage, Where the RegistryPackage is being submitted and the ExtrinsicObject is already in registry
    -->
  <rim:RegistryPackage id = "acmePackage2" >
    <rim:Name>
      <rim:LocalizedString value = "RegistryPackage #2"/>
    </rim:Name>
    <rim:Description>
      <rim:LocalizedString value = "ACME's package #2"/>
    </rim:Description>
  </rim:RegistryPackage>

  <rim:ObjectRef id = "urn:uuid:a2345678-1234-1234-123456789012"/>

  <rim:Association id = "acmePackage2-alreadySubmittedCPP-Assoc" associationType = "Packages" sourceObject= "acmePackage2" targetObject = "urn:uuid:a2345678-1234-1234-123456789012"/>

  <! --
  The following 3 objects package specified ExtrinsicObject in specified RegistryPackage, where the RegistryPackage and the ExtrinsicObject are already in registry
    -->
  <rim:ObjectRef id = "urn:uuid:b2345678-1234-1234-123456789012"/>
  <rim:ObjectRef id = "urn:uuid:c2345678-1234-1234-123456789012"/>

  <! -- id is unspecified implying that registry must create a uuid for this object -->

  <rim:Association associationType = "Packages" sourceObject = "urn:uuid:b2345678-1234-
```

```
1234- 123456789012" targetObject = "urn:uuid:c2345678-1234-1234-123456789012"/>
    <! --
    The following 3 objects externally link specified ExtrinsicObject using specified ExternalLink, where both the ExternalLink and the ExtrinsicObject are being submitted
    -->

    <rim:ExternalLink id = "acmeLink1" >
      <rim:Name>
        <rim:LocalizedString value = "Link #1"/>
      </rim:Name>
      <rim:Description>
        <rim:LocalizedString value = "ACME's Link #1"/>
      </rim:Description>
    </rim:ExternalLink>

    <rim:ExtrinsicObject id = "acmeCPP2" >
      <rim:Name>
        <rim:LocalizedString value = "Sprockets Profile" />
      </rim:Name>
      <rim:Description>
        <rim:LocalizedString value = "ACME's profile for selling sprockets"/>
      </rim:Description>
    </rim:ExtrinsicObject>

    <rim:Association id = "acmeLink1-acmeCPP2-Assoc" associationType = "ExternallyLinks" sourceObject = "acmeLink1" targetObject = "acmeCPP2"/>

    <! --
    The following 2 objects externally link specified ExtrinsicObject using specified ExternalLink, where the ExternalLink is being submitted and the ExtrinsicObject is already in registry. Note that the targetObject points to an ObjectRef in a previous line
    -->

    <rim:ExternalLink id = "acmeLink2">
      <rim:Name>
        <rim:LocalizedString value = "Link #2"/>
      </rim:Name>
      <rim:Description>
        <rim:LocalizedString value = "ACME's Link #2"/>
      </rim:Description>
    </rim:ExternalLink>

    <rim:Association id = "acmeLink2-alreadySubmittedCPP-Assoc" associationType = "External-
```

```
lyLinks" sourceObject = "acmeLink2" targetObject = "urn:uuid:a2345678-1234-1234-123456789012"/>

    <!--
    The following 3 objects externally identify specified ExtrinsicObject using specified ExternalIdentifier, where the ExternalIdentifier is being submitted and the ExtrinsicObject is already in registry. Note that the targetObject points to an ObjectRef in a previous line
      -->

    <rim:ClassificationScheme id = "DUNS-id" isInternal="false" nodeType="UniqueCode" >
      <rim:Name>
        <rim:LocalizedString value = "DUNS"/>
      </rim:Name>

      <rim:Description>
        <rim:LocalizedString value = "This is the DUNS scheme"/>
      </rim:Description>
    </rim:ClassificationScheme>

    <rim:ExternalIdentifier id = "acmeDUNSId" identificationScheme = "DUNS-id" value = "13456789012">
      <rim:Name>
        <rim:LocalizedString value = "DUNS" />
      </rim:Name>
      <rim:Description>
        <rim:LocalizedString value = "DUNS ID for ACME"/>
      </rim:Description>
    </rim:ExternalIdentifier>

    <rim:Association id = "acmeDUNSId-alreadySubmittedCPP-Assoc" associationType = "ExternallyIdentifies" sourceObject = "acmeDUNSId" targetObject = "urn:uuid:a2345678-1234-1234-123456789012"/>

    <!--
    The following show submission of a brand new classification scheme in its entirety
      -->
    <rim:ClassificationScheme id = "Geography-id" isInternal = "true" nodeType = "UniqueCode">
      <rim:Name>
        <rim:LocalizedString value = "Geography"/>
      </rim:Name>

      <rim:Description>
```

```xml
        <rim:LocalizedString value = "This is a sample Geography scheme"/>
      </rim:Description>

      <rim:ClassificationNode id = "NorthAmerica-id" parent = "Geography-id" code = "NorthAmerica" >
        <rim:ClassificationNode id = "UnitedStates-id" parent = "NorthAmerica-id" code = "UnitedStates" />
        <rim:ClassificationNode id = "Canada-id" parent = "NorthAmerica-id" code = "Canada" />
      </rim:ClassificationNode>

      <rim:ClassificationNode id = "Asia-id" parent = "Geography-id" code = "Asia" >
        <rim:ClassificationNode id = "Japan-id" parent = "Asia-id" code = "Japan" >
          <rim:ClassificationNode id = "Tokyo-id" parent = "Japan-id" code = "Tokyo" />
        </rim:ClassificationNode>
      </rim:ClassificationNode>
    </rim:ClassificationScheme>

    <! --
    The following show submission of a Automotive sub-tree of ClassificationNodes that gets added to an existing classification scheme named 'Industry' that is already in the registry
    -->

    <rim:ObjectRef id = "urn:uuid:d2345678-1234-1234-123456789012"/>
    <rim:ClassificationNode id = "automotiveNode" parent = "urn:uuid:d2345678-1234-1234-123456789012">
      <rim:Name>
        <rim:LocalizedString value = "Automotive" />
      </rim:Name>
      <rim:Description>
        <rim:LocalizedString value = "The Automotive sub-tree under Industry scheme"/>
      </rim:Description>
    </rim:ClassificationNode>

    <rim:ClassificationNode id = "partSuppliersNode" parent = "automotiveNode">
      <rim:Name>
        <rim:LocalizedString value = "Parts Supplier" />
      </rim:Name>
      <rim:Description>
        <rim:LocalizedString value = "The Parts Supplier node under the Automotive node" />
      </rim:Description>
    </rim:ClassificationNode>
```

```
<rim:ClassificationNode id = "engineSuppliersNode" parent = "automotiveNode">
  <rim:Name>
    <rim:LocalizedString value = "Engine Supplier" />
  </rim:Name>
  <rim:Description>
    <rim:LocalizedString value = "The Engine Supplier node under the Automotive node" />
  </rim:Description>
</rim:ClassificationNode>

<! --
The following show submission of 2 Classifications of an object that is already in the registry using 2 ClassificationNodes. One ClassificationNode is being submitted in this request (Japan) while the other is already in the registry.
  -->

<rim:Classification id = "japanClassification" classifiedObject = "urn:uuid:a2345678-1234-1234-123456789012" classificationNode = "Japan-id">
  <rim:Description>
    <rim:LocalizedString value = "Classifies object by /Geography/Asia/Japan node"/>
  </rim:Description>
</rim:Classification>

<rim:Classification id = "classificationUsingExistingNode" classifiedObject = "urn:uuid:a2345678-1234-1234-123456789012" classificationNode="urn:uuid:e2345678-1234-1234-123456789012">
  <rim:Description>
    <rim:LocalizedString value = "Classifies object using a node in the registry" />
  </rim:Description>
</rim:Classification>

<rim:ObjectRef id = "urn:uuid:e2345678-1234-1234-123456789012"/>
 </rim:LeafRegistryObjectList>
</SubmitObjectsRequest>
```

7.4 更新对象协议

更新对象协议是一种注册服务协议，它允许注册系统客户端以提交机构身份更新注册系统中现有的一个或多个注册系统项。图 8 给出了更新对象协议的 UML 表示(UML 表示法见附录 C)。

图 8 所示的业务文档模式详见附录 B。UpdateObjectsRequest(更新对象请求)消息包括一个 LeafRegistryObjectList 元素，该元素规定了一个或多个 RegistryObject。列表中的每个对象必须是一个当前的 RegistryObject。RegistryObject 必须包括所有属性，甚至包括那些用户并不打算改变的属性。如果一个属性缺失，则认为存在一个把该属性设置为 NULL(空)的请求。

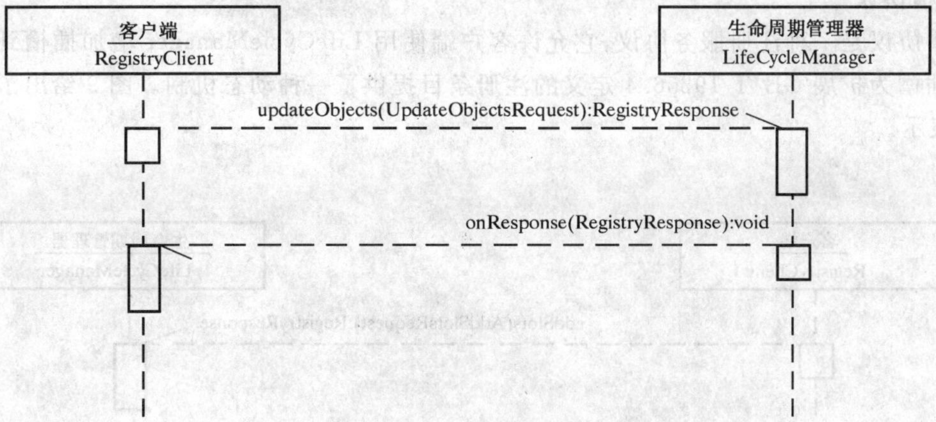

图 8　更新对象序列图

7.4.1　审计跟踪

RS必须为通过UpdateObjects请求更新的每个RegistryObject生成eventType为Updated(已更新)的AuditableEvents(可审计事件)对象。

7.4.2　提交机构

RS必须对在提交机构和通过UpdateObjects请求所更新的每个RegistryObject之间的、类型为SubmitterOf的Association进行维护。如果由另外一个提交机构提出的UpdateObjects请求被注册系统接受,则RS必须删除原来的关联对象,并生成一个新的关联对象。当然,AccessControlPolicy(访问控制策略)会首先禁止这种更新。提交机构由提交UpdateObjects请求的用户的organization属性确定。

7.4.3　错误处理

UpdateObjects请求是最小单元,其结果要么是完全成功,要么是彻底失败。如果成功,则注册系统发送一个status属性为Success的RegistryResponse返回到客户端。如果失败,则注册系统发送一个status属性为Failure的RegistryResponse返回到客户端。如果是对异步请求的立即响应,则注册系统发送一个status属性为Unavailable的RegistryResponse返回到客户端。在处理更新对象的过程中,如果出现一种或多种Error情况,则会导致失败。Warning消息不会导致请求失败。表6为业务规则的应用说明。

表 6　更新对象错误处理

业 务 规 则	适用对象	Error/Warning
没有找到对象	所有类	Error
没有授权	所有类	Error
没有找到被引用对象	Association类 Classification类 ClassificationNode类 Organization类	Error
不允许关联与被拒绝对象连接	Association类	Error
对象的status、majorVersion、minorVersion不能通过UpdateObjects协议来改变。如果提交,则可将其忽略	所有类	Warning
stability属性值为Stable(稳定)的RegistryEntry不应被更新	所有类	Warning

7.5 增加插槽协议

增加插槽协议是一种注册服务协议，它允许客户端使用 LifeCycleManager 增加插槽到先前提交的注册条目。插槽为扩展 GB/T 19256.4 定义的注册条目提供了一种动态机制。图 9 给出了增加插槽协议的 UML 表示。

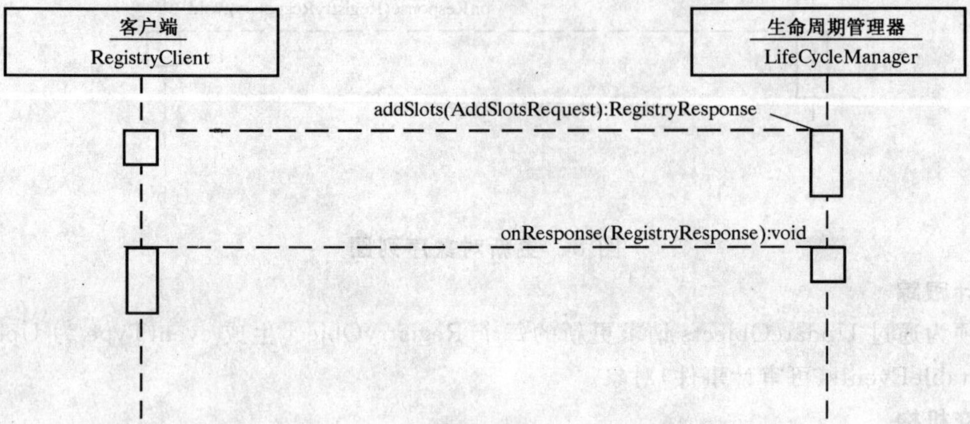

图 9　增加插槽序列图

如果增加插槽成功，则注册系统发送一个 status 属性为 Success 的 RegistryResponse 返回到客户端。如果增加插槽失败，则注册系统发送一个 status 属性为 Failure 的 RegistryResponse 返回到客户端。

7.6 删除插槽协议

删除插槽协议是一种注册服务协议，它允许客户端使用 LifeCycleManager 从先前提交的注册条目处删除插槽。图 10 给出了删除插槽协议的 UML 表示。

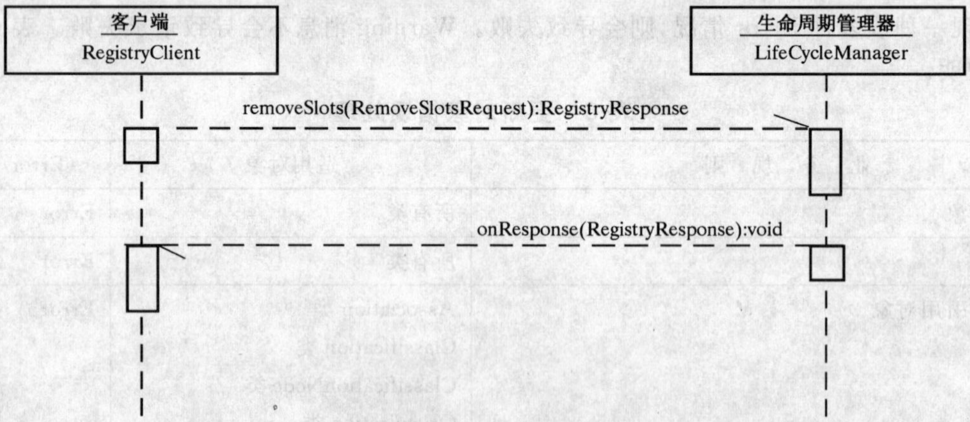

图 10　删除插槽序列图

7.7 批准对象协议

批准对象协议是一种注册服务协议，它允许客户端使用 LifeCycleManager 批准一个或多个先前提交的存储库项。一旦存储库项被批准，就可被业务参与方使用，如在形成新的 CPA 和 CPP 过程中使用。图 11 给出了批准对象协议的 UML 表示。

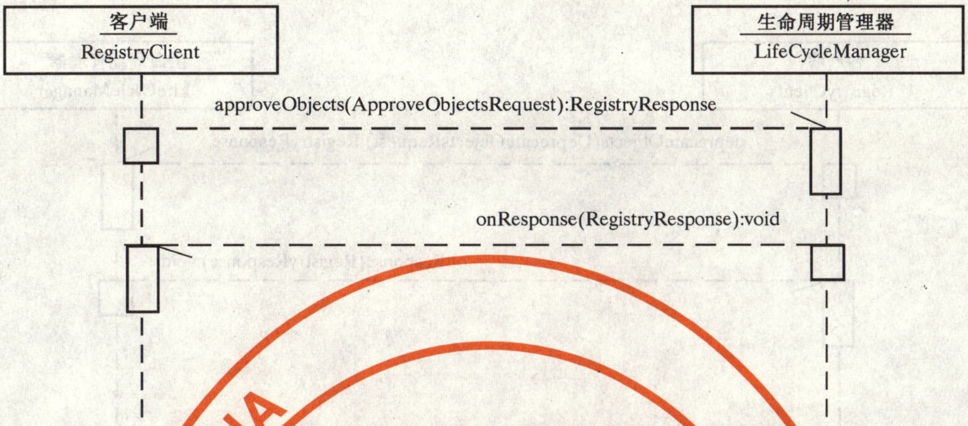

图 11　批准对象序列图

图 11 所示的业务文档模式详见附录 B。

7.7.1　审计跟踪

RS 必须为通过 ApproveObjects 请求批准的每个 RegistryObject 生成 eventType 为 Approved(已批准)的 AuditableEvents 对象。

7.7.2　提交机构

RS 必须对在提交机构与通过 ApproveObjects 请求更新的每个 RegistryObject 之间的、类型为 SubmitterOf 的 Association 进行维护。如果 ApproveObjects 请求被另一提交机构接受，则 RS 必须删除原来的关联对象，建立一个新的关联对象。当然，AccessControlPolicy 会首先禁止这类 ApproveObjects 请求。提交机构由提交 ApproveObjects 请求的用户的 organization 属性确定。

7.7.3　错误处理

ApproveObjects 请求是最小单元，其结果要么是完全成功，要么是彻底失败。如果成功，则注册系统发送一个 status 属性为 Success 的 RegistryResponse 返回到客户端。如果失败，则注册系统发送一个 status 属性为 Failure 的 RegistryResponse 返回到客户端。如果是对异步请求的立即响应，则注册系统发送一个 status 属性为 Unavailable 的 RegistryResponse 返回到客户端。在处理对象引用列表的过程中，如果出现一种或多种 Error 情况，则会导致失败。Warning 消息不会导致失败。表 7 为业务规则的应用说明。

表 7　批准对象错误处理

业　务　规　则	适用对象	Error/Warning
没有找到对象	所有类	Error
没有授权	RegistryEntry 类	Error
仅 RegistryEntry 被批准	RegistryEntry 类之外的所有类	Error
对象的 status 已为 Approved(被批准)	RegistryEntry 类	Warning

7.8　拒绝对象协议

拒绝对象协议是一种注册服务协议，它允许客户端使用 LifeCycleManager 拒绝一个或多个先前提交的存储库项。一旦对象被拒绝，则对其所有新的引用(如新的 Association、Classification 和 ExternalLink)都不能被提交。然而，对被拒绝对象现有的引用将继续有效。图 12 给出了拒绝对象协议的 UML 表示。

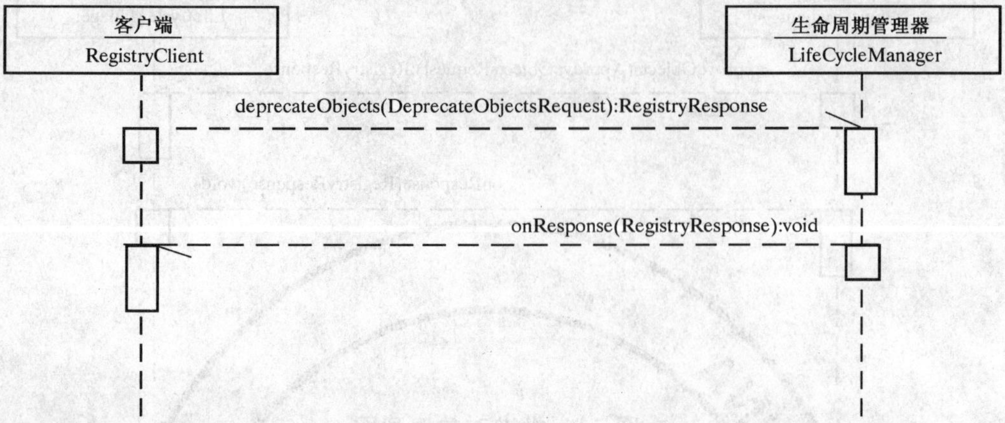

图 12　拒绝对象序列图

图 12 所示的业务文档模式详见附录 B。

7.8.1　审计跟踪

RS 必须为通过 DeprecateObjects 请求拒绝的每个 RegistryObject 生成 eventType 为 Dprecated (被拒绝)的 AuditableEvents 对象。

7.8.2　提交机构

RS 必须对在提交机构与通过 DeprecateObjects 请求更新的每个 RegistryObject 之间的、类型为 SubmitterOf 的 Association 进行维护。如果 DeprecateObjects 请求被另一提交机构接受，则 RS 必须删除原来的关联对象，并生成一个新的关联对象。当然，AccessControlPolicy 会首先禁止这类 DeprecateObjects 请求。提交机构由提交 DeprecateObjects 请求的用户的 organization 属性确定。

7.8.3　错误处理

DeprecateObjects 请求是最小单元，其结果要么是完全成功，要么是彻底失败。如果成功，则注册系统发送一个 status 属性为 Success 的 RegistryResponse 返回到客户端。如果失败，则注册系统发送一个 status 属性为 Failure 的 RegistryResponse 返回到客户端。如果是对异步请求的立即响应，则注册系统发送一个 status 属性为 Unavailable 的 RegistryResponse 返回到客户端。在处理对象引用列表的过程中，如果出现一种或多种 Error 情况，则会导致失败。Warning 消息不会导致失败。表 8 为业务规则的应用说明。

表 8　拒绝对象错误处理

业　务　规　则	适用对象	Error/Warning
没有找到对象	所有类	Error
没有授权	RegistryEntry 类	Error
仅 RegistryEntry 被拒绝	RegistryEntry 类之外的所有类	Error
对象的 status 已为 Deprecated	RegistryEntry 类	Warning

7.9　删除对象协议

删除对象协议是一种注册服务协议，它允许客户端使用 LifeCycleManager 删除一个或多个 RegistryObject 实例和/或存储库项。图 13 给出了删除对象协议的 UML 表示。

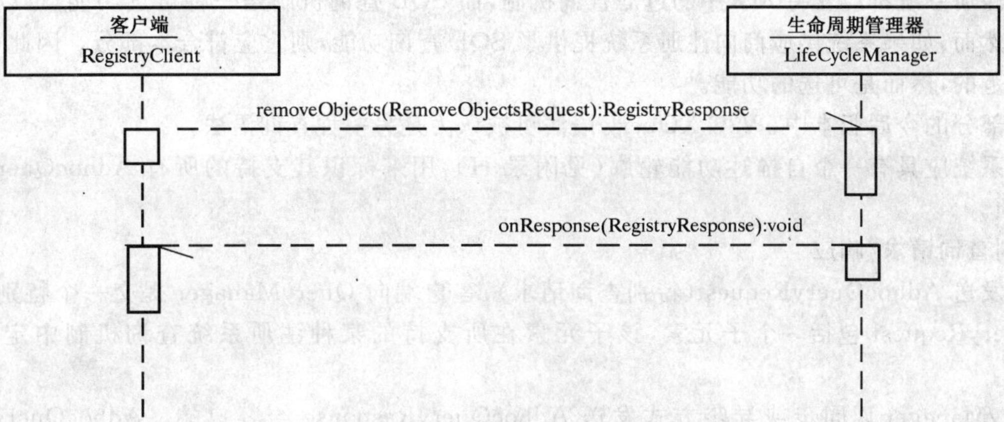

图 13 删除对象序列图

图 13 所示的业务文档模式详见附录 B。

客户端通过发送 RemoveObjectsRequest(删除对象请求)消息来删除 RegistryObject 实例和/或存储库项。RemoveObjectsRequest 元素包括一个称为 deletionScope(删除范围)的 XML 属性,其值为枚举型,具体说明如下。

7.9.1 deletionScope 为 DeleteRepositoryItemOnly

当 deletionScope 为 DeleteRepositoryItemOnly(仅删除存储库项)时,RemoveObjectsRequest 应删除指定注册条目的存储库项,但不能删除该注册条目。这样有利于保持对注册条目的引用继续有效。

7.9.2 deletionScope 为 DeleteAll

当 deletionScope 为 DeleteAll(删除所有)时,RemoveObjectsRequest 应删除 RegistryObject 和指定注册条目的存储库项。只有当删除所有对 RegistryObject 的引用(如 Association、Classification、ExternalLink)时,才可使用含有值为 DeleteAll 的 deletionScope 的 RemoveObjectsRequest 来删除该 RegistryObject。当对 RegistryObject 仍然有引用时,如果试图将其删除,则用 InvalidRequestError(无效请求错误)指出该错误情况。

7.9.3 错误处理

RemoveObjects 请求是最小单元,其结果要么是完全成功,要么是彻底失败。如果成功,则注册系统发送一个 status 属性为 Success 的 RegistryResponse 返回到客户端。如果失败,则注册系统发送一个 status 属性为 Failure 的 RegistryResponse 返回到客户端。如果是对异步请求的立即响应,则注册系统发送一个 status 属性为 Unavailable 的 RegistryResponse 返回到客户端。在处理对象引用列表的过程中,如果出现一种或多种 Error 情况,则会导致失败。Warning 消息不会导致失败。表 9 为业务规则的应用说明。

表 9 删除对象错误管理

业 务 规 则	适用对象	Error/Warning
没有找到对象	所有类	Error
没有授权	RegistryObject 类	Error

8 查询管理服务

本章描述了注册服务功能,它允许客户端(QueryManagerClient)使用注册系统的 QueryManager 接口搜寻或查询注册系统中不同种类的注册对象。注册系统支持的查询功能如下:

a) 过滤查询;

b) SQL 查询。

每个注册系统都应支持8.2中的过滤查询机制，而SQL查询机制是一种可选功能，可以由注册系统提供。然而，如果系统供应商向注册系统提供了SQL查询功能，则它应符合本部分。因此，这种功能是一种规范的，然而是可选的功能。

在本部分的今后版本中，W3C XQuery语法可被认为是另一种查询语法。

注册系统应具有一个自描述功能轮廓(见附录H)，用来标识其支持的所有AdhocQuery(特别查询)的选项。

8.1 特别查询请求/响应

通过发送AdhocQueryRequest(特别查询请求)，客户端向QueryManager提交一个特别查询。该AdhocQueryRequest包括一个子元素，该子元素在所支持的某种注册系统查询机制中定义了一个查询。

QueryManager以同步或异步方式发送AdhocQueryResponse给客户端。AdhocQueryResponse返回一系列对象，这些对象的元素类型取决于AdhocQueryRequest的responseOption(响应选项)属性。这些对象可以是GB/T 19256.4中的叶类，也可以是对注册系统中的对象的引用，还可以是GB/T 19256.4中的中间类(如RegistryObject和RegistryEntry)。

查询请求消息中的所有错误都应在相应的查询响应消息中指出。图14给出了特别查询请求/响应的UML表示。

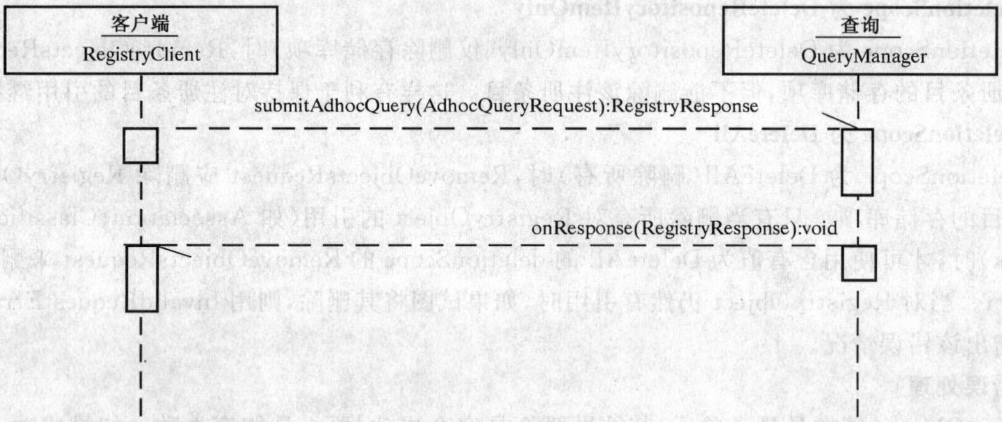

图14 提交特别查询序列图

图14所示的业务文档模式详见附录B.2。

下面给出了AdhocQueryRequest和AdhocQueryResponse的定义。

```
<element name="AdhocQueryRequest">
  <complexType>
    <sequence>
      <element ref="tns:ResponseOption" minOccurs="1" maxOccurs="1" />
      <choice minOccurs="1" maxOccurs="1">
        <element ref="tns:FilterQuery" />
        <element ref="tns:SQLQuery" />
      </choice>
    </sequence>
  </complexType>
</element>
```

```
<element name="AdhocQueryResponse">
  <complexType>
    <choice minOccurs="1" maxOccurs="1">
      <element ref="tns:FilterQueryResult" />
      <element ref="tns:SQLQueryResult" />
    </choice>
  </complexType>
</element>
```

8.1.1 查询响应选项

8.1.1.1 目的

QueryManagerClient 可以使用 AdhocQueryRequest 的 ResponseOption 元素来规定特别查询必须在 AdhocQueryResponse 中返回的结果。ResponseOption 元素有一个 returnType(返回类型)属性,其值为:

a) ObjectRef——该选项规定了 AdhocQueryResponse 可以包括按照[ebRIM Schema]定义的一组 ObjectRef 的 XML 元素,其目的是仅返回注册对象的标识符。

b) RegistryObject——该选项规定了 AdhocQueryResponse 可以包括按照[ebRIM Schema]定义的一组 RegistryObject 的 XML 元素。在这种情况下,除了返回 id 属性之外,还应返回注册对象的所有属性(如 objectType、name、description 等)。

c) RegistryEntry——该选项规定了 AdhocQueryResponse 可以包括按照[ebRIM Schema]定义的一组 RegistryEntry 或 RegistryObject 的 XML 元素,这些元素分别与 RegistryEntry 或 RegistryObject 的属性相对应。

d) LeafClass(叶类)——该选项规定了 AdhocQueryResponse 可以包括一组 XML 元素,这些元素与按照[ebRIM Schema]定义的叶类相对应。

e) LeafClassWithRepositoryItem(带有存储库项的叶类)——该选项规定了 AdhocQueryResponse 可以包括按照[ebRIM Schema]定义的一组 ExtrinsicObject 的 XML 元素、与这些元素相关的存储库项、RegistryEntry 或 RegistryObject 以及它们的属性。ExtrinsicObject 与其存储库项的链接通过 8.4 中的 contentURI 来实现。

ResponseOption 元素还有一个 returnComposedObjects(返回复合对象)属性。该属性规定了复合对象的整个层次结构是否与注册对象一起返回。

如果 returnType 的值高于选项 RegistryObject,则将返回满足查询的最高选项。这可以用一个要求 OrganizationQuery(组织机构查询)返回 LeafClassWithRepositoryItem 的案例来说明。当这种情况无法实现时,QueryManager 将用 LeafClass 来代替。如果要求 OrganizationQuery 把 RegistryEntry 作为返回类型进行检索,则将返回 RegistryObject 元数据。

8.1.1.2 定义

查询响应选项的定义如下:

```
<complexType name="ResponseOptionType">
  <attribute name="returnType" default="RegistryObject">
    <simpleType>
      <restriction base="NMTOKEN">
        <enumeration value="ObjectRef" />
        <enumeration value="RegistryObject" />
```

```
        <enumeration value="RegistryEntry" />
        <enumeration value="LeafClass" /> 1164
        <enumeration value="LeafClassWithRepositoryItem" />
      </restriction>
    </simpleType>
  </attribute>
  <attribute name="returnComposedObjects" type="boolean" default="false" />
</complexType>
<element name="ResponseOption" type="tns:ResponseOptionType" />
```

8.2 过滤查询支持

FilterQuery(过滤查询)是为任一 ebXML 注册系统实施提供简单查询功能的一种 XML 语法。根据查询所针对的类,过滤查询有两种类型,其中的每种类型都对应于 GB/T 19256.4 定义的一个类。

a) 首先,过滤查询的两种类型分别为 RegistryObjectQuery(注册对象查询)和 RegistryEntryQuery(注册条目查询),它们都可以进行用于返回所查询类的不同子类的普通查询。这种查询的结果是一组与满足 8.1.1 定义的 responseOption 的类实例相对应的 XML 元素,如 responseOption 为 LeafClass 的 RegistryObjectQuery 将返回满足这一查询的所有实例的所有属性。这就意味着响应可以返回诸如与 ClassificationScheme(分类方案)、RegistryPackage(注册包)、Organization 和 Service 类对应的 XML 元素。

b) 其次,FilterQuery 支持对所选的 ebRIM 类的查询,以确定这些类的准确遍历。因此,这样就限制了对这些查询的响应。

客户端提交作为 AdhocQueryRequest 一部分的一个 FilterQuery,QueryManager 就会给客户端返回一个 AdhocQueryResponse,其中包含在此规定的合适的 FilterQueryResult(过滤查询结果)。AdhocQueryRequest 和 AdhocQueryResponse 的序列图已在 8.1 中给出。

每种类型的 FilterQuery 都与一个 ebRIM 绑定相关,该绑定指明了从单个类导出的类及其与其他类间关联的层次结构,其中的类定义见 GB/T 19256.4。每选定一个类就意味着确定了一个以树的形式进行查询的虚拟 XML 文档。例如,设 C 为所选定的一个类,Y 和 Z 是与 C 直接关联的类,而 V 是与 Z 关联的类,则 C 的 ebRIM 绑定如图 15 所示。

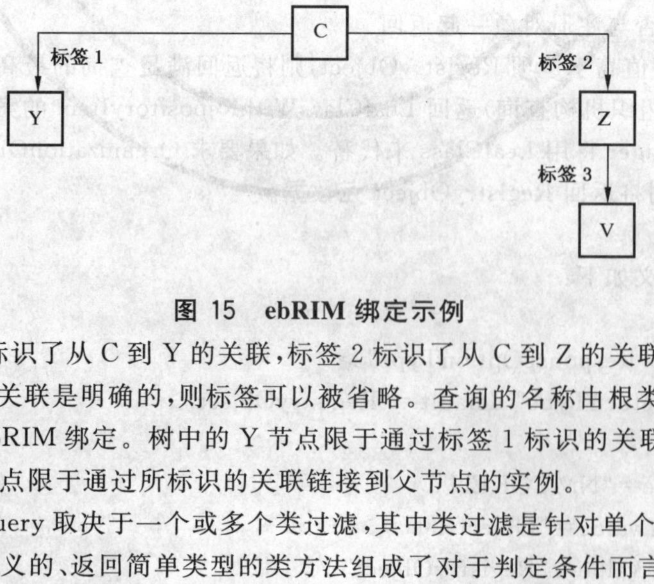

图 15 ebRIM 绑定示例

在图 15 中,标签 1 标识了从 C 到 Y 的关联,标签 2 标识了从 C 到 Z 的关联,标签 3 标识了从 Z 到 V 的关联。如果 ebRIM 关联是明确的,则标签可以被省略。查询的名称由根类决定,因此该绑定是一个 CQuery(C 查询)的 ebRIM 绑定。树中的 Y 节点限于通过标签 1 标识的关联链接到 C 的 Y 实例的集合。类似地,Z 和 V 节点限于通过所标识的关联链接到父节点的实例。

每种类型的 FilterQuery 取决于一个或多个类过滤,其中类过滤是针对单个类的属性的限制判定条件。GB/T 19256.4 中定义的、返回简单类型的类方法组成了对于判定条件而言是有效选择的"可见属性”。这些属性的名称与对应方法的名称相同，只是没有前缀“get”。如“getLevelNumber”方法对应的可见属性为“levelNumber”。8.2.13 中规定了所支持的类过滤，8.2.14 中定义了所支持的判定条件。FilterQuery 是由通过遍历整个树来确定哪些分支满足指定类过滤的元素组成的，并且查询结果是支持这样一个分支的实例集合。

在上述例子中，CQuery 元素应有三个子元素：一个是关于 C 类的 CFilter(C 过滤)，用于删除不满足 CFilter 判定条件的 C 实例；另一个是关于 Y 类的 YFilter(Y 过滤)，用于删除从 C 到 Y 的关联目标不满足 YFilter 的从 C 到 Y 的分支；第三个元素用于删除从 C 经过 Z 到 V 的分支。由于第三个元素允许从 C 到 V 的路径上的每个类的类过滤，因此称其为分支元素。通常，分支元素有子元素，这些子元素本身可以是类过滤、其他分支元素或是对路径中的类全面展开的类查询。

如果从 C 类到 Y 类的关联为一对零或一对一，则最多允许存在一个关于 Y 的分支、过滤或查询元素。然而，如果关联为一对多，则允许存在多个分支、过滤或查询元素。这样就可以规定：一个 C 实例在满足分支元素前必须与多个 Y 实例相关联。

FilterQuery 语法依赖于 GB/T 19256.4 中定义的结构。如果 GB/T 19256.4 是稳定的，则 FilterQuery 语法也是稳定的。然而，如果 GB/T 19256.4 增加新的结构，则 FilterQuery 的语法和语义也应同时扩展。而且，FilterQuery 语法遵循从 GB/T 19256.4 继承来的层次结构，这就意味着子类查询将继承各自的超类查询。在[ebRIM Schema]中解释了与 GB/T 19256.4 中的类相匹配的 XML 元素结构。Filter、Query 或 Branch 的名称应尽可能与 GB/T 19256.4 中的名称相对应。

从 8.2.2 到 8.2.12 的 ebRIM 绑定内容说明了每种类型的 FilterQuery 的虚拟层次结构。每种类型查询的语义规则说明了绑定对查询语义的作用。

8.2.1 FilterQuery

8.2.1.1 目的

FilterQuery 的目的是对一组遍历具体注册系统类的查询进行说明。每种类型的 FilterQuery 都假设了与特定的 ebRIM 绑定，其状态为成功或一系列警告和/或异常。

8.2.1.2 定义

FilterQuery 的定义如下：

```
<element name="FilterQuery">
  <complexType>
    <choice minOccurs="1" maxOccurs="1">
      <element ref="tns:RegistryObjectQuery" />
      <element ref="tns:RegistryEntryQuery" />
      <element ref="tns:AssociationQuery" />
      <element ref="tns:AuditableEventQuery" />
      <element ref="tns:ClassificationQuery" />
      <element ref="tns:ClassificationNodeQuery" />
      <element ref="tns:ClassificationSchemeQuery" />
      <element ref="tns:RegistryPackageQuery" />
      <element ref="tns:ExtrinsicObjectQuery" />
      <element ref="tns:OrganizationQuery" />
      <element ref="tns:ServiceQuery" />
    </choice>
  </complexType>
</element>
```

```
<element name="FilterQueryResult">
  <complexType>
    <choice minOccurs="1" maxOccurs="1">
      <element ref="tns:RegistryObjectQueryResult" />
      <element ref="tns:RegistryEntryQueryResult" />
      <element ref="tns:AssociationQueryResult" />
      <element ref="tns:AuditableEventQueryResult" />
      <element ref="tns:ClassificationQueryResult" />
      <element ref="tns:ClassificationNodeQueryResult" />
      <element ref="tns:ClassificationSchemeQueryResult" />
      <element ref="tns:RegistryPackageQueryResult" />
      <element ref="tns:ExtrinsicObjectQueryResult" />
      <element ref="tns:OrganizationQueryResult" />
      <element ref="tns:ServiceQueryResult" />
    </choice>
  </complexType>
</element>
```

8.2.1.3 语义规则

规则 1:每种类型的 FilterQuery 的语义规则在后续的章节中进行规定。

规则 2:语义规则规定实施 FilterQuery 评估的程序。如果可以获得相同的效果,则实施过程不一定需要遵守相同的程序。

规则 3:每个 FilterQueryResult 都是一组用于标识每个结果集合实例的 XML 元素。每个 XML 属性都含有一个由注册系统信息模型[ebRIM Schema]中规定的属性值导出的值。

规则 4:对于每个 FilterQuery 子元素,仅有一个对应的、必须作为响应返回的 FilterQueryResult 子元素。FilterQueryResult 子元素的类名称必须与 FilterQuery 子元素的类名称相匹配。

规则 5:如果一个类的 Filter、Branch 或 Query 元素没有子元素,则该类的每个持久实例均满足这些元素。

规则 6:如果在执行 FilterQuery 期间出现一个错误,则 XML 元素 RegistryResult(注册结果)的 status 属性应被设为 Failure,且不返回 AdhocQueryResult 元素;或者必须返回一个 RegistryErrorList 元素,并把其 highestSeverity(最严重)属性设为 Error。至少将 RegistryErrorList 中的一个 RegistryError 元素的 severity 属性设为 Error。

规则 7:如果在执行 FilterQuery 期间没有出现错误,则 XML 元素 RegistryResult 的 status 属性被设为 Success,且必须包括一个合适的 FilterQueryResult 元素。如果返回 RegistryErrorList,则其 highestSeverity 属性应被设为 Warning,且每个 RegistryError 的 severity 属性都应被设为 Warning。

8.2.2 RegistryObjectQuery

8.2.2.1 目的

RegistryObjectQuery 的目的是通过选定的注册元数据进行查询,确定符合查询条件的一组注册对象实例。

8.2.2.2 ebRIM 绑定

图 16 给出了 RegistryObjectQuery 的 ebRIM 绑定。

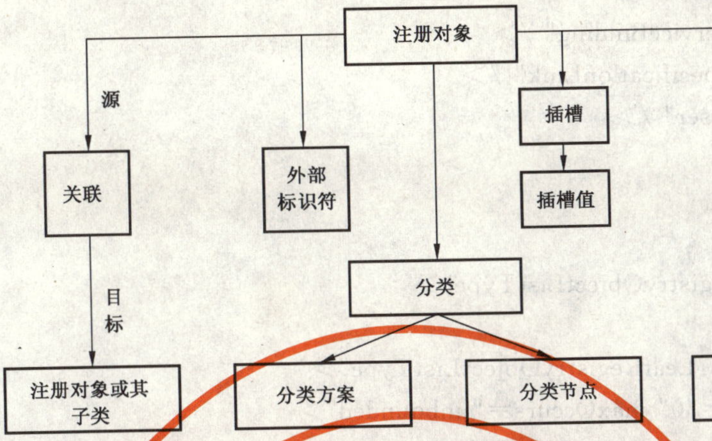

图 16　RegistryObjectQuery 的 ebRIM 绑定

8.2.2.3　定义

RegistryObjectQuery 的定义如下：

```
<complexType name="RegistryObjectQueryType">
  <sequence>
    <element ref="tns:RegistryObjectFilter" minOccurs="0" maxOccurs="1" />
    <element ref="tns:ExternalIdentifierFilter" minOccurs="0" maxOccurs="unbounded" />
    <element ref="tns:AuditableEventQuery" minOccurs="0" maxOccurs="unbounded" />
    <element ref="tns:NameBranch" minOccurs="0" maxOccurs="1" />
    <element ref="tns:DescriptionBranch" minOccurs="0" maxOccurs="1" />
    <element ref="tns:ClassifiedByBranch" minOccurs="0" maxOccurs="unbounded" />
    <element ref="tns:SlotBranch" minOccurs="0" maxOccurs="unbounded" />
    <element ref="tns:SourceAssociationBranch" minOccurs="0" maxOccurs="unbounded" />
    <element ref="tns:TargetAssociationBranch" minOccurs="0" maxOccurs="unbounded" />
  </sequence>
</complexType>
<element name="RegistryObjectQuery" type="tns:RegistryObjectQueryType" />

<complexType name="LeafRegistryObjectListType">
  <choice minOccurs="0" maxOccurs="unbounded">
    <element ref="tns:ObjectRef" />
    <element ref="tns:Association" />
    <element ref="tns:AuditableEvent" />
    <element ref="tns:Classification" />
    <element ref="tns:ClassificationNode" />
    <element ref="tns:ClassificationScheme" />
    <element ref="tns:ExternalIdentifier" />
    <element ref="tns:ExternalLink" />
    <element ref="tns:ExtrinsicObject" />
    <element ref="tns:Organization" />
    <element ref="tns:RegistryPackage" />
```

```
    <element ref="tns:Service" />
    <element ref="tns:ServiceBinding" />
    <element ref="tns:SpecificationLink" />
    <element ref="tns:User" />
  </choice>
</complexType>

<complexType name="RegistryObjectListType">
  <complexContent>
    <extension base="tns:LeafRegistryObjectListType">
      <choice minOccurs="0" maxOccurs="unbounded">
        <element ref="tns:RegistryEntry" />
        <element ref="tns:RegistryObject" />
      </choice>
    </extension>
  </complexContent>
</complexType>
<element name="RegistryObjectQueryResult" type="rim:RegistryObjectListType" />

<complexType name="InternationalStringBranchType">
  <sequence>
    <element ref="tns:LocalizedStringFilter" minOccurs="0" maxOccurs="unbounded" />
  </sequence>
</complexType>

<complexType name="AssociationBranchType">
  <sequence>
    <element ref="tns:AssociationFilter" minOccurs="0" maxOccurs="1" />
    <choice minOccurs="0" maxOccurs="1">
      <element ref="tns:ExternalLinkFilter" minOccurs="0" maxOccurs="1" />
      <element ref="tns:ExternalIdentifierFilter" minOccurs="0" maxOccurs="1" />
      <element ref="tns:RegistryObjectQuery" minOccurs="0" maxOccurs="1" />
      <element ref="tns:RegistryEntryQuery" minOccurs="0" maxOccurs="1" />
      <element ref="tns:AssociationQuery" minOccurs="0" maxOccurs="1" />
      <element ref="tns:ClassificationQuery" minOccurs="0" maxOccurs="1" />
      <element ref="tns:ClassificationSchemeQuery" minOccurs="0" maxOccurs="1" />
      <element ref="tns:ClassificationNodeQuery" minOccurs="0" maxOccurs="1" />
      <element ref="tns:OrganizationQuery" minOccurs="0" maxOccurs="1" />
      <element ref="tns:AuditableEventQuery" minOccurs="0" maxOccurs="1" />
      <element ref="tns:RegistryPackageQuery" minOccurs="0" maxOccurs="1" />
      <element ref="tns:ExtrinsicObjectQuery" minOccurs="0" maxOccurs="1" />
      <element ref="tns:ServiceQuery" minOccurs="0" maxOccurs="1" />
      <element ref="tns:UserBranch" minOccurs="0" maxOccurs="1" />
```

```
        <element ref="tns:ServiceBindingBranch" minOccurs="0" maxOccurs="1" />
        <element ref="tns:SpecificationLinkBranch" minOccurs="0" maxOccurs="1" />
      </choice>
    </sequence>
  </complexType>
  <element name="SourceAssociationBranch" type="tns:AssociationBranchType" />
  <element name="TargetAssociationBranch" type="tns:AssociationBranchType" />

  <element name="ClassifiedByBranch">
    <complexType>
      <sequence>
        <element ref="tns:ClassificationFilter" minOccurs="0" maxOccurs="1" />
        <element ref="tns:ClassificationSchemeQuery" minOccurs="0" maxOccurs="1" />
        <element ref="tns:ClassificationNodeQuery" minOccurs="0" maxOccurs="1" />
      </sequence>
    </complexType>
  </element>

  <element name="SlotBranch">
    <complexType>
      <sequence>
        <element ref="tns:SlotFilter" minOccurs="0" maxOccurs="1" />
        <element ref="tns:SlotValueFilter" minOccurs="0" maxOccurs="unbounded" />
      </sequence>
    </complexType>
  </element>

  <element name = "UserBranch">
    <complexType>
      <sequence>
        <element ref = "tns:UserFilter" minOccurs = "0" maxOccurs="1"/>
        <element ref = "tns:PostalAddressFilter" minOccurs = "0" maxOccurs="1"/>
        <element ref="tns:TelephoneNumberFilter" minOccurs="0" maxOccurs="unbounded"/>
        <element ref = "tns:EmailAddressFilter" minOccurs = "0" maxOccurs="unbounded"/>
        <element ref = "tns:OrganizationQuery" minOccurs = "0" maxOccurs="1"/>
      </sequence>
    </complexType>
  </element>

  <complexType name="ServiceBindingBranchType">
    <sequence>
      <element ref="tns:ServiceBindingFilter" minOccurs="0" maxOccurs="1" />
      <element ref="tns:SpecificationLinkBranch" minOccurs="0" maxOccurs="unbounded" />
```

```
    <element ref="tns:ServiceBindingTargetBranch" minOccurs="0" maxOccurs="1" />
  </sequence>
</complexType>
<element name="ServiceBindingBranch" type="tns:ServiceBindingBranchType" />
<element name="ServiceBindingTargetBranch" type="tns:ServiceBindingBranchType" />

<element name="SpecificationLinkBranch">
  <complexType>
    <sequence>
      <element ref="tns:SpecificationLinkFilter" minOccurs="0" maxOccurs="1" />
      <element ref="tns:RegistryObjectQuery" minOccurs="0" maxOccurs="1" />
      <element ref="tns:RegistryEntryQuery" minOccurs="0" maxOccurs="1" />
    </sequence>
  </complexType>
</element>
```

8.2.2.4 语义规则

规则1:设RO为注册系统中所有持久的RegistryObject实例的集合。按照下面步骤,将RO中不满足指定过滤条件的实例删除:

a) 如果RO为空,则跳到规则2。

b) 如果没有指定一个RegistryObjectFilter(注册对象过滤),则转到下一步;否则,设x为RO中的一个注册对象。如果x不满足RegistryObjectFilter,则从RO中删除x。如果RO为空,则跳到下一规则。

c) 如果没有指定ExternalIdentifierFilter(外部标识符过滤),则转到下一步;否则,设x为RO中的一个剩余的注册对象。如果x未与任一ExternalIdentifier(外部标识符)实例相链接,则从RO中删除x;否则,按照下面的方式分别处理ExternalIdentifierFilter元素:设EI为满足ExternalIdentifierFilter,且与x相链接的ExternalIdentifierFilter实例的集合。如果EI为空,则从RO中删除x;如果RO为空,则跳到下一规则。

d) 如果没有指定AuditableEventQuery(可审计事件查询),则转到下一步;否则,设x为RO中的一个剩余的注册对象。如果x没有满足8.2.5中规定的AuditableEventQuery的可审计事件,则从RO中删除x。如果RO为空,则跳到下一规则。

e) 如果没有指定NameBranch(名称分支),则转到下一步;否则,设x为RO中的一个剩余的注册对象。如果x没有名称,则从RO中删除x。如果RO为空,则跳到下一规则;否则,按照下面的方式处理NameBranch:如果构成注册对象名称的任一LocalizedString(本地化字符串)不满足所规定的LocalizedStringFilter(本地化字符串过滤),则从RO中删除x。如果RO为空,则跳到下一规则。

f) 如果没有指定DescriptionBranch(描述分支),则转到下一步;否则,设x为RO中的一个剩余的注册对象。如果x没有名称,则从RO中删除x。如果RO为空,则跳到下一规则;否则,按照下面的方式处理DescriptionBranch:如果构成注册对象描述的任一LocalizedString不满足所规定的LocalizedStringFilter,则从RO中删除x。如果RO为空,则跳到下一规则。

g) 如果没有指定ClassifiedByBranch(分支分类)元素,则转到下一步;否则,设x为RO中的一个剩余的注册对象。如果x不是任一Classification实例的classifiedObject(被分类对象),则从RO中删除x;否则,按照下面的方式分别处理ClassifiedByBranch元素:如果ClassifiedBy-

Branch 中没有规定 ClassificationFilter(分类过滤),则设 CL 为所有含有 x 的 Classification 实例的集合;否则,设 CL 为所有满足 ClassificationFilter 并含有 x 的 Classification 实例的集合。如果 CL 为空,则从 RO 中删除 x,并跳到下一规则;否则,如果 CL 不为空,且指定了 ClassificationSchemeQuery(分类方案查询),则用 CL 中剩余的、分类方案满足 ClassificationSchemeQuery 的 Classification 实例的集合替代 CL。如果新的 CL 为空,则从 RO 中删除 x,并跳到下一规则;如果 CL 不为空,且规定了 ClassificationNodeQuery(分类节点查询),则用 CL 中剩余的、有一个分类节点且分类节点满足 ClassificationNodeQuery 的 Classification 实例的集合替代 CL。如果新的 CL 为空,则从 RO 中删除 x。如果 RO 为空,则跳到下一规则。

h) 如果没有指定 SlotBranch(插槽分支)元素,则转到下一步;否则,设 x 为 RO 中的一个剩余的注册对象。如果 x 没有与任一 Slot 实例相链接,则从 RO 中删除 x。如果 RO 为空,则跳到下一规则;否则,按照下面的方式分别处理每个 SlotBranch 元素:如果在 SlotBranch 中没有指定 SlotFilter(插槽过滤),则设 SL 为 x 的所有 Slot 实例的集合;否则,设 SL 为满足 SlotFilter 且是 x 的 Slot 实例的 Slot 实例的集合。如果 SL 为空,则从 RO 中删除 x,并跳到下一规则;如果 SL 不为空,且指定了 SlotValueFilter(插槽值过滤),则用 SL 中剩余的、适用于每个指定的 SlotValueFilter 的 Slot 实例的集合来替代 SL。如果 SL 为空,则从 RO 中删除 x。如果 RO 为空,则跳到下一规则。

i) 如果没有指定 SourceAssociationBranch(源关联分支)元素,则转到下一步;否则,设 x 为 RO 中的一个剩余的注册对象。如果 x 不是任一 Association 实例的源对象,则从 RO 中删除 x。如果 RO 为空,则跳到下一规则;否则,按下面的方式分别处理每个 SourceAssociationBranch 元素:

如果在 SourceAssociationBranch 中没有规定 AssociationFilter(关联过滤),则设 AF 为含有源对象 x 的所有 Association 实例的集合;否则,设 AF 为满足 AssociationFilter,且含有源对象 x 的 Association 实例的集合。如果 AF 为空,则从 RO 中删除 x。

如果 RO 为空,则跳到下一规则。

如果在 SourceAssociationBranch 中指定了一个 ExternalLinkFilter(外部链接过滤),则设 ROT 为满足 ExternalLinkFilter,且是 AF 的某个元素的目标对象的 ExternalLink 实例的集合。如果 ROT 为空,则从 RO 中删除 x。如果 RO 为空,则跳到下一规则。

如果在 SourceAssociationBranch 中指定了一个 ExternalIdentifierFilter,则设 ROT 为满足 ExternalIdentifierFilter,且是 AF 的某个元素的目标对象的 ExternalIdentifier 实例的集合。如果 ROT 为空,则从 RO 中删除 x。如果 RO 为空,则跳到下一规则。

如果在 SourceAssociationBranch 中指定了一个 RegistryObjectQuery,则设 ROT 为满足 RegistryObjectQuery,且是 AF 的某个元素的目标对象的 RegistryObject 实例的集合。如果 ROT 为空,则从 RO 中删除 x。如果 RO 为空,则跳到下一规则。

如果在 SourceAssociationBranch 中指定了一个 RegistryEntryQuery,则设 ROT 为满足 RegistryEntryQuery,且是 AF 的某个元素的目标对象的 RegistryEntry 实例的集合。如果 ROT 为空,则从 RO 中删除 x。如果 RO 为空,则跳到下一规则。

如果在 SourceAssociationBranch 中指定了一个 ClassificationSchemeQuery,则设 ROT 为满足 ClassificationSchemeQuery,且是 AF 的某个元素的目标对象的 ClassificationScheme 实例的集合。如果 ROT 为空,则从 RO 中删除 x。如果 RO 为空,则跳到下一规则。

如果在 SourceAssociationBranch 中指定了一个 ClassificationNodeQuery,则设 ROT 为满足 ClassificationNodeQuery,且是 AF 的某个元素的目标对象的 ClassificationNode 实例的集合。如果 ROT 为空,则从 RO 中删除 x。如果 RO 为空,则跳到下一规则。

如果在 SourceAssociationBranch 中指定了一个 OrganizationQuery,则设 ROT 为满足

OrganizationQuery，且是 AF 的某个元素的目标对象的 Organization 实例的集合。如果 ROT 为空，则从 RO 中删除 x。如果 RO 为空，则跳到下一规则。

如果在 SourceAssociationBranch 中指定了一个 AuditableEventQuery，则设 ROT 为满足 AuditableEventQuery，且是 AF 的某个元素的目标对象的 AuditableEvent 实例的集合。如果 ROT 为空，则从 RO 中删除 x。如果 RO 为空，则跳到下一规则。

如果在 SourceAssociationBranch 中指定了一个 RegistryPackageQuery(注册包查询)，则设 ROT 为满足 RegistryPackageQuery，且是 AF 的某个元素的目标对象的 RegistryPackage 实例的集合。如果 ROT 为空，则从 RO 中删除 x。如果 RO 为空，则跳到下一规则。

如果在 SourceAssociationBranch 中指定了一个 ExtrinsicObjectQuery(外部对象查询)，则设 ROT 为满足 ExtrinsicObjectQuery，且是 AF 的某个元素的目标对象的 ExtrinsicObject 实例的集合。如果 ROT 为空，则从 RO 中删除 x。如果 RO 为空，则跳到下一规则。

如果在 SourceAssociationBranch 中指定了一个 ServiceQuery(服务查询)，则设 ROT 为满足 ServiceQuery，且是 AF 的某个元素的目标对象的 Service 实例的集合。如果 ROT 为空，则从 RO 中删除 x。如果 RO 为空，则跳到下一规则。

如果在 SourceAssociationBranch 中指定了一个 UserBranch(用户分支)，则设 ROT 为作为 AF 的某个元素的目标对象的 User(用户)实例的集合。如果 ROT 为空，则从 RO 中删除 x。如果 RO 为空，则跳到下一规则。设 u 为 ROT 的一个成员。如果在 UserBranch 中指定了一个 UserFilter(用户过滤)元素，并且 u 不满足该过滤，则从 ROT 中删除 u。如果 ROT 为空，则从 RO 中删除 x。如果 RO 为空，则跳到下一规则。如果在 UserBranch 中指定了一个 PostalAddressFilter(邮政地址过滤)元素，并且 u 的邮政地址不满足该过滤，则从 ROT 中删除 u。如果 ROT 为空，则从 RO 中删除 x。如果 RO 为空，则跳到下一规则。如果在 UserBranch 中指定了 TelephoneNumberFilter(电话号码过滤)，并且 u 的所有电话号码都不满足任一 TelephoneNumberFilter，则从 ROT 中删除 u。如果 ROT 为空，则从 RO 中删除 x。如果 RO 为空，则跳到下一规则。如果在 UserBranch 中指定了一个 OrganizationQuery 元素，则设 o 为 u 所隶属的 Organization 实例的集合。如果 o 不满足 8.2.11 中定义的 OrganizationQuery，则从 ROT 中删除 u。如果 ROT 为空，则从 RO 中删除 x。如果 RO 为空，则跳到下一规则。

如果在 SourceAssociationBranch 中指定了一个 ClassificationQuery(分类查询)，则设 ROT 为满足 ClassificationQuery，且是 AF 的某个元素的目标对象的 Classification 实例的集合。如果 ROT 为空，则从 RO 中删除 x。如果 RO 为空，则跳到下一规则。

如果在 SourceAssociationBranch 中指定了一个 ServiceBindingBranch(服务绑定分支)，则设 ROT 为作为 AF 的某个元素的目标对象的 ServiceBinding(服务绑定)实例的集合。如果 ROT 为空，则从 RO 中删除 x。如果 RO 为空，则跳到下一规则。设 sb 为 ROT 的一个成员。如果在 ServiceBindingBranch 中指定了一个 ServiceBindingFilter，且 sb 不满足该过滤，则从 ROT 中删除 sb。如果 ROT 为空，则从 RO 中删除 x。如果 RO 为空，则跳到下一规则。如果在 ServiceBindingBranch 中指定了一个 SpecificationLinkBranch(规范链接分支)元素，则按照下面的方式分别考虑每个 SpecificationLinkBranch 元素：

设 sb 为 ROT 中的一个剩余的 ServiceBinding。设 SL 为所有描述 sb 的规范链接的 SpecificationLink 实例(设为 sl)的集合。如果在 SpecificationLinkBranch 中指定了 SpecificationLinkFilter 元素，并且 sl 不满足该过滤，则从 SL 中删除 sl。如果 SL 为空，则从 ROT 中删除 sb。如果 ROT 为空，则从 RO 中删除 x。如果 RO 为空，则跳到下一规则。如果在 SpecificationLinkBranch 中指定了一个 RegistryObjectQuery 元素，则设 sl 为 SL 中的一个剩余的规范链接。按照下面的方式处理 RegistryObjectQuery 元素：设 RO 为 8.2.2 中定义的 RegistryObjectQuery 的结果集合。如果 sl 不是对 RO 中任一注册对象的规范链接，则从 SL 中删除

sl。如果 SL 为空，则从 ROT 中删除 sb。如果 ROT 为空，则从 RO 中删除 x。如果 RO 为空，则跳到下一规则。如果在 SpecificationLinkBranch 中指定了一个 RegistryEntryQuery 元素，则设 sl 为 SL 中的一个剩余的规范链接。按照下面的方式处理 RegistryEntryQuery 元素：设 RE 为 8.2.3 中定义的 RegistryEntryQuery 的结果集合。如果 sl 不是对 RE 中任一注册条目的规范链接，则从 SL 中删除 sl。如果 SL 为空，则从 ROT 中删除 sb。如果 ROT 为空，则从 RO 中删除 x。如果 RO 为空，则跳到下一规则。如果在 ServiceBindingBranch 中指定了一个 ServiceBindingTargetBranch（服务绑定目标分支），则设 SBT 为满足 ServiceBindingTargetBranch，且是 ROT 的某个元素的目标服务绑定的 ServiceBinding 实例的集合。如果 SBT 为空，则 ROT 中删除 sb。如果 ROT 为空，则从 RO 中删除 x。如果 RO 为空，则跳到下一规则。

如果在 SourceAssociationBranch（源关联分支）中指定了一个 SpecificationLinkBranch，则设 ROT 为作为 AF 的某个元素的目标对象的 SpecificationLink 实例的集合。如果 ROT 为空，则从 RO 中删除 x。如果 RO 为空，则跳到下一规则。设 sl 为 ROT 的一个成员。如果在 SpecificationLinkBranch 中指定了一个 SpecificationLinkFilter 元素，且 sl 不满足该过滤，则从 ROT 中删除 sl。如果 ROT 为空，则从 RO 中删除 x。如果 RO 为空，则跳到下一规则。如果在 SpecificationLinkBranch 中指定了一个 RegistryObjectQuery 元素，则设 sl 为 ROT 中的一个剩余的规范链接。按照下面的方式处理 RegistryObjectQuery 元素：设 RO 为 8.2.2 中定义的 RegistryObjectQuery 的结果集合。如果 sl 不是 RO 中某个注册对象的规范链接，则从 ROT 中删除 sl。如果 ROT 为空，则从 RO 中删除 x。如果 RO 为空，则跳到下一规则。如果在 SpecificationLinkBranch 中指定了一个 RegistryEntryQuery 元素，则设 sl 为 ROT 中的一个剩余的规范链接。按照下面的方式处理 RegistryEntryQuery 元素：设 RE 为 8.2.3 中定义的 RegistryEntryQuery 的结果集合。如果 sl 不是对 RE 中任一注册条目的规范链接，则从 ROT 中删除 sl。如果 ROT 为空，则从 RO 中删除 x。如果 RO 为空，则跳到下一规则。

如果在 SourceAssociationBranch 中指定了一个 AssociationQuery，则设 ROT 为满足 AssociationQuery，并且是 AF 的某个元素的目标对象的 Association 实例的集合。如果 ROT 为空，则从 RO 中删除 x。如果 RO 为空，则跳到下一规则。

j) 如果没有指定 TargetAssociationBranch（目标关联分支），则转到下一步；否则，设 x 为 RO 中的一个剩余的注册对象。如果 x 不是某个 Association 实例的目标对象，则从 RO 中删除 x。如果 RO 为空，则跳到下一规则；否则，按照下面的方式分别处理 TargetAssociationBranch 元素：

如果在 TargetAssociationBranch 中没有指定 AssociationFilter，则设 AF 为所有含有目标对象 x 的 Association 实例的集合；否则，设 AF 为满足 AssociationFilter，且含有目标对象 x 的 Association 实例的集合。如果 AF 为空，则从 RO 中删除 x。如果 RO 为空，则跳到下一规则。

如果在 TargetAssociationBranch 中指定了一个 ExternalLinkFilter，则设 ROS 为满足 ExternalLinkFilter，且是 AF 的某个元素的源对象的 ExternalLink 实例的集合。如果 ROS 为空，则从 RO 中删除 x。如果 RO 为空，则跳到下一规则。

如果在 TargetAssociationBranch 中指定了一个 ExternalIdentifierFilter，则设 ROS 为满足 ExternalIdentifierFilter，且是 AF 的某个元素的源对象的 ExternalIdentifier 实例的集合。如果 ROS 为空，则从 RO 中删除 x。如果 RO 为空，则跳到下一规则。

如果在 TargetAssociationBranch 中指定了一个 RegistryObjectQuery，则设 ROS 为满足 RegistryObjectQuery，且是 AF 的某个元素的源对象的 RegistryObject 实例的集合。如果 ROS 为空，则从 RO 中删除 x。如果 RO 为空，则跳到下一规则。

如果在 TargetAssociationBranch 中指定了一个 RegistryEntryQuery，则设 ROS 为满足 RegistryEntryQuery，且是 AF 的某个元素的源对象的 RegistryEntry 实例的集合。如果 ROS

为空,则从 RO 中删除 x。如果 RO 为空,则跳到下一规则。

如果在 TargetAssociationBranch 中指定了一个 ClassificationSchemeQuery,则设 ROS 为满足 ClassificationSchemeQuery,且是 AF 的某个元素的源对象的 ClassificationScheme 实例的集合。如果 ROS 为空,则从 RO 中删除 x。如果 RO 为空,则跳到下一规则。

如果在 TargetAssociationBranch 中指定了一个 ClassificationNodeQuery,则设 ROS 为满足 ClassificationNodeQuery,且是 AF 的某个元素的源对象的 ClassificationNode 实例的集合。如果 ROS 为空,则从 RO 中删除 x。如果 RO 为空,则跳到下一规则。

如果在 TargetAssociationBranch 中指定了一个 OrganizationQuery,则设 ROS 为满足 OrganizationQuery,且是 AF 的某个元素的源对象的 Organization 实例的集合。如果 ROS 为空,则从 RO 中删除 x。如果 RO 为空,则跳到下一规则。

如果在 TargetAssociationBranch 中指定了一个 AuditableEventQuery,则设 ROS 为满足 AuditableEventQuery,且是 AF 的某个元素的源对象的 AuditableEvent 实例的集合。如果 ROS 为空,则从 RO 中删除 x。如果 RO 为空,则跳到下一规则。

如果在 TargetAssociationBranch 中指定了一个 RegistryPackageQuery,则设 ROS 为满足 RegistryPackageQuery,且是 AF 的某个元素的源对象的 RegistryPackage 实例的集合。如果 ROS 为空,则从 RO 中删除 x。如果 RO 为空,则跳到下一规则。

如果在 TargetAssociationBranch 中指定了一个 ExtrinsicObjectQuery,则设 ROS 为满足 ExtrinsicObjectQuery,且是 AF 的某个元素的源对象的 ExtrinsicObject 实例的集合。如果 ROS 为空,则从 RO 中删除 x。如果 RO 为空,则跳到下一规则。

如果在 TargetAssociationBranch 中指定了一个 ServiceQuery,则设 ROS 为满足 ServiceQuery,且是 AF 的某个元素的源对象的 Service 实例的集合。如果 ROS 为空,则从 RO 中删除 x。如果 RO 为空,则跳到下一规则。

如果在 TargetAssociationBranch 中指定了一个 UserBranch,则设 ROS 为作为 AF 的某个元素的源对象的 User 实例的集合。如果 ROS 为空,则从 RO 中删除 x。如果 RO 为空,则跳到下一规则。设 u 为 ROS 的一个成员。如果在 UserBranch 中指定了一个 UserFilter 元素,且 u 不满足该过滤,则从 ROS 中删除 u。如果 ROS 为空,则从 RO 中删除 x。如果 RO 为空,则跳到下一规则。如果在 UserBranch 中指定了一个 PostalAddressFilter 元素,且 u 的邮政地址不满足该过滤,则从 ROS 中删除 u。如果 ROS 为空,则从 RO 中删除 x。如果 RO 为空,则跳到下一规则。如果在 UserBranch 中指定了 TelephoneNumberFilter,且 u 的所有电话号码都不能满足任一 TelephoneNumberFilter,则从 ROS 中删除 u。如果 ROS 为空,则从 RO 中删除 x。如果 RO 为空,则跳到下一规则。如果在 UserBranch 中指定了一个 OrganizationQuery 元素,则设 o 为被 u 所隶属的组织机构标识的 Organization 实例。如果 o 不满足8.2.11 定义的 OrganizationQuery,则从 ROS 中删除 u。如果 ROS 为空,则从 RO 中删除 x。如果 RO 为空,则跳到下一规则。

如果在 TargetAssociationBranch 中指定了一个 ClassificationQuery,则设 ROS 为满足 ClassificationQuery,且是 AF 的某个元素的源对象的 Classification 实例的集合。如果 ROS 为空,则从 RO 中删除 x。如果 RO 为空,则跳到下一规则。

如果在 TargetAssociationBranch 中指定了一个 ServiceBindingBranch,则设 ROS 为作为 AF 的某个元素的源对象的 ServiceBinding 实例的集合。如果 ROS 为空,则从 RO 中删除 x。如果 RO 为空,则跳到下一规则。设 sb 为 ROS 的一个成员。如果在 ServiceBindingBranch 中指定了一个 ServiceBindingFilter 元素,且 sb 不满足该过滤,则从 ROS 中删除 sb。如果 ROS 为空,则从 RO 中删除 x。如果 RO 为空,则跳到下一规则。如果在 ServiceBindingBranch 中指定了一个 SpecificationLinkBranch,则按照下面的方式分别考虑每个 SpecificationLink-

Branch 元素：

设 sb 为 ROS 中的一个剩余的服务绑定。设 SL 为所有描述 sb 的规范链接的 SpecificationLink 实例(设为 sl)的集合。如果在 SpecificationLinkBranch 中指定了一个 SpecificationLinkFilter 元素，且 sl 不满足该过滤，则从 SL 中删除 sl。如果 SL 为空，则从 ROS 中删除 sb。如果 ROS 为空，则从 RO 中删除 x。如果 RO 为空，则跳到下一规则。如果在 SpecificationLinkBranch 中指定了一个 RegistryObjectQuery，则设 sl 为 SL 中的一个剩余的规范链接。按照下面的方式处理 RegistryObjectQuery 元素：设 RO 为 8.2.2 中定义的 RegistryObjectQuery 的结果集合。如果 sl 不是对 RO 中某个注册对象的规范链接，则从 SL 中删除 sl。如果 SL 为空，则从 ROS 中删除 sb。如果 ROS 为空，则从 RO 中删除 x。如果 RO 为空，则跳到下一规则。如果在 SpecificationLinkBranch 中指定了一个 RegistryEntryQuery 元素，则设 sl 为 SL 中的一个剩余的规范链接。按照下面的方式处理 RegistryEntryQuery 元素：

设 RE 为 8.2.3 中定义的 RegistryEntryQuery 的结果集合。如果 sl 不是对 RE 中某个注册条目的规范链接，则从 SL 中删除 sl。如果 SL 为空，则从 ROS 中删除 sb。如果 ROS 为空，则从 RO 中删除 x。如果 RO 为空，则跳到下一规则。

如果在 TargetAssociationBranch 中指定了一个 SpecificationLinkBranch，则设 ROS 为作为 AF 的某个元素的源对象的 SpecificationLink 实例的集合。如果 ROS 为空，则从 RO 中删除 x。如果 RO 为空，则跳到下一规则。设 sl 为 ROS 的一个成员。如果在 SpecificationLinkBranch 中指定了一个 SpecificationLinkFilter 元素，且 sl 不满足该过滤，则从 ROS 中删除 sl。如果 ROS 为空，则从 RO 中删除 x。如果 RO 为空，则跳到下一规则。如果在 SpecificationLinkBranch 中指定了一个 RegistryObjectQuery 元素，则设 sl 为 ROS 中的一个剩余的规范链接。按照下面的方式处理 RegistryObjectQuery 元素：设 RO 为 8.2.2 中定义的 RegistryObjectQuery 的结果集合。如果 sl 不是对 RO 中某个注册对象的规范链接，则从 ROS 中删除 sl。如果 ROS 为空，则从 RO 中删除 x。如果 RO 为空，则跳到下一规则。如果在 SpecificationLinkBranch 中指定了一个 RegistryEntryQuery 元素，则设 sl 为 ROS 中的一个剩余的规范链接。按照下面的方式处理 RegistryEntryQuery 元素：设 RE 为 8.2.3 中定义的 RegistryEntryQuery 的结果集合。如果 sl 不是对 RE 中某个注册条目的规范链接，则从 ROS 中删除 sl。如果 ROS 为空，则从 RO 中删除 x。如果 RO 为空，则跳到下一规则。如果在 ServiceBindingBranch 中指定了一个 ServiceBindingTargetBranch，则设 SBT 为满足 ServiceBindingTargetBranch，且是 ROT 的某个元素的目标服务绑定的 ServiceBinding 实例的集合。如果 SBT 为空，则从 ROT 中删除 sb。如果 ROT 为空，则从 RO 中删除 x。如果 RO 为空，则跳到下一规则。

如果在 TargetAssociationBranch 中指定了一个 AssociationQuery，则设 ROS 为满足 AssociationQuery，且是 AF 的某个元素的源对象的 Association 实例的集合。如果 ROS 为空，则从 RO 中删除 x。如果 RO 为空，则跳到下一规则。

规则 2：如果 RO 为空，则给出警告“注册对象查询结果为空”；否则，将 RO 设置为 RegistryObjectQuery 的结果。

规则 3：在 RegistryResponse 中返回结果并(在 RegistryErrorList 中)列出所有出现的警告或异常。

8.2.2.5 示例

客户端应用程序需要查询既按“Industry(行业)”分类方案分类、又按“Geography(地理)”分类方案分类的所有项。这两个方案都已由 ebXML 进行了定义，且分别注册为“urn:ebxml:cs:industry”和“urn:ebxml:cs:geography”。下面的查询说明了既按 Industry 的 Automotive(汽车)子节点分类，又按 Geography 的 Asia/Japan(亚洲/日本)子节点分类的所有已注册项的注册条目。

```
<AdhocQueryRequest>
  <ResponseOption returnType = "RegistryEntry"/>
  <FilterQuery>
    <RegistryObjectQuery>
     <ClassifiedByBranch>
      <ClassificationFilter>
        <Clause>
          <SimpleClause leftArgument = "path">
            <StringClause stringPredicate = "Equal">//Automotive</StringClause>
          </SimpleClause>
        </Clause>
      </ClassificationFilter>
      <ClassificationSchemeQuery>
        <NameBranch>
          <LocalizedStringFilter>
            <Clause>
              <SimpleClause leftArgument = "value">
                <StringClause stringPredicate = "Equal">urn:ebxml:cs:industry</String-
Clause>
              </SimpleClause>
            </Clause>
          </LocalizedStringFilter>
        </NameBranch>
      </ClassificationSchemeQuery>
     </ClassifiedByBranch>
     <ClassifiedByBranch>
      <ClassificationFilter>
        <Clause>
          <SimpleClause leftArgument = "path">
            < StringClause stringPredicate = " StartsWith " >/Geography-id/Asia/Japan
</StringClause>
          </SimpleClause>
        </Clause>
      </ClassificationFilter>
      <ClassificationSchemeQuery>
        <NameBranch>
          <LocalizedStringFilter>
            <Clause>
              <SimpleClause leftArgument = "value">
                <StringClause stringPredicate = "Equal">urn:ebxml:cs:geography</String-
Clause>
              </SimpleClause>
            </Clause>
```

```
          </LocalizedStringFilter>
        </NameBranch>
      </ClassificationSchemeQuery>
    </ClassifiedByBranch>
  </RegistryObjectQuery>
 </FilterQuery>
</AdhocQueryRequest>
```

客户端应用程序希望查询既按某个内部分类方案分类，同时又具有与该分类方案的某一分类节点描述中的部分内容相同的某个给定关键词的所有 RegistryObject 实例。如下的查询实现了对所有这样的 RegistryObject 实例的查找。该查询利用了分类方案是内部的特点，因此将其所有节点完整地描述为 ClassificationNode 实例。

```
<AdhocQueryRequest>
 <ResponseOption returnType = "RegistryObject"/>
 <FilterQuery>
  <RegistryObjectQuery>
   <ClassifiedByBranch>
    <ClassificationNodeQuery>
     <DescriptionBranch>
      <LocalizedStringFilter>
       <Clause>
        <SimpleClause leftArgument = "value">
         <StringClause stringPredicate = "Equal">transistor</StringClause>
        </SimpleClause>
       </Clause>
      </LocalizedStringFilter>
     </DescriptionBranch>
    </ClassificationNodeQuery>
   </ClassifiedByBranch>
  </RegistryObjectQuery>
 </FilterQuery>
</AdhocQueryRequest>
```

8.2.3 RegistryEntryQuery

8.2.3.1 目的

RegistryEntryQuery 的目的是通过选定的注册元数据进行查询，确定符合查询条件的一组注册条目实例。

8.2.3.2 ebRIM 绑定

图 17 给出了 RegistryEntryQuery 的 ebRIM 绑定。

图 17　RegistryEntryQuery 的 ebRIM 绑定

8.2.3.3　定义

RegistryEntryQuery 的定义如下：

```
<complexType name="RegistryEntryQueryType">
  <complexContent>
    <extension base="tns:RegistryObjectQueryType">
      <sequence>
        <element ref="tns:RegistryEntryFilter" minOccurs="0" maxOccurs="1" />
      </sequence>
    </extension>
  </complexContent>
</complexType>
<element name="RegistryEntryQuery" type="tns:RegistryEntryQueryType" />

<element name="RegistryEntryQueryResult">
  <complexType>
    <choice minOccurs="0" maxOccurs="unbounded">
      <element ref="rim:ObjectRef" />
      <element ref="rim:ClassificationScheme" />
      <element ref="rim:ExtrinsicObject" />
      <element ref="rim:RegistryEntry" />
      <element ref="rim:RegistryObject" />
      <element ref="rim:RegistryPackage" />
    </choice>
  </complexType>
</element>
```

8.2.3.4　语义规则

规则 1：设 RE 为注册系统中所有持久的 RegistryEntry 实例的集合。按照下列步骤，将 RE 中不满足指定过滤条件的实例删除。

a）如果 RE 为空，则跳到下一规则。

b）如果没有规定 RegistryEntryFilter，则转到下一步；否则，设 x 为 RE 中的一个注册条目。如果 x 不满足 RegistryEntryFilter，则从 RE 中删除 x。如果 RE 为空，则跳到下一规则。

c）设 RE 为剩余的 RegistryEntry 实例的集合。然后按照 8.2.2 所述的规则，使用所继承的 RegistryObjectQuery 来评估 RE。

规则 2：如果 RE 为空，则给出警告“注册条目查询结果为空”；否则，将 RE 设置为 RegistryEntryQuery 的结果。

规则3：在 RegistryResponse 中返回结果并(在 RegistryErrorList 中)列出所有出现的警告或异常。

8.2.3.5 示例

客户端希望与 XYZ 公司建立贸易关系，并想知道它们是否已经在注册系统中注册了它们的业务文档。下面的查询将返回一组由名称包括字符串“XYZ”的任一机构提交的当前注册项的注册条目标识符，不返回废止项、替代项、拒绝项或撤销项的注册条目标识符。

```
<AdhocQueryRequest>
  <ResponseOption returnType = "ObjectRef"/>
  <FilterQuery>
    <RegistryEntryQuery>
      <TargetAssociationBranch>
        <AssociationFilter>
          <Clause>
            <SimpleClause leftArgument = "associationType">
              <StringClause stringPredicate = "Equal">SubmitterOf</StringClause>
            </SimpleClause>
          </Clause>
        </AssociationFilter>
        <OrganizationQuery>
          <NameBranch>
            <LocalizedStringFilter>
              <Clause>
                <SimpleClause leftArgument = "value">
                  <StringClause stringPredicate = "Contains">XYZ</StringClause>
                </SimpleClause>
              </Clause>
            </LocalizedStringFilter>
          </NameBranch>
        </OrganizationQuery>
      </TargetAssociationBranch>
      <RegistryEntryFilter>
        <Clause>
          <SimpleClause leftArgument = "status">
            <StringClause stringPredicate = "Equal">Approved</StringClause>
          </SimpleClause>
        </Clause>
      </RegistryEntryFilter>
    </RegistryEntryQuery>
  </FilterQuery>
</AdhocQueryRequest>
```

客户端使用了 UNSPSC(联合国标准产品和服务分类)方案，并想查询涉及“集成电路构件”类(即 UNSPSC 代码为 321118)产品的所有公司。客户端知道这些公司已在注册系统中注册了它们的 CPP

文档,也知道这些 CPP 按照公司所涉及的产品的 UNSPSC 进行了分类。然而,客户端并不知道 UN-SPSC 分类方案对于该注册系统而言是内部的还是外部的。下面的查询将返回一组与集成电路构件有关的公司的 CPP 文档的、已批准的注册条目实例。

```
<AdhocQueryRequest>
  <ResponseOption returnType = "RegistryEntry"/>
  <FilterQuery>
    <RegistryEntryQuery>
      <ClassifiedByBranch>
        <ClassificationFilter>
          <Clause>
            <SimpleClause leftArgument = "code">
              <StringClause stringPredicate = "Equal">321118</StringClause>
            </SimpleClause>
          </Clause>
        </ClassificationFilter>
        <ClassificationSchemeQuery>
          <NameBranch>
            <LocalizedStringFilter>
              <Clause>
                <SimpleClause leftArgument = "value">
                  <StringClause stringPredicate = "Equal">urn:org:un:spsc:cs2001</String-
Clause>
                </SimpleClause>
              </Clause>
            </LocalizedStringFilter>
          </NameBranch>
        </ClassificationSchemeQuery>
      </ClassifiedByBranch>
      <RegistryEntryFilter>
        <Clause>
          <CompoundClause connectivePredicate = "And">
            <Clause>
              <SimpleClause leftArgument = "objectType">
                <StringClause stringPredicate = "Equal">CPP</StringClause>
              </SimpleClause>
            </Clause>
            <Clause>
              <SimpleClause leftArgument = "status">
                <StringClause stringPredicate = "Equal">Approved</StringClause>
              </SimpleClause>
            </Clause>
          </CompoundClause>
```

```
        </Clause>
      </RegistryEntryFilter>
    </RegistryEntryQuery>
  </FilterQuery>
</AdhocQueryRequest>
```

8.2.4 **AssociationQuery**

8.2.4.1 **目的**

AssociationQuery(关联查询)的目的是通过选定的注册元数据进行查询,确定符合查询条件的一组关联实例。

8.2.4.2 **ebRIM 绑定**

图 18 给出了 AssociationQuery 的 ebRIM 绑定。

图 18 AssociationQuery 的 ebRIM 绑定

8.2.4.3 **定义**

AssociationQuery 的定义如下:

```
<complexType name = "AssociationQueryType">
  <complexContent>
    <extension base = "tns:RegistryObjectQueryType">
      <sequence>
        <element ref = "tns:AssociationFilter" minOccurs = "0" maxOccurs = "1"/>
      </sequence>
    </extension>
  </complexContent>
</complexType>
<element name = "AssociationQuery" type = "tns:AssociationQueryType"/>

<element name="AssociationQueryResult">
  <complexType>
    <choice minOccurs="0" maxOccurs="unbounded">
      <element ref="rim:ObjectRef" />
      <element ref="rim:RegistryObject" />
      <element ref="rim:Association" />
    </choice>
  </complexType>
</element>
```

8.2.4.4 语义规则

规则1:设A为注册系统中所有持久的Association实例的集合。按照下列步骤,将A中不满足指定过滤条件的实例删除。

a) 如果A为空,则跳到下一规则。

b) 如果AssociationQuery元素中没有直接包括AssociationFilter元素,则转到下一步;否则,设x为A中的一个Association实例。如果x不满足AssociationFilter,则从A中删除x。如果A为空,则跳到下一规则。

c) 设A为剩余的Association实例的集合。然后按照8.2.2所规定的规则,使用所继承的RegistryObjectQuery来评估A。

规则2:如果A为空,则给出警告"关联查询结果为空";否则,将A设置为AssociationQuery的结果。

规则3:在RegistryResponse中返回结果并(在RegistryErrorList中)列出所有出现的警告或异常。

8.2.4.5 示例

客户端应用程序希望查询与另一组关联equivalentTo(等同)的一组关联。

```
<AdhocQueryRequest">
  <ResponseOption returnType="LeafClass" />
  <FilterQuery>
    <AssociationQuery>
      <SourceAssociationBranch>
        <AssociationFilter>
          <Clause>
            <SimpleClause leftArgument="associationType">
              <StringClause stringPredicate="Equal">EquivalentTo</StringClause>
            </SimpleClause>
          </Clause>
        </AssociationFilter>
        <AssociationQuery>
          <AssociationFilter>
            <Clause>
              <SimpleClause leftArgument="associationType">
                <StringClause stringPredicate="StartsWith">Sin</StringClause>
              </SimpleClause>
            </Clause>
          </AssociationFilter>
        </AssociationQuery>
      </SourceAssociationBranch>
      <AssociationFilter>
        <Clause>
          <SimpleClause leftArgument="associationType">
            <StringClause stringPredicate="StartsWith">Son</StringClause>
          </SimpleClause>
```

```
        </Clause>
      </AssociationFilter>
    </AssociationQuery>
  </FilterQuery>
</AdhocQueryRequest>
```

8.2.5 **AuditableEventQuery**

8.2.5.1 目的

AuditableEventQuery 的目的是通过选定的注册元数据进行查询，确定符合查询条件的一组审计事件实例。

8.2.5.2 ebRIM 绑定

图 19 给出了 AuditableEventQuery 的 ebRIM 绑定。

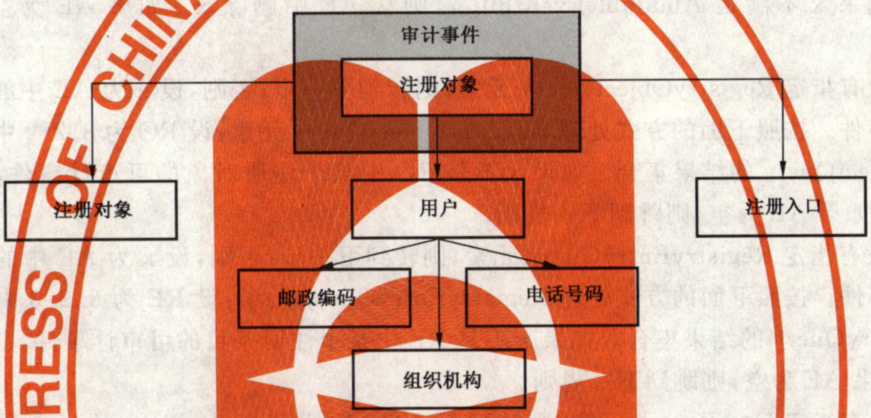

图 19 AuditableEventQuery 的 ebRIM 绑定

8.2.5.3 定义

AuditableEventQuery 的定义如下：

```
<complexType name="AuditableEventQueryType">
  <complexContent>
    <extension base="tns:RegistryObjectQueryType">
      <sequence>
        <element ref="tns:AuditableEventFilter" minOccurs="0" />
        <element ref="tns:RegistryObjectQuery" minOccurs="0" maxOccurs="1" />
        <element ref="tns:RegistryEntryQuery" minOccurs="0" maxOccurs="1" />
        <element ref="tns:UserBranch" minOccurs="0" maxOccurs="1" />
      </sequence>
    </extension>
  </complexContent>
</complexType>
<element name="AuditableEventQuery" type="tns:AuditableEventQueryType" />

<element name="AuditableEventQueryResult">
  <complexType>
```

```
    <choice minOccurs="0" maxOccurs="unbounded">
      <element ref="rim:ObjectRef" />
      <element ref="rim:RegistryObject" />
      <element ref="rim:AuditableEvent" />
    </choice>
  </complexType>
</element>
```

8.2.5.4 语义规则

规则1:设AE为注册系统中所有持久的AuditableEvent实例的集合。按照下列步骤,将AE中不满足指定过滤条件的实例删除。

a) 如果AE为空,则跳到下一规则。
b) 如果没有指定AuditableEventFilter元素,则转到下一步;否则,设x为AE中的一个可审计事件。如果x不满足AuditableEventFilter,则从AE中删除x。如果AE为空,则跳到下一规则。
c) 如果没有指定RegistryObjectQuery元素,则转到下一步;否则,设x为AE中的一个剩余的可审计事件。按照下面的方式处理RegistryObjectQuery元素:设RO为8.2.2中定义的RegistryObjectQuery的结果集合。如果x不是RO中某个注册对象的可审计事件,则从AE中删除x。如果AE为空,则跳到下一规则。
d) 如果没有指定RegistryEntryQuery元素,则转到下一步;否则,设x为AE中的一个剩余的可审计事件。按照下面的方式处理RegistryEntryQuery元素:设RE为8.2.3中定义的RegistryEntryQuery的结果集合。如果x不是RE中某个注册条目的可审计事件,则从AE中删除x。如果AE为空,则跳到下一规则。
e) 如果没有指定UserBranch元素,则转到下一步;否则,设x为AE中的一个剩余的可审计事件。设u为调用x的User实例。如果在UserBranch中指定了一个UserFilter元素,且u不满足该过滤,则从AE中删除x。如果在UserBranch中指定了一个PostalAddressFilter元素,且u的邮政地址不满足该过滤,则从AE中删除x。如果在UserBranch中指定了TelephoneNumberFilter,且u的所有电话号码不满足任一TelephoneNumberFilter,则从AE中删除x。如果在UserBranch中指定了EmailAddressFilter,且u的所有电子邮件地址不满足任一EmailAddressFilter,则从AE中删除x。如果在UserBranch中指定了一个OrganizationQuery元素,则设o为被u所隶属的组织机构标识的Organization实例。如果o不满足8.2.11中定义的OrganizationQuery,则从AE中删除x。如果AE为空,则跳到下一规则。
f) 设AE为剩余的AuditableEvent实例的集合。然后按照8.2.2所规定的规则,使用所继承的RegistryObjectQuery来评估AE。

规则2:如果AE为空,则给出警告"可审计事件查询结果为空";否则,将AE设置为AuditableEventQuery的结果。

规则3:在RegistryResponse中返回结果并(在RegistryErrorList中)列出所有出现的警告或异常。

8.2.5.5 示例

注册系统客户端注册了一个项,并给其分配了一个名称"urn:path:myitem"。客户端想查询自某一年初开始所有影响该项的事件。下面的查询将返回一系列所有这样的事件的AuditableEvent实例。

```
<AdhocQueryRequest>
  <ResponseOption returnType = "LeafClass"/>
  <FilterQuery>
```

```
    <AuditableEventQuery>
      <AuditableEventFilter>
        <Clause>
          <SimpleClause leftArgument = "timestamp">
            <RationalClause logicalPredicate = "GE">
              <DateTimeClause>2000-01-01T00:00:00-05:00</DateTimeClause>
            </RationalClause>
          </SimpleClause>
        </Clause>
      </AuditableEventFilter>
      <RegistryEntryQuery>
        <NameBranch>
          <LocalizedStringFilter>
            <Clause>
              <SimpleClause leftArgument = "value">
                <StringClause stringPredicate = "Equal">urn:path:myitem</StringClause>
              </SimpleClause>
            </Clause>
          </LocalizedStringFilter>
        </NameBranch>
      </RegistryEntryQuery>
    </AuditableEventQuery>
  </FilterQuery>
</AdhocQueryRequest
```

某一公司客户端在注册系统中注册了许多对象。注册系统允许其他机构提交针对该公司所注册的项的事件，如建立新的分类和新的关联。下面的查询将返回一组由其他参与方调用的，并对由“myorg”提交的某个项有影响的所有可审计事件的标识符。

```
<AdhocQueryRequest>
  <ResponseOption returnType = "LeafClass"/>
  <FilterQuery>
    <AuditableEventQuery>
      <RegistryEntryQuery>
        <TargetAssociationBranch>
          <AssociationFilter>
            <Clause>
              <SimpleClause leftArgument = "associationType">
                <StringClause stringPredicate = "Equal">SubmitterOf</StringClause>
              </SimpleClause>
            </Clause>
          </AssociationFilter>
          <OrganizationQuery>
```

```
          <NameBranch>
            <LocalizedStringFilter>
              <Clause>
                <SimpleClause leftArgument = "value">
                  <StringClause stringPredicate = "Equal">myorg</StringClause>
                </SimpleClause>
              </Clause>
            </LocalizedStringFilter>
          </NameBranch>
        </OrganizationQuery>
      </TargetAssociationBranch>
    </RegistryEntryQuery>
    <UserBranch>
      <OrganizationQuery>
        <NameBranch>
          <LocalizedStringFilter>
            <Clause>
              <SimpleClause leftArgument = "value">
                <StringClause stringPredicate = "-Equal">myorg</StringClause>
              </SimpleClause>
            </Clause>
          </LocalizedStringFilter>
        </NameBranch>
      </OrganizationQuery>
    </UserBranch>
  </AuditableEventQuery>
 </FilterQuery>
</AdhocQueryRequest>
```

8.2.6 **ClassificationQuery**

8.2.6.1 目的

ClassificationQuery 的目的是通过选定的注册元数据进行查询，确定符合查询条件的一组分类实例。

8.2.6.2 **ebRIM** 绑定

图 20 给出了 ClassificationQuery 的 ebRIM 绑定。

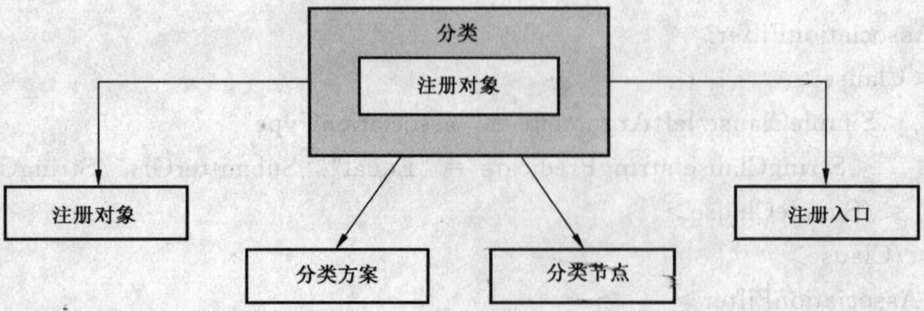

图 20 ClassificationQuery 的 ebRIM 绑定

8.2.6.3 定义

ClassificationQuery 的定义如下：

```
<complexType name = "ClassificationQueryType">
  <complexContent>
    <extension base = "tns:RegistryObjectQueryType">
      <sequence>
        <element ref = "tns:ClassificationFilter" minOccurs = "0" maxOccurs="1"/>
        <element ref = "tns:ClassificationSchemeQuery" minOccurs = "0" maxOccurs="1"/>
        <element ref = "tns:ClassificationNodeQuery" minOccurs = "0" maxOccurs="1"/>
        <element ref = "tns:RegistryObjectQuery" minOccurs = "0" maxOccurs="1"/>
        <element ref = "tns:RegistryEntryQuery" minOccurs = "0" maxOccurs="1"/>
      </sequence>
    </extension>
  </complexContent>
</complexType>
<element name = "ClassificationQuery" type = "tns:ClassificationQueryType"/>

<element name= "ClassificationQueryResult">
  <complexType>
    <choice minOccurs="0" maxOccurs="unbounded">
      <element ref="rim:ObjectRef" />
      <element ref="rim:RegistryObject" />
      <element ref="rim:Classification" />
    </choice>
  </complexType>
</element>
```

8.2.6.4 语义规则

规则 1：设 C 为注册系统中所有持久的 Classification 实例的集合。按照下列步骤，将 C 中不满足指定过滤条件的实例删除：

a) 如果 C 为空，则跳到下一规则。

b) 如果在 ClassificationQuery 元素中没有直接包括 ClassificationFilter 元素，则转到下一步；否则，设 x 为 C 中的一个分类实例。如果 x 不满足 ClassificationFilter，则从 C 中删除 x。如果 C 为空，则跳到下一规则。

c) 如果没有指定 ClassificationSchemeQuery 元素，则转到下一步；否则，设 x 为 C 中的一个剩余的分类实例。如果 x 的分类方案不满足 8.2.8 中定义的 ClassificationSchemeQuery，则从 C 中删除 x。如果 C 为空，则跳到下一规则。

d) 如果没有指定 ClassificationNodeQuery 元素，则转到下一步；否则，设 x 为 C 中的一个剩余的分类实例。如果 x 的分类节点不满足 8.2.7 中定义的 ClassificationNodeQuery，则从 C 中删除 x。如果 C 为空，则跳到下一规则。

e) 如果没有指定 RegistryObjectQuery 元素，则转到下一步；否则，设 x 为 C 中的一个剩余的分类实例。按照下面的方式处理 RegistryObjectQuery 元素：设 RO 为 8.2.2 中定义的 RegistryObjectQuery 的结果集合。如果 x 不是 RO 中任一注册对象的分类实例，则从 C 中删除 x。如果 C 为空，则跳到下一规则。

f) 如果没有指定 RegistryEntryQuery 元素，则转到下一步；否则，设 x 为 C 中的一个剩余的分类。按照下面的方式处理 RegistryEntryQuery 元素：设 RE 为 8.2.3 中定义的 RegistryEntryQuery 的结果集合。如果 x 不是 RE 中任一注册条目的分类，则从 C 中删除 x。如果 C 为空，则跳到下一规则。

规则 2：如果 C 为空，则给出警告“分类查询结果为空”；否则，将 C 设置为 AuditableEventQuery 的结果。

规则 3：在 RegistryResponse 中返回结果并（在 RegistryResponse 中）列出所有出现的警告或异常。

8.2.7 ClassificationNodeQuery

8.2.7.1 目的

ClassificationNodeQuery 的目的是通过选定的注册元数据进行查询，确定符合查询条件的一组分类节点实例。

8.2.7.2 ebRIM 绑定

图 21 给出了 ClassificationNodeQuery 的 ebRIM 绑定。

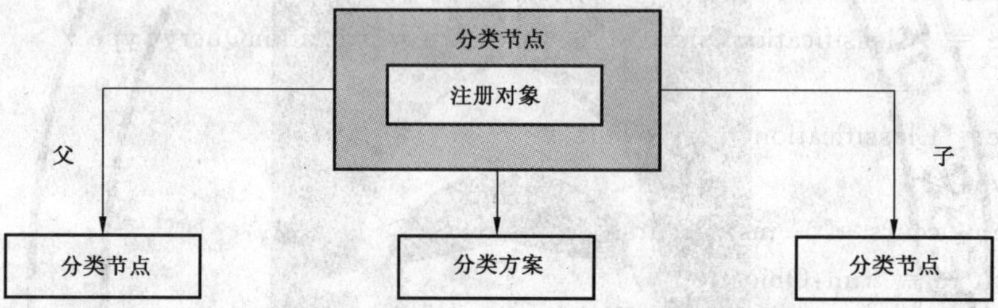

图 21 ClassificationNodeQuery 的 ebRIM 绑定

8.2.7.3 定义

ClassificationNodeQuery 的定义如下：

```
<complexType name="ClassificationNodeQueryType">
  <complexContent>
  <extension base="tns:RegistryObjectQueryType">
    <sequence>
    <element ref="tns:ClassificationNodeFilter" minOccurs="0" maxOccurs="1" />
    <element ref="tns:ClassificationSchemeQuery" minOccurs="0" maxOccurs="1" />
    <element name="ClassificationNodeParentBranch" type="ClassificationNodeQueryType"
minOccurs="0" maxOccurs="1" />
    <element name="ClassificationNodeChildrenBranch" type="ClassificationNodeQuery-
Type" minOccurs="0" maxOccurs="unbounded" />
    </sequence>
  </extension>
  </complexContent>
</complexType>
<element name="ClassificationNodeQuery" type="tns:ClassificationNodeQueryType" />
```

```
<element name="ClassificationNodeQueryResult">
  <complexType>
    <choice minOccurs="0" maxOccurs="unbounded">
      <element ref="rim:ObjectRef" />
      <element ref="rim:RegistryObject" />
      <element ref="rim:ClassificationNode" />
    </choice>
  </complexType>
</element>
```

8.2.7.4 语义规则

规则 1:设 CN 为注册系统中所有持久的 ClassificationNode 实例的集合。按照下列步骤,将 CN 中不满足指定过滤条件的实例删除。

a) 如果 CN 为空,则跳到下一规则。

b) 如果没有指定 ClassificationNodeFilter 元素,则转到下一步;否则,设 x 为 CN 中的一个分类节点实例。如果 x 不满足 ClassificationNodeFilter,则从 CN 中删除 x。如果 CN 为空,则跳到下一规则。

c) 如果没有指定 ClassificationSchemeQuery 元素,则转到下一步;否则,设 x 为 CN 中的一个剩余的分类节点。如果 x 的分类方案不满足 8.2.8 中定义的 ClassificationSchemeQuery,则从 CN 中删除 x。如果 CN 为空,则跳到下一规则。

d) 如果没有指定 ClassificationNodeParentBranch(分类节点父分支)元素,则转到下一步;否则,设 x 为 CN 中的一个剩余的分类节点,n=x,然后执行下面的内容:

设 n 为一个分类节点实例。如果 n 没有父节点(即 n 是一个基层节点),则从 CN 中删除 x,并转到下一步;否则,设 p 为 n 的父节点。如果在 ClassificationNodeParentBranch 中直接包括一个 ClassificationNodeFilter 元素,且 p 不满足 ClassificationNodeFilter,则从 CN 中删除 x。如果 CN 为空,则跳到下一规则。如果在 ClassificationNodeParentBranch 中直接包括一个 ClassificationSchemeQuery 元素,且 p 的分类方案不满足 ClassificationSchemeFilter,则从 CN 中删除 x。如果 CN 为空,则跳到下一规则。

如果在 ClassificationNodeParentBranch 中直接包括另一个 ClassificationNodeParentBranch 元素,则设 n=p,然后重复前面的内容。

e) 如果没有指定 ClassificationNodeChildrenBranch(分类节点子分支),则跳到下一规则;否则,设 x 为 CN 中的一个剩余的分类节点。如果 x 不是某个 ClassificationNode 实例的父节点,则从 CN 中删除 x,如果 CN 为空,则跳到下一规则;否则,分别处理每个 ClassificationNodeChildrenBranch 元素,并且设 n=x,然后执行下面的内容:

设 n 为一个分类节点实例。如果在 ClassificationNodeChildrenBranch 元素中没有指定 ClassificationNodeFilter 元素,则设 CNC 为所有具有父节点 n 的分类节点的集合;否则,设 CNC 为所有满足 ClassificationNodeFilter,且具有父节点 n 的分类节点的集合。如果 CNC 为空,则从 CN 中删除 x,如果 CN 为空,则跳到下一规则;否则,设 c 为 CNC 的任一成员。如果 ClassificationNodeChildrenBranch 中直接包括一个 ClassificationSchemeQuery 元素,且 c 的分类方案不满足 ClassificationSchemeQuery,则从 CNC 中删除 c。如果 CNC 为空,则从 CN 中删除 x。如果 CN 为空,则跳到下一规则;否则,设 y 为 CNC 的一个元素,并执行下列内容:

如果 ClassificationNodeChildrenBranch 元素是终点,即如果它不直接包括另一个 ClassificationNodeChildrenBranch 元素,则跳到下一规则;否则,用新的 ClassificationNodeChildren-

Branch 元素和 n=y 重复上段内容。

f) 设 CN 为剩余的 ClassificationNode 实例的集合。然后按照 8.2.2 所规定的规则,使用所继承的 RegistryObjectQuery 来评估 CN。

规则 2:如果 CN 为空,则给出警告"分类节点查询结果为空";否则,将 CN 设置为 ClassificationNodeQuery 的结果。

规则 3:在 RegistryResponse 中返回结果并(在 RegistryErrorList 中)列出所有出现的警告或异常。

8.2.7.5 ClassificationNodeFilter 中的路径过滤表达式用法

路径过滤表达式用于匹配 ClassificationNodeFilter 元素中含有按照 GB/T 19256.4 中的 getPath 方法定义的、ClassificationNode 类的 path(路径)属性的分类节点。

路径过滤表达式是以 XPath 的位置路径语法的一个很小且规范的子集为基础的。

路径过滤表达式语法使用下列的通配符语法来支持对多个节点的匹配:

a) 使用"*"作为通配符来替代 pathFilter(路径过滤)中的任何 Path 元素;

b) 使用"//"语法来表示 pathFilter 中的节点的后代。

通配符语法按下列 BNF 语法来定义:

```
pathFilter        ::= '/' schemeId nodePath
nodePath          ::= slashes nodeCode
                    | slashes '*'
                    | slashes nodeCode ( nodePath )?
Slashes ::= '/' | '//'
```

在上述语法中,schemeId(方案标识符)是 ClassificationScheme 实例的 id 属性,nodeCode(节点代码)是用 http://www.w3.org/TR/REC-xml-names/#NT-NCName 定义的 NCName 来定义。

ClassificationNodeFilter 元素的语义规则允许将 path 属性作为基于 EQUAL 条件的一个过滤。用于匹配 EQUAL 条件的模式是一个 PATH Filter(路径过滤)表达式。

下例说明了匹配 ClassificationScheme 中 id 为"Geography-id"、code 为"Japan"的所有第二层节点的方法。

```
<ClassificationNodeQuery>
  <ClassificationNodeFilter>
    <Clause>
      <SimpleClause leftArgument = "path">
        <StringClause stringPredicate = "Equal">//Geography-id/ * /Japan</StringClause>
      </SimpleClause>
    </Clause>
  </ClassificationNodeFilter>
</ClassificationNodeQuery>
```

8.2.7.6 路径过滤表达式的用例和示例

根据下面的 Georaphy 分类方案,表 10 列出了各种不同的用例和实例:

```
<ClassificationScheme id='Geography-id' name="Geography"/>
```

```
<ClassificationNode id="NorthAmerica-id" parent="Geography-id" code=NorthAmerica" />
<ClassificationNode id="UnitedStates-id" parent="NorthAmerica-id" code="UnitedStates" />

<ClassificationNode id="Asia-id" parent="Geography-id" code="Asia" />
<ClassificationNode id="Japan-id" parent="Asia-id" code="Japan" />
<ClassificationNode id="Tokyo-id" parent="Japan-id" code="Tokyo" />
```

表 10　用例的路径过滤表达式

用　例	路径表达式	说　明
匹配含有一个特定值的所有第一层节点	/Geography-id/NorthAmerica	找出 code 为 NorthAmerica 的所有第一层节点
找出 code 为 NorthAmerica 的第一层节点的所有子节点	/Geography-id/NorthAmerica/*	匹配第一层路径元素的 code 为 NorthAmerica 的所有节点
匹配含有特定值的所有节点(不考虑层)	/Geography-id//Japan	找出 code 为 Japan 的所有节点
匹配含有一个特定值的所有第二层节点	/Geography-id/*/Japan	找出 code 为 Japan 的所有第二层节点
匹配含有一个特定值的所有第三层节点	/Geography-id/*/*/Tokyo	找出 code 为 Tokyo 的所有第三层节点

8.2.7.7　示例

客户端应用程序希望查到分类方案层次结构的前三层中的所有分类节点。客户端知道最基本的分类方案的名称是 urn:ebxml:cs:myscheme。下面的查询可以查到前三层的所有节点。

```
<AdhocQueryRequest>
  <ResponseOption returnType = "LeafClass"/>
  <FilterQuery>
    <ClassificationNodeQuery>
      <ClassificationNodeFilter>
        <Clause>
          <SimpleClause leftArgument = "levelNumber">
            <RationalClause logicalPredicate = "LE">
              <IntClause>3</IntClause>
            </RationalClause>
          </SimpleClause>
        </Clause>
      </ClassificationNodeFilter>
      <ClassificationSchemeQuery>
        <NameBranch>
          <LocalizedStringFilter>
            <Clause>
              <SimpleClause leftArgument = "value">
                <StringClause stringPredicate = " Equal " > urn: ebxml: cs: myscheme </String-
```

```
Clause>
            </SimpleClause>
          </Clause>
        </LocalizedStringFilter>
      </NameBranch>
    </ClassificationSchemeQuery>
  </ClassificationNodeQuery>
 </FilterQuery>
</AdhocQueryRequest>
```

如果客户端希望查到所有层的节点，则它们只需从该查询中删除 ClassificationNodeFilter 元素即可。

下面的查询可以找到 code 为 NorthAmerica 的某个第一层节点的所有子节点。

```
<AdhocQueryRequest>
 <ResponseOption returnType = "LeafClass"/>
 <FilterQuery>
  <ClassificationNodeQuery>
   <ClassificationNodeFilter>
    <Clause>
     <SimpleClause leftArgument = "path">
      <StringClause stringPredicate = "Equal">/Geography-id/NorthAmerica/*
</StringClause>
     </SimpleClause>
    </Clause>
   </ClassificationNodeFilter>
  </ClassificationNodeQuery>
 </FilterQuery>
</AdhocQueryRequest>
```

下面的查询可以找到所有 code 为 Tokyo 的第三层节点。

```
<AdhocQueryRequest>
 <ResponseOption returnType = "LeafClass" returnComposedObjects = "True"/>
 <FilterQuery>
  <ClassificationNodeQuery>
   <ClassificationNodeFilter>
    <Clause>
     <SimpleClause leftArgument = "path">
      <StringClause stringPredicate = "Equal">/Geography-id/*/*/Tokyo</String-
Clause>
     </SimpleClause>
    </Clause>
```

```
    </ClassificationNodeFilter>
   </ClassificationNodeQuery>
  </FilterQuery>
</AdhocQueryRequest>
```

8.2.8 **ClassificationSchemeQuery**

8.2.8.1 **目的**

ClassificationSchemeQuery 的目的是通过选定的注册元数据进行查询,确定符合查询条件的一组分类方案实例。

8.2.8.2 **ebRIM 绑定**

图 22 给出了 ClassificationSchemeQuery 的 ebRIM 绑定。

图 22 ClassificationSchemeQuery 的 ebRIM 绑定

8.2.8.3 **定义**

ClassificationSchemeQuery 的定义如下:

```
<complexType name="ClassificationSchemeQueryType">
  <complexContent>
    <extension base="tns:RegistryEntryQueryType">
      <sequence>
        <element ref="tns:ClassificationSchemeFilter" minOccurs="0" maxOccurs="1" />
      </sequence>
    </extension>
  </complexContent>
</complexType>
<element name="ClassificationSchemeQuery" type="tns:ClassificationSchemeQueryType" />
```

8.2.8.4 **语义规则**

规则 1:设 CS 为注册系统中所有持久的 ClassificationScheme 实例的集合。按照下列步骤,将 CS 中不满足指定过滤条件的实例删除:

a) 如果 CS 为空,则跳到下一规则。
b) 如果没有规定 ClassificationSchemeFilter 元素,则转到下一步;否则,设 x 为 CS 中的一个分类方案。如果 x 不满足 ClassificationSchemeFilter,则从 CS 中删除 x。如果 CS 为空,则跳到下一规则。
c) 设 CS 为剩余的 ClassificationScheme 实例的集合。然后按照 8.2.3 所述的规则,使用所继承的 RegistryEntryQuery 来评估 CS。

规则 2:如果 CS 为空,则给出警告"分类方案查询结果为空";否则,将 CS 设为 ClassificationSchemeQuery 的结果。

规则 3:在 RegistryResponse 中返回结果并(在 RegistryErrorList 中)列出所有出现的警告或异常。

8.2.8.5 示例

客户端应用程序希望查到注册系统中所有分类方案实例。

```
<AdhocQueryRequest>
  <ResponseOption returnType = "LeafClass"/>
  <FilterQuery>
    <ClassificationSchemeQuery/>
  </FilterQuery>
</AdhocQueryRequest>
```

8.2.9 **RegistryPackageQuery**

8.2.9.1 目的

RegistryPackageQuery 的目的是通过选定的注册元数据进行查询，确定符合查询条件的一组注册包实例。

8.2.9.2 **ebRIM** 绑定

图 23 给出了 RegistryPackageQuery 的 ebRIM 绑定。

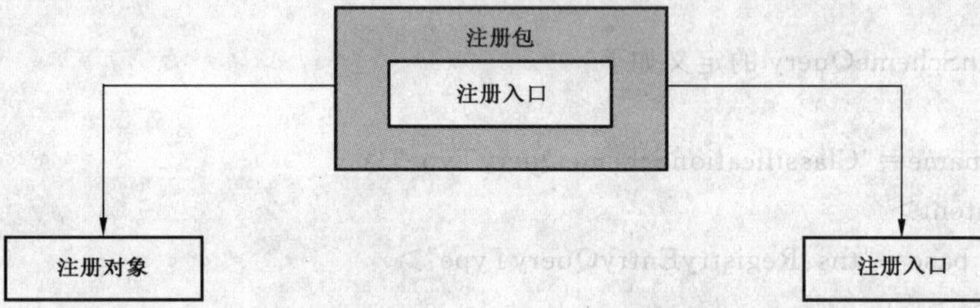

图 23 **RegistryPackageQuery** 的 **ebRIM** 绑定

8.2.9.3 定义

RegistryPackageQuery 的定义如下：

```
<complexType name="RegistryPackageQueryType">
  <complexContent>
    <extension base="tns:RegistryEntryQueryType">
      <sequence>
        <element ref="tns:RegistryPackageFilter" minOccurs="0" maxOccurs="1" />
        <element ref="tns:RegistryObjectQuery" minOccurs="0" maxOccurs="unbounded" />
        <element ref="tns:RegistryEntryQuery" minOccurs="0" maxOccurs="unbounded" />
      </sequence>
    </extension>
  </complexContent>
</complexType>
<element name="RegistryPackageQuery" type="tns:RegistryPackageQueryType" />

<element name="RegistryPackageQueryResult">
  <complexType>
```

```
    <choice minOccurs="0" maxOccurs="unbounded">
      <element ref="rim:ObjectRef" />
      <element ref="rim:RegistryEntry" />
      <element ref="rim:RegistryObject" />
      <element ref="rim:RegistryPackage" />
    </choice>
  </complexType>
</element>
```

8.2.9.4 语义规则

规则 1:设 RP 为注册系统中所有持久的 RegistryPackage 实例的集合。按照下列步骤,将 RP 中不满足指定过滤条件的实例删除:

a) 如果 RP 为空,则跳到下一规则。

b) 如果没有指定 RegistryPackageFilter 元素,则跳到下一规则;否则,设 x 为 RP 中的一个注册包实例。如果 x 不满足 RegistryPackageFilter,则从 RP 中删除 x。如果 RP 为空,则跳到下一规则。

c) 如果在 RegistryPackageQuery 中直接包括一个 RegistryObjectQuery 元素,则按照下面的方式处理每个 RegistryObjectQuery:设 RO 为 8.2.2 中定义的 RegistryObjectQuery 返回的 RegistryObject 实例,并设 PO 为含有包 x 的多个成员的 RO 子集。如果 PO 为空,则从 RP 中删除 x。如果 RP 为空,则跳到下一规则。如果在 RegistryPackageQuery 元素中直接包括一个 RegistryEntryQuery 元素,则按照下面的方式处理每个 RegistryEntryQuery:设 RE 为 8.2.3中定义的 RegistryEntryQuery 返回的 RegistryEntry 实例,并设 PE 为含有包 x 的多个成员的 RE 子集。如果 PE 为空,则从 RP 中删除 x。如果 RP 为空,则跳到下一规则。

d) 设 RP 为剩余的 RegistryPackage 实例的集合。然后按照 8.2.3 所述的规则,使用所继承的 RegistryEntryQuery 来评估 RP。

规则 2:如果 RP 为空,则给出警告"注册包查询结果为空";否则,将 RP 设置为 ClassificationNodeQuery 的结果。

规则 3:在 RegistryResponse 中返回结果并(在 RegistryErrorList 中)列出所有出现的警告或异常。

8.2.9.5 示例

下例说明了客户端应用程序希望在注册系统中查到含有一个"Invoice"外部对象的所有包实例。

```
<AdhocQueryRequest>
  <ResponseOption returnType = "LeafClass"/>
  <FilterQuery>
    <RegistryPackageQuery>
      <RegistryEntryQuery>
        <RegistryEntryFilter>
          <Clause>
            <SimpleClause leftArgument = "objectType">
              <StringClause stringPredicate = "Equal">Invoice</StringClause>
            </SimpleClause>
          </Clause>
        </RegistryEntryFilter>
```

```
    </RegistryEntryQuery>
  </RegistryPackageQuery>
</FilterQuery>
</AdhocQueryRequest>
```

下例说明了客户端应用程序希望在注册系统中查到所有不为空的包实例。

```
<AdhocQueryRequest>
  <ResponseOption returnType = "LeafClass"/>
  <FilterQuery>
    <RegistryPackageQuery>
      <RegistryObjectQuery/>
    </RegistryPackageQuery>
  </FilterQuery>
</AdhocQueryRequest>
```

假如客户端应用程序希望在注册系统中查到所有为空的包实例，但是由于 RegistryPackageQuery 不能查询为空的包，因此客户端必须提出两个独立的 RegistryPackageQuery 请求，一个用来找出所有的包，另一个用来找出所有不为空的包，然后通过比较它们之间的不同来找出所有为空的包。另一种方法是它们可以通过更复杂的 RegistryEntryQuery，来确认该包和其成员之间不存在包的关联即可。

注：注册包是一个内部 RegistryEntry 实例，完全由其与其成员间的关联来确定。因此，RegistryPackageQuery 总是能够使用适当的"Source(源)"和"Target(目标)"关联来重写为一个等同的 RegistryEntryQuery，但是这一工作比较复杂。

8.2.10 ExtrinsicObjectQuery

8.2.10.1 目的

ExtrinsicObjectQuery 的目的是通过选定的注册元数据进行查询，确定符合查询条件的一组外部对象实例。

8.2.10.2 ebRIM 绑定

图 24 给出了 ExtrinsicObjectQuery 的 ebRIM 绑定。

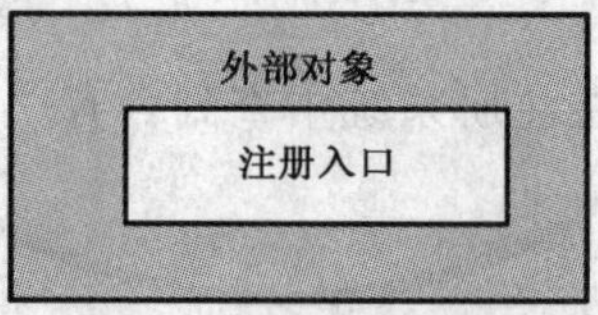

图 24 ExtrinsicObjectQuery 的 ebRIM 绑定

8.2.10.3 定义

ExtrinsicObjectQuery 的定义如下：

```
<complexType name="ExtrinsicObjectQueryType">
  <complexContent>
    <extension base="tns:RegistryEntryQueryType">
      <sequence>
        <element ref="tns:ExtrinsicObjectFilter" minOccurs="0" maxOccurs="1" />
      </sequence>
    </extension>
```

```
  </complexContent>
</complexType>
<element name="ExtrinsicObjectQuery" type="tns:ExtrinsicObjectQueryType" />

<element name="ExtrinsicObjectQueryResult">
  <complexType>
    <choice minOccurs="0" maxOccurs="unbounded">
      <element ref="rim:ObjectRef" />
      <element ref="rim:RegistryEntry" />
      <element ref="rim:RegistryObject" />
      <element ref="rim:ExtrinsicObject" />
    </choice>
  </complexType>
</element>
```

8.2.10.4 语义规则

规则1:设EO为注册系统中所有持久的ExtrinsicObject实例的集合。按照下列步骤,可以将EO中不满足指定过滤条件的实例删除。

a) 如果EO为空,则跳到下一规则。

b) 如果没有指定ExtrinsicObjectFilter,则转到下一步;否则,设x为EO中的一个外部对象。如果x不满足ExtrinsicObjectFilter,则从EO中删除x。如果EO为空,则跳到下一规则。

c) 设EO为剩余的ExtrinsicObject实例的集合。然后按照8.2.3所述的规则,使用所继承的RegistryEntryQuery来评估EO。

规则2:如果EO为空,则给出警告"外部对象查询结果为空";否则,将EO设置为ExtrinsicObjectQuery的结果。

规则3:在RegistryResponse中返回结果并(在RegistryErrorList中)列出所有出现的警告或异常。

8.2.11 OrganizationQuery

8.2.11.1 目的

OrganizationQuery的目的是通过选定的注册元数据进行查询,确定符合查询条件的一组组织机构实例。

8.2.11.2 ebRIM绑定

图23给出了OrganizationQuery的ebRIM绑定。

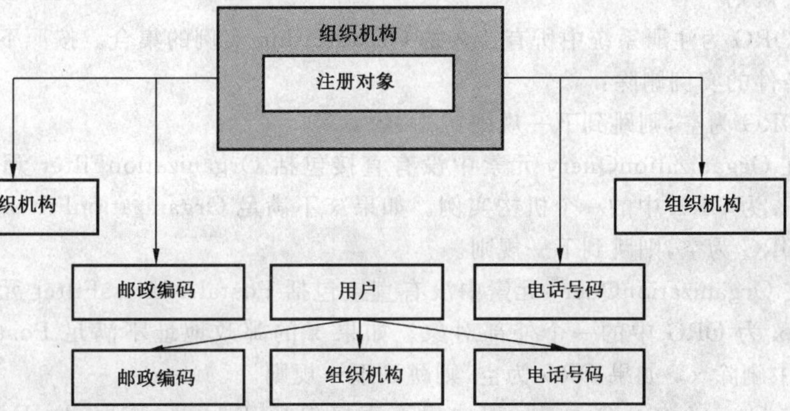

图25 OrganizationQuery的ebRIM绑定

8.2.11.3 定义

OrganizationQuery 的定义如下：

```
<complexType name="OrganizationQueryType">
  <complexContent>
    <extension base="tns:RegistryObjectQueryType">
      <sequence>
        <element ref="tns:OrganizationFilter" minOccurs="0" maxOccurs="1" />
        <element ref="tns:PostalAddressFilter" minOccurs="0" maxOccurs="1" />
        <element ref="tns:TelephoneNumberFilter" minOccurs="0" maxOccurs="unbounded"/>
        <element ref="tns:UserBranch" minOccurs="0" maxOccurs="1" />
        <element name="OrganizationParentBranch" type="tns:OrganizationQueryType" minOc-
curs="0" " maxOccurs="1" />
        <element name="OrganizationChildrenBranch" type="tns:OrganizationQueryType" mi-
nOccurs="0" maxOccurs="unbounded" />
      </sequence>
    </extension>
  </complexContent>
</complexType>
<element name="OrganizationQuery" type="tns:OrganizationQueryType" />
<element name="OrganizationQueryResult">
  <complexType>
    <choice minOccurs="0" maxOccurs="unbounded">
      <element ref="rim:ObjectRef" />
      <element ref="rim:RegistryObject" />
      <element ref="rim:Organization" />
    </choice>
  </complexType>
</element>
```

8.2.11.4 语义规则

规则 1：设 ORG 为注册系统中所有持久的 Organization 实例的集合。按照下列步骤，将 ORG 中不满足指定过滤条件的实例删除：

a) 如果 ORG 为空，则跳到下一规则。

b) 如果在 OrganizationQuery 元素中没有直接包括 OrganizationFilter 元素，则转到下一步；否则，设 x 为 ORG 中的一个机构实例。如果 x 不满足 OrganizationFilter，则从 ORG 中删除 x。如果 ORG 为空，则跳到下一规则。

c) 如果在 OrganizationQuery 元素中没有直接包括 PostalAddressFilter 元素，则转到下一步；否则，设 x 为 ORG 中的一个外部对象。如果 x 的邮政地址不满足 PostalAddressFilter，则从 ORG 中删除 x。如果 ORG 为空，则跳到下一规则。

d) 如果在 OrganizationQuery 元素中没有直接包括 TelephoneNumberFilter 元素，则转到下一步；否则，设 x 为 ORG 中的一个外部对象。如果 x 的所有电话号码不满足任一 Telephone

NumberFilter,则从 ORG 中删除 x。如果 ORG 为空,则跳到下一规则。

e) 如果在 OrganizationQuery 元素中没有直接包括 UserBranch 元素,则转到下一步;否则,设 x 为 ORG 中的一个外部对象。设 u 为 x 所隶属的用户实例。如果在 UserBranch 中指定了一个 UserFilter 元素,且 u 不满足该过滤,则从 ORG 中删除 x。如果在 UserBranch 中指定了一个 PostalAddressFilter 元素,且 u 的邮政地址不满足该过滤,则从 ORG 中删除 x。如果在 UserBranch 中指定了 TelephoneNumberFilter 元素,且所有 x 的电话号码不满足任一 TelephoneNumberFilter,则从 ORG 中删除 x。如果在 UserBranch 中指定了 EmailAddressFilter 元素,且所有 x 的电子邮件地址不满足任一 EmailAddressFilter,则从 ORG 中删除 x。如果在 UserBranch 中指定了一个 OrganizationQuery 元素,则设 o 为被 u 所隶属的组织机构来标识的 Organization 实例。如果 o 不满足 8.2.11 中定义的 OrganizationQuery,则从 ORG 中删除 x。如果 ORG 为空,则跳到下一规则。

f) 如果在 OrganizationQuery 中没有指定 OrganizationParentBranch(组织机构父分支),则转到下一步;否则,设 x 为 ORG 中的一个外部对象。设 o=x,然后执行下段的内容:

设 o 为一个组织机构实例。如果在 OrganizationParentBranch 中没有指定 OrganizationFilter,并且 o 没有父组织机构(即 o 是组织机构层次结构中的一个根机构),则从 ORG 中删除 x;否则,设 p 为 o 的父组织机构。如果 p 不满足 OrganizationFilter,则从 ORG 中删除 x。如果 ORG 为空,则跳到下一规则。

如果在 OrganizationParentBranch 中直接包括另一个 OrganizationParentBranch 元素,则设 o=p,然后重复执行上段内容。

g) 如果没有指定 OrganizationChidrenBranch(组织机构子分支),则跳到下一规则;否则,设 x 为 ORG 中的一个剩余的组织机构。如果 x 不是某个组织机构实例的父节点,则从 ORG 中删除 x,如果 ORG 为空,则跳到下一规则;否则,分别处理每个 OrganizationChidrenBranch 元素,并且设 n=x,然后执行下面的内容。

设 n 为一个组织机构实例。如果在 OrganizationChidrenBranch 中没有指定 OrganizationFilter 元素,则设 ORGC 为将 n 作为父节点的所有组织机构的集合。如果 ORGC 为空,则从 ORG 中删除 x,如果 ORG 为空,则跳到下一规则;否则,设 c 为 ORGC 的任一成员。如果在 OrganizationChidrenBranch 中直接包括一个 PostalAddressFilter 元素,且 c 的邮政地址不满足 PostalAddressFilter,则从 ORGC 中删除 c。如果 ORGC 是空,则从 ORG 中删除 x。如果 ORG 为空,则跳到下一规则。如果在 OrganizationChidrenBranch 中没有直接包括 TelephoneNumberFilter 元素,且 c 的所有电话号码都不满足任一 TelephoneNumberFilter,则从 ORGC 中删除 c。如果 ORGC 是空,则从 ORG 中删除 x。如果 ORG 为空,则跳到下一规则;否则,设 y 为 ORGC 的一个元素,并且继续执行下面的内容。

如果 OrganizationChidrenBranch 元素是终点(即它不直接包括另一个 OrganizationChidrenBranch 元素),则跳到下一规则;否则,用新的 OrganizationChidrenBranch 元素以及设 n=y 来重复执行上段的内容。

h) 设 ORG 为剩余的组织机构实例的集合。然后按照 8.2.2 所述的规则,使用所继承的 RegistryObjectQuery 来评估 ORG。

规则 2:如果 ORG 为空,则给出警告"组织机构查询结果为空";否则,将 ORG 设置为 OrganizationQuery 的结果。

规则 3:在 RegistryResponse 中返回结果并(在 RegistryErrorList 中)列出所有出现的警告或异常。

8.2.11.5 示例

客户端应用程序希望找到法国(France)的、在 2000 年提交过一个 CPP 外部对象的一组组织机构。

```xml
<AdhocQueryRequest>
  <ResponseOption returnType = "LeafClass" returnComposedObjects = "True"/>
  <FilterQuery>
    <OrganizationQuery>
      <SourceAssociationBranch>
        <AssociationFilter>
          <Clause>
            <SimpleClause leftArgument = "associationType">
              <StringClause stringPredicate = "Equal">SubmitterOf</StringClause>
            </SimpleClause>
          </Clause>
        </AssociationFilter>
        <RegistryObjectQuery>
          <RegistryObjectFilter>
            <Clause>
              <SimpleClause leftArgument = "objectType">
                <StringClause stringPredicate = "Equal">CPP</StringClause>
              </SimpleClause>
            </Clause>
          </RegistryObjectFilter>
          <AuditableEventQuery>
            <AuditableEventFilter>
              <Clause>
                <SimpleClause leftArgument = "timestamp">
                  <RationalClause logicalPredicate = "GE">
                    <DateTimeClause>2000-01-01T00:00:00-05:00</DateTimeClause>
                  </RationalClause>
                </SimpleClause>
              </Clause>
            </AuditableEventFilter>
          </AuditableEventQuery>
        </RegistryObjectQuery>
      </SourceAssociationBranch>
      <PostalAddressFilter>
        <Clause>
          <SimpleClause leftArgument = "country">
            <StringClause stringPredicate = "Equal">France</StringClause>
          </SimpleClause>
        </Clause>
      </PostalAddressFilter>
    </OrganizationQuery>
  </FilterQuery>
```

```
</AdhocQueryRequest>
```

客户端应用程序希望查到母公司为 XYZ 的所有组织机构。

```
<AdhocQueryRequest>
  <ResponseOption returnType = "LeafClass"/>
  <FilterQuery>
    <OrganizationQuery>
      <OrganizationParentBranch>
        <NameBranch>
          <LocalizedStringFilter>
            <Clause>
              <SimpleClause leftArgument = "value">
                <StringClause stringPredicate = "Equal">XYZ</StringClause>
              </SimpleClause>
            </Clause>
          </LocalizedStringFilter>
        </NameBranch>
      </OrganizationParentBranch>
    </OrganizationQuery>
  </FilterQuery>
</AdhocQueryRequest>
```

8.2.12 ServiceQuery

8.2.12.1 目的

ServiceQuery 的目的是通过选定的注册元数据进行查询，确定符合查询条件的一组服务实例。

8.2.12.2 ebRIM 绑定

图 26 给出了 ServiceQuery 的 ebRIM 绑定。

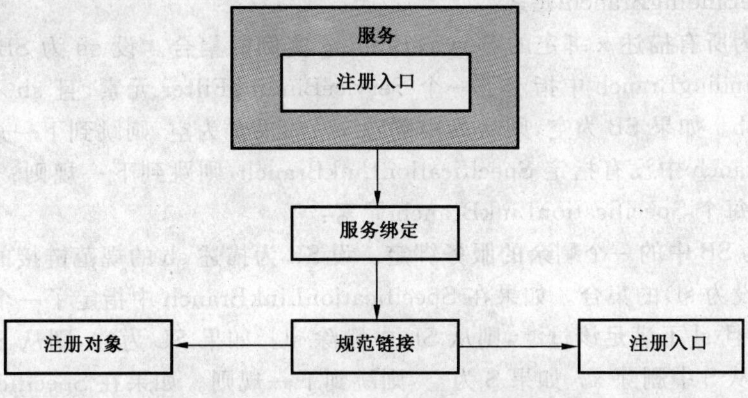

图 26 ServiceQuery 的 ebRIM 绑定

8.2.12.3 定义

ServiceQuery 的定义如下：

```
<complexType name="ServiceQueryType">
```

```
  <complexContent>
    <extension base="tns:RegistryEntryQueryType">
      <sequence>
        <element ref="tns:ServiceFilter" minOccurs="0" maxOccurs="1" />
        <element ref="tns:ServiceBindingBranch" minOccurs="0" maxOccurs="unbounded"/>
      </sequence>
    </extension>
  </complexContent>
</complexType>
<element name="ServiceQuery" type="tns:ServiceQueryType" />

<element name="ServiceQueryResult">
  <complexType>
    <choice minOccurs="0" maxOccurs="unbounded">
      <element ref="rim:ObjectRef" />
      <element ref="rim:RegistryObject" />
      <element ref="rim:Service" />
    </choice>
  </complexType>
</element>
```

8.2.12.4 语义规则

规则1:设S为注册系统中所有持久的Service实例的集合。按照下列步骤,将S中不满足指定过滤条件的实例删除。

a) 如果S为空,则跳到下一规则。

b) 如果没有指定ServiceFilter元素,则转到下一步;否则,设x为S中的一个服务。如果x不满足ServiceFilter,则从S中删除x。如果S为空,则跳到下一规则。

c) 如果没有指定ServiceBindingBranch元素,则跳到下一规则;否则,按照下面的方式分别考虑每个ServiceBindingBranch元素:

设SB为所有描述x绑定的ServiceBinding实例的集合。设sb为SB的一个成员。如果在ServiceBindingBranch中指定了一个ServiceBindingFilter元素,且sb不满足该过滤,则从SB中删除sb。如果SB为空,则从S中删除x。如果S为空,则跳到下一规则。如果在ServiceBindingBranch中没有指定SpecificationLinkBranch,则跳到下一规则;否则,按照下面的方式分别考虑每个SpecificationLinkBranch元素:

设sb为SB中的一个剩余的服务绑定。设SL为描述sb的规范链接的所有SpecificationLink实例(设为sl)的集合。如果在SpecificationLinkBranch中指定了一个SpecificationLinkFilter元素,且sl不满足该过滤,则从SL中删除sl。如果SL为空,则从SB中删除sb。如果SB为空,则从S中删除x。如果S为空,则跳到下一规则。如果在SpecificationLinkBranch中指定了一个RegistryObjectQuery元素,则设sl为SL中的一个剩余的规范链接。按照下面的方式处理RegistryObjectQuery元素:设RO为8.2.2中定义的RegistryObjectQuery的结果集合。如果sl不是对RO中某个注册对象的规范链接,则从SL中删除sl。如果SL为空,则从SB中删除sb。如果SB为空,则从S中删除x。如果S为空,则跳到下一规则。如果在SpecificationLinkBranch中指定了一个RegistryEntryQuery元素,则设sl为SL中的一个剩余的规范链接。按照下面的方式处理 RegistryEntryQuery 元素：设 RO 为 8.2.3 中定义的 RegistryEntryQuery 的结果集合。如果 sl 不是对 RE 中某个注册条目的规范链接，则从 SL 中删除 sl。如果 SL 为空，则从 SB 中删除 sb。如果 SB 为空，则从 S 中删除 x。如果 S 为空，则跳到下一规则。

d) 设 S 为剩余的 Service 实例的集合。然后按照 8.2.3 所述的规则，使用所继承的 RegistryEntryQuery 来评估 AE。

规则 2：如果 S 为空，则给出警告“服务查询结果为空”；否则，将 S 设置为 ServiceQuery 的结果。

规则 3：返回 RegistryResponse 中的结果并(在 RegistryErrorList 中)列出所有出现的警告或异常。

8.2.13 RegistryFilter

8.2.13.1 目的

RegistryFilter(注册过滤)的目的是对指定的注册系统类的所有持久实例集合的子集进行标识。

8.2.13.2 定义

RegistryFilter 的定义如下：

```
<complexType name="FilterType">
  <sequence>
    <element ref="tns:Clause" />
  </sequence>
</complexType>
<element name="RegistryObjectFilter" type="tns:FilterType" />
<element name="RegistryEntryFilter" type="tns:FilterType" />
<element name="ExtrinsicObjectFilter" type="tns:FilterType" />
<element name="RegistryPackageFilter" type="tns:FilterType" />
<element name="OrganizationFilter" type="tns:FilterType" />
<element name="ClassificationNodeFilter" type="tns:FilterType" />
<element name="AssociationFilter" type="tns:FilterType" />
<element name="ClassificationFilter" type="tns:FilterType" />
<element name="ClassificationSchemeFilter" type="tns:FilterType" />
<element name="ExternalLinkFilter" type="tns:FilterType" />
<element name="ExternalIdentifierFilter" type="tns:FilterType" />
<element name="SlotFilter" type="tns:FilterType" />
<element name="AuditableEventFilter" type="tns:FilterType" />
<element name="UserFilter" type="tns:FilterType" />
<element name="SlotValueFilter" type="tns:FilterType" />
<element name="PostalAddressFilter" type="tns:FilterType" />
<element name="TelephoneNumberFilter" type="tns:FilterType" />
<element name="ServiceFilter" type="tns:FilterType" />
<element name="ServiceBindingFilter" type="tns:FilterType" />
<element name="SpecificationLinkFilter" type="tns:FilterType" />
<element name="LocalizedStringFilter" type="tns:FilterType" />
```

8.2.13.3 语义规则

规则 1：按 8.2.14 定义 Clause(条件)元素。

规则 2:对于每个 RegistryObjectFilter 的 XML 元素,任一 SimpleClause(简单条件)包含的 leftArgument(左侧变量)属性应标识 GB/T 19256.4 中定义的 RegistryObject 的 UML 类的公共属性。否则就应给出异常“对象属性错误”。RegistryObjectFilter 将返回那些属性值对于条件判定而言为 True 的 RegistryObject 实例的标识符集合。

规则 3:对于每个 RegistryEntryFilter 的 XML 元素,任一 SimpleClause 包含的 leftArgument 属性应标识 GB/T 19256.4 中定义的 RegistryEntry 的 UML 类的公共属性。否则就应给出异常“注册条目属性错误”。RegistryEntryFilter 将返回那些属性值对于判定条件而言为 True 的 RegistryEntry 实例的标识符集合。

规则 4:对于每个 ExtrinsicObjectFilter 的 XML 元素,任一 SimpleClause 包含的 leftArgument 属性应标识 GB/T 19256.4 中定义的 ExtrinsicObject 的 UML 类的公共属性。否则就应给出异常“外部对象属性错误”。ExtrinsicObjectFilter 将返回那些属性值对于判定条件而言为 True 的 ExtrinsicObject 实例的标识符集合。

规则 5:对于每个 RegistryPackageFilter 的 XML 元素,任一 SimpleClause 包含的 leftArgument 属性应标识 GB/T 19256.4 中定义的 RegistryPackage 的 UML 类的公共属性。否则就应给出异常“包属性错误”。RegistryPackageFilter 将返回那些属性值对于判定条件而言为 True 的 RegistryPackage 实例的标识符集合。

规则 6:对于每个 OrganizationFilter 的 XML 元素,任一 SimpleClause 包含的 leftArgument 属性应标识 GB/T 19256.4 中定义的 Organization(或 PostalAddress)的 UML 类的公共属性。否则就应给出异常“组织机构属性错误”。OrganizationFilter 将返回那些属性值对于判定条件而言为 True 的 Organization 实例的标识符集合。

规则 7:对于每个 ClassificationNodeFilter 的 XML 元素,任一 SimpleClause 包含的 leftArgument 属性应标识 GB/T 19256.4 中定义的 ClassificationNode 的 UML 类的公共属性。否则就应给出异常“分类节点属性错误”。如果 leftArgument 属性为可见属性 path,且 StringClause(字符串条件)的 stringPredicate 属性不为 Equal,则应给出异常“分类节点路径属性错误”。ClassificationNodeFilter 将返回那些属性值对于判定条件而言为 True 的 ClassificationNode 实例的标识符集合。

规则 8:对于每个 AssociationFilter 的 XML 元素,任一 SimpleClause 包含的 leftArgument 属性应标识 GB/T 19256.4 中定义的 Association 的 UML 类的公共属性。否则就应给出异常“关联属性错误”。AssociationFilter 返回那些属性值对于判定条件而言为 True 的 Association 实例的标识符集合。

规则 9:对于每个 ClassificationFilter 的 XML 元素,任一 SimpleClause 包含的 leftArgument 属性应标识 GB/T 19256.4 中定义的 Classification 的 UML 类的公共属性。否则就应给出异常“分类属性错误”。ClassificationFilter 将返回那些属性值对于判定条件而言为 True 的 Classification 实例的标识符集合。

规则 10:对于每个 ClassificationSchemeFilter 的 XML 元素,任一 SimpleClause 包含的 leftArgument 属性应标识 GB/T 19256.4 中定义的 ClassificationScheme 的 UML 类的公共属性。否则就应给出异常“分类方案属性错误”。ClassificationSchemeFilter 将返回那些属性值对于判定条件而言为 True 的 ClassificationScheme 实例的标识符集合。

规则 11:对于每个 ExternalLinkFilter 的 XML 元素,任一 SimpleClause 包含的 leftArgument 属性应标识 GB/T 19256.4 中定义的 ExternalLink 的 UML 类的公共属性。否则就应给出异常“外部链接属性错误”。ExternalLinkFilter 将返回那些属性值对于判定条件而言为 True 的 ExternalLink 实例的标识符集合。

规则 12:对于每个 ExternalIdentifierFilter 的 XML 元素,任一 SimpleClause 包含的 leftArgument

属性应标识 GB/T 19256.4 中定义的 ExternalIdentifier 的 UML 类的公共属性。否则就应给出异常“外部标识符属性错误”。ExternalIdentifierFilter 将返回那些属性值对于判定条件而言为 True 的 ExternalIdentifier 实例的标识符集合。

规则 13:对于每个 SlotFilter 的 XML 元素,任一 SimpleClause 包含的 leftArgument 属性应标识 GB/T 19256.4 中定义的 Slot 的 UML 类的公共属性。否则就应给出异常“插槽属性错误”。SlotFilter 将返回那些属性值对于判定条件而言为 True 的 Slot 实例的标识符集合。

规则 14:对于每个 AuditableEventFilter 的 XML 元素,任一 SimpleClause 包含的 leftArgument 属性应标识 GB/T 19256.4 中定义的 AuditableEvent 的 UML 类的公共属性。否则就应给出异常“可审计事件属性错误”。AuditableEventFilter 将返回那些属性值对于判定条件而言为 True 的 AuditableEvent 实例的标识符集合。

规则 15:对于每个 UserFilter 的 XML 元素,任一 SimpleClause 包含的 leftArgument 属性应标识 GB/T 19256.4 中定义的 User 的 UML 类的公共属性。否则就应给出异常“用户属性错误”。UsertFilter 将返回那些属性值对于判定条件而言为 True 的 User 实例的标识符集合。

规则 16:SlotValue 是在 GB/T 19256.4 中规定的 Slot 类的基础上导出的一个非持久类。对于在 Slot 实例的“value”列表中的每个 value,都有一个 SlotValue 实例。SlotValue 的可见属性是 value。它是一个字符串。SlotValue 的动态实例是从 GB/T 19256.4 为 Slot 实例定义的 values 属性中导出的。对于每个 SlotValueFilter 的 XML 元素,任一 SimpleClause 包含的 leftArgument 属性应标识 GB/T 19256.4中定义的 SlotValue 的 UML 类的公共属性。否则就应给出异常“插槽元素属性错误”。SlotValue 将返回那些属性值对于判定条件而言为 True 的 Slot 实例的标识符集合。

规则 17:对于每个 PostalAddressFilter 的 XML 元素,任一 SimpleClause 包含的 leftArgument 属性应标识 GB/T 19256.4 中定义的 PostalAddress 的 UML 类的公共属性。否则就应给出异常“邮政地址属性错误”。PostalAddressFilter 将返回那些属性值对于判定条件而言为 True 的 PostalAddress 实例的标识符集合。

规则 18:对于每个 TelephoneNumberFilter 的 XML 元素,任一 SimpleClause 包含的 leftArgument 属性应标识 GB/T 19256.4 中定义的 TelephoneNumber 的 UML 类的公共属性。否则就应给出异常“电话号码标识属性错误”。TelephoneNumbertFilter 将返回那些属性值对于判定条件而言为 True 的 TelephoneNumber 实例的标识符集合。

规则 19:对于每个 ServiceFilter 的 XML 元素,任一 SimpleClause 包含的 leftArgument 属性应标识 GB/T 19256.4 中定义的 Service 的 UML 类的公共属性。否则就应给出异常“服务属性错误”。ServiceFilter 将返回那些属性值对于判定条件而言为 True 的 Service 实例的标识符集合。

规则 20:对于每个 ServiceBindingFilter 的 XML 元素,任一 SimpleClause 包含的 leftArgument 属性应标识 GB/T 19256.4 中定义的 ServiceBinding 的 UML 类的公共属性。否则就应给出异常“服务绑定属性错误”。ServiceBindingFilter 将返回那些属性值对于判定条件而言为 True 的 ServiceBinding 实例的标识符集合。

规则 21:对于每个 SpecificationLinkFilter 的 XML 元素,任一 SimpleClause 包含的 leftArgument 属性应标识 GB/T 19256.4 中定义的 SpecificationLink 的 UML 类的公共属性。否则就应给出异常“规范链接属性错误”。SpecificationLinkFilter 将返回那些属性值对于判定条件而言为 True 的 SpecificationLink 实例的标识符集合。

规则 22:对于每个 LocalizedStringFilter 的 XML 元素,任一 SimpleClause 包含的 leftArgument 属性应标识 GB/T 19256.4 中定义的 LocalizedString 的 UML 类的公共属性。否则就应给出异常“本地化字符串属性错误”。LocalizedStringFilter 将返回那些属性值对于判定条件而言为 True 的 Localized-

String 实例的标识符集合。

8.2.14 XML 的条件约束表达式

8.2.14.1 目的

简单的 XML FilterQuery 使用了一个基于 Predicate Clause(判定条件)的规范的 XML 结构。Predicate Clause 用于正式定义约束机制,在本部分中简称为 Clause(条件)。

8.2.14.2 概念图

图 27 为描述 Clause 结构的概念图。

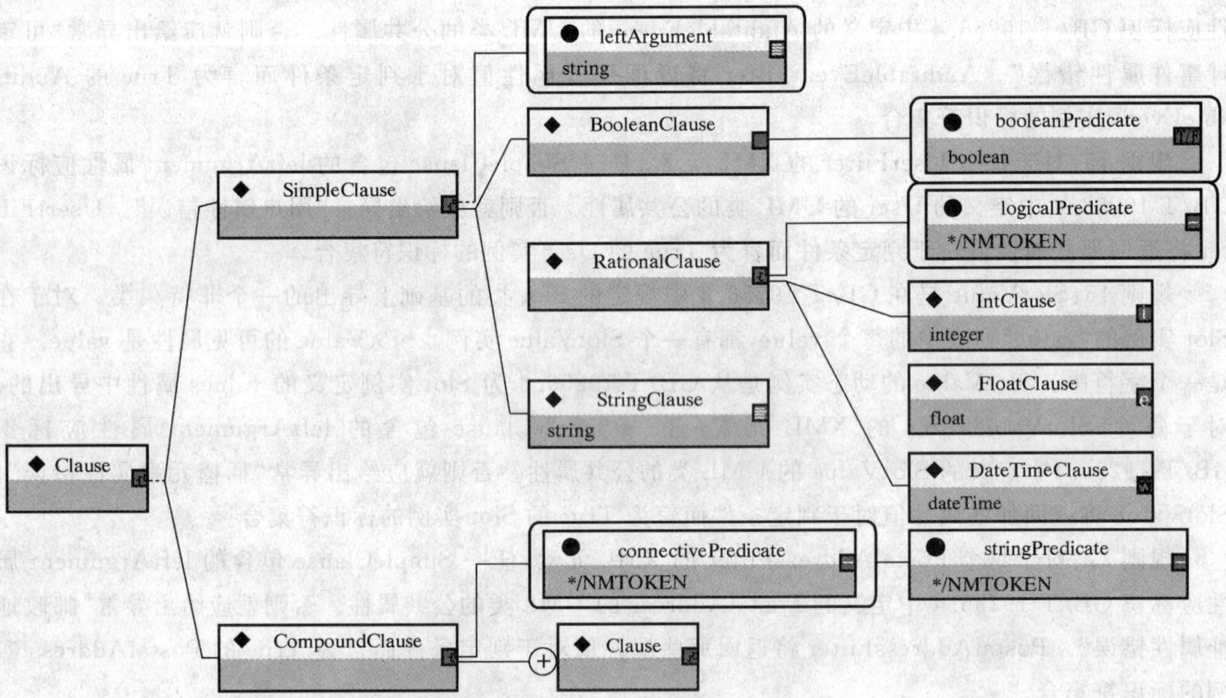

图 27 **Clause 结构概念图**

8.2.14.3 语义规则

Predicate(判定)和 Argument(变量)可被组合成"LeftArgument(左侧变量)-Predicate(判定)-RightArgument(右侧变量)"格式,从而形成一个 Clause。Clause 有两种类型:SimpleClause 和 CompoundClause。

8.2.14.3.1 SimpleClause

SimpleClause(简单条件)总是把 leftArgument 定义为一个文本型字符串,有时称其为 Clause 的主题词。SimpleClause 本身是不完整的(抽象的),必须被扩展。通过对 SimpleClause 进行扩展可以形成 BooleanClause(布尔条件)、StringClause(字符串条件)以及抽象的 RationalClause(有理数条件)。

BooleanClause 意味着判定条件是"等于",右侧变量是布尔型。StringClause 把判定条件定义为适当的字符串比较操作的枚举属性,把右侧变量定义为元素的文本型数据。RationalClause 把判定条件定义为适当的有理数比较操作的枚举。有理数支持由通用的 RationalClause 提供。RationalClause 可被进一步扩展为 IntClause(整数型条件)和 FloatClause(浮点型条件),其右侧变量为适当的符号。

8.2.14.3.2 CompoundClause

CompoundClause(复合条件)包括两个或多个 Clause(SimpleClause 或 CompoundClause)和一个连接判定条件。CompoundClause 可以形成任意复杂的 Clause。

8.2.14.4 定义

Clause 的定义如下:

```
<element name = "Clause">
  <annotation>
    <documentation xml:lang = "en">
The following lines define the XML syntax for Clause.
    </documentation>
  </annotation>
  <complexType>
    <choice>
      <element ref = "tns:SimpleClause"/>
      <element ref = "tns:CompoundClause"/>
    </choice>
  </complexType>
</element>
<element name = "SimpleClause">
  <complexType>
    <choice>
      <element ref = "tns:BooleanClause"/>
      <element ref = "tns:RationalClause"/>
      <element ref = "tns:StringClause"/>
    </choice>
    <attribute name = "leftArgument" use = "required" type = "string"/>
  </complexType>
</element>
<element name = "CompoundClause">
  <complexType>
    <sequence>
      <element ref = "tns:Clause" maxOccurs = "unbounded"/>
    </sequence>
    <attribute name = "connectivePredicate" use = "required">
      <simpleType>
        <restriction base = "NMTOKEN">
          <enumeration value = "And"/>
          <enumeration value = "Or"/>
        </restriction>
      </simpleType>
    </attribute>
  </complexType>
</element>
<element name = "BooleanClause">
  <complexType>
    <attribute name = "booleanPredicate" use = "required" type = "boolean"/>
  </complexType>
</element>
```

```
<element name = "RationalClause">
  <complexType>
    <choice>
      <element ref = "tns:IntClause"/>
      <element ref = "tns:FloatClause"/>
      <element ref = "tns:DateTimeClause"/>
    </choice>
    <attribute name = "logicalPredicate" use = "required">
      <simpleType>
        <restriction base = "NMTOKEN">
          <enumeration value = "LE"/>
          <enumeration value = "LT"/>
          <enumeration value = "GE"/>
          <enumeration value = "GT"/>
          <enumeration value = "EQ"/>
          <enumeration value = "NE"/>
        </restriction>
      </simpleType>
    </attribute>
  </complexType>
</element>
<element name = "IntClause" type = "integer"/>
<element name = "FloatClause" type = "float"/>
<element name = "DateTimeClause" type = "dateTime"/>

<element name = "StringClause">
  <complexType>
    <simpleContent>
      <extension base = "string">
        <attribute name = "stringPredicate" use = "required">
          <simpleType>
            <restriction base = "NMTOKEN">
              <enumeration value = "Contains"/>
              <enumeration value = "-Contains"/>
              <enumeration value = "StartsWith"/>
              <enumeration value = "-StartsWith"/>
              <enumeration value = "Equal"/>
              <enumeration value = "-Equal"/>
              <enumeration value = "EndsWith"/>
              <enumeration value = "-EndsWith"/>
            </restriction>
          </simpleType>
        </attribute>
```

```
      </extension>
    </simpleContent>
  </complexType>
</element>
```

8.2.14.5　示例

下例是一个简单的 BooleanClause:"Smoker"＝True

```
<Clause>
  <SimpleClause leftArgument="Smoker">
    <BooleanClause booleanPredicate="True"/>
  </SimpleClause>
</Clause>
```

下例是一个简单的 StringClause:"Smoker" contain"mo"

```
<Clause>
  <SimpleClause leftArgument = "Smoker">
    <StringClause stringPredicate = "Contains">mo</StringClause>
  </SimpleClause>
<Clause>
```

下例是一个 IntClause:"Age">= 7

```
<Clause>
  <SimpleClause leftArgument="Age">
    <RationalClause logicalPredicate="GE">
      <IntClause>7</IntClause>
    </RationalClause>
  </SimpleClause>
</Clause>
```

下例是一个 FloatClause:"Size" ＝ 4.3

```
<Clause>
  <SimpleClause leftArgument="Size">
    <RationalClause logicalPredicate="Equal">
      <FloatClause>4.3</FloatClause>
    </RationalClause>
  </SimpleClause>
</Clause>
```

下例是一个包括两个 SimpleClause 的 CompoundClause:(("Smoker"＝ False)AND("Age" ＝< 45))

```
<Clause>
  <CompoundClause connectivePredicate="And">
    <Clause>
      <SimpleClause leftArgument="Smoker">
        <BooleanClause booleanPredicate="False"/>
      </SimpleClause>
    </Clause>
    <Clause>
      <SimpleClause leftArgument="Age">
        <RationalClause logicalPredicate="LE">
          <IntClause>45</IntClause>
        </RationalClause>
      </SimpleClause>
    </Clause>
  </CompoundClause>
</Clause>
```

下例是一个包括一个 SimpleClause 和一个 CompoundClause 的 CompoundClause:(("Smoker"=False)AND(("Age"=< 45)OR("American"=True)))

```
<Clause>
  <CompoundClause connectivePredicate="And">
    <Clause>
      <SimpleClause leftArgument="Smoker">
        <BooleanClause booleanPredicate="False"/>
      </SimpleClause>
    </Clause>
    <Clause>
      <CompoundClause connectivePredicate="Or">
        <Clause>
          <SimpleClause leftArgument="Age">
            <RationalClause logicalPredicate="LE">
              <IntClause>45</IntClause>
            </RationalClause>
          </SimpleClause>
        </Clause>
        <Clause>
          <SimpleClause leftArgument="American">
            <BooleanClause booleanPredicate="True"/>
          </SimpleClause>
        </Clause>
      </CompoundClause>
```

</Clause>
</CompoundClause>
<Clause>

8.3 SQL 查询支持

SQL 查询功能是为那些要求具有更高级查询功能的注册系统客户端而设计的，因此对于注册系统而言是可选的。AdhocQueryRequest 中可选的 SQLQuery 元素允许客户端使用说明性的查询语言来提交复杂的 SQL 查询请求。

注册系统的 SQLQuery 语法可以使用[SQL]定义的 Entry 层 SQL 的“SELECT”语句的规范子集来定义，该语法还可扩展包括 ISO/IEC 9075-4[SQL-PSM]中规定的<sql invoked routines>(也称为存储程序)和附录 D.3 中以模板形式定义的预定义路径。注册系统查询语言的语法见附录 D.1 中的 BNF 语法部分。

需要指出的是，使用 SQLQuery 的 SQL 查询语法子集并不意味着在注册系统实施中需要使用关系数据库。

8.3.1 绑定到 GB/T 19256.4 的 SQL 查询语法

根据附录 D.1 中的查询语法以及附录 D.3 中定义的固定关系模式来定义 SQL 查询。该关系模式是与 GB/T 19256.4 绑定的一个算法，将在下面的部分进行描述。

8.3.1.1 类绑定

GB/T 19256.4 中定义的类名称的子集映射到可以使用 SQL 查询进行查询的表名称中。附录 D.3 定义了可使用 SQL 查询进行查询的 GB/T 19256.4 的类的名称。

将 GB/T 19256.4 的类与附录 D.3 中的表定义绑定在一起的算法如下：

a) 把含有具体实例的类映射到关系表中；此外，还要把实体类(如 PostalAddress 和 TelephoneNumber)也映射到关系表中；
b) 把具有继承关系的层次结构中的中间类(即 RegistryObject 和 RegistryEntry)映射到关系视图中；
c) 关系表和关系视图的名称与对应的 GB/T 19256.4 的类的名称相同，名称绑定不区分大小写；
d) 映射到附录 D.3 中的表中的每个 GB/T 19256.4 的类包括附录 D.3 中的列定义，其中列定义是以 GB/T 19256.4 中的类定义的属性的子集为基础的。映射到列的属性包括 GB/T 19256.4的类的继承属性。

如果对表的 SQL 查询没有在附录 D.3 中定义，则可能会导致产生错误情况“InvalidQueryException(无效查询异常)”。

下面的章节描述了把 GB/T 19256.4 的属性映射到 SQL 列定义的算法。

8.3.1.2 基本属性绑定

GB/T 19256.4 定义的基本类型属性(如字符串)可以用作 SQL 中的列名称。属性名称在 GB/T 19256.4中的类定义中进行了准确的定义。需要注意的是，当名称处于大小写混合的情况时，SQL-92 不区分大小写。因此，包含 GB/T 19256.4 中定义的不严格区分大小写的属性名称的查询是有效的。

8.3.1.3 引用属性绑定

有一些 GB/T 19256.4 定义的类属性为 UUID 类型，并且是对 GB/T 19256.4 定义的类实例的引用。如 RegistryObject 类的 accessControlPolicy 属性返回一个对 AccessControlPolicy 对象实例的引用。

在这种情况中，引用映射到被引用对象的 id 属性。根据 8.3.1.2，所生成的列名称与 GB/T 19256.4 中的属性名称相同。该列的数据类型为附录 D.3 定义的 VARCHAR(64)。

当引用的属性值是一个无效引用时，它映射到 SQL 绑定中的一个空值，并且用[SQL]定义的〈null specification〉("IS [NOT] NULL"语法)进行测试。

引用属性绑定是基本属性映射的一个特例。

8.3.1.4 复杂属性绑定

有一些 GB/T 19256.4 接口定义了非基本类型的属性。这些属性是按照 GB/T 19256.4 中的实体类定义的复合类型属性。例如，在 Organization 类和 User 类中包含 TelephoneNumber、Contact(合同)、PersonName(个人姓名)等类型的属性。SQL 查询模式不能把复杂属性映射为用于定义属性的类表的列，而是把复杂属性映射到表示复杂属性的数据类型(如 TelephoneNumber)的域类表中的列。域表中的某列把行链接到父表(如 User)中的行。一个名为 attribute_name 的附加列标识了父类中的属性名称，以解决多个属性具有相同的复杂属性类型。

这种映射可以适用于属性是一种复杂类型的情况。例如，User 可以有一系列 TelephoneNumber。这些 TelephoneNumber 映射到 TelephoneNumber 表(每行对应一个 TelephoneNumber)中的多行，TelephoneNumber 表中的每行有一个父标识符和一个 attribute_name。

8.3.1.5 返回集合的方法绑定

GB/T 19256.4 类中的若干类除了定义属性之外，还定义了方法。这些方法返回了一系列对类(在 GB/T 19256.4 中定义的)实例的引用。例如，ManagedObject(被管理对象)类的 getPackages 方法返回一系列对 Package(被管理对象是其成员)实例的引用。

GB/T 19256.4 类中返回的一系列方法已经映射到附录 D.3 中的存储程序中，这些存储程序返回 id 属性值。这些存储程序的返回值可以看作是 SQL 中表的子查询结果。

这些存储程序可以放在 SQL IN 条件子句的右侧，用于测试在这样一系列引用中的对象成员资格。

8.3.2 查询语法的语义约束

本条为查询语法定义了简化约束，这些约束不能以 BNF 表示，且必须应用于查询的语义分析。

a) 必须以不区分大小写的方式处理类名称和属性名称。

b) 存储程序调用的语法必须与 ISO/IEC 9075-4[SQL/PSM]规定的 SQL 程序调用的语法一致。

c) 对于本部分的当前版本，SQL SELECT 列仅包括一列，并且它必须是 t.id，其中 t 是 FROM 子句中的表。

d) 联合操作只限于对具有规范性 SQL 模式中定义的索引的列进行简单联合。该约束是为了防止出现大计算量的查询。

8.3.3 SQL 查询结果

SQL 查询结果是注册系统中的一组对象，而不是属性。结果集合中的对象可以是 ObjectRef、RegistryObject、RegistryEntry 或 ebRIM 叶类，这取决于 AdhocQueryRequest 的客户端规定的 responseOption 参数。返回的整个结果集合是 8.1 中 AdhocQueryResponse 定义的 SQLQueryResult。

8.3.4 基于简单元数据的查询

SQL 查询的最简单形式是以 GB/T 19256.4 中单个类的元数据的属性为基础的。本条给出了一些基于简单元数据的查询示例。

例如，为了获得名称包括 Acme 且版本大于 1.3 的 ExtrinsicObject 集合，必须提交如下查询：

```
SELECT eo.id from ExtrinsicObject eo, Name nm where nm.value LIKE '%Acme%' AND
        eo.id = nm.parent AND
        eo.majorVersion >= 1 AND
        (eo.majorVersion >= 2 OR eo.minorVersion > 3);
```

应注意，如上例所示，查询语法可以把多个较简单的判定条件组合成为较复杂的查询。

8.3.5 RegistryObject 查询

SQL 查询的模式定义了一个称为 RegistryObject 的特定视图，该视图允许对所有 RegistryObject 实例进行多态查询，而不考虑它们的实际类型或表名。

下面的例子与 8.3.4 的例子类似，不同之处在于下例针对的是 RegistryObject 实例，而不是 ExtrinsicObject 实例。该结果集合应包括名称含有"Acme"、描述含有"bicycle"条件的 RegistryObject 实例的所有标识符。

```
SELECT ro.id from RegistryObject ro, Name nm, Description d where nm.value LIKE '%Acme%' AND
        d.value LIKE '%bicycle%' AND
        ro.id = nm.parent AND ro.id = d.parent;
```

8.3.6 RegistryEntry 查询

SQL 查询的模式定义了一个称为 RegistryEntry 的特定视图，该视图允许对所有 RegistryEntry 实例进行多态查询，而不考虑它们的实际类型和表名。

下面的例子与 8.3.4 的例子相似，不同之处在于下例针对的是 RegistryEntry 实例，而不是 ExtrinsicObject 实例。该结果集合应包括名称含有"Acme"、版本大于 1.3 的条件的 RegistryEntry 实例的所有标识符。

```
SELECT re.id from RegistryEntry re, Name nm where nm.value LIKE '%Acme%' AND
        re.id = nm.parent AND
        re.majorVersion >= 1 AND
        (re.majorVersion >= 2 OR re.minorVersion > 3);
```

8.3.7 Classification 查询

本条描述了必须支持的、与 Classification 相关的各种查询。

8.3.7.1 标识 ClassificationNode

与 GB/T 19256.4 中的所有对象一样，ClassificationNode 也是用其 ID 来标识的。然而，它们也可以被标识为一个 path 属性，该属性规定了 XML 文档中从一个根分类节点到该分类节点的 XPATH 表达式[XPT]，该 XML 文档给出了包含该 ClassificationNode 的 ClassificationNode 树。

8.3.7.2 获取 ClassificationScheme

为了获取 ClassificationScheme 的集合，必须支持如下的判定条件查询：

```
SELECT scheme.id FROM ClassificationScheme scheme;
```

上面的查询返回所有 ClassificationScheme。应注意，如果需要，则在上面的查询中也可以规定其他判定条件(如 name、description 等)。

8.3.7.3 获取特定 ClassificationNode 的子节点

为了获得节点中给定 ID 的 ClassificationNode 的子节点，必须支持如下类型的查询：

```
SELECT cn.id FROM ClassificationNode cn WHERE parent = <id>
```

上面的查询返回根据<id>把节点规定为 parent 属性的所有 ClassificationNode。

8.3.7.4 **获取由 ClassificationNode 分类的对象**

为了获取由特定 ClassificationNode 分类的 ExtrinsicObject 集合，必须支持如下类型的查询：

```
SELECT id FROM ExtrinsicObject
WHERE
  id IN (SELECT classifiedObject FROM Classification
    WHERE
      classificationNode IN (SELECT id FROM ClassificationNode
            WHERE path = '/Geography/Asia/Japan'))
  AND
  id IN (SELECT classifiedObject FROM Classification
    WHERE
      classificationNode IN (SELECT id FROM ClassificationNode
            WHERE path = '/Industry/Automotive'))
```

上面的查询获取按照 Industry/Automotive 和 Geography/Asia/Japan 进行分类的 ExtrinsicObject 集合。应注意，根据为 GetClassifiedObjectsRequest 定义的语义，该查询也应包括由 ClassificationNode 的后代分类的所有对象。

8.3.7.5 **获取对某个对象分类的 Classification**

为了获取对特定对象进行分类的 Classification，必须支持如下类型的查询：

```
SELECT id FROM Classification c
    WHERE c.classifiedObject = <id>;
```

8.3.8 **Association 查询**

本条描述了必须支持的、与 Association 相关的各种查询。

8.3.8.1 **获取具有作为源的特定对象的所有 Association**

为了获取具有作为源的特定对象的所有 Association 的集合，必须支持如下类型的查询：

```
SELECT id FROM Association WHERE sourceObject = <id>
```

8.3.8.2 **获取具有作为目标的特定对象的所有 Association**

为了获取具有作为目标的特定对象的所有 Association 的集合，必须支持如下类型的查询：

```
SELECT id FROM Association WHERE targetObject = <id>
```

8.3.8.3 **获取具有特定属性的所有 Association**

为了获取具有特定属性的 Association 集合，必须支持如下查询：

a） 获取具有特定 name 的 Association：

```
SELECT id FROM Association WHERE name = <name>
```

b） 获取具有特定 associationType 的 Association，其中 associationType 是一个符合GB/T 19256.4的

字符串：

```
SELECT id FROM Association WHERE
        associationType = <associationType>
```

8.3.8.4 复合 Association 查询

各种形式的 Association 查询可以被组合为复合判定条件。如下查询可以获取具有特定的 sourceObject、targetObject 以及 associationType 的 Association：

```
SELECT id FROM Association WHERE
        sourceObject = <id1> AND
        targetObject = <id2> AND
        associationType = <associationType>;
```

8.3.9 Package 查询

8.3.9.1 简单的 Package 查询

如下查询是为了找到特定 RegistryObject 所属的所有 Package。

```
SELECT id FROM Package WHERE id IN (RegistryObject_packages(<id>));
```

8.3.9.2 复杂的 Package 查询

如下查询是为了获取特定对象所属的、不被拒绝的，并且名称包括 RosettaNet 的所有 Package。

```
SELECT id FROM Package p, Name nm WHERE
    p.id IN (RegistryObject_packages(<id>)) AND
    nm.value LIKE '%RosettaNet%' AND nm.parent = p.id AND
    p.status <> 'Deprecated'
```

8.3.10 ExternalLink 查询

8.3.10.1 简单的 ExternalLink 查询

为了找到链接特定 ExtrinsicObject 的所有 ExternalLink，特规定如下查询：

```
SELECT id From ExternalLink WHERE id IN (RegistryObject_externalLinks(<id>))
```

为了找到被特定 ExternalLink 链接的所有 ExtrinsicObject，特规定如下查询：

```
SELECT id From ExtrinsicObject WHERE id IN (RegistryObject_linkedObjects(<id>))
```

8.3.10.2 复杂的 ExternalLink 查询

为了获得特定 ExtrinsicObject 所属的、在其描述中包括单词“legal”的，且有一个用于 externalURI 的 URL 的所有 ExternalLink，特规定如下查询：

```
SELECT id FROM ExternalLink WHERE
```

```
id IN (RegistryObject_externalLinks(<id>)) AND
description LIKE '%legal%' AND
externalURI LIKE '%http://%'
```

8.3.11 审计跟踪查询

为了获得特定 ManagedObject 的所有 AuditableEvent 对象的集合，特规定如下查询：

```
SELECT id FROM AuditableEvent WHERE registryObject = <id>
```

8.4 内容检索

客户端通过向 QueryManager 发送 GetContentRequest 来检索注册系统的内容。GetContentRequest 规定了需要检索的对象的对象引用列表。QueryManager 通过向客户端的注册系统客户端接口发送一个 GetContentResponse 消息来返回特定内容。如果没有出现错误，就将特定内容作为附加负载包括在 GetContentResponse 消息内：即除了 GetContentResponse 负载之外，对应于每个请求内容还有一个附加负载。如果出现错误，则 RegistryResponse 负载包括一个错误，并且没有包括特定内容的附加负载。

8.4.1 内容负载标识

由于 GetContentResponse 消息可以将若干个存储库项作为附加负载，因此需要有一种方法来标识消息中的每个负载。为了便于标识，注册系统必须：

a) 将 ExtrinsicObject 的 ID 设为 MIME 部分的 Content-ID 头字段的值，其中 MIME 部分包含用于 ExtrinsicObject 的相应的存储库项。

b) 如果使用 GB/T 19256.4 进行传输，则使用描述该对象的 Reference(参考)元素(在 ebXMLHeader 的 Manifest(清单)元素中)中的存储库项的每个 RegistryObject 实例的 ID。

8.4.2 **GetContentResponse** 消息的结构

下面描述了 GetContentResponse 消息的结构，该消息返回作为规定了被请求对象 ID 的 GetContentRequest 结果的 CPP 集合。

```
Content-type: multipart/related; boundary="Boundary"; type="text/xml";

--Boundary
Content-ID: <GetContentRequest@example.com>
Content-Type: text/xml

<?xml version="1.0" encoding="UTF-8"?>
<SOAP-ENV:Envelope xmlns:SOAP-ENV='http://schemas.xmlsoap.org/soap/envelope/'
  xmlns:eb= 'http://www.oasis-open.org/committees/ebxml-msg/schema/draft-msg-header-03.xsd'>
<SOAP-ENV:Header>

...ebMS header goes here if using ebMS

</SOAP-ENV:Header>
<SOAP-ENV:Body>
```

```
... ebMS manifest gooes here if using ebMS

<? xml version="1.0" encoding="UTF-8"? >

<GetContentRequest>
  <ObjectRefList>
    <ObjectRef id="d8163dfb-f45a-4798-81d9-88aca29c24ff" .../>
    <ObjectRef id="212c3a78-1368-45d7-acc9-a935197e1e4f" .../>
  </ObjectRefList>
</GetContentRequest>

</SOAP-ENV:Body>
</SOAP-ENV:Envelope>

--Boundary
Content-ID: d8163dfb-f45a-4798-81d9-88aca29c24ff
Content-Type: text/xml

<? xml version="1.0" encoding="UTF-8"? >
<CPP>
.....
</CPP>

--Boundary--
Content-ID: 212c3a78-1368-45d7-acc9-a935197e1e4f
Content-Type: text/xml

<CPP>
.....
</CPP>

--Boundary-
```

9 注册系统安全

本章描述了 ebXML 注册系统的安全性。本章假定读者熟悉 GB/T 19256.4 的注册系统信息模型中与安全相关的类。安全术语参见 RFC 2828。

9.1 安全考虑

本部分的当前版本阐述了数据的完整性和源的完整性(见附录 F.1 的问题 1)。本条使用最简化的方法对访问控制考虑进行了阐述(见附录 F.1 的问题 2)。本质上,“任何已知的实体(提交机构)都能够发布内容,任何人都能够看到已发布的内容”。目前设计的注册系统信息模型可以满足本部分的今后版本中更复杂的安全策略需求。

9.2 注册内容的完整性

本条假定大部分业务注册系统没有资源来验证所提交内容的真实性。本条描述的机制能够确保发现对篡改提交机构提交的内容的行为。而且，这些机制能够无歧义地标识注册内容的负责机构。注册系统客户端必须在提交内容前对该内容进行签名，否则该内容将被拒绝。应注意，本条假定提交机构也是负责机构。本部分的今后版本可以给出更多的提交机构与负责机构不是同一机构的例子和情况。

9.2.1 消息负载签名

注册内容的完整性要求所有提交的内容必须被注册系统客户端进行签名。该签名确保：

a) 能够检测到任何篡改内容的行为。

b) 通过其与特定提交机构的关联，能够确定内容的真实性。

本条规定了生成、打包以及验证负载签名的需求。负载签名与负载一起打包。因此，注册系统客户端和注册机构无论是通过普通的带有附件的 SOAP 协议，还是通过 GB/T 19256.4 进行通信，都应满足这些需求。目前，GB/T 19256.3 没有对负载签名的生成、验证和打包进行规定。负载签名规范由具体的应用程序(如注册系统)来完成。因此，负载签名的需求扩大了 GB/T 19256.4 规范。

下面的用例对头签名和负载签名的使用进行了说明(将在 9.3.1 中对头签名进行说明)。

a) RC1(注册系统客户端 1)对内容进行签名(生成一个负载签名)，并将其与负载签名一起发布到注册系统。

b) RC2(注册系统客户端 2)从该注册系统中检索 RC1 的内容。

c) RC2 应验证 RC1 发布的内容。因此，当 RC2 检索该内容时，从注册机构到 RC2 的响应应包括如下内容：

   1) 包含 RC1 所发布内容的负载。

   2) RC1 对其所发布内容的负载进行签名(用一个 ds:Signature(签名)元素表示)。

   3) 验证 ds: Signature 元素中 RC1 负载签名的公钥(使用[XMLDSIG]中规定的 KeyInfo(密钥信息)元素)，使 RC2 可以获得签名的公钥(如检索一个包含 RC1 公钥的证书)。

   4) 包含头签名的 ds:Signature 元素。应注意，该签名是由注册机构(不是 RC1)生成的。

9.2.2 负载签名需求

9.2.2.1 负载签名打包需求

负载签名由 ds:Signature 元素来表示。负载签名必须与这里规定的负载一起打包。该打包假设负载总是已签名的。

a) 负载与其签名必须一起被封装到 Content-Type 值为 multipart/related 的 MIME 多部分消息中。

b) 第一个体部分必须包括 9.2.2.2 中规定的 XML 签名。

c) 第二到第 N 个体部分必须是内容。

负载签名与一个负载的打包如下：

```
MIME-Version: 1.0
Content-Type: multipart/Related; boundary=MIME_boundary; type=text/xml;
Content-Description: ebXML Message

-- MIME_boundary
Content-Type: text/xml; charset=UTF-8
Content-Transfer-Encoding: 8bit
Content-ID: http://claiming-it.com/claim061400a.xml
```

```
<? xml version='1.0' encoding="utf-8"? >
<SOAP-ENV: Envelope>
...
SOAP-ENV: Envelope>

--MIME_boundary
Content-Type: multipart/Related; boundary=PAYLOAD_boundary

--PAYLOAD_boundary
Content-Type: text/xml; charset=UTF-8
Content-Transfer-Encoding: 8bit
Content-ID: payload1
<ds:Signature>
  .... Payload signature
</ds: Signature>

--PAYLOAD_boundary
Content-Type: text/xml; charset=UTF-8
Content-Transfer-Encoding: 8bit
Content-ID: payload2
<SubmitObjectsRequest>...</SubmitObjectsRequest>
--MIME_boundary
```

9.2.2.2 负载签名生成需求

负载签名的 ds:Signature 元素[XMLDSIG]必须按照本条的规定生成。

注：命名空间"ds"见 http://www.w3.org/2000/09/xmldsig#

a) ds:SignatureMethod(签名方法)必须存在。[XMLDSIG]要求使用 algorithm(算法)属性来标识该算法。[XMLDSIG]允许存在多个 algorithm 属性，客户端可以使用其中任一属性。因为[XMLDSIG]要求实施 http://www.w3.org/2000/09/xmldsig/#dsa-sha1 规定的算法，所以只要在 algorithm 属性中规定该算法并进行签名，就可以与所有符合[XMLDSIG]的实施系统进行互操作。ds:SignatureMethod 元素必须包括一个 ds:CanonicalizationMethod(规范化方法)元素。该元素必须支持规范化算法 http://www.w3.org/tr/2001/rec-xml-c14n-2001315(在[XMLDSIG]中规定的)。

b) 必须生成一个 ds:Reference 元素，以便引用每个需要被签名的负载。该元素：

1) 必须使用 ds:Reference 元素的 URI 属性标识要被签名的负载。

2) 必须包括[XMLDSIG]中所规定的〈ds:DigestMethod〉。客户端必须支持摘要算法 http://www.w3.org/2000/09/xmldsig/#sha1。

3) 必须包括按照[XMLDSIG]计算的〈ds:DigestValue>。

ds:SignatureValue(签名值)必须按照[XMLDSIG]中的规定来生成。

ds:KeyInfo 元素可以存在。如果 ds:KeyInfo 元素存在，则它必须满足 9.4 中所述的需求。

注：本部分凡涉及密码相关内容，按国家有关法规实施。本部分不涉及任何具体的密码运算，所有密码运算均在符合国家有关法规的密码设备中进行。本部分中所引用的 MD2、MD5 和 RSA 等密码算法均为举例说明。下同。

9.2.2.3 消息负载签名的验证

注册系统必须按照[XMLDSIG]验证 ds:Signature 元素。

9.2.2.4 负载签名示例

下面的例子给出了负载签名的格式：

```
<ds:Signature xmlns:ds="http://www.w3.org/2000/09/xmldsig#">
<ds:SignedInfo>
  <SignatureMethod Algorithm="http://www.w3.org/TR/2000/09/xmldsig#dsa-sha1"/>
  <ds:CanonicalizationMethod>
    Algorithm="http://www.w3.org/TR/2001/REC-xml-c14n-20010315">
  </ds:CanonicalizationMethod>
  <ds:Reference URI=#Payload1>
    <ds:DigestMethod DigestAlgorithm="http://www.w3.org/TR/2000/09/xmldsig#sha1">
    <ds:DigestValue> ... </ds:DigestValue>
  </ds:Reference>
</ds:SignedInfo>
<ds:SignatureValue> ... </ds:SignatureValue>
</ds:Signature>
```

9.3 鉴别

注册系统必须能够对与客户端请求相关联的主体的身份进行鉴别。主体的身份可以通过对使用主体证书的消息头签名进行验证来确定。该证书可以包含在消息中，或通过本部分中未规定的方法提供给注册系统。对于消息中没有给出证书的情况，本部分不对注册系统如何将具体消息与证书相关联进行规定。对每个负载的鉴别也必须使用与负载关联的签名来实现。此外还要求鉴别能标识出关于注册系统中特定对象的、授予主体的“特权”。

注册系统必须对每个消息都进行鉴别。从安全角度看，所有的消息都是独立的，没有包括多个消息或会话在内的对话的概念。对对话的支持可以作为一项改进的功能增加到本部分的今后版本中。

值得注意的是，消息头签名只能保证数据的完整性，但由于它易受重放攻击，因此用于鉴别时需谨慎。对鉴别的真正支持需要被签名的时戳或不重性(为每个消息分配一个不重复的序列号)。

9.3.1 消息头签名

对消息头进行签名是为了保证在传输消息时数据的完整性。应注意，消息头中的签名也对负载的摘要进行了签名。

9.3.1.1 头签名需求

消息头可以被签名，并称为头签名。本条规定了生成、打包以及验证消息头签名的需求。这些需求适用于注册系统客户端和注册机构使用普通的带有附件的SOAP协议通信的情况。ebMS用于通信时，同时也规定了SOAP头中XML签名的生成、打包和验证。因此，当使用ebMS通信时，不需要使用头签名。然而，不论是使用普通的带有附件的SOAP还是使用ebMS进行通信，都必须生成负载签名(在本部分的其他章节进行了规定)。

9.3.1.2 打包需求

头签名可以用ds:Signature元素来表示。所生成的ds:Signature元素必须打包在<SOAP-ENV:Header>元素中。下面的XML文档说明了SOAP头字段中ds:Signature元素的打包。

```
MIME-Version: 1.0
Content-Type: Multipart/Related; boundary=MIME_boundary; type=text/xml;
Content-Description: ebXML Message
```

```
-- MIME_boundary
Content-Type: text/xml; charset=UTF-8
Content-Transfer-Encoding: 8bit
Content-ID: http://claiming-it.com/claim061400a.xml

<?xml version='1.0' encoding="utf-8"?>
<SOAP-ENV:Envelope
  xmlns:SOAP-ENV="http://schemas.xmlsoap.org/soap/envelope/">
  <SOAP-ENV:Header>
    <ds:Signature xmlns:ds="http://www.w3.org/2000/09/xmldsig#">
      ...signature over soap envelope
    </ds:Signature>
  </SOAP-ENV:Header>
  <SOAP-ENV:Body>
    ...
  </SOAP-ENV:Body>
</SOAP-ENV:Envelope>
```

9.3.1.3 头签名生成需求

头签名的 ds:Signature 元素[XMLDSIG]必须按照本条的规定生成。ds:Signature 元素包括：

a) ds:SignedInfo(签名信息)；

b) ds:SignatureValue；

c) ds:KeyInfo。

ds:SignedInfo 必须按照如下规则生成：

a) ds:SignatureMethod 必须存在。[XMLDSIG]要求使用 algorithm 属性来标识算法。当[XMLDSIG]允许存在多个 algorithm 属性时，客户端只能够使用下面的 algorithm 属性来进行签名：

   http://www.w3.org/2000/09/xmldsig/#dsa-sha1。

   之所以选择该算法是因为所有符合[XMLDSIG]的实施系统都支持它。

b) ds:SignatureMethod 元素必须包括一个 ds:CanonicalizationMethod 元素。必须支持规范化算法(在[XMLDSIG]中规定)：

   http://www.w3.org/TR/2001/REC-xml-c14n—20010315。

c) 在签名计算中，ds:Reference 元素包括<SOAP-ENV:Envelop>。这样就对整个 ds:Reference 元素进行了完整的签名，并且：

   1) 必须包括如下的 ds:Transform(转换)：

      http://www.w3.org/2000/09/xmldsig/#enveloped-signature。

      这就确保了在签名计算中不包括该签名(被嵌入在<SOAP-ENV:Header>元素中)。

   2) 必须使用 ds:Reference 元素的 URI 属性(在[XMLDSIG]中，URI 属性是可选的)标识<SOAP-ENV:Envelop>元素。URI 属性值必须是“ ”。

   3) 按照[XMLDSIG]的规定必须包含<ds:DigestMethod>。客户端必须支持如下的摘要算法：

      http://www.w3.org/2000/09/xmldsig/#sha1。

4） 必须包含一个按照[XMLDSIG]的规定计算的<ds:DigestValue>。

必须按照[XMLDSIG]的规定生成 ds:SignatureValue。

ds:KeyInfo 元素可以存在。如果 ds:KeyInfo 元素存在，则它必须满足 9.4 所述的需求。

9.3.1.4 头签名验证需求

ebXML 消息头的 ds:Signature 元素必须由接收方按照[XMLDSIG]的规定进行验证。

9.3.1.5 头签名示例

下面的例子给出了头签名的格式：

```
<ds:Signature xmlns:ds="http://www.w3.org/2000/09/xmldsig#">
  <ds:SignedInfo>
    <SignatureMethod Algorithm=http://www.w3.org/TR/2000/09/xmldsig#dsa-sha1/>
    <ds:CanonicalizationMethod>
      Algorithm="http://www.w3.org/TR/2000/CR-xml-c14n-2001026">
    </ds:CanonicalizationMethod>
    <ds:Reference URI= "">
      <ds:Transform>
        http://www.w3.org/2000/09/xmldsig#enveloped-signature
      </ds:Transform>
      <ds:DigestMethod DigestAlgorithm="./xmldsig#sha1">
      <ds:DigestValue> ... </ds:DigestValue>
    </ds:Reference>
  </ds:SignedInfo>
  <ds:SignatureValue> ... </ds:SignatureValue>
</ds:Signature>
```

9.4 公钥分发和 KeyInfo 元素

为了验证签名，签名接收方需要签名方的公钥。参与方可以使用 ds:Signature 的 KeyInfo 字段来分发公钥，或使用其他方法来分发公钥。本条考虑了用 KeyInfo 字段发送公钥的情况，主要包括以下几种使用情况：

a） 注册机构需要注册系统客户端的公钥来验证签名。

b） 注册系统客户端需要注册机构的公钥来验证注册系统的签名。

c） 注册系统客户端 RC1 需要注册系统客户端 RC2 的公钥来验证由 RC2 签名的内容。

d） [XMLDSIG]提供了一个传递给接收方的 ds:KeyInfo 元素，其信息可用来检索公钥。按照[XMLDSIG]的规定，ds:KeyInfo 元素是一个可选型元素。该元素的字段与本条所描述的程序一起向接收方安全地传递公钥。ds:KeyInfo 元素能够用来传递诸如密钥、证书、名称的信息。KeyInfo 字段的本质用途是发送 X509 证书，并从该证书中提取公钥。因此，如果 KeyInfo 字段存在，则按照[XMLDSIG]的规定，该字段必须包含一个 X509 证书。

为了验证签名，还应作出如下假设：

a） 证书既与注册机构相关联，又与注册系统客户端相关联。

b） 注册系统客户端向注册机构注册其证书。所使用的机制不在本部分规定。

c） 注册系统客户端获得注册机构的证书，并且将其存储在本地密钥仓库中。该机制不在本部分规定。

附录 F.9 给出了使用 KeyInfo 字段的两种情况。

9.5 保密性

9.5.1 在线消息保密性

在传输期间，建议但不要求对客户端和注册系统之间交换的消息负载进行加密。本部分没有规定如何对负载进行加密。

9.5.2 注册系统内容的保密性

本部分的当前版本没有给出注册系统内容保密性条款。所有提交给注册系统的内容都可以被客户端找到和阅读。这就意味着注册系统和客户端需要事先就加密算法、密钥交换协议等达成协议。该服务不在本部分进行说明。

9.6 授权

注册系统必须提供基于 GB/T 19256.4 中信息模型的授权机制。在本部分当前版本中，授权机制是以一种缺省的、为注册系统用户所扮演的一系列预定义角色而定义的访问控制策略为基础的。本部分的今后版本将允许提交机构定制访问控制策略。授权就是特权的一个特定集合。特权指执行特定行动的能力。

9.6.1 动作

9.6.1.1 生命周期动作

生命周期动作包括如下行为：

a) submitObjects(提交对象)；

b) updateObjects(更新对象)；

c) addSlots(增加插槽)；

d) removeSlots(删除插槽)；

e) approveObjects(批准对象)；

f) deprecateObjects(拒绝对象)；

g) removeObjects(删除对象)。

9.6.1.2 读动作

读动作包括 QueryManagement 服务中的各种 get×××()方法

9.7 访问控制

注册系统必须生成一个缺省的、为扮演指定角色的注册系统用户提供缺省许可权的 AccessControlPolicy 对象。针对基于缺省 AccessControlPolicy 的注册系统用户扮演的各种预定义角色，表 11 定义了由注册系统提供的许可权。应注意，本部分将“ContentOwner(内容拥有者)”作为一个角色，映射到本部分当前版本中的提交机构。

表 11 缺省的访问控制策略

角 色	许 可 权
ContentOwner	访问 ContentOwner 所拥有的注册对象中的所有方法
RegistryAdministrator	访问所有注册对象的所有方法
RegistryGuest	访问所有注册对象的只读(get×××)方法，即对所有内容进行只读访问

注册系统必须实施缺省的访问控制策略，并把它与注册系统中的所有对象关联起来。下面列出了缺省的基于角色的访问控制策略：

a) 任何人都可以发布内容，但其必须是注册用户。

b) 任何人都可以访问内容而无须鉴别。

c) ContentOwner 可以访问所有由其生成的注册对象的方法。

d) RegistryAdministrator 可以访问关于所有注册对象的所有方法。

e) 未鉴别的客户端可以访问所有只读(get×××)方法。

f) 在提交内容时，注册系统必须根据所提交的消息中的证书将提交机构(SO)默认为 ContentOwner 角色。在本部分的当前版本中，提交机构应是根据该证书标识的 DN。

g) 客户端浏览注册系统不需要使用证书。注册系统必须将这些客户端默认为 RegistryGuest 角色。

附　录　A
（规范性附录）
web 服务体系结构

A.1　注册服务抽象规范

下面的网址给出了 WSDL 中抽象注册服务的规范性定义：
http://www.oasis-open.org/committees/regrep/documents/2.0/services/Registry.wsdl。

A.2　注册服务 SOAP 绑定

下面的网址给出了 WSDL 中具体注册服务与 SOAP 的绑定的规范性定义：
http://www.oasis-open.org/committees/regrep/documents/2.0/services/SOAPBinding.wsdl。

附　录　B
（规范性附录）
ebXML 注册系统模式定义

B.1　RIM 模式

下面的网址给出了把 GB/T 19256.4 的类映射到 XML 的规范性 XML Schema 定义：
http://www.oasis-open.org/committees/regrep/documents/2.0/schema/rim.xsd。

B.2　查询模式

下面的网址给出了用于注册服务接口的 XML 查询语法的规范性 XML Schema 定义：
http://www.oasis-open.org/committees/regrep/documents/2.0/schema/query.xsd。

B.3　注册服务接口模式

下面的网址给出了由本部分的注册服务接口支持的 XML 请求和响应的规范性 XML Schema 定义：
http://www.oasis-open.org/committees/regrep/documents/2.0/schema/rs.xsd。

B.4　实例文档示例

下面的网址给出了符合早期描述的规范性 Schema 定义的一些非规范性 XML 实例文档：
http://cvs.sourceforge.net/cgi-bin/viewcvs.cgi/ebxmlrr/ebxmlrr-spec/missc/samples。

附 录 C
（规范性附录）
UML 图的解释

本附录用抽象的术语描述了 UML 中用于定义 ebXML 业务过程描述的约定。

C.1 UML 类图

UML 类图描述了实施 ebXML 注册服务和客户端所需的服务接口。UML 类图包括：

a) UML 接口集合：其中每个接口都代表注册服务的一个服务接口。

b) 每个接口的方法的表格说明：其中每种方法都代表服务接口中的、表示 UML 接口的一种动作（定义见 GB/T 19256.2）。

c) UML 接口中的每种方法都规定了一个或多个参数：其中每种方法的变量类型都代表作为与该方法对应的动作的一部分进行交换的 ebXML 消息类型。多个变量意味着在相应的 ebXML 消息体中包括多个负载文档。

C.2 UML 序列图

UML 序列图用来规定代表在具体注册系统的 ebXML 业务过程的 UML 接口之间交互的业务协议。UML 序列图给出了确定消息序列、响应关联请求以及错误响应关联请求等必要信息。

每个序列图都将特定会话协议的顺序显示为从请求方到响应方的方法调用。方法调用可以是基于在链接箭头中使用的 UML 表示法的同步或异步方式。半箭头表示异步通信。全箭头表示同步通信。

每种方法调用都可以跟随一个从响应方到请求方的响应方法调用，以指出先前请求的 ResponseName（响应名称）。由从响应方到请求方的有条件响应方法调用可以指出可能的错误响应。其示例见图 7。

附 录 D
（规范性附录）
SQL 查 询

D.1 SQL 查询语法规范

本条规定了把 SQL 查询语法定义为 SQL-92 的子集的规则。在[SQL]或[SQL/PSM]中定义了尖括号中包括的术语。SQL 查询语法与〈query specification〉一致，并以下面标识的约束条件为模：

a) 〈select list〉最多可以包括一个〈select sublist〉。

b) 〈select list〉是一个数据类型为 UUID 的单个列，它来自〈from clause〉中的表。

c) 〈derived column〉可以没有〈as clause〉。

d) 〈table expression〉不包括可选的〈group by clause〉和〈having clause〉条件。

e) 〈table reference〉只能由〈table name〉和〈correlation name〉组成。

f) 〈table reference〉在〈table name〉和〈correlation name〉之间没有可选的 AS。

g) 在〈from clause〉中只能有一个〈table reference〉。

h) 根据下条说明，语法允许限制使用子查询。按照上面的定义，〈in predicate〉允许〈in predicate〉的右侧限制一个限定的〈query specification〉。

i) 〈where clause〉中的〈search condition〉可以不包括〈query expression〉。

j) 只有在基于关系模式中被索引列的情况下，才允许进行简单连接。

k) SQL 查询语法允许从[SQL/PSM]调用〈sql invoked routines〉作为〈in predicate〉的 RHS。

D.2 用于查询语法的非规范性 BNF

下面的 BNF 简化了注册查询语法。为了帮助实施者，这里给出了该语法。由于 BNF 不是以[SQL]为基础的，因此它是作为非规范性语法给出的。规范性语法规则见附录 D.1。

```
/* * * * * * * * * * * * * * * * * * * * * * * * * * * * * * * * * * * * * * * * * * * *
 * The Registry Query (Subset of SQL-92) grammar starts here
 * * * * * * * * * * * * * * * * * * * * * * * * * * * * * * * * * * * * * * * * * * * */
RegistryQuery = SQLSelect [";"]

SQLSelect = "SELECT" ["DISTINCT"] SQLSelectCols "FROM" SQLTableList [ SQLWhere ]

SQLSelectCols = ID

SQLTableList = SQLTableRef

SQLTableRef = ID

SQLWhere = "WHERE" SQLOrExpr

SQLOrExpr = SQLAndExpr ( "OR" SQLAndExpr) *
```

```
SQLAndExpr = SQLNotExpr ("AND" SQLNotExpr) *

SQLNotExpr = [ "NOT" ] SQLCompareExpr

SQLCompareExpr =
    (SQLColRef "IS") SQLIsClause
  | SQLSumExpr [ SQLCompareExprRight ]

SQLCompareExprRight =
    SQLLikeClause
  | SQLInClause
  | SQLCompareOp SQLSumExpr

SQLCompareOp =
    "="
  | "<>"
  | ">"
  | ">="
  | "<"
  | "<="

SQLInClause = [ "NOT" ] "IN" "(" SQLLValueList ")"

SQLLValueList = SQLLValueElement ( "," SQLLValueElement ) *

SQLLValueElement = "NULL" | SQLSelect

SQLIsClause = SQLColRef "IS" [ "NOT" ] "NULL"

SQLLikeClause = [ "NOT" ] "LIKE" SQLPattern

SQLPattern = STRING_LITERAL

SQLLiteral =
    STRING_LITERAL
  | INTEGER_LITERAL
  | FLOATING_POINT_LITERAL

SQLColRef = SQLLvalue

SQLLvalue = SQLLvalueTerm

SQLLvalueTerm = ID ( "." ID ) *
```

SQLSumExpr = SQLProductExpr (("+" | "-") SQLProductExpr) *

SQLProductExpr = SQLUnaryExpr (("*" | "/") SQLUnaryExpr) *

SQLUnaryExpr = [("+" | "-")] SQLTerm

SQLTerm = "(" SQLOrExpr ")"
| SQLColRef
| SQLLiteral

INTEGER_LITERAL = (["0"-"9"])+

FLOATING_POINT_LITERAL =
(["0"-"9"])+ "." (["0"-"9"])+ (EXPONENT)?
| "." (["0"-"9"])+ (EXPONENT)?
| (["0"-"9"])+ EXPONENT
| (["0"-"9"])+ (EXPONENT)?

EXPONENT = ["e","E"] (["+","-"])? (["0"-"9"])+

STRING_LITERAL: "'" (~["'"]) * ("''" (~["'"]) *) * "'"

ID = (<LETTER>)+ ("_" | "$" | "#" | <DIGIT> | <LETTER>) *
LETTER = ["A"-"Z", "a"-"z"]
DIGIT = ["0"-"9"]

D.3 SQL 查询的关系模式

下面的网址给出可 SQL 查询的规范性关系模式定义：
http://www.oasis-open.org/committees/regrep/documents/2.0/sql/database.sql。
下面的网址定义了 SQL 查询特征必须支持的存储程序：
http://www.oasis-open.org/committees/regrep/documents/2.0/sql/storedProcedures.sql。

附 录 E
（规范性附录）
基于非规范性内容的特别查询

注册系统的SQL查询不仅支持根据对内容进行分类的元数据进行内容搜索的能力，而且支持根据内容本身包含的数据进行内容搜索的能力。例如，客户端可以提交一个查询，以查找对CPP文档本身的RoleName（角色名称）元素中名为“seller（卖方）”的角色进行定义的所有CPP。目前，内容查询能力仅限于XML内容。

E.1 XML内容的自动分类

通过注册系统支持的现有分类机制间接支持内容查询。

提交机构可以对提交的XML模式或DTD的逻辑索引进行定义。这样一个逻辑索引实例定义了在XML文档树中的一个特定属性或元素节点与注册系统的分类方案中的ClassificationNode之间的一个链接。

在提交文档实例的时候，注册系统利用索引自动对模式实例文档进行分类。这些文档是根据文档本身所包含的数据进行分类的。

客户端使用注册系统现有的分类搜寻机制和QueryManager的查询设施可以相继找到这些被自动分类的内容。

注：在概念上这种方法类似于数据库支持的按索引检索的方法。数据库定义了关于模式中表格的索引。当向表格增加数据时，该数据自动获得索引。

E.2 索引定义

本章对注册系统模式定义的SubmittedObject（被提交对象）元素中如何定义逻辑索引进行了描述。完整的注册系统模式可以通过附录B的超链接获得。

一个模式或DTD的SubmittedObject元素可以对可选元素ClassificationIndexList（分类索引列表）中的一系列ClassificationIndex（分类索引）进行定义。如果提交内容的objectType不是SCHEMA，则忽略该ClassificationIndexList。

ClassificationIndex元素继承了GB/T 19256.4中基类RegistryObject的属性。另外它还定义了如下专用属性：

a) classificationNode：该属性通过其ID引用了一个特定的ClassificationNode。
b) contentIdentifier（内容标识符）：通过使用一个根据[XPT]定义的XPATH表达式，该属性标识了模式文档实例中的特定数据元。

E.3 索引定义示例

为了定义一个使CPP按照其RoleName元素中定义的角色进行自动分类的索引，必须在CPP模式或DTD中定义下列索引：

```
<ClassificationIndex
  classificationNode='id-for-role-classification-scheme'
  contentIdentifier='/Role//RoleName'
/>
```

E.4 推荐的 XML 定义

推荐的 XML 定义如下：

```
<! --
A ClassificationIndexList is specified on ExtrinsicObjects of objectType 'Schema' to define an automatic Classification of instance objects of the schema using the specified classificationNode as parent and a 4183 ClassificationNode created or selected by the object content as selected by the contentIdentifier
-->
<! ELEMENT ClassificationIndex EMPTY>
<! ATTLIST ClassificationIndex
        %ObjectAttributes;
        classificationNode IDREF #REQUIRED
        contentIdentifier CDATA #REQUIRED
>
<! -- ClassificationIndexList contains new ClassificationIndexes -->
<! ELEMENT ClassificationIndexList (ClassificationIndex) * >
```

E.5 自动分类示例

例如提交一个定义了“seller”和“buyer(买方)”两个角色的 CPP。当提交该 CPP 时，应通过名为“buyer”和“seller”的两个 ClassificationNode 对其进行自动分类，其中这两个 ClassificationNode 都是在 ClassificationIndex 的 classificationNode 属性中规定的 ClassificationNode 的子 ClassificationNode(如名为 Role 的节点)。如果不预先给定名为“buyer”和“seller”的两个 ClassificationNode，则 LifeCycle Manager将自动创建。

附　录　F
（规范性附录）
安全实施指南

本附录给出了注册系统中如何实施安全处理的建议性蓝图。这就表明本附录的内容是举例说明而不是描述说明。只要注册系统支持本文档中描述的缺省安全角色和授权规则，就可以选择执行不同的实施。

F.1　安全问题

安全风险主要源于下列问题。本章在对这些问题和潜在的解决方案进行描述后，对所阐述的问题进行了说明。

问题1：注册系统的内容（数据）值得信赖吗？

a）　如何保证"注册系统所具有的"就是提交机构"放到注册系统里的"。这个问题可以通过以下措施获得保证：使用数字签名对发布者进行认证（源完整性），使用数字签名来防止消息在传输过程中被破坏（数据完整性），以及利用访问管理策略来防止未授权对象更改数据（授权）。

b）　在传输过程中如何保护数据？通信的完整性包括两个因素——数据的完整性（在上面a）中的第一个措施进行了阐述）和数据的保密性（即对传输中的数据进行加密）。如何使数据不受重放攻击？

c）　内容是最新的吗？当安全地进行版本更改和所有时戳处理时，将确保内容为最新的。

d）　如何确保只有真实可靠的机构才能向注册系统添加内容？即保证源完整性（在上面a）中的第一个措施进行了阐述）。

e）　如何确保只有在授权位置的真实发布方才能向注册系统中添加内容？（系统完整性）

f）　如果发布方否认在事后更改过某些内容该怎么办？为了防止出现这种情况（抗抵赖性），必须对包含已签名消息摘要的审计跟踪进行保存。

g）　如果读者否认从注册系统中获取信息该怎么办？

问题2：怎样对注册系统内容进行选择性访问？答案就是在下面a）、b）和c）中直接使用访问控制策略。

a）　提交机构如何限制只有特定的注册系统读者才能访问内容？

b）　提交机构如何能够允许某些"伙伴"（合伙的发布方）修改内容？

c）　如何向伙伴提供对注册系统使用数据的选择性访问？

d）　如何防止未授权用户随机访问数据？特别是当注册系统安全构件出现hw/sw故障时。解决这个问题的办法就是保证系统完整性。

e）　RegistryObject的数据保密性。

问题3：如何确保"谁能看什么"策略只对有限的参与方（甚至可以不包括管理者）是可见的（访问控制策略的自我维护和保密性维护）。只要确保了这一点，就可以确保对策略本身进行访问的访问控制策略。

问题4：如何传送凭证？最主要的解决办法就是使用凭证声明（如以SAML的形式运行）。目前，注册系统不支持会话概念。因此，下面的某些问题与本部分当前版本无关。

a）　如何将凭证（授权/鉴别）传送给联合注册系统？

b）　如何使联合注册系统获得传送给他们的凭证（授权/鉴别）？

c）　如何通过会话存储凭证？

F.2 鉴别

a) 收到消息后的第一项工作就是鉴别，并生成一个主体对象。

b) 如果消息被签名，则它是经过验证的（包括对证书的验证），且证书的 DN 为主体的标识。然后，搜索注册系统以便找到主体。如果找到主体，则添加角色和组的信息。

c) 如果该消息没有被签名，则生成一个带有 RegistryGuest 角色的空主体。设置该步骤是为了与上面对称，它与下面的步骤没有关系。

d) 然后根据命令及其将作用的对象对消息进行处理。

F.3 授权

对于每个对象，访问控制器将对带有该对象的所有 AccessControlPolicy 对象进行重复说明，并看是否有通过许可对象的链，以验证被请求的方法对于主体而言是否是许可的。如果和对象相关联的任一许可对象与主体具有公共的角色、标识或组，则该动作是许可的。

F.4 注册系统引导

当生成一个新注册系统时，应生成一个带有注册系统管理员证书的 DN 标识（包括 RegistryAdmin 角色）的缺省主体对象。这样，由注册系统管理员签名的任何消息将获得所有的特权。

当生成一个新注册系统时，也生成一个作为缺省 AccessControlPolicy 的 AccessControlPolicy 实例。这个过程包括必要的许可实例、特权及特权的属性。

F.5 内容提交—客户端责任

注册系统客户端在提交内容前必须对其进行签名，否则该内容将被拒绝。

F.6 内容提交—注册系统责任

a) 同其他请求一样，首先对客户端进行鉴别。此时，主体对象将从证书中获得 DN。

b) 按照消息中的请求创建 RegistryEntry。

c) RegistryEntry 被分配给缺省 AccessControlPolicy。

d) 如果具有 SO 身份的主体不可用，则创建一个含有 SO 的 DN 的标识对象。

e) 创建具有该身份的主体。

F.7 内容删除/拒绝—客户端责任

为了通过鉴别，注册系统客户端在提交前必须对头进行签名。否则，该请求将被拒绝。

F.8 内容删除/拒绝—注册系统责任

a) 同其他请求一样，首先对客户端进行鉴别。此时，主体对象将从证书中获得 DN。当注册系统中有一个具有该身份的主体时，主体对象将从该对象中获得所有角色。

b) 按照消息中的请求（删除或拒绝），获取 RegistryObject 类中合适的方法。

c) 借助于单独的缺省 AccessControlPolicy，访问控制器通过许可对象重复执行与对象相关的授权。

d) 如果授权成功，则允许进行动作。否则，以相应的 AuthorizationException（授权异常）错误消息的形式返回错误响应。

F.9 使用 ds:KeyInfo 字段

下面描述了 ds:KeyInfo 的两种典型用法：

F.9.1 用法 1

a) 注册系统客户端(RC)使用私钥对负载和SOAP信封进行签名。

b) RC的证书以头签名的KeyInfo字段形式被发送到注册系统。

c) RC的证书以负载签名的KeyInfo字段形式被发送到注册系统。

d) 注册机构检索头签名的KeyInfo字段的证书。

e) 注册机构使用证书的公钥验证头签名。

f) 通过重复d)和e)步骤,注册机构使用从负载签名的KeyInfo字段中获得的证书来验证负载签名。应注意,如果验证责任是最终用户、另一个注册系统客户端或内容的责任,则本步骤可以忽略。

F.9.2 用法 2

a) RC1用私钥对负载和SOAP信封签名,并将其发布到注册系统中。

b) RC1的证书以头签名的KeyInfo字段形式被发送到注册系统。

c) RC1的证书以负载签名的KeyInfo字段形式被发送到注册系统。由于当RC2检索内容时需要了解RC1的负载签名,因此,本步骤和步骤b)是必需的。

d) RC2检索注册系统的内容。

e) 注册机构用其私钥对负载和SOAP信封进行签名。注册机构发送RC1的内容和RC1的签名(由RC1签名)。

f) 由于假设RC2已经获得注册机构的其他证书并安装在其本地密钥库中,因此注册机构不必以KeyInfo字段形式发送其证书。

g) RC2获得本地密钥库之外的注册机构证书,并验证注册机构的签名。

h) RC2从负载签名的KeyInfo字段中获得RC1证书,并对负载签名进行验证。

附 录 G
（规范性附录）
本地语言支持(NLS)

G.1 定义

虽然本附录只讨论字符集和语言，但必须对下列术语进行清晰定义。

G.1.1 代码型字符集(CCS)

CCS是从抽象字符集到整数集的一个映射(见[RFC2130])。例如，ISO 10646、US-ASCII、ISO 8859-1等。

G.1.2 字符编码方案(CES)

CES是从一个(或多个)CCS到8进制集合的一个映射(见[RFC2130])。例如，ISO 2022、UTF-8。

G.1.3 字符集(charset)

a) 字符集是关于从8进制序列到字符序列的映射的一组规则(见[RFC2277]和[RFC2278])。例如，ISO 2022-JP、EUC-KR。

b) 注册字符集列表可在[IANA]中找到。

G.2 NLS和请求/响应消息

为了准确处理注册系统客户端和注册服务中的数据，有必要了解所使用的字符集。虽然交易的体部分包括XML编码声明中的字符集，但是当使用text/xml时，注册系统客户端和注册服务将规定MIME头中的字符集参数。因为根据[RFC3023]的定义，如果text/xml实体和被省略的字符集参数一起被接收时，则MIME处理器和XML处理器必须使用缺省的字符集值us-ascii。例如：

Content-Type：text/xml；charset＝ISO-2022-JP

另外，当使用一个application/xml实体时，字符集参数是可选的，注册系统客户端和注册服务必须遵循[RFC-XML]的4.3.3中的要求。在[RFC-XML]的4.3.3中对这种特殊情况进行了描述。

如果选择使用另一个Content-Type，字符集的用法必须遵循[RFC3023]。

G.3 RegistryObjec的存储与NLS

本章给出了关于注册系统应如何存储RegistryObject的NLS指导原则。

RegistryObject的具体子类的单个实例能够支持多种本地语言。因此，这里没有说明与特定RegistryObject实例相关联的语言或字符集。

RegistryObject的具体子类的单个实例支持多种本地语言。根据GB/T 19256.4的定义，具有I18N能力的RegistryObject的每个属性(如RegistryObject类中的name和description属性)可以有多个本地特定值，这些值被表示为代表I18N能力属性的XML元素中的LocalizedString(本地化字符串)子元素。在特定的本地化语言中，每个LocalizedString子元素都定义了I18N能力属性的值。每个LocalizedString子元素有一个charset、lang属性以及值为字符串的type属性。

G.3.1 LocalizedString的字符集

被本地特定的字符串(LocalizedString)使用的字符集是由charset属性定义的。为了获得最大的交互操作能力，建议使用UTF-8或UTF-16。

G.3.2 LocalizedString 的语言信息

语言可以用 xml:lang 属性来规定(见[RFC-XML]2.12)。

G.4 NLS 与存储库项的存储

本附录给出了关于注册系统应如何存储存储库项的 NLS 指导原则。如果 ExtrinsicObject 的单个实例能够支持多种本地化语言,则它总是与单个存储库项相关联。存储库项可以以一种本地化语言表示,也可以以多种本地化语言表示。本部分没有对存储库项进行规定。

G.4.1 存储库项的字符集

对于包含存储库项的 MIME 多部分,MIME Content-Type 头可以包括一个规定了存储库项使用的字符集的 charset 属性。例如:

Content-Type: text/xml; charset="UTF-8"

为了获得最大的交互能力,建议使用 UTF-8 或 UTF-16。如果存储库项的 charset 属性最初是在交易中规定的,则必须将其保留。

G.4.2 存储库项的语言信息

对于包含存储库项的 MIME 体部分,Content-Language MIME 头可以规定为本地特定存储库项的语言。Content-Language MIME 头特征的值必须符合[RFC1766]。

本部分目前仅规定了发送字符集信息和语言信息的方法,以及如何将其存储在注册系统中。然而,语言信息可以作为一个查询准则,如只检索用法语书写的 DTD。另外,在本部分的今后版本中,可以将语言协商程序(像注册系统客户端向注册服务要求使用一种合适的消息语言)作为一种功能增加进来。

附 录 H
(规范性附录)
注册系统轮廓

每个注册系统必须完全支持一个注册系统轮廓。注册系统轮廓是一个描述注册系统功能的 XML 文档。轮廓文档必须符合在附录 B 中定义的注册服务接口模式中所描述的 RegistryProfile(注册系统轮廓)元素。注册系统必须使 RegistryProfile 能够通过 URL 访问 HTTP 协议。URL 必须符合样式:

http://<base url>/registryProfile。

参 考 文 献

[1] [ebRIM Schema] ebXML Registry Information Model Schema.
http://www.oasis-open.org/committees/regrep/documents/2.0/schema/rim.xsd

[2] [XPT] XML Path Language (XPath) Version 1.0.
http://www.w3.org/TR/xpath

[3] [SQL] Structured Query Language (FIPS PUB 127-2).
http://www.itl.nist.gov/fipspubs/fip127-2.htm

[4] [SQL/PSM] Database Language SQL—Part 4: Persistent Stored Modules (SQL/PSM)[ISO/IEC 9075-4:1996].

[5] [IANA] IANA (Internet Assigned Numbers Authority). Official Names for Character Sets, ed. Keld Simonsen et al.
ftp://ftp.isi.edu/in-notes/iana/assignments/character-sets

[6] [RFC 1766] IETF (Internet Engineering Task Force). Tags for the Identification of Languages, ed. H. Alvestrand. 1995.
http://www.cis.ohio-state.edu/htbin/rfc/rfc1766.html

[7] [RFC 2119] IETF (Internet Engineering Task Force).

[8] [RFC 2130] ETF (Internet Engineering Task Force).

[9] [RFC 2277] IETF (Internet Engineering Task Force). IETF policy on character sets and languages, ed. H. Alvestrand. 1998.
http://www.cis.ohio-state.edu/htbin/rfc/rfc2277.html

[10] [RFC 2278] IETF (Internet Engineering Task Force). IANA Charset Registration Procedures, ed. N. Freed and J. Postel. 1998.
http://www.cis.ohio-state.edu/htbin/rfc/rfc2278.html

[11] [RFC 2828] IETF (Internet Engineering Task Force).
Internet Security Glossary, ed. R. Shirey. May 2000.
http://www.cis.ohio-state.edu/htbin/rfc/rfc2828.html

[12] [RFC 3023] ETF (Internet Engineering Task Force). XML Media Types, ed. M. Murata. 2001.
ftp://ftp.isi.edu/in-notes/rfc3023.txt

[13] [REC-XML] W3C Recommendation. Extensible Markup language(XML)1.0 (Second Edition).
http://www.w3.org/TR/REC-xml

[14] [UUID] DCE 128 bit Universal Unique Identifier.
http://www.opengroup.org/onlinepubs/009629399/apdxa.htm#tagcjh_20
http://www.opengroup.org/publications/catalog/c706.htmttp://www.w3.org/TR/REC-xml

[15] [WSDL] W3C Note. Web Services Description Language (WSDL) 1.1.
http://www.w3.org/TR/wsd4448 l

[16] [SOAP] W3C Note. Simple Object Access Protocol, May 2000.
http://www.w3.org/TR/SOAP
[17] [SOAPAt] W3C Note: SOAP with Attachments, Dec 2000.
http://www.w3.org/TR/SOAP-attachments
[18] [XMLDSIG] XML-Signature Syntax and Processing.
http://www.w3.org/TR/2001/PR-xmldsig-core-20010820/

ICS 35.240
L 67

中华人民共和国国家标准

GB/T 19256.6—2006

基于XML的电子商务 第6部分:业务过程规范模式

Electronic business eXtensible Markup Language (ebXML)—Part 6:Business process specification schema

(UN/CEFACT:ebXML business process specification schema v1.10,MOD)

2006-09-18 发布　　2007-03-01 实施

中华人民共和国国家质量监督检验检疫总局
中国国家标准化管理委员会 发布

前　言

GB/T 19256《基于 XML 的电子商务》目前分为下列 9 个部分：

——第 1 部分：技术体系结构；

——第 2 部分：协同规程轮廓与协议规范；

——第 3 部分：消息服务规范；

——第 4 部分：注册系统信息模型规范；

——第 5 部分：注册服务规范；

——第 6 部分：业务过程规范模式；

——第 7 部分：业务过程构件设计规则；

——第 8 部分：报文设计规则；

——第 9 部分：核心构件和业务信息实体规范。

将来还可能增加新的部分。

本部分为 GB/T 19256 的第 6 部分。

本部分修改采用联合国贸易便利与电子商务中心（UN/CEFACT）制定的《基于 XML 的电子商务业务过程规范模式》1.10 版本。

本部分与 UN/CEFACT 制定的《基于 XML 的电子商务业务过程规范模式》1.10 版本的主要差异如下：

——按照标准的格式对原文的一些章节做了适当的调整；

——按照 ebXML 系列标准的术语增加了属于本部分的术语。

本部分的技术内容与 UN/CEFACT BPSS1.1 的技术内容对应关系如下：

——前言。

——引言。对应于 BPSS1.1 中的“3 Introduction”和“4.2 Caveats and Assumptions”。

——范围。对应于 BPSS1.1 中“5”和“5.9　1）业务协同”中的内容。

——规范性引用文件。对应于 BPSS1.1 中的“3 Related Documents”。

——术语和定义。对应于 UN/CEFACT 和 OASIS 于 2001 年发布的 *ebXML Glossary* 中的部分术语和定义。

——设计目标。对应于 BPSS1.1 中的“4 Design Objectives”（除 4.2 Caveats and Assumptions）。

——BPSS 语言概述。对应于 BPSS1.1 中的“5 Language Oview”。

——ebXML 业务过程规范模式。对应于 BPSS1.1 中的“6 ebXML business process specification schema”。

本部分的附录 A 和附录 B 为资料性附录。

本部分由中国标准化研究院提出。

本部分由全国电子业务标准化技术委员会归口。

本部分起草单位：中国标准化研究院、交通部水运所、中国国际电子商务中心、中科院软件所。

本部分主要起草人：章建方、刘碧松、魏宏、胡涵景、刘颖、任冠华、孙文峰、陈煌。

引　言

本部分定义了一种标准语言，通过把该语言应用于业务系统以便实现由业务交易组成的业务协同。本部分以先前的UN/CEFACT工作为基础，尤其参考了“UMM-元模型-R12”规范中定义的UMM元模型。

本部分支持业务交易以及业务交易组成业务协同的规范。每个业务交易能通过使用可用的标准模式之一来实现。UMM规范定义了这些模式。模式是不能执行的，它只规定应用到给定业务交易的消息交换（请求、响应和信号）类型。这是定义业务交易类别的一种方法。这些模式与电子商务交易的不同类别可能有潜在的关系。

本部分描述了两个参与方之间的协同（二元协同），但暂不考虑多个业务伙伴的协同（多元协同）。

本部分旨在规定业务协同的实施运行方面。建议生成ebXML BPS（业务过程规范）的首选方法是UMM。ebXML BPSS本身并不定义业务文档结构。其目的是与现存的业务文档定义以及和UN/CEFACT核心构件规范定义的文档元模型联合进行工作。

0.1　内容概述

本部分描述了BPSS。

本部分以UML形式描述了BPSS，并且给出了每个BPSS实例必须遵循的相应的XML Schema（XML模式）。

本部分首先介绍基本概念和语义，然后应用这些语义对模型的每个部分进行详细讨论。本部分接着先后采用UML形式和XML形式规定所有元素。

0.2　读者

本部分的主要读者是ebXML的技术实施者。将使用UMM的人称为业务过程分析师，UMM方法定义了以面向业务人员为中心的过程。

本部分的其他读者是业务过程定义工具的设计人员，他们需要将用户输入到工具中的内容转化为BPSS的XML表示。

0.3　前提条件

假设读者熟悉或了解下列技术：

a)　按照UMM中所定义的业务过程建模技术和原则；

b)　UML(Unified Modeling Language，统一建模语言)语法和语义；

c)　XML(Extensible Markup Language，可扩展置标语言)。

基于 XML 的电子商务
第 6 部分：业务过程规范模式

1 范围

本部分规定了描述电子商务业务过程规范的语言。

本部分适用于电子商务领域。

本部分目前只支持二元协同，对于多元协同所涉及的概念还在试验中，暂时不予考虑。

2 规范性引用文件

下列文件中的条款通过 GB/T 19256 的本部分的引用而成为本部分的条款。凡是注日期的引用文件，其随后所有的修改单(不包括勘误的内容)或修订版均不适用于本部分，然而，鼓励根据本部分达成的协议的各方研究是否可使用这些文件的最新版本。凡是不注日期的引用文件，其最新版本适用于本部分。

GB/T 7408—2005 数据元和交换格式 信息交换 日期和时间表示法(ISO 8601:2002,IDT)

GB/T 19256.1—2003 基于 XML 的电子商务 第 1 部分：技术体系结构(UN/CEFACT OASIS: ebXML technical architecture specification v1.0.4,MOD)

GB/T 19256.2—2006 基于 XML 的电子商务 第 2 部分：协同规程轮廓和协同规程协议(ISO/TS 15000-1:2004,MOD)

GB/T 19256.3—2006 基于 XML 的电子商务 第 3 部分：消息服务规范(ISO/TS 15000-2:2004,MOD)

GB/T 19256.9—2006 基于 XML 的电子商务 第 9 部分：核心构件设计方法(ISO/TS 15000-5:2005,MOD)

GB/T 20538.1—2006 基于 XML 的电子商务业务数据和过程 第 1 部分：核心构件目录(ebXML Core Components : Core Component Dictionary v 1.04,MOD)

ebXML Business Process and Business Information Analysis Overview,v1.0

ebXML Business Process Analysis Worksheets & Guidelines,v1.0

ebXML E-Commerce Pattern,v1.0

ebXML Catalog of Common Business Process,v1.0

UN/CEFACT Modeling Methodology(UMM)N090

3 术语和定义

下列术语和定义适用于本部分。

3.1

协议 agreement

在两个伙伴之间预先规定将要进行贸易条件(如运输条款、支付条款、协同规程等)的方案。协议不是指特定的经济承诺。

3.2

业务活动 business activity

用于表示某一伙伴的业务过程的状态。

3.3

业务协同 business collaboration

两个或多个参与方为实现某一特定目标而进行的一项活动。

3.4

业务文档　business document

作为业务活动部分进行交换的信息构件的集合。

3.5

业务伙伴　business partner

与其他业务伙伴从事业务交易的实体。

3.6

业务过程　business process

在业务实践中用来完成一项或多项活动的方法。

3.7

业务过程接口　business process interface

如何与一个伙伴角色交互的定义，以便使伙伴执行期望的服务。

3.8

业务服务接口　business service interface；BSI

由两个或多个参与方进行的一个 ebXML 协同，其中每个参与方都使用了人工或自动的解释传送的文档和文档信封并且决定如何响应的业务服务。

3.9

业务过程规范模式　business process specification schema；BPSS

为了驱动协同中所使用的伙伴的系统而定义必要的元素集合，以便规定运行特性和配置参数。

3.10

业务交易　business transaction

业务的一个单元，它由两个参与方执行，并产生一个可量化的成功或失败的状态。

3.11

编排　choreography

协同中活动的声明和先后顺序规则以及这些活动之间的从属关系。

3.12

协同　collaboration

两个或多个参与方按照已定义的一套规则一起开展工作。

3.13

承诺　commitment

在将来某个时间点执行经济事件（即，转移一定数量已规定经济资源类型的所有权）的义务。

3.14

通用业务过程　common business process

在某一业务团体中以合理的频率所使用的业务过程。

3.15

经济合同　economic contract

未来发生的某些实际经济交换的伙伴类型之间的协议的子类型。

3.16

经济事件　economic event

从一个参与方到另一个参与方经济资源的控制转移。

3.17

经济资源　economic resource

企业控制下的一定数量的有价值的东西。

3.18

经济资源类型　economic resource type

经济资源的抽象分类或定义。

3.19

包　package

将元素组成组的一种通用机制。

3.20

接收方　receiver

一个消息的接收者。

3.21

请求方　requester

业务交易的发起方。

3.22

响应方　responder

与业务交易的发起方相对应的另一方。

3.23

角色　role

在一个特定语境中某一参与实体的具体行为的表现。

3.24

发送方　sender

一个消息的发起方。

4　设计目标

4.1　目的/目标/需求/问题描述

BPSS 实例描述了允许业务伙伴进行协同的互操作业务过程。这些模型必须由代表业务伙伴进行协同的软件构件来执行。

ebXML BPSS 的目标是在电子商务过程建模和电子商务软件构件的规范之间搭建桥梁。

ebXML BPSS 技术规范给出了必要的规范元素集合，以规定业务伙伴之间的协同，并给出业务伙伴运行系统的配置参数，以便执行一套电子商务软件构件之间的协同。

ebXML BPSS 生成的业务过程规范称为 BPSS 实例。

可以通过下列网址(http://www.untmg.org/downloads/General/approved/BPSS-v1pt10.xsd)来获得 ebXML 业务过程规范模式，其 XML Schema 的格式参见 http://www.w3.org/2001/XMLSchema。模式元素的 UML 描述可以在本部分的相关章节中找到。

ebXML BPSS 的 UML 形式只是一个 UML 类图。其目的并不是直接生成 BPSS 实例，确切地说，UML 类图是对生成符合 ebXML 的业务过程规范所需的所有规范元素及其关系的说明。生成符合 ebXML 的业务过程规范的任何方法学和/或元模型至少应支持这些元素及其关系。

XML Schema 给出了基于 XML 的 BPSS 实例规范。

基于 UML 和 XML 的 ebXML BPSS 的两种表示能相互清晰映射。

4.2　ebXML BPSS 与 UMM 之间的关系

UMM(UN/CEFACT Modeling Methodology，UN/CEFACT 建模方法学)是由体系结构、方法学、业务语义、本体和参考模型组成。UMM 给出了一种正式的方法以描述 GB/T 17628—1998《信息技术　开放式 EDI 参考模型》所定义的开放式 EDI 剧本。开放式 EDI 剧本的例子如采购和库存管理。UMM 的主要范围是“限于与描述业务交易所需的做业务决策和组织间的承诺有关的方面”。UMM 给出了独立于技术和实现系统的一套程序以规定(即建模)信息交换的业务过程。

本节描述了 UMM 和 ebXML BPSS 之间的关系。

UMM 元模型描述了业务语义，该业务语义允许交易伙伴通过使用一致的建模方法来获取特定业务剧本(即业务过程)的细节。业务过程规范详细描述了贸易伙伴如何扮演角色、建立关系和承担业务责任，以促进与其他贸易伙伴之间的交互。角色之间的交互是按照所编排的一套业务交易来进行的。每个业务交易表示为电子业务文档的交换。交换的顺序由业务过程、消息传输和安全因素来决定。业务文档由可重用的业务信息实体组成，并以适当的格式(XML，EDI，UBL……)表示。在较低层，业务过程由可重用的通用业务过程组成；业务信息实体由可重用的核心构件组成。通用业务过程和业务信息实体存贮在 UMM 业务库中。

UMM 元模型给出了带有一套语义的业务过程视图，并形成规范，其模型产物为每个视图提供一套语义(词汇)的业务过程视图，同时，UMM 元模型构成了语义和模型产物的规范的基础，需要语义和模型产物来促进业务过程和信息集成以及互操作性。通过使用 UMM 方法和 UMM 元模型，用户可以生成一个完整的业务过程和信息模型。该模型包含的信息比配置 ebXML 兼容软件所需的信息更丰富。另外，该模型独立于语法，并且不能由 ebXML 兼容软件直接解释。

ebXML BPSS 提供了 UMM 元模型的其他视图。通过从多个视图中抽取建模元素，ebXML BPSS 形成 UMM 元模型的语义子集。该子集规定了配置运行系统所需的元素集合，以便执行一套 ebXML 业务交易。通过使用 ebXML BPSS，用户可以生成仅包含配置 ebXML 兼容软件所需要的信息在内的业务过程规范，而 UMM 其他建模元素可以用来配置诸如业务过程管理系统(BPMS)这样的其他软件构件。

建议使用符合 ebXML BPSS 的 XML 实例来配置 ebXML 兼容软件。

UMM 元模型和 ebXML BPSS 之间的关系见图 1。

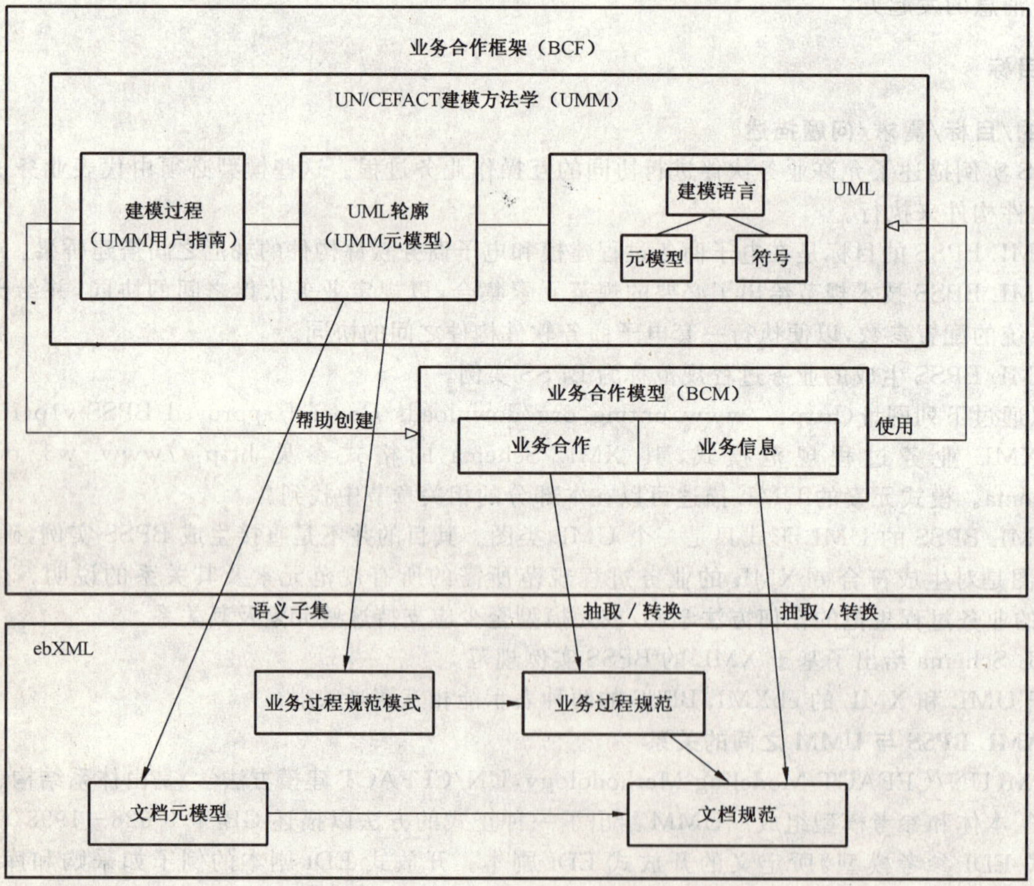

图 1 UMM 元模型和 ebXML BPSS 之间的关系

通过使用 UMM 方法，并且从 UMM 业务库中提取内容，用户可以生成符合 UMM 元模型的完整业务过程和信息模型。

由于 ebXML BPSS 是 UMM 元模型的语义子集，因此用户可以从业务过程和信息模型中自动提取所需的元素及其关系的集合，并将其转化成符合 ebXML BPSS 的 BPSS 实例。

同样，由于核心构件文档元模型也符合 UMM 元模型，因此用户可以从业务过程和信息模型中自动提取所需的元素及其关系的集合，并将其转化成符合核心构件规范的 ebXML 文档模型。

UMM 不是 ebXML 规范的正式规范的组成部分。

本部分的其他章节主要说明 ebXML BPSS 以及由其生成的业务过程规范。建议在生成业务过程规范之前，通过使用 UMM 进行业务过程和信息建模。

5　BPSS 语言概述

ebXML BPSS 为业务过程规范定义了一种标准语言。它和 CPP/CPA 规范共同为业务过程建模和配置 ebXML 软件（如图 2 中描述的基于 XML 的电子商务业务服务接口配置）之间建立一座桥梁。

图 2　业务过程规范和业务服务接口配置

通过使用业务过程建模，用户可以生成完整的业务过程和信息模型。基于业务过程和信息模型，并且通过使用 BPSS，用户可提取和格式化配置运行系统所需的元素集合，以便执行一套 ebXML 业务交易。其结果是 BPSS 实例。

BPSS 实例也可直接生成，而不需要事先进行业务过程建模。

BPSS 实例包含了业务交易规范以及业务交易编排成业务协同的方法。因此，BPSS 实例是 ebXML 贸易伙伴的 CPP（Collaboration Protocol Profile，协同规程轮廓）和 CPA（Collaboration Protocol Agreement，协同规程协议）的组成部分。这些 CPP 和 CPA 依次作为业务服务接口（BSI）软件构件的配置文件。BSI 软件指任何符合 ebXML 的构件，该构件能够根据 BPSS 实例和 CPA 来配置。

本部分的主要内容如下：

a）BPSS 语义的 UML 表示。

b）BPSS 的 XML Schema 定义。每个 BPSS 实例必须符合该 Schema 定义。

c）从 BPSS 的 UML 表示映射到 XML Schema 表示的生成规则。

d）业务信号定义。

在 BPSS 当前版本下，虽然这些内容允许对业务过程模型的运行方面进行规定，但是 BPSS 的所有参数只能是在设计阶段进行规定，而不能在运行阶段规定或导出。

BPSS 的主要内容关系如图 3 所示（图中虚线部分）。

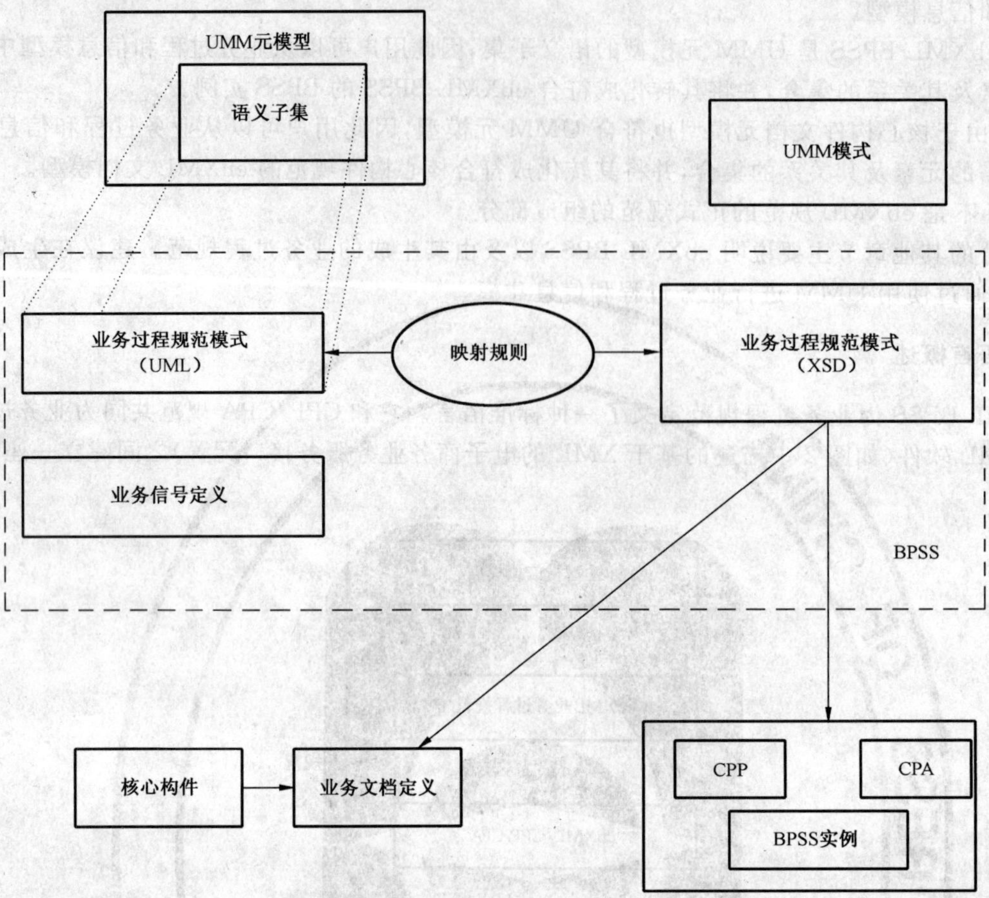

图3　BPSS和UMM、CPP/CPA以及核心构件之间的关系

下面描述ebXML BPSS中每个构件以及它们与UMM、UN/CEFACT核心构件和CPP/CPA之间的关系。

5.1　BPSS的UML表示法

ebXML BPSS的UML表示法是UMM元模型的语义子集。ebXML BPSS的UML表示法是UML类图。

5.2　BPSS的XML Schema表示法

BPSS的XML Schema表示法是将ebXML BPSS实例表达为XML格式，并且是其他表示法的最终生成目标。因此，用户可以直接将BPSS实例生成为一个XML文档，也可以首先选择其他的表示法，然后再运用生成规则来获得XML文档。

用于生成ebXML BPSS实例的任何其他方法和/或元模型至少应支持XML表示法中元素及其关系的生成。

BPSS的XML Schema表示法和BPSS的UML表示法在本质上相同。

5.3　UMM业务过程交互模式

ebXML业务服务接口(BSI)软件构件应能够被配置以执行BPSS实例中规定的业务过程。通过交换ebXML消息和业务信号来实现上述功能。

每个业务交易都可通过使用可用的标准模式之一来实施。这些模式决定了为完成所需的电子商务交易而在伙伴间实际交换的消息和业务信号。

UMM 提出的业务交易交互模式描述了推荐的消息序列的排列，该排列由交易中所定义的业务交易的类型和时间策略所决定。由于 UMM 模式本身并不是 ebXML 规范的部分，因此表示模式属性的所有安全和计时参数作为 BPSS 元素的属性给出。

5.4 业务信号定义

业务信号是被传输返回给发起执行转移控制活动的一个对象。业务信号有特定的业务目的，并且独立于 ebXML 消息服务规范中规定的底层协议和传输信号。通过分析这些信号，可以清晰地判断特定业务交易活动的实例在运行时的状态。同样，它们有助于建立业务协同协议，该协议保证了每个参与方的业务协同实例状态的表达对双方的参与方来说都是完全相同。这称为“状态的一致性”。

ebXML 业务信号的结构是“统一的”，并且它不随业务交易的变化而变化。因此，业务信号的结构只需定义一次即可适用于所有交易。业务信号的模式包括在 ebXML BPSS 技术规范中。

业务过程规范还给出了业务信号的编排，以及业务信号的业务负载的结构定义。ebXML 消息服务规范给出了一个可靠的消息传输架构，在此架构上，通过使用业务信号，BPSS 技术规范建立了其业务状态一致性的协议。本部分给出的业务信号负载结构是可选的和规范的，旨在为业务信号提供业务和法律上的语义。

本部分给出了每个可能的业务信号的模式。

5.5 生成规则

本部分给出了一套生成规则，它定义了从 ebXML BPSS 的 UML 表示到 XML 表示的映射。

这些生成规则的主要目的是从 BPSS 的 UML 类图一次生成 BPSS 的 Schema。

5.6 与 CPP/CPA 的关系

BPSS 实例和协议规范都是两个参与方之间达成协议的对象。因此，BPSS 实例并入 ebXML 贸易伙伴的 CPP/CPA，或被其所引用。每个 CPP 声明其支持 BPSS 实例中的一个或多个角色。一个 BPSS 实例也是 ebXML 业务服务接口（BSI）所需的机器可理解的规范，并被 BSI 在运行时所执行。CPP 和 CPA 还包含了每个贸易伙伴的运行软件所需的全部技术参数。

5.7 与业务文档的关系

BPSS 本身并不支持业务文档的定义。确切地说，BPSS 实例仅指向业务文档的定义。这些文档可以是基于 XML 的，或者是其他结构形式的，或者是完全非结构化的附件。

5.8 与 ebXML 消息服务规范的关系

BPSS 给出了业务报文和信号的编排。ebXML 消息服务规范给出了消息/信号标识、输入和完整性的基础设施，并在编排中依次放置消息。

5.9 ebXML BPSS 的主要概念

ebXML BPSS 规定了机器可处理的业务协同的结构和语义。这些语义符合 UMM，并且表示为 UMM 语义的子集。

从顶层看，业务协同是由一系列角色通过交换业务文档来编排一组业务交易进行的协同工作。

两个或多个业务伙伴通过扮演角色参与业务协同。角色总是在业务交易语境中交换报文。每个业务交易由一个或两个预定义的业务文档流组成。一个或多个业务信号可以作为业务交易的一部分另外进行交换，以确保双方的状态保持一致。参与方彼此完成业务交易作为编排的一部分。

业务协同基本语义如图 4 所示。下面给出了业务协同、业务交易、业务文档流和编排的概念。

a） 业务协同

业务协同是业务伙伴间的一系列业务交易。每个业务伙伴在业务协同中扮演一个或多个角色。

BPSS 支持两种业务协同：二元协同和多元协同。

二元协同只在两个角色之间进行。

多元协同在两个以上的角色间进行，但是总是可以由两个或者多个二元协同组成。例如，如果角色A、B、C协同，且各方彼此交互作用，则在A和B、B和C、A和C之间有相互独立的二元协同。该多元协同由这三个二元协同组成。多元协同所涉及的概念还在试验中，暂时不予考虑。建议不使用本部分多元协同的有关规定，因为其在将来版本中可能出现实质性变化。因此，对于符合本部分的ebXML业务服务接口来说，多元协同的实现是可选的。

二元协同表示为两个角色间的一系列业务活动。业务活动可以是业务交易活动（即执行一个业务交易的活动），也可以是协同活动（即进行另一个二元协同的活动）。前者例如“处理订购单”的活动，后者例如“商谈一个合同”的活动。在上述每种情况下，这些活动都可以与其他活动一起编排，具体如下所述。

二元协同能够在其活动中有效执行其他二元协同的能力是重用和递归二元协同的关键。一个活动，不论其是业务交易活动还是协同活动，都要使用二元协同规范的定义。例如，业务交易定义一次即可适用于所有业务活动，但是可能作为业务交易活动在同一个二元协同中出现几次，有时甚至以相反的角色出现。

本质上，每个二元协同就是两个角色间一个可重用的协议。

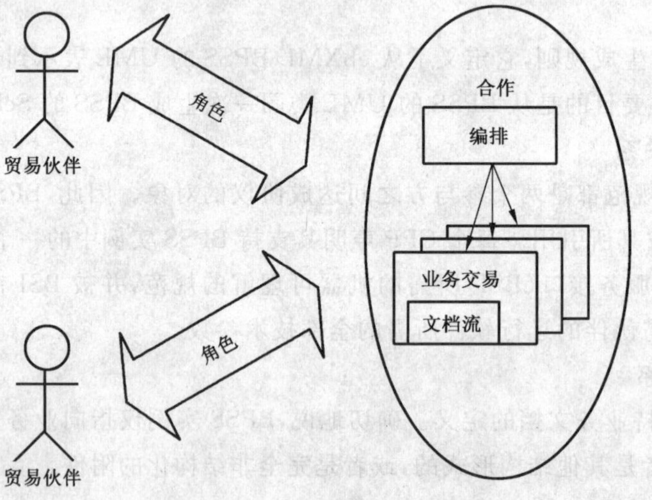

图 4　业务协同基本语义的说明

b)　业务交易

业务交易表示两个业务伙伴之间贸易环节中的最小工作单元。BPSS技术规范的范围并不涉及BPSS业务交易如何与业务伙伴间的贸易活动关联，这是UMM的任务。业务交易在两个扮演相对角色的参与方之间开展。这些角色总是一个请求角色和一个响应角色。它们并不是像买方、卖方那样特定的角色。当业务交易用于特定目的时，这些角色将在业务交易活动层规定。

与二元协同一样，业务交易也是两个角色之间的一个可重用的协议。重用的方法是通过使用业务交易活动再由二元协同来引用。在业务交易活动中，二元协同的角色被指定执行业务交易。

然而，与二元协同不同，业务交易是最小单元；它不能被分解成更小的且能被彼此独立地重用的业务交易。

业务交易是非常专用的和受约束的协议，以便达到非常精确的、可实施的交易语义。这些语义应由管理交易的软件所执行，即ebXML业务服务接口(BSI)软件构件。

从协议和业务角度看，业务交易要么成功要么失败。如果从两个角度看，业务交易都是成功的，则业务交易对两个伙伴具有法律约束，或者业务交易约束它们的协同活动。如果业务交易失败，则它是无效的，并且每个伙伴必须放弃任何由交易所建立的共同声明。另外，如果从协议角度看，业务交易失败，则每个参与方必须使它们的状态回到交易开始前的状态。例如，当且仅当BSI报告协议成功时，订购单状态应该进入到“已发送”。如果从业务角度看，业务交易失败，而该状态已经是“同步的”，则每个应用程序有责任采取恰当的措施。业务失败是在处理业务文档时由应用程序所标识的以及基于与BPSS无关的信息的任何失败。例如，“拒绝订购单”响应文档可以认为是业务失败。在这种情况下，应用程序有责任对订购单的状态进行适当标识。

c) 业务文档流

业务交易是通过请求和响应角色之间的业务文档流来实现。业务文档流总是有一个请求业务文档和一个可选的响应业务文档，这取决于交易配置，如“单向通知”与“双向对话”。

业务文档定义可以使用UN/CEFACT业务协同模型来获得，也可以使用ebXML以外的，且能导出BPSS指向的Schema定义(DTD或XSD)的方法来获得。

d) 编排

业务协同编排描述了二元协同中业务交易之间或其子协同之间的排序和转移。例如，在UML工具中，编排可以用UML活动图来表示。实际上，本部分通过使用活动图概念(如，“开始状态”、“完成状态”、“活动”、“分叉”、“汇合”、“判断”、“活动间的转移”以及“转移的守卫条件”)来定义编排。然而，本部分并不规定业务协同的符号表示法。

e) 模式

ebXML BPSS作为UMM语义的子集，它给出了一套清晰的语义，以便规定交易和协同。通过这些语义，用户群可以灵活定义无限量的具体交易和协同。通过使用预定义的模式可以实现灵活性和一致性，以促进快速设计、快速实施以及通用化处理。

UMM中已定义了一套交易的交互模式，这些模式规定了交易的交互参数设置的通用组合。

虽然UMM交易的交互模式本身并不是ebXML BPSS技术规范的一部分，但是BPSS技术规范以元素属性的形式给出了模式属性的所有安全和计时参数。

可以预料，今后将出现协同编排模式。如，ebXML的电子商务模式就是这样的模式。

重用、递归和模式是ebXML BPSS中的主要概念。下列章节将描述这些主要概念。

5.10 如何使用ebXML BPSS

ebXML BPSS应用于ebXML兼容软件被指定用来执行业务协同时。

ebXML BPSS规定了业务过程相关的配置参数，这些参数用来配置BSI，以便执行这些协同。

以下章节将说明以下内容：

a) ebXML BPSS如何与其他ebXML规范配合使用；

b) 设计时如何使用BPSS来规定新的协同和交易，或者重用已有的协同和交易；

c) 如何规定核心交易语义和CPP/CPA所需的参数；

d) ebXML BPSS规定的和业务服务接口(BSI)应管理的运行时的交易和协同语义。

5.11 ebXML BPSS如何与其他ebXML规范一起使用

ebXML BPSS作为UMM语义子集，它给出了业务协同的结构和语义。

协同包括一系列角色，这些角色通过交换业务文档而编排的一组业务交易进行协同工作。

如图5所示，BPSS实例将引用但不定义所需的一组业务文档。在BPSS实例中，业务文档可由某个外部文档规范所定义，也可直接或间接由底层信息结构(称为核心构件)所组成。文档基于一系列语境，而语境由业务过程(即使用这些文档的协同)决定。

业务过程规范和业务文档规范一起构成了参与方同意彼此开展电子商务的基础。

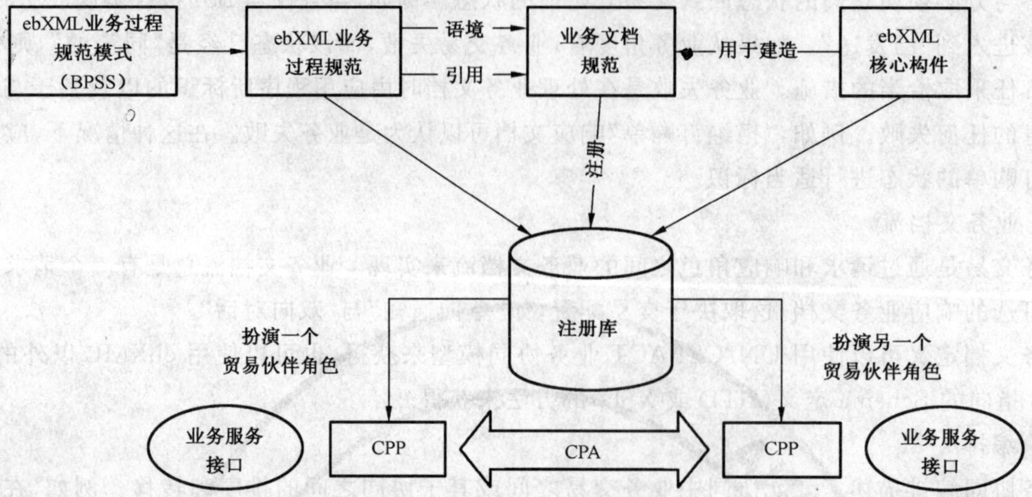

图 5 ebXML BPSS 和其他 ebXML 规范之间的关系

用户应从现有的业务过程和信息模型中抽取并转换必要的信息。相关的生成规则有助于生成 BPSS 实例的 XML 表示。

用户也可使用 XML 工具直接生成其 XML 表示。如果有必要，生成规则有助于将 XML 表示转换为 XMI，以便其载入一个 UML 工具。

在这两种情况下，BPSS 实例的 XML 表示储存在 ebXML 存贮库中，并且注册到 ebXML 注册系统以便将来检索。可以使用设计 BPSS 实例时得到的分类符注册 BPSS 实例。

当实施者希望建立贸易伙伴的 CPP 和 CPA 时，BPSS 实例文档或者其相关的部分被 CPP/CPA 的 XML 文档所引用。ebXML CPP 和 CPA 的 XML 文档可以引用 XML 格式的业务过程规范（如 ebXML BPSS 实例）。

根据规范，CPP 和 CPA 的 XML 文档因此成为一个或多个业务服务接口（BSI），即管理参与方进行协同的软件的配置文件。

5.12 如何在设计阶段设计并重用协同和交易

本节通过自下而上构建一个完整的多元协同 BPSS 实例来描述 ebXML BPSS：

a) 规定业务交易；

b) 规定业务交易的业务文档流；

c) 规定重用业务交易的二元协同；

d) 规定二元协同的编排；

e) 规定重用低阶二元协同的高阶二元协同；

f) 规定重用二元协同的多元协同。

为了便于说明，本节自下而上讨论协同，但 ebXML BPSS 却是自上而下规定了协同，并且尽可能重用现有的低阶内容。

上述所列的结构支持相当复杂的多元协同的规范。然而，一个 BPSS 实例可以简单到仅引用单个业务交易的单个二元协同。它仅涉及上述的 a)～c)步。

应注意本部分并不规定任何业务过程建模方法，它也不要求具体使用哪些方法。如果有必要使用建模方法，建议使用一个 UMM 规范。

这里给出了一个涉及买方、零售商、制造商以及信用机构的“制造商直接装运”示例。买方下订单，卖方执行订单。信用机构确保给相应的债权人付款。下面通过 UML 活动图以及用例图给出该多元协同的图示。此处的示意图是非标准的，仅为了理解该实例。该图不完全符合 UML 语义。

图 6 表示了一个完整的多元协同。此处约定：“活动”指两个角色之间的一个二元协同。由于此处有四个角色，因此还约定：活动放置在发起二元协同的角色的泳道中。响应的角色就是直接面对该活动的角色。这就是泳道有不同长度的原因。

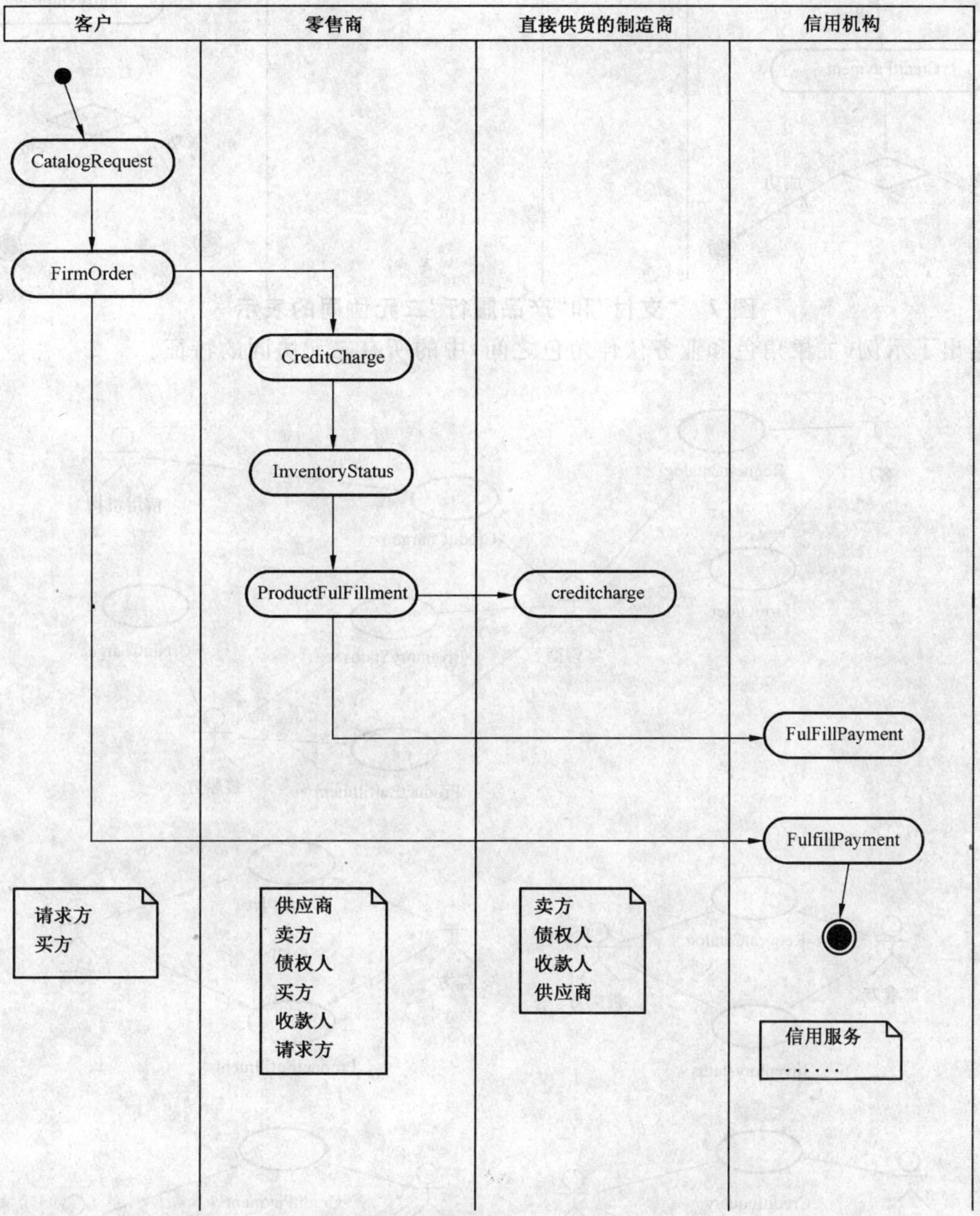

图 6　UML 活动图的“制造商直接供货”多元协同的表示

除支付(Credit Charge)以及产品履行(Product Fulfillment)之外，示例中的所有二元协同都是一个业务交易活动。这两个二元协同如图 7 所示。

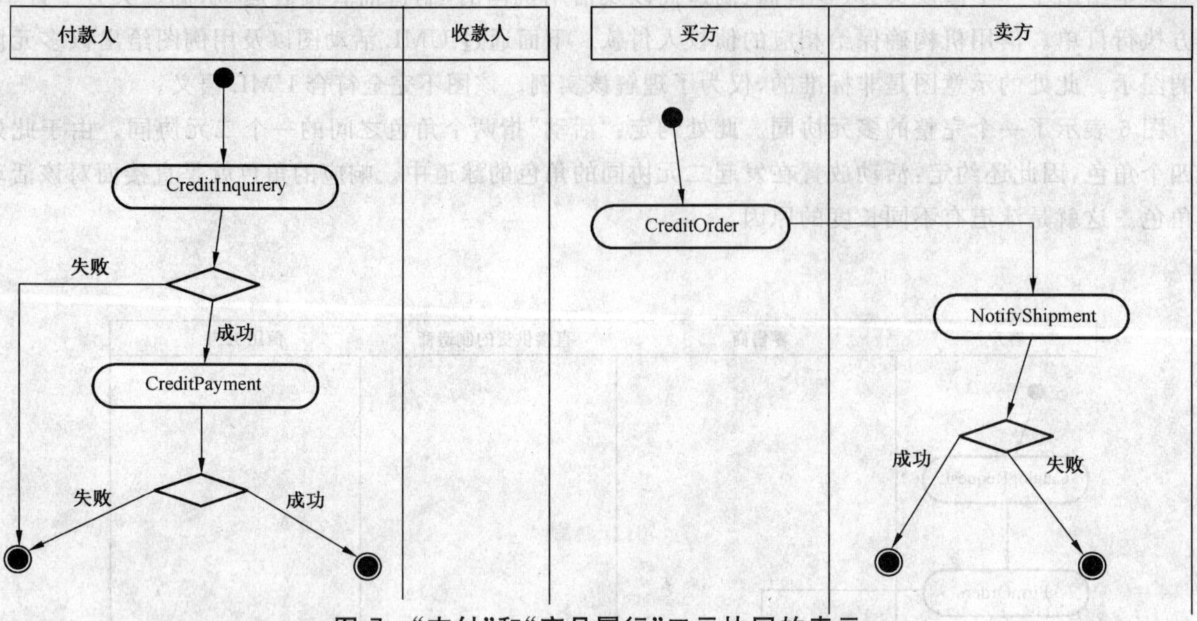

图 7 “支付”和“产品履行”二元协同的表示

图 8 给出了示例(抽象角色和业务伙伴角色之间)中的所有二元协同的特征。

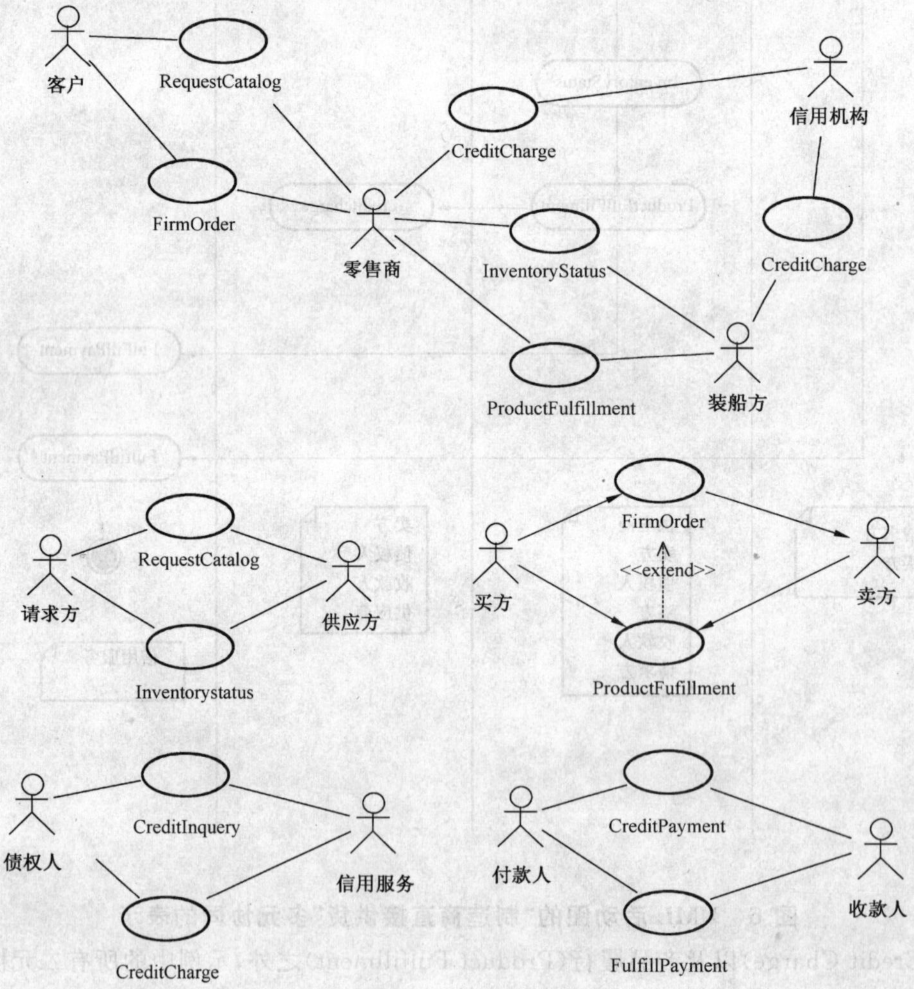

图 8 实例中的多元协同和二元协同的定义

附录 A 中给出了其完整的 XML 表示。

5.12.1 包和包含

本部分中的所有元素以包的形式进行定义。包可以包含其他的包,从而也就定义包的层次结构。

包定义了其内部元素的命名空间。同一包中不能有两个名称相同的模型元素。包使用 Java 表示法:org. ebXML. transaction. order. ProcessPurchaseOrder 来限定模型元素的名称。这意味着“transaction”包中定义了“order”包,“order”包中定义了 ProcessPurchaseOrder(处理订购单)业务交易。

如果 Order Entry 包中的模型元素需要引用 Billing 包中的内容,它必须包含整个 Billing 包,以便使其中的元素可见于 Order Entry 包的模型元素。与导入不同,“包含”要求来自 Billing 包中的所有模型元素被完全限定。因此,假设 Billing. Invoice 文档在 Business Transaction. Billing 包中已定义,如果需要在 Order Entry. Process Purchase Order 交易中指定 Invoice 业务文档,则需要引用 Billing. Invoice 文档。

5.12.2 替代集

对于与技术和业务细节联系不太紧密的业务规范来说,存在如特定的文档格式、结构和计时参数的需求。替代集支持某一个通用的业务过程按特定应用而具体化的功能。例如,订购过程可以是很通用的,但是具体使用该过程时可以要求超出通用范围之外的特定文档功能。

替代集可置于更为具体的过程规范中,替代文档定义参考和属性值或者使它们更清晰。替代集是一个或多个 AttributeSubstitution 和 DocumentSubstitution 元素的容器。整个替代集规定了文档或属性值,这些文档或属性值用来替代现有过程规范中的某些文档和属性值。

5.12.3 规定业务交易及其业务文档流

图 9 示出了定义业务交易概念的 BPSS 元模型的一部分。

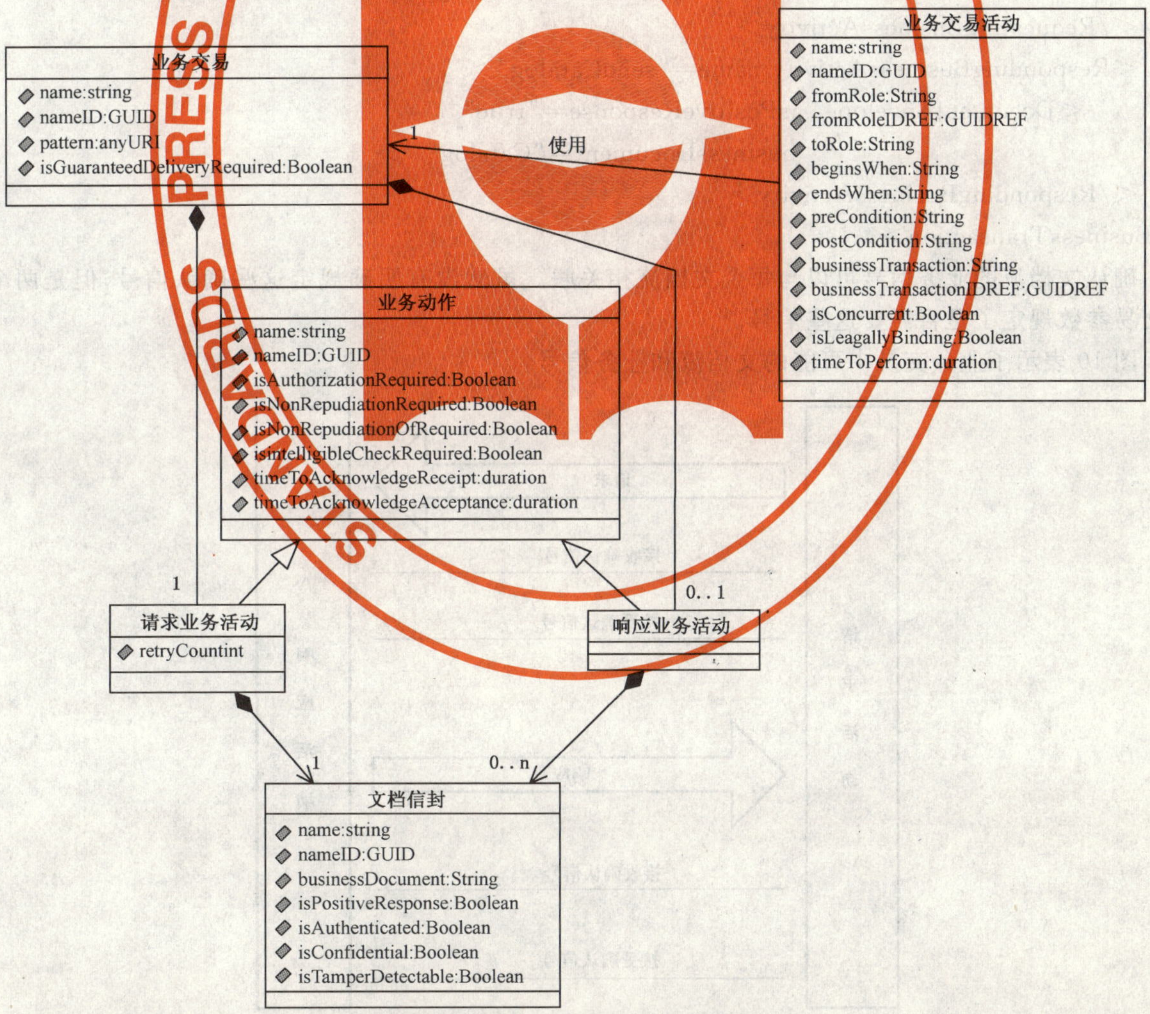

图 9 业务交易的 UML 类图

5.12.3.1 业务交易的主要语义

业务交易是两个业务伙伴之间贸易环节中的最小工作单元。

一个业务交易由一个请求业务活动、一个响应业务活动以及它们之间的一个或两个文档流所组成。业务交易还可以支持一个或多个业务信号，这些业务信号决定了确认的用法和含义。

业务交易中隐含着一个执行请求业务活动的请求角色和一个执行响应业务活动的响应角色。当该交易用于二元协同的业务交易活动中时，这些角色就明确了。没有必要把这些角色明确为诸如买方、卖方这样的角色。特别对于某些业务交易，如"CancelPurchaseOrder(取消订购单)"可以作为两个不同的业务交易活动用在同一个二元协同中。

业务交易中总是存在一个请求文档流。

业务交易规定了是否需要响应文档。业务交易的类型通常取决于合同或协议。只有一个请求业务活动的业务交易通常用作通知。

业务动作(Business Action)作为一个抽象超类，具有请求业务活动和响应业务活动共有的属性。由于该元素是抽象类，因此它并不在 BPSS 实例中出现。

5.12.3.2 语法示例

下面给出了只具有一个请求文档流和一个响应文档流的简单业务交易定义。

```
<BusinessTransaction name="Catalog Request">
    <RequestingBusinessActivity name="requestCatalog"
        <DocumentEnvelope businessDocument="Catalog Request"/>
    </RequestingBusinessActivity>
    <RespondingBusinessActivity name="sendCatalog">
        <DocumentEnvelope  isPositiveResponse="true"
                           businessDocument="Catalog" />
    </RespondingBusinessActivity>
</BusinessTransaction>
```

确认文档流的业务信号可以与每个文档流相关联。虽然没有明确规定这些确认信号，但是两个业务交易参数规定了是否需要这些信号。

图 10 表示了业务交易中可能的文档流和业务信号。

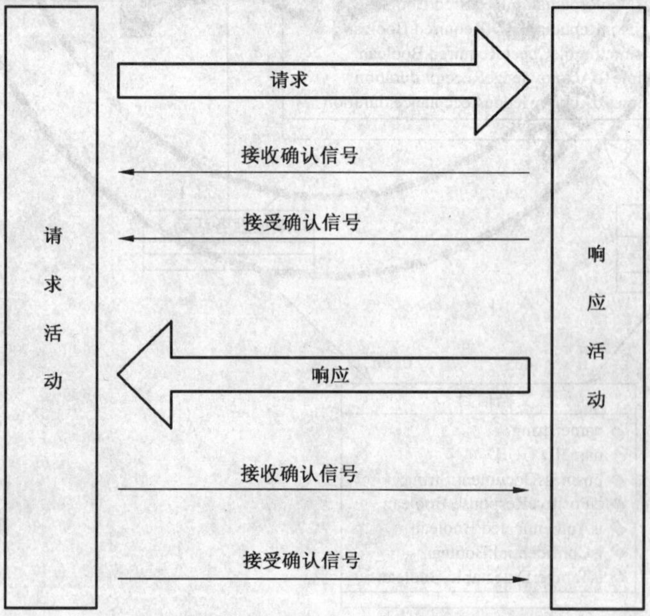

图 10 可能的文档流和信号及其顺序

这些确认信号(即业务信号)是给出业务交易当前状态的应用层文档。

业务交易的模式可以用来规定是否需要接收确认和/或接受确认信号。当不采用 pattern(模式)属性时,如果 timeToAcknowledgeReceipt(接收确认的时间)和 timeToAcknowledgeAccptance(接受确认的时间)的值为非空,则意味着这些信号必须由相应的参与方发出。业务交易协议信号独立于底层协议和传输信号(如可靠消息传输)。

如果使用接收确认业务信号,则表明 ebXML BSI 软件构件正确接收了消息(请求或响应)。isintelligiblecheckrequired(是否要求可理解的核查)属性允许贸易伙伴商定:即使对清晰易读的消息也应由接收确认业务信号进行确认。所谓的清晰易读是指消息通过了结构和模式的有效性检查。如果要求核查的话,则应在处理业务文档、判断消息的业务文档或文档信封中的条件表达式之前,核查接收的内容和消息的清晰性。

如果使用接受确认业务信号,则表明已接收的消息(请求或响应)被接收应用程序或接收业务应用程序代理所接受,以便进行业务处理。这就意味着消息的业务文档和文档信封的内容已经通过业务规则的有效性检查。这些业务规则没有必要规定为协同的一部分。当接收应用程序(一般其他的参与方是不知道的)通过 BSI 和接受确认发出业务文档被成功处理的信号时,就认为每个参与方的状态是一致的。应注意该确认是非实质性的,它只是简单地指出了接收方已达到满意状态。如果由于某种原因应用程序不能处理业务文档,则应通过否定接受确认业务信号通知发送方,以便使发送方能够转移到有意义的“内部”业务状态。例如,只有另一个参与方发送了相应的接受确认业务信号时,才能认为订购单处于“已发送”状态。实质性的响应只能在指明订单被接受或被拒绝的信号之后出现。

当要求在 timeToAcknowledgeReceipt 或 timeToAcknowledgeAcceptance 规定的超时值范围内发送信号时,如果任何一个业务信号发送失败,将导致交易为空并且无效,从而无法实现任何“成功”结束状态(协议或业务),而“成功”结束状态取决于在 timeToPerform 规定的时间内收到业务文档。为使业务交易活动实例在运行时达到“成功”状态,必须满足下列条件:

a) 信号或响应都不出现超时;

b) 信号没有否定内容;

c) 在规定业务协同的 ebXML BPSS 实例中,发送给请求方的响应文档必须将 isPositiveResponse(是否为肯定响应)标为“true”。

相反,如果所有的信号是肯定的,并且按时发送和接收,则从协议角度来看,交易是成功的。

DocumentEnvelope(文档信封)的 isPositiveResponse(是否肯定响应)属性并不是业务交易协议的一部分,因此,它并不影响协同的协议成功或失败。如果作为响应而接收到的 DocumentEnvelope 中的 isPositiveResponse=false(在设计阶段),则业务交易将以业务失败状态结束。二元协同的编排可以使用该信息来执行相应的转移或终止整个协同。应注意该属性是可选的,一些文档信封可能既非肯定也非否定(如,部分接受一个采购单的情况,只拒绝其中几个行项,或延期交货响应)。此时,业务交易活动在达到协议成功状态后,则认为其是成功的。

isGuarenteedMessageDeliveryRequired(是否要求保证消息传输)指的是实施业务交易协议的底层消息服务。业务交易协议可以实现交易中两个参与方之间的状态一致性,并且向发送方发出信号,指出业务文档(请求或响应)已经被接收应用程序成功处理。为实现该目标,业务交易协议应在可靠消息传输服务之上实施,该消息服务在传输层上提供了有保证的消息传输。如果发送方不能保证其消息或信号到达所期望的接收方,则无法确定另一个参与方状态是否与发送方自身状态一致。与可能存在无效结构或内容的请求或响应不同,由于信号结构是固定的,因此只要知道信号到达目的地,BSI 处理业务信号并理解其含义时就不存在歧义。在业务交易无需保证接收应用程序是否正确处理的情况下,可以放宽条件,使用其他合格的消息服务。

应注意,只有使用可靠消息传输并且业务交易使用请求和响应接受确认信号(这些信号保证了对应的业务文档由各自的应用程序处理),才能保证两个参与方之间的状态同步。

5.12.3.3 语法示例

下面给出了一个包括两个文档流和三个业务信号的更复杂的业务交易。

请求要求接收确认和接受确认，而响应只要求接收确认。“P2D”是符合 GB/T 7408 标准的 W3C 模式语法，它表示周期为 2 天。P3D 表示周期为 3 天，P5D 表示周期为 5 天。周期是从最初发送请求开始计算。

```
<BusinessTransaction
 name="CreateOrder"
 nameID="122A3DD33"
 isGuaranteedDeliveryRequired="true">
  <RequestingBusinessActivity
   name="sendOrder"
   nameID="122A3E833"
   isNonRepudiationReceiptRequired="false"
   isNonRepudiationRequired="false"
   timeToAcknowledgeAcceptance="P1H"
   timeToAcknowledgeReceipt="P1H">
   <DocumentEnvelope
    businessDocument="Purchase Order"
    businessDocumentIDREF="122A3F613"/>
  </RequestingBusinessActivity>
  <RespondingBusinessActivity
   name="sendPOAcknowledgement"
   nameID="122A3E863"
   isNonRepudiationReceiptRequired="false"
   isNonRepudiationRequired="false"
   timeToAcknowledgeReceipt="P1D">
  <DocumentEnvelope
   isPositiveResponse="false"
   businessDocument="Reject Order"
   businessDocumentIDREF="122A3F8E3"/>
  <DocumentEnvelope
   isPositiveResponse="true"
   businessDocument="Accept Order"
   businessDocumentIDREF="122A3F6C3"/>
  </RespondingBusinessActivity>
</BusinessTransaction>
```

应注意，根据 W3C 的 XML Schema 规范中的持续时间类型来表示时间长度。例如，“P1D”表示周期为 1 天。

5.12.3.4 业务文档流的说明

请求文档流和响应文档流包含了关于业务交易请求和响应的业务文档。文档流模型如图 11 所示。业务文档有多种结构。而业务信号总是具有相同的结构，并且定义为 ebXML BPSS 一部分。

本部分没有直接对文档流建模，确切地说，它被间接地建模为由一个角色发送并由另一个角色接收的文档信封。文档信封总是与规定文档流的请求业务活动或响应业务活动相关联。

应对文档信封命名。对于请求活动，总是只有一个已命名的文档信封。对于响应活动，可以有零个、一个或多个相互独立的、已命名的文档信封。例如，用于订单交易的响应文档信封可以命名为 PurchaseOrderAcceptance(接受订单)、PurchaseOrderDenial(拒绝订单)或 PartialPurchaseOrderAcceptance(部分接受订单)。然而，在实际执行订单交易时，仅发送一个已定义的响应。

每个文档信封只携带一个主业务文档。

文档信封还可以有选择地携带与主业务文档相关的一个或多个附件。本质上，主业务文档及其附件作为 ebXML 消息服务的消息结构中的负载构成一个交易。

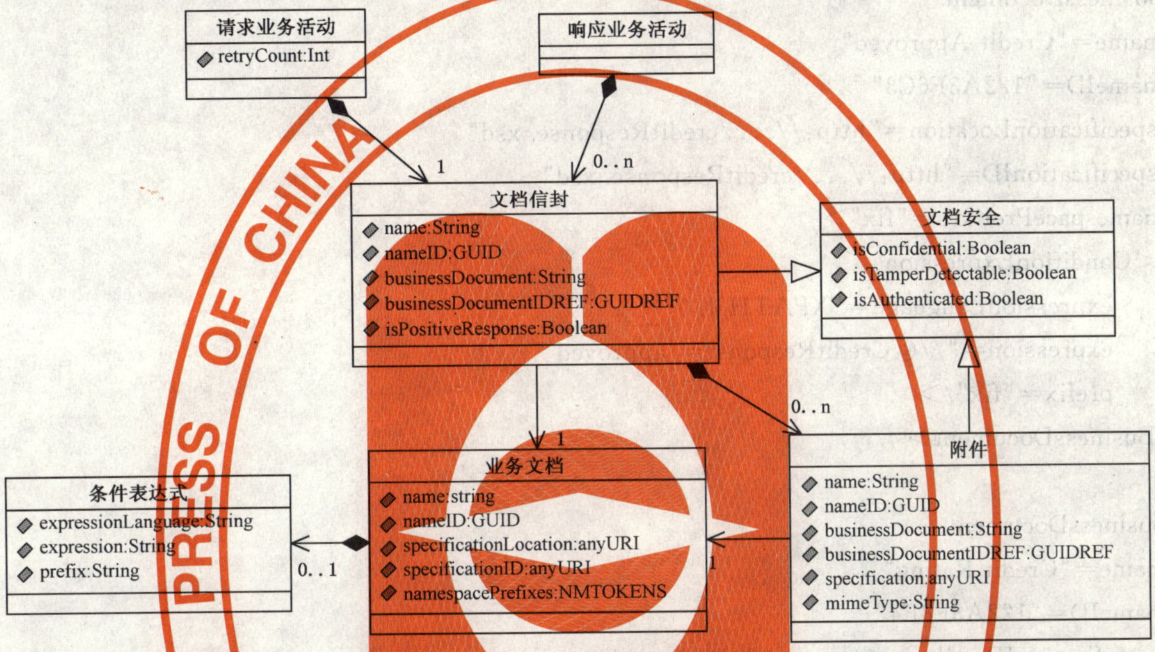

图 11　文档流的 UML 图

5.12.3.5　语法示例

下面例子给出了具有一个请求和两种可能性响应(成功和失败)的业务交易。响应有一个附件。所有的业务文档都用模式名称来限定。

```
<BusinessDocument
   name="Credit Request"
   nameID="122A3F613C "
   specificationLocation="http://.../creditRequest.xsd "
   specificationID="http://... /creditRequest.xsd"
   namespacePrefixes="fix">
</BusinessDocument>
<! -- The following two documents refer to the same
physical document, however, by their content as evaluated
at run-time, they are logically different -->
<BusinessDocument
   name="Credit Denied"
   nameID="122A3F8E3"
   specificationLocation="http://.../creditResponse.xsd"
   specificationID="http://.../creditResponse.xsd"
```

```
  namespacePrefixes="fix">
  <ConditionExpression
      expressionLanguage="XPATH 1.0"
      expression="//@CreditResponse='denied'"
      prefix="fix"/>
</BusinessDocument>

<BusinessDocument
   name="Credit Approved"
   nameID="122A3F6C3"
   specificationLocation="http://.../creditResponse.xsd"
   specificationID="http://.../creditResponse.xsd"
   namespacePrefixes="fix">
   <ConditionExpression
       expressionLanguage="XPATH 1.0"
       expression="//@CreditResponse='approved'"
       prefix="fix"/>
</BusinessDocument>

<BusinessDocument
   name="Credit Rating"
   nameID="122A3F8E4"
   specificationID="http://.../creditRating.id">
</BusinessDocument>

<BusinessTransaction
   name="Check Credit"
   nameID="122A3DD33"
   isGuaranteedDeliveryRequired="true"
   <RequestingBusinessActivity
       name="checkCredit"
       nameID="122A3E833"
       isAuthorizationRequired="true"
       isIntelligibleCheckRequired="true"
       isNonRepudiationReceiptRequired="true"
       isNonRepudiationRequired="true"
       timeToAcknowledgeAcceptance=" PT30S"
       timeToAcknowledgeReceipt=" PT10S">
       <DocumentEnvelope
           isAuthenticated="persistent"
           isConfidential="persistent"
```

```
        isTamperDetectable="persistent"
        businessDocument=" Credit Request"
        businessDocumentIDREF="122A3F613C"/>
</RequestingBusinessActivity>

<RespondingBusinessActivity
   name="confirmCredit"
   nameID="122A3E863"
   isAuthorizationRequired="true"
   isIntelligibleCheckRequired="true"
   isNonRepudiationReceiptRequired="true"
   isNonRepudiationRequired="true"
   timeToAcknowledgeReceipt="PT10S">
   <DocumentEnvelope
      isPositiveResponse="false"
      isAuthenticated="persistent"
      isConfidential="persistent"
      isTamperDetectable="persistent"
      businessDocument="Credit Denied"
      businessDocumentIDREF="122A3F8E3"/>
   <DocumentEnvelope
      isPositiveResponse="true"
      isAuthenticated="persistent"
      isConfidential="persistent"
      isTamperDetectable="persistent"
      businessDocument="Credit Approved"
      businessDocumentIDREF="122A3F6C3">
      <Attachment
         name="Credit Report"
         mimeType="XML"
         businessDocument="Credit Rating"
         businessDocumentIDREF="122A3F8E4"
         isConfidential="none"
         isTamperDetectable="none"
         isAuthenticated="none">
      </Attachment>
     </DocumentEnvelope>
   </RespondingBusinessActivity>
</BusinessTransaction>
```

文档安全参数参见5.13.5。

5.12.4 二元协同的描述

用UML类图表示二元协同的元模型如图12所示。

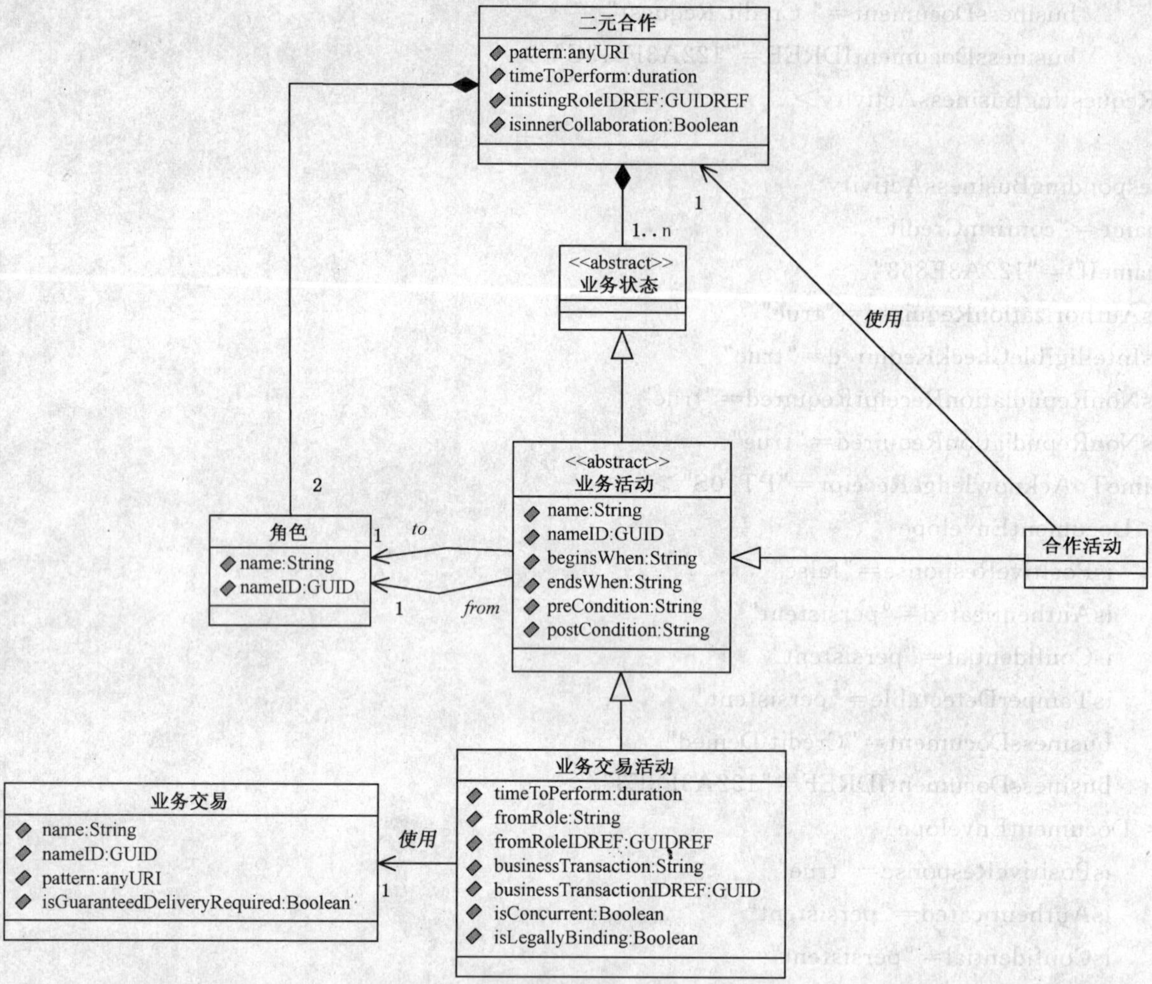

图 12 二元协同的 UML 类图

5.12.4.1 二元协同的主要语义

二元协同总是在两个角色之间定义。一个角色发起该协同，也正是该角色发送第一个业务交易活动的第一个消息(即请求)。initiatingRoleIDREF 属性把内部协同活动的角色与其父二元协同角色绑定在一起。即使直到运行阶段才知道该角色，仍然可以规定一个“逻辑”发起角色。此时，父二元协同的发起角色与内部二元协同的发起角色绑定在一起。

即使两个二元协同中的角色名称相同，对于一个二元协同而言，角色的 nameID(名称标识符)属性应具有唯一性。这意味着两个二元协同没有相同的物理角色，但是可以共享“逻辑”角色。

二元协同由一个或多个业务活动组成。这些业务活动总是在二元协同的两个角色之间进行。对每个活动而言，两个角色中的一个角色被指定为 initiatingRole(发起角色)，另一个角色被指定为 respondingRole(响应角色)，而与谁发起该二元协同无关。

业务活动可以是业务交易活动，也可以是协同活动。

业务交易活动指业务交易的执行。业务交易可以与任意多个业务交易活动元素相关联。这意味着同一个业务交易可以由不同的二元协同中的多个业务交易活动来执行，也可以由相同二元协同中的多个业务交易活动来执行，有时还可以有相反角色。例如，“取消订单”业务交易可以由两个业务交易活动所使用，而这两个业务交易活动分别由各自的参与方执行。这意味着订单被接受后，任意一个参与方都可以使用同一个业务文档交换来取消订单(在某一时间期限内)。

协同活动指一个二元协同在另一个二元协同中的执行。相对于协同活动,二元协同是可重用的。同一个二元协同可以由不同二元协同中的多个协同活动所执行,也可以由同一个二元协同中的多个协同活动所执行。一个二元协同只能通过 isInnerCollaboration 布尔型属性来限定为一个“内部协同”。此时,该二元协同仅可以作为协同活动的一部分被发起,而不能由其自身发起。

业务交易活动和协同活动可以使用 beginsWhen(何时开始), endsWhen(何时结束), precondition (前提条件)和 postCondition(后置条件)属性来定义业务规则。本部分并没有规定这些属性的特定语法,因而当前这些属性类型为字符串。由于这些表达式通常不能由 ebXML 基础设施来执行,因此在本部分当前版本中认为他们是一个文档。尤其是,它们不能用来规定编排协同的任何部分。在将来的 BPSS 版本中,这些表达式将与转移和伪状态一起发挥作用。何时开始和何时结束的语义指出,一旦属性表达式的值为真,则相应的业务活动就必须开始或结束。前提条件和后置条件指出,只有在相应的表达式为真时,对应的业务活动才可以开始。

当在一个二元协同中执行另一个二元协同时,两个层次的角色间有隐含的关系。假设二元协同 X 通过协同活动 Q 正在执行二元协同 Y。二元协同 X 有下列角色:客户和供应商。在协同活动 Q 中,假定客户为发起方,供应商为响应方。二元协同 Y 有下列角色:买方和卖方。二元协同 Y 还有一个业务交易活动,其中买方作为发起方,卖方作为响应方。因为客户和买方都是正在执行和已执行的二元协同中相关活动的发起方,所以此时客户和买方之间建立了一种角色关系。

由于业务交易实际上是最小单元,因此通过业务交易活动的单个业务交易的执行实际上也是最小单元。如果在语义上任务不是最小单元,则可以将其切分成多个交易。例如,如果需要对一个请求规定多个部分接受,则该请求应规定为二元协同中的一个交易,并且把这些部分接受规定为独立的交易。

CPP/CPA 规范允许参与方商定一个 CPA 来处理业务。CPA 可以将自身与一个具体的二元协同相关联。因此,两个参与方之间执行的所有业务交易应该通过二元协同中的业务交易活动来引用。

5.12.4.2 语法示例

下面给出了按上述定义的一个业务交易的简单二元协同。

```
<BinaryCollaboration
  name="Firm Order"
  nameID="122A38D93"
  initiatingRoleIDREF="122A38DA3"
  timeToPerform="P1D">
  <Role
    name="buyer"
    nameID="122A38DA3"/>
  <Role
    name="seller"
    nameID="122A38DA5"/>
  <Start
    toBusinessState="Place Order"
    toBusinessStateIDREF="122A39C23" />
  <BusinessTransactionActivity
    name="Place Order"
    nameID="122A39C23"
    businessTransaction="Create Order"
    businessTransactionIDREF="122A3DD33"
```

fromRole="buyer"
fromRoleIDREF="122A38DA3"
toRole="seller"
toRoleIDREF="122A38DA5"
isConcurrent="true"
isLegallyBinding="false"
timeToPerform="P2H"/>
<Failure
fromBusinessState="Place Order"
fromBusinessStateIDREF="122A39C23"
conditionGuard="AnyProtocolFailure"/>
<Success
fromBusinessState="Place Order"
fromBusinessStateIDREF="122A39C23"
conditionGuard="BusinessSuccess | BusinessFailure"/>
</BinaryCollaboration>

5.12.5 多元协同的描述

图 13 给出了多元协同的元模型。

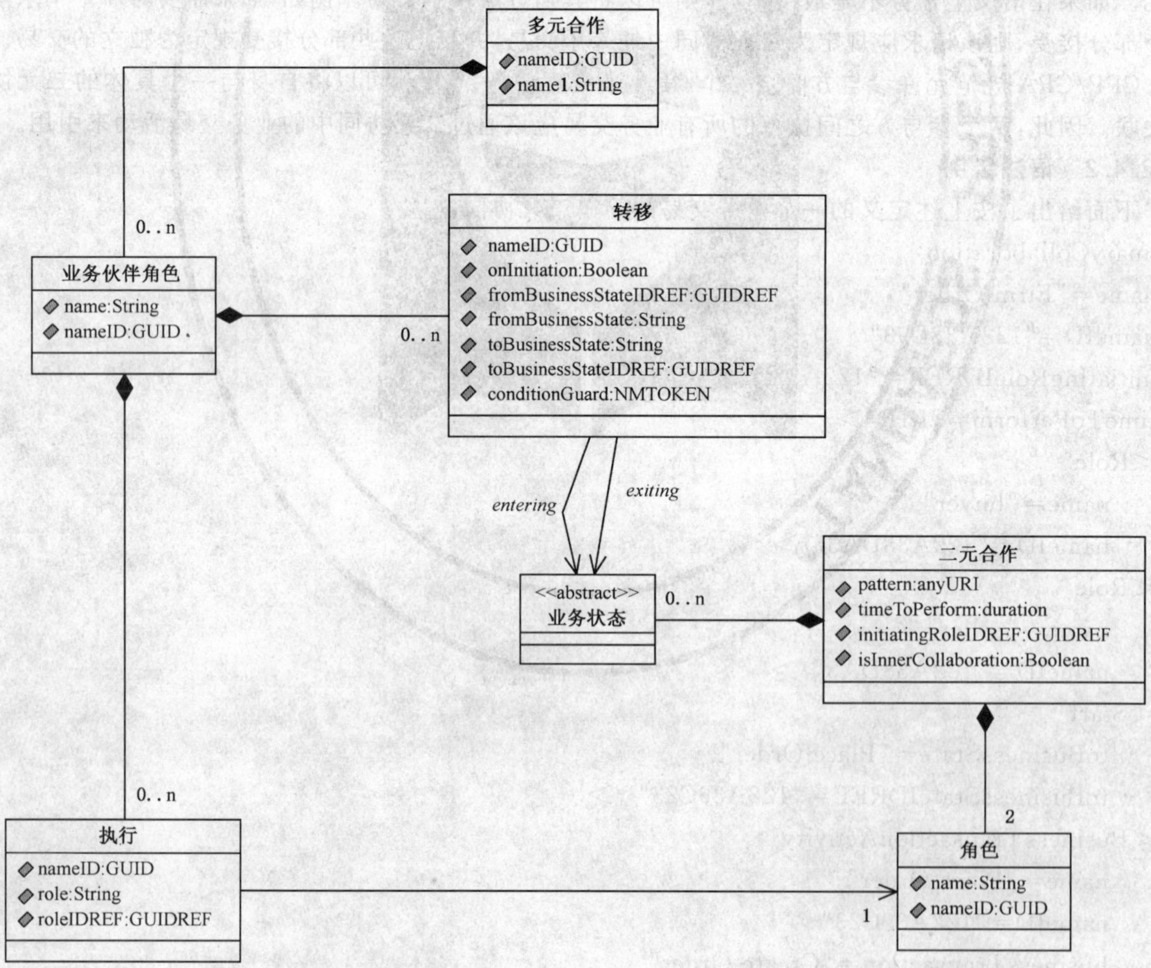

图 13 多元协同的 UML 类图

5.12.5.1 多元协同的主要语义

多元协同规定为二元协同的综合。

多元协同定义为一系列“业务伙伴角色”。

每个业务伙伴角色执行几个二元协同中的一个或多个角色。应注意，该二元协同和角色之间有导航关系，这意味着“Perform(执行)”元素唯一标识了一个二元协同以及其中的一个角色。经常会出现一个业务伙伴(角色)在多元协同中扮演几个角色的情况。例如，一个中间商角色在涉及客户(买方)、中间商(买方、卖方)以及制造商(卖方)的订购协同中扮演了买方和卖方两个角色。

业务伙伴角色和具体二元协同中特定角色之间的关联由“Perform”元素来规定，并且该关联将多个二元协同集成为多元协同。

每对贸易伙伴可以遵循一个或多个明确的 CPA。

在多元协同中，可以把业务交易活动之间的转移编排在不同的二元协同中，详见 5.12.6。

5.12.5.2 语法示例

下面给出了涉及三个参与方(请求方、中介、提供方)的一个简单多元协同，这些参与方执行了“发送方”和“接收方”角色。这里 B 看作是中介。在这些参与方之间执行的二元协同相同:其中一个二元协同在请求方和中介之间，另一个二元协同在中介和提供方之间。此时，中介扮演了该二元协同中的两个角色。

```
<MultiPartyCollaboration name="DropShip">
    <BusinessPartnerRole name="Customer">
        <Performs role="requestor" roleIDREF="1122B1"/>
        <Performs role="buyer" roleIDREF="1122B2"/>
        <Transition
            fromBusinessState="Catalog Request"
            toBusinessState="Create Order"/>
    </BusinessPartnerRole>
    <BusinessPartnerRole name="Retailer">
        <Performs role="provider" roleIDREF="2211A1"/>
        <Performs role="seller" roleIDREF="1122B3"/>
        <Performs role="creditor" roleIDREF="9122B1"/>
        <Performs role="buyer" roleIDREF="1122B2"/>
        <Performs role="payee" roleIDREF="6122B1"/>
        <Performs role="requestor" roleIDREF="1122B1"/>
        <Transition
            fromBusinessState="Create Order"
            toBusinessState="Check Credit"/>
        <Transition
            fromBusinessState="Check Credit"
            toBusinessState="Credit Payment"/>
    </BusinessPartnerRole>
    <BusinessPartnerRole name="DropShip Vendor">
    <Performs role="seller" roleIDREF="1122B3"/>
    <Performs role="payee" roleIDREF="6122B1"/>
    <Performs role="creditor" roleIDREF="9122B1"/>
    <Performs role="provider" roleIDREF="2211A1"/>
    </BusinessPartnerRole>
```

<BusinessPartnerRole name="Credit Authority">

<Performs role="credit service" roleIDef="8122B1"/>

<Performs role="payor" roleIDREF="7122B1"/>

</BusinessPartnerRole>

</MultiPartyCollaboration>

应注意角色值把对应的二元协同和多元协同相联接。

5.12.6 编排的描述

图 14 给出了编排的元模型。

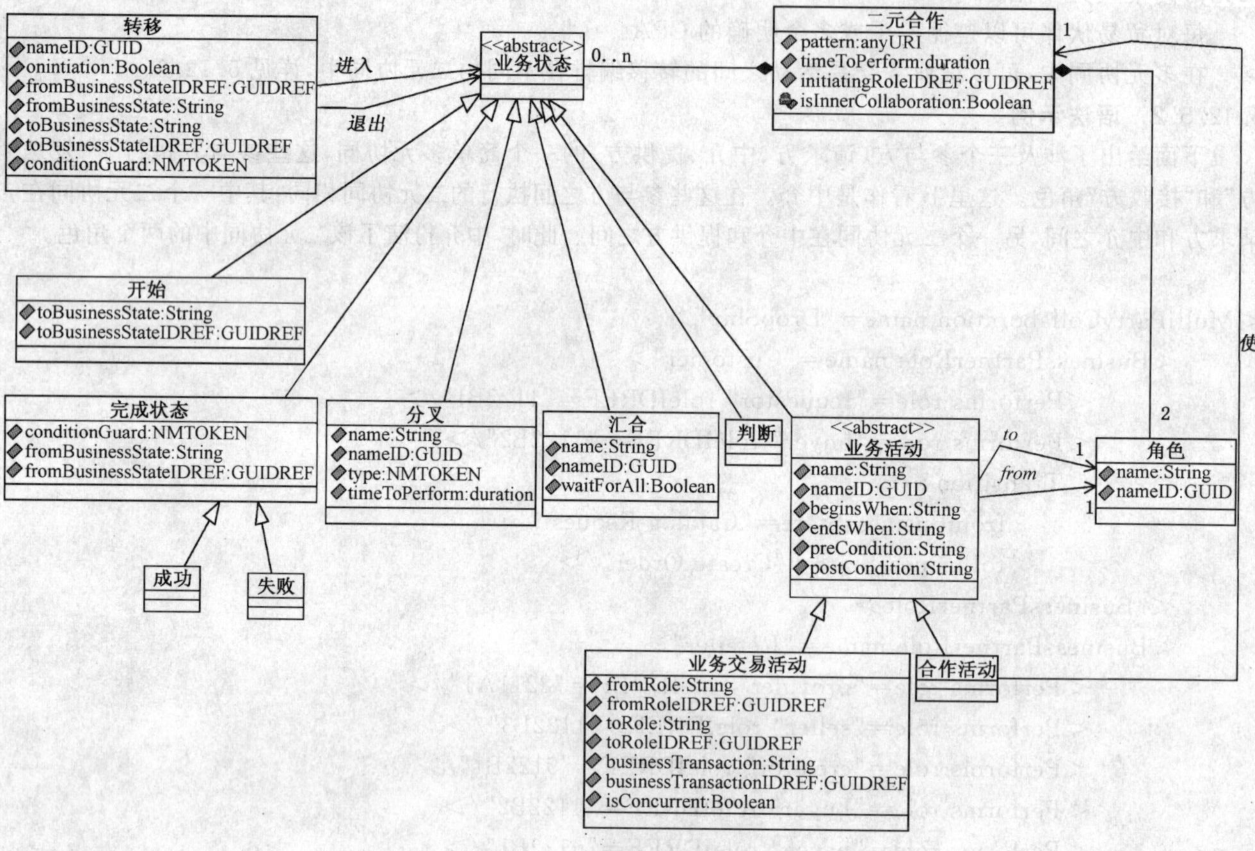

图 14 编排的 UML 类图

5.12.6.1 编排的主要语义

编排是二元协同中业务活动的顺序。编排的目的是规定在任一时间点应发生哪个业务交易活动和/或协同活动。因此,编排和业务交易协议可以明确定义在任一时间点任一参与方希望获得的消息(文档信封或信号)。

编排是通过业务状态和这些业务状态间的转移来规定。当该业务状态是业务活动时,转移在业务活动结束状态和下一个业务活动的开始状态之间发生。当转移生效时,并不意味着目标业务活动立刻开始。相反,它意味着只要在二元协同的 timeToPerform(执行时间)内该业务活动是"活动的",并且发起方可以在任何适当的时候发送请求。

业务活动是一种抽象的业务状态。业务交易活动和协同活动作为业务活动的两个子类型,它们是具体的业务状态。业务协同可以认为是一个正在执行的、具体的业务活动。一旦业务活动完成,转移将从该业务活动导航到另一个业务活动或伪状态。消息应发起一个协同或推进其状态。

还有许多辅助的业务状态来帮助业务活动编排。这些状态包括开始状态、完成状态(可能成功或失败)、分叉状态、汇合状态和判断状态。它们都可以对应到 UML 活动图中的表示法,然而,它们的语义并不完全相同。如果分叉的 type 属性值为 XOR,则表示只能达到分叉的一个业务状态。一旦达到该业务状态(如,业务交易活动开始),则所有其他的业务状态立刻失效。如果分叉的 type 属性值为 OR,则意味着出自分叉的转移所指向的任意业务活动均可以发起。这些业务活动可以并行发生。应注意,规定出自分叉的转移条件表达式的顺序并不重要。只有业务交易活动请求到达的顺序,才需要考虑条件表达式的顺序。分叉有 timeToPerform 属性。当超出该时间间隔时,二元协同的状态将自动地转移到对应的汇合状态。该属性在业务活动为可选的情况下是有用的,例如,取消订单和变更订单业务交易活动可以定义为 Fork/Join(分叉/汇合)控制块的一部分。然而,大多数情况下,这些活动都不会发生。如果一对 Fork/Join 中任意一个业务交易活动没有达到完成状态,则 BSI 将产生相应的超时异常。作为一个良好的规则,分叉的 timeToPerform 不能少于任意一个业务活动的 timeToPerform。汇合的 waitForAll 属性指出所有进入汇合的转移应按顺序执行,以便使协同达到汇合的伪状态(AND-join),汇合的缺省状态为 AND-join。当该状态参数设置为否(False)时,则它是 OR-join。如果达到 OR-join 而业务活动没达到完成状态,则 BSI 将产生超时异常。分叉和汇合的语义可以理解为:例如可以定义分叉而不需要对应的汇合。此时,分叉不应使用 timeToPerform 属性。该属性只用于出自分叉的转移进入汇合的情况。

分　叉	汇　合	说　明
或(OR)	WaitforAll(true)	对 AND-fork 和 AND-Join 的行为建模
或(OR)	WaitforAll(false)	由于汇合发生在第一个转移达到汇合状态时,如果超时为空,应使用 XOR
异或(XOR)	WaitforAll(true)	禁止这类组合(将导致死锁)
异或(XOR)	WaitforAll(false)	在分叉和汇合之间只允许一条路径发生
timeToPerform>0	任意值	当达到 timeToPerform 属性值时,汇合发生

转移可以源于二元协同中的业务交易活动或协同活动,也可以源于多元协同中的二元协同。守卫能控制转移。守卫指的是发起转移的业务交易活动的状态。守卫值包括:ProtocolSuccess(协议成功)、AnyProtocolFailure(任意协议失败)、RequestReceiptFailure(请求接收失败)、RequestAcceptanceFailure(请求接受失败)、ResponseReceiptFailure(响应接收失败)、ResponseAcceptanceFailure(响应接受失败),SignalTimeOut(信号超时)、ResponseTimeOut(响应超时)、Failure(失败)、BusinessSuccess(业务成功)、BusinessFailure(业务失败)和 Success(成功)。转移还可以有一个 ConditionExpression(条件表达式)元素。ConditionExpression 元素有一个 expressionLanguage(表达式语言)属性,该属性规定了判定条件所采用的语言。本部分并不限制 BSI 可以支持的语言的类型和数量。然而,为了一致性,BSI 要求至少支持 Xpath 语言和 DocumentEnvelopeNotation(文档信封符号)。在当前二元协同实例中,Xpath 表达式可以包括在转移之前所接收的任意文档信封的内容。DocumentEnvelopeNotation 简单定义为文档信封的名称或 ID。

Success 或 Failure 元素表示了一个状态和到该状态的转移的聚合。象通常的转移一样,该转移可以由 conditionGuard(条件守卫)来守卫。通过最后的业务交易活动响应的业务文档类型或响应的内容,conditionGuard 指出二元协同以成功状态或失败状态结束。需要注意的是,协同的成功或失败并不会影响组成二元协同的单个业务交易活动的成功或失败。尤其是,当该协同以一个特定状态结束时,承诺的本质并不改变。协同的成功或失败确切地说是一个指示,可以被报告或遵照该指示来发起其他的协同。如果在协同中规定了几个完成状态,一旦达到其中一个完成状态,则业务协同运行实例的状态就此"结束"。设计者的责任是确保所有的完成状态相互独立,并且一旦达到其中某个状态,就没有进一步的业务活动。在这种情况下,应由 BSI 生成超时异常。

转移也可以用来创建嵌套的业务交易活动(BTA)。当转移从父 BTA 到嵌套的 BTA,并且该转移的 onInitiation 标记为"true"时,则嵌套的 BTA 可以进行。在这种情况下,只要接收到父交易中的请求,转移就可以进行,而无须等到该请求被适当(如果有)确认后再进行。此时,第二个活动在响应返回给初始请求者之前执行。本部分没有规定"返回"转移。如果要执行多个交易,则必须在一个协同活动中进行规定。只有嵌套的活动与一个异常相关联时,流出转移才能出现。如果活动正常终止,则控制线程传回给父活动。转移中的标记"onInitiation"正是用于此目的。嵌套的业务交易活动经常出现在多元协同中。从本质上讲,一个二元协同中的一个角色收到请求后,便转变为另一个二元协同中的请求者,然后再返回到第一个二元协同中并以响应者的身份返回响应。

IsConcurrent(是否可以同时发生)是控制交易流的参数。该参数与安全和计时参数不同,它并不控制交易的内部流,而是决定任意两个伙伴间执行的协同实例中的多个业务交易活动实例在运行阶段是否可以同时发生。因此,当 isConcurrent 设置为 false 时,每个参与方的 BSI 负责排列这些业务交易活动。

5.12.6.2 **语法示例**

下面是前面用过的一个二元协同,只不过在其结尾处增加了一个编排。在该协同的一个开始和两个可能的结果(成功或失败)之间存在一个转移。

```
<BinaryCollaboration
    name="Product Fullfillment"
    nameID="122A38D93"
    Role="233A38DA3"
    timeToPerform="P3D">
    <Role
        name="buyer"
        nameID="122A38DA3"/>
    <Role
        name="seller"
        nameID="122A38DA5"/>
    <Start
      toBusinessState="Create Order"
      toBusinessStateIDREF="122A39C23"/>
    <BusinessTransactionActivity
      name="Create Order"
      nameID="122A39C23"
      businessTransaction="Create Order"
      businessTransactionIDREF="122A39C24"
      fromRole="buyer"
      fromRoleIDREF="122A38DA3"
      toRole="dealer"
      toRoleIDREF="122A38DA5"
      isConcurrent="true" isLegallyBinding="false"
      timeToPerform="P1H"/>
    <BusinessTransactionActivity
      name="Notify Shipment"
      nameID="122A39CA3"
      businessTransaction="Notify Shipment"
      businessTransactionIDREF="122A39CA4"
      fromRole="seller"
      fromRoleIDREF="122A38DA3"
      toRole="buyer"
      toRoleIDREF="122A38DA3"
      isConcurrent="true" isLegallyBinding="false"
```

```
    timeToPerform="P2D"/>
  <Success
    fromBusinessState="Test Success"
    fromBusinessStateIDREF="54654B789"
    conditionGuard="Success"/>
  <Failure
    fromBusinessState="Test Success"
    fromBusinessStateIDREF="54654B789"
    conditionGuard="AnyProtocolFailure |
    BusinessFailure"/>
  <Failure
    fromBusinessState="Test Order Accepted"
    fromBusinessStateIDREF="54654B567"
    conditionGuard="AnyProtocolFailure | BusinessFailure">
        <ConditionExpression
            expressionLanguage= "DocumentEnvelopeNotation"
            conditionExpression= "Reject Order"/>
  </Failure>
  <Transition
      fromBusinessState="Test Order Accepted"
      fromBusinessStateIDREF="54654B567"
      toBusinessState="Notify Shipment"
      toBusinessStateIDREF="122A39CA3"
      conditionGuard="Success">
    <ConditionExpression expressionLanguage="DocumentEnvelopeNotation"
                         conditionExpression="Accept Order"/>
  </Transition>
  <Transition
    fromBusinessState="Create Order"
    fromBusinessStateIDREF="122A39CA3"
    toBusinessState="Test Order Accepted"
    toBusinessStateIDREF="54654B789"/>
  <Transition
    fromBusinessState=" Notify Shipment "
    fromBusinessStateIDREF="122A39CA3"
    toBusinessState="Test Success"
    toBusinessStateIDREF="54654B789"/>
  <Decision
    name="Test Success"
    nameID="54654B789"/>
  <Decision
    name="Test Order Accepted"
    nameID="54654B567"/>
</BinaryCollaboration>
```

应注意，该二元协同的所有完成状态都是相互独立的。

带条件表达式的转移还可以用 XPath 判定条件来表示。

```
<Transition
      onInitiation="false"
      fromBusinessState="Update Repair Order"
      fromBusinessStateIDREF="122A39CA3"
      toBusinessState="Process Repair Order
      toBusinessStateIDREF="122A39C23"
      conditionGuard="Success">
      <ConditionExpression
            expressionLanguage="XPath 1.0"
            conditionExpression="//POAck[@status='Reject']"/>
</Transition>
```

类似地，转移可以在一个多元协同中的不同业务活动之间定义。

```
<MultiPartyCollaboration name="DropShip">
      <BusinessPartnerRole name="Customer">
            <Performs role="requestor" roleIDREF="1122B1"/>
            <Performs role="buyer" roleIDREF="1122B2"/>
            <Transition
                  fromBusinessState="Catalog Request"
                  toBusinessState="Create Order"/>
      </BusinessPartnerRole>
      <BusinessPartnerRole name="Retailer">
            <Performs role="provider" roleIDREF="2211A1"/>
            <Performs role="seller" roleIDREF="1122B3"/>
            <Performs role="creditor" roleIDREF="9122B1"/>
            <Performs role="buyer" roleIDREF="1122B2"/>
            <Performs role="payee" roleIDREF="6122B1"/>
            <Performs role="requestor" roleIDREF="1122B1"/>
            <Transition
                fromBusinessState="Create Order"
                toBusinessState="Check Credit"/>
            <Transition
                fromBusinessState="Check Credit"
                toBusinessState="Credit Payment"/>
      </BusinessPartnerRole>
      <BusinessPartnerRole name="DropShip Vendor">
            <Performs role="seller" roleIDREF="1122B3"/>
            <Performs role="payee" roleIDREF="6122B1"/>
            <Performs role="creditor" roleIDREF="9122B1"/>
            <Performs role="provider" roleIDREF="2211A1"/>
      </BusinessPartnerRole>
      <BusinessPartnerRole name="Credit Authority">
            <Performs role="credit service"
                        roleIDREF="8122B1"/>
            <Performs role="payor" roleIDREF="7122B1"/>
      </BusinessPartnerRole>
</MultiPartyCollaboration>
```

5.12.7 总体模型

图 15 给出了用 UML 类图表示的 ebXML BPSS 的完整模型。

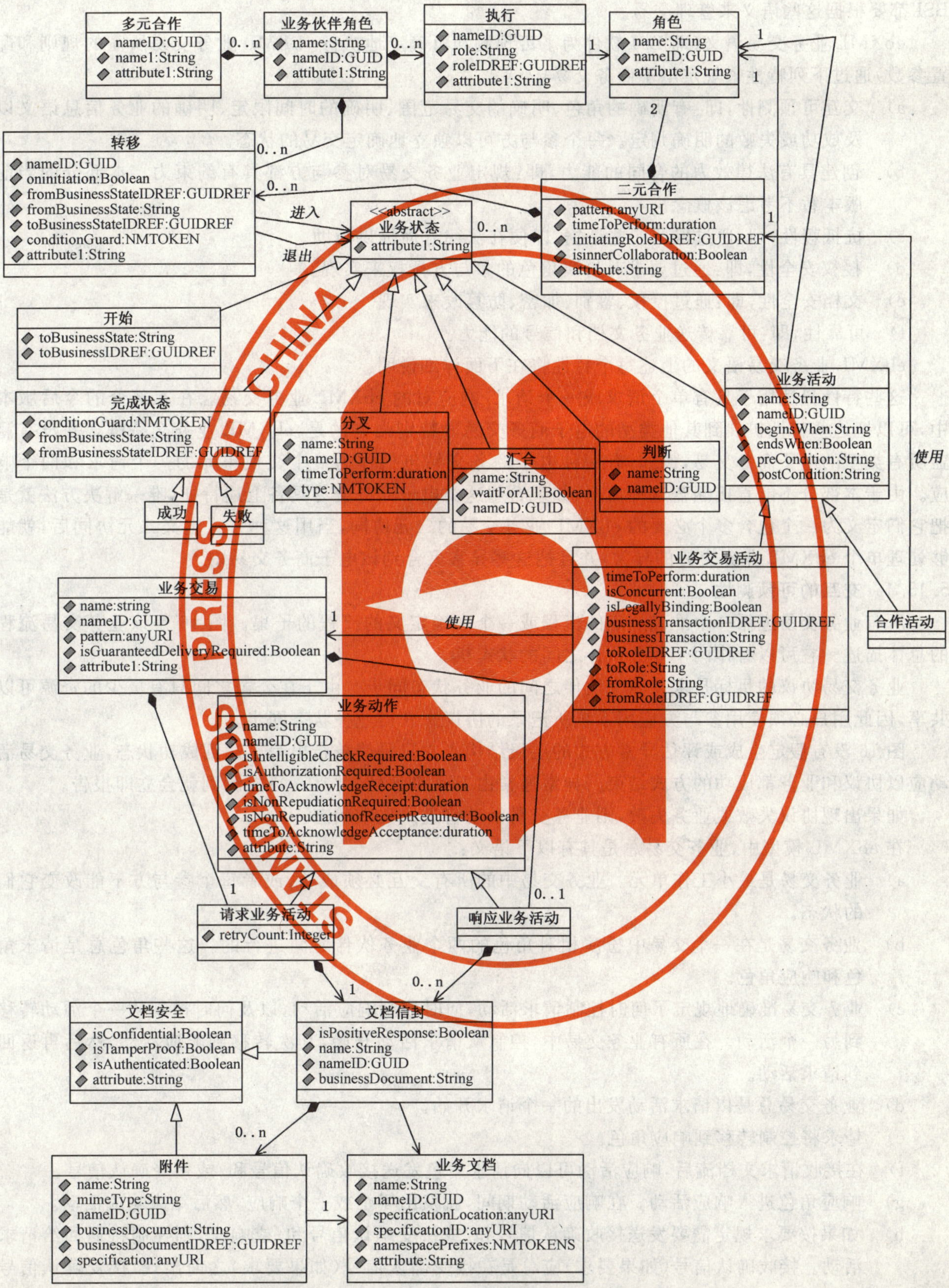

图 15 ebXML BPSS 完整的 UML 模型

5.13 核心业务交易语义

对于可预测和可实施的商务来说，ebXML 业务交易的概念及其蕴涵的语义非常重要。因为任一 BSI 都要根据这些语义来管理交易。

ebXML 业务交易语义(即 BSI 软件为了可预测和可确定地执行 ebXML 业务交易所需的规则和配置参数)通过下列特性来规定电子商务交易：

a) 交互可预测性，即：有明确的角色、明确的交易范围、明确的时间限定、明确的业务信息语义以及成功或失败的明确判定。每个参与方可以独立地确定交易的状态。

b) 创建具有法律效力的合同的能力，即：规定业务交易对参与方都具有约束力。本部分的当前版本暂不考虑该概念。

c) 抗抵赖性，即：通过保留一些证据，以便在法律方面提供帮助。

d) 授权安全性，即：通过要求对扮演角色的参与方授权来实现。

e) 文档安全性，即：通过授权、鉴别、加密、防篡改来实现。

f) 可靠性，即：可靠传送业务文档和信号的能力。

ebXML 业务交易语义的上述每个特性将在下面详细说明。

这些特性只适用于具有单个请求或一个请求/响应对的 ebXML 业务交易。在本部分的今后版本中，可以把这些特性扩展到其他类型的电子商务交易。特别强调的是，ebXML 业务交易概念并没有涵盖所有类型的电子商务交易，例如，有一种电子商务交易包括作为一个交换单元的一个请求和两个响应。由于本部分不能直接涵盖这种情况，如果希望这类电子商务交易具备上述特征，唯一解决方法就是把它们定义为一个包含多个必要的 ebXML 业务交易的二元协同，当用这种方式定义二元协同后，就能够处理单个 ebXML 业务交易的异常，并且把这些异常聚合到该电子商务交易中。

5.13.1 交互的可预测性

所有业务交易遵循一个准确规定的流程或一个准确定义的流程的子集。图 16 是该业务交易流程的总体描述。它可以看作两个业务伙伴之间的状态机。

业务交易协议的目标是保持两个伙伴之间的业务状态同步。由于在公司之间只有极少的资源可以共享，因此用户必须使用参与方应用系统所记录的协议来获得业务状态同步。

图 16 没有假定生成或评估异常方式的层级结构。它只是简单指出为了达到成功状态，业务交易活动应以协议和业务都成功的方式结束。异常通常由 BSI 来评估，并且一旦检测到就会立即报告。

如果出现协议失败或业务失败，则业务交易活动将进入失败状态。

在 ebXML 模型中，业务交易总是具有以下语义：

a) 业务交易是最小工作单元。业务交易中的所有交互必须成功，或者每个参与方不能改变它们的状态。

b) 业务交易是在一个交易中扮演相对角色的两个业务伙伴之间进行的。这些角色总是请求角色和响应角色。

c) 业务交易准确地规定了何时控制请求活动，何时控制响应活动，以及何时控制从一个活动转移到另一个活动。在所有业务交易中，控制从请求活动开始，其次转移到响应活动，然后再返回到请求活动。

d) 业务交易总是以请求活动发出的一个请求开始。

e) 请求将控制转移到响应角色。

f) 在接收请求文档流后，响应活动可以向请求角色发送接收确认信号和/或接受确认信号。

g) 响应角色进入响应活动。在响应活动期间，就发出零个或一个响应，然后结束响应活动。

h) 如果按要求规定需要发送接收确认信号和/或接受确认信号和/或响应，则控制将返回给请求活动。接收确认信号(如果要求)应总是在接受确认信号(如果要求)之前出现，接受确认信号也应总是在响应(如果要求)之前出现。在上述三者中所要求的最后一个发出后，控制返回给

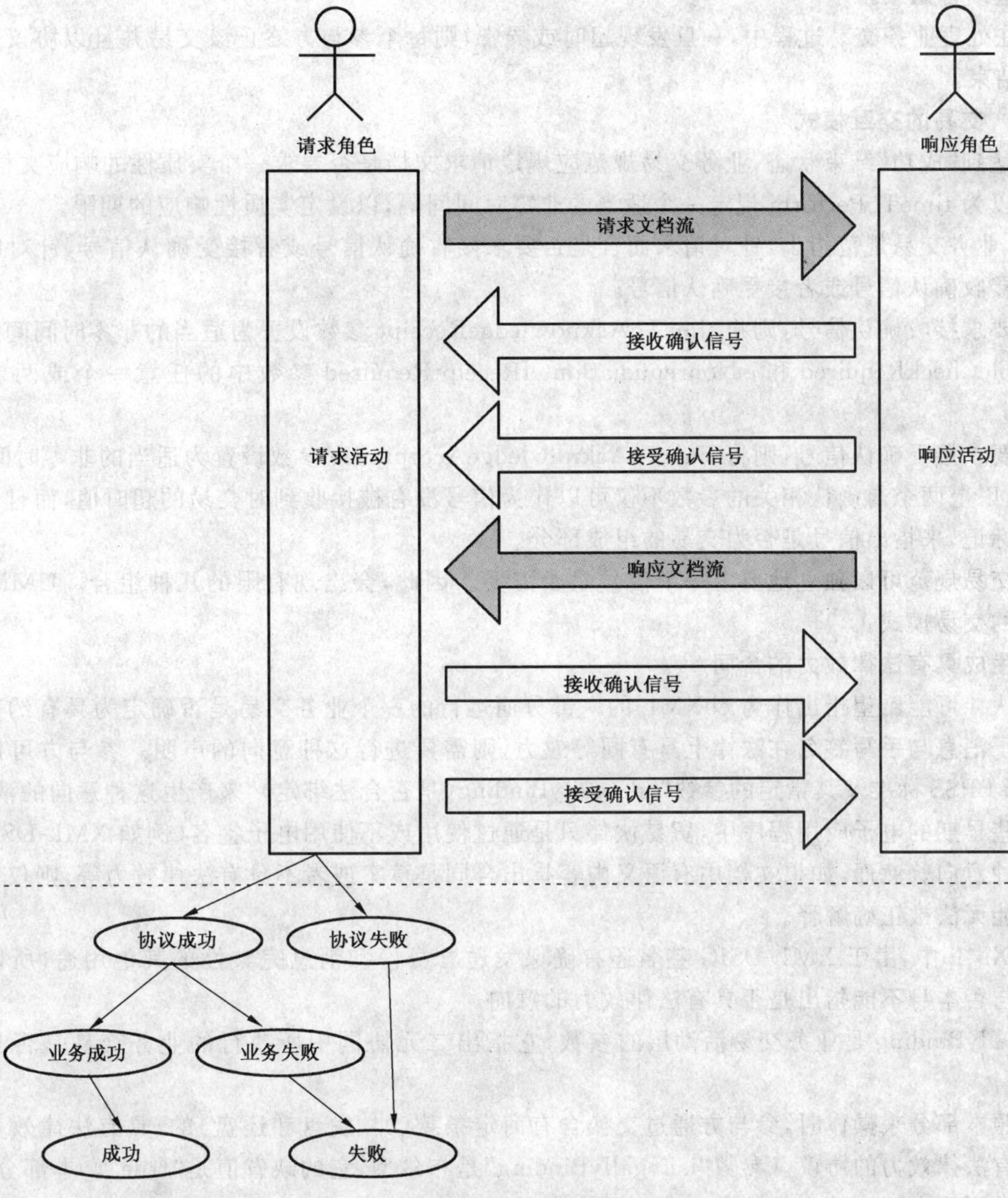

图 16　核心业务交易语义的示意图

请求活动。如果一个都没有要求，则控制仍保留在响应活动。

i) 所有业务交易或者成功或者失败。成功或者失败取决于：

1) 请求、响应和/或接收确认信号以及接受确认信号是否成功传输；

2) 是否出现超时；

3) 是否出现异常，由否定接收确认信号或否定接受确认信号指出；

4) 确定业务失败或业务成功通过检验响应文档在设计阶段是否将 isPositiveResponse 规定为 false。

j) 如果使用可靠消息传输，并使用了请求和响应的接受确认信号，两个参与方就都能确定交易的成功或失败。一旦确定了成功或者失败，业务交易对双方来说都已结束。如果不使用可靠消息传输，则不能保证状态一致性，因此，可能会出现一个参与方认为交易成功而另一个参与方却认为交易失败的情况。

k) 一旦接收到响应，请求活动就可以给响应角色发送接收确认信号和/或接受确认信号。该操作没有把控制传回给响应活动。如果请求角色在出现超时后还发送该信号，则交易被认为是空或者无效。

l) 在处理业务交易过程中，一旦发现超时或异常，则每个参与方终止该交易并且以协议失败状态结束。

5.13.1.1 交易的交互模式

为了达到"成功"结束状态，业务交易规范应规定请求文档是否要求一个实质性的响应文档。另外，该交易可以为 timeToPerform 规定一个适当的非零时间间隔，以设定实质性响应的期限。

此外，业务交易规范指出，针对请求而言是否要求接收确认信号或者接受确认信号，针对响应而言是否要求接收确认信号或者接受确认信号。

如果要求接收确认信号，则将 timeToAcknowledgeReceipt 参数设置为适当的非零时间间隔，此时，isIntelligibleCheckRequired 和 isNonrepudiationOfReceiptRequired 参数中的任意一个或两者设置为"Yes"。

如果要求接受确认信号，则将 timeToAcknowledgeAcceptance 参数设置为适当的非零时间间隔。

因此，以上两个与确认相关的参数不仅可以作为信号没有被接收到时交易的超时值，而且还可以作为布尔型标记，来指出信号是否为交易的组成部分。

业务交易规范可以独立地要求每个信号是否需要。因此，会出现有限的几种组合。UMM 给出了当前定义的交易模式。

5.13.2 生成具有法律效力的合同

贸易伙伴可能希望指出作为 ebXML 的一部分而运行的一个业务交易是否确定为具有约束力。如果要使电子消息与手写签名在法律上具有同等效力，则需要进行这种意向的声明。参与方可以通过采用 ebXML BPSS 标准及其指定的参数"isLegallyBinding(是否合法绑定)"来产生这种意向的清晰证据。

在一些早期的电子应用程序中，贸易伙伴只是通过使用或不使用电子签名(例如 XML-DSIG 标准)来表达这种意向。然而，如果文档中有语义内容指出合同是草案或者不具有法律效力等，则仅依靠签名的文档可能无法被正确解释。

在 ebXML 中，由于 XML-DSIG 签名还有确保发送方身份和消息完整性的其他用途，所以电子签名的存在与否本身不能指出是否具有法律效力的意向。

isLegallyBinding 是业务交易活动层的参数，它指出二元协同中所执行的业务交易是否具有法律效力。

当按照本部分来操作时，参与方通过交换含有商定条款(如，发盘和还盘)的、具有法律效力的消息来形成具有法律效力的协议。参数"isLegallyBinding"是布尔型，它的缺省值是"true"。本部分规定：表达业务活动不具有法律效力的的唯一方法是将交易活动中的"isLegallyBinding"参数值设置为"false"。同 EDI 一样，除非特别指出，否则 ebXML 标准假定贸易伙伴希望业务交易具有法律效力。

除了上述情况以外，由于种种原因，参与方希望进行不具有法律效力的交易，比如测试，以及为了达成一致的条款而进行的非承诺性的发盘/还盘交换。当使用纸面文件时，参与方经常不进行手工签名或加盖"草案"章。在 ebXML 中，贸易伙伴可以通过"isLegallyBinding"参数达到同样的效果。参见 ebXML 电子商务模式中给出的简单协商模式。

5.13.3 抗抵赖性

贸易伙伴希望通过 ebXML 开展具有法律效力的业务交易。当一方将来企图对其发送的 ebXML 业务文档和消息进行抵赖时，另一方可以使用抗抵赖性协议来生成一些文件，这些文件有助于在法庭上强制对方履行契约义务。

抵赖通常指贸易伙伴在事后争辩其未曾同意过此交易。该贸易伙伴在争辩时可能声称：他没有发送过应答文档，或者应答文档不是其发送，或在形成协议过程中应答文档没有被正确解释(根据适用的标准或贸易伙伴之间的业务规则)。

本部分有两种可供使用的抗抵赖协议。每种协议通过生成或获取一些东西来给用户提供某种程度上的附加证据保护，这些东西在以后发生抵赖产生争议时将有所帮助。但是两种协议没有一种是绝对可靠的。正如签署纸质协议那样，贸易伙伴总是能够提出各种各样的争辩，不承认一些显而易见的条款。这些协议只是使得抵赖更为困难些。

第一种协议要求每个参与方各自将交易中其发送的所有业务文档和文档信封以接收方接收到的形式予以保存(例如，当它们在接收时是加密的形式，则以加密的形式保存它们)，即：请求方保存其发送的请求，响应方保存其发送的响应。这种协议要求在请求活动或响应活动中使用 isNonRepudiationRequired 参数。这在逻辑上等同于要求另一个贸易伙伴保留其审计追踪。然而，如果不遵守上述要求，既无法在运行阶段被检测到，也不会影响"成功"或"失败"结束状态。这种要求仅与 UMM 中的业务动作概念相关。

另一种协议要求业务文档的接收方发送一个签名收据，该签名收据然后由初始发送方保存。这种协议要求请求业务活动和响应业务活动中使用 isNonRepudiationOfReceiptRequired 参数。

由于 NonRepudiationOfReceipt(接收的抗抵赖性)要求 ReceiptAcknolowledgement(接收确认)是数字签名的，所以它们相互关联。因此，如果不要求 ReceiptAcknowledgement，则 NonRepudiationOfReceipt 是没有意义的。如果不遵守 NonRepudiationOfReceipt，则在运行阶段可以被检测到，并且将导致"失败"结束状态。如果请求消息中要求 timeToAcknowledgeReceipt，并且 NonRepudiationOfReceipt 为真，则在所要求的超时期限内必须收到一个数字签名的收据。因此，如果在 timeToAcknowledgeReceipt内没有发送一个签名的收据，将导致交易无效。

5.13.4 授权安全

每个请求或者响应可以由与业务伙伴相关的个人、代表或自动化系统来发送。贸易伙伴可以具有多个 ebXML 业务服务接口以代表不同的授权层。在这种情况下，对于企业可以选择哪些接口和授权人作为它们的代表，参与方可以建立有关规则。

为了调用这些规则，参与方可以对请求活动和/或响应活动规定 isAuthorizationRequired，一旦该属性为真，只有参与方能够把该活动的[角色]声称的身份与该参与方先前给出的一系列允许值相匹配，该活动才能被认为是有效的。

因此，IsAuthorizationRequired 在请求活动和响应活动中进行规定。

该概念在本部分中不予以考虑。其规范可以在将来版本中变更，目前对于符合 ebXML BPSS1.1 的 BSI 基础设施来说它并不是必需的。在本部分中，BSI 无法规定通过应用程序或系统来发起一个业务交易(即发送一个请求)，并且该应用程序或系统也没有被授权那么做。

5.13.5 文档安全性

文档信封中的 IsConfidential(是否机密)、isTamperDetectable(是否可检测出篡改)、isAuthenticated(是否鉴别)的值通常适用于主业务文档。它们还适用于每个附件，除非附件层上另有明确规定。这些参数有四个可能的值：没有(none)、瞬时(transient)、永久(persistent)以及瞬时和永久(transient-and-persistent)。

瞬时鉴别由传输消息的通信信道提供，具体方法由所使用的通信协议来决定。

永久鉴别意味着业务文档签发人的身份应在接收应用程序层被验证。

瞬时机密性由安全网络协议提供，如，在两个相邻的 MSH 节点之间传输文档的 SSL 协议。

永久机密性是为了保持消息的机密性，以便只有预期参与方(应用程序)能阅读它。消息在发送到另一个 MSH 节点后仍然是加密形式，并且只能由授权的应用程序解密。可以使用 S/MIME 来实现永久机密性的功能(与瞬时机密性无关)。

isTamperDetectable 属性的值为瞬时时，则表示有能力检测出信息在两个相邻 MSH 节点之间的传输过程中是否被篡改。

isTamperDetectable 属性的值为永久时，则表示有能力检测出信息由 MSH 接收后，并在 MSH 和应用程序之间传输过程中是否被篡改。

5.13.6 **可靠性**

业务交易层的 IsGuaranteedDeliveryRequired(是否要求可靠传输)参数说明是否要求对交易的业务文档进行可靠传输。

该参数相当于一个声明,要求贸易伙伴必须使用能够提供可靠传输的传输信道,来发送交易中的业务文档。

5.13.7 **CPP/CPA 所需的参数**

本部分给出了规定安全性和可靠性方面的参数,并以通用业务术语形式给出了这些参数。

这些参数对业务过程是通用参数,而对于 ebXML 实施而言,这些参数特别用来指导 CPP/CPA,以便要求 BSI 和/或传输信道具备特定服务级别的能力。

在 CPP/CPA 中,这些参数分为两类。第一类参数用来选择传输信道中传输方法和技术所要求的安全性和可靠性参数。上述的文档安全性和可靠性是选择传输信道的决定因素。

另一类参数用来选择 BSI 本身服务级别或能力,以便支持下面列出的运行阶段业务交易语义。

5.14 **运行阶段业务交易语义**

对于可预测和可实施的商务来说,ebXML 业务交易的概念及其蕴涵的语义非常重要。因为任一 BSI 都要根据这些语义来管理交易。

因此,BSI 或执行 ebXML 协同中一个角色的任何软件应至少能够支持下列交易语义:

a) 检测交易开始。

b) 检测控制转移。

c) 检测交易成功完成:

使用表示为模式定义的业务规则,并使用 isPositiveResponse 属性来判定成功。

d) 检测交易失败:

1) 检测超时;

2) 检测协议异常;

3) 验证接收到的响应,并确定 isPositiveResponse 是否为 false。

ebXML 没有规定如何实施这些交易语义,但是任何 BSI 都应在运行阶段支持这些基本交易语义。如果任意一个参与方不能提供全部的支持,则这些要求可以放宽至用 CPP/CPA 中的参数来替代。

下面章节说明了失败的两个原因:超时和异常。当任一种情况发生时,两个角色有责任退出交易。如果原来的协同中已设计了适当的修正交易,则在退出交易之后可以通过执行修正交易来达到一个完成状态。退出交易时,两个角色的责任稍有不同,并将在下面章节进行描述。通常地,如果请求角色或响应角色遇到超时以外的失败,则向另一角色发送异常信号,并且双方都退出当前交易。

5.14.1 **超时**

由于所有业务交易必须有一个明确的时间期限,因此针对响应和每个确认信号都应有超时参数。如果在对应的响应或信号到达之前出现超时,则交易无效。

以下是三种响应类型的超时参数:

所需的响应	参数名称和超时的含义
接收确认	接收确认时间(timeToAcknowledgeReceipt)
	响应角色或请求角色必须在此时间内确认收到业务文档
接受确认(非实质性的)	接受确认时间(timeToAcknowledgeAcceptance)
	响应角色或请求角色必须在此时间内对业务文档进行非实质性的接受确认
实质性的响应	执行时间(TimeToPerform)
	发送请求之后到发送实质性响应之前的最大时间间隔

应注意，接受确认信号经常称为请求的“非实质性的”响应。

如果请求方或响应方对其请求或响应的业务文档希望返回业务信号，则必须规定超时参数。请求方不能一直处于无限的等待状态。

每个超时参数的值是独立的，即彼此之间不相关联。当发出初始请求业务文档时，所有计时器开始计时。计时器的值必须符合已有的规则。

BSI应符合上述参数以便检测可能的超时。为了保证业务交易的最小语义，请求角色和响应角色基于超时采取不同措施。

如果发生超时，则响应伙伴立即终止业务交易。这样就防止了响应业务交易无限期地挂起。

因此，业务交易活动完成的所有时间是timeToPerform加上响应的timeToAcknowledgeReceipt和响应的timeToAcknowledgeAcceptance。另外，timeToPerform必须大于请求的timeToAcknowledgeReceipt和请求的timeToAcknowledgeAccptance的时间之和。

5.14.2 协议异常

除超时之外，业务交易协议还给出了一系列协议异常，这些协议异常指出了在响应角色或者请求角色一方交易的业务处理是否出错。

5.14.2.1 接收确认异常

接收异常以信号方式指出业务交易管理中的错误情况。该业务信号返回到发起该请求的初始活动。当出现该异常时，必须终止业务交易。这些错误情况涉及消息交换的机制(诸如检查、验证、鉴别、授权)，并且直到消息接受前都会出现。通常，适用于消息的规则和约束仅涉及消息格式的规范性。

接收异常将终止业务交易。下面列出了一些接收异常的情况：

a) 语法异常。业务文档或者业务信号中出现无效的标点符号、词汇或者语法。

b) 授权异常。角色没有被授权参与业务交易活动。应注意，该异常只能由接收BSI识别。

c) 签名异常。当要求提供抗抵赖性时，却发现业务文档没有被签名。

d) 顺序异常。业务文档或者业务信号的顺序或类型不正确。

接收异常通常意味着当前消息不能交给应用程序处理。

5.14.2.2 接受确认异常

接受异常以信号方式指出业务活动中的错误情况。该业务信号返回给发起请求的起始角色。当出现该异常，必须终止业务交易。这些错误情况涉及消息交换的机制(诸如检查、验证、鉴别、授权)，并且直到消息接受前都会出现。通常地，适用于消息的规则和约束涉及消息元素的语义和请求本身的有效性。根据响应角色的业务规则，消息内容无效。

接受异常将终止业务交易，下面列出了一些接受确认异常情况：

a) 业务异常。违反了响应活动的业务规则。应用程序拒绝处理进来的业务文档，通常是因为业务文档违反一些预处理的业务规则。

b) 执行异常。无法执行所请求的业务动作。应用程序不可用。

通常地，接受确认异常表示处理应用程序(一般来说对另一个参与方是未知的)已接收了相应的业务文档但又不能对其进行处理。

业务交易用最小的和明确的术语来定义。它总是由请求角色发起，并且总是终止于请求角色。一旦接收到所要求的响应或信号，或出现超时，请求角色就能明确地确定业务交易的成功或失败。响应角色一旦遇到接受异常，就以信号形式把该异常情况返回给请求角色，然后终止该业务交易。

相反，请求角色一旦遇到接受异常，就以信号形式把该异常情况返回给响应角色，然后终止该业务交易。

5.14.2.3 BSI一致性

BSI应明确使用下列参数，以便产生特定的异常。请求角色和响应角色分别按下面所述采取不同的措施。

a） IsAuthorizationRequired（是否要求授权）

如果一个角色需要获得授权来请求一个业务动作或响应一个业务动作，则该角色必须对所交换的业务文档进行签名，接收角色必须验证该业务控制并批准授权人。如果请求角色未被授权来执行该业务活动，则响应角色必须发出授权异常（一种接收异常）。如果请求方未被授权来执行该响应业务活动，则发送方必须发送授权失败的通知。

b） IsNonRepudiationRequired（是否要求抗抵赖）

如果要求源和内容的抗抵赖性，则业务活动必须在贸易伙伴协议中双方商定的期限内以原始形式保存业务文档。如果发送方没有正确发送业务文档，则响应方必须发送一个接收异常信号。类似地，如果响应方没有正确发送业务文档，则请求方必须发送一个接收异常信号。

c） IsNonRepudiationOfReceiptRequired（是否要求接收抗抵赖）

两个伙伴商定要相互检查请求业务文档的接收，并且该接收必须是抗抵赖的。如果响应方没有正确发送经签名的接收，则请求方必须发送业务交易失败的通知（可能撤销契约性发盘）。关于接收抗抵赖性的进一步说明，可参见 ebXML 电子商务模式和简单协商模式。

接收的抗抵赖给出了用于下列所述审计控制的材料。

1） 验证响应角色身份（鉴别）：验证已接收到请求业务文档的响应角色（个人或组织）的身份。

2） 验证内容完整性：验证请求业务文档原始内容的完整性。

d） IsPositiveResponse（是否肯定响应）

值为 True 或 False 的一个表达式。如果为 True，则认为文档信封是对请求的肯定响应。如果此值为 False，则业务交易活动以业务失败方式结束。该参数值表明文档信封发送方对与文档信封相关的业务交易的意图，但它对接收方既不具有法律效力，也无法决定交易成功或失败。

5.14.3 业务交易活动状态的计算

图 17 给出了不同情况下业务交易活动成功或失败的计算。

转移的守卫条件的业务交易状态的枚举值如下：

a） ProtocolSuccess（协议成功）

b） AnyProtocolFailure（任意协议失败）

1） RequestReceiptFailure（请求接收失败）

2） RequestAcceptanceFailure（请求接受失败）

3） ResponseReceiptFailure（响应接收失败）

4） ResponseAcceptanceFailure（响应接受失败）

5） SignalTimeout（信号超时）

6） ResponseTimeout（响应超时）

c） BusinessSuccess（业务成功）（isPositiveResponse＝true 或没有 isPositiveResponse 属性）

d） BusinessFailure（业务失败）（isPositiveResponse＝false）

e） Success（成功）（协议和业务都成功）

f） Failure（失败）（协议失败或业务失败）

该图没有给出重试计数（retryCount）的语义。

在业务失败的情况下，从“协议”角度看交易是成功的，这就意味着双方的状态可以有效地保持同步。然而，响应的目的是对请求进行否定。正如前面提到的，这是在设计阶段已经商定的、对响应的选择性限定，但某些消息无法进行限定，即：消息既不是肯定的，也不是否定的。设计业务文档规范的方法可以从同一物理文档中定义两个“逻辑”文档，并且定义了一个在运行阶段由 BSI 计算的条件表达式。如果条件为 True 且 isPositiveResponse＝false，则根据业务文档内容，交易以业务失败形式结束。当然，isPositiveResponse＝false 否定的是整个文档，而不仅仅是文档中的特定字段值。

当设计每个业务交易活动时，要求它至少具有两个转移：一个是值为成功的守卫条件，另一个是值

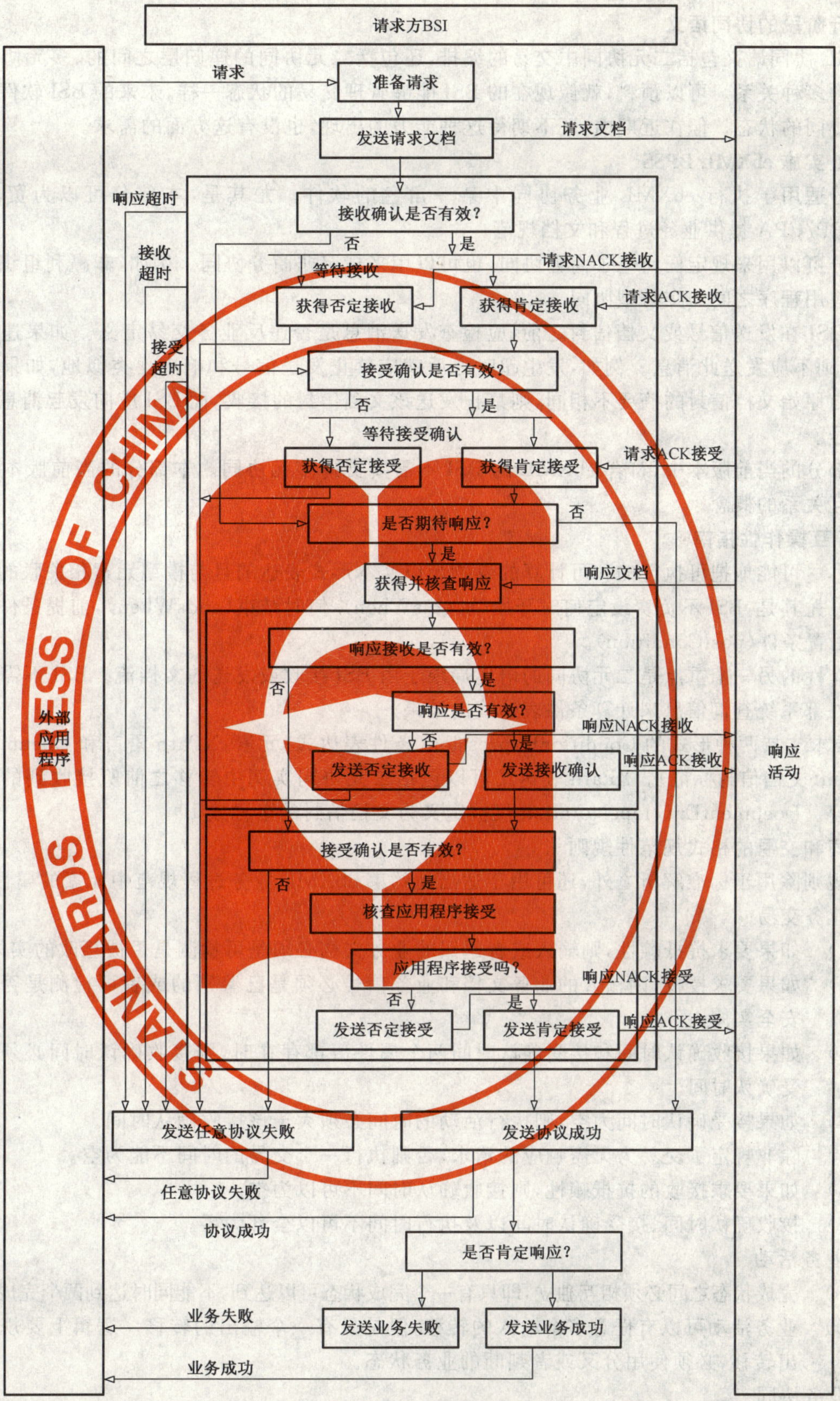

图 17　业务交易活动状态的计算

为失败的守卫条件。即使当遇到失败时转移要进入协同的失败状态,也要为交易设计这两个转移。

5.15 运行阶段的协同语义

ebXML 协同语义包括二元协同中交易的编排,还包括二元协同的递归层之间的、多元协同和二元协同之间的多种关系。可以预料,就像现在的 BSI 能够管理交易的状态一样,未来的 BSI 软件将能够监控和管理协同的状态。但在近期内,还不期待这种能力的出现,也没有这方面的需求。

5.16 何处实施 ebXML BPSS

本部分适用于执行 ebXML 业务协同中某一角色的软件。尤其是,本部分可以为贸易伙伴的 ebXML CPP/CPA 提供业务过程和文档规范。

本部分可以用来规定任何电子商务协同,也可以用来规定非商务协同。例如,非赢利组织之间或企业内部的应用程序之间的交易型协同。

每个 BSI 在发送信号或文档信封之前,应检查发送消息是否违反业务交易定义。如果违反了业务交易定义,则不应发送此消息。例如,发生超时之后就应禁止发送信号和响应。类似地,如果接收到的文档信封与原始文档信封的摘要不相同,则禁止发送该文档信封的接收,而 BSI 应向发起消息的 BSI 发送异常信号。

在本部分的当前版本中,符合 ebXML 的 BSI 不需要支持多元协同。本部分的当前版本也不支持语境和相互关系的概念。

5.17 BSI 互操作性指南

本版本尽可能地把可执行的和可计算的事物与以文本形式表达的且与模型元素相关联的通用表达式相区别。尤其是,BSI 不负责设定何时开始(beginsWhen),何时结束(endsWhen),前提条件(preCondition)和后置条件(postCondition)。

互操作性的另一个重点是二元协同的语境局限于由 BSI 接收或发送的文档流。BSI 不需要向其他的内部或外部系统查询信息来计算条件表达式的结果。

BSI 要求支持两种形式的 ConditionExpression(条件表达式)元素:XPath 语言和 DocumentEnvelopeNotation(文档信封标记)。XPath 表达式可以包括二元协同实例中转移之前所接收到的任意文档信封的内容。DocumentEnvelopeNotation 仅被定义为文档信封的名称或 ID。

5.18 协同和交易的格式规范性规则

下列规则除用于标准解析之外,还可用于适当地约束 ebXML 业务过程规范中元素的属性值。

a) 业务交易

   1) 如果要求抗抵赖性,则输入或者返回的业务文档必须是可检测是否被篡改的实体。

   2) 如果要求授权,则输入的业务文档和业务信号必须是已鉴别的或者可检测是否被篡改的安全实体。

   3) 如果接收确认时间和接受确认时间两个属性值都存在时,则接收确认时间必须是少于接受确认时间。

   4) 如果接受确认时间为空,则执行活动的时间必须大于该接收确认时间。

   5) 除非规定了交易为无需响应的请求,否则执行一个交易的时间不能为空。

   6) 如果要求接收的抗抵赖性,则接收确认时间不可以为空。

   7) 接收确认时间、接受确认时间以及执行时间不可以全部为零。

b) 业务活动

   8) 完成状态之间必须相互独立,即只有一个完成状态可以达到,不能同时达到两个完成状态。

   9) 业务活动可以有任意多个输入的转移,但是只有一个输出的转移。逻辑上要规定多个输出转移,必须使用分叉或者判断的业务状态。

c) 业务协同

   10) 在二元协同中最多只能有一个开始业务状态。

   11) 在二元协同中至少有一个完成状态。

12） 一个角色不可以扮演同一业务交易活动中的两个角色。

13） 业务协同中的两个角色必须不同。

6 ebXML 业务过程规范模式

本节描述了 BPSS 的 XML Schema 表示。

a） 附录 A 列出的业务过程规范的 XML 实例。

b） 6.1 节给出了所有元素的定义以及元素的父/子关系。

c） 6.2 节给出了与 BPSS 的 UML 表示中相应类与元素的对应关系。

d） 6.3 节给出了关于命名空间的规则和元素引用的规则。

6.1 模式文档

本节以文档形式描述了模式。该模式从 UML 模型衍生而来。6.2 节对 UML 类和 XML Schema 元素之间对应关系进行了描述。

targetNamespace：

http://www.untmg.org/downloads/General /approved/BPSS-v1pt10.xsd

Elements	Simple types
Attachment	GUID
AttributeSubstitution	GUIDREF
BinaryCollaboration	
BusinessDocument	
BusinessPartnerRole	
BusinessTransaction	
BusinessTransactionActivity	
CollaborationActivity	
ConditionExpression	
Decision	
Documentation	
DocumentEnvelope	
DocumentSubstitution	
Failure	
Fork	
Include	
Join	
MultiPartyCollaboration	
Namespace	
Namespaces	
Package	
Performs	
ProcessSpecification	
RequestingBusinessActivity	
RespondingBusinessActivity	
Start	
SubstitutionSet	
Success	
Transition	

6.1.1 Attachment 元素

图	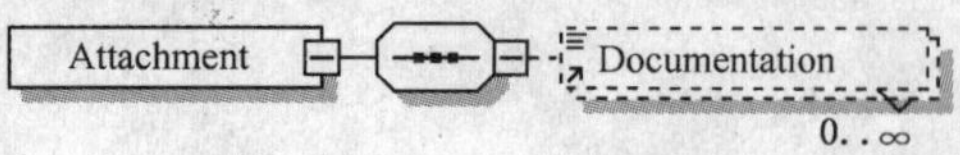				
命名空间	http://www.untmg.org/downloads/General/approved/BPSS-v1pt10.xsd				
说明	文档信封中业务文档的可选附件。 建议:使用 BusinessDocument+BusinessDocumentIDREF 属性或者使用 specification+mimeType 属性				
子元素	Documentation				
用于	DocumentEnvelope 元素				
属性	名称	类型	用法	缺省值	备注
	Name	xsd:string	必备型		定义附件的名称
	nameID	GUID			名称的 GUID 表示
	businessDocument	xsd:string	必备型		该属性可以定义附件的类型。如果它不是属于已定义的业务文档,则 mimeType 和 specification 属性应是其类型唯一的指示
	businessDocumentIDREF	GUIDREF			业务文档的 GUIDREF 表示
	specification	xsd:anyURI			引用该附件的外部定义
	mimeType	xsd:string	可选型		定义该附件的有效 MIME(多用途的网际邮件扩充协议)类型。如,application/pdf
	isAuthenticated	xsd:NMTOKEN			表明文档实体与数字证书有关。它给出了签名者身份的凭证(参见文档安全章节)
	isConfidential	xsd:NMTOKEN			表明信息实体被加密,防止未授权的参与方查阅信息(参见文档安全章节)
	isTamperProof	xsd:NMTOKEN			表明信息实体具有加密的消息摘要,该摘要可以用来核查消息是否被篡改。它需要与文档实体相关的数字签名(发送者的数字证书和加密的消息摘要)(参见文档安全章节)

源代码	<xsd:element name="Attachment"> <xsd:complexType> <xsd:sequence> <xsd:element ref="Documentation" minOccurs="0" maxOccurs="unbounded"/> </xsd:sequence> <xsd:attributeGroup ref="name"/> <xsd:attribute name="businessDocument" type="xsd:string" use="required"/> <xsd:attribute name="businessDocumentIDREF" type="GUIDREF"/> <xsd:attribute name="specification" type="xsd:anyURI"/> <xsd:attribute name="mimeType" type="xsd:string" use="optional"/> <xsd:attributeGroup ref="documentSecurity"/> </xsd:complexType> </xsd:element>

6.1.2 AttributeSubstitution 元素

图	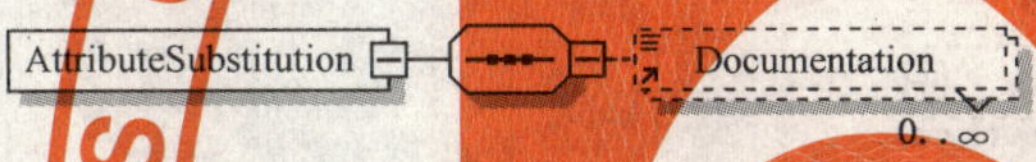				
命名空间	http://www.untmg.org/downloads/General/approved/BPSS-v1pt10.xsd				
说明	规定应使用一个属性值来代替现有的过程规范中的某些属性值				
子元素	Documentation				
用于	SubstitutionSet 元素				
属性	名称	类型	用法	缺省值	备注
	attributeName	xsd:string	必备型		被替代元素的属性名称
	value	xsd:string	必备型		替代该属性当前值的值
源代码	<xsd:element name="AttributeSubstitution"> <xsd:complexType> <xsd:sequence> <xsd:element ref="Documentation" minOccurs="0" maxOccurs="unbounded"/> </xsd:sequence> <xsd:attribute name="attributeName" type="xsd:string" use="required"/> <xsd:attribute name="value" type="xsd:string" use="required"/> </xsd:complexType> </xsd:element>				

6.1.3 BinaryCollaboration 元素

<table>
<tr><td>图</td><td colspan="5">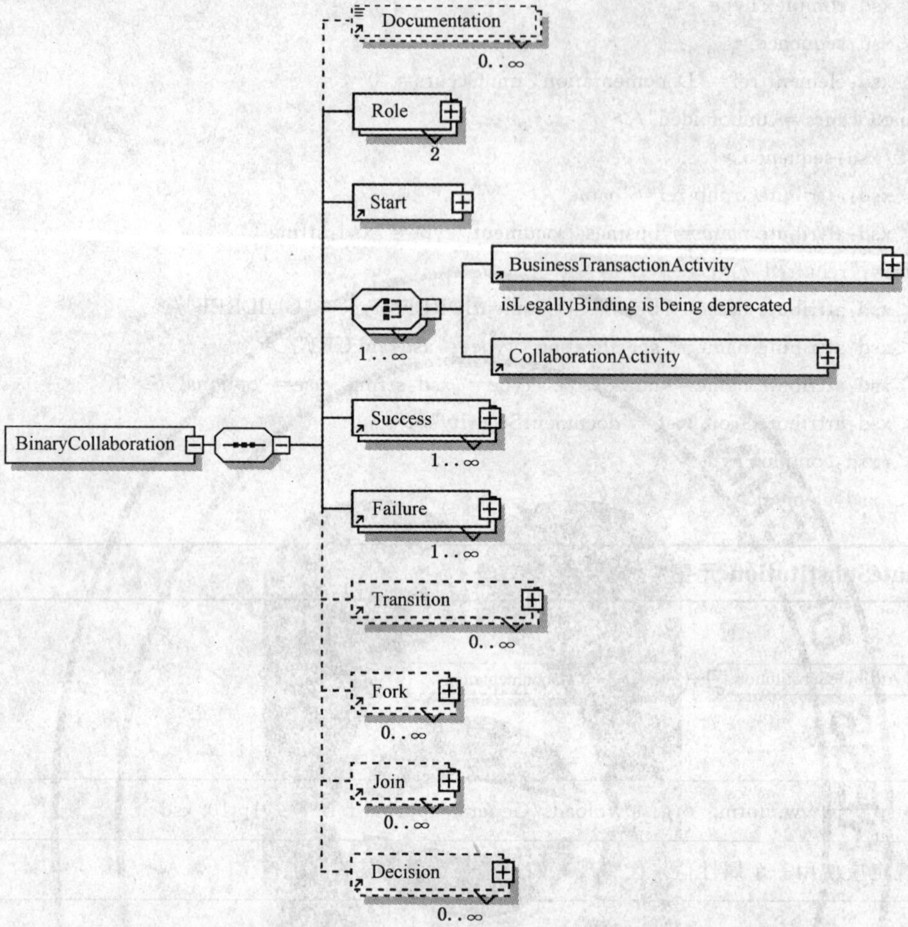
</td></tr>
<tr><td>命名空间</td><td colspan="5">http://www. untmg. org/downloads/General/approved/BPSS-v1pt10. xsd</td></tr>
<tr><td>说明</td><td colspan="5">定义两个角色之间交互的协议。一个角色必须是发起角色，另一个角色必须是响应角色。二元协同是协同角色之间状态的编排集合。执行业务交易的活动或执行其他协同的活动都是一种状态。二元协同编排两个角色之间的一个或多个业务交易活动。二元协同不是最小的交易。二元协同通过协同活动可以用于另一个二元协同中</td></tr>
<tr><td>子元素</td><td colspan="5">Documentation Role Start BusinessTransactionActivity CollaborationActivity Success Failure Transition Fork Join Decision</td></tr>
<tr><td>用于</td><td colspan="5">Package ProcessSpecification 元素</td></tr>
<tr><td rowspan="6">属性</td><td>名称</td><td>类型</td><td>用法</td><td>缺省值</td><td>备注</td></tr>
<tr><td>name</td><td>xsd:string</td><td>必备型</td><td></td><td>定义附件的名称</td></tr>
<tr><td>nameID</td><td>GUID</td><td></td><td></td><td>名称的 GUID 表示</td></tr>
<tr><td>pattern</td><td>xsd:anyURI</td><td></td><td></td><td>可选引用二元协同所基于的模式</td></tr>
<tr><td>beginsWhen</td><td>xsd:string</td><td></td><td></td><td>通常引起协同开始的外部事件的描述</td></tr>
<tr><td>endsWhen</td><td>xsd:string</td><td></td><td></td><td>通常引起协同结束的外部事件的描述</td></tr>
</table>

属性	preCondition	xsd:string			协同开始所要求的外部状态描述
	postCondition	xsd:string			协同执行前不存在,作为协同执行的结果而存在的一个状态描述
	timeToPerform	xsd:duration			从第一个活动开始到整个协同结束的时间间隔
	initiatingRoleIDREF	GUIDREF	可选型		引用发起协同的角色。应注意,这里要求是一个逻辑引用而不是绝对值,以便在运行阶段被标识
	isInnerCollaboration	xsd:boolean		false	指出该协同是否仅在协同活动内使用(作为一个子活动),或者是否直接由一个参与方发起
源代码	<xsd:element name="BinaryCollaboration"> <xsd:complexType> <xsd:sequence> <xsd:element ref="Documentation" minOccurs="0" maxOccurs="unbounded"/> <xsd:element name="Role" type="RoleType" minOccurs="2" maxOccurs="2"/> <xsd:element ref="Start"/> <xsd:choice maxOccurs="unbounded"> <xsd:element ref="BusinessTransactionActivity"/> <xsd:element ref="CollaborationActivity"/> </xsd:choice> <xsd:element ref="Success" maxOccurs="unbounded"/> <xsd:element ref="Failure" maxOccurs="unbounded"/> <xsd:element ref="Transition" minOccurs="0" maxOccurs="unbounded"/> <xsd:element ref="Fork" minOccurs="0" maxOccurs="unbounded"/> <xsd:element ref="Join" minOccurs="0" maxOccurs="unbounded"/> <xsd:element ref="Decision" minOccurs="0" maxOccurs="unbounded"/> </xsd:sequence> <xsd:attributeGroup ref="name"/> <xsd:attribute name="pattern" type="xsd:anyURI"/> <xsd:attribute name="beginsWhen" type="xsd:string"/> <xsd:attribute name="endsWhen" type="xsd:string"/> <xsd:attribute name="preCondition" type="xsd:string"/> <xsd:attribute name="postCondition" type="xsd:string"/> <xsd:attribute name="timeToPerform" type="xsd:duration"/> <xsd:attribute name="initiatingRoleIDREF" type="GUIDREF" use="optional"/> <xsd:attribute name="isInnerCollaboration" type="xsd:boolean" default="false"/> </xsd:complexType> </xsd:element>				

6.1.4 BinaryCollaboration/Role 元素

图	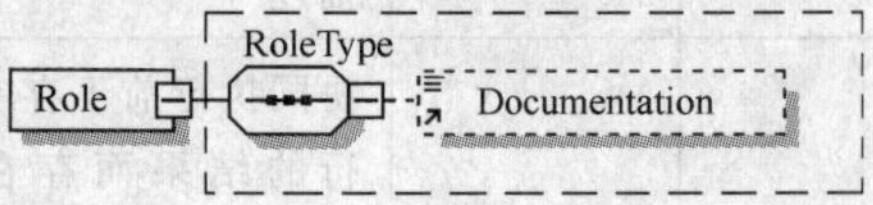			
命名空间	http://www.untmg.org/downloads/General/approved/BPSS-v1pt10.xsd			
类型	RoleType			
说明	规定二元协同的角色名称			
子元素	Documentation			
属性	名称	类型	用法	备注
	name	xsd:string	必备型	角色的名称
	nameID	GUID	必备型	与角色关联的 GUID。应注意无论二元协同是否使用了相同的角色名称，所有二元协同的 nameID 必须是唯一的
源代码	<xsd:element name="Role" type="RoleType" minOccurs="2" maxOccurs="2"/>			

6.1.5 BusinessDocument 元素

图	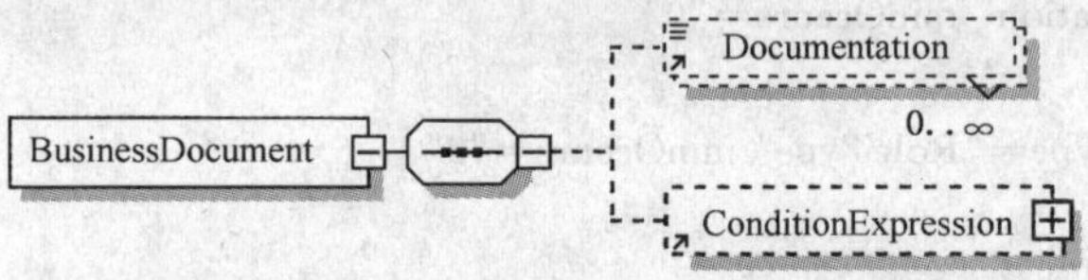				
命名空间	http://www.untmg.org/downloads/General/approved/BPSS-v1pt10.xsd				
说明	业务文档是文档的通用名称。业务文档可以有一个条件表达式，这决定业务文档对其信封来说是否有效				
子元素	Documentation ConditionExpression				
用于	Package ProcessSpecification 元素				
属性	名称	类型	用法	缺省值	备注
	name	xsd:string	必备型		业务文档的逻辑名称
	nameID	GUID			与文档相关联的 GUID
	specificationLocation	xsd:anyURI			引用该模式的外部来源。它定义了包含文档类型模式中的元素名称的绝对路径
	specificationID	xsd:anyURI			完全引用该模式定义。它定义了包含文档类型的模式中元素 ID 的唯一标识符。specificationLocation 和 specificationID 两者使用其中一个
	namespacePrefixes	xsd: NMTOKENS			如果适用的话，规定引用一系列由模式所使用的 Namespace 元素

<table>
<tr><td>源代码</td><td><xsd:element name="BusinessDocument">
<xsd:complexType>
<xsd:sequence>
<xsd:element ref="Documentation" minOccurs="0" maxOccurs="unbounded"/>
<xsd:element ref="ConditionExpression" minOccurs="0"/>
</xsd:sequence>
<xsd:attributeGroup ref="name"/>
<xsd:attribute name="specificationLocation" type="xsd:anyURI"/>
<xsd:attribute name="specificationID" type="xsd:anyURI"/>
<xsd:attribute name="namespacePrefixes" type="xsd:NMTOKENS"/>
</xsd:complexType>
</xsd:element></td></tr>
</table>

6.1.6 **BusinessPartnerRole 元素**

<table>
<tr><td>图</td><td colspan="5">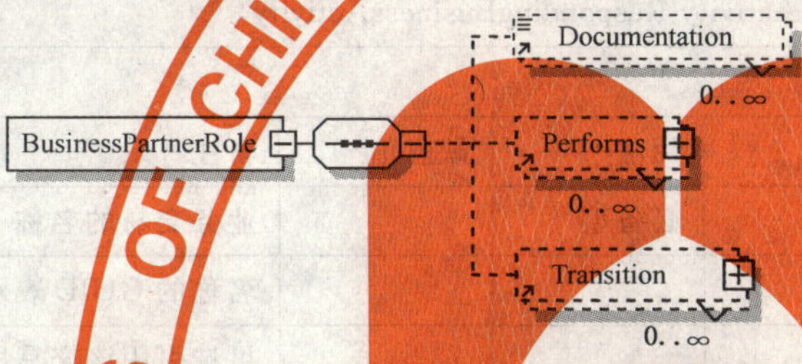
</td></tr>
<tr><td>命名空间</td><td colspan="5">http://www.untmg.org/downloads/General/approved/BPSS-v1pt10.xsd</td></tr>
<tr><td>说明</td><td colspan="5">业务伙伴角色是由多元协同中的业务伙伴所扮演的角色。业务伙伴角色在构成多元协同的每个二元协同中最多扮演一个角色。
规范性规则:参与方一定不能在一个给定的业务活动中扮演两个角色</td></tr>
<tr><td>子元素</td><td colspan="5">Documentation Performs Transition</td></tr>
<tr><td>用于</td><td colspan="5">MultiPartyCollaboration 元素</td></tr>
<tr><td rowspan="3">属性</td><td>名称</td><td>类型</td><td>用法</td><td>缺省值</td><td>备注</td></tr>
<tr><td>name</td><td>xsd:string</td><td>必备型</td><td></td><td>定义整个多元业务协同中参与方所扮演角色的名称,如,客户或供应商</td></tr>
<tr><td>nameID</td><td>xsd:ID</td><td></td><td></td><td>名称的 GUID 表示</td></tr>
<tr><td>注释</td><td colspan="5">Documentation 暂不予以考虑</td></tr>
<tr><td>源代码</td><td colspan="5"><xsd:element name="BusinessPartnerRole">
<xsd:annotation>
<xsd:documentation source="BPSS 1.1">Deprecated for v1.1</xsd:documentation>
</xsd:annotation>
<xsd:complexType>
<xsd:sequence>
<xsd:element ref="Documentation" minOccurs="0" maxOccurs="unbounded"/>
<xsd:element ref="Performs" minOccurs="0" maxOccurs="unbounded"/>
<xsd:element ref="Transition" minOccurs="0" maxOccurs="unbounded"/>
</xsd:sequence>
<xsd:attributeGroup ref="name"/>
</xsd:complexType>
</xsd:element></td></tr>
</table>

6.1.7 BusinessTransaction 元素

<table>
<tr><td>图</td><td colspan="5">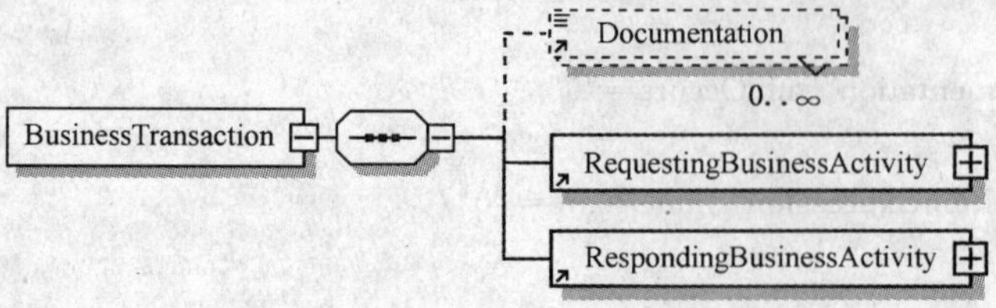
</td></tr>
<tr><td>命名空间</td><td colspan="5">http://www.untmg.org/downloads/General/approved/BPSS-v1pt10.xsd</td></tr>
<tr><td>说明</td><td colspan="5">业务交易是在两个商业伙伴之间,以商定的格式、顺序和时间间隔发生的业务信息和业务信号交换的集合。如果违反了这些协议,则交易终止,并且放弃所有的业务信息和业务信号交换。业务交易在形成在线发盘/受盘商业合同时可以是正式的,在发布产品声明时可以是非正式的。业务交易可以由多个业务交易活动来执行。业务交易有一个请求业务活动和一个响应业务活动</td></tr>
<tr><td>子元素</td><td colspan="5">Documentation RequestingBusinessActivity RespondingBusinessActivity</td></tr>
<tr><td>用于</td><td colspan="5">Package ProcessSpecification 元素</td></tr>
<tr><td rowspan="5">属性</td><td>名称</td><td>类型</td><td>用法</td><td>缺省值</td><td>备注</td></tr>
<tr><td>name</td><td>xsd:string</td><td>必备型</td><td></td><td>业务交易的名称</td></tr>
<tr><td>nameID</td><td>xsd:ID</td><td></td><td></td><td>名称的 GUID 表示</td></tr>
<tr><td>Pattern</td><td>xsd:anyURI</td><td></td><td></td><td>可选引用该交易所基于的 UMM 规范的模式</td></tr>
<tr><td>isGuaranteedDeliveryRequried</td><td>xsd:boolean</td><td></td><td>false</td><td>双方必须商定使用可靠传输的通讯信道</td></tr>
<tr><td>源代码</td><td colspan="5"><xsd:element name="BusinessTransaction">
<xsd:complexType>
<xsd:sequence>
<xsd:element ref="Documentation" minOccurs="0"maxOccurs="unbounded"/>
<xsd:element ref="RequestingBusinessActivity"/>
<xsd:element ref="RespondingBusinessActivity"/>
</xsd:sequence>
<xsd:attributeGroup ref="name"/>
<xsd:attribute name="pattern" type="xsd:anyURI"/>
<xsd:attribute name="isGuaranteedDeliveryRequired" type="xsd:boolean" default="false"/>
</xsd:complexType>
</xsd:element></td></tr>
</table>

6.1.8 BusinessTransactionActivity 元素

<table>
<tr><td>图</td><td>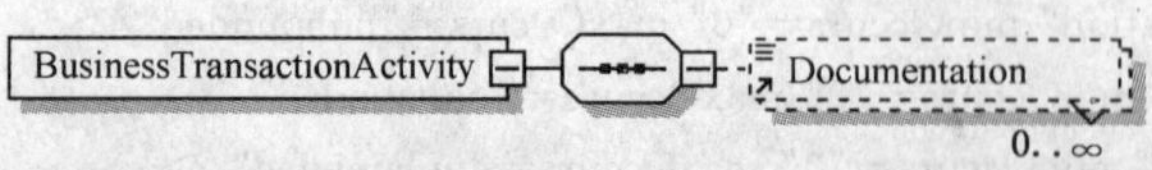
</td></tr>
<tr><td>命名空间</td><td>http://www.untmg.org/downloads/General/approved/BPSS-v1pt10.xsd</td></tr>
<tr><td>类型</td><td>BusinessActivity 的扩展</td></tr>
</table>

说明	业务交易活动定义了二元协同中业务交易的使用。业务交易活动是执行特定业务交易的业务活动。如果 isConcurrent 属性为真,则可以同时打开相同业务交易活动的多个业务实例。角色不可以同时是一个业务交易中的请求方和响应方				
子元素	Documentation				
用于	BinaryCollaboration 元素				
属性	名称	类型	用法	缺省值	备注
	name	xsd:string	必备型		定义二元协同中活动的唯一名称
	nameID	GUID			名称的 GUID 表示
	fromRole	Xsd:string	必备型		业务交易活动的发起角色名称。它必须与二元协同的一个角色相匹配,并且是执行该活动的业务交易的请求方
	fromRoleIDREF	GUIDREF			fromRole 的 GUIDREF 表示
	toRole	xsd:string	必备型		业务交易活动的响应角色名称。它必须与二元协同的一个角色相匹配,并且是执行该活动的业务交易的响应方
	toRoleIDREF	GUIDREF			ToRole 的 GUID 表示
	beginsWhen	xsd:string			通常引起协同开始的外部事件的描述
	endsWhen	xsd:string			通常导致该协同结束的外部事件的描述
	preCondition	xsd:string			该协同开始之前所需的外部状态的描述
	postCondition	xsd:string			一个状态的描述,它在该协同执行前并不存在,但是应作为该协同执行的结果而存在
	businessTransaction	xsd:string	必备型		通过名称对业务交易活动所执行的业务交易的引用
	businessTransaction IDREF	GUIDREF			GUIDREF 引用业务交易 GUID
	isConcurrent	xsd:boolean		ture	如果业务交易活动是同时发生的,则与其相关联的业务交易的多个实例与业务交易活动的执行部分可以同时进行,而不与二元协同实例同时进行
	isLeagallyBinding	xsd:boolean		ture	定义了该活动所执行的业务交易是否准备由交易双方来绑定。缺省值为真
	timeToPerform	xsd:duration			时间间隔。以请求的发送开始,在此间隔内,应返回响应

注释	IsLeagallyBinding 暂不予以考虑
源代码	<xsd:element name="BusinessTransactionActivity"> <xsd:annotation> <xsd:documentation>isLegallyBinding is being deprecated</xsd:documentation> </xsd:annotation> <xsd:complexType> <xsd:complexContent> <xsd:extension base="BusinessActivity"> <xsd:sequence> <xsd:element ref="Documentation" minOccurs="0" maxOccurs="unbounded"/> </xsd:sequence> <xsd:attribute name="businessTransaction" type="xsd:string" use="required"/> <xsd:attribute name="businessTransactionIDREF" type="GUIDREF"/> <xsd:attribute name="isConcurrent" type="xsd:boolean" default="true"/> <xsd:attribute name="isLegallyBinding" type="xsd:boolean" default="true"> <xsd:annotation> <xsd:documentation source="BPSS 1.1">Deprecated for v1.1</xsd:documentation> </xsd:annotation> </xsd:attribute> <xsd:attribute name="timeToPerform" type="xsd:duration"/> </xsd:extension> </xsd:complexContent> </xsd:complexType> </xsd:element>

6.1.9 CollaborationActivity 元素

图	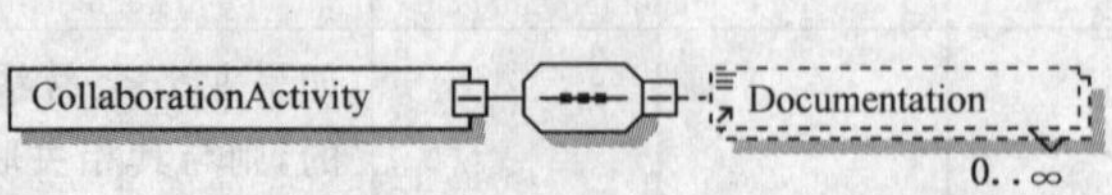
命名空间	http://www.untmg.org/downloads/General/approved/BPSS-v1pt10.xsd
类型	BusinessAvctivity 的扩展
说明	协同活动是在一个二元协同活动中执行另一个二元协同的活动
子元素	Documentation
用于	BinaryCollaboration 元素

	名称	类型	用法	缺省值	备注
属性	name	xsd:string	必备型		定义二元协同中活动的唯一名称
	nameID	GUID			名称的 GUID 表示
	fromRole	xsd:string	必备型		业务交易活动的发起角色名称。它必须与二元协同的一个角色相匹配，并且是执行该活动的业务交易的请求方
	fromRoleIDRef	GUIDREF			fromRole 的 GUIDREF 表示
	toRole	xsd:string	必备型		业务交易活动的响应角色名称。它必须与二元协同的一个角色相匹配，并且是执行该活动的业务交易的响应方
	toRoleIDRef	GUIDREF			toRole 的 GUIDREF 表示
	beginsWhen	xsd:string			通常引起协同开始的外部事件的描述
	preCondition	xsd:string			该协同开始之前所需的外部状态的描述
	postCondition	xsd:string			一个状态的描述，它在该协同执行前并不存在，但应作为该协同执行的结果而存在
	binaryCollaboration	xsd:string	必备型		通过名称引用由协同活动所执行的二元协同
	binaryCollaboration IDRef	GUIDREF			GUIDREF 引用了二元协同 GUID

源代码

```
<xsd:element name="CollaborationActivity">
<xsd:complexType>
<xsd:complexContent>
<xsd:extension base="BusinessActivity">
<xsd:sequence>
<xsd:element ref="Documentation" minOccurs="0"
maxOccurs="unbounded"/>
</xsd:sequence>
<xsd:attribute name="binaryCollaboration" type="xsd:string"
use="required"/>
<xsd:attribute name="binaryCollaborationIDREF" type="GUIDREF"/>
</xsd:extension>
</xsd:complexContent>
</xsd:complexType>
</xsd:element>
```

6.1.10 ConditionExpression 元素

<table>
<tr><td>图</td><td colspan="5">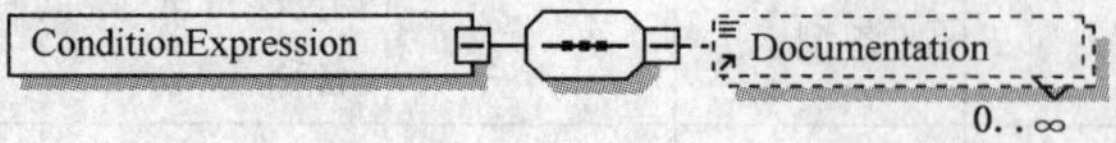
</td></tr>
<tr><td>命名空间</td><td colspan="5">http://www.untmg.org/downloads/General/approved/BPSS-v1pt10.xsd</td></tr>
<tr><td>说明</td><td colspan="5">条件表达式为 Ture(真)或 False(假)的一个表达式</td></tr>
<tr><td>子元素</td><td colspan="5">Documentation</td></tr>
<tr><td>用于</td><td colspan="5">BusinessDocument Decision Failure Success Transition 元素</td></tr>
<tr><td rowspan="4">属性</td><td>名称</td><td>类型</td><td>用法</td><td>缺省值</td><td>备注</td></tr>
<tr><td>expressionLangua-geUage</td><td>xsd:string</td><td>必备型</td><td></td><td>表达式的语言,如,XPATH 1.0,或 DocumentEnvelopeNotation(文档信封表示)</td></tr>
<tr><td>expression</td><td>xsd:string</td><td>必备型</td><td></td><td>结果为 Ture 或 False 的表达式。对于一个转移而言,它决定该转移是否发生。对于业务文档而言,它决定对其信封是否有效。表达式可以引用最近的文档信封的名称或内容,或引用其中的文档内容</td></tr>
<tr><td>Prefix</td><td>xsd:string</td><td>可选型</td><td></td><td>由 XPATH 表达式所使用的命名空间前缀</td></tr>
<tr><td>源代码</td><td colspan="5"><xsd:element name="ConditionExpression">
<xsd:complexType>
<xsd:sequence>
<xsd:element ref="Documentation" minOccurs="0" maxOccurs="unbounded"/>
</xsd:sequence>
<xsd:attribute name="expressionLanguage" type="xsd:string" use="required"/>
<xsd:attribute name="expression" type="xsd:string" use="required"/>
<xsd:attribute name="prefix" type="xsd:string" use="optional"/>
</xsd:complexType>
</xsd:element></td></tr>
</table>

6.1.11 Decision 元素

<table>
<tr><td>图</td><td>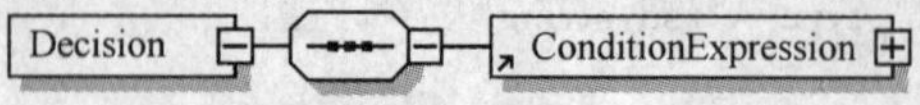
</td></tr>
<tr><td>命名空间</td><td>http://www.untmg.org/downloads/General/approved/BPSS-v1pt10.xsd</td></tr>
<tr><td>说明</td><td>与 UML 活动图的 Decision 元素的语义相匹配的一个伪状态。输出转移的元素在定义上相互独立</td></tr>
<tr><td>子元素</td><td>ConditionExpression</td></tr>
<tr><td>用于</td><td>BinaryCollaboration 元素</td></tr>
</table>

属性	名称	类型	用法	缺省值	备注
	Name	xsd:string	必备型		Decision 元素的名称
	nameID	GUID			名称的 GUID 表示
源代码	<xsd:element name="Decision"> <xsd:complexType> <xsd:sequence> <xsd:element ref="ConditionExpression"/> </xsd:sequence> <xsd:attributeGroup ref="name"/> </xsd:complexType> </xsd:element>				

6.1.12 Documentation 元素

图	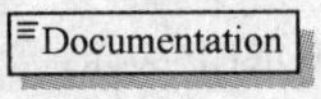
命名空间	http://www.untmg.org/downloads/General/approved/BPSS-v1pt10.xsd
类型	xsd:string 的扩展
说明	定义用于任何元素的用户文档。它必须是其容器中的第一个元素。Documentation 可以是一串 PCDATA，也可以是找到多个完整的文档的 URI
用于	Element: Attachment AttributeSubstitution BinaryCollaboration BusinessDocument BusinessPartnerRole BusinessTransaction BusinessTransactionActivity CollaborationActivity ConditionExpression DocumentEnvelope DocumentSubstitution Failure Fork Include InitiatingRole Join MultiPartyCollaboration Package Performs ProcessSpecification Start SubstitutionSet Success Transition complexType: BusinessAction RoleType

属性	名称	类型	用法	缺省值	固定值	备注
	uri	xsd:anyURI				
源代码	<xsd:element name="Documentation"> <xsd:complexType> <xsd:simpleContent> <xsd:extension base="xsd:string"> <xsd:attribute name="uri" type="xsd:anyURI"/> </xsd:extension> </xsd:simpleContent> </xsd:complexType> </xsd:element>					

6.1.13 DocumentEnvelope 元素

图	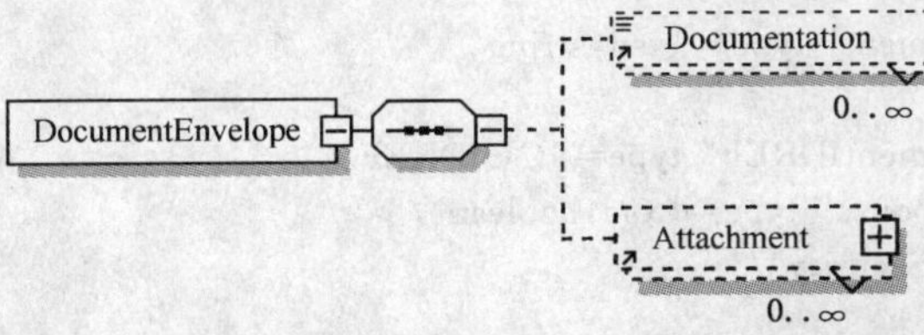

命名空间	http://www.untmg.org/downloads/General/approved/BPSS-v1pt10.xsd			
说明	文档信封是业务交易中两个角色之间用来传送信息的东西。一个文档信封从请求角色传送请求给响应角色，另一个文档信封从响应角色传送响应(如果存在)返回给请求角色。文档信封准确地包含一个主业务文档，还包含了与主文档相关的附件的可选集合。 规范性规则：文档信封准确地与一个请求和一个响应活动相关联。 是否积极响应不是由请求活动发送的文档信封的相关参数			
子元素	Documentation Attachment 元素			
用于	RequestingBusinessActivity RespondingBusinessActivity 元素			
属性	名称	类型	用法	备注
	name	xsd:string		文档信封的名称
	nameID	GUID		文档信封的 GUID
	businessDocument	xsd:string	必备型	业务文档的名称
	businessDocumentIDRef	GUIDREF		业务文档的 GUIDREF 表示
	isPositiveResponse	xsd:boolean		值为真或假。如果为真，该文档信封准备对请求作肯定响应。该参数的值用来评估对应的业务交易的业务成功或失败
	isAuthenticated	xsd:NMTOKEN		存在与文档实体相关联的数字证书。这样就给出了签名者身份的证据(参见文档安全章节)。属性值应被解释为除了"none(无)"之外的"at least value(最少值)"
	isConfidential	xsd:NMTOKEN		信息实体被加密以便未授权的参与方不能查看信息(参见文档安全章节)。属性值应被解释为除了"none"之外的"at least value"
	isTamperProof	xsd:NMTOKEN		信息实体具有加密的信息摘要，该摘要可以用来核查消息是否被篡改。这需要与文档实体相关联的数字签名(发送者的数字证书和加密的消息摘要，参见文档安全章节)。属性值应被解释为除了"none"之外的"at least value"

源代码

```
<xsd:element name="DocumentEnvelope">
<xsd:complexType>
<xsd:sequence>
<xsd:element ref="Documentation" minOccurs="0"
maxOccurs="unbounded"/>
<xsd:element ref="Attachment" minOccurs="0" maxOccurs="unbounded"/>
</xsd:sequence>
<xsd:attribute name="name" type="xsd:string"/>
<xsd:attribute name="nameID" type="GUID"/>
<xsd:attribute name="businessDocument" type="xsd:string"
use="required"/>
<xsd:attribute name="businessDocumentIDREF" type="GUIDREF"/>
<xsd:attribute name="isPositiveResponse" type="xsd:boolean"/>
<xsd:attributeGroup ref="documentSecurity"/>
</xsd:complexType>
</xsd:element>
```

6.1.14 DocumentSubstitution 元素

图	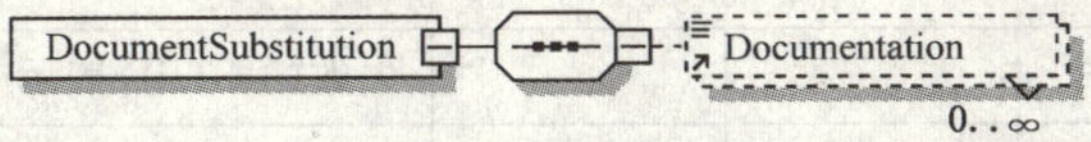				
命名空间	http://www.untmg.org/downloads/General/approved/BPSS-v1pt10.xsd				
说明	DocumentSubstitution 规定了一个文档，该文档用来替代现存过程规范中的文档				
子元素	Documentation				
用于	SubstitutionSet 元素				
属性	名称	类型	用法	缺省值	备注
	originalBusinessDocument	xsd:string	必备型		替代集范围中的业务文档的名称
	originalBusinessDocumentID	GUIDREF			业务文档的 GUIDREF
	substitueBusinessDocument	xsd:anyURI	必备型		应替代当前文档的文档位置
	substituteBusinessDocumentID	xsd:anyURI			替代文档的 GUIDREF
源代码	<xsd:element name="DocumentSubstitution"> <xsd:complexType> <xsd:sequence> <xsd:element ref="Documentation" minOccurs="0" maxOccurs="unbounded"/> </xsd:sequence> <xsd:attribute name="originalBusinessDocument" type="xsd:string" use="required"/> <xsd:attribute name="originalBusinessDocumentID" type="GUIDREF"/> <xsd:attribute name="substituteBusinessDocumentLocation" type="xsd:anyURI" use="required"/> <xsd:attribute name="substituteBusinessDocumentId" type="xsd:anyURI"/> </xsd:complexType> </xsd:element>				

6.1.15 Failure 元素

图	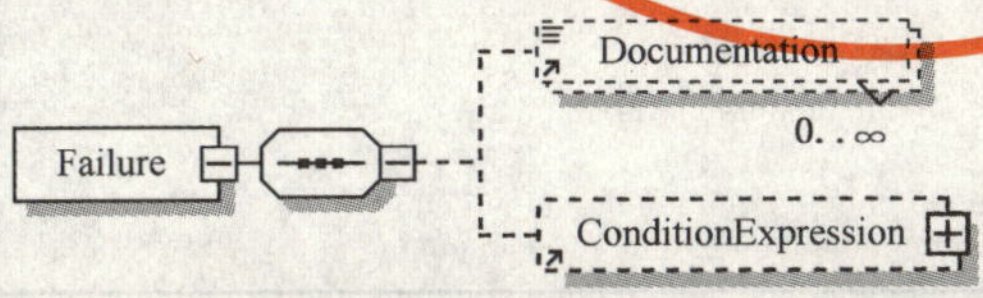
命名空间	http://www.untmg.org/downloads/General/approved/BPSS-v1pt10.xsd
说明	把二元协同的不成功结束定义为来自活动的转移。 规范性规则：每个二元协同应至少有一个失败
子元素	Documentation ConditionExpression

用于	BinaryCollaboration 元素				
属性	名称	类型	用法	缺省值	备注
	nameID	GUID			失败的 GUID 表示
	fromBusinessState	xsd:string	必备型		指出转移到业务交易或二元协同的不成功结束的活动名称
	fromBusinessStateI-Def	GUIDREF			FromBusinessState 的 GUIDREF 表示
	conditionGuard	xsd:NMTOKEN			守卫转移的条件

源代码

```
<xsd:element name="Failure">
<xsd:complexType>
<xsd:sequence>
<xsd:element ref="Documentation" minOccurs="0"
maxOccurs="unbounded"/>
<xsd:element ref="ConditionExpression" minOccurs="0"/>
</xsd:sequence>
<xsd:attribute name="nameID" type="GUID"/>
<xsd:attribute name="fromBusinessState" type="xsd:string"
use="required"/>
<xsd:attribute name="fromBusinessStateIDREF" type="GUIDREF"/>
<xsd:attribute name="conditionGuard">
<xsd:simpleType>
<xsd:restriction base="xsd:NMTOKEN">
<xsd:enumeration value="ProtocolSuccess"/>
<xsd:enumeration value="AnyProtocolFailure"/>
<xsd:enumeration value="RequestReceiptFailure"/>
<xsd:enumeration value="RequestAcceptanceFailure"/>
<xsd:enumeration value="ResponseReceiptFailure"/>
<xsd:enumeration value="ResponseAcceptanceFailure"/>
<xsd:enumeration value="SignalTimeout"/>
<xsd:enumeration value="ResponseTimeout"/>
<xsd:enumeration value="BusinessSuccess"/>
<xsd:enumeration value="BusinessFailure"/>
<xsd:enumeration value="Success"/>
<xsd:enumeration value="Failure"/>
</xsd:restriction>
</xsd:simpleType>
</xsd:attribute>
</xsd:complexType>
</xsd:element>
```

6.1.16 Fork 元素

图	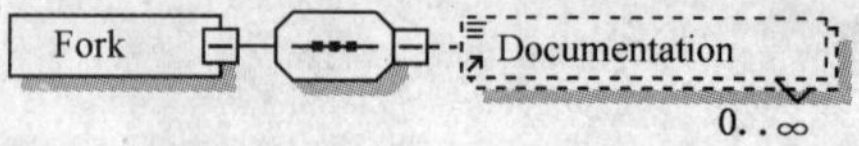
命名空间	http://www.untmg.org/downloads/General/approved/BPSS-v1pt10.xsd

说明	分叉是具有一个输入转移和多个输出的一个状态。假设由输出的转移所指向的所有活动并行发生或者相互排斥发生				
子元素	Documentation				
用于	BinaryCollaboration 元素				
属性	名称	类型	用法	缺省值	备注
	name	xsd:string	必备型		分叉状态的名称
	nameID	GUID			分叉名称的 GUID 表示
	Type	xsd:NMTOKEN	可选型	OR	所有活动并行运行。XOR:可能的活动中只有一个运行
	timeToPerform	xsd:duration	可选型		Fork 元素的 timeToPerform 属性可以对下列情况进行规定:分叉和汇合之间的业务活动应在规定的时间间隔内执行,而且,协同的状态将自动进入汇合
源代码	<xsd:element name="Fork"> <xsd:complexType> <xsd:sequence> <xsd:element ref="Documentation" minOccurs="0" maxOccurs="unbounded"/> </xsd:sequence> <xsd:attributeGroup ref="name"/> <xsd:attribute name="type" use="optional" default="All"> <xsd:simpleType> <xsd:restriction base="xsd:NMTOKEN"> <xsd:enumeration value="OR"/> <xsd:enumeration value="XOR"/> </xsd:restriction> </xsd:simpleType> </xsd:attribute> <xsd:attribute name="timeToPerform" type="xsd:duration" use="optional"/> </xsd:complexType> </xsd:element>				

6.1.17 Include 元素

图	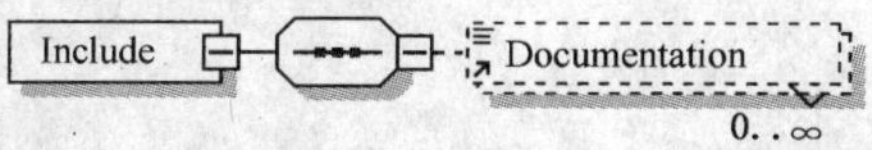
命名空间	http://www.untmg.org/downloads/General/approved/BPSS-v1pt10.xsd
说明	包含了另一个过程规范文档,并且将该规范与当前规范合并。相同名称的元素和相同名称范围中的元素必须有完全相同的规范,而包有附加内容的情况除外。根据名称范围来合并文档。包括在包中的名称无法与基础文档中的名称相区别
子元素	Documentation

用于	Package ProcessSpecification 元素				
属性	名称	类型	用法	缺省值	备注
	name	xsd:string	必备型		所包含规范的名称
	nameID	GUID	必备型		所包含规范的唯一标识符
	Uri	xsd:anyURI	必备型		所包含规范的 URI
	Version	xsd:string	必备型		所包含规范的版本
源代码	<xsd:element name="Include"> <xsd:complexType> <xsd:sequence> <xsd:element ref="Documentation" minOccurs="0" maxOccurs="unbounded"/> </xsd:sequence> <xsd:attribute name="name" type="xsd:string" use="required"/> <xsd:attribute name="nameID" type="GUID" use="required"/> <xsd:attribute name="uri" type="xsd:anyURI" use="required"/> <xsd:attribute name="version" type="xsd:string" use="required"/> </xsd:complexType> </xsd:element>				

6.1.18 Join 元素

图	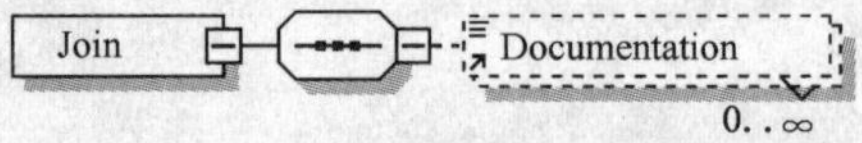				
命名空间	http://www.untmg.org/downloads/General/approved/BPSS-v1pt10.xsd				
说明	一个活动等待一个或多个其他活动完成的业务状态。定义了先前分叉活动再次汇集的点				
子元素	Documentation				
用于	BinaryCollaboration 元素				
属性	名称	类型	用法	缺省值	备注
	name	xsd:string	必备型		定义汇合状态的名称
	nameID	GUID			汇合状态名称的 GUID 表示
	waitForAll	xsd:boolean		true	布尔型值，它指出了该汇合状态是否应等待所有输入的转移完成。如果其值为真，则应等待所有的转移完成，如果其值为假，则继续进行第一个输入转移
源代码	<xsd:element name="Join"> <xsd:complexType> <xsd:sequence> <xsd:element ref="Documentation" minOccurs="0" maxOccurs="unbounded"/> </xsd:sequence> <xsd:attributeGroup ref="name"/> <xsd:attribute name="waitForAll" type="xsd:oolean" default="true"/> </xsd:complexType> </xsd:element>				

6.1.19 MultiPartyCollaboration 元素

<table>
<tr><td>图</td><td colspan="5">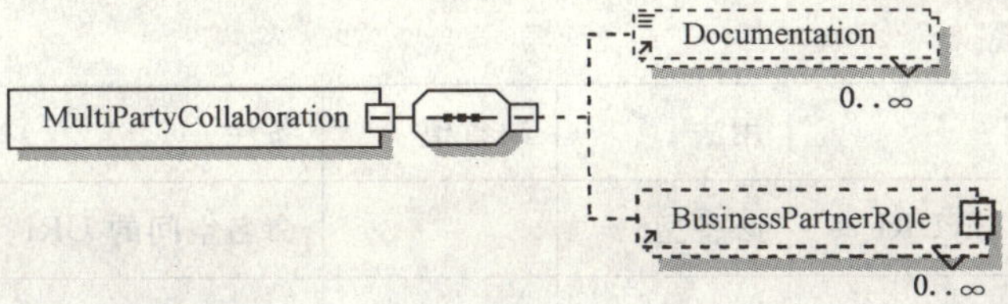</td></tr>
<tr><td>命名空间</td><td colspan="5">http://www.untmg.org/downloads/General/approved/BPSS-v1pt10.xsd</td></tr>
<tr><td>说明</td><td colspan="5">多元协同是二元协同的一个综合。多元协同由多个业务伙伴角色组成，并且每个业务伙伴角色在二元协同中相互扮演角色。
规范性规则：所有多元协同必须由二元协同来综合</td></tr>
<tr><td>子元素</td><td colspan="5">Documentation BusinessPartnerRole</td></tr>
<tr><td>用于</td><td colspan="5">Package ProcessSpecification 元素</td></tr>
<tr><td rowspan="3">属性</td><td>名称</td><td>类型</td><td>用法</td><td>缺省值</td><td>备注</td></tr>
<tr><td>name</td><td>xsd:string</td><td>必备型</td><td></td><td>定义多元协同的名称</td></tr>
<tr><td>nameID</td><td>GUID</td><td></td><td></td><td>名称的 GUID 表示法</td></tr>
<tr><td>注释</td><td>documentation</td><td colspan="4">在 V1.1 暂时不予以考虑</td></tr>
<tr><td>源代码</td><td colspan="5"><xsd:element name="MultiPartyCollaboration">
<xsd:annotation>
<xsd:documentation source="BPSS 1.1">Deprecated for v1.1</xsd:documentation>
</xsd:annotation>
<xsd:complexType>
<xsd:sequence>
<xsd:element ref="Documentation" minOccurs="0" maxOccurs="unbounded"/>
<xsd:element ref="BusinessPartnerRole" minOccurs="0" maxOccurs="unbounded"/>
</xsd:sequence>
<xsd:attributeGroup ref="name"/>
</xsd:complexType>
</xsd:element></td></tr>
</table>

6.1.20 Namespace 元素

<table>
<tr><td>图</td><td></td></tr>
<tr><td>命名空间</td><td>http://www.untmg.org/downloads/General/approved/BPSS-v1pt10.xsd</td></tr>
<tr><td>说明</td><td>命名空间定义。命名空间也可以有可能的(可选的)命名空间</td></tr>
</table>

子元素	Namespace				
用于	Namespace Namespaces 元素				
属性	名称	类型	用法	缺省值	备注
	URI	xsd:anyURI	必备型		命名空间的 URI
	Prefix	xsd:NMTOKEN	必备型		命名空间前缀
	nameID	GUID	必备型		命名空间的 GUID
源代码	<xsd:element name="Namespace"> <xsd:complexType> <xsd:sequence> <xsd:annotation> <xsd:documentation>alternative namespaces</xsd:documentation> </xsd:annotation> <xsd:element ref="Namespace" minOccurs="0" maxOccurs="unbounded"/> </xsd:sequence> <xsd:attribute name="URI" type="xsd:anyURI" use="required"/> <xsd:attribute name="prefix" type="xsd:NMTOKEN" use="required"/> <xsd:attribute name="nameID" type="GUID" use="required"/> </xsd:complexType> </xsd:element>				

6.1.21 Namespaces 元素

图	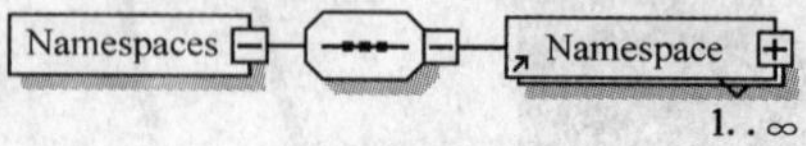
命名空间	http://www.untmg.org/downloads/General/approved/BPSS-v1pt10.xsd
说明	命名空间的容器元素
子元素	Namespace
用于	Package ProcessSpecification 元素
源代码	<xsd:element name="Namespaces"> <xsd:complexType> <xsd:sequence> <xsd:element ref="Namespace" maxOccurs="unbounded"/> </xsd:sequence> </xsd:complexType> </xsd:element>

6.1.22 Package 元素

<table>
<tr><td>图</td><td colspan="5">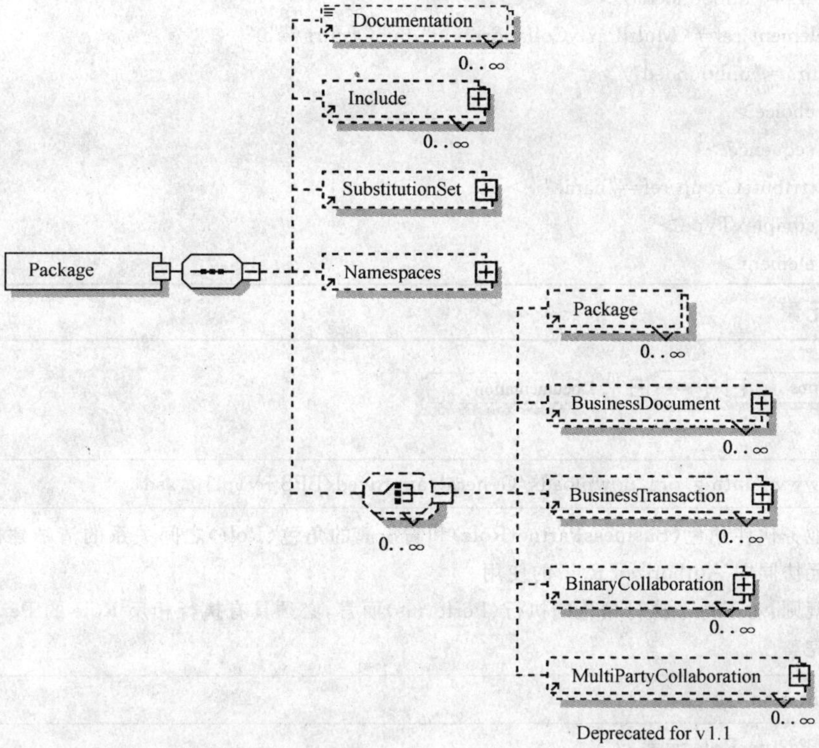
</td></tr>
<tr><td>命名空间</td><td colspan="5">http://www.untmg.org/downloads/General/approved/BPSS-v1pt10.xsd</td></tr>
<tr><td>说明</td><td colspan="5">定义了包含可重用元素的层级名称范围</td></tr>
<tr><td>子元素</td><td colspan="5">Documentation include SubstitutionSet Namespaces Package BusinessDocument BusinessTransaction BinaryCollaboration MultiPartyCollaboration</td></tr>
<tr><td>用于</td><td colspan="5">Package ProcessSpecification 元素</td></tr>
<tr><td rowspan="3">属性</td><td>名称</td><td>类型</td><td>用法</td><td>缺省值</td><td>备注</td></tr>
<tr><td>name</td><td>xsd:string</td><td>必备型</td><td></td><td>包的名称</td></tr>
<tr><td>nameID</td><td>GUID</td><td></td><td></td><td>名称的 GUID 表示</td></tr>
<tr><td>源代码</td><td colspan="5"><xsd:element name="Package">
<xsd:complexType>
<xsd:sequence>
<xsd:element ref="Documentation" minOccurs="0"
maxOccurs="unbounded"/>
<xsd:element ref="Include" minOccurs="0" maxOccurs="unbounded"/>
<xsd:element ref="SubstitutionSet" minOccurs="0"/>
<xsd:element ref="Namespaces" minOccurs="0"/>
<xsd:choice minOccurs="0" maxOccurs="unbounded">
<xsd:element ref="Package" minOccurs="0" maxOccurs="unbounded"/>
<xsd:element ref="BusinessDocument"
minOccurs="0"maxOccurs="unbounded"/>
<xsd:element ref="BusinessTransaction" minOccurs="0"</td></tr>
</table>

<table>
<tr><td>源代码</td><td>maxOccurs="unbounded"/>
<xsd:element ref="BinaryCollaboration" minOccurs="0"
maxOccurs="unbounded"/>
<xsd:element ref="MultiPartyCollaboration" minOccurs="0"
maxOccurs="unbounded"/>
</xsd:choice>
</xsd:sequence>
<xsd:attributeGroup ref="name"/>
</xsd:complexType>
</xsd:element></td></tr>
</table>

6.1.23 Performs 元素

<table>
<tr><td>图</td><td colspan="5">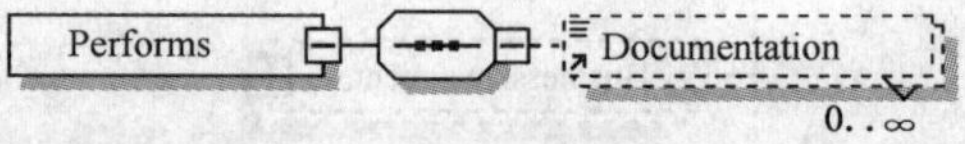</td></tr>
<tr><td>命名空间</td><td colspan="5">http://www.untmg.org/downloads/General/approved/BPSS-v1pt10.xsd</td></tr>
<tr><td>说明</td><td colspan="5">执行是业务伙伴角色(BusinessPartnerRole)和它扮演的角色(Role)之间关系的清晰建模。这样就规定了在多元协同中 Authorized Role 的使用。
规范性规则:对于每个执行角色的执行(Performs)而言,必须具有执行相反 Role 的 Performs,否则多元协同不完整</td></tr>
<tr><td>子元素</td><td colspan="5">Documentation</td></tr>
<tr><td>用于</td><td colspan="5">BusinessPartnerRole 元素</td></tr>
<tr><td rowspan="4">属性</td><td>名称</td><td>类型</td><td>用法</td><td>缺省值</td><td>备注</td></tr>
<tr><td>nameID</td><td>GUID</td><td></td><td></td><td>Perform 元素的 GUID</td></tr>
<tr><td>Role</td><td>xsd:string</td><td>必备型</td><td></td><td>该角色应由业务伙伴角色来执行,并且该角色限定了二元协同的名称</td></tr>
<tr><td>RoleIDRef</td><td>GUIDREF</td><td></td><td></td><td>角色的 GUIDREF 表示</td></tr>
<tr><td>源代码</td><td colspan="5"><xsd:element name="Performs">
<xsd:annotation>
<xsd:documentation source="BPSS 1.1">Deprecated for
v1.1</xsd:documentation>
</xsd:annotation>
<xsd:complexType>
<xsd:sequence>
<xsd:element ref="Documentation" minOccurs="0"
maxOccurs="unbounded"/>
</xsd:sequence>
<xsd:attribute name="nameID" type="GUID"/>
<xsd:attribute name="role" type="xsd:string" use="required"/>
<xsd:attribute name="roleIDREF" type="GUIDREF" use="required"/>
</xsd:complexType>
</xsd:element></td></tr>
</table>

注:documentation 在本部分暂时不予以考虑。

6.1.24 ProcessSpecification 元素

图	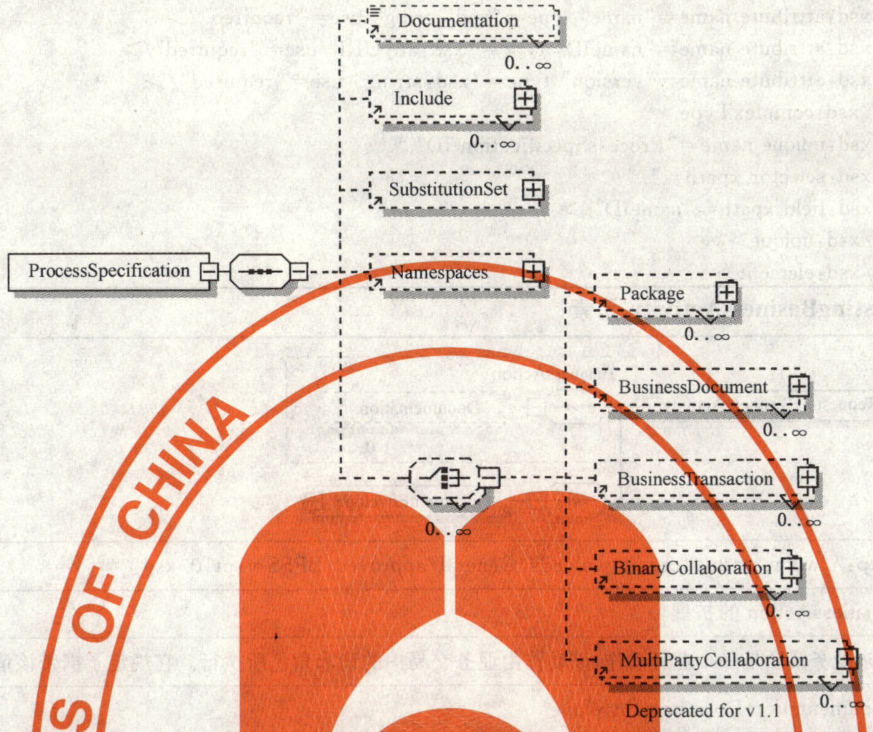				
命名空间	http://www.untmg.org/downloads/General/approved/BPSS-v1pt10.xsd				
说明	有通用唯一标识的过程规范文档的根元素				
子元素	Documentation Include SubstitutionSet Namespaces BusinessDocument BusinessTransaction BinaryCollaboration MultiPartyCollaboration				
属性	名称	类型	用法	缺省值	备注
	name	xsd:string	必备型		过程规范元素的名称
	NameID	xsd:anyURI	必备型		过程规范元素的 GUID 表示
	Version	xsd:string	必备型		过程规范的版本
源代码	<xsd:element name="ProcessSpecification"> <xsd:complexType> <xsd:sequence> <xsd:element ref="Documentation" minOccurs="0" maxOccurs="unbounded"/> <xsd:element ref="Include" minOccurs="0" maxOccurs="unbounded"/> <xsd:element ref="SubstitutionSet" minOccurs="0"/> <xsd:element ref="Namespaces" minOccurs="0"/> <xsd:choice minOccurs="0" maxOccurs="unbounded"> <xsd:element ref="Package" minOccurs="0" maxOccurs="unbounded"/> <xsd:element ref="BusinessDocument" minOccurs="0" maxOccurs="unbounded"/> <xsd:element ref="BusinessTransaction" minOccurs="0" maxOccurs="unbounded"/> <xsd:element ref="BinaryCollaboration" minOccurs="0" maxOccurs="unbounded"/> <xsd:element ref="MultiPartyCollaboration" minOccurs="0" maxOccurs="unbounded"/>				

源代码	</xsd:choice> </xsd:sequence> <xsd:attribute name="name" type="xsd:string" use="required"/> <xsd:attribute name="nameID" type="xsd:anyURI" use="required"/> <xsd:attribute name="version" type="xsd:string" use="required"/> </xsd:complexType> <xsd:unique name="ProcessSpecification-ID"> <xsd:selector xpath="."/> <xsd:field xpath="nameID"/> </xsd:unique> </xsd:element>

6.1.25 RequestingBusinessActivity 元素

图	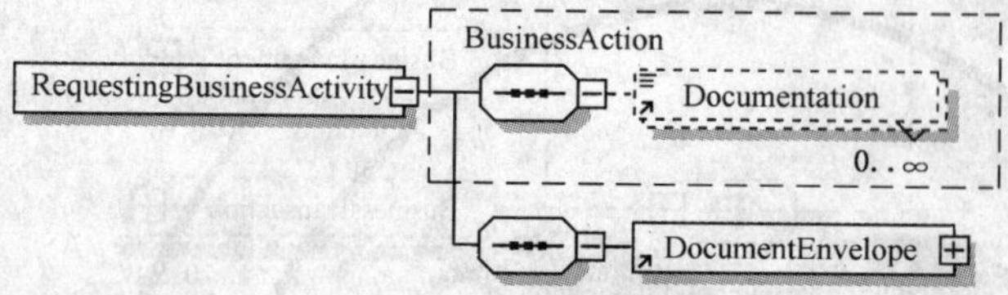				
命名空间	http://www.untmg.org/downloads/General/approved/BPSS-v1pt10.xsd				
类型	BusinessAction 的扩展				
说明	请求业务活动是一个业务动作,该动作由业务交易中的请求角色所执行。它规定了携带该请求的文档信封				
子元素	Documentation DocumentEnvelope				
用于	BusinesTransaction 元素				
属性	名称	类型	用法	缺省值	备注
	name	xsd:string	必备型		请求业务交易的名称
	nameID	GUID			请求业务交易名称的 GUID 表示法
	isAuthorization-Required	xsd:boolean		false	接收方必须按照授权发起方的列表来验证发起方的身份。该参数由发送方规定(可参见动作安全章节)
	isIntelligibleCheck-Required	xsd:boolean		false	接收方必须核查在发送接收确认之前是否混淆了请求文档(不能读,不可理解)。该参数由发送方规定(参见核心交易语义章节)
	isNonRepudiation-Required	xsd:boolean		false	要求接收方返回签名的接收,并且起始发送方保存接收副本。该参数由发送方规定(参见抗抵赖性章节)
	isNonRepudiation-ReceiptRequired	xsd:boolean		false	在发送交易文档之前,需要发送方来保存其副本(参见抗抵赖性章节)
	timeToAcknowledg-eReceipt	xsd:duration			响应角色必须非实质性地确认业务文档接收的时间。该参数由请求方规定(参见核心交易语义章节)
	timeToAcknowl-edgeAcceptance	xsd:duration			接收方必须确认业务文档的接受的时间。该参数由发送方规定(参见核心交易语义章节)
	retryCount	xsd:int			如果响应活动没有返回信号,则 BSI 必须重复发送请求

源代码	<xsd:element name="RequestingBusinessActivity"> <xsd:complexType> <xsd:complexContent> <xsd:extension base="BusinessAction"> <xsd:sequence> <xsd:element ref="DocumentEnvelope"/> </xsd:sequence> <xsd:attribute name="retryCount" type="xsd:int"/> </xsd:extension> </xsd:complexContent> </xsd:complexType> </xsd:element>

6.1.26 **RespondingBusinessActivity 元素**

图	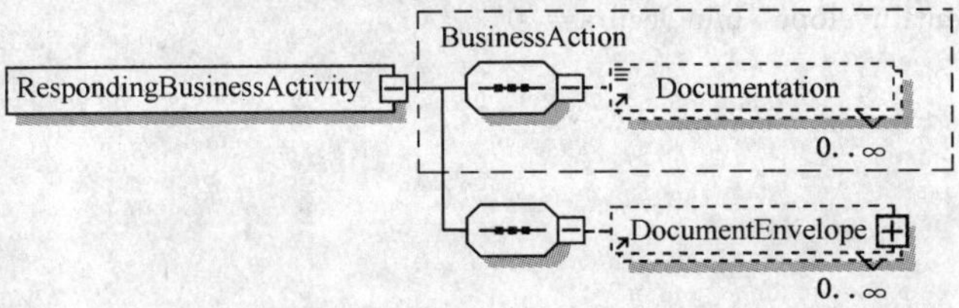				
命名空间	http://www.untmg.org/downloads/General/approved/BPSS-v1pt10.xsd				
类型	BusinessAction 的扩展				
说明	响应业务活动是由业务交易中响应角色所执行的业务动作。它规定了携带响应的文档信封。可以存在多个已定义的响应文档信封,但是在实际交易实例中仅发送其中的一个				
子元素	Documentation DocumentEnvelope				
用于	BusinessTransaction 元素				
属性	名称	类型	用法	缺省值	备注
	name	xsd:string	必备型		响应业务活动的名称
	nameID	xsd:ID			响应业务活动名称的 GUID 表示
	isAuthorization-Required	xsd:boolean		false	接收方必须按照授权发起方的列表来验证发起方的身份。该参数由发送方规定(参见动作安全章节)
	isIntelligibleCheck-Required	xsd:boolean		false	接收方必须核查在发送接收确认之前是否混淆了请求文档(不能读,不可理解)。该参数由发送方规定(参见核心交易语义章节)
	isNonRepudiation-Required	xsd:boolean		false	需要接收方返回签名的接收,并且起始发送方保存接收副本。该参数由发送方规定(参见抗抵赖性章节)

属性	isNonRepudiation-ReceiptRequired	xsd:boolean		false	在发送交易文档之前,需要发送方保存其副本(参见抗抵赖性章节)
	timeToAcknowledg-eReceipt	xsd:duration			接收方必须确认业务文档接收的时间。该参数由发送方规定(参见核心交易语义章节)
	timeToAcknowl-edgeAcceptance	xsd:duration			响应方必须非实质性地确认业务文档接受的时间。该参数由请求方规定(参见核心交易语义章节)
源代码	<xsd:element name="RespondingBusinessActivity"> <xsd:complexType> <xsd:complexContent> <xsd:extension base="BusinessAction"> <xsd:sequence> <xsd:element ref="DocumentEnvelope" minOccurs="0" maxOccurs="unbounded"/> </xsd:sequence> </xsd:extension> </xsd:complexContent> </xsd:complexType> </xsd:element>				

6.1.27 **Start 元素**

图	 				
命名空间	http://www.untmg.org/downloads/General/approved/BPSS-v1pt10.xsd				
说明	二元协同的开始状态。二元协同应只有一个开始活动				
子元素	Documentation				
用于	BinaryCollaboration 元素				
属性	名称	类型	用法	缺省值	备注
	toBusinessState	xsd:string	必备型		二元协同所允许的开始点的活动名称
	toBusinessStateIDRef	GUIDREF			toBusinessState 的 GUIDREF 表示
	nameID	GUIDREF			开始元素的 GUID 表示
源代码	<xsd:element name="Start"> <xsd:complexType> <xsd:sequence> <xsd:element ref="Documentation" minOccurs="0" maxOccurs="unbounded"/> </xsd:sequence> <xsd:attribute name="toBusinessState" type="xsd:string" use="required"/> <xsd:attribute name="toBusinessStateIDREF" type="GUIDREF"/> <xsd:attribute name="nameID" type="GUIDREF"/> </xsd:complexType> </xsd:element>				

6.1.28 SubstitutionSet 元素

<table>
<tr><td>图</td><td colspan="5">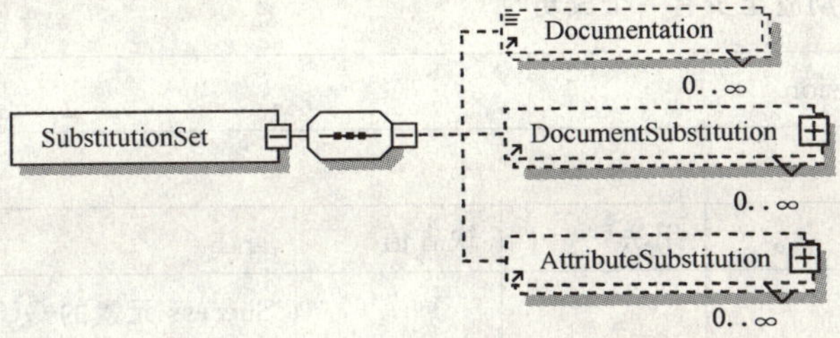
</td></tr>
<tr><td>命名空间</td><td colspan="5">http://www.untmg.org/downloads/General/approved/BPSS-v1pt10.xsd</td></tr>
<tr><td>说明</td><td colspan="5">Substitution Set(替代集合)元素是存贮一个或多个 AttributeSubstitution(属性替代)和 DocumentSubstitution(文档替代)元素的容器。整个 SubstitutionSet 规定了文档或属性值，这些文档或属性值应用来替代现有过程规范中的文档和属性值</td></tr>
<tr><td>子元素</td><td colspan="5">Documentation DocumentSubstitution AttributeSubstitution</td></tr>
<tr><td>用于</td><td colspan="5">Package ProcessSpecification 元素</td></tr>
<tr><td rowspan="4">属性</td><td>名称</td><td>类型</td><td>用法</td><td>缺省值</td><td>备注</td></tr>
<tr><td>name</td><td>xsd:string</td><td>必备型</td><td></td><td>替代集合的名称</td></tr>
<tr><td>nameID</td><td>GUID</td><td></td><td></td><td>替代集合的 GUID</td></tr>
<tr><td>applyToScope</td><td>xsd:string</td><td>必备型</td><td></td><td>规定将被替代的属性或文档的路径</td></tr>
<tr><td>源代码</td><td colspan="5"><xsd:element name="SubstitutionSet">
<xsd:complexType>
<xsd:sequence>
<xsd:element ref="Documentation" minOccurs="0"
maxOccurs="unbounded"/>
<xsd:element ref="DocumentSubstitution" minOccurs="0"
maxOccurs="unbounded"/>
<xsd:element ref="AttributeSubstitution" minOccurs="0"
maxOccurs="unbounded"/>
</xsd:sequence>
<xsd:attributeGroup ref="name"/>
<xsd:attribute name="applyToScope" type="xsd:string"
use="required"/>
</xsd:complexType>
</xsd:element></td></tr>
</table>

6.1.29 Success 元素

<table>
<tr><td>图</td><td>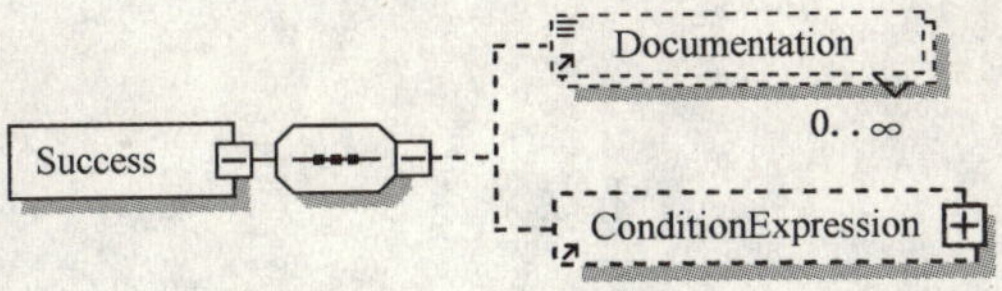
</td></tr>
<tr><td>命名空间</td><td>http://www.untmg.org/downloads/General/approved/BPSS-v1pt10.xsd</td></tr>
</table>

说明	将二元协同的成功结束定义为来自活动的转移。 规范性规则:二元协同的每个活动应至少有一个成功				
子元素	Documentation ConditionExpression				
用于	BinaryCollaboration 元素				
属性	名称	类型	用法	缺省值	备注
	nameID	GUID			Success 元素的 GUID 表示
	fromBusinessState	xsd:string	必备型		指出转移到业务交易或二元协同的成功结束的活动名称
	fromBusinessStateI-DRef	xsd:IDREF			业务状态的 GUIDREF 表示
	conditionGuard	xsd:NMTOKEN			守卫该转移的条件

源代码

```
<xsd:element name="Success">
<xsd:complexType>
<xsd:sequence>
<xsd:element ref="Documentation" minOccurs="0"
maxOccurs="unbounded"/>
<xsd:element ref="ConditionExpression" minOccurs="0"/>
</xsd:sequence>
<xsd:attribute name="nameID" type="GUID"/>
<xsd:attribute name="fromBusinessState" type="xsd:string"
use="required"/>
<xsd:attribute name="fromBusinessStateIDREF" type="GUIDREF"/>
<xsd:attribute name="conditionGuard">
<xsd:simpleType>
<xsd:restriction base="xsd:NMTOKEN">
<xsd:enumeration value="ProtocolSuccess"/>
<xsd:enumeration value="AnyProtocolFailure"/>
<xsd:enumeration value="RequestReceiptFailure"/>
<xsd:enumeration value="RequestAcceptanceFailure"/>
<xsd:enumeration value="ResponseReceiptFailure"/>
<xsd:enumeration value="ResponseAcceptanceFailure"/>
<xsd:enumeration value="SignalTimeout"/>
<xsd:enumeration value="ResponseTimeout"/>
<xsd:enumeration value="BusinessSuccess"/>
<xsd:enumeration value="BusinessFailure"/>
<xsd:enumeration value="Success"/>
<xsd:enumeration value="Failure"/>
</xsd:restriction>
</xsd:simpleType>
</xsd:attribute>
</xsd:complexType>
</xsd:element>
```

6.1.30 **Transition** 元素

<table>
<tr><td>图</td><td colspan="5">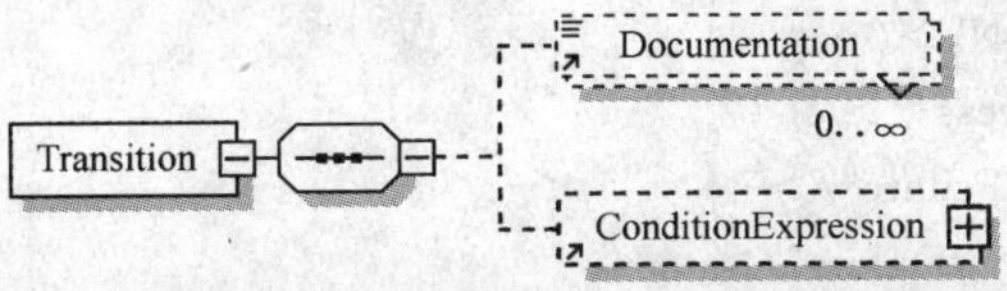
</td></tr>
<tr><td>命名空间</td><td colspan="5">http://www.untmg.org/downloads/General/approved/BPSS-v1pt10.xsd</td></tr>
<tr><td>说明</td><td colspan="5">转移是在二元协同中两个业务状态之间进行。编排表示为状态之间的转移。允许转移到相同的状态</td></tr>
<tr><td>子元素</td><td colspan="5">Documentation ConditionExpression</td></tr>
<tr><td>用于</td><td colspan="5">BinaryCollaboration BusinessPartnerRole 元素</td></tr>
<tr><td rowspan="8">属性</td><td>名称</td><td>类型</td><td>用法</td><td>缺省值</td><td>备注</td></tr>
<tr><td>nameID</td><td>GUID</td><td></td><td></td><td>转移的 GUID 表示</td></tr>
<tr><td>onInitiation</td><td>xsd:boolean</td><td></td><td>false</td><td>它规定了嵌套的业务交易活动，并且规定一旦接收到相关交易中的请求，则在返回交易之前，应执行第二个活动以便发送响应返回给起始请求方</td></tr>
<tr><td>fromBusinessState</td><td>xsd:string</td><td>必备型</td><td></td><td>转移起始状态的名称</td></tr>
<tr><td>fromBusinessStateI-DRef</td><td>xsd:IDREF</td><td>可选型</td><td></td><td>fromBusinessState 的 GUIDREF 表示</td></tr>
<tr><td>toBusinessState</td><td>xsd:string</td><td>必备型</td><td></td><td>转移到的状态名称</td></tr>
<tr><td>toBusinessStateI-DRef</td><td>xsd:IDREF</td><td>可选型</td><td></td><td>toBusinessState 的 GUIDREF 表示</td></tr>
<tr><td>conditionGuard</td><td>xsd:NMTOKEN</td><td></td><td></td><td>对先前交易状态的引用</td></tr>
<tr><td>源代码</td><td colspan="5"><xsd:element name="Transition">
<xsd:complexType>
<xsd:sequence>
<xsd:element ref="Documentation" minOccurs="0"
maxOccurs="unbounded"/>
<xsd:element ref="ConditionExpression" minOccurs="0"/>
</xsd:sequence>
<xsd:attribute name="nameID" type="GUID"/>
<xsd:attribute name="onInitiation" type="xsd:oolean"
default="false"/>
<xsd:attribute name="fromBusinessState" type="xsd:string"
use="required"/>
<xsd:attribute name="fromBusinessStateIDREF" type="GUIDREF"
use="optional"/>
<xsd:attribute name="toBusinessState" type="xsd:string"
use="required"/>
<xsd:attribute name="toBusinessStateIDREF" type="GUIDREF"
use="optional"/>
<xsd:attribute name="conditionGuard"></td></tr>
</table>

源代码	<xsd:simpleType> <xsd:restriction base="xsd:NMTOKEN"> <xsd:enumeration value="ProtocolSuccess"/> <xsd:enumeration value="AnyProtocolFailure"/> <xsd:enumeration value="RequestReceiptFailure"/> <xsd:enumeration value="RequestAcceptanceFailure"/> <xsd:enumeration value="ResponseReceiptFailure"/> <xsd:enumeration value="ResponseAcceptanceFailure"/> <xsd:enumeration value="SignalTimeout"/> <xsd:enumeration value="ResponseTimeout"/> <xsd:enumeration value="BusinessSuccess"/> <xsd:enumeration value="BusinessFailure"/> <xsd:enumeration value="Success"/> <xsd:enumeration value="Failure"/> </xsd:restriction> </xsd:simpleType> </xsd:attribute> </xsd:complexType> </xsd:element>

6.1.31 simpleType GUID

命名空间	http://www.untmg.org/downloads/General/approved/BPSS-v1pt10.xsd
类型	xsd:string
说明	因为有包含关系和包的符号,所以所有元素都需要有 GUID(而不是 xs:ID)。如果使用 xs:ID 和 xs:IDREF,则包含关系和包的表示将导致无效的 XML 文档
用于	属性: DocumentEnvelope/@nameID Failure/@nameID Performs/@nameID Success/@nameID Transition/@nameID Namespace/@nameID RoleType/@nameID name/@nameID Include/@nameID
源代码	<xsd:simpleType name="GUID"> <xsd:restriction base="xsd:string"/> </xsd?:simpleType>

6.1.32 simpleType GUIDREF

命名空间	http://www.untmg.org/downloads/General/approved/BPSS-v1pt10.xsd
类型	xsd:string
说明	因为有包含关系和包的符号,所以所有元素都需要有 GUID(而不是 xs:ID)。如果使用 xs:ID 和 xs:IDREF,则包含关系和包的表示将导致无效的 XML 文档

用于	属性：CollaborationActivity/@binaryCollaborationIDREF Attachment/@businessDocumentIDREF DocumentEnvelope/@businessDocumentIDREF BusinessTransactionActivity/@businessTransactionIDREF Failure/@fromBusinessStateIDREF Success/@fromBusinessStateIDREF Transition/@fromBusinessStateIDREF BusinessActivity/@fromRoleIDREF BinaryCollaboration/@initiatingRoleIDREF start/@nameID DocumentSubstitution/@originalBusinessDocumentID Performs/@roleIDREF Start/@toBusinessStateIDREF Transition/@toBusinessStateIDREF BusinessActivity/@toRoleIDREF
源代码	<xsd:simpleType name="GUIDREF"> <xsd:restriction base="xsd:string"/> </xsd:simpleType>

6.2 BPSS 的 XML 表示和 UML 表示的相互关系

下表是 BPSS 的 XML 元素名称与其 UML 类的对应关系：

XML 元素	UML 类
Attachment	Attachment(附件)
Role	AuthorizedRole(授权角色)
Binary Collaboration	Binary Collaboration(二元协同)
BusinessPartner Role	BusinessPartner Role(业务伙伴角色)
Business Transaction Activity	Business Transaction Activity(业务交易活动)
Business Transaction	Business Transaction(业务交易)
Responding BusinessActivity	Responding BusinessActivity(响应业务活动)
Requesting BusinessActivity	Requesting BusinessActivity(请求业务活动)
Collaboration Activity	Collaboration Activity(协同活动)
DocumentEnvelope	DocumentEnvelope(文档信封)
Documentation	None (Should be added) 无(应增加)
ebXML Process Specification	(From Package model: ebXML Process Specification) (ebXML 过程规范)
Failure	Failure(失败)
Include	(From Package model: Include)(包含)
Package	(From Package model: Package) (包)
Performs	Performs(执行)
Schema	Schema(模式)
Decision	Decision(判断)
Fork	Fork(分叉)

XML 元素	UML 类
Start	Start(开始)
Success	Success(成功)
Join	Join(汇合)
Transition	Transition(转移)
BusinessAction	BusinessAction(业务动作)
DocumentSecurity	DocumentSecurity(文档安全)
无	抽象类:BusinessState (业务状态)
无	抽象类:CompletionState(完成状态)
无	抽象类:BusinessActivity(业务活动)

BPSS 的 UML 表示中,下列类是抽象的,并且在模式中没有对应的元素。只有其具体子类型存在于该模式中。

a) BusinessState(业务状态);

b) CompletionState(完成状态);

c) BusinessActivity(业务活动)。

6.3 名称引用的范围

本部分鼓励对 ebXML BPSS 的结构进行重用。BPSS 实例通过引用可以包含另一个 BPSS 实例。

另外,BPSS 实例的内容还可以为递归包结构的形式。ebXML Process Specification 元素是一个包的容器,因此,它可以再包含包。包自身也是一个包的容器,因此它也可以再进一步包含包。

包起到了如下的命名空间功能。

最后,任意层次的包可以有包内容。包内容的类型是业务文档、业务交易、二元协同、多元协同。

在一个包中,包内容总是唯一命名。总是把低层次元素在其父包内容中唯一命名。

每个包内容类型为 ebXML Process Specification 元素所引用的业务文档的逻辑模型提供内在语境。

在 ebXML BPSS 实例中,下列情况适用于命名:

规范元素通过使用名称属性来引用其他的规范元素。其设计模式是:元素有一个名称属性,并且引用了该元素的其他元素也有一个名称属性,此属性为被引用元素(如,Role 有 name 属性,而引用 Role 的 Performs 有 role 属性)的小写字母。两种类型的属性以名称和引用关系形式被给出,一个为纯文本,另一个基于 XML GUID/GUIDREF。每个命名元素有一个 name 必备型属性和 nameID 可选型属性。引用元素具有被引用元素的 lowerCamelCase 和 lowerCamelCaseIDREF 属性。XML GUID/GUIDREF 功能上要求所有 ID 是全球唯一,并且所有 GUIDREF 指向一个已定义的 GUID 值。纯文本属性没有该功能,它可以有相同的名称。通过引用元素的纯文本属性无歧义标识一个被引用的元素时,建议使用 Xpath 语法。然而,本部分并不强制要求使用。

上述提供的两个方案的目的是有利于直接生成 BPSS 实例文档的 XML 形式,并且支持进一步开发的工具,它们可以自动分配机器可读的 nameIDs 和引用关系。两种方式可以同时使用,此时,GUID 和 GUIDREF 属性给出了无歧义的引用关系,并且使用纯文本来提供有意义的名称。下面是命名元素和引用关系的实例。

```
<Package name="ebXMLOrdering">
  <BinaryCollaboration
    name="OrderCollaboration"
    nameID="b112">
```

```
    <Role name="buyer" nameID="r224"/>
    <Role name="seller" nameID="r225"/>
  </BinaryCollaboration>
</Package>
<! -the Xpath approach -- >
<Performs
Role='//Package[@name="OAGOrdering"]/BinaryCollaboration[@name="OrderCollaboration"]/ Role[@name="buyer"]'/>
<! -Combination approach -- >
    <Performs Role="buyer" RoleIDREF="r224"/>
```

上面给出的全部路径规范不要求完全使用，只要其他形式的 Xpath 表达式能够解决单个引用问题，则也可以被使用。例如，买方对该文档是唯一的，则 Xpath 可以标识为：

```
<Performs Role='//Role[@name="buyer"]'/>
```

Relative paths are also allowed for example:

```
<BusinessTransactionActivity fromRole='../ Role[@name="buyer"]'/>
```

6.4 业务过程规范 XML 文档示例

附录 A 给出了符合该模式的业务过程规范 XML 文档的示例。

7 业务信号结构

ebXML 消息服务规范的信号结构给出了业务服务状态一致性的基础设施，该基础设施包括唯一的消息标识符以及用以满足基本过程一致性需求的摘要。此处给出的业务信号负载结构是可选的和标准的，因此它可以对业务信号提供业务和法律语义。由于信号在结构上并不因为业务交易的不同而改变，因此这些信号只定义一次，而适用于所有业务交易，并且通过 BPSS 和消息服务规范共同来指出其定义。以下是接收确认和接受确认以及异常的业务信号负载的 XML Schema。

在异常情况下，应当发送异常消息来代替接收确认信号或接受确认信号，同时应指出相应的否定接收确认信号或否定接受确认信号。另一方面，发送如下所定义的接收确认或接受确认消息将指出一个肯定信号。

7.1 信号模式

```
<? xml version="1.0" encoding="UTF-8"? >
<! -- By Himagiri Mukkamala(himagiri@sybase.com).
This schema has the element definitions for the signal messages used in the run time execution of
BPSS -->
<xsd:schema
targetNamespace="http://www.untmg.org/BusinessProcess/BPSS_SIGNALS"
xmlns="http://www.untmg.org/BusinessProcess/BPSS_SIGNALS" xmlns:xlink="http://www.w3.org/1999/xlink"
xmlns:bpssignal="http://www.untmg.org/BusinessProcess/BPSS_SIGNALS"
xmlns:ds="http://www.w3.org/2000/09/xmldsig#"
xmlns:xsd="http://www.w3.org/2001/XMLSchema"
elementFormDefault="qualified" attributeFormDefault="qualified"
version="2.0">
  <xsd:import
        namespace="http://www.w3.org/1999/xlink"
```

```
        schemaLocation="http://www.oasis-open.org/committees/ebxml-msg/sc
        hema/xlink.xsd"/>
    <xsd:annotation>
        <xsd:documentation>
        The version of digital signature specification supported is identified
        using the namespace and schemalocation denoted below
        </xsd:documentation>
    </xsd:annotation>
    <xsd:import namespace="http://www.w3.org/2000/09/xmldsig#"
    schemaLocation="http://www.w3.org/TR/xmldsig-core/xmldsig-core-schema.xsd"/>
    <xsd:simpleType name="non-empty-string">
      <xsd:restriction base="xsd:string">
        <xsd:minLength value="1"/>
      </xsd:restriction>
    </xsd:simpleType>
    <xsd:complexType name="PartyInfoType">
      <xsd:simpleContent>
        <xsd:extension base="non-empty-string">
            <xsd:attribute name="type" type="non-empty-string"/>
        </xsd:extension>
      </xsd:simpleContent>
    </xsd:complexType>
    <xsd:complexType name="RoleType">
        <xsd:annotation>
          <xsd:documentation>
            This type defines the structure for Role Definition.
          </xsd:documentation>
        </xsd:annotation>
        <xsd:attribute name="name" type="non-empty-string" use="required"/>
        <xsd:attributeGroup ref="xlink.grp"/>
      </xsd:complexType>
      <xsd:attributeGroup name="xlink.grp">
        <xsd:attribute ref="xlink:type" fixed="simple"/>
        <xsd:attribute ref="xlink:href" use="required"/>
      </xsd:attributeGroup>
      <xsd:complexType name="ProcessSpecificationType">
        <xsd:attribute name="version" type="non-empty-string"/>
        <xsd:attribute name="name" type="non-empty-string"/>
        <xsd:attributeGroup ref="xlink.grp"/>
        <xsd:attribute name="nameID" type="xsd:anyURI"/>
     </xsd:complexType>
     <xsd:complexType name="SignalIdentificationInformation">
        <xsd:sequence>
```

```
        <xsd:element name="OriginalMessageIdentifier"
                     type="bpssignal:non-empty-string"/>
        <xsd:element name="OriginalDocumentIdentifier"
                     type="bpssignal:non-empty-string"
                     minOccurs="0"/>
        <xsd:element name="FromPartyInfo" type="bpssignal:PartyInfoType"/>
        <xsd:element name="ToPartyInfo" type="bpssignal:PartyInfoType"/>
        <xsd:element name="FromRole" type="bpssignal:RoleType"/>
        <xsd:element name="ToRole" type="bpssignal:RoleType"/>
        <xsd:element name="OriginalMessageDateTime" type="xsd:dateTime"/>
        <xsd:element name="ThisMessageDateTime" type="xsd:dateTime"/>
        <xsd:element name="ProcessSpecificationInfo"
                     type="bpssignal:ProcessSpecificationType"/>
      </xsd:sequence>
    </xsd:complexType>
    <xsd:element name="Exception">
      <xsd:complexType>
        <xsd:complexContent>
          <xsd:extension base="bpssignal:SignalIdentificationInformation">
            <xsd:sequence>
              <xsd:element name="ExceptionType">
                <xsd:complexType>
                  <xsd:choice>
                    <xsd:element name="ReceiptException">
                      <xsd:simpleType>
                        <xsd:restriction base="xsd:string">
                          <xsd:enumeration value="Syntax"/>
                          <xsd:enumeration value="Authorization"/>
                          <xsd:enumeration value="Signature"/>
                          <xsd:enumeration value="Sequence"/>
                        </xsd:restriction>
                      </xsd:simpleType>
                    </xsd:element>
                    <xsd:element name="AcceptanceException">
                      <xsd:simpleType>
                        <xsd:restriction base="xsd:string">
                          <xsd:enumeration value="Business"/>
                          <xsd:enumeration value="Performance"/>
                        </xsd:restriction>
                      </xsd:simpleType>
                    </xsd:element>
                    <xsd:element name="GeneralException">
                      <xsd:simpleType>
```

```
                        <xsd:restriction base="xsd:string"/>
                      </xsd:simpleType>
                    </xsd:element>
                  </xsd:choice>
                </xsd:complexType>
              </xsd:element>
              <xsd:element name="Reason"
type="bpssignal:non-empty-string"/>
              <xsd:element name="ExceptionMessage"
type="bpssignal:non-empty-string"
                        minOccurs="0"/>
              <xsd:any namespace="##other" minOccurs="0"/>
            </xsd:sequence>
          </xsd:extension>
        </xsd:complexContent>
    </xsd:complexType>
</xsd:element>
<xsd:element name="ReceiptAcknowledgment">
    <xsd:complexType>
      <xsd:complexContent>
        <xsd:extension base="bpssignal:SignalIdentificationInformation">
          <xsd:sequence>
            <xsd:element ref="bpssignal:NonRepudiationInformation"
minOccurs="0"/>
            <xsd:element ref="ds:Signature" minOccurs="0"/>
            <xsd:any namespace="##other" minOccurs="0"/>
          </xsd:sequence>
        </xsd:extension>
      </xsd:complexContent>
    </xsd:complexType>
</xsd:element>
<xsd:element name="NonRepudiationInformation">
    <xsd:complexType>
      <xsd:sequence>
        <xsd:element ref="bpssignal:MessagePartNRInformation"
maxOccurs="unbounded"/>
      </xsd:sequence>
    </xsd:complexType>
</xsd:element>
<xsd:element name="MessagePartNRInformation">
    <xsd:complexType>
      <xsd:choice>
        <xsd:element name="MessagePartIdentifier"
```

```
type="bpssignal:non-empty-string"/>
        <xsd:element ref="ds:Reference"/>
      </xsd:choice>
    </xsd:complexType>
</xsd:element>
<xsd:element name="AcceptanceAcknowledgment">
    <xsd:annotation>
      <xsd:documentation>
      </xsd:documentation>
    </xsd:annotation>
    <xsd:complexType>
        <xsd:complexContent>
          <xsd:extension base="bpssignal:SignalIdentificationInformation">
            <xsd:sequence>
              <xsd:element ref="ds:Signature" minOccurs="0"/>
              <xsd:any namespace="##other" minOccurs="0"/>
            </xsd:sequence>
          </xsd:extension>
        </xsd:complexContent>
      </xsd:complexType>
    </xsd:element>
</xsd:schema>
```

7.2 接收确认信号模式

图	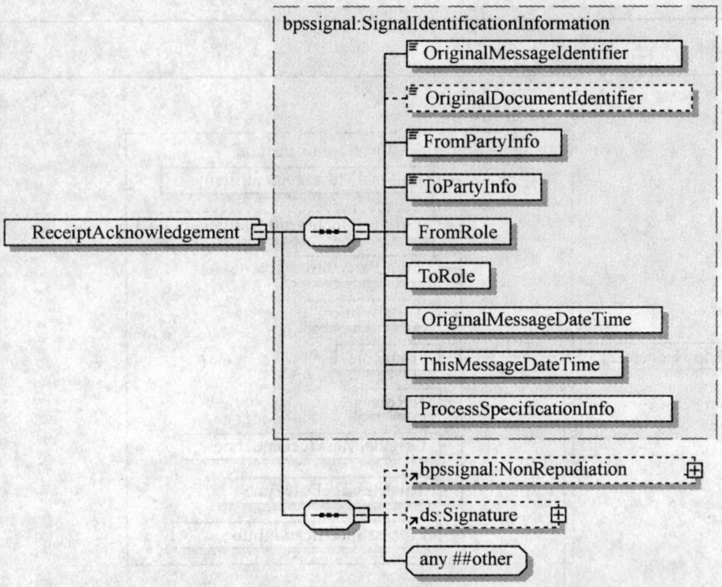
命名空间	http://www.untmg.org/BusinessProcess/BPSS_SIGNALS
类型	bpssignal:SignalIdentificationInformation 的扩展
子元素	OriginalMessageIdentifier OriginalDocumentIdentifier FromPartyInfo ToPartyInfo FromRole ToRole OriginalMessageDateTime ThisMessageDateTime ProcessSpecificationInfo bpssignal:NonRepudiationInformation ds:Signature

<table>
<tr><td>备注</td><td>这定义了需要向贸易伙伴发送接收确认信号作为业务报文的消息内容结构。请参考 BPSS 文档对接受确认信号的详细描述。前九个元素的描述可以参考信号标识信息的文档。如果抗抵赖信息在过程定义中被要求,则接收确认信号可以包括这些信息。抗抵赖信息包含用于构成被发送的请求消息的数据。每个“MessagePartNRinformation”通过使用 XML 数字签名规范所描述的“Reference”来描述由“MessagePartIdentifier”所标识的消息的抗抵赖信息。请求消息的每部分都应有相应的“MessagePartNRinformation”。如果必要的话,数字签名可以用于该信号报文,并且通过使用 XML 数字签名命名空间的“Signature”元素将数字签名包括在该信号报文中</td></tr>
<tr><td>源代码</td><td><xsd:element name="ReceiptAcknowledgment">
<xsd:complexType>
<xsd:complexContent>
<xsd:extension
base="bpssignal:SignalIdentificationInformation">
<xsd:sequence>
<xsd:element
ref="bpssinal:NonRepudiationInformation"
minOccurs="0"/>
<xsd:element ref="bpssignal:Signature"
minOccurs="0"/>
<xsd:any namespace="##other" minOccurs="0"/>
</xsd:sequence>
</xsd:extension>
</xsd:complexContent>
</xsd:complexType>
</xsd:element></td></tr>
</table>

7.3 接受确认信号模式

<table>
<tr><td>图</td><td>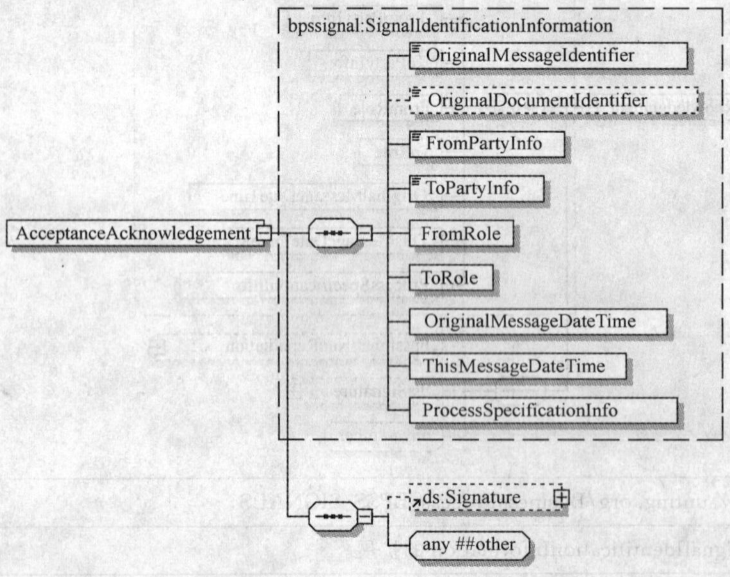
</td></tr>
<tr><td>命名空间</td><td>http://www.untmg.org/BusinessProcess/BPSS_SIGNALS</td></tr>
</table>

类型	bpssignal:Signal IdentificationInformation 的扩展
子元素	OriginalMessageIdentifier OriginalDocumentIdentifier FromPartyInfo FromRole ToRole OriginalMessageDateTime ThisMessageDateTime ProcessSpecification ds:Signature
备注	这定义了需要向贸易伙伴发送接受确认信号作为业务报文的消息内容结构。请参考 BPSS 文档对接受确认信号的详细描述。前九个元素的描述可以参考信号标识信息的文档。如果必要的话，数字签名可以用于该信号报文，并且通过使用 XML 数字签名命名空间的“Signature”元素将数字签名包括在该信号报文中
源代码	<xsd:element name="AcceptanceAcknowledgement"> <xsd:complexType> <xsd:complexContent> <xsd:extension base="bpssignal:SignalIdentificationInformation"> <xsd:sequence> <xsd:element name="bpssignal:Signature" minOccurs="0"/> <xsd:any namespace="##other" minOccurs="0"/> <xsd:sequence/> </xsd:complexContent> </xsd:complexType> </xsd:element>

7.4 异常信号模式

图	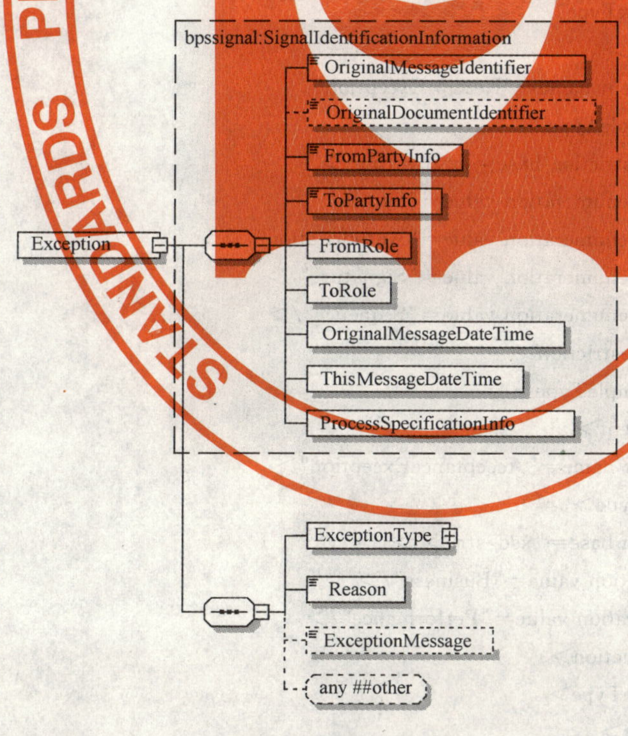
命名空间	http://www.untmg.org/BusinessProcess/BPSS_SIGNALS
类型	extension of bpssignal:SignalIdentificationInformation

<table>
<tr><td>子元素</td><td>OriginalMessageIdentifier OriginalDocumentIdentifier FromPartyInfo ToPartyInfo FromRole ToRole OriginalMessageDateTime ThisMessageDateTime ProcessSpecificationInfo ExceptionType Reason ExceptionMessage</td></tr>
<tr><td>备注</td><td>这定义了需要向贸易伙伴发送异常信号作为业务报文的消息内容结构。前九个元素的描述可以参考信号标识信息的文档。
“ExceptionType”用来标识二元协同执行期间所发生的各种异常。如果请求消息由于各种问题(如,业务消息的语法无效、未授权的过程执行、进入的消息的签名验证失败、不符合消息的次序等这样的“语法”“授权”、“签名”问题)导致否定接收确认,则基于协同执行了 BPSS 的运行处理引擎产生“接收异常”。
如果请求消息由于各种问题导致否定接受确认,则基于协同执行了 BPSS 的的运行处理引擎产生"接受异常”。参考可以发送否定接受确认的各种原因的规范。
如果在处理请求消息过程中处于不能进一步处理的状态,则基于协同执行了 BPSS 的的运行处理引擎产生“通用异常”。
“Reason”可以用来发送消息以传送异常产生的原因。“ExceptionMessage”可以包括对应的异常的描述消息</td></tr>
<tr><td>源代码</td><td>

```
<xsd:element name="Exception">
 <xsd:complexType>
 <xsd:complexContent>
  <xsd:extension
    base="bpssignal:SignalIdentificationInformation">
   <xsd:sequence>
    <xsd:element name="ExceptionType">
     <xsd:complexType>
     <xsd:choice>
      <xsd:element name="ReceiptException">
       <xsd:simpleType>
        <xsd:restriction base="xsd:string">
          <xsd:enumeration value="Syntax"/>
          <xsd:enumeration value="Authorization"/>
          <xsd:enumeration value="Signature"/>
          <xsd:enumeration value="Sequence"/>
        </xsd:restriction>
       </xsd:simpleType>
     </xsd:element>
    <xsd:element name="AcceptanceException">
    <xsd:simpleType>
   <xsd:restriction base="xsd:string">
    <xsd:enumeration value="Business"/>
    <xsd:enumeration value="Performance"/>
     </xsd:restriction>
    </xsd:simpleType>
    </xsd:element>
    <xsd:element name="GeneralException">
     <xsd:simpleType>
       <xsd:restriction base="xsd:string"/>
```

</td></tr>
</table>

源代码

```
        </xsd:simpleType>
       </xsd:element>
      </xsd:choice>
     </xsd:complexType>
    </xsd:element>
    <xsd:element name="Reason"
                 type="bpssignal:non-empty-string"/>
    <xsd:element name="ExceptionMessage"
                 type="bpssignal:non-empty-string"
                 minOccurs="0"/>
      <xsd:any namespace="##other" minOccurs="0"/>
      </xsd:sequence>
     </xsd:extension>
    </xsd:complexContent>
  </xsd:complexType>
</xsd:element>
```

8 EDI 支持

将会有一个可用的技术报告来描述 BPSS 的使用以便描述 EDI 交易。

9 生成规则

本节给出了 BPSS 的 UML 表示映射到 XML 表示的一套生成规则。

这些生成规则的主要目的是管理一次从 BPSS 的 UML 类图表示中生成 BPSS 的 XML Schema。

BPSS 的类图表示并不准备直接生成 ebXML 业务过程规范。然而，如果业务过程规范事实上作为该类图的一个实例而生成的话，则生成规则还应给出必要的说明性定义，以便把这样的实例转化为符合该 XML Schema 的业务过程规范的 XML 文档。这些生成规则对具体类、抽象类、聚合关系、特化关系以及单向关系进行了定义：

a) UML 中的类对应 XML 元素。

b) UML 中类的属性对应 XML 元素的属性。

注：没有对属性出现次数需求（必备型和可选型）以及属性的缺省值进行建模。

c) 特化类（从其他类继承而来的类）对应于含有基类所有属性及其聚合关系的 XML 元素。把重复出现的属性规范化为一次出现。

d) 抽象类没有对应的 XML Schema 元素。抽象类被继承并且表示为集合形式。一个聚合了抽象类的类，通常聚合了每个这样的特化类。

e) 聚合关系把聚合类当作具有适当基数的 XML 子元素。

f) 单向关系定义了发起类中的属性与该关联所指向的类的名称相同。属性类型称为“引用属性”，并且包含了它所指向的类的名称。被引用的类必须有一个“名称”属性。

g) 具有版类<<枚举>>的相同名称的类的属性数据类型对应 XML 属性枚举。枚举类没有清晰的关系。

h) 没有对应类的类属性数据类型（如时间，统一资源标识符，布尔型）对应于模式中的字符串。在 XML Schema 表示法中，这些数据类型映射为：

Time——xsd:duration;

URI——xsd:anyURI;

Boolean——xsd:boolean。

i) 每个类给出一个可选“Documentation”元素，该元素旨在对规范实例进行注释。没有对其进行建模。

附 录 A
（资料性附录）
业务过程规范模式实例

```xml
<? xml version="1.0" encoding="UTF-8"? >
<ProcessSpecification name="Simple" version="1.1" nameID="Simple-2434134"
xmlns="http://www.untmg.org/downloads/General/approved/BPSS-v1pt10.xsd"
xmlns:xsi="http://www.w3.org/2001/XMLSchema-instance"
xsi:schemaLocation="http://www.untmg.org/downloads/General/approved/BPSS-v1pt10.xsd
D:\BPSS-v1pt10.xsd">
    <! -- Business Documents -->
    <BusinessDocument name="Catalog Request"
        specificationLocation="http://www.xyx.com/CatalogReq.xsd"/>
    <BusinessDocument name="Catalog"
        specificationLocation="http://www.xyx.com/Catalog.xsd"/>
    <BusinessDocument name="Purchase Order"
        specificationLocation="http://www.xyx.com/PO.xsd"/>
    <BusinessDocument name="PO Acknowledgement"
        specificationLocation="http://www.xyx.com/POAck.xsd"/>
    <BusinessDocument name="Credit Request"
        specificationLocation="http://www.xyx.com/CreditReq.xsd"/>
    <BusinessDocument name="Credit Confirm"
        specificationLocation="http://www.xyx.com/CreditCon.xsd"/>
    <BusinessDocument name="ASN"
        specificationLocation="http://www.xyx.com/CatalogASN.xsd"/>
    <BusinessDocument name="CreditAdvice"
        specificationLocation="http://www.xyx.com/CreditAdvice.xsd"/>
    <BusinessDocument name="DebitAdvice"
        specificationLocation="http://www.xyx.com/DebitAdvice.xsd"/>
    <BusinessDocument name="Invoice"
        specificationLocation="http://www.xyx.com/Invoice.xsd"/>
    <BusinessDocument name="Payment"
        specificationLocation="http://www.xyx.com/Payment.xsd"/>
    <BusinessDocument name="Inventory Report Request"
        specificationLocation="http://www.xyx.com/InvReq.xsd"/>
    <BusinessDocument name="Inventory Report"
        specificationLocation="http://www.xyx.com/InvRep.xsd"/>
    <Package name="Ordering">
      <! -- Here are all the Business Transactions needed -->
      <BusinessTransaction name="Catalog Request">
        <RequestingBusinessActivity name="RequestCatalog">
          <DocumentEnvelope businessDocument="Catalog Request"/>
```

```
    </RequestingBusinessActivity>
    <RespondingBusinessActivity name="SendCatalog">
   <DocumentEnvelope isPositiveResponse="true"
    businessDocument="Catalog"/>
   </RespondingBusinessActivity>
 </BusinessTransaction>
 <BusinessTransaction name="Create Order">
   <RequestingBusinessActivity name="SendOrder"
    isNonRepudiationRequired="true"
    timeToAcknowledgeReceipt="P2D" timeToAcknowledgeAcceptance="P3D">
    <DocumentEnvelope businessDocument="Purchase Order"/>
   </RequestingBusinessActivity>
   <RespondingBusinessActivity name="SendPOAcknowledgement"
    isNonRepudiationRequired="true" timeToAcknowledgeReceipt="P5D">
    <DocumentEnvelope isPositiveResponse="true"
      businessDocument="POAcknowledgement"/>
    </RespondingBusinessActivity>
   </BusinessTransaction>
   <BusinessTransaction name="Check Credit ">
    <RequestingBusinessActivity name="CreditCheck">
      <DocumentEnvelope businessDocument="Credit Request"/>
    </RequestingBusinessActivity>
    <RespondingBusinessActivity name="ConfirmCredit">
      <DocumentEnvelope isPositiveResponse="true"
        businessDocument="Credit Confirm"/>
    </RespondingBusinessActivity>
   </BusinessTransaction>
   <BusinessTransaction name="Notify of advance shipment">
    <RequestingBusinessActivity name="AdvanceShipmentNotification">
      <DocumentEnvelope businessDocument="ASN"/>
    </RequestingBusinessActivity>
    <RespondingBusinessActivity name="ASNResponse"/>
   </BusinessTransaction>
   <BusinessTransaction name="Process Credit Payment">
    <RequestingBusinessActivity name="CreditPaymentProcess">
      <DocumentEnvelope businessDocument="CreditAdvice"/>
    </RequestingBusinessActivity>
    <RespondingBusinessActivity name="CreditPaymentProcessResponse">
      <DocumentEnvelope isPositiveResponse="true"
        businessDocument="DebitAdvice"/>
    </RespondingBusinessActivity>
   </BusinessTransaction>
   <BusinessTransaction name="Process Payment">
```

```
<RequestingBusinessActivity name="PaymentProcess">
    <DocumentEnvelope businessDocument="Invoice"/>
</RequestingBusinessActivity>
<RespondingBusinessActivity name="SendPayment">
  <DocumentEnvelope isPositiveResponse="true"
    businessDocument="Payment"/>
</RespondingBusinessActivity>
</BusinessTransaction>
<BusinessTransaction name="Request Inventory Report">
  <RequestingBusinessActivity name="">
    <DocumentEnvelope businessDocument="Inventory Report Request"/>
  </RequestingBusinessActivity>
  <RespondingBusinessActivity name="Inventory Report">
    <DocumentEnvelope businessDocument="Inventory Report"/>
  </RespondingBusinessActivity>
</BusinessTransaction>
<! -- Now the Binary Collaborations -->
<BinaryCollaboration name="Request Catalog"
    initiatingRoleIDREF="1122B1">
  <Role name="requestor" nameID="1122B1"/>
  <Role name="provider" nameID="2211A1"/>
  <Start toBusinessState="Catalog Request"/>
  <BusinessTransactionActivity name="Catalog Request"
    businessTransaction="Catalog Request"  fromRole="requestor"
    toRole="provider"/>
  <Success fromBusinessState="Catalog Request"
      conditionGuard="Success"/>
  <Failure fromBusinessState="Catalog Request"
      conditionGuard="Failure"/>
</BinaryCollaboration>
<BinaryCollaboration name="Firm Order" timeToPerform="P2D"
    initiatingRoleIDREF="1122B2">
  <Documentation>timeToPerform = Period:2 days from start of
      transaction</Documentation>
  <Role name="buyer" nameID="1122B2"/>
  <Role name="seller" nameID="1122B3"/>
  <Start toBusinessState="Create Order"/>
  <BusinessTransactionActivity name="Create Order"
      businessTransaction="Create Order"
      fromRole="buyer" toRole="seller"/>
  <Success fromBusinessState="Create Order" conditionGuard="Success"/>
  <Failure fromBusinessState="Create Order" conditionGuard="Failure"/>
</BinaryCollaboration>
```

```
<BinaryCollaboration name="Product Fulfillment" timeToPerform="P5D"
    initiatingRoleIDREF="1122B2">
  <Documentation>timeToPerform = Period:5 days from start of
      transaction</Documentation>
  <Role name="buyer" nameID="1122B2"/>
  <Role name="seller" nameID="1122B3"/>
  <Start toBusinessState="Create Order"/>
  <BusinessTransactionActivity name="Create Order"
      businessTransaction="Create Order"  fromRole="buyer"
      toRole="seller"/>
  <BusinessTransactionActivity name="Notify shipment"
      businessTransaction="Notify of advance shipment" fromRole="seller"
      toRole="buyer"/>
  <Success fromBusinessState="Notify shipment"
      conditionGuard="Success"/>
  <Failure fromBusinessState="Notify shipment"
      conditionGuard="Failure"/>
  <Transition fromBusinessState="Create Order"
      toBusinessState="Notify shipment"/>
</BinaryCollaboration>
<BinaryCollaboration name="Inventory Status"
    initiatingRoleIDREF="1122B1">
  <Role name="requestor" nameID="1122B1"/>
  <Role name="provider" nameID="2211A1"/>
  <Start toBusinessState="Inventory Report Request"/>
  <BusinessTransactionActivity name="Inventory Report Request"
      businessTransaction="Inventory Report Request"
      fromRole="requestor" toRole="provider"/>
  <Success fromBusinessState=" Inventory Report Request "
      conditionGuard="Success"/>
  <Failure fromBusinessState=" Inventory Report Request "
      conditionGuard="Failure"/>
</BinaryCollaboration>
<BinaryCollaboration name="Credit Inquiry" initiatingRoleID="9122B1">
  <Role name="creditor" nameID="9122B1"/>
  <Role name="credit service" nameID="8122B1"/>
  <Start toBusinessState="Check Credit"/>
  <BusinessTransactionActivity name="Check Credit"
      businessTransaction="Check Credit"
      fromRole="creditor" toRole="credit service"/>
  <Success fromBusinessState="Check Credit" conditionGuard="Success"/>
  <Failure fromBusinessState="Check Credit" conditionGuard="Failure"/>
</BinaryCollaboration>
```

```
<BinaryCollaboration name="Credit Payment"
    initiatingRoleIDREF="6122B1">
  <Role name="payee" nameID="6122B1"/>
  <Role name="payor" nameID="7122B1"/>
  <Start toBusinessState="Process Credit Payment"/>
  <BusinessTransactionActivity name="Process Credit Payment"
      businessTransaction="Process Credit Payment" fromRole="payee"
      toRole="payor"/>
  <Success fromBusinessState="Process Credit Payment"
      conditionGuard="Success"/>
  <Failure fromBusinessState="Process Credit Payment"
      conditionGuard="Failure"/>
</BinaryCollaboration>
<! -- A compound BinaryCollaboration for illustration purposes -->
<BinaryCollaboration name="Credit Charge"
    initiatingRoleIDREF="8132B1">
  <Role name="charger" nameID="8132B1"/>
  <Role name="credit service" nameID="8122B1"/>
  <Start toBusinessState="Credit Inquiry"/>
  <CollaborationActivity name="Credit Inquiry"
      binaryCollaboration="Credit Inquiry"
      fromRole="charger" toRole="credit service"/>
  <CollaborationActivity name="Credit Payment"
      binaryCollaboration="Credit Payment"
      fromRole="charger" toRole="payor"/>
  <Success fromBusinessState="Credit Payment"
      conditionGuard="Success"/>
  <Failure fromBusinessState="Credit Payment"
      conditionGuard="Failure"/>
  <Transition fromBusinessState="Credit Inquiry"
      toBusinessState="Credit Payment"/>
</BinaryCollaboration>
<BinaryCollaboration name="Fulfillment Payment"
    initiatingRoleIDREF="6122B1">
  <Role name="payee" nameID="6122B1"/>
  <Role name="payor" nameID="7122B1"/>
  <Start toBusinessState="Process Payment"/>
  <BusinessTransactionActivity name="Process Payment"
      businessTransaction="Process Payment" fromRole="payee"
      toRole="payor"/>
  <Success fromBusinessState="Process Payment"
      conditionGuard="Success"/>
  <Failure fromBusinessState="Process Payment"
```

```
        conditionGuard="Failure"/>
    </BinaryCollaboration>
    <! -- First the overall MultiParty Collaboration -->
    <MultiPartyCollaboration name="DropShip">
      <BusinessPartnerRole name="Customer">
        <Performs role="requestor" roleIDREF="1122B1"/>
        <Performs role="buyer" roleIDREF="1122B2"/>
        <Transition fromBusinessState="Catalog Request"
            toBusinessState="Create Order"/>
      </BusinessPartnerRole>
     <BusinessPartnerRole name="Retailer">
       <Performs role="provider" roleIDREF="2211A1"/>
       <Performs role="seller" roleIDREF="1122B3"/>
       <Performs role="creditor" roleIDREF="9122B1"/>
       <Performs role="buyer" roleIDREF="1122B2"/>
       <Performs role="payee" roleIDREF="6122B1"/>
       <Performs role="payor" roleIDREF="7122B1"/>
       <Performs role="requestor" roleIDREF="1122B1"/>
       <Transition fromBusinessState="Create Order" toBusinessState="Check Credit"/>
       <Transition fromBusinessState="Check Credit" toBusinessState="Credit Payment"/>
     </BusinessPartnerRole>
     <BusinessPartnerRole name="DropShip Vendor">
       <Performs role="seller" roleIDREF="1122B3"/>
       <Performs role="payee" roleIDREF="6122B1"/>
       <Performs role="provider" roleIDREF="2211A1"/>
     </BusinessPartnerRole>
     <BusinessPartnerRole name="Credit Authority">
       <Performs role="credit service" roleIDREF="8122B1"/>
       <Performs role="payor" roleIDREF="7122B1"/>
     </BusinessPartnerRole>
    </MultiPartyCollaboration>
  </Package>
</ProcessSpecification>
```

附 录 B
（资料性附录）
XML 信号样例


```
<? xml version="1.0" encoding="UTF-8"? >
<bpssignal:ReceiptAcknowledgment
xmlns:bpssignal="http://www.untmg.org/BusinessProcess/BPSS_SIGNALS"
xmlns:ds="http://www.w3.org/2000/09/xmldsig#"
xmlns:xsd="http://www.w3.org/2001/XMLSchema-instance"
xmlns:xlink="http://www.w3.org/1999/xlink"
xsd:schemaLocation="http://www.untmg.org/BusinessProcess/BPSS_SIGNALS BPSS_Signals.
xsd">
    <bpssignal:OriginalMessageIdentifier>MessageIdentifier-1</bpssignal:OriginalMessageIdenti-
        fier>
    <bpssignal:FromPartyInfo
      bpssignal:type="DUNS.com">PartyA</bpssignal:FromPartyInfo>
    <bpssignal:ToPartyInfo
      bpssignal:type="DUNS.com">PartyB</bpssignal:ToPartyInfo>
    <bpssignal:FromRole bpssignal:name="Buyer" xlink:type="simple"
      xlink:href="http://www.rosettanet.org/processes/3A4.xml#Buyer"/>
    <bpssignal:ToRole bpssignal:name="Seller" xlink:type="simple"
      xlink:href="http://www.rosettanet.org/processes/3A4.xml#Seller"/>
    <bpssignal:OriginalMessageDateTime>2002-03-05T19:00:00</bpssignal:OriginalMessageDa-
        teTime>
    <bpssignal:ThisMessageDateTime>2002-03-05T20:00:00</bpssignal:ThisMessage
        DateTime>
    <bpssignal:ProcessSpecificationInfo bpssignal:version="2.0"
      bpssignal:name="PIP3A4RequestPurchaseOrder" xlink:type="simple"
      xlink:href="http://www.rosettanet.org/processes/3A4.xml"
      bpssignal:nameID="urn:icann:rosettanet.org:bpid:3A4$2.0"/>
    <bpssignal:NonRepudiationInformation>
     <bpssignal:MessagePartNRInformation>
      <ds:Reference ds:URI="cid://Message-Part-1">
       <ds:DigestMethod
        ds:Algorithm="http://www.w3.org/2000/09/xmldsig#sha1"/>
      <ds:DigestValue>R0lGODlhcgGSALMAAAQCAEMmCZtuMFQxDS8bd012</ds:
          DigestValue>
     </ds:Reference>
    </bpssignal:MessagePartNRInformation>
  <bpssignal:MessagePartNRInformation>
   <ds:Reference ds:URI="cid://Message-Part-2">
   <ds:DigestMethod
```

```
  ds:Algorithm="http://www.w3.org/2000/09/xmldsig#sha1"/>
    <ds:DigestValue>afde1AbcgGSALMAAAQCAEMmCZtuMFQxDS8be</ds:DigestValue>
   </ds:Reference>
  </bpssignal:MessagePartNRInformation>
  <bpssignal:MessagePartNRInformation>
   <bpssignal:MessagePartIdentifier>Message-Part-3</bpssignal:MessagePartIdentifier>
  </bpssignal:MessagePartNRInformation>
 </bpssignal:NonRepudiationInformation>
</bpssignal:ReceiptAcknowledgment>

<?xml version="1.0" encoding="UTF-8"?>
<bpssignal:AcceptanceAcknowledgment
xmlns:bpssignal="http://www.untmg.org/BusinessProcess/BPSS_SIGNALS"
xmlns:xsd="http://www.w3.org/2001/XMLSchema-instance"
xmlns:xlink="http://www.w3.org/1999/xlink"
xsd:schemaLocation="http://www.untmg.org/BusinessProcess/BPSS_SIGNALSBPSS_Signals.
xsd">
  <bpssignal:OriginalMessageIdentifier>MessageIdentifier-1</bpssignal:OriginalMessage
      Identifier>
  <bpssignal:FromPartyInfo
    bpssignal:type="DUNS.com">PartyA</bpssignal:FromPartyInfo>
  <bpssignal:ToPartyInfo
    bpssignal:type="DUNS.com">PartyB</bpssignal:ToPartyInfo>
  <bpssignal:FromRole bpssignal:name="Buyer" xlink:type="simple"
    xlink:href="http://www.rosettanet.org/processes/3A4.xml#Buyer"/>
  <bpssignal:ToRole bpssignal:name="Seller" xlink:type="simple"
    xlink:href="http://www.rosettanet.org/processes/3A4.xml#Seller"/>
  <bpssignal:OriginalMessageDateTime>2002-03-05T19:00:00</bpssignal:OriginalMessageDate-
     Time>
  <bpssignal:ThisMessageDateTime>2002-03-05T20:00:00</bpssignal:ThisMessageDateTime>
  <bpssignal:ProcessSpecificationInfo bpssignal:version="2.0"
    bpssignal:name="PIP3A4RequestPurchaseOrder" xlink:type="simple"
    xlink:href="http://www.rosettanet.org/processes/3A4.xml"
    bpssignal:nameID="urn:icann:rosettanet.org:bpid:3A4$2.0"/>
</bpssignal:AcceptanceAcknowledgment>

<?xml version="1.0" encoding="UTF-8"?>
<bpssignal:Exception
xmlns:bpssignal="http://www.untmg.org/BusinessProcess/BPSS_SIGNALS"
xmlns:xsd="http://www.w3.org/2001/XMLSchema-instance"
xmlns:xlink="http://www.w3.org/1999/xlink"
xsd:schemaLocation="http://www.untmg.org/BusinessProcess/BPSS_SIGNALSBPSS_Signals.
xsd">
```

```
    <bpssignal:OriginalMessageIdentifier>MessageIdentifier-1</bpssignal:OriginalMessageIdenti-
        fier>
    <bpssignal:FromPartyInfo
        bpssignal:type="DUNS.com">PartyA</bpssignal:FromPartyInfo>
    <bpssignal:ToPartyInfo
        bpssignal:type="DUNS.com">PartyB</bpssignal:ToPartyInfo>
    <bpssignal:FromRole bpssignal:name="Buyer" xlink:type="simple"
        xlink:href="http://www.rosettanet.org/processes/3A4.xml#Buyer"/>
    <bpssignal:ToRole bpssignal:name="Seller" xlink:type="simple"
        xlink:href="http://www.rosettanet.org/processes/3A4.xml#Seller"/>
    <bpssignal:OriginalMessageDateTime>2002-03-05T19:00:00</bpssignal:OriginalMessageDa-
        teTime>
    <bpssignal:ThisMessageDateTime>2002-03-05T20:00:00</bpssignal:ThisMessage
        DateTime>
    <bpssignal:ProcessSpecificationInfo bpssignal:version="2.0"
        bpssignal:name="PIP3A4RequestPurchaseOrder" xlink:type="simple"
        xlink:href="http://www.rosettanet.org/processes/3A4.xml"
        bpssignal:nameID="urn:icann:rosettanet.org:bpid:3A4$2.0"/>
    <bpssignal:ExceptionType>
        <bpssignal:ReceiptException>Signature</bpssignal:ReceiptException>
    </bpssignal:ExceptionType>
    <bpssignal:Reason>State transition failure</bpssignal:Reason>
    <bpssignal:ExceptionMessage>
        Signature Validation Failed for request message
    </bpssignal:ExceptionMessage>
</bpssignal:Exception>
```

ICS 35.240
L 67

中华人民共和国国家标准

GB/T 19256.9—2006

基于XML的电子商务
第9部分:核心构件与业务信息实体规范

Electronic business eXtensible Markup Language(ebXML)—
Part 9: Core components and information entities specification

(ISO/TS 15000-5:2005, Electronic business eXtensible Markup Language(ebXML)—Part 5: ebXML core components technical specification, Version 2.01(ebCCTS), MOD)

2006-09-18 发布　　2007-03-01 实施

中华人民共和国国家质量监督检验检疫总局
中国国家标准化管理委员会　发布

前　言

GB/T 19256《基于 XML 的电子商务》目前分为下列 9 个部分：

——第 1 部分：技术体系结构；

——第 2 部分：协同规程轮廓与协议规范；

——第 3 部分：消息服务规范；

——第 4 部分：注册系统信息模型规范；

——第 5 部分：注册服务规范；

——第 6 部分：业务过程规范模式；

——第 7 部分：业务过程构件设计规则；

——第 8 部分：报文设计规则；

——第 9 部分：核心构件与业务信息实体规范。

将来还可能增加新的部分。

本部分为 GB/T 19256 的第 9 部分。

本部分修改采用 ISO/TS 15000-5:2005《基于 XML 的电子商务　第 5 部分：核心构件技术规范》2.01 版。

本部分与 ISO/TS 15000-5:2005《基于 XML 的电子商务　第 5 部分：核心构件技术规范》2.01 版主要差异如下：

——按照国家标准的编写格式要求对原文的一些章条做了适当的调整；

——将原文第 4 章第 1 段部分内容和 4.5 内容调整到引言中；

——将原文第 4 章第 1 段部分内容和 4.1 中第 1 段内容调整到第 1 章范围中；

——原文中第 5 章内容调整到附录 A 中；

——对原文中一些错误地方进行了改正；

——将规范性引用文件或原文中引用的部分国际标准更改为相应的中华人民共和国国家标准。

本部分的附录 A 为资料性附录。

本部分由中国标准化研究院提出。

本部分由全国电子业务标准化技术委员会归口。

本部分起草单位：中国标准化研究院、交通部水运所、中国国际电子商务中心、中科院软件所。

本部分主要起草人：刘颖、刘碧松、魏宏、章建方、陈煌、任冠华、孙文峰、胡涵景。

引　言

传统上，业务数据交换的标准主要集中在静态信息的定义上，而这些静态信息的定义无法达到令人满意的互操作性和业务交易的灵活性。因此需要一种更加灵活的、可互操作的业务语义标准化方法。

本部分给出一种标识、捕获和最大化重用业务信息的方法，支持和促进跨多业务情形的信息互操作。本部分主要内容规定了既满足人类可读又便于机器处理的信息表示方法。

本部分所述的核心构件方法使用语法中性的方式进行语义标准化，因此比该领域现有标准更灵活方便。核心构件作为 ebXML 框架的一个组成部分有助于确保使用不同语法（如：XML 和 UN/EDIFACT）的两个贸易伙伴以相同方式使用业务语义，而这两种语法都基于相同的核心构件。这样能够在跨语法、跨行业和跨地区的不同报文间形成清晰的映射。

UN/CEFACT 业务过程和核心构件解决方案获得了关于报文语义和结构中出现不同变体的原因，过去，这些不同变体会引起不兼容性，但核心构件机制会根据这些原因对语义模型间的相似性和差异性做出确切标识，这样，不兼容性会变得很少而不是大量存在，即：可以注释出详细的差异，而不是由于不可兼容而舍弃整个模型。

本部分为业务分析人员、业务用户和信息技术专家的标准开发工作奠定了基础，给出了核心构件库（CCL）的内容和实施应用。CCL 存储在存储库中并在符合 ebXML 的注册系统中被标识。

基于XML的电子商务
第9部分:核心构件与业务信息实体规范

1 范围

本部分给出了解决在电子商务领域各应用系统之间缺乏信息互操作性问题的方法。规定了用以表达业务数据类型的通用语义构筑块的设计方法,以及新业务词汇的生成和现有业务数据的重构方法。

本部分适用于在开放的全球环境中,企业、政府机构和/或其他组织之间进行业务信息共享或交换。核心构件用户群包括在不同的组织之间进行业务信息互操作的业务人员、业务文档/数据/过程的建模者和系统开发人员,也适用于基于Internet和Web的信息交换和传统EDI系统间进行的交互式和批式业务数据交换。

2 规范性引用文件

下列文件中的条款通过GB/T 19256的本部分的引用而成为本部分的条款。凡是注日期的引用文件,其随后所有的修改单(不包括勘误的内容)或修订版均不适用于本部分,然而,鼓励根据本部分达成协议的各方研究是否可使用这些文件的最新版本。凡是不注日期的引用文件,其最新版本适用于本部分。

GB/T 2659 世界各国和地区名称代码(GB/T 2659—2000,eqv ISO 3166-1:1997)

GB/T 4880.1 语种名称代码 第1部分:2字母代码(GB/T 4880.1—2005,ISO 639-1:2002,MOD)

GB/T 4880.2 语种名称代码 第2部分:3字母代码(GB/T 4880.2—2000,eqv ISO 639-2:1998)

GB/T 7408 数据元和交换格式 信息交换 日期和时间的表示法(GB/T 7408—2005,ISO 8601:2000,IDT)

GB/T 12406 表示货币和资金的代码(GB/T 12406—1996,idt ISO 4217:1990)

GB/T 16833 用于行政、商业和运输业电子数据交换的代码表(GB/T 16833—2002,UN/EDIFACT Part5 Chapter 6D97B,IDT)

GB/T 17295 国际贸易用计量单位代码

GB/T 18391.1—2002 信息技术 数据元的规范与标准化 第1部分:数据元的规范与标准化框架(ISO/IEC 11179-1:1999,IDT)

GB/T 18391.2—2003 信息技术 数据元的规范与标准化 第2部分:数据元的分类(ISO/IEC 11179-2:2000,IDT)

GB/T 18391.3—2001 信息技术 数据元的规范与标准化 第3部分:数据元的基本属性(idt ISO/IEC 11179-3:1994)

GB/T 18391.4—2001 信息技术 数据元的规范与标准化 第4部分:数据定义的编写规则与指南(idt ISO/IEC 11179-4:1995)

GB/T 18391.5—2001 信息技术 数据元的规范与标准化 第5部分:数据元的命名和标识原则(idt ISO/IEC 11179-5:1995)

GB/T 18391.6—2001 信息技术 数据元的规范与标准化 第6部分:数据元的登记(idt ISO/IEC 11179-6:1997)

3 术语、定义和符号

3.1 术语和定义

下列术语和定义适用于本部分。

3.1.1

聚合业务信息实体 aggregate business information entity;ABIE

由相互关联的若干条业务信息组成的集合,它表达了特定语境中清晰的业务含义。如果采用建模语言来表述,它表达了特定业务语境中的一个对象类。

3.1.2

聚合核心构件 aggregate core component;ACC

由相互关联的若干条业务信息组成的集合,它表达了清晰的业务含义,独立于任何特定业务语境。如果用建模术语来表达,它代表独立于任何特定业务语境的一个对象类。

3.1.3

组合规则 assembly rules

将未限定的业务信息实体组合成更大结构的一组规则。

3.1.4

关联业务信息实体 association business information entity;ASBIE

表示特定业务语境中特定对象类的复合业务特性的业务信息实体。它有唯一的业务语义定义。ASBIE 表示关联业务信息实体特性,并与具有相同结构的 ABIE 相关联。ASBIE 从 ASCC 衍生而来。

3.1.5

关联业务信息实体特性 association business information entity property

一种允许值用复合结构表达的业务信息实体特性,该复合结构可以用一个聚合业务信息实体描述。

3.1.6

关联核心构件 association core component;ASCC

构成特定 ACC 的一个复合业务特性(该 ACC 代表了一个对象类)的一种核心构件。ASCC 有唯一的业务语义定义。它表示了 ACC 中的关联核心构件特性并与一个描述其结构的 ACC 相关联。

3.1.7

关联核心构件特性 association core component property

一种允许值用复合结构表达的核心构件特性,该复合结构可以用一个聚合核心构件描述。

3.1.8

属性 attribute

实体的所有实例或部分实例具备的指定值或关系,并与实例有直接的关联。

3.1.9

基本业务信息实体 basic business information entity;BBIE

表示特定业务语境中特定对象类的单一业务特性的业务信息实体。它有唯一的业务语义定义。BBIE 表示基本业务信息实体特性,因此与描述其值的数据类型(DT)相关联。BBIE 从 BCC 衍生而来。

3.1.10

基本业务信息实体特性 basic business information entity property

其允许值用单个值来表达的一种业务信息实体特性,该单个值可以用一个数据类型来描述。

3.1.11

基本核心构件 basic core component;BCC

构成特定 ACC 的一个单一业务特性(该 ACC 代表了一个对象类)的一种 CC。BCC 有唯一的业务语义定义。它表示了 ACC 中的基本核心构件特性，因此属于一种数据类型(DT)(该 DT 定义了其值的集合)。BCC 可作为 ACC 的特性使用。

3.1.12

基本核心构件特性　basic core component property

其允许值用一个单一值表达的核心构件特性，该单一值可以用一个数据类型描述。

3.1.13

业务语境　business context

用一组语境类目的值标识的特定业务环境的形式化描述，可以唯一区分不同的业务环境。

3.1.14

业务信息实体　business information entity; BIE

带有唯一业务语义定义的一条业务数据或一组业务数据。BIE 可以是 BBIE、ASBIE 或 ABIE。

3.1.15

业务信息实体特性　business information entity property

特定业务语境中对象类所具有的业务特性，该对象类由一个聚合业务信息实体描述。

3.1.16

业务库　business libraries

经核准的、某一类业务(如装运、保险)的业务模型的集合。

3.1.17

业务过程　business process

UN/CEFACT 通用业务过程目录中定义的业务过程。

3.1.18

业务过程语境　business process context

业务过程的名称，UN/CEFACT 通用业务过程目录中有所定义，用户也可以扩展。

3.1.19

业务过程角色语境　business process role context

开展特定业务过程的角色，UN/CEFACT 通用业务过程目录中有所定义。

3.1.20

业务语义　business semantic(s)

从业务视角所看到的词的精确含义。

3.1.21

业务术语　business term

核心构件或业务信息实体在业务中被人熟知或使用的同义词。一个核心构件或业务信息实体可以有几个业务术语或同义词。

3.1.22

约束条件　cardinality

指明某个特征是可选型、必备型和/或是可重复特征的一个指示符。

3.1.23

业务信息实体目录　catalogue of business information entities

在核心构件发现过程中挑选出的，且经核准的业务信息实体的集合。

3.1.24

子核心构件　child core component

一种用到大的聚合结构中并作为其中一部分的核心构件。

3.1.25

分类方案　classification scheme

用来描述一个特定的语境类目的正式方案。

3.1.26

限制语言　constraint language

特定语境中所发生行为的形式化描述。这些行为的目的是为了组配、从结构上和语义上对核心构件进行限制。在特定语境中将限制语言应用到核心构件集的结果是将其变成了业务信息实体。

3.1.27

内容构件　content component

一种用来表达核心构件类型内容的基本类型。

3.1.28

内容构件限制　content component restrictions

针对内容构件可能的值所做的格式限制的正式定义。

3.1.29

语境　context

使用业务过程的环境的定义，通过一组名为业务语境的语境类目来规定。

3.1.30

语境类目　context category

由表达业务环境特征的一个或多个相关值构成的集合。

3.1.31

语境规则　context rules construct

一套如何将语境应用到核心构件上的规则。

3.1.32

受控词　controlled vocabulary

用来唯一定义可能不明确的词或业务术语的补充词。它可以保证核心构件名称和定义中每一个词的连续性、无歧义性和精确性。

3.1.33

核心构件　core component；CC

一种用来构建具有一定含义且语义正确的信息交换包的构筑块。它仅包含描述一个特定概念所必需的信息。

3.1.34

核心构件目录　core component catalogue

在开发和初步测试本标准过程中分析得到的每一个核心构件的所有元数据集合。由于未建立永久注册系统/存储库，该集合是临时性的。

3.1.35

核心构件字典　core component dictionary

核心构件目录的一个摘录，该目录通过核心构件的字典条目名称、构件的各组成部分和定义提供了核心构件的现成的参考。

3.1.36

核心构件库　core component library

注册系统或存储库的一部分，核心构件均以注册类的方式存储其中。核心构件库包括了所有的核心构件类型、基本核心构件、聚合核心构件、基本业务信息实体和聚合业务信息实体。

3.1.37

核心构件特性　core component property

对象类的业务特征，该对象类一般用聚合核心构件表达。

3.1.38

核心构件类型　core component type;CCT

由一个内容构件(有且仅有一个)和一个或多个辅助构件组成的一种核心构件，其中内容构件给出了实际内容，辅助构件对内容构件给出了实质性的补充定义。核心构件类型没有业务语义。

3.1.39

数据类型　data type;DT

规定了用于特定 BCC 特性或 BBIE 特性的有效值的集合。数据类型通过对 CCT 规定约束条件来定义。

3.1.40

定义　definition

核心构件、业务信息实体、业务语境或数据类型的一个唯一语义含义。

3.1.41

字典条目名称　dictionary entry name

核心构件、业务信息实体、业务语境或数据类型在字典中的唯一正式名称。

3.1.42

地理政治语境　geopolitical context

影响业务语义的地理因素，如地址的结构。

3.1.43

行业分类语境　industry classification context

影响业务语义的贸易伙伴所属的行业因素，如不同行业使用的产品标识方案。

3.1.44

信息实体　information entity

一个用于交换业务信息的、可重用的语义构筑块。

3.1.45

命名约定　naming convention

如何为核心构件和业务信息实体赋予规范名称的一套规则。

3.1.46

对象类　object class

在逻辑数据模型中，一个数据元所属的逻辑数据聚类。对象类代表了特定语境中的一个活动或对象，它是核心构件规范名称中的一部分。

3.1.47

对象类词　object class term

核心构件或业务信息实体名称的组成部分，并代表了它所属的对象类。

3.1.48

官方限制语境　official constraints context

影响业务语义的法律和政府因素，如装运货物时法律规定须声明危险品信息。

3.1.49

顺序　order

在限制语言中，语境规则构成的特性，该语境规则构成把一种序列用到一套规则的应用中，两个规则构成对于特性的顺序不能有相同的值。

3.1.50

基本类型　primitive type

用于值的表示，其可能值是 string(字符串)、decimal(数值)、integer(整型)、boolean(布尔型)、date(日期型)和 binary(二进制)。

3.1.51

产品分类语境　product classification context

影响被交换、处理或支付等物品或服务结果语义的因素(如：与材料对应的咨询服务的购买)。

3.1.52

特性　property

对某个对象类所有组成成分的共同特点。

3.1.53

特性词　property term

用核心构件特性表示的对象类特征的一种有语义含义的名称。特性词用作表示该核心构件特性的基本和关联核心构件字典条目名称的基础。

3.1.54

限定词　qualifier term

一个或一组有助于把一个字词从相关字词(如：从 CC、CCT、另一个 BIE 或 DT)中定义和区分出来的词。

3.1.55

注册类　registry class

需要记录在 CC、BIE、DT 或 BC 注册库中所有信息的正式定义。

3.1.56

表示词　representation term

BCC 或 BIE 的有效值的类型。

3.1.57

补充构件　supplementary component

CCT 内容构件的附加含义。

3.1.58

补充构件约束　supplementary component restrictions

用于对补充构件可能值进行格式约束的正式定义。

3.1.59

支撑角色语境　supporting role context

涉及非贸易伙伴角色的语义影响(如：在卖方到买方的订单应答中，第三方托运人所需的数据)。

3.1.60

语法绑定　syntax binding

用特定语法表达 BIE 的过程。

3.1.61

系统能力语境　system capabilities context

捕捉系统限制的语境类(如：仅以某种形式支持地址的现有后台办公系统)。

3.1.62

UMM(UN/CEFACT 建模方法学)信息实体　UMM information entity

在业务交易中，UMM 信息实体实现了进行业务活动的贸易伙伴交换的结构化的信息，信息实体通过关联来包括或影响其他信息实体。

3.1.63

唯一标识符　unique identifier

以一种通用的和明确的方式引用一个注册类实例的标识符。

3.1.64

使用规则　usage rules

描述了如何和/或何时使用注册类。

3.1.65

用户群　user community

一组具有公开的联系地址、可以定义与其业务领域有关的语境梗概的实践者。用户群内的用户不能创建、定义或管理其个性的语境需求，而是要符合用户群标准。这样的一个用户群应紧密靠近其他用户群和标准制定体，以避免工作交叉。用户群可以像两个统一到一起的组织一样小。

3.1.66

版本　version

CC、DT、BC或BIE实例随时间不断发展的一种标记。

3.1.67

XML模式　XML schema

指出哪些元素允许出现在XML文档中以及它们以何种方式组合的元素名称的形式规范。它定义文档的结构，如哪些元素是其他元素的子元素，子元素出现的顺序以及子元素的数目。它还可定义元素为空还是包括文本，同时还能定义属性的缺省值。

3.2　符号

下列符号适用于本部分。

【Rn】：为了确保核心构件(CC)被正确发现、命名和存储，而要求一致性验证的规则的标识。其中：

R＝A时，表示一致性规则；

R＝B时，表示业务信息实体(BIE)规则；

R＝C时，表示CC规则；

R＝D时，表示数据类型(DT)规则；

R＝S时，表示存储规则。

注：(1..n)表示规则的序列号。这些规则都是规范性的。为了确保本部分不同版本间的连续性，已删除的规则号不再重新使用，任何新规则都应分配到一个新的号码——而不考虑其在所处规范中的位置。

4　一致性

如果应用程序符合本部分的内容、规则和定义，则认为该应用程序与本部分完全一致。

【A1】一致性应通过遵守本部分的内容、规则和定义来确定。

5　关键概念

5.1　核心构件的关键概念

5.1.1　CC的类型

CC是一种语义构筑块，也是构建所有电子业务报文的基础。本部分的CC包括四种不同类型：CCT、BCC、ASCC和ACC。它们的定义分别见3.1.38、3.1.11、3.1.6和3.1.2。

5.1.2　CC的示例

5.1.2.1　ASCC的示例

ASCC的示例见图1。

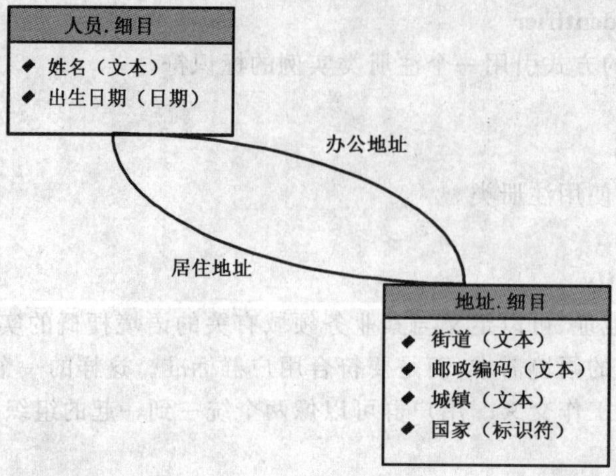

图1 ASCC的示例

图1给出了两个ACC:“人员.细目”和“地址.细目”。每个ACC有许多特性(即:业务特性)。“人员.细目”ACC有4个特性,分别为“姓名”、“出生日期”、“居住地址”和“办公地址”。“地址.细目”ACC也有4个特性,分别为“街道”、“邮政编码”、“城镇”和“国家”。

这些特性大多数是表示了单一的业务特性的BCC,它们的值用数据类型(DT)来定义。“姓名”、“街道”、“邮政编码”和“城镇”是“文本”数据类型,“出生日期”是“日期”数据类型,“国家”是“标识符”数据类型。

除了上述特性外,ACC中的其他特性是ASCC。它们表示了复合业务特性,因此其结构由其他ACC来定义。“居住地址”和“办公地址”都是ASCC,其结构用“地址.细目”来定义。

因此,通过本示例导出下列CC:

——人员.细目(ACC);

——人员.姓名.文本(BCC);

——人员.出生日期(BCC);

——人员.居住地址(ASCC);

——人员.办公地址(ASCC);

——地址.细目(ACC);

——地址.街道.文本(BCC);

——地址.邮政编码.文本(BCC);

——地址.城镇.文本(BCC);

——地址.国家.标识符(BCC)。

5.1.2.2 CCT的示例

对“金额.类型”这样的CCT,比如其内容构件的值为“12”,“12”本身没有语义含义。但“12欧元”就有含义了,此处,“欧元”是对内容构件进行附加定义的补充构件。

5.1.2.3 ACC的示例

名称:财务账户.细目[1)]

定义:银行或其他机构通过为客户存放资金所提供的服务。

BCC:

---

1) 参见6.1.4中CC命名的详细规则。

——财务账户.标识符；
——财务账户.名称；
——财务账户.国家.标识符；
——财务账户.产品类型.标识符；
——财务账户.别名.名称。

5.1.3 各类CC元素之间的关系

各类CC元素之间的关系如图2所示。

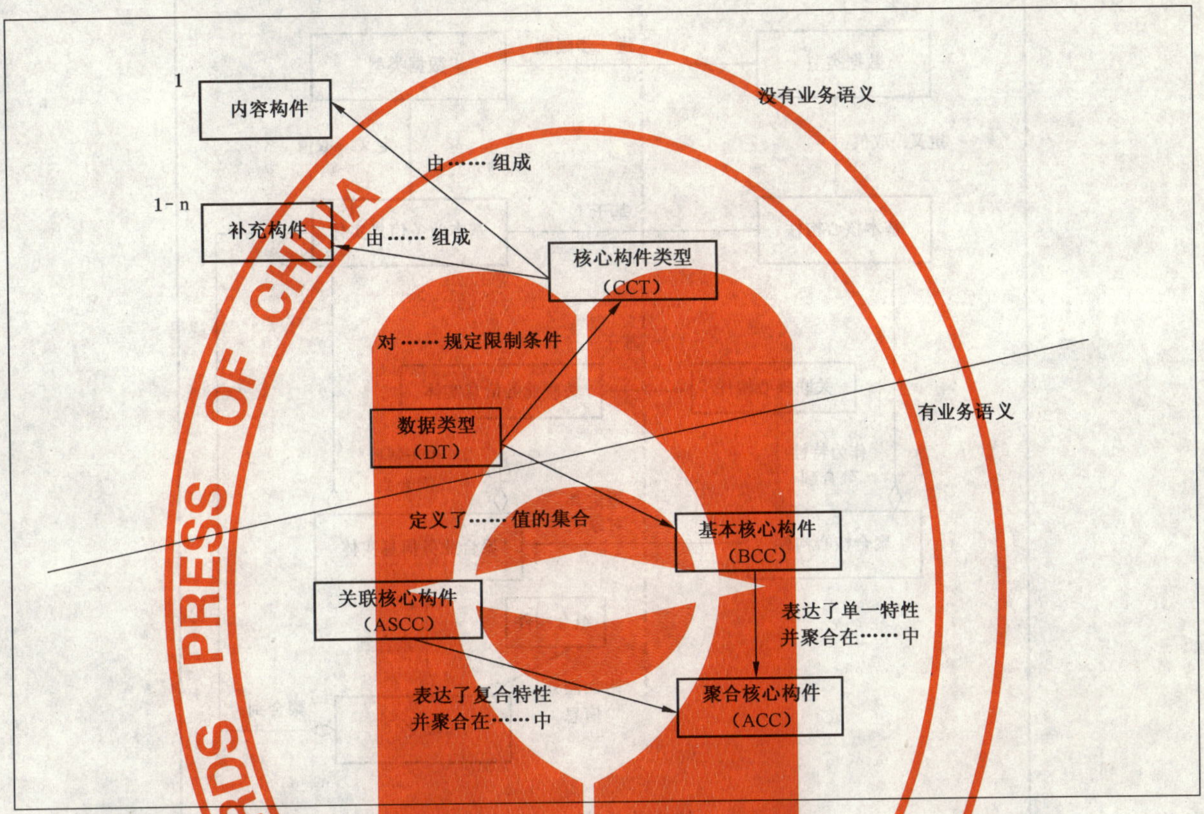

图2 CC概览

5.2 业务信息实体的关键概念

5.2.1 CC与业务信息实体(BIE)之间的关系

当在实际的业务环境中使用CC时，它就成为了BIE，BIE是CC用在特定业务语境(3.1.13)中的结果。

CC与BIE之间的主要差异在于有无业务语境。业务语境是CC在特定的业务环境下使用时对其进行限定和限制的机制。一旦标识出业务语境，就可以区分出CC，从而考虑支持CC用在给定业务语境中时任何所需的限定条件和精练机制。“业务过程”语境从高层面上描述了报文及其内容的用法[2]。

CC和BIE之间存在特定的关系。CC和BIE在许多方面是互补的。CC是创建可互操作的业务过程模型的关键所在，也是创建使用受控词表的业务文档的关键所在。

CC与BIE之间的关系见图3。

2) CC语境机制为特定的业务数据和使用这些数据的确切业务环境之间建立了详细的关联。

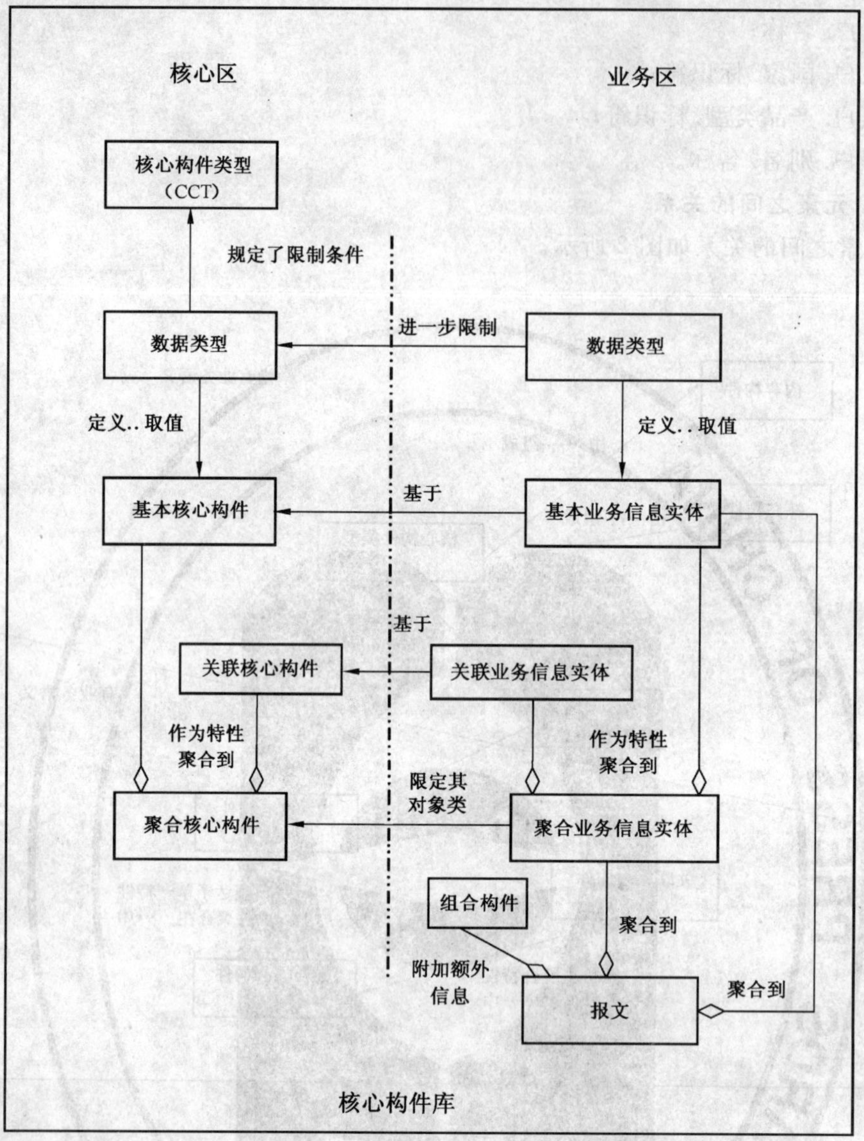

图 3　CC 与 BIE 之间的关系

5.2.2　BIE 的类型及其相互关系

BIE 分为三种不同类型：BBIE、ABIE 和 ASBIE。最基本的类型是 BBIE。BBIE 是用在特定业务语境中的 BCC。

只要 ABIE 的一个特性是复合特性，并该特性具有另一个 ABIE 的结构时，就可以用 ASBIE 来表示该特性。ASBIE 以 ASCC 为基础，但存在于一个特定业务语境中。

5.2.3　BIE 的示例

ASBIE 的示例见图 4。

图 4 给出 2 个 ABIE，人员(中国).细目和地址(中国).细目，每个 ABIE 都有一些特性(即：业务特征)。

人员(中国).细目有 4 个特性，分别为姓名、出生日期、居住地址(中国)和办公地址(中国)。聚合业务信息实体地址(中国).细目有 3 个特性，即：街道、邮政编码和城镇。

这些特性大多数是表示了单一的业务特性的 BBIE，它们的值用 DT 来定义。“姓名”、“街道”、“邮政编码”和“城镇”是“文本”数据类型，“出生日期”是“日期”数据类型。

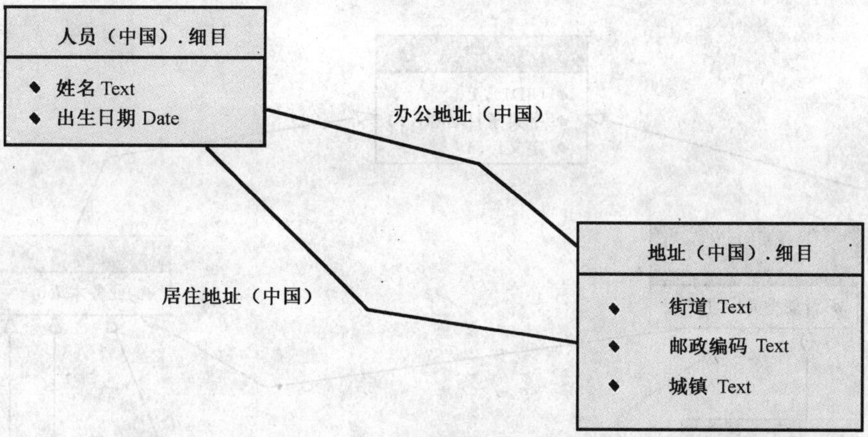

图 4　ASBIE 的示例

除了上述特性外，ABIE 中的其他特性是 ASBIE。它们表示了复合业务特性，因此其结构由其他 ABIE 来定义。“居住地址（中国）”和“办公地址（中国）”都是 ASBIE，其结构用“地址（中国）. 细目”来定义。

因此，通过本示例导出下列 BIE：

——人员（中国）. 细目（ABIE）；

——人员（中国）. 姓名. 文本（BBIE）；

——人员（中国）. 出生日期（BBIE）；

——人员（中国）. 居住地址（中国）（ASBIE）；

——人员（中国）. 办公地址（中国）（ASBIE）；

——地址（中国）. 细目（ABIE）；

——地址（中国）. 街道. 文本（BBIE）；

——地址（中国）. 邮政编码. 文本（BBIE）；

——地址（中国）. 城镇. 文本（BBIE）。

注：CC 是一个通用术语，包括 BCC、ASCC、ACC 和 CCT。同样，BIE 也是一个通用术语，包括 BBIE、ASBIE 和 ABIE。

6　技术细节

6.1　核心构件、数据类型和业务信息实体

本条定义了以下内容：

a）核心构件规则；

b）数据类型规则；

c）业务信息实体规则；

d）命名规则；

e）核心构件类型；

f）内容构件和补充构件；

g）表示词。

本条也规定了 CC、DT 和 BIE 之间的关系，并包括构建核心构件目录以及更大的核心构件库所需的详细技术内容。

6.1.1　核心构件

6.1.1.1　核心构件之间的关系

CC 有 4 种类型：BCC、ASCC、CCT 和 ACC，这四种类型的 CC 及其相互关系如图 5 所示。完整的

核心构件元模型见图 8，这些模型是规范化的。

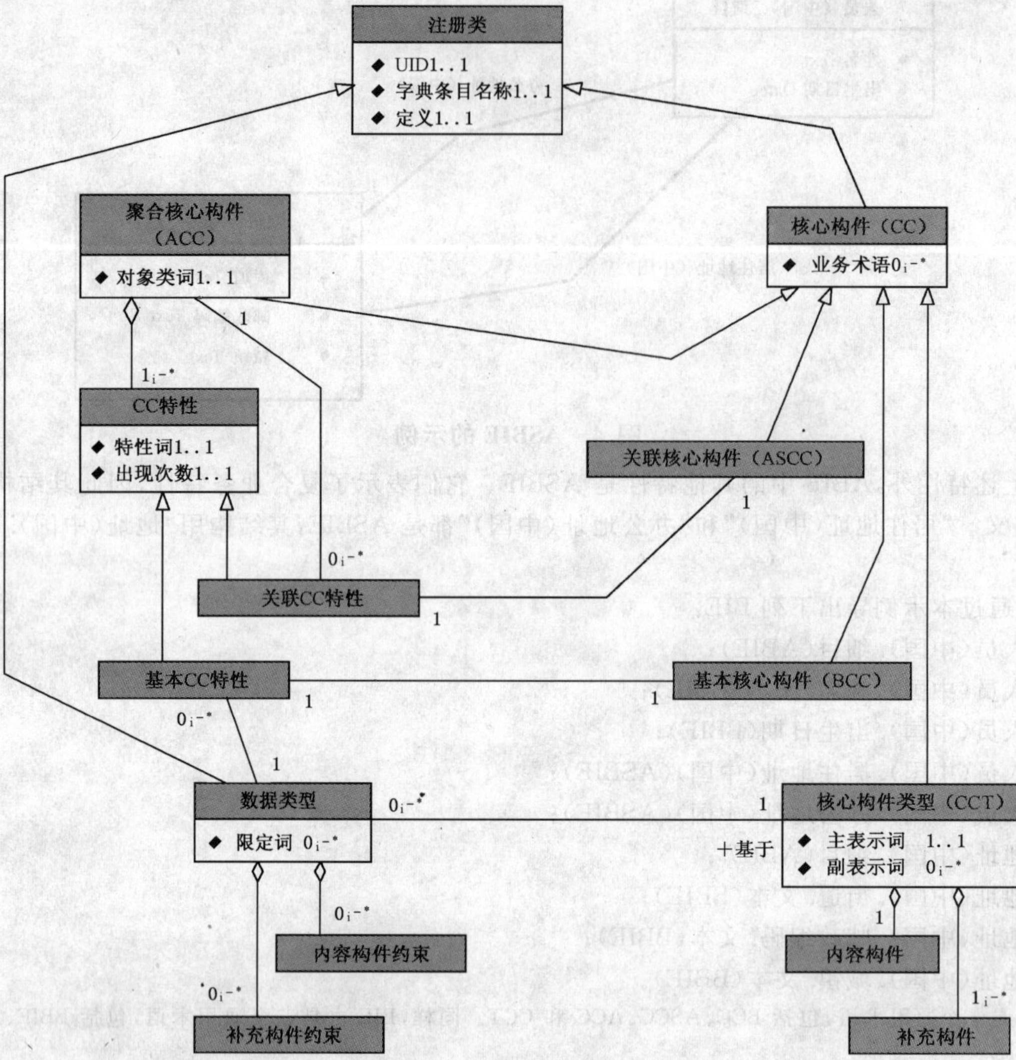

图 5 核心构件和数据类型元模型

6.1.1.2 核心构件规则

在发现和描述 4 种核心构件时，必须遵循以下通用规则：

【C1】在 CC 库中，每个 CCT、BCC、ASCC 或 ACC 必须有唯一的语义定义。应首先开发 CC 的定义，然后从定义中提取出 CC 的字典条目名称。为了进一步说明该定义，可以使用注释，或在注释中给出实例和/或引用一个公认的标准。

注：核心构件字典是使核心构件可被利用的一种手段。其目的是通过字典条目名称、组成部分和定义来给出核心构件的索引。核心构件字典应视为核心构件目录的补充，而核心构件目录是核心构件注册系统/存储库中内容的文档化列表。

【C2】所有包含在 ACC 中的核心构件特性应与聚合概念有关。

【C3】包含在同一个 ACC 中的所有核心构件特性不应出现语义重叠。

【C4】对于一个核心构件类型为“代码.类型”的 CC，其信息的表示应使用由公认的标准机构发布的标准。如果不使用这些标准，则应给出业务方面的正当理由。

【C5】ACC 应至少包括一个核心构件特性。核心构件特性可以是基本核心构件特性，也可以是关联核心构件特性。

注 1：ACC 在其嵌套的最底层应仅包括基本核心构件特性。

注 2：对信息交换来说，应根据实际的业务需求来确定细化到 BCC 的层次数。将一条信息分解到最底层的绝对细化是不必要的。

【C6】ACC 不应间接或在任何嵌套层上包括任何一个引用其自身的必备型 ASCC 特性。

注：上述规则的目的是为了避免在 ACC 定义中出现无休止的循环。该规则允许 ACC 包含引用其自身的 ASCC 特性，但该 ASCC 特性不作为必备项出现，这样就可以在经过有限次迭代后停止循环。

【C7】CCT 应是已批准的 CCT。

表 5 给出了本部分发布时已批准的 CCT 完整列表。

注 1：表 5 在将来可能会单独发布，以便于独立维护。

注 2：表 6 给出了本部分发布时已批准的内容构件和补充构件的完整列表。

【C8】内容构件应是已批准的、CCT 的内容构件。

【C9】补充构件应是已批准的、CCT 的补充构件。

注：表 6 在将来可能会单独发布，以便于独立维护。

6.1.2 数据类型

6.1.2.1 数据类型及其与 CC、CCT 的关系

数据类型(DT)规定了用于特定 BCC 特性或 BBIE 特性的有效值的集合，DT 通过对 CCT 规定约束条件来定义。

DT 表示了可用来表达特定 CC 特性的全部值的范围，DT 必须以 CCT 为基础，但还可以包括 CCT 内容构件和/或补充构件值的集合的约束条件。

DT 与 BCC、BBIE、CCT 的关系见图 3。

6.1.2.2 数据类型规则

【D1】DT 应以已批准的 CCT 为基础。

【D2】必要时，DT 应通过对内容构件和/或补充构件强加约束条件，来限定 CCT 所允许的有效值集合。

6.1.3 业务信息实体

6.1.3.1 业务信息实体的基本定义

BIE 是特定业务语境中带有唯一业务语义定义的一条业务数据或一组业务数据。BIE 可以是 BBIE、ASBIE 或 ABIE，其中，BBIE 以 BCC 为基础，ASBIE 以 ASCC 为基础，ABIE 是 ACC 在特定的业务语境中的重用。

BIE 的基本定义模型见图 6。

6.1.3.2 业务信息实体规则

【B1】BIE 应是 BBIE、ASBIE 或 ABIE。

【B2】BIE 应由一个或多个业务语境来定义。

【B3】BBIE 应以 BCC 为基础。

【B4】ASBIE 应以 ASCC 为基础。

【B5】ABIE 应以 ACC 为基础。

【B6】ABIE 应至少包括一个 BIE 特性。BIE 特性可以是 BBIE 特性，也可以是 ASBIE 特性。

注：ABIE 在其嵌套的最底层应仅包括 BBIE 特性。

【B7】ABIE 的 BIE 特性应以对应的 ACC 的 CC 特性为基础。

【B8】BBIE 特性的 DT 应与相应的 BCC 特性的 DT 是相似的(即：BBIE 特性的 DT 应是与 BCC 特性相同的 DT，或是进一步进行了限定的 DT)。

【B9】ABIE(ASBIE 特性以该 ABIE 为基础)应以相应的 ACC(与 ASBIE 相应的 ASCC 特性以该 ACC 为基础)为基础。

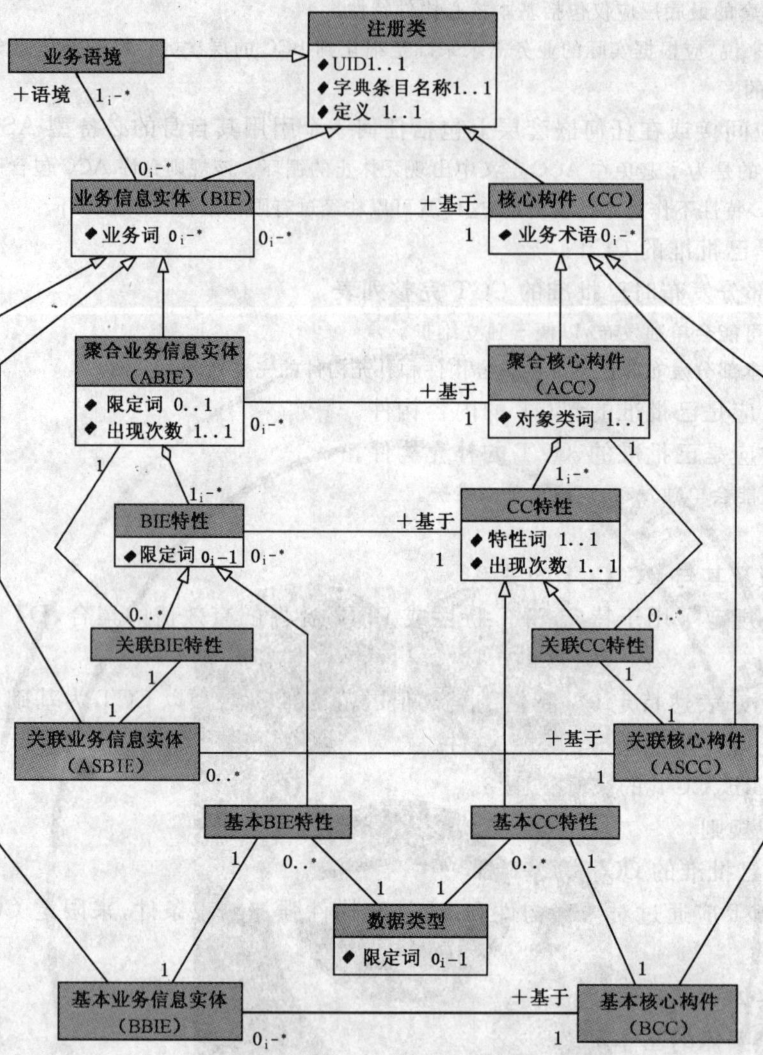

图 6　BIE 的基本定义模型

【B10】ABIEA 不应直接或在任何嵌套层上包括任何一个引用其自身的必备型 ASBIE 特性。

注：上述规则的目的是为了避免在 ABIE 定义中出现无休止的循环。该规则允许 ABIE 包含引用其自身的 ASBIE 特性，但该 ASBIE 特性不作为必备项出现，这样就可以在经过有限次迭代后停止循环。

6.1.4　命名规则

为了获得在命名和定义 CC、DT 以及 BIE 时的一致性，有必要形成一种命名规则。命名和定义的一致性有利于在发现和分析过程中进行对照并排除歧义（例如：具有不同名称的多种 CC 却有相同的语义含义）。

命名规则根据 GB/T 18391.5—2001 所描述的准则和原则而得出。在某些情况下，这些准则已经应用到 CC 中。特别地，该准则已经扩展到 CCT、DT 和 BIE 的命名和定义中。

应开发补充的受控词表对任何可能存在歧义的词给予明确定义。一旦多个词可以表达相同的定义时，该受控词表也可用来确定优选词。受控词表应出自权威字典，这将确保名称和定义中的每个词都以一致的和明确的方式使用。这种合成的语义完整性也意味着翻译为其他语言时还能保持其原有的准确含义。

6.1.4.1　CC 命名规则

6.1.4.1.1　CC 字典信息

a)　每个 CC 均包括下列字典信息：

1) 字典条目名称(必备型):CC在字典中唯一的正式名称。

2) 定义(必备型):CC的唯一业务语义。

3) 业务术语(可选型):通常在业务中使用的CC的同义词。一个CC可以有几个业务术语或同义词。

b) CC字典信息示例如下:

1) 字典条目名称:个人.税.标识符。

2) 定义:个人在国家注册的纳税标识。

3) 业务术语:公民身份号码、所得税号、国家注册号、个人税注册号、社会保障号、国家保险号。

c) CC字典条目名称的命名:

CC字典条目名称的命名规则以GB/T 18391中定义的下列概念为基础。

1) 对象类:表达特性所属的逻辑数据组或聚合体(在逻辑数据模型中)。对象类由对象类词来表示。因此,对象类是CC字典条目名称的一个组成部分,表达了特定语境中的活动或对象。对象类有清晰的边界和含义,并且其特性和行为遵循同样的规则。

2) 特性词:表达对象类的显著特征,并在定义中自然体现。

3) 表示词:CC名称的一个元素,描述了CC的表达形式。

6.1.4.1.2 CC通用规则

【C10】除业务术语外,字典内容都应使用现行的权威字典,以确保书写正确。

6.1.4.1.3 CC定义的规则

【C11】定义应与GB/T 18391.4—2001第4章中的规定保持一致,并具有可理解的含义。

【C12】定义应使用尽可能简洁的语句和规范的词语。如果出现同义词,定义应使用受控词表中的优选词条。

【C13】BCC定义所使用的结构应以对象类词、特性词和相应BCC特性的DT为基础。

【C14】ASCC定义所使用的结构应以对象类词、特性词和相应ASCC特性所基于的ACC对象类词为基础。

注:为了验证定义的质量,可在字典条目名称和定义之间加"是",来判断该定义是否仅仅是字典条目名称的重复。

6.1.4.1.4 CC字典条目名称的规则

【C16】字典条目名称应是唯一的。

【C17】字典条目名称应从CC定义中得出。

【C18】字典条目名称应是简洁的,不应包含冗余词。

【C20】除非是语言规则的需要,否则字典条目名称不应使用非文字字符。不应使用数字表示顺序。

【C21】字典条目名称应只包括动词、名词和形容词(即:没有像"和"、"的"等等的词)。本规则适用于汉语,适当时也可用于其他语言。

【C22】字典条目名称中的缩略语和简称应在定义中展开或进行解释。

【C23】BCC的字典条目名称应由下列部分按顺序组成:

——BCC特性所属的ACC的对象类词;

——相应的BCC特性的特性词;

——相应的BCC特性所基于的DT的表示词。

示例:税.描述.文本。

【C24】ASCC的字典条目名称应由下列部分按顺序组成:

——ASCC特性所属的ACC的对象类词;

——相应的ASCC特性的特性词;

——相应的 ASCC 特性所基于的 ACC 的对象类词。

示例:个人.居住.地址。

【C25】字典条目名称的各组成部分应用点“.”分隔开。

【C26】对象类的名称在整个字典中应有相同的语义含义,并可以由多个词组成。

【C27】特性词的名称应自然出现在定义中并可由多个词组成。一个特性词的名称在同一个对象类中应是唯一的,但可以在不同的对象类中重用。

示例:“汽车.颜色.代码”和“衬衫.颜色.代码”都存在。

【C28】对 BCC 和 ASCC,如果特性词与字典条目名称的表示词相同,应从字典条目名称中删除特性词中的冗余词。

注:以上规则可能导致整个特性词从字典条目名称中删除。

示例:如果对象类是“货物”,特性词是“交货日期”,表示词是“日期”,则字典条目名称是“货物.交货.日期”;又如:某个参与方的标识符,其完整的字典条目名称是:“参与方.标识.标识符”,此时应删简为:“参与方.标识符 ”。

【C30】CCT 的字典条目名称应由一个表示词,后接“.”和“类型”组成。

示例:“金额.类型”,“日期时间.类型”。

【C31】在 CCT 的字典条目名称中,表示词的名称应从 8.3 表 7 中所列出的主表示词中选择。

【C32】ACC 的字典条目名称应由一个有含义的对象类词,后接“.”和“细目”组成。对象类词可由多个词组成。

示例:“邮政地址.细目”;“参与方.细目”。

6.1.4.1.5 CC 业务术语的规则

CC 业务术语是在特定领域日常信息交换中的常用词。因此,没有特定的命名规则适用于业务术语。业务术语的互操作性应通过将它们对应到 CC 字典条目上来实现。

6.1.4.2 BIE 规则

6.1.4.2.1 BIE 字典信息

a) 每个 BIE 均包括下列字典信息:
   1) 字典条目名称(必备型):BIE 在字典中唯一的正式名称。
   2) 定义(必备型):BIE 的唯一业务语义。
   3) 业务术语(可选型):通常在特定语境业务中使用的 BIE 的同义词。一个 BIE 可以有几个业务术语或同义词。

b) BIE 字典条目名称的命名:
   BIE 字典条目名称的命名规则以 GB/T 18391 中定义的下列概念为基础。
   1) 对象类:表达特性所属的逻辑数据组或聚合体(在逻辑数据模型中)。对象类由对象类词来表示。因此,对象类是 BIE 字典条目名称的一个组成部分,表达了特定语境中的活动或对象。对象类有清晰的边界和含义,并且其特性和行为遵循同样的规则。
   2) 特性词:表达对象类的显著特征,并在定义中自然体现。
   3) 表示词:BIE 名称的一个元素,描述了 BIE 的表达形式。
   4) 限定词:有助于将 BIE 和与其相关的 CC 以及其他 BIE 区分开来的一个或多个词。

6.1.4.2.2 BIE 通用规则

【B11】除业务术语外,字典内容都应使用现行的权威字典,以确保书写正确。

6.1.4.2.3 BIE 定义的规则

【B12】定义应与 GB/T 18391.4—2001 第 4 章中的规定保持一致,并具有可理解的含义。

【B13】定义应使用尽可能简洁的语句和规范的词语。如果出现同义词,定义应使用受控词表中的优选词条。

【B14】BBIE 定义所使用的结构应以对象类词、特性词和表示词为基础,并由限定词来限定。

【B15】ASBIE 定义所使用的结构应以对象类词、特性词和相应 ASBIE 特性所基于的 ABIE 对象类词为基础,并由限定词来限定。

6.1.4.2.4 **BIE 字典条目名称的规则**

【B17】字典条目名称应是唯一的。

【B18】字典条目名称应从 BIE 定义中得出。

【B19】字典条目名称应是简洁的,不应包含冗余词。

【B21】除非是语言规则的需要,否则字典条目名称不应使用非文字字符。不应使用数字表示顺序。

【B22】字典条目名称应只包括动词、名词和形容词(即:没有像"和"、"的"等的词)。本规则适用于汉语,适当时也可用于其他语言。

【B23】字典条目名称中的缩略语和简称应在定义中展开或进行解释。

【B24】BBIE 的字典条目名称应由下列部分按顺序组成:

——相应的 BCC 的对象类词,允许有一个或多个限定词;

——相应的 BCC 的特性词,允许有一个或多个限定词;

——相应的 BBIE 特性所基于的 DT 的表示词。

【B25】ASBIE 的字典条目名称应由下列部分按顺序组成:

——相应的 ASCC 的对象类词,允许有一个或多个限定词;

——相应的 ASCC 的特性词,允许有一个或多个限定词;

——相应的 ASBIE 特性所基于的 ASBIE 的对象类词。

【B26】字典条目名称的各组成部分应用点". "分隔开。

【B27】限定词置于所限定的对象类词或特性词之前。当有多个限定词时,不能因为限定词的排列顺序不同而产生不同的字典条目名称。

示例:在 BIE"成本. 预算期_ 总. 金额"中,"预算期"是特性词"总"的一个限定词。该 BIE 可从 CC"成本. 总. 金额"中得出。

【B28】被限定的对象类名称是指一种语境中的活动或对象。它在整个字典中应是唯一的,并可以由多个词组成。

【B29】对 BBIE 和 ASBIE,如果特性词与字典条目名称的表示词相同,并且该特性词没有被限定,则应从字典条目名称中删除该特性词。

【B30】ABIE 的字典条目名称应由与其对应的 ACC 的对象类词组成,允许有一个或多个限定词表达它的特定业务语境,后接". "和"细目"。

6.1.4.2.5 **BIE 业务术语规则**

BIE 业务术语是在特定领域日常信息交换中的常用词。因此,没有特定的命名规则适用于业务术语。业务术语的互操作性应通过将它们对应到相应的 BIE 字典条目名称来实现。

6.1.4.3 **数据类型规则**

6.1.4.3.1 **DT 字典信息**

a) 每个 DT 均包括下列字典信息:

1) 字典条目名称(必备型):DT 在字典中唯一的正式名称;

2) 定义(必备型):DT 的唯一业务语义。

b) DT 的命名规则以 GB/T 18391 中定义的下列概念为基础:

1) 表示词:定义了信息实体有效值的类型;

2) 限定词:有助于将 DT 和与其相关的 CCT 以及其他 DT 区分开来的一个或多个词。

6.1.4.3.2 **DT 通用规则**

【D3】字典内容应使用现行的权威字典,以确保书写正确。

6.1.4.3.3 **DT 定义的规则**

【D4】定义应与 GB/T 18391.4—2001 第 4 章中的规定保持一致,并具有可理解的含义。

【D5】定义应使用尽可能简洁的语句和规范的词语。如果出现同义词,定义应使用受控词表中的优选词条。

【D6】DT 定义所使用的结构应以对应的 CCT 的主表示词和副表示词为基础,并由限定词来限定。

6.1.4.3.4 **DT 字典条目名称的规则**

【D8】字典条目名称应是唯一的。

【D9】字典条目名称应从 DT 定义中得出。

【D10】字典条目名称应是简洁的,不应包含冗余词。

【D11】除非是语言规则的需要,否则字典条目名称不应使用非文字字符。不应使用数字表示顺序。

【D12】字典条目名称应只包括动词、名词和形容词(即:没有像"和"、"的"等等的词)。本规则适用于汉语,适当时也可用于其他语言。

【D13】字典条目名称中的缩略语和简称应在定义中展开或进行解释。

【D14】DT 的字典条目名称应由一个表示词(必要时在前面加限定词),后接"."和"类型"组成。

示例:"国家标识符.类型"。

【D15】在 DT 的字典条目名称中,表示词应是本部分(见 9.3)列出的允许使用的主表示词或副表示词。

注:CCT 的名称应只以表示词为基础,DT 字典条目名称的表示词也可以是副表示词。当 DT 以这种方式限制 CCT 时,该 DT 只包括了主表示词的部分语义含义。

6.1.4.3.5 **许可的表示词表**

表示词是 CC 名称的组成部分,它描述了业务信息(表示为数据项形式)的有效值的形式。

例如,所有表示货币金额的 BCC 都应命名为[名称].[限定词]金额,此处,[名称]表示通用的"金额"类,[限定词]规定了可能值的限制条件,"金额"是表示词。表 7 列出了允许使用的表示词。

注:表 7 在将来可能会单独发布,以便于独立维护。

【C33】当表示词包含多个词,但具体使用该表示词仅需一个词时,表示词中的其他词可以省略。

示例:对于"产品服务.开始.日期时间",其定义为"产品/服务开始的日期和/或时间",因此表示词是"日期时间"。但对"支付卡.失效.日期"来说,尽管表示词仍然是"日期时间",然而,因为具体使用该表示词仅需要"日期",因此,表示词中的"时间"就被省略了。

6.1.5 **CC 目录**

所有的 CC 都应记录在符合 ebXML 的注册系统中,并存储在相关的存储库中。然而,中小企业可能很难访问这种注册系统,因此,以一种可自由获取的目录形式将所有 CC 发布出来是非常重要的,该目录必须表达出每个 CC 的完整信息,这些 CC 与作为 UML 对象存储在注册系统/存储库中的 CC 应保持一致。

表 1 给出了目录的规范格式。

该目录是 CC 库的一部分,CC 库应由以下部分组成:

——CCT 和 DT;

——CC 目录,包括 BCC、ASCC 和 ACC;

——BIE 目录。

表 1 CC 目录规范格式示例

标识符	字典条目名称	CC 的类型(BCC、ASCC、ACC)	定义	注释	对象类词	特性词	类型(DT 或对象类词)	业务术语	CC 特性
000024	地址.类型.代码	BCC	地址的类型	如:办公地址或家庭地址。不是地址的功能	地址	类型	代码		
000147	基准费用价格.量	BCC	费用/价格单位金额的基准量	例如:$5/天,10 天的费用,费用基准量为 1 天	基准费用价格	量	量		
000139	基准.货币.标识符	BCC	兑换汇率的"一个单位"的那一方的货币	基准货币金额除以汇率得出第二种货币金额	基准	货币	标识符		
000012	出生.日期	BCC	个人出生的日期	仅适用于参与方是自然人的情况	出生	日期	日期时间		

注:在表 1 中,特性词一栏中有 * 的地方表示特性词与表示词相同,或者与对象类词相同,因此可从字典条目名称中省略。

6.1.6 BIE 目录

与 CC 目录一样,BIE 目录也是必需的。本部分没有定义 BIE 目录,BIE 目录(包括 BBIE、ASBIE 和 ABIE)由定义业务报文的工作组和注册机构负责开发。

6.2 语境

本条完整描述了在 CC 发现、分析中使用语境的一些规则,并且包括了语境类目和语境值以及约束语言。

6.2.1 语境规范概览

特定的贸易伙伴之间无论何时开展业务合作,总会以业务报文的形式交换数据,此时,数据总是存在于特定的业务语境中,这就是 ebXML 中语境思想的来源。业务合作发生的语境可以通过一套目录和目录值来规定。

CC 由于没有具体的应用环境,所以没有语境。语境机制为在业务过程中使用的 CC 提供了完整的语义限定。图 7 说明了约束语言如何将业务语境类目和特定的业务语境用于 CC 来开发 BIE。限定就等同于 UML 中所定义的"特化"。限定将语义的概念限制到更具体的范围。被限定的 BIE 结构可能是它们所基于的 BIE(未限定)或 CC 的结构的子集(但永远不是超集)。这意味着值的范围有可能被限制,构件可能被删除或它们的重复次数减少,状态从"可选"变为"必备"。由此过程所产生的 BIE 可以表示为模型,然后,以该模型为基础并与根据相应的语法来设计业务报文(EDI 报文实施指南,XML schema[3] 等)。

以下各条进一步描述了语境类目和约束语言。

3) 术语 XML schema 包括了在 W3C 定义的 XML Schema 第 1 部分:结构。XML Schema 定义语言、XML DTD、Schematron、SOX、Relax NG、ASN.1、XDR 或任何其他规定 XML 文档信息内容和格式的记号。

语境机制的实施见图 7。

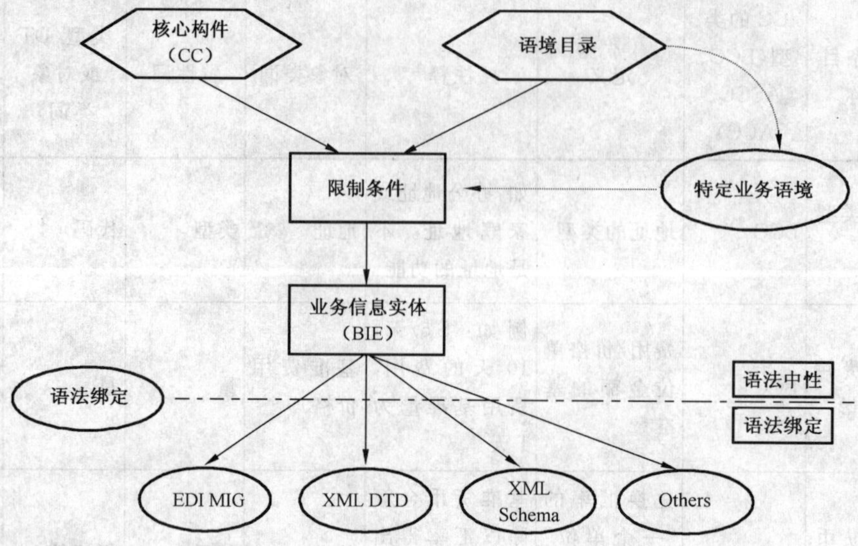

图 7　语境机制的实施

6.2.1.1　语境类目

语境类目允许用户唯一标识和区分不同的业务语境。表 2 规定了 8 个语境类目。除非另有说明，否则每个目录都使用标准分类法给出目录值，因此约束规则和 BIE 就同一系列标识和区分语境的具体的标准分类法联系在一起。

6.2.1.2　约束语言

约束语言用来表达特定业务语境之间的关系，以及如何将语义应用到 CC 而产生 BIE。该语言包括两个功能：

——大聚合体(文档)的组合。约束语言描述了如何进行组合，而不描述业务文档组合的设计或设计原则。设计原则见报文组合补充文件。

——对组合的适当限制。限制既是具体业务过程语义的补充，也是语义模型的限制。

这种功能的划分有利于实施(它可以简化处理工具的开发)，也有助于标准报文的开发(这些标准可以由特定的用户进行限定，类似于 EDI 标准和报文实施指南的关系)。

例如，约束语言可以使用简单命令来指出如何使用 CC，如何在特定的应用中命名它们，以及必要时如何限制它们的状态。此外，它还可以表达出条件型关系。特定的语境值或语境值的集合可以作用于 CC，以产生 BIE。

示例：如果"地理政治语境"具有值"在亚洲的任何地点"，并且特定的业务语境值显示出"业务过程"发生在中国，则通过更改相应的 CC 就能够组合出具有合适语境的 BIE。

"约束语言"可以表达——如果"地理政治语境"是"亚洲"，则使用核心构件"名称地址"及其规则，来规定其正确的名称、状态和字段排列。如果在中国开展业务过程，则该过程的特定语境值会触发该规则，来生成一套适当的业务语义(BIE)。

6.2.1.3　语法绑定

以标准形式表示的 BIE 是一个模型，该模型与任何特定的语法都没有具体关系。通过绑定，一个给定的 BIE 可以用任何一种语法形式表示。这个过程叫做语法绑定过程，并独立于(没有关系)一种特定的语法。语法绑定过程没有改变 BIE 的语义，但仅仅是将 BIE 用在特定语法的文档中。语法绑定可以用一套算法(规则)来表达。

【B31】语法绑定不应改变 BIE 的语义。

6.2.2　认可的语境类目

表 2 包括 8 个批准的语境类目。

【C34】当描述一个特定的业务语境时，为了用一种明确的、形式化的方式描述业务情形，就应给每个被批准的语境赋予一个值或值的集合。

表 2　批准的语境类目

语境类目	描　述
业务过程	业务过程的名称，可使用 UN/CEFACT《通用业务过程目录》中的业务过程，也可以由用户扩展
产品分类	被交换、被处理或被支付的货物或服务，也是影响语义的因素(例如：与购买材料相对应的购买咨询服务)
行业分类	与贸易伙伴的行业有关的语义影响(如：用在不同行业的产品标识方案)
地理政治	影响业务语义的地理因素(如：地址的结构)
官方限制	法律上和政府层面对语义的影响(如：当运送货物时，法律要求标识出危险品信息)
业务过程角色	操作某一特定业务过程的行为者，见 UN/CEFACT《通用业务过程目录》
支撑角色	非伙伴角色方面的语义影响(如：在从卖方到买方的订单响应中第三方托运人所需的数据)
系统能力	反映系统的一些限制(如：一个现有的后台系统只能支持某种形式的地址)

6.2.2.1　业务过程语境

在描述一个业务情形时，一般最重要的方面是哪个业务活动正在进行。业务过程语境提供了一种清晰标识业务活动的方法。为了确保与业务过程活动的一致性，使用通用的参照系非常重要。国际标准确定的参照系是 UN/CEFACT 的《通用业务过程目录》。

【C35】业务过程语境的值应来自标准的、具有层次结构的分类法，比如 UN/CEFACT《通用业务过程目录》。

【C36】可以将业务过程语境值表达为一个单一的业务过程，或一个业务过程的集合。

【C37】业务过程语境值可以从 UN/CEFACT《通用业务过程目录》中所描述的业务过程的扩展中提取。

【C38】当使用业务过程扩展时，应包括每个值的全部信息，每个值都足够清晰地标识出哪个扩展是所使用的值。

6.2.2.2　产品分类语境

产品分类语境描述的是业务情形中与所交换、所处理、所关心的产品或服务有关的方面。目前已经有公认的代码表可以为产品分类语境提供权威的分类。

【C39】产品分类语境可以使用单一值或值的集合。

【C40】如果产品分类语境使用一个有层次的分类体系，则可以使用层次体系中的任意层。

【C41】如果使用多个分类体系，则应通过一个附加的值来说明是哪个分类方案提供了产品分类值。

【C42】产品分类语境代码值应使用公认的代码表。这些代码表包括：

联合国标准产品和服务代码(UNSPSC)

——管理者：电子商务代码管理协会(ECCMA)；

国际贸易标准分类(SITC 第 3 次修订版)

——管理者：联合国统计署(UNSD)；

商品名称及编码协调制度(HS)

——管理者 ：世界海关组织(WCO)；

服务于家庭经济的非盈利性机构的目的分类(COPI)

——管理者：UNSD(在前 3 个之间提供了一种映射)。

6.2.2.3　行业分类语境

行业分类语境对业务过程发生的行业或子行业进行了描述。

【C43】一个行业分类语境可包含层次体系中任何层上的一个单一值或一组值。

【C44】行业分类语境值的层次必须被标识出来。

【C45】行业分类语境代码值应使用公认的代码表,包括:

国际标准行业分类(ISIC)

——管理者:UNSD;

联合国标准产品和服务代码(UNSPSC)中的“段”(即第1位和第2位)可用来标识行业

——管理者:ECCMA。

注:许多其他的行业分类方案也可用于行业分类语境。

6.2.2.4 地理政治语境

地理政治语境用来描述业务语境中与区域、国家或地理上的文化因素有关的方面。

【C46】地理政治语境应由合适的洲、经济区域、国家和地区标识符组成。

【C47】在一个业务报文或构件中,地理政治语境可包括一个或多个值。

【C48】地理政治语境应使用以下层次结构:

全球

[洲]

[经济区域]

[国家]——GB/T 2659

[地区]——GB/T 2659

【C49】地理政治语境值可以是层次体系中任何层上的一个单一值,一个有名称的聚合体,或跨边界值。

【C50】地理政治语境层次值应按以下规则结构化:

——单一值:根据其在层次结构中的位置,分别表示一个洲、经济地区、国家或地区。

——有名称的聚合体:有关联的一组值(其中的值可以是单一值、有名称的聚合体或一对跨边界值),这些值相互关联并被指定了一个名称。一个有名称的聚合体至少包括2个值。

——跨边界值:标出“从...、到...或双向”的一对或多对值,显示出跨边界的方向。该值可以被指定为有名称的聚合体,也可以被指定为单一值。

示例:下面是一个从GB/T 2659中摘录出的、具有层次结构的单一值示例(该层次结构的顶层可以理解为全球)。

欧洲

东欧

AL——阿尔巴尼亚

AM——亚美尼亚

【C51】地理政治语境层次体系中的任何点应通过节点值,或全局或局部路径来规定。

【C52】当使用复杂结构时,应使用地理政治语境层次体系中的全局路径来理解该层次体系。

【C53】除非另有说明,地理政治语境层次体系中的某个层应被理解为继承了其特定层次路径中的所有特性。

【C54】地理政治语境值应使用GB/T 2659中规定的值。

6.2.2.5 官方限制语境

官方限制语境类描述了业务情形中根据法律或法规要求所产生的方面和相似的官方目录。该目录包括两部分内容:

——法律和法规。这些通常是单边的,比如海关法。

——惯例和条约。这些通常是双边或多边的协议,因而不同于法律和法规方面的限制。

【C55】官方限制语境应至少包括两个值:

——用来确定语境值的法律或其他分类的标识。

——官方限制自身的标识。根据所参考的官方限制体系，这些值可以表示一个层次结构。

由于没有一个全球公认的官方限制语境分类体系，任何实施方案必须要提供一套经认可的官方限制分类方案，以便在CC注册实施过程中使用。

【C56】个别的CC实施应注册到已使用的官方限制分类方案上，该分类方案带有合适的支持CC注册的实施过程。

6.2.2.6 业务过程角色语境

业务过程角色语境描述了业务情形中与业务过程中的一个或若干个扮演者有关的内容，其值应从UN/CEFACT《通用业务过程目录》中所列出的角色值集合中选取。一个业务过程角色语境就是通过使用该集合中的一个值或一系列值来规定的。

【C57】业务过程角色语境值应从一个正在使用的业务过程模型库中所包括的角色列表中选取。

【C58】UN/CEFACT《通用业务过程目录》可以视为所有UN/CEFACT中的BIE的业务过程角色语境值的权威出处。

6.2.2.7 支撑角色语境

支撑角色语境用于标识那些在所开展的业务过程中不是起主要作用的参与方，而是有利害关系的参与方。支撑角色语境可使用一个标准化分类方案中的一个值或一系列值来规定。

【C59】支撑角色语境值应从UN/EDIFACT的数据元3035"参与方限定符"使用的代码表中选取。

注：用户应注意，在所需代码表的当前版本中存在副本。UN/CEFACT应检查该代码表来澄清副本并标识出支撑角色语境不适用的值。

6.2.2.8 系统能力语境

系统能力语境标识了业务情形中的一个系统、一类系统或一类标准。系统能力语境应至少包括一对值：所使用的分类方案的标识和方案中的某个值。系统能力语境可以包括多对这样的值。

【C60】系统能力语境值应由一对或多对值组成。每对值应包括所参考的分类模方案的标识和方案中的值。

注：目前没有一种针对所有信息系统和标准的公认分类法。本标准推荐一种机制，在注册时将系统和标准的名称作为系统能力语境的值提供给ebXML注册系统。

6.2.3 语境值

特定的业务语境通过使用一套语境值来进行形式化描述。每个语境类目必须要有一个有效值，即使该值是"所有语境"或是"无"。比如，某些情况下可以没有官方限制，因此官方限制语境可以填"无"。

【C61】除官方限制语境外，值"所有语境"对每个语境类目都是一个有效值。

【C62】值"无"是官方限制语境的一个有效值。

6.2.4 CC语境约束语言

CC语境约束语言由一套结构组成(见表3)，该结构允许用户表达特定业务情形之间的关系，并可以表达在业务情形中所使用的数据的具体结构和含义。

约束语言针对的是语境类目中所描述的特定语境，并使用UID(唯一标识符)来引用CC语义模型。将CC用于特定业务语境而产生BIE的约束是通用约束语言来表达的。

注：GB/T 19256.1—2003描述了ebXML UID，UID结构的完整规定见GB/T 19256.5—2006。

【C63】CC语境约束语言用来描述那些施加到CC上来开发BIE的约束条件。

一个组合体是一套组合规则的全面表达，它将一系列未限定的BIE聚合成为一个大的结构。当作用于组合前的标准文档集时，对用户来说就不必创建"组合"限制。

【C64】组合体是任何一套组合规则的顶层结构。

语境规则结构是将语境用于CC的一套规则的完整表达。语境规则将所有的语义和结构限制施加到CC上从而产生BIE。

该机制支持规定子CC的状态、增加和减少子CC、重新命名子CC，或为CC在特定语境下生成的

BIE 赋予名称，或对 ABIE 增加结构以生成新的 ABIE。

【C65】一套语境规则应使用语境规则表达式来描述。

注：CC 语境约束语言见表 3，表 3 中@表示被定义结构的特性，如：@ID、@idref 和@version 是“组合”的特性。

表 3　CC 语境约束语言

结构	结构的组成	描　　述
Assembly（组合体）		一个 Assembly 应至少包括一个 Assemble，一个可选的“@ID”或“@idref”，以及一个可选的“@version”。 注：一个 Assembly 是一套组合规则的顶层结构。
	Assemble	被组合起来要形成 BIE 的 CC 列表
	@ID	一个 Assembly 的 ID
	@idref	对一个 Assembly ID 的引用
	@version	组合规则文档的版本
Assemble（组件）		一个 Assemble 包括至少一个 CreateBIE 或一个 CreateGroup，一个可选的“@ID”或“@idref”，以及一个“@name”
	CreateBIE	CC 的列表
	CreateGroup	创建一组 BIE
	@name	被组合的最高一层 BIE 的名称
	@ID	一个 Assemble 的 ID
	@idref	对一个 Assemble ID 的引用
CreateGroup（创建组）		一个 CreateGroup 中至少包括一个 CreateGroup，或一个 CreateBIE，或一个 UseBIE，或一个 Annotation，一个可选的“@ID”或“@idref”，以及“@type”
	@type	被创建的组的类型（其值只能是“sequence”（序列）和“choice”（选择））
	@ID	一个 CreateGroup 的 ID
	@idref	对一个 CreateGroup ID 的引用
	CreateGroup	创建一组 BIE
	CreateBIE	创建一个 BIE
	UseBIE	从创建的子 BIE 中选择使用一个有名称的 BIE
	Annotation	插入注释
CreateBIE（创建 BIE）		一个 CreateBIE 规则包括一个可选的名称，后接一个可选的 Type、后接一个 MinOccurs、后接一个 MaxOccurs、后接零个或多个 CreateGroup 或 Rename，或 UseBIE，或 Condition 或 Annotation，一个可选的“@ID”或“@idref”，和一个可选的“@location”
	Type	被创建 BIE 的类型（即对 CC 的引用）
	MinOccurs	被创建 BIE 的最小出现次数
	MaxOccurs	被创建 BIE 的最大出现次数
	@ID	被创建 BIE 的 ID

表 3（续）

结构	结构的组成	描　　述
	@idref	对另一个被创建 BIE 的引用
	Name	被组合的 BIE 的名称
	@location	被组合的 BIE 的位置(即向注册系统的查询)
	Rename	重新命名被创建 BIE 的子 BIE
	Condition	规则的适用条件
	Annotation	插入一个注释
Name(名称)		名称中只能包括一个字符串
Type(类型)		类型中只能包括一个字符串。根据其所使用的场合，它描述了表示类或核心构件的类型
Rename(重命名)		Rename 规则可包括一个可选的“@ID”或“@idref”，和一个“@from”和一个“@to”
	@ID	Rename 规则的 ID
	@idref	引用另一个 Rename 规则的 ID
	@from	被重新命名的子 BIE 原来的名称
	@to	被重新命名的子 BIE 的新名称
ContextRules(语境规则)		ContextRules 包括一个或多个规则。 注：ContextRules 是一套语境规则中的最顶层结构。
	Rule	所用到的限制和限定规则的列表
	@ID	ContextRules 的 ID
	@idref	对另一个 ContextRules ID 的引用
	@version	ContextRules 文档的版本号
Rule(规则)		一个 Rule 包括一个或多个分类法，后接一个或多个 Condition，以及一个“@apply”，和一个可选的“@order”
	@apply	参见后面注释
	Condition	执行规则的条件
	@order	定义执行规则的顺序。具有一个较小值的规则首先被应用
	Taxonomy	用在分层条件的规则中的分类列表
Taxonomy(分类法)		一个 Taxonomy 包括一个“@context”和一个“@ref”，和一个可选的“@ID”或“@idref”
	@ref	Taxonomy 的指针
	@context	该 Taxonomy 应用的语境类目的名称
	@ID	Taxonomy 规则的 ID
	@idref	对另一个 Taxonomy 规则 ID 的应用
Condition(条件)		一个 Condition 至少包含一个 Action 或 Condition 或 Occurs，一个“@test”，以及一个可选的“@ID”或“@idref”
	Action	执行规则时发生的行为

表 3（续）

结构	结构的组成	描　述
	Condition	内嵌的条件
	Occurs	规定发生的数量
	@ID	Condition 规则的 ID
	@idref	对另一个 Condition 规则 ID 的引用
	@test	测试规则是否应当被执行的布尔表达式
Action(行为)		一个 Action 至少包含一个 Add 或 Occurs 或 Subtract 或 Condition 或 Comment 或 Rename，一个“@applyTo”或一个可选的“@ID”或“@idref”
	Add	向内容模型增加一个构件
	Subtract	从内容模型中减去一个构件
	Occurs	限制或扩大构件的发生次数
	Condition	规则适用的条件
	Comment	加注释
	Rename	对构件重新命名
	@ID	Condition 规则的 ID
	@idref	对另一个 Condition 规则 ID 的引用
	@applyTo	使用这条规则的构件名称
Add(加)		Add 包含一个 MinOccurs，后接一个 MaxOccurs，后接至少一个可选的 BIE 或一个可选的 Attribute 或一个 CreateGroup 或一个 Annotation，一个可选的“@ID”或“@idref”，一个可选的“@before”或一个可选的“@after”
	MinOccurs	新的实例必须出现的最少次数
	MaxOccurs	新的实例能够出现的最大次数
	@before	规定在哪个构件之前增加
	@after	规定在哪个构件之后增加
	CreateGroup	创建一组 BIE
	BIE	增加一个新 BIE 到内容模型
	Attribute	增加一个新属性到内容模型
	Annotation	插入注释
	@ID	Add 规则的 ID
	@idref	对另一个 Add 规则 ID 的引用
Subtract(减)		Subtract 包含一个或多个 BIE 或 Attribute，和一个可选的“@ID”或“@idref”
	BIE	从内容模型中去掉一个 BIE
	Attribute	从内容模型中去掉一个属性
	@ID	Subtract 规则的 ID

表 3（续）

结构	结构的组成	描　述
	@idref	引用另一个 Subtract 规则的 ID
Occurs(发生次数)		Occurs 包含一个 MinOccurs,后接一个 MaxOccurs,后接一个或多个 BIE,和一个可选的"@ID"或"@idref"
	BIE	将一个可选的 BIE 改为必选
	MinOccurs	BIE 的最小出现次数
	MaxOccurs	BIE 的最大出现次数
	@ID	Occurs 规则的 ID
	@idref	引用另一个 Occurs 规则的 ID
BIE(业务信息实体)		BIE 包含一个 Name,后接一个可选的 Type,后接任意个 Attribute,后接任意个 Annotation,和一个可选的"@ID"或"@idref"
	Name	被修改的 BIE 的名称
	Type	BIE 的类型(即属于哪种 CC,仅在包括一个 Add 时要求)
	Attribute	BIE 的属性
	Annotation	插入注释
	@ID	BIE 规则的 ID
	@idref	引用另一个 BIE 规则的 ID
attribute(属性)		Attribute 包含一个可选的 Name,后接一个可选的 Type,后接一个可选的 Use,后接一个可选的 Vaule,后接零个或多个 Annotation,以及一个可选的"@ID"或和一个"@idref",和一个任选的@applyTo
	Annotation	插入注释
	Name	被修改的 Attribute 的名称
	Type	Attribute 的类型(表示类)
	Use	指明是否必选或可选。如果是可选,指出默认值,也可以给出固定值来代替默认值
	Value	指明是否必选或可选。如果是可选,指出默认值,也可以给出更改的值
	@applyTo	执行动作的节点
	@ID	Attribute 规则的 ID
	@idref	引用另一个 Attribute 规则的 ID
UseBIE(使用 BIE)		一个 UseBIE 包含零或多个 Annotation 或 CreateGroup 或 UseBIE,以及一个可选的"@ID"或"@idref"。如果在 UseBIE 没有使用 CreateGroup,则需要一个@name
	@name	被使用的 BIE 的名称
	CreateGroup	创建一组 BIE

表 3（续）

结构	结构的组成	描　述
	UseBIE	从生成的子 BIE 中选择使用一个有名称的 BIE
	Annotation	插入注释。这样的设计思路是为了能够体现出 W3C 模式规范中的注释
	@ID	UseBIE 规则的 ID
	@idref	引用另一个 UseBIE 规则的 ID
Comment(备注)		随处可见的一种内容。在规则文档出现时记录它的注释性内容。备注不作为语义模型的结果输出
MinOccurs(最小发生次数)		输出中出现的最少次数
MaxOccurs(最大发生次数)		输出中出现的最多次数
Annotation(注释)		一条 Annotation 包含零个或多个 Documentation 或 Appinfo，和一个可选的“@ID”或“@idref”
	Documentation	用来包括文档
	Appinfo	用来包括特定应用程序的信息
	@ID	Annotation 规则的 ID
	@idref	引用另一个 Annotation 规则的 ID
Documentation(参考资料)		Documentation 包括一个可选的“@ID”或“@idref”
	@ID	Documentation 规则的 ID
	@idref	引用另一个 Documentation 规则的 ID
Appinfo(应用信息)		参考资料包括一个可选的“@ID”或“@idref”
	@ID	Appinfo 规则的 ID
	@idref	引用另一个 Appinfo 规则的 ID

6.2.4.1 组合体的结构

CreateBIE 结构中 MinOccurs 和 MaxOccurs 规定了被创建的 BIE 在最终的语义模型中的出现次数。

【C66】如果一个 BIE 的 MinOccurs＝1 且 MaxOccurs＝1，则它在最终的语义模型中仅出现 1 次。

【C67】一个组合体中可以包含不止一个组合好的顶级语义模型。

6.2.4.2 语境规则结构

几个内置的变量可以用来获取语境信息。这些变量对应于语境类目。所有这些变量都有字符串值。

【C68】ContextRules 中的 Apply 属性可用来确定使用层次值的规则的行为。

【C69】允许使用的 Apply 属性的值有：

——exact(精确)：只有当语境中的值与规则中所规定的值相同时，才匹配。

——Hierarchical(层次)：如果提供的值与规则中规定的值相同或是其子值，则匹配。

示例：如果 ContextRules 规定了“亚洲”这个区域，则只有当 Apply 属性为“hierarchical”时（“exact”是默认值），“中国”才算匹配。

【C70】Attribute 结构在其内容模型中有 4 个可选子值，其中至少有 1 个必须出现。

【C71】当用 Attribute 结构用来限制一个现有的 Attribute 时，则必须要在前者的@apply to 中规定后者的值。

【C72】ContextRules 必须引用 CC 的名称，而不是规则中赋予 BIE 的名称。

示例：假定一个客体包括一个名为“X”的可选子类型，有一条规则将“X”重新命名为“Y”，但是另一条规则使“Y”成为必选，而不是“X”必选，则另一条规则是非法的。

6.2.4.3 输出限制

【C73】通过使用 Assembly 和 ContextRules 产生的语义模型和文档定义必须包括生成它们的这些规则和语境的元数据。

排序和应用

Rule 结构中有一个独特的 Order 特性，该特性为使用一系列规则排定了先后顺序。两个 Rule 结构的 Order 值如果一样，则是错误的。在一套 ContextRules 中，用户应注意规则的顺序，以免导致规则无法执行。比如，在增加 BIE 的规则之前，就出现了要对该 BIE 增加一个属性的规则。

【C74】在 Rule 结构中的 Order 特性应确定一系列适用规则的执行顺序。

【C75】两个 Rule 结构不能有相同的 Order 值。

7 CC 注册系统/存储库

第 6 章规定了 CC、DT、BIE 和语境的基本定义，本章详细描述如何用 UML 对象设计思路将 CC、DT、BIE、语境和相关元数据存储在注册系统/存储库中。这两章中都包括了 CC 的开发者和用户所阐述的需求。更进一步说，两部分都包括了符合本部分的注册系统或存储库必须满足的需求，以及任何在过程建模和贸易中使用 CC 的信息技术框架必须满足的需求。

7.1 存储 CC

本部分完整描述了 CC 的存储细目。图 8 给出了 CC 的完整 UML 模型，描述了 CC 类型及它们之间的关系，以满足存储的需求。

CC 和 DT 的完整定义见图 8。

7.1.1 存储的 CC

【S1】CC 是一类具体的注册类。所有存储的 CC 都应包括以下属性：

——UID(必备型)：可以唯一和明确地定位一个 CC 实例的标识符。

——版本(必备型)：一个 CC 实例随时间演化的指示符。

——字典条目名称(必备型)：一个 CC 的正式名称。

——定义(必备型)：一个 CC 的语义含义。

——用法(可选型、可重复)：描述 CC 所适用的一种特定约束条件。

【S2】存储的 CC 必然是下面四种类型 CC 中的一种：BCC、ASCC、ACC 和 CCT。

【S3】存储的 CC 应包括以下属性：

——业务术语(可选型、可重复)：CC 在业务中被人们所熟知和使用的同义词。业务术语可以用任何一种语言来表达。一个 CC 可能会有几个业务术语或同义词。

7.1.2 存储的 ACC

【S4】ACC 是一类具体的 CC。存储的 ACC 应包括存储的 CC 的所有属性。

【S5】存储的 ACC 应包括一个或多个 CC 特性。

【S6】存储的 ACC 可以由其他 ACC 的一个或多个 ASCC 特性所引用。

【S7】存储的 ACC 应包括以下属性：

——对象类词(必备型)：ACC 所代表的对象类的具有语义含义的名称。它是 ACC，以及代表该 ACC 的 CC 特性的所有 BCC 和 ASCC 的字典条目名称的组成部分。

7.1.3 存储的 CC 特性

【S8】存储的 CC 特性应作为它们所属的、存储的 ACC 的一部分而存储，即：它们永远不应独立于它们所属的 ACC。

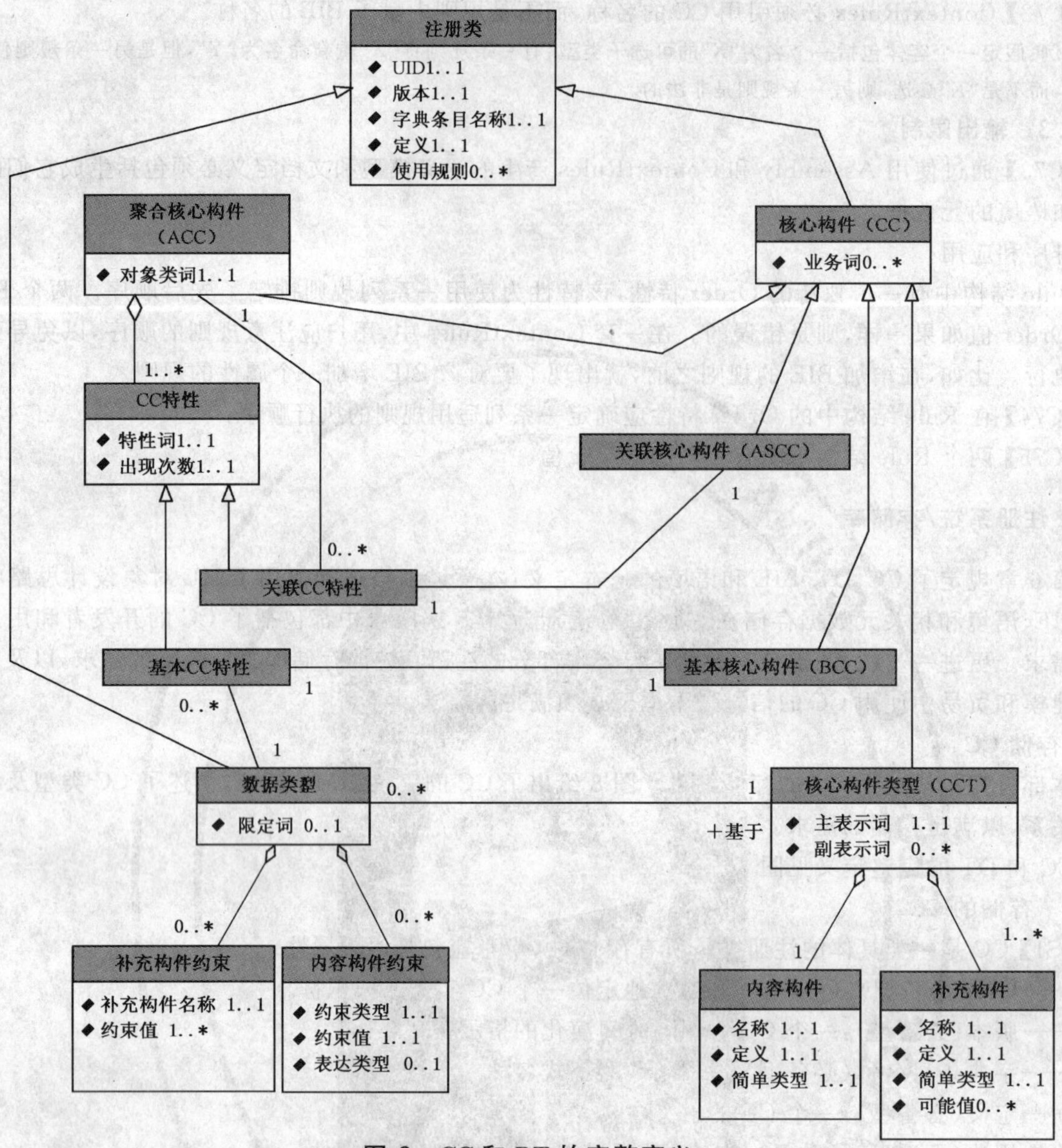

图 8　CC 和 DT 的完整定义

【S9】存储的 CC 特性只有两种类型：BCC 特性或 ASCC 特性。

【S10】存储的 CC 特性应包括以下属性：

——特性词(必备型)：CC 特性所代表的对象类特征的一个具有语义含义的名称。特性词是代表该 CC 特性的 BCC 或 ASCC 的字典条目名称的组成部分。

——状态(必备型)：指出 CC 特性在 ACC 中是否可用、可选型、必备型和/或重复次数等内容。

7.1.4　存储的 BCC 特性

【S11】BCC 特性是一类具体的 CC 特性。存储的 BCC 特性应包括存储 CC 特性的所有属性。

【S12】存储的 BCC 特性应与描述了 BCC 特性可能值的 DT 关联起来。

7.1.5　存储的 ASCC 特性

【S13】ASCC 特性是一类具体的 CC 特性。存储的 ASCC 特性应包括存储 CC 特性的所有属性。

【S14】存储的 ASCC 特性应与描述该 ASCC 特性结构的 ACC 关联起来。

7.1.6　存储的 BCC

【S15】BCC 是一类具体的 CC。存储的 BCC 应包括存储 CC 的所有属性。

【S16】存储的 BCC 应代表特定 ACC 的一个 BCC 特性。

7.1.7 **存储的 ASCC**

【S17】ASCC 是一类具体的 CC。存储的 ASCC 应包括存储 CC 的所有属性。

【S18】存储的 ASCC 应代表特定 ACC 的一个 ASCC 特性。

7.1.8 **存储的 CCT**

【S19】CCT 是一类具体的 CC。存储的 CCT 应包括存储 CC 的所有属性。

【S20】存储的 CCT 应包括一个定义基本类型(primitive type)的内容构件和一个或多个为内容构件提供含义的补充构件。

【S21】存储的 CCT 不应反映出业务含义。

【S22】存储的 CCT 应包括以下属性:

——主表示词(必备型):形成 CCT 字典条目名称的一种有语义含义的名称。它也是基于该 CCT 的 DT 的字典条目名称中的组成部分。

——副表示词(可选型、可重复):一个有语义含义的名称,该名称代表了 CCT 的一个有含义的子集。它也是基于该 CCT 的 DT 的字典条目名称中的组成部分。

7.1.9 **存储的补充构件**

【S23】存储的补充构件应作为它们所属的、存储的 CCT 的一部分而存储,即,它们永远不应独立于它们所属的 CCT 而存在。

【S24】存储的补充构件应包括以下属性:

——名称(必备型):CCT 补充构件在注册系统中的名称。

——定义(必备型):补充构件的含义以及它与相关 CCT 的关联性的一个清晰、明确和完整的解释。

——基本类型(必备型):用来表示补充构件值的基本类型。

——可能值(可选型、可重复):补充构件的一个可能值。

注 1:基本类型的可能值是:String、Decimal、Integer、Boolean、Date 和 Binary。

注 2:只有在所有的可能值能通过枚举进行定义时,才需要存储所有可能值(如计量单位列表)。

7.1.10 **存储的内容构件**

【S25】存储的内容构件应作为它们所属的、存储的 CCT 的一部分而存储,即,它们永远不应独立于它们所属的 CCT 而存在。

【S26】存储的内容构件应包括以下属性:

——名称(必备型):CCT 内容构件在注册系统中的名称。

——定义(必备型):有关内容构件含义的一个清晰、明确和完整的解释。

——基本类型(必备型):用来表达一个基于相关 CCT(该内容构件所属的 CCT)的、实例化 BCC 值的基本类型。

7.2 **存储 DT**

7.2.1 **存储的 DT**

【S27】DT 是一种具体的注册类。所有存储的 CC 都应包括以下属性:

——UID(必备型):可以唯一和明确地定位一个 DT 实例的标识符。

——版本(必备型):DT 实例随时间发生变化的指示符。

——字典条目名称(必备型):DT 的正式名称。

——定义(必备型):DT 的语义含义。

——用法(可选型、可重复):描述 DT 所适用的一种特定约束条件。

【S28】存储的 DT 应包括以下属性:

——限定词(必备型):一个具有语义含义的、可将 DT 与它所基于的 CCT 区分开的名称。该名称是 DT 字典条目名称的组成部分。

【S29】存储的 DT 应以一个 CCT 为基础。

【S30】存储的 DT 可以包括一个或多个内容构件约束和一个或多个补充构件约束,这些约束提供了DT和它所对应的CCT之间存在的关系信息。它们标识出了对内容构件的格式限制和/或对补充构件的取值限制。

示例：CCT“量”有一个补充构件“量单位”，“量单位”可能取值是：“克”和“秒”，而用于BCC“人.重量.量”这个BCC的DT就不能将“秒”作为其计量的单位。

7.2.2 存储的内容构件的约束

【S31】存储的内容构件的约束应仅用来对DT所基于的CCT的内容构件的基本类型作格式上的约束。每个基本类型允许的格式约束见表4。

表4 基本类型和它们相关的刻面

基本类型	格式约束	定　义
String(字符串)	Expression(表达式)	定义了用在一个字符串中特定位置的字符集
String(字符串)	Length	定义了字符串所需的长度
String(字符串)	Minimum Length	定义了字符串的最小长度。 注：该格式约束不应与Length格式约束一起使用。
String(字符串)	Maximum Length	定义了字符串的最大长度。 注：该格式约束不应与Length格式约束一起使用。
String(字符串)	Enumeration	定义了所有允许值的完整列表
Decimal, Integer (十进制，整型)	Total Digits(总数)	定义了最大可使用的数字
Decimal(十进制)	Fractional Digits(分数)	定义了最大可使用的分数
Decimal, Integer(十进制，整型)	Minimum Inclusive(最小值(含))	定义了允许值范围的下限，下限本身也是一个允许值
Decimal, Integer(十进制，整型)	Maximum Inclusive(最大值(含))	定义了允许值范围的上限，上限本身也是允许值
Decimal, Integer(十进制，整型)	Minimum Exclusive(最小值(不含))	定义了允许值范围的下限，下限本身不是允许值。 注：该格式约束不应与“Minimum Inclusive”格式约束一起使用。
Decimal, Integer(十进制，整型)	Maximum Exclusive(最大值(不含))	定义了允许值范围的上限，上限本身不是允许值。 注：该格式约束不应与“Maximum Inclusive”格式约束一起使用。
Date(日期)	Minimum Inclusive(最小值(含))	定义了允许日期范围的下限，下限本身也是一个允许值
Date(日期)	Maximum Inclusive(最大值(含))	定义了允许日期范围的上限，上限本身也是一个允许值
Date(日期)	Minimum Exclusive(最小值(不含))	定义了允许日期范围的下限，下限本身不是允许日期。 注：该格式约束不应与“Minimum Inclusive”格式约束一起使用。
Date(日期)	Maximum Exclusive(最大值(不含))	定义了允许日期范围的上限，上限本身不是允许日期。 注：该格式约束不应与“Minimum Inclusive”格式约束一起使用。

【S32】存储的内容构件约束应包含下列属性：

——约束类型(必备型)：定义了用到内容构件上的格式约束的类型。

——约束值(必备型)：用到内容构件上的格式约束的实际值。

——表达类型(可选型)：定义了约束值的表达类型。

注：约束值依赖于约束类型(如：整数对应于一个 Length 约束类型，可能取值的列表对应于一个 enumeration 约束类型)。

7.2.3 存储的补充构件的约束

【S33】存储的补充构件的约束仅用来约束 DT 所基于的 CCT 的补充构件的可能值。

【S34】存储的补充构件约束应包含以下属性：

——补充构件名称(必备型)：标识了约束所应用的补充构件。

——约束值(必备型，可重复)：对补充构件而言是有效的实际值。

CC 语境定义模型见图 9。

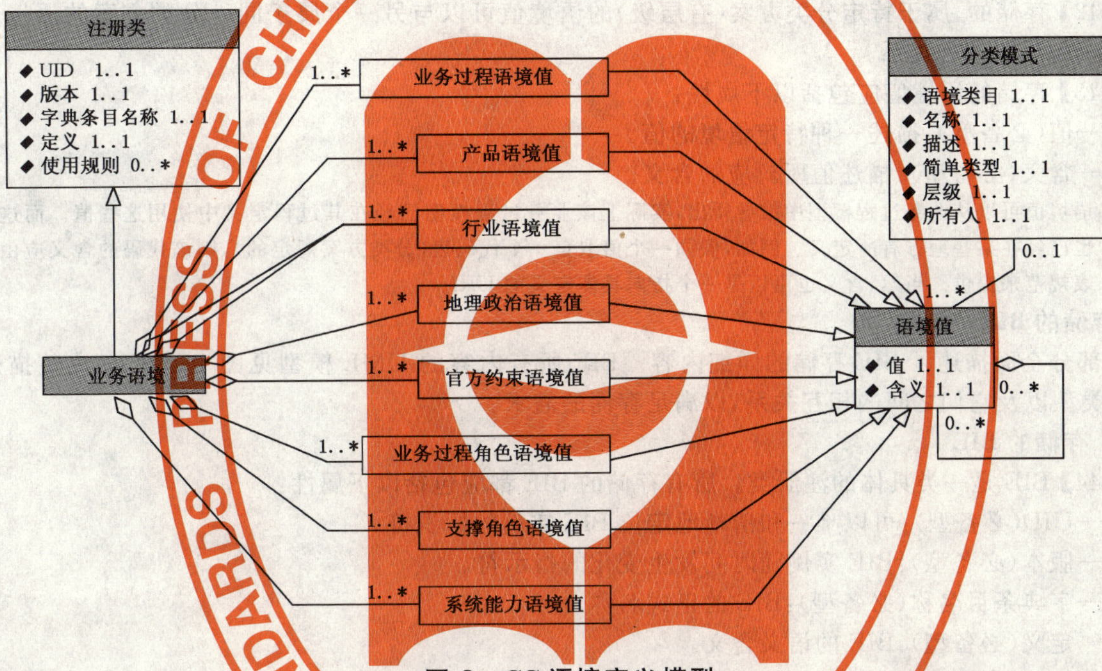

图 9 CC 语境定义模型

7.3 存储的语境

该部分全面描述了语境存储的详细内容。图 9 是语境所有内容的 UML 模型，显示出有若干语境类目(如：地区、产品)，每个类目都可以使用一个或多个分类方案(如：联合国的产品分类方案、世界贸易组织的产品分类方案)来描述。每个分类方案都定义了所有可能值的列表(和它们的含义)。一个业务语境应视为一组唯一的和有含义的语境值。

7.3.1 存储的业务语境

【S35】业务语境是一种具体的注册类。所有存储的业务语境都应包括以下属性：

——唯一标识符(必备型)：可以唯一和清晰地定位一个业务语境实例的标识符。

——版本(必备型)：业务语境实例随时间发生变化的标志。

——字典条目名称(必备型)：业务语境的正式名称。

——定义(必备型)：业务语境的语义含义。

——用法(可选型、可重复)：描述了适用于业务语境的一种特定限制条件。

【S36】为定义一个唯一的和有含义的业务语境，存储的业务语境应包括所有语境类目值的组合。

7.3.2 存储的分类方案

【S38】存储的分类方案应包含以下属性：

——语境类目(必备型)：用来标识该分类方案可以适用的语境类目的名称。

——名称(必备型)：分类方案的名称。

——定义(必备型)：分类方案的定义。

——主类型(必备型)：分类方案中用于表达语境值的主要类型。

——层级(必备型)：描述分类方案是否支持语境分层描述的指示符。

——所有者(必备型)：负责分类方案的组织机构。

7.3.3 存储的语境值

【S39】存储的语境值应描述某个具体语境类目的可能值。

【S40】存储的语境值应是以下八个被认可类目的值：业务过程语境值、产品语境值、行业语境值、地理政治语境值、官方限制语境值、业务过程角色语境值、支撑角色语境值或系统能力语境值。

【S41】存储的语境值可以属于一个特定的分类方案。

【S42】存储的、属于特定分类方案(有层级)的语境值可以与另一个属于同一分类方案的语境值之间存在一种层级包含关系。

【S43】存储的语境值应包括以下属性：

——值(必备型)：描述一种特定语境的值。

——含义(必备型)：描述值所对应的含义。

注：语境值可以从业务过程模型中推导得出，实际上该业务过程模型已经在其过程定义中使用这些值。而这些值也已经在某些地方有所定义。例如，假如一个值取自一个代码表(分类方案规定的)，则该代码的含义应由代码表规范来提供。当然，含义也可以是一个指向具体定义的URI。

7.4 存储的BIE

该部分全面描述了BIE存储的详细内容。BIE所有内容的UML模型见图10，图10完整描述了BIE的类型以及它们之间的相互关系，以满足存储的需求。

7.4.1 存储的BIE

【S44】BIE是一类具体的注册类。所有存储的BIE都应包括以下属性：

——UID(必备型)：可以唯一和清晰地定位BIE实例的标识符。

——版本(必备型)：BIE实例随时间发生变化的指示符。

——字典条目名称(必备型)：BIE的正式名称。

——定义(必备型)：BIE的语义含义。

——用法(可选型、可重复)：描述适用于BIE的一种特定限制条件。

【S45】存储的BIE应基于一个存储的业务语境。

【S46】存储的BIE应基于一个存储的ACC、BCC或ASCC。它们不应基于一个CCT。

【S47】存储的BIE应是以下三种类型之一：BBIE、ASBIE或ABIE。BIE的类型应与其所对应的CC的类型相同，即

——ABIE基于ACC。

——BBIE基于BCC。

——ASBIE基于ASCC。

【S48】存储的BIE应包括以下属性：

——约束语言(可选型、可重复)：BIE从相应的存储CC和业务语境中得出的一种形式化描述。

——业务术语(可选型、可重复)：BIE在业务中被人熟知或使用的同义词。业务术语可以用任何一种语言来表达。一个BIE可以有几个业务术语或同义词。

——实例(可选型、可重复)：BIE值的一个实例。

7.4.2 存储的ABIE

【S49】ABIE是一类具体的BIE。存储的ABIE应包括被存储的BIE的所有属性。

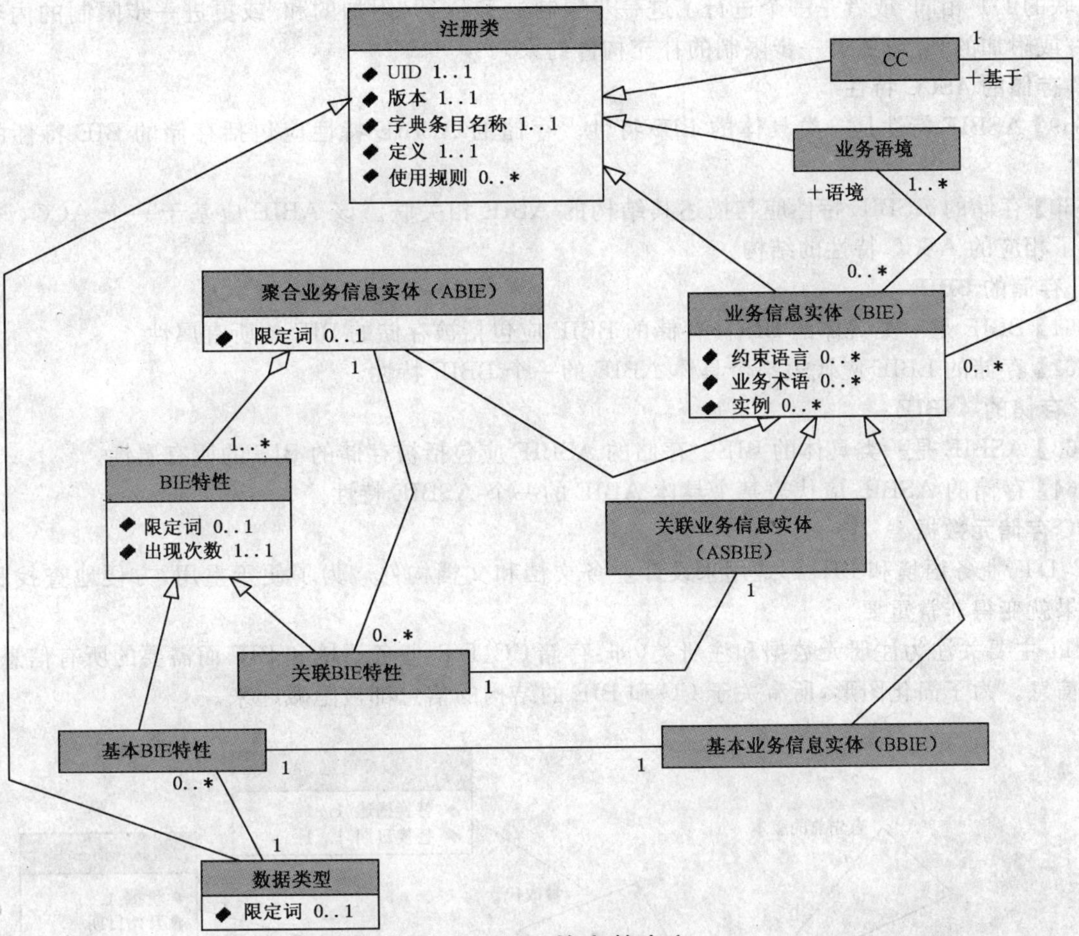

图 10 **BIE 的完整定义**

注：由于图 8 和图 9 中详细给出 CC、DT 和业务语境方面的内容，因此图 10 不再重复这方面的内容。

【S50】存储的 ABIE 应包含一个或多个 BIE 特性。

【S51】存储的 ABIE 可以被其他 ABIE 中的一个或多个 ASBIE 特性引用。

【S52】存储的 ABIE 应包括以下属性：

——限定词(必备型)：对相应的 ACC 对象类词的限定。

7.4.3 存储的 BIE 特性

【S53】存储的 BIE 特性应作为它们所属的、存储的 ABIE 的一部分而存储，而不应独立于它们所属的 ABIE 而存在。

【S54】存储的 BIE 特性应基于一个 CC 特性，该 CC 特性作为 ACC(该 ABIE 所基于的 ACC)的一部分而存储。

【S55】存储的 BIE 特性应是两种类型之一：BBIE 特性或 ASBIE 特性。BIE 特性的类型应与对应的 CC 特性的类型相同，即：

——BBIE 特性基于 BCC 特性。

——ASBIE 特性基于 ASCC 特性。

【S56】存储的 BIE 特性应包括以下属性：

——限定词(可选型)：对相关的 ACC 中 CC 特性的特性词进行限定。

——状态(必备型)：指出 BIE 特性在 ABIE 中是否适用、可选型、必备型和/或重复出现次数。

7.4.4 存储的 BBIE 特性

【S57】BBIE 特性是一类具体的 BIE 特性。存储的 BBIE 特性应包括存储的 BIE 特性的所有属性。

【S58】存储的 BBIE 特性应与一个描述 BBIE 特性的值的 DT 相关联。该 DT 或者与对应 BCC 特性所关联的 DT 相同,或者是一个进行了进一步限制的 DT(即:附加的和/或更进一步限制的内容构件约束和/或附加的和/或更进一步限制的补充构件约束)。

7.4.5 存储的 ASCC 特性

【S59】ASBIE 特性是一类具体的 BIE 特性。存储的 ASBIE 特性应包括存储的 BIE 特性的所有属性。

【S60】存储的 ASBIE 特性应与描述其结构的 ABIE 相关联。该 ABIE 应基于一个 ACC,该 ACC 又描述了相应的 ASCC 特性的结构。

7.4.6 存储的 BBIE

【S61】BBIE 是一类具体的 BIE。存储的 BBIE 应包括被存储的 BIE 的所有属性。

【S62】存储的 BBIE 应代表某个具体 ABIE 的一个 BBIE 特性。

7.4.7 存储的 ASBIE

【S63】ASBIE 是一类具体的 BIE。存储的 ASBIE 应包括被存储的 BIE 的所有属性。

【S64】存储的 ASBIE 应代表某个具体 ABIE 的一个 ASBIE 特性。

7.5 CC 存储元数据

CC、DT、业务语境和 BIE 都是用来设计业务文档和文档构件。为了便于重用,方便地查找和检索这些成果就变得非常重要。

图 11 主要关注为注册元数据和注册类(即:存储 CC、DT、业务语境和 BIE 而需要的所有信息)而定义的元信息。为了简化图形,所有关于 CC 和 BIE 的结构的信息都被隐藏起来。

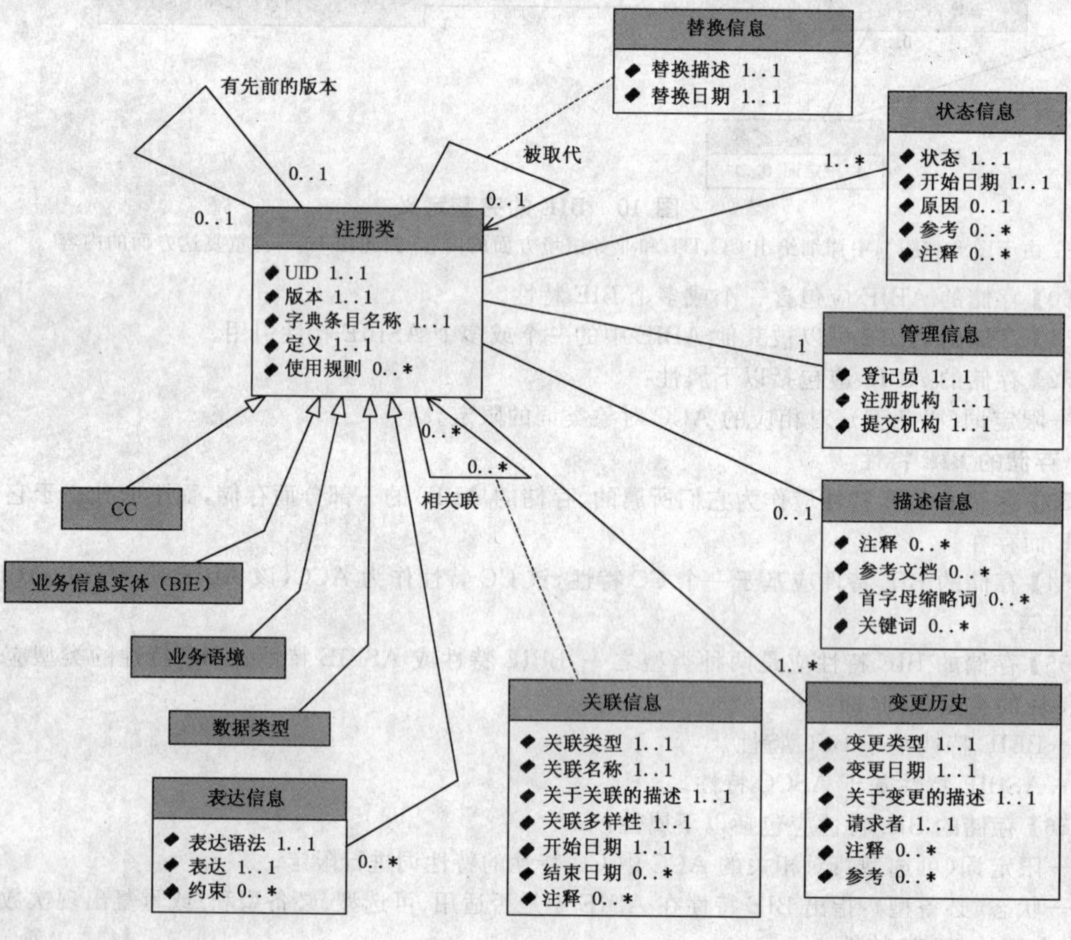

图 11 注册元数据

正如在图 11 中显示的，以下几类元数据是必需的：

——版本信息：尽管在任何给定的时间点，仅有一个版本的注册类是有效的，但以前多个版本可能已经存在并且将来的版本也在准备中。版本信息将一个注册类的各种版本关联起来。版本信息中不应有分支，仅支持一个线性的版本。

——取代信息：一个注册类可能在某个时间点上被另一个注册类所取代（如：因为发现复制品）。取代信息可以表达这种被取代的关联关系，并可以表达取代的日期和原因。

——状态信息：注册类目前状态的信息。

——管理信息：注册类注册管理方面的信息。

——描述信息：注册类的其他描述性信息。可以通过该信息给出其含义的更进一步说明。

——变更历史：对注册类做过的所有变更信息。

——关联信息：一个注册类与多个其他注册类可能存在的关联信息。

——表示信息：注册类在某种特定语法下的物理表示信息（如 XML 标记的表达）。

7.5.1 元数据存储一般规则

【S65】存储的注册类应包括一个 UID。

【S66】存储的注册类应包括一个版本号来记录一个注册类随时间变化的情况。

【S67】存储的注册类应包括一个字典条目名称。

【S68】存储的注册类应包括一个定义。

【S69】存储的注册类可以包括一个或多个用法，描述如何和/或何时使用该注册类。

【S70】除了注册类的第一个版本外，每个存储的版本都应连接到其先前的版本。

【S71】除了注册类的最后一个版本外，每个存储的版本都应连接到其下一个版本。

【S72】存储的注册类应包括每个版本状态周期的历史。

7.5.2 管理信息

7.5.2.1 行政信息

【S73】存储的注册类应包含行政信息，用以下属性表示：

——登记员（必备型）：在注册库中创建注册类的责任人姓名。

——注册机构（必备型）：批准登记注册类的机构。

——提交机构（必备型）：提交/请求注册类的机构。

7.5.2.2 状态信息

【S74】存储的注册类应包含下列状态信息：

——状态（必备型）：注册类的状态（即：草案、临时被注册、被注册、将被废止、已被废止，……）

——开始日期（必备型）：当前状态生效的日期。

——原因（可选型）：注册类状态因何而改变的描述。

——参考（可选型、可重复）：包含状态改变信息的外部文档。

——注释（可选型、可重复）：注册类状态的注释。

7.5.2.3 变更历史

【S75】存储的注册类应包括与每个版本有关的所有变更历史信息，用以下属性表示：

——变更类型（必备型）：改变的目的（如：新元素、新版本、元素修改、状态修改、元素取代）。

——变更日期（必备型）：做出变更的日期。

——关于变更的描述（必备型）：注册类为什么以及如何被变更的描述。

——请求变更机构（必备型）：请求变更注册类的机构名称。

——请求日期(必备型):请求变更的日期。

——注释(可选型、可重复):注册类变更的注释。

——参考(可选型、可重复):包含变更信息的外部文档。

7.5.2.4 **取代信息**

【S76】如果注册系统中一个注册类取代了另一个注册类,则应为这对注册类规定取代信息,用以下属性表示:

——取代描述(必备型):注册类被取代的原因。

——取代日期(必备型):取代生效的日期。

【S77】如果一个注册类取代了另一个注册类,它应连接到所取代的注册类上。

【S78】如果一个注册类取代了一个或多个其他注册类,它应连接到所取代的一个或多个注册类上。

7.5.3 **内容信息**

7.5.3.1 **描述信息**

【S79】存储的注册类可以包括其他描述性信息,用以下属性表示:

——注释(可选型、可重复):注释是一个注册类的附加信息,它不是定义的一部分,而是主要为了澄清概念。

——参考文档(可选型、可重复):对外部文件的一种参考(如:URI),该外部文件包含了注册类的其他相关信息。

——缩写词(可选型、可重复):首字母缩写词是通常人们所知的注册类的一种缩写词或代码。

——关键词(可选型、可重复):关键词是一个或多个用于注册类的查找和检索的重要词。

7.5.3.2 **表示信息**

【S80】存储的注册类可以任意包括用一种或多种语法表示注册类的信息,用以下属性表示:

——表示语法(必备型):表示语法的标识。

——表示(必备型):注册类的物理表示(如:XML 标记)。

——约束(可选型、可重复):适用于注册类的特定语法表示的其他约束条件(如:最大长度)。

7.5.3.3 **关联信息**

【S81】存储的注册类应包括所有它与其他存储的注册类的关联,用以下属性表示:

——关联名称(必备型):关联的名称。

——关联描述(必备型):解释关联含义的说明性文本。

——关联类型(必备型):关联的类型(如:聚合、特化、泛化、简单关联等)

——关联多重性(必备型):关联的状态(即:可选/必备和重复)。

——开始日期(必备型):关联生效的日期。

——结束日期(可选型):关联不再生效的日期。

——注释(可选型、可重复):关联的相关信息(如:取消关联的原因等)。

8 批准的 CCT、内容构件、补充构件以及允许使用的表示词

以下各条包括批准的 CCT(第 8.1 条)、CCT 的内容构件和补充构件(第 8.2 条)以及允许使用的表示词(第 8.3 条)的表格。

8.1 批准的 CCT

目前批准的 CCT 见表 5。

8.2 批准的 CCT 内容构件和补充构件

目前批准的 CCT 内容构件和补充构件集见表 6。

表 5 批准的 CCT

字典条目名称	英文规范名称	定义	注释	对象类	特性词	主表示词	副表示词	CCT 构件
金额.类型	Amount. Type	以一种货币形式规定的若干货币单位,该种货币单位被显式地或隐式地给出		金额	类型	金额		金额.内容 金额货币.标识符 金额货币.代码表版本.标识符
二进制对象.类型	Binary Object. Type	限定长度的二元八位字节集	也用于表示图形(即图表、曲线图、数学曲线或相似的表示)、图像(即人、物或场景的直观表示)、音频、视频等的数据类型	二进制对象	类型	二进制对象	图形、图像、音频、视频	二进制对象.内容 二进制对象.格式.文本 二进制对象.Mime.代码 二进制对象.编码.代码 二进制对象.字符集.代码 二进制对象.统一资源.标识符 二进制对象.文件名.文本
代码.类型	Code. Type	一种简洁的,和/或独立于语言的字符串(字母、数字或符号),用来与相关附加信息一起表示或代替确定的值或特性的文本	如果某个字符串标识了一个对象类或真实世界中的一个物体,则不使用该核心构件类型,这种情况下应使用标识.类型	代码	类型	代码		代码.内容 代码表.标识符 代码表.机构.标识符 代码表.机构名称.文本 代码表.名称.文本 代码表.版本.标识符 代码.名称.文本 语言.标识符 代码表.统一资源.标识符 代码表方案.统一资源.标识符
日期时间.类型	Date Time. Type	与相关附加信息一起表示时间进程中的一个特殊点	可用于日期和/或时间	日期时间	类型	日期时间	日期、时间	日期时间.内容 日期时间.格式.文本
标识符.类型	Identifier. Type	与相关附加信息一起用来把一个标识方案中的一个对象与同一方案中的所有其他对象唯一地标识和区别出来的字符串		标识符	类型	标识符		标识符.内容 标识方案.标识符 标识方案.名称.文本 标识方案机构.标识符 标识方案机构.名称.文本 标识方案.版本.标识符 标识方案数据.统一资源.标识符 标识方案.统一资源.标识符

表 5（续）

字典条目名称	英文规范名称	定 义	注 释	对象类	特性词	主表示词	副表示词	CCT 构件
指示符.类型	Indicator. Type	两个相互独立的布尔值，表达了一个特性的唯一可能的状态		指示符	类型	指示符		指示符.内容 指示符.格式.文本
计量.类型	Measure. Type	通过测量一个物体而确定的，并连同特定的计量单位一起表达的一个数值		计量	类型	计量		计量.内容 计量单位.代码 计量单位.代码表 版本.标识符
数字.类型	Numeric. Type	通过计算、计数或排序而确定或分配的数字信息，它不需要量的单位或计量单位	可以是十进制数，也可以不是十进制数	数字	类型	数字	值、比率、百分数	数字.内容 数字.格式.文本
量.类型	Quantity. Type	若干个非货币单位的可数数值，也可能包括分数		量	类型	量		量.内容 量.单位.代码 量单位.代码表.标识符 量单位.代码表机构.标识符 量单位.代码表机构名称.文本
文本.类型	Text. Type	通常以一种语言单词形式表达的一个字符串（即一个有限的字符集）	也应用于名称（即构成一个人、地点、事或概念的特定名称的单词或短语）	文本	类型	文本	名称	文本.内容 语言.标识符 语言.场所.标识符

表 6 批准的 CCT 内容构件和补充构件

字典条目名称	英文名称	基本数据类型	定 义	注 释
金额.内容	Amount. Content	decimal	以一种货币形式规定的若干货币单位，该种货币单位被显式地或隐式地给出	
金额货币.标识符	Amount Currency. Identifier	string	金额的货币	参考 GB/T 12406，使用 3 字母阿拉伯代码
金额货币.代码表版本.标识符	Amount Currency. Code List Version. Identifier	string	UN/ECE 第 9 号推荐标准代码表的版本	
二进制对象.内容	Binary Object. Content	binary	限定长度的二元八位字节集	
二进制对象.格式.文本	Binary Object. Format. Text	string	二进制内容的格式	
二进制对象.Mime.代码	Binary Object. Mime. Code	string	二进制对象的多用途 internet 邮件扩展类型	参考 IETF RFC 2045，2046，2047

表 6（续）

字典条目名称	英文名称	基本数据类型	定义	注释
二进制对象.字符集.代码	Binary Object. Character Set. Code	string	如果多用途 Internet 邮件扩展类型是文本，则使用二进制对象的字符集	参考 IETF RFC 2045，2046，2047
二进制对象.编码.代码	Binary Object. Encoding. Code	string	规定了二进制对象的解码算法	参考 IETF RFC 2045，2046，2047
二进制对象.统一资源.标识符	Binary Object. Uniform Resource. Identifier	string	标识二进制对象位置的 URI	
二进制对象.文件名.文本	Binary Object. Filename. Text	string	二进制对象的文件名	参考 IETF RFC 2045，2046，2047
代码.内容	Code. Content	string	一种简洁的，和/或独立于语言的字符串（字母、数字或符号），用来表示或代替确定的值或属性的文本	
代码表.机构.标识符	Code List. Agency. Identifier	string	维护一个或多个代码表的机构	默认为 GB/T 16833 中数据元 3055 的代码表
代码表.机构名称.文本	Code List. Agency Name. Text	string	代码表维护机构的名称	
代码表.名称.文本	Code List. Name. Text	string	代码表的名称	
代码表.标识符	Code List. Identifier	string	代码表的标识	能用于标识定义了一套当前已批准的允许值集合的来源的 URL
代码表方案.统一资源.标识符	Code List Schema. Uniform Resource. Identifier	string	标识代码表方案位置的 URI	
代码表.统一资源.标识符	Code List. Uniform Resource. Identifier	string	标识代码表位置的 URI	
代码表.版本.标识符	Code List. Version. Identifier	string	代码表的版本	标识 GB/T 16833 中数据元 3055 的代码表的版本
代码.名称.文本	Code. Name. Text	string	等同于代码内容的文本	如果没有代码内容，可使用它自己的代码名称
日期时间.内容	Date Time. Content	string	时间进程中的一个特定点	指使用包括协调世界时（UTC）偏移的符合 GB/T 7408格式的时间
日期时间.格式.文本	Date Time. Format. Text	string	日期/时间内容的格式	参见 GB/T 7408 和 W3C 关于日期时间的注释
标识方案机构.标识符	Identification Schema Agency. Identifier	string	标识方案维护机构的标识	默认为 GB/T 16833 中数据元 3055 的代码表

表 6（续）

字典条目名称	英文名称	基本数据类型	定义	注释
标识方案机构.名称.文本	Identification Schema Agency. Name. Text	string	标识方案维护机构的名称	
标识方案数据.统一资源.标识符	Identification Schema Data. Uniform Resource. Identifier	string	标识标识方案数据位置的 URI	
标识方案.标识符	Identification Schema. Identifier	string	标识方案的标识	
标识方案.名称.文本	Identification Schema. Name. Text	string	标识方案的名称	
标识方案.统一资源.标识符	Identification Schema. Uniform Resource. Identifier	string	标识标识方案位置的 URI	
标识方案.版本.标识符	Identification Schema. Version. Identifier	string	标识方案的版本	标识 GB/T 16833 中数据元 3055 的代码表的版本
标识符.内容	Identifier. Content	string	用来把在一个标识方案中的一个对象与相同方案中的所有其他对象唯一地标识和区别出来的字符串	
指示符.内容	Indicator. Content	string	指示符的值	例如：on、off、true、false
指示符.格式.文本	Indicator. Format. Text	string	是否指示符是数字、文本或二进制	
语言.标识符	Language. Identifier	string	对应的文本串所使用的语言的标识符	参考 GB/T 4880.1 和 GB/T 4880.2
语言.场所.标识符	Language. Locale. Identifier	string	语言场所的标识	
计量.内容	Measure. Content	decimal	通过测量一个物体确定的数值	例如：24.387 千克（24.387 是计量.内容）
计量单位.代码	Measure Unit. Code	string	计量单位的类型	参见 GB/T 17295 和 X12 355
计量单位.代码表版本.标识符	Measure Unit. Code List Version. Identifier	string	计量单位代码表的版本	
数字.内容	Numeric. Content	通过数字.格式.文本确定	通过计算、计数或排序指定或确定的数字信息	可以是十进制数
数字.格式.文本	Numeric. Format. Text	string	数字是否是一个整数、十进制数、实数或百分数	

表 6（续）

字典条目名称	英文名称	基本数据类型	定 义	注 释
量.内容	Quantity. Content	decimal	若干可数的非货币单位，也可能包括分数	例如：7 包（7 是量.内容）
量.单位.代码	Quantity. Unit. Code	string	量的单位	可使用 GB/T 17295
量单位.代码表机构.标识符	Quantity Unit. Code List Agency. Identifier	string	量单位代码表维护机构的标识	
量单位.代码表.标识符	Quantity Unit. Code List. Identifier	string	量单位代码表	默认为 GB/T 16833 中数据元 3055 的代码表
量单位.代码表机构名称.文本	Quantity Unit. Code List Agency Name. Text	string	量单位代码表维护机构的名称	
文本.内容	Text. Content	string	通常以词汇形式表示的字符串（即字符串限定集）	

8.3 允许使用的表示词

允许使用的表示词集合见表 7。

表 7 允许使用的表示词

主表示词	定 义	相关的 CCT	副表示词
金额	以一种货币形式规定的若干货币单位，该种货币单位被显式地或隐式地给出	金额.类型	
二进制对象	限定长度的二元八位字节集。 注：该表示词也用于表示图形（即图表、曲线图、数学曲线或相似的表示）、图像（即人、物或场景的直观表示）、音频、视频等的数据类型。	二进制对象.类型	图形、图像、音频、视频
代码	一种简洁的、和/或独立于语言的字符串（字母、数字或符号），用来与相关附加信息一起表示或代替确定的值或特性的文本。 注：如果某个字符串标识了一个对象类或真实世界中的一个物体，则不应使用该表示词“代码”，应使用表示词标识符。	代码.类型	
日期时间	时间（GB/T 7408）进程中的一个特殊点。 注：该表示词也应用于仅表示日期或时间的数据类型。	日期时间.类型	日期、时间
标识符	用来把在一个标识方案中的一个对象与相同方案中的所有其他对象唯一地标识和区别出来的字符串	标识符.类型	
指示符	两个相互独立的布尔值，表示一个特性的唯一可能的状态。 注：典型地指出一种状态的两个值，如：开/关；真/假等。	指示符.类型	

表 7（续）

主表示词	定　义	相关的 CCT	副表示词
计量	通过测量一个物体而确定的数值，计量用一个计量单位来规定。从 UN/ECE Rec. 20 中可以获得合适的计量单位。 注：该表示词也用于实测系数（如：米/秒）。	计量.类型	
数字	通过计算、计数或排序而确定或分配的数字信息，它不需要量的单位或计量单位。 注：该表示词也用于表示比率（即：比率用在不包括两个计量单位或有相同计量单位的地方）、百分数的数据类型。	数字.类型	值、率、百分比
量	若干个非货币单位的可数数值。量需要用一个量单位来规定。 注：该表示词也应该用于可数的系数（如：花数/米）。	量.类型	
文本	通常以一种语言单词形式表达的一个字符串（即一个有限的字符集）。 注：该表示词也应用于名称（即构成一个人、地点、事或概念的特定名称的单词或短语）。	文本.类型	名称

附 录 A
（资料性附录）
工作过程和方法学

本部分确定了核心构件工作过程和方法学方面的情况。包括 CC 发现和使用特性概览。另外，也包括了进行发现、存储、授权和语境应用的详细建议。

A.1 概述

业务过程分析建立了一种需求图，标识了业务协作，即：每个过程步骤的时间和目的。在此级别上业务过程的详细检查展现出一片片的单独的业务信息，这些业务信息被使用且用在它们被交换的阶段。

A.2 发现

应使用一种标准的方法来建立业务过程模型。UN/CEFACT 要求使用 UMM 方法[4]。其中一种结果是包括类图的一个模型，该类图显示了业务信息和其内在关系。可以根据《ebXML 业务过程分析表单和指南》[5]标识出 BIE，《ebXML 业务过程分析表单和指南》提供了一种简单的建模方法。

例如，如果一个领域队伍已经为贸易伙伴建立了目录数据发布模型，其结果就形成了 BIE，该 BIE 表达了由一组更小的 BIE 组成的分布式目录数据，这些更小的 BIE 是其组成部件。因此，词条的描述就作为该业务过程的 BIE 来标识。

为了增强跨业务语境间的互操作性，BIE 必须要基于一个有清晰语义结构的基本库，有助于确保它们可互操作。该库必须要包括一组全球一致的语义定义，例如：在 UN/CEFACT 核心构件库中所包括的那些语义定义。

一个 BIE 是用在一种特定业务语境中的一个核心构件，并且有它自己的唯一名称。因为 BCC 具有单一的业务信息，当它们直接用在特定的业务语境中时，其结构不会改变，但值就有了限制条件。

正如每个 BBIE 最终必定是基于一个 BCC 一样，每个 ABIE 最终也必定是基于一个现有的 ACC。基本的 ACC 确定了用在 ABIE 中的业务信息的一般的、标准的定义。ABIE 的定义基于一般的描述，然后被修改并被强化特定用于该 ABIE 所用的业务语境。一个 ABIE 因此直接依赖于一个特定的业务过程或一个业务语境（详见 A.6）。

> 示例：开发票的业务过程使用了以下信息：
>
> "发票.增值税.金额"，"发票.增值税.金额"是基于 BCC"发票.税.金额"的一个 BBIE。开发票业务过程将"发票.税.金额"用在一个特定的业务语境中，在此，业务过程语境＝"购买"，地理政治语境＝"EU"。因此，语境的应用增加了特定的定义，但在所有其他方面，BBIE 与相关的 CC"发票.税.金额"都是相同的，即：它们有相同的结构和数据类型。
>
> * 按照规则【B17】，在 BBIE"Invoice.VAT_Tax.Amount"中，VAT 应定义为"增值税"。

当一个 ABIE 有一个复合特性时，这个复合特性通过一个 ASBIE 来表示。ASBIE 有特定的业务语境，并且与 ASCC 相关联。这种关系与 ABIE 和 ACC 之间以及 BBIE 和 BCC 之间的关系是相同的（参见图 6 可以更好地理解该概念）。

信息互协作性的一个重要方面是每个 BIE 都基于一种 CC 的结构和从 CC 库中得出的相关的语义定义。BIE 的结构和定义应是精练的和/或它所基于的 CC 结构和定义的限制版本。

以下部分描述了与 UN/CEFACT ebXML 内容相兼容的 CC 库的开发和维护程序。

---

4) UMM 是一种基于 UML 的业务过程和信息建模方法。

5)《ebXML 业务过程分析表单和指南》见 http://www.ebxml.org。

A.3 如何使用UN/CEFACT核心构件

本条为更多想了解如何使用CC的技术人员提供了一种方法。其前提是该用户正在使用一套已建立的CC、语境类目和元数据/存储集。正使用的已建立好的CC集应基于那些由正式的标准工作组发现、协调和发布的CC。更进一步的前提条件是：这些正式的标准工作组和其他业务关联工作组也已经完成了用在一套已经发布的业务过程中的可用的BIE集。

A.3.1 核心构件和语义互操作性

当今，在电子业务领域，普遍认可了表达为UN/EDIFACT报文实施指南(MIG)、XML schema或类似的语法特定表达(MIG)的标准报文结构定义。UN/CEFACT将会制定基于这些实施成果表达之上的各种标准[6]。

在CC概念下，定义和存储CC和相关的语境机制先于创建MIG或XML schema。这样，用户的重点就要从检查MIG或XML schema转变到检查语义模型。相应地，语法间的互操作性不再依赖于分析特定的实例，而是自然地出现在业务过程模型定义阶段。

A.3.2 完整的发现和文档设计过程

我们可以将整个发现和文档设计过程视为从确定现有业务过程定义的可用性开始到最终产生标准业务文档结束的一系列步骤。图A.1说明了这个过程。以下部分更进一步描述了应遵循的特定步骤。

步骤1：搜索注册系统/存储库[7]——搜索注册系统以便找到满足业务需求的业务过程；

步骤1a：如果在现有的业务过程中没有找到合适的业务过程，则应使用UMM方法建立新的业务过程模型，并提交到注册系统；

步骤1b：按照CC发现步骤(见A.2)进行业务信息需求的全面分析；

步骤2：确定相关的语境类——进入注册系统界面，并通过确定以下的语境目录来标识所选择的业务过程的相关语境类(见7.2.2)：

——业务过程语境：标识了为完成一个给定的业务目标的贸易伙伴间的相互作用。

——产品分类语境：确定协作期间所涉及到的产品或服务。

——行业分类语境：确定相关贸易伙伴的所属行业。

——地理政治语境：确定业务过程的发生地点。确定业务过程是否跨地区、国家或者国际疆界。

——官方限制语境：确定对业务过程的任何法律限制或者要求。

——业务过程角色语境：标识了贸易伙伴的角色。可以从业务过程中得出这些信息。

——支撑角色语境：确定在报文中将会使用数据的其他重要的参与方。确定他们在整个过程中的作用。

——系统能力语境：确定取自系统的任何主要的限制条件，系统的类或在业务环境中的标准。标识出系统类型。

注册系统将提供一个预定义的、可用于所选择的业务过程中的、满足特定语境规范的BIE列表，这些BIE连同与它们所基于的CC的相互关系一起被标识，这些CC是用语境规则/语境值完全限定了的CC。注册系统也应返回部分匹配数值，并指明他们与特定语境的匹配程度。

步骤3：注册用在语境集中所选的可重用的业务过程。注册每个重用的业务过程确保了重用库的逐渐开发，这种重用使得广泛的用户群可以使用。

步骤4：查看可用的BIE，并选择满足要开发的业务过程需求的合适子集。

步骤4a：如果可用于特定业务过程的BIE没有表达全部的数据要求，则应搜索所有BIE的注册情况，以便确定是否已存在合适的BIE。本步骤在搜索注册系统/存储库(Registry/Repository)(见A.2)中进行了描述，包括提出任何新的BIE的步骤，这些BIE是因为在没有找到合适的BIE时所需要的。

6) XML schema包括了由W3C组织定义的XML Schema、XML Schema定义语言、DTD、Schematron、SOX、Relax NG、ASN.1、XDR或任何其他的规范了XML文档形式和信息内容的标志。

7) 参见GB/T 19256.1中为解释“注册系统/存储库”而引用的文档。

步骤 4b：如果全部所要求的 BIE 均已存在，则查看可用的 MIG、XML schema 和/或其他语法特定的报文描述，选用其中合适的，以便满足所标识的技术实施/解决方案要求。如果没有可用的合适的技术实施/解决方案，则继续步骤 5，创建新的技术实施与解决方案。

步骤 5：创建 MIG、XML schema 等——所得到的语义模型（BIE 集）被人工或通过程序译成特定语法的报文描述。所生成的 MIG、XML schema 或其他有特定语法的报文描述提交到注册系统，该注册系统与它所表示的 BIE 相关。

注：当选择一个业务过程并定义所需的报文时，可能需要搜索潜在贸易伙伴的数据需求和过程。在确定用户与贸易伙伴间最可能的匹配过程中，语境规则和 BIE 表达了有用的元数据。规则可用在可处理的格式，这一事实意味着规则本身能够自动进行对比并作为存储库实施的一个特点而使用。

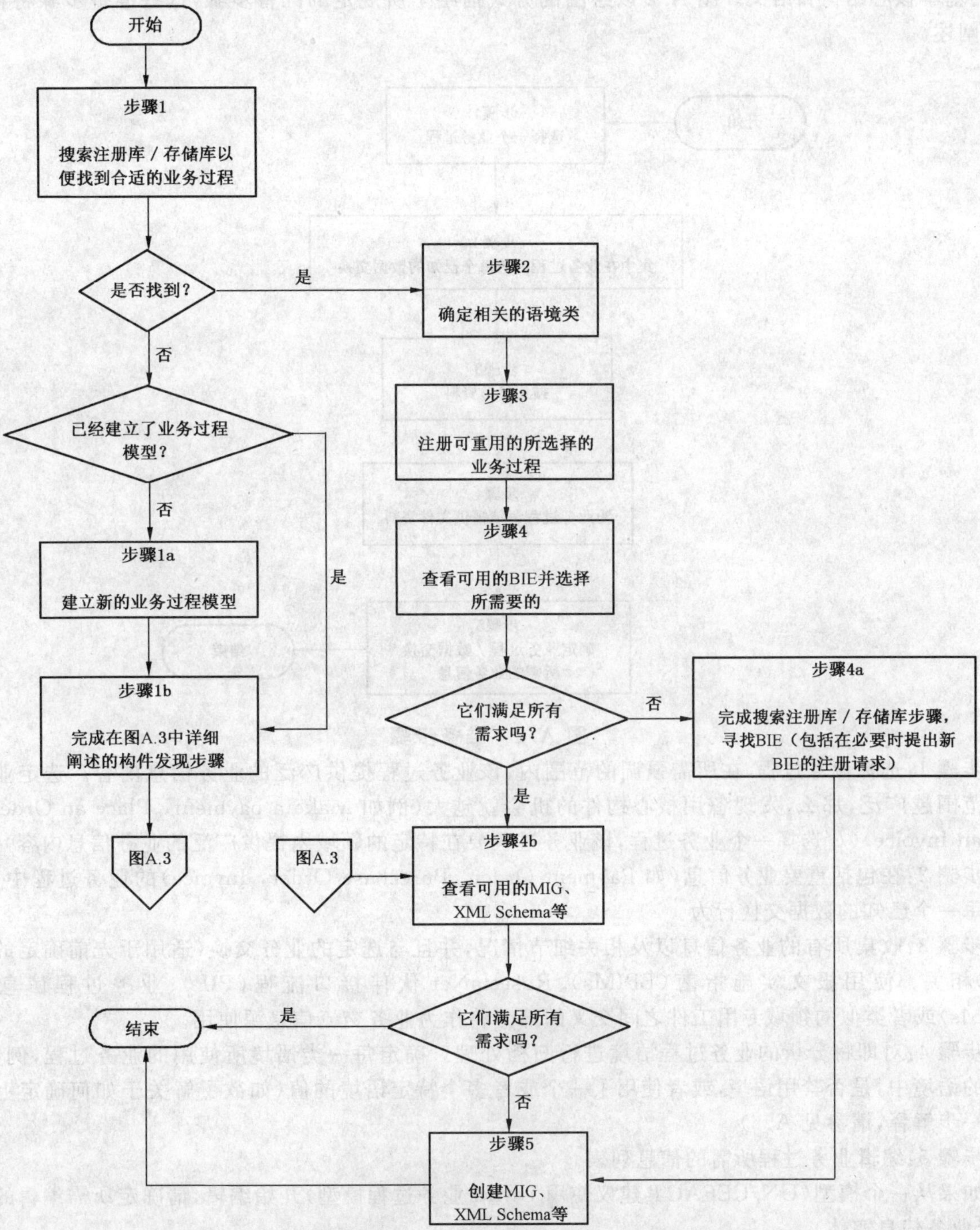

图 A.1　从业务过程发现到核心构件发现的步骤

A.4 核心构件发现

在 CC 发现中，步骤是准备过程并搜索候选的通用信息构件。为了正确定义 UN/CEFACT 的 CC 库，领域或项目组必须按照下面的各条中所规定的准备与搜索步骤进行。参见《核心构件入门》补充文档关于发现 CC 的详细的完整的实例。

A.5 核心构件发现——准备步骤

这些步骤标识了一片片业务信息，如 ABIE 及其特性。从各种相似的业务过程中分析 BIE，产生了 CC 的基本核心结构和语义。图 A.2 以绘图的方式描绘了所规定的准备步骤，这些准备步骤将在下面进行阐述。

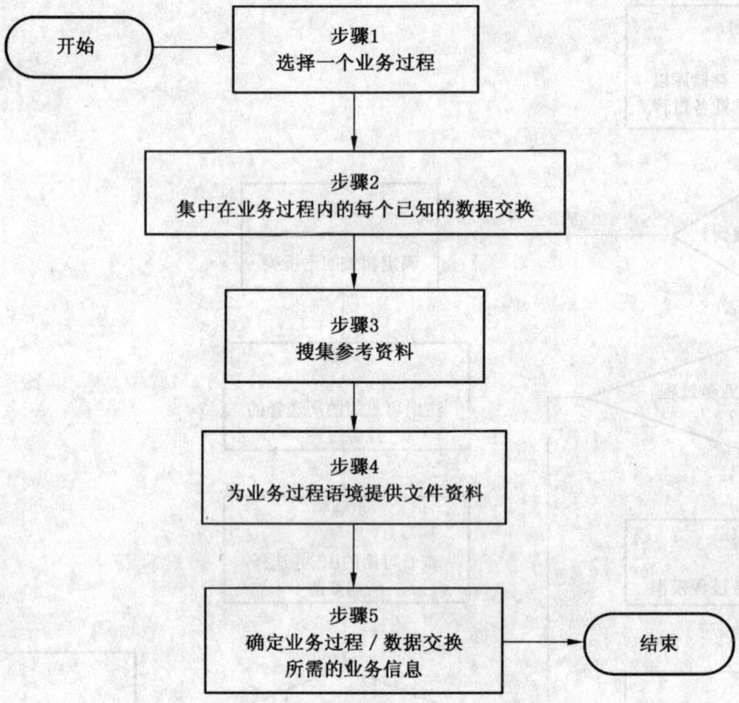

图 A.2 准备步骤

步骤 1：选择业务过程，在所需强调的范围内，该业务过程提供广泛的业务信息内容。选定业务过程的范围越广泛，那么，发现备用核心构件的机会就越大(例如 Make a payment, Place an Order, Issure an Invoice)(//选择一个业务过程，该业务过程要在特定的领域内提供广泛的业务信息内容)。

步骤 2：在包括重要业务信息(如 Payment Order, Purechase Order, Invoice)的业务过程中，集中关注每一个已知的数据交换行为。

步骤 3：收集所有的业务信息以及相关细节情况，并且与选定的业务交换(适用于先前确定的业务过程)相关。使用报文实施指南(BPIMs)、RosettaNet 伙伴接口流程(PIP)、业务过程信息模型(BPIMs)或者类似的领域专用工件之间交叉的部分将作为业务交流信息源使用。

步骤 4：对即将分析的业务过程语境进行归档处理。确定每一类语境所使用的业务过程，例如，在所有的语境中，是否禁用语境，或者使用了一个或者多个特定语境的值(如欲了解关于如何确定上下文的进一步解释，请参见 A.6)。

步骤 5：编辑业务过程所需的信息列表。

如果从一个模型(UN/CEFACT 建议使用 UMM 业务过程模型)开始编辑，请确定所需编辑的对象(聚合业务信息实体)。

如果不是从一个模型开始进行编辑，则将信息收集到类似对象的数据组中(聚合业务信息实体)。

识别并避免使用那些只是用于传统系统(legacy system)或者语法的信息。

对于每一聚合业务信息实体而言,应获得其唯一的语法定义、通常可知的业务术语以及其他在前述步骤中已经确认的信息。

在准备工作开展到此,并且在搜索注册系统/存储库(Registry/Repository)以前,这些都是备用的 ABIE。

A.6 核心构件发现——搜索注册系统/存储库

在确定许多备用 ABIE(这些备用 ABIE 在 A.3.1 中准备工作步骤 5 中已经确定)的需求以后,按照图 A.3 所示,对于每一聚合业务信息实体重复进行如下步骤。

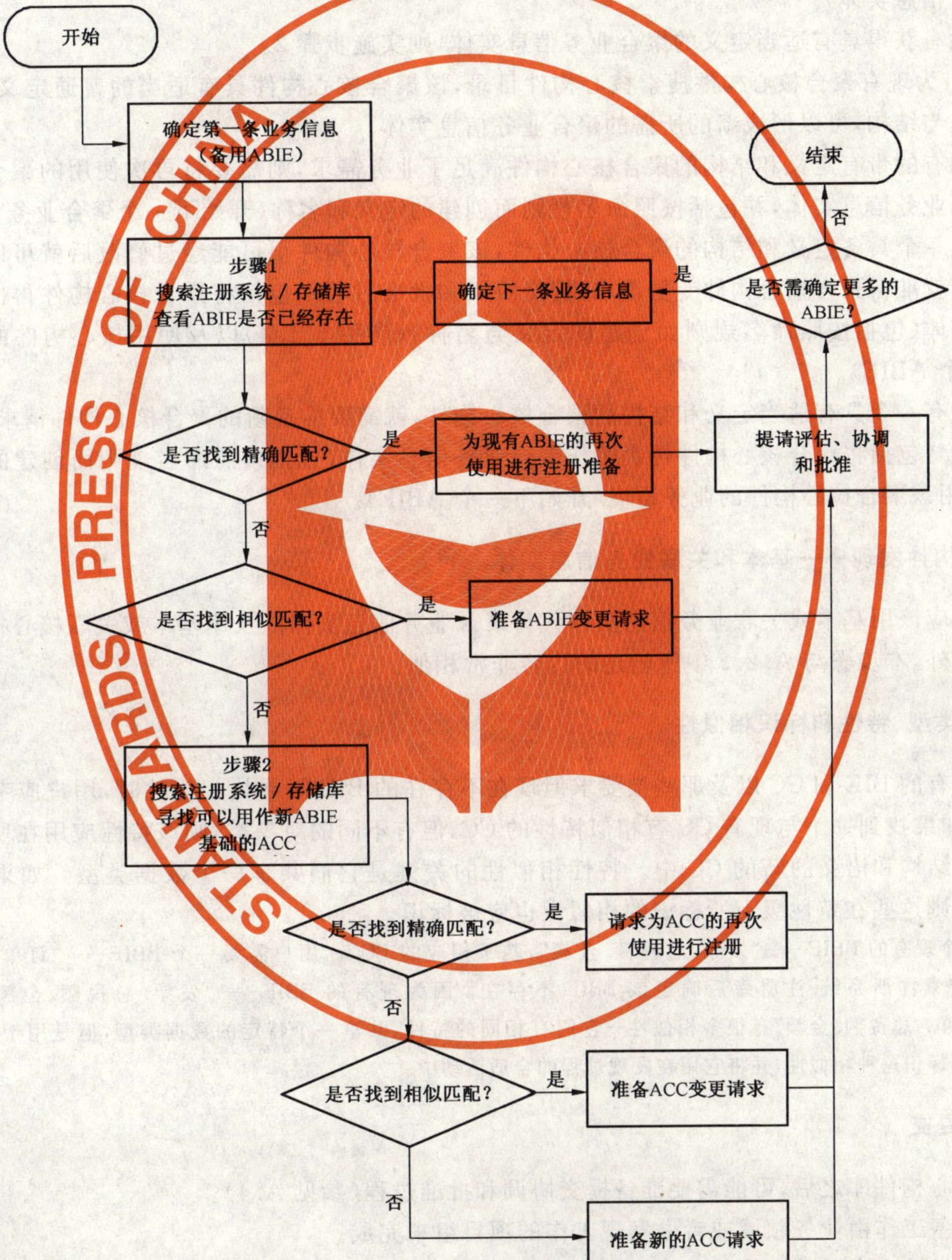

图 A.3 搜索步骤

注:精确匹配指的是"全部细节方面均精确匹配"。近似匹配指的是"不具备唯一性的同类事物"。在进行此类决策过程中,基本的要求就是要利用基本的尝试和良好的判断能力。

步骤1:建议从处于较高聚合程度的聚合业务信息实体开始。为现有聚合业务信息实体(具有相同的定义)搜索业务信息实体的目录。

精确匹配:如果某个聚合业务信息实体的定义和结构满足该业务信息的要求,则登记包括业务语境以及任何业务术语的再次使用情况(开始下一个聚合业务信息实体)。

近似匹配:如果某个聚合业务信息实体的定义经过一定修改后可以满足业务信息要求,则请准备聚合业务信息实体的修订申请,并提交到一致性与批准阶段。必须对所提议的修正措施进行评估,确保任何修改都明智、合理,并使用大多数适当的方法。与重新使用注册机制结合使用,能够确保日渐扩容的用户数据库可以使用真实、可用的数据池。并且包括重新使用、业务语境以及任何业务术语(开始下一个聚合业务信息实体)。

如果没有获得具有适当定义的聚合业务信息实体,则实施步骤2。

步骤2:为现有聚合核心构件搜索核心构件目录,该聚合核心构件具有适当的普通定义与结构,根据这些定义与结构,可以形成新的所需的聚合业务信息实体。

如果现有的带有定义和结构的聚合核心构件满足了业务需求,则需要将再次使用的聚合核心构件注册为聚合业务信息实体,并包括按照命名规则而创建的定义和名称(开始下一个聚合业务信息实体)。

如果有一个具备定义和结构的聚合核心构件,该聚合核心构件很可能经过修改后就可以满足业务需求,那么,就准备聚合核心构件变更请求,提交协调和批准过程。包括将聚合核心构件再次用作聚合业务信息实体(包括按照命名规则而创建的定义与名称)(参见6.1.4)以及使用核心构件的业务语境(开始下一个ABIE)。

如果没有一个具有适当定义和结构的聚合核心构件,就需要准备新的聚合核心构件请求,提交协调和批准过程。包括将聚合核心构件再次用作聚合业务信息实体(包括按照命名规则而创建的定义与名称)以及使用该聚合核心构件的业务语境(开始下一个ABIE)。

A.7 核心构件发现——基本和关联业务信息实体

除题头应该用基本或关联业务信息实体代替聚合业务信息实体以及用基本或关联核心构件代替聚合核心构件外,本步骤与A.2.2中所阐述的内容非常相似。

A.8 数据类型、特性和标识相似性

当在现有的BIE和CC以及那些被要求但现在不存在的BIE间寻找相似性时,用户应考虑特性和数据类型,如果找到一个与现有CC有相似特性的CC,但有不同的对象类,则该特性应用在所创建的有相似的基本结构和语义的新的CC中。特性相似性的关键是它们共享一个数据类型。如果一个新的CC被请求,则这些在特性级上所标识的相似性也应被标识。

示例:一个现有的BBIE——"发票.总税额.金额",基于相应的BCC。用户需要一个BBIE——"订单.总税额.金额",但是在搜索注册系统/注册库后确定该BBIE不存在。因为现有的BBIE——"发票.总税额.金额"和所需的BBIE——"订单.总税额.金额"有很多相似性一它们有相同的特性,共享一个特定的数据类型,但是用于不同的对象类——用户应标识这种相似性,并将它用在发现过程的合适活动中。

A.9 准备提交

搜索核心构件库之后,可能需要准备提交协调和批准过程(参见A.4)。

提交准备工作由业务领域或者做发现工作的项目组来完成。

协调和批准由合适的评估、协调和批准队伍来进行,这些队伍作为UN/CEFACT电子业务标准论坛的一个组成部分。

下面详细阐述可能需要的不同类型的提交。

以下的提交是简单的备有证明材料的请求,下列程序由评估、协调和批准队伍来建立。

——请求注册重新使用现有的聚合业务信息实体；

——请求变更一个现有的聚合业务信息实体；

——请求变更一个现有的聚合核心构件。

以下的提交需要更加精心地进行准备，并作为核心构件工作方法的一个组成部分，由业务领域或者由实施发现和分析的项目组来完成。

——准备请求一个新的基本核心构件；

——准备请求一个新的关联核心构件；

——准备请求一个新的聚合核心构件；

——准备请求一个新的基本业务信息实体；

——准备请求一个新的关联业务信息实体；

——准备请求一个新的聚合业务信息实体。

以上每个新词条进行命名时，均需要首先按照相同步骤应用命名规则(见 6.1.4)。

A.10 采用命名规则获得新词条

对所有的新词条来说，必须采用 6.1.4 中所定义的命名规则和相关规则。图 A.4 显示出必须采纳的步骤，每一步骤均在随附的文本中进行了详细阐述。

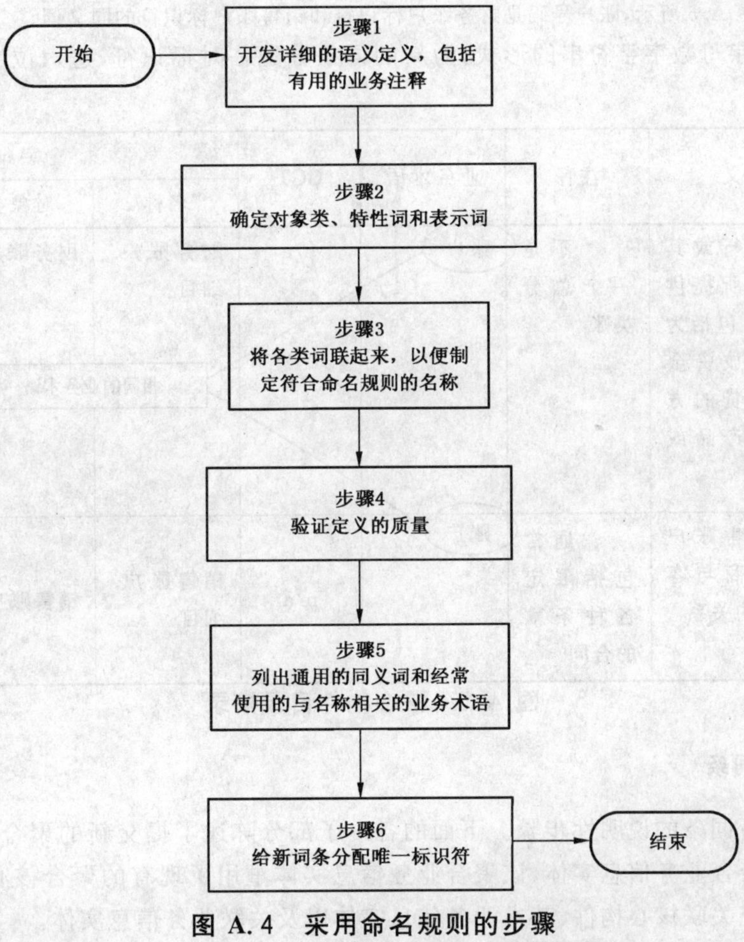

图 A.4 采用命名规则的步骤

步骤 1：开发详细的语义定义，包括任何有用的业务评论作为注释。语义定义应该：

在不出现含糊性的情况下，应该使用与那些假如不存在不确定因素，则应该采取与那些不同的词语(与将要定义的词语不同)，并且均有全面适用性。

全球可用的；

通用的(即:能够涵盖不同产品/服务的相同业务概念);

可以到跨多行业或多领域应用,并且简单、清晰可明确无误翻译为其他语言。

步骤 2:按照 CC 或 BIE 的命名规则(6.1.4)来确定以下各项是合适的:

——对象类词;

——特性词;

——表示词;

——限定词。

注:在为那些与其他现有 BIE 具有相同特性的 BIE 创建名称时,应该利用特性词的名称来验证新的 BIE 的命名是否正确。相似的 BIE 和 CC 的一致性命名,有助于提高它们的可用性。

步骤 3:把这些词联起来,来创建符合命名规则的字典条目名称。

注:(按照命名规则而创建的)名称可能看起来不太真实,因为它不同于那些用于该概念的任何业务术语。然而,命名规则的精确性使得未来很容易将名称翻译为其他语言。

步骤 4:通过在定义前面添加单词“【字典条目名称】是”的方法来验证定义的质量,此处的【字典条目名称】是被认可的名称。

步骤 5:列出领域中的通用的同义词或业务术语,来确认业务信息词条(例如,账户号码、账户标识符)。

注:把一些业务术语用在几种不同的业务信息中。完全可以列出相同的业务术语作为两个或多个业务信息的同义词。例如:如图 A.5 所示,账户号码是财务账户标识符和销售账户标识符的同义词。

步骤 6:用六位字母数字字符串的形式,为新的词条分配临时标识符,这六位字母数字字符串是根据用户意愿选择的。

临时标识符	定义	注释	业务术语	CCT	字典词条			
					名称	对象类	特性词	表示词
C00010	银行或其他机构所提供的服务,包括为客户存放资金或以信贷的方式提供产品或服务	不是一个总分类账	账户	n/a	财务账户.细目	财务账户	细目	
F00012	销售账户是售货商与客户之间的关系	通常包括限定各种条款的合同	账户	n/a	销售账户.细目	销售账户	细目	

相同的业务术语

图 A.5 核心构件目录摘录

A.11 准备提交新词条

本条包括提交新词条的说明性步骤。下面的各个子部分陈述了提交新的聚合核心构件、新的基本核心构件以及新的聚合业务信息实体,该聚合业务信息实体重用了现有的聚合核心构件。相似的提交步骤有必要用于提交关联核心构件、基本业务信息实体以及关联业务信息实体。

A.11.1 新的聚合核心构件

开发新的聚合核心构件要求在进行命名与定义时,必须遵守命名规则。一旦命名完毕,需要逐一检查新的聚合要素。图 A.6 描述了应遵循的步骤。

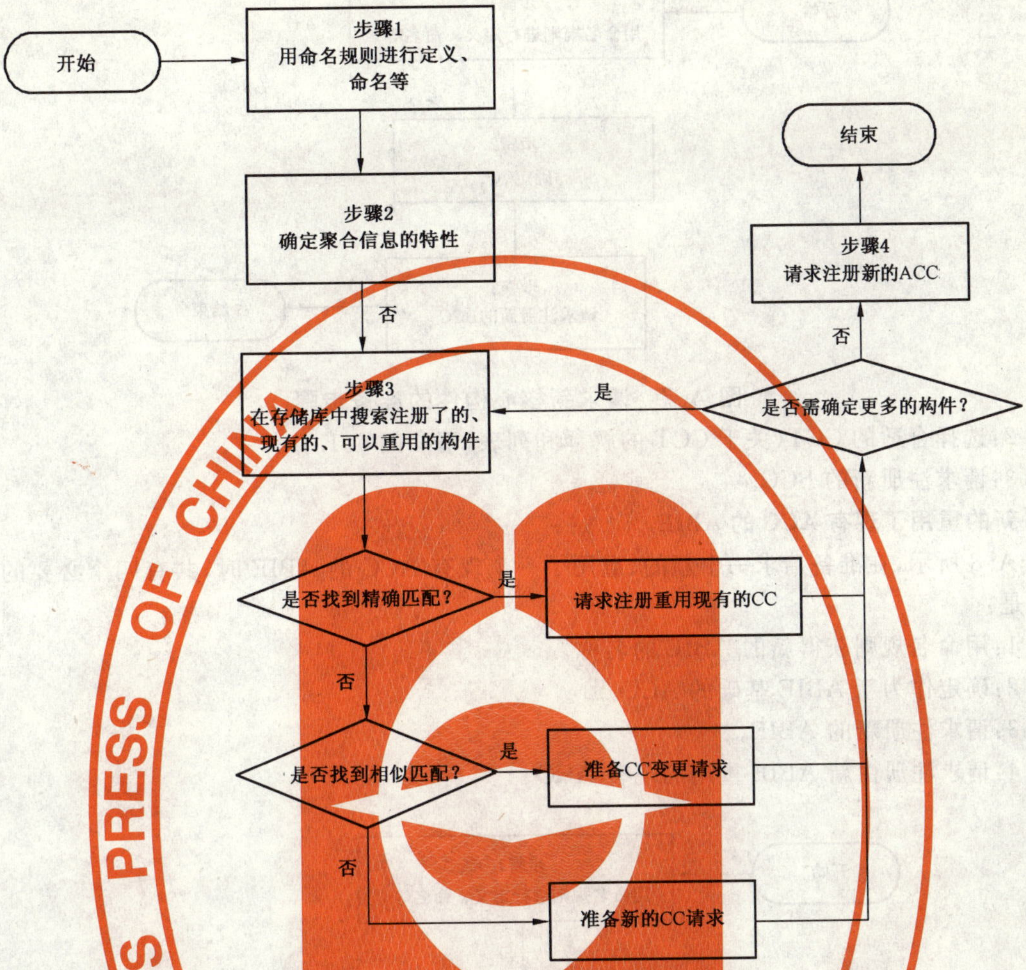

图 A.6　申请新的 ACC 的准备步骤

步骤 1：用命名规则来获得新的 ACC 的名称。

步骤 2：在新的 ACC 中确定所有的特性。

为步骤 2 中所确定的每个组成特性而重复进行下列步骤：

步骤 3：搜索注册系统，找到一个现有的、具有合适通用的定义和结构的 CC 或 DT。

如果存在可以满足需求的、具有定义和结构的 CC 或 DT，则请求注册重用该核心构件或数据类型，包括它们所使用的语境。

如果现有的、具有定义和结构的核心构件或数据类型经过修改后可以满足需求，则应该准备适当的变更请求，提交到协调和批准过程，包括重用核心构件或数据类型以及它们所使用的语境。

如果不存在具有合适定义和结构的核心构件或数据类型，则准备合适的新词条请求，包括语境标识，提交到协调和批准过程。

当步骤 2 中所确定的所有组成特性都已经按照步骤 3 的要求进行了检查，则：

步骤 4：请求注册新的聚合核心构件。

准备新的聚合核心构件请求，并提交到协调和批准过程。

A.11.2　新的基本核心构件

如图 A.7 所示，在准备请求一个新的 BCC 时，共有三个必要的步骤，这三个步骤是：

步骤 1：根据命名规则来获得新的 BCC 名称。

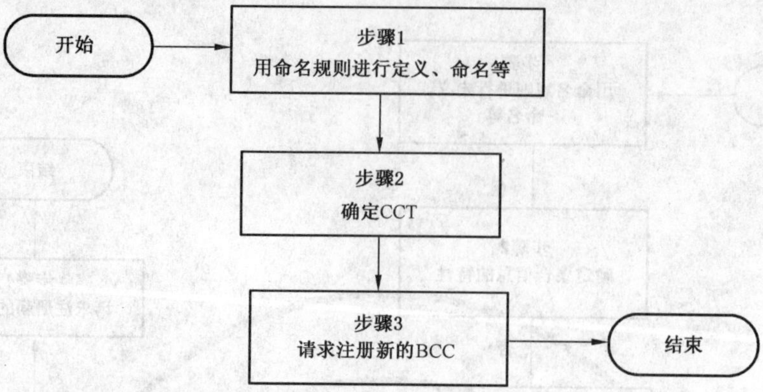

图 A.7　请求新核心构件的准备步骤

步骤 2:选择合适的 CCT(关于 CCT 的解释和列表,请参阅 6.1.1)。

步骤 3:请求注册新的 BCC。

A.11.3　新的重用了现有 ACC 的 ABIE

如图 A.8 所示,在准备请求一个新的、重用了一个现有 ACC 的 ABIE 时,共有四个必要的步骤,这四个步骤是:

步骤 1:用命名规则获得新的 ABIE 的名称。

步骤 2:确定作为新 ABIE 基础的 ACC。

步骤 3:请求注册新的 ABIE。

步骤 4:请求注册由新 ABIE 重用的现有 ACC。

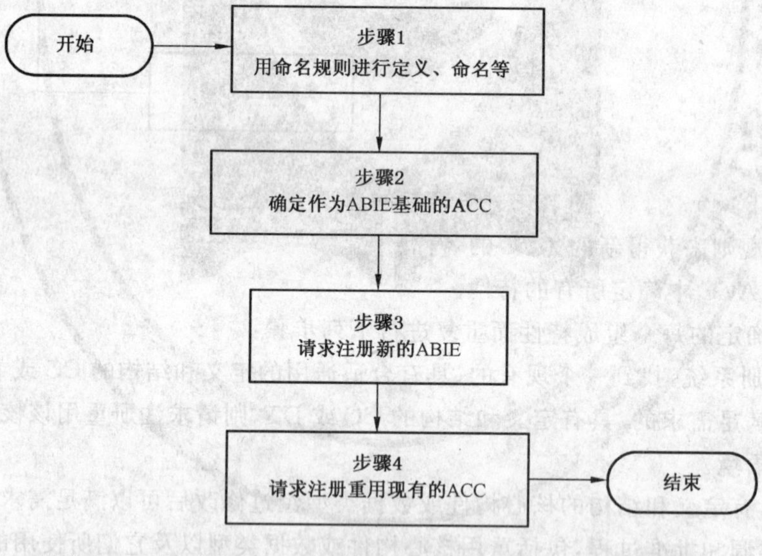

图 A.8　请求使用了现有 ACC 的新 ABIE 的准备步骤

A.12　协调

协调的目的是获得不同领域所提交的、候选的 CC 或 BIE,确定所提交的和现有库中的差异性和相似性,同时生成一个唯一的、完整的跨领域集合,即:CC 库。"协调"在整个 CC 操作程序中是一个非常关键的过程。下面描述了协调程序应该涵盖的领域。

——评估每个提交的 CC,看是否与发现方法的应用相兼容。通过与提交小组之间的讨论,解决任何疑问或者问题。

——将每个提交的CC的定义与结构和在CC库中已经存在的那些CC的定义与结构相比较。

如果提交的CC与现有CC库中的CC相同或相似，则比较每个CC的特性，从而确定其差异。如果提交的CC具有的特性没有存在于现有CC中，则应强加一个包含每个特性的协调形式。如果提交的CC是现有CC定义的一个子集，则建议使用现有的CC。应该根据每个特性是否共享一个DT来判断CC间的相似性。一个DT应该被尽可能多地重用于跨多个CC的特性中。

如果CC的定义与任何现有的CC不匹配，则继续进行下一步。

——向提交组公布协调结果检查并结束。

注：为了确保每一提交材料均能够基于其自身的准则而被评估，同时确保提交材料没有优先于其他材料，所有提交材料应该对照跨领域CC库，分别地、按顺序地进行处理。

一旦提交的材料通过了协调程序，则就可以提交该材料，以便进行技术评估与批准。

A.13 技术评估和批准

为了使技术评估和协调检查之后的领域返工率减到最小，就必须与发现队伍和协调过程紧密配合来做技术评估。本条定义了一套推荐的程序，用于对所有新提交的和变更的CC进行技术评估和批准。同时，也应该开发和应用一套对BIE进行技术评估和批准的程序。

技术评估程序定义了一种处理问题的方法。联合开发小组、协调小组、提交词条要点、技术评估小组以及与CC检查有关的秘书处都应遵守该方法。

为了便于检查和批准提交到CC库的过程，这些程序是必需的。为了使技术评估和协调性的要求减到最小，同时加快检查和批准过程，CC开发小组应该在构件发现的早期开发阶段，与技术评估小组和协调小组共同工作。

概括来讲，这些程序应该涵盖以下几方面：

——把预先准备好要检查的CC提交到指定的秘书处。

——记录所有提交的CC，并分发给协调小组成员。

——协调小组遵守检查程序和准则。

——返回协调好的CC，并提交进行技术评估。

——技术评估小组遵守工作程序和准则。

——将批准的CC注册到合适的CC注册库中。

A.14 发现过程中的语境

业务过程所需的信息用在一种语境中，这种语境是通过业务过程发生在哪儿以及怎样发生的来定义的。根据一套BIE，即：BBIE、ASBIE、ABIE，而不是一套CC(参见图A.1)来进行初始分析。产生CC的分析存在于其他事情中，是标识各种语境类别和值的过程，以便确定基础的语境独立的特性。

此处所提出的指南使得非常方便地分析BIE，确定核心业务语义或提供一种机制当BIE获准进入注册系统并可以在存储库中出版时来描述BIE。

如果存在任何不显示特性的BIE实例，则就引出了一致性的问题。特别地——缺少特性的BIE是用在不同语境中的相同的BIE吗？

如果回答“是”，则特性就成为了CC的组成部分。如果回答“不是”，则就可能发现了第二个不同的CC。

A.15 语境目录

本条引入语境目录的概念，并进行了简要说明。随后的各种指南用来确定所引入的语境：

——业务过程语境：这是在UN/CEFACT《通用业务过程目录》中描述的业务过程、业务协作或业务交易的分类。这是主要的语境目录，并在CC分析过程中提供了许多有用的特征。

——产品分类语境:有许多信息类型,这些信息类型专用于一个业务过程中所交易的或所涉及到的产品或服务。

——行业分类语境:传统上,业务术语汇被划分为行业面。该语境目录详细说明了特定的行业面。

——地理政治语境:规定了语义和结构的差异。而这种差异常常是区域或文化因素所导致的结果。

——官方限制语境:规定了法律或契约对业务语义的影响。

——业务过程角色语境:在业务过程数据交换中的每个贸易伙伴都有一个特定的角色——买方、卖方等。在UN/CEFACT通用业务过程目录和其他业务库(业务过程模型库)中对这些角色进行了描述。取决于业务过程的情况,这些角色的性质可能要求在报文交换中使用某些语义和数据。在任何业务过程角色语境中,该角色必须要么是该交换过程中的发送者,要么是接收者,否则,该角色就通过支撑角色语境来描述。

——支撑角色语境:在一个特定的交换中,业务过程的参与方既不是数据的发送方,也不是数据的接收方,则该参与方可能会对在该交换中由发送或接收数据的贸易伙伴所交换的数据有需求。这些在交换过程中的非发送、非接收参与方扮演了支撑角色,并通过支撑角色语境来描述。

——系统能力语境:当特定的语义或结构主要是由于系统限制或与标准相兼容的结果时,这就可归因于系统能力语境。

A.16 在语境中分析BIE的指南

使用A.6.1中给出的标准来确定一个BIE的特定特性是它用在语境中的产物,分析家必须发现并证实可用的语境目录。为了完成该项任务,分析家应把所有的语境目录列成表,并为该构件的每类目分配一个或者多个值。如果语境类目没有特定值,则分析家应在所有语境(除官方限制语境外)中分配一个值或不分配值(对官方限制语境)。在进行此类分析的时候,不同的语境目录都有可能出现在应用程序中。分析家必须确定哪个语境目录更可靠。本条用一种系统的、一致的方式,通过检查所出现的典型的模棱两可的情况,为回答该问题提供了一些指南。

一个BIE的特定特性可能是几个语境因素作用的结果,这种情况很可能出现。通过分析跨语境间的差异和相似性来标识这些语境因素。例如,比较用在世界不同地区的相同BIE,不同点更可能是地理政治语境或官方限制语境的结果。如果一个单一的BIE在两个业务过程之间是有区别的,则业务过程语境更可能是导致这种区别的原因。

以下指南适用于:

1) “地理政治语境”对照“官方限制语境”

如果一个特性可以追溯到一个特定的法律或国际条约体。则该特性是一个官方限制的结果。例如,如果关于危险货物的警告需要作为货物说明的一部分,并且要求该警告用在美国领域内所有的货物说明,则就既涉及到地理政治语境,又涉及到官方限制语境。官方限制语境的值应是将被引用的法律或条约体。地理政治语境的值表达了地区或相关的地区。

2) “产品分类语境”对照“行业分类语境”

当一种给定的产品或服务的特定区别对一个特定行业来说是专有的时,则行业分类语境就足以确定该语境。如果特定产品或服务的所有实例都由跨行业的相同的唯一特性集所描述,则只需要产品分类语境。在其他情况下,对于这两种语境类目,都需要使用一个或多个值。

3) “业务过程语境”对照“业务过程角色语境”

当业务过程中的一个参与者有信息需求,而另外一方没有信息需求时,需使用业务过程角色语境。如果双方都有相同的信息需求,则这就是业务过程语境。

4) 系统能力语境类目

该语境是那些主要影响数据差异的系统或系统分类的结果。例如,如果特定的企业资源规划(ERP)提供商所拥有的数据格式使用了一个特定的字段,并且没有其他应用程序使用该字段,则该数据被认为是那个特定系统的处理能力所形成的。

以下实例详细说明了为所有的语境目录分配对应值的过程，作为BIE分析过程的一个组成部分。

示例：

情形：BIE——“买方地址”取自广泛应用于各个行业领域的标准，本部分同时用于中国的所有业务过程。该BIE也包括了含有“省”信息的特性。

以下的值集可归属于该BIE（“买方地址”）的该特性（“省”）：

业务过程＝在所有语境中

产品分类＝在所有语境中

行业分类＝在所有语境中

地理政治＝中国

官方限制＝无

业务过程角色＝在所有语境中

支撑角色＝在所有语境中

系统能力＝在所有语境中

这些值是根据以下分析而选择的：

讨论中标准所涵盖的每个业务过程中的BIE的结构是相同的，即：地址中总是包含“省”字段。因此，对于由所分析的BIE所涵盖的业务过程范围而言，业务过程语境目录被标记在所有语境中。

在相同业务报文中所描述的产品不会影响该地址。由于产生BIE的标准在各个行业处于同一层次，因此，在所有的行业分类语境中，本部分具有相同的效力。

作为“买方地址”的一个特性，很明显，特性“省”的目的是为了获得专用于中国地理政治区域的值。因此，地理政治语境类目被正确赋值为“中国”。

没有引用特定的法律要求“地址”中出现“省”特性。因此，“官方限制语境”的值为“无”。

在业务过程角色的检查中，讨论中标准的所有地址都被要求提供“省”信息，看起来好像悬而未决的标准中的所有地址均被要求提供“省”信息，而不考虑在交易过程中这些“地址”的角色是什么。事实上，“买方”业务过程角色对该特性没有影响：所有的“地址”类型都有相同的语义。因此，在给定一个“地址”时，所有的角色均同样地提供了数据。“在所有语境中”这一值适用于此处。同样的理由也适用于“支撑角色语境”。

最后，考虑“系统能力语境”，没有作为语义出现或不出现的主要理由而起作用的特定系统。相反，特性的存在可以归于这样一个事实：在通用的用法中，美国地址包括“州”特性。因此，我们在此处提供值“在所有语境中”。注意，应该提供即可能广泛的值，以便确保完整性。

在上面的实例中，如果地址取自法国标准，则在相同地区的一些国家间，一些特性就有可能是通用的，甚至可能在许多地区是通用的。此处，将值“法国”作为“地理政治语境”是不完整的——应给出每个已知的有效值。

参 考 文 献

[1] GB/T 19256.1—2003 基于XML的电子商务 第1部分:技术体系结构
[2] GB/T 19256.2—2006 基于XML的电子商务 第2部分:协同规程轮廓和协议
[3] GB/T 19256.3—2006 基于XML的电子商务 第3部分:消息服务规范
[4] GB/T 19256.4—2006 基于XML的电子商务 第4部分:注册系统信息模型规范
[5] GB/T 19256.5—2006 基于XML的电子商务 第5部分:注册服务规范
[6] GB/T 19256.6—2006 基于XML的电子商务 第6部分:业务过程规范模式
[7] GB/T 20538.1—2006 基于XML的电子商务业务数据和过程 第1部分:核心构件目录
[8] ebXML Requirements Specification v1.06(ebXML需求规范,1.06版)
[9] ebXML Business Process Analysis Worksheets & Guidelines v1.0(ebXML业务过程分析表单和指南,1.0版)
[10] ebXML Technical Report,Business Process and Business Information Analysis Overview v1.0(ebXML技术报告 业务过程和业务信息分析概览,1.0版)
[11] ebXML Technical Report,E-Commerce Patterns v1.0(ebXML技术报告,电子商务模式,1.0版)
[12] ebXML Technical Report,Catalog of Common Business Processes v1.0(ebXML技术报告,通用业务过程目录,1.0版)
[13] ebXML Technical Report,Core Component Overview v1.05(ebXML技术报告,核心构件概览,1.05版)
[14] ebXML Technical Report,Core Component Discovery and Analysis v1.04(ebXML技术报告,核心构件的发现和分析,1.04版)
[15] ebXML Technical Report,Context and Re—Usability of Core Components v1.04(ebXML技术报告,核心构件的语境和重用性,1.04版)
[16] ebXML Technical Report,Guide to the Core Components Dictionary v1.04(ebXML技术报告,核心构件字典指南,1.04版)
[17] ebXML Technical Report,Naming Convention for Core Componens v1.04(ebXML技术报告,核心构件命名规则,1.04版)
[18] ebXML Technical Report,Document Assembly and Context Rules v1.04(ebXML技术报告,文档组合和语境规则,1.04版)
[19] ebXML Technical Report,Catalogue of Context Categories v1.04(ebXML技术报告,语境类目,1.04版)
[20] ebXML Technical Report,Core Component Structure v1.04(ebXML技术报告,核心构件结构,1.04版)

ICS 03.080.01
A 14

中华人民共和国国家标准

GB/T 19363.2—2006

翻译服务规范　第2部分:口译

Specification for translation service—Part 2:Interpretation

2006-09-04 发布　　2006-12-01 实施

中华人民共和国国家质量监督检验检疫总局
中国国家标准化管理委员会　发布

前　言

GB/T 19363《翻译服务规范》目前包括以下两个部分：

——第1部分：笔译；

——第2部分：口译。

本部分为GB/T 19363的第2部分。

本部分由中国翻译协会翻译服务委员会、上海市人民政府新闻办公室和中国标准化协会提出。

本部分由中国标准化协会归口。

本部分起草单位：中国翻译协会翻译服务委员会、上海市人民政府新闻办公室、上海市翻译家协会、中国对外翻译出版公司、上海东方翻译中心有限公司、中国标准化协会。

本部分主要起草人：张慈云、黄友义、柴明颎、王鹏、张晶晶、杨子强、陈忠良、夏艺。

翻译服务规范　第 2 部分：口译

1　范围

GB/T 19363 的本部分确立了口译服务方提供口译服务的过程及规范。

本部分适用于翻译服务口译业务。

2　规范性引用文件

下列文件中的条款通过 GB/T 19363 的本部分的引用而成为本部分的条款。凡是注日期的引用文件，其随后所有的修改单(不包括勘误的内容)或修订版均不适用于本部分，然而，鼓励根据本部分达成协议的各方研究是否可使用这些文件的最新版本。凡是不注日期的引用文件，其最新版本适用于本部分。

GB/T 19000—2000　质量管理体系　基础和术语(idt ISO 9000:2000)

ISO 2603:1998　同声传译室一般特性及设备

ISO 4043:1998　移动式同声传译室一般特性及设备

3　术语和定义

下列术语和定义适用于本部分。

3.1

口译　interpretation

口头将源语言译成目标语言。

3.2

口译服务　interpretation service

提供口译的有偿经营行为。

3.3

口译服务方　interpretation service provider

具备提供口译服务资质的组织。

3.4

顾客　customer

接受产品的组织或个人。

[GB/T 19000—2000，定义 3.3.5]

3.5

口译对象　source speaker

源语言信息。

3.6

口译语言　interpretive language

源语言和目标语言。

3.7

交替传译　consecutive interpreting

当源语言使用者讲话停顿或结束等候传译时，口译员用目标语清楚、准确、完整地表达源语言的信息内容。

3.8

同声传译　simultaneous interpreting

借助专用设施将听到的或看到的源语言的信息内容，近乎同步地准确传译成目标语言。

注1：耳语同传可不借助专用设施。

注2：同传设备要求参见ISO 2603:1998和ISO 4043:1998。

3.9

口译现场　interpretation site

译员的服务场所。

3.10

纠正措施　corrective action

为消除已发现的不合格或其他不期望情况的原因所采取的措施。

[GB/T 19000—2000，定义3.6.5]

4　要求

4.1　口译服务方的资质

口译服务方应具备以下资质：

——具有符合本部分4.3要求的译员；

——具有相关的专业知识；

——具有履行合同的能力。

4.2　业务接洽

4.2.1　接洽场所

作为口译服务方的窗口，应清洁、明亮，在明显的位置展示口译服务方的营业执照、税务执照、行业资质等相关证照。

4.2.2　接洽人员

应熟悉口译服务过程、服务范围、收费标准等诸方面内容，着装得体，语言文明，解答顾客的询问。

4.2.3　接洽内容

4.2.3.1　短期业务

约期不超过一个月的为短期口译业务。双方应签订书面合同或协议书，内容应包括：

——顾客的全称；

——联系方式(电话、传真、地址、邮编、电子邮箱等)；

——联系人；

——翻译语种；

——专业领域；

——收费价格；

——工作期限和时限；

——预付的翻译服务费；

——加班费用；

——交通费用、食宿费用等其他有关费用；

——安全措施及可能发生的工伤善后；

——口译质量纠纷仲裁；

——保密要求。

4.2.3.2　长期业务

约期超过一个月的为长期口译业务。双方应签订书面合同或协议书，除4.2.3.1中的条款外，合同或协议书还应包括以下内容：

——口译服务内容(翻译语种、项目、每周工作日、日工作时间)；

——口译质量要求；

——口译现场安全防护要求；

——意外事故保险要求；

——可能发生的工伤善后责任方；

——休假及其待遇；

——收费内容(口译服务费、加班费、食宿费、交通费等)；

——计费方式(按月计费、按工作日计费、加班计费等)；

——结算周期和付费方式；

——违约和免责条款；

——变更方式；

——其他。

4.2.4 计费

——按工作日计费。不足半个工作日的按半个工作日计；超过半个工作日，不足一个工作日的，按一个工作日计。工作日以外按加班计酬。

——按月计费，每月工作天数与顾客约定，约定以外工作天数按加班计酬。

注：同声传译(组)工作日按 6 h 计。

4.2.5 其他事项

合同规定以外的服务，双方商定另行收费。

4.3 译员

译员应符合以下条件：

——有国家承认的有关部门颁发的口译资格证书或有相应的能力；

——接受培训和继续教育；

——具有职业道德。

4.4 顾客支持

4.4.1 顾客应向口译服务方介绍：

——口译涉及的专业；

——服务的范围；

——口译对象。

4.4.2 顾客应向译员提供：

——所涉及的相关文件、资料和专业术语；

——背景材料；

——为观看现场或实物提供方便。

4.4.3 顾客应提供安全培训或必要的安全知识。

4.5 业务管理

4.5.1 译员资质管理

——对译员的职业道德教育、安全教育；

——对译员进行业务培训和考核；

——掌握译员的业务经历、水平和工作绩效。

4.5.2 译员安排

根据合同和协议，选配合适的译员。

4.5.3 标识

每批次口译业务应用数字、字母或文字记录标识。作为追溯性标识，应有以下一项或数项记录内容：

——顺序批次编号；

——日期；

——翻译语种；

——口译人员和口译对象；

——口译涉及专业及项目内容；

——顾客。

4.5.4 档案管理

口译服务方应建立和保存：

——项目档案；

——顾客档案；

——译员业务档案；

——业务记录档案等。

4.6 口译服务过程控制

4.6.1 工作流程

4.6.1.1 译前准备

译员要认真查阅相关资料、熟悉词汇、了解口译对象和双方相关人员，以及熟悉工作现场或设施情况。要做好必要的准备，携带必备的证件和有关资料，按要求着装，提前到达工作现场。

4.6.1.2 口译过程

在口译过程中应做到：

——准确地将源语言译成目标语言；

——表达清楚；

——尊重习俗和职业道德。

4.6.1.3 在口译服务过程中出现问题，口译服务方应与顾客密切配合及时予以处理。

4.6.2 译后工作

口译结束后，口译服务方应听取顾客的意见反馈，必要时对顾客反馈意见予以答复。

4.7 保密

口译服务方应按照合同或协议为顾客保守秘密。

4.8 一致性声明

每个口译服务方都可以自愿履行本部分各项条款并自负责任地声明是根据本部分提供口译服务。

ICS 67.050
X 04

中华人民共和国国家标准

GB/T 19426—2006
部分代替 GB/T 19426—2003

蜂蜜、果汁和果酒中497种农药及相关化学品残留量的测定 气相色谱-质谱法

Method for the determination of 497 pesticides and related chemicals residues in honey, fruit juice and wine—GC-MS method

2006-12-31 发布　　2007-03-01 实施

中华人民共和国国家质量监督检验检疫总局
中国国家标准化管理委员会　发布

前　言

本标准是对 GB/T 19426—2003《蜂蜜、果汁和果酒中 304 种农药多残留测定方法　气相色谱-质谱(GC-MS)和液相色谱-串联质谱(LC-MS-MS)法》的修订。修订的主要内容是：

——气相色谱-质谱(GC-MS)法可测定的农药由 282 种扩大为 497 种；

——把液相色谱-串联质谱(LC-MS-MS)法从本标准中分离出去，修订为 GB/T 20771—2006；

——修改了标准名称。

本标准代替 GB/T 19426—2003 中关于气相色谱-质谱(GC-MS)法的内容。

本标准的附录 A、附录 B、附录 C、附录 D、附录 E 和附录 F 为资料性附录。

本标准由中华人民共和国秦皇岛出入境检验检疫局提出。

本标准由中华人民共和国国家质量监督检验检疫总局归口。

本标准起草单位：中华人民共和国秦皇岛出入境检验检疫局。

本标准主要起草人：庞国芳、范春林、刘永明、曹彦忠、张进杰、付宝莲、贾光群、李学民、吴艳萍。

原标准于 2003 年首次发布，本标准和 GB/T 20771—2006 共同代替 GB/T 19426—2003。

蜂蜜、果汁和果酒中497种农药及相关化学品残留量的测定 气相色谱-质谱法

1 范围

本标准规定了蜂蜜、果汁和果酒中497种农药及相关化学品(参见附录A)残留量气相色谱-质谱测定方法。

本标准适用于蜂蜜、果汁和果酒中497种农药及相关化学品残留量的测定。

本标准的方法检出限:0.001 mg/kg~0.300 mg/kg(参见附录A)。

2 规范性引用文件

下列文件中的条款通过本标准的引用而成为本标准的条款。凡是注日期的引用文件,其随后所有的修改单(不包括勘误的内容)或修订版均不适用于本标准,然而,鼓励根据本标准达成协议的各方研究是否可使用这些文件的最新版本。凡是不注日期的引用文件,其最新版本适用于本标准。

GB/T 6379.1 测量方法与结果的准确度(正确度与精密度) 第1部分:总则与定义(GB/T 6379.1—2004,ISO 5725-1:1994,IDT)

GB/T 6379.2 测量方法与结果的准确度(正确度与精密度) 第2部分:确定标准测量方法重复性与再现性的基本方法(GB/T 6379.2—2004,ISO 5725-2:1994,IDT)

GB/T 6682 分析实验室用水规格和试验方法(GB/T 6682—1992,neq ISO 3696:1987)

3 原理

试样用二氯甲烷提取,经串联Envi-Carb[1)]和Sep-Pak-NH_2[2)]柱净化,用乙腈+甲苯(3+1)洗脱农药及相关化学品,用气相色谱-质谱仪检测。

4 试剂和材料

除另有说明外,水为GB/T 6682规定的一级水。

4.1 乙腈:色谱纯。

4.2 丙酮:色谱纯。

4.3 二氯甲烷:色谱纯。

4.4 无水硫酸钠:分析纯。用前在650℃灼烧4 h,贮于干燥器中,冷却后备用。

4.5 甲苯:优级纯。

4.6 正己烷:色谱纯。

4.7 Envi-Carb柱:6 mL,0.5 g或相当者。

4.8 Sep-Pak-NH_2柱:3 mL,0.5 g或相当者。

---

1) Envi-Carb柱是SUPELCO公司产品的商品名称,给出这一信息是为了方便本标准的使用者,并不是表示对该产品的认可。如果其他等效产品具有相同的效果,则可使用这些等效产品。

2) Sep-Pak-NH_2柱是Waters公司产品的商品名称,给出这一信息是为了方便本标准的使用者,并不是表示对该产品的认可。如果其他等效产品具有相同的效果,则可使用这些等效产品。

4.9 农药及相关化学品标准物质:纯度≥95%。

4.10 标准溶液

4.10.1 标准储备溶液

分别称取 5 mg～10 mg(精确至 0.1 mg)农药及相关化学品各标准物分别放入 10 mL 容量瓶中,根据标准物的溶解性选甲苯、甲苯＋丙酮混合液、二氯甲烷等溶剂溶解并定容至刻度(溶剂选择参见附录 A)。

4.10.2 混合标准溶液(混合标准溶液 A、B、C、D 和 E)

按照农药及相关化学品的保留时间,将 497 种农药及相关化学品分成 A、B、C、D、E 五个组,并根据每种农药及相关化学品在仪器上的响应灵敏度,确定其在混合标准溶液中的浓度。本标准对 497 种农药及相关化学品的分组及其混合标准溶液浓度参见附录 A。

依据每种农药及相关化学品的分组号、混合标准溶液浓度及其标准储备液的浓度,移取一定量的单个农药及相关化学品标准储备溶液于 100 mL 容量瓶中,用甲苯定容至刻度。混合标准溶液避光 4℃保存,可使用一个月。

4.10.3 内标溶液

准确称取 3.5 mg 环氧七氯于 100 mL 容量瓶中,用甲苯定容至刻度。

4.10.4 基质混合标准工作溶液

农药及相关化学品基质混合标准工作溶液是将 40 μL 内标溶液(4.10.3)和一定体积的混合标准溶液分别加到 1.0 mL 的样品空白基质提取液中,混匀,配成基质混合标准工作溶液 A、B、C、D 和 E。

基质混合标准工作溶液应现用现配。

5 仪器

5.1 气相色谱-质谱仪:配有电子轰击源(EI)。

5.2 分析天平:感量 0.1 mg 和 0.01 g。

5.3 鸡心瓶:200 mL。

5.4 移液器:1 mL。

5.5 具塞三角瓶:250 mL。

5.6 分液漏斗:250 mL。

5.7 筒形漏斗。

6 试样制备与保存

6.1 试样的制备

对无结晶的蜂蜜样品,将其搅拌均匀。对有结晶的样品,在密闭情况下,置于不超过 60℃的水浴中温热,振荡,待样品全部融化后搅匀,迅速冷却至室温。分出 0.5 kg 作为试样,置于样品瓶中,密封,并标明标记。

果汁、果酒样品,将取得的全部原始样品倒入洁净的搪瓷混样桶内,充分搅拌混匀,再将混匀样品分装出两份(每份 500 mL),密封,作为试样,标明标记。

6.2 试样的保存

将试样于常温下保存。

7 测定步骤

7.1 提取

称取 15 g 试样(精确至 0.01 g)于 250 mL 具塞三角瓶中,加入 30 mL 水,于 40℃振荡水浴上,振荡溶解 15 min。加入 10 mL 丙酮,然后将瓶中内容物移入 250 mL 分液漏斗中。用 40 mL 二氯甲烷分数次洗涤三角瓶，并将洗液倒入分液漏斗中，小心排气，用力振摇八次，静置分层，将下层有机相通过装有无水硫酸钠的筒形漏斗，收集于200 mL鸡心瓶中。再先后加入5 mL丙酮和40 mL二氯甲烷于分液漏斗中，振摇1 min，静置、分层后收集。如此重复提取两次，合并提取液，将提取液于40℃水浴旋转蒸发至约1 mL，待净化。

7.2 净化

在Envi-Carb柱中加入约2 cm高无水硫酸钠，将该柱连接在Sep-Pak-NH_2柱顶部，并将串联柱放入下接鸡心瓶的固定架上。加样前先用4 mL乙腈+甲苯(3+1)预洗柱，当液面到达硫酸钠的顶部时，迅速将样品提取液转移至净化柱上，再用3×2 mL乙腈+甲苯(3+1)洗涤样液瓶，并将洗液移入柱中。在串联柱上加上50 mL贮液器，用25 mL乙腈+甲苯(3+1)洗脱农药及相关化学品，收集所有流出物于鸡心瓶中，并在40℃水浴中旋转浓缩至约0.5 mL。用2×5 mL正己烷进行溶剂交换两次，最后使样液体积约为1 mL，加入40 μL内标溶液，混匀，用于气相色谱-质谱测定。

7.3 气相色谱-质谱法测定

7.3.1 仪器条件

a) 色谱柱：DB-1701(30 m×0.25 mm×0.25 μm)石英毛细管柱或相当者；
b) 色谱柱温度：40℃保持1 min，然后以30℃/min程序升温至130℃，再以5℃/min升温至250℃，再以10℃/min升温至300℃，保持5 min；
c) 载气：氦气，纯度≥99.999%，流速：1.2 mL/min；
d) 进样口温度：290℃；
e) 进样量：1 μL；
f) 进样方式：无分流进样，1.5 min后开阀；
g) 电子轰击源：70 eV；
h) 离子源温度：230℃；
i) GC-MS接口温度：280℃；
j) 选择离子监测：497种农药及相关化学品根据保留时间分为A、B、C、D、E五组，每种化合物分别选择一个定量离子，2个～3个定性离子。每组所有需要检测的离子按照出峰顺序，分时段分别检测。每种化合物的保留时间、定量离子、定性离子及定量离子与定性离子的丰度比值，参见附录B。每组检测离子的开始时间和驻留时间参见附录C。

7.3.2 定性测定

样品提取液按照气相色谱-质谱测定条件分别测定A、B、C、D、E五组。进行样品测定时，如果检出的色谱峰的保留时间与标准样品相一致，并且在扣除背景后的样品质谱图中，所选择的离子均出现，而且所选择的离子丰度比与标准样品的离子丰度比相一致(相对丰度>50%，允许±10%偏差；相对丰度>20%～50%，允许±15%偏差；相对丰度>10%～20%，允许±20%偏差；相对丰度≤10%，允许±50%偏差)，则可判断样品中存在这种农药或相关化学品。如果不能确证，应重新进样，以扫描方式(有足够灵敏度)或采用增加其他确证离子的方式或用其他灵敏度更高的分析仪器来确证。

7.3.3 定量测定

本方法采用内标法单离子定量测定。内标物为环氧七氯。为减少基质的影响，定量用标准应采用基质混合标准工作溶液。标准溶液的浓度应与待测化合物的浓度相近。本方法的A、B、C、D、E五组标准物质在蜂蜜基质中选择离子监测GC-MS图参见附录D。

7.4 平行试验

按以上步骤对同一试样进行平行试验测定。

7.5 空白试验

除不称取试样外，均按上述步骤进行。

8 结果计算

气相色谱-质谱测定结果可由计算机按内标法自动计算，也可按式(1)计算：

$$X = c_s \times \frac{A}{A_s} \times \frac{c_i}{c_{si}} \times \frac{A_{si}}{A_i} \times \frac{V}{m} \times \frac{1\,000}{1\,000} \quad \cdots\cdots\cdots\cdots (1)$$

式中：

X——试样中被测物残留量，单位为毫克每千克(mg/kg)；

c_s——基质标准工作溶液中被测物的浓度，单位为微克每毫升(μg/mL)；

A——试样溶液中被测物的色谱峰面积；

A_s——基质标准工作溶液中被测物的色谱峰面积；

c_i——试样溶液中内标物的浓度，单位为微克每毫升(μg/mL)；

c_{si}——基质标准工作溶液中内标物的浓度，单位为微克每毫升(μg/mL)；

A_{si}——基质标准工作溶液中内标物的色谱峰面积；

A_i——试样溶液中内标物的色谱峰面积；

V——样液最终定容体积，单位为毫升(mL)；

m——试样溶液所代表试样的质量，单位为克(g)。

注：计算结果应扣除空白值。

9 精密度

本标准精密度数据是按照 GB/T 6379.1 和 GB/T 6379.2 的规定确定的，获得重复性和再现性的值以 95% 的可信度来计算。本标准方法的精密度数据参见附录 E。

附　录　A
（资料性附录）
497 种农药及相关化学品中英文名称、方法检出限、分组、溶剂选择和混合标准溶液浓度表

497 种农药及相关化学品中英文名称、方法检出限、分组、溶剂选择和混合标准溶液浓度表，见表 A.1。

表 A.1　497 种农药及相关化学品中英文名称、方法检出限、分组、溶剂选择和混合标准溶液浓度表

序号	中文名称	英文名称	检出限/(mg/kg)	溶剂	混合标准溶液浓度/(mg/L)
内标	环氧七氯	heptachlor-epoxide	—	甲苯	—
A 组					
1	二丙烯草胺	allidochlor	0.033	甲苯	5.0
2	烯丙酰草胺	dichlormid	0.017	甲苯	2.5
3	土菌灵	etridiazol	0.050	甲苯	7.5
4	氯甲硫磷	chlormephos	0.033	甲苯	5.0
5	苯胺灵	propham	0.017	甲苯	2.5
6	环草敌	cycloate	0.017	甲苯	2.5
7	联苯二胺	diphenylamine	0.017	甲苯	2.5
8	杀虫脒	chlordimeform	0.017	正己烷	2.5
9	乙丁烯氟灵	ethalfluralin	0.066	甲苯	10.0
10	甲拌磷	phorate	0.017	甲苯	2.5
11	甲基乙拌磷	thiometon	0.017	甲苯	2.5
12	五氯硝基苯	quintozene	0.033	甲苯	5.0
13	脱乙基阿特拉津	atrazine-desethyl	0.017	甲苯＋丙酮(8＋2)	2.5
14	异噁草松	clomazone	0.017	甲苯	2.5
15	二嗪磷	diazinon	0.017	甲苯	2.5
16	地虫硫磷	fonofos	0.017	甲苯	2.5
17	乙嘧硫磷	etrimfos	0.017	甲苯	2.5
18	西玛津	simazine	0.080	甲醇	2.5
19	胺丙畏	propetamphos	0.017	甲苯	2.5
20	密草通	secbumeton	0.017	甲苯	2.5
21	除线磷	dichlofenthion	0.017	甲苯	2.5
22	炔丙烯草胺	pronamide	0.017	甲苯＋丙酮(9＋1)	2.5
23	兹克威	mexacarbate	0.050	甲苯	7.5
24	乐果	dimethoate	0.066	甲苯	10.0
25	艾氏剂	aldrin	0.033	甲苯	5.0
26	氨氟灵	dinitramine	0.066	甲苯	10.0

表 A.1(续)

序号	中文名称	英文名称	检出限/(mg/kg)	溶剂	混合标准溶液浓度/(mg/L)
27	皮蝇磷	ronnel	0.033	甲苯	5.0
28	扑草净	prometryne	0.017	甲苯	2.5
29	环丙津	cyprazine	0.017	甲苯+丙酮(9+1)	2.5
30	百菌清	chlorothalonil	0.033	甲苯	5.0
31	乙烯菌核利	vinclozolin	0.017	甲苯	2.5
32	β-六六六	beta-HCH	0.017	甲苯	2.5
33	甲霜灵	metalaxyl	0.050	甲苯	7.5
34	毒死蜱	chlorpyrifos(-ethyl)	0.017	甲苯	2.5
35	甲基对硫磷	methyl-parathion	0.066	甲苯	10.0
36	蒽醌	anthraquinone	0.017	二氯甲烷	2.5
37	δ-六六六	delta-HCH	0.033	甲苯	5.0
38	倍硫磷	fenthion	0.017	甲苯	2.5
39	马拉硫磷	malathion	0.066	甲苯	10.0
40	杀螟硫磷	fenitrothion	0.033	甲苯	5.0
41	对氧磷	paraoxon-ethyl	0.033	甲苯	10.0
42	三唑酮	triadimefon	0.017	甲苯	5.0
43	对硫磷	parathion	0.033	甲苯	10.0
44	二甲戊灵	pendimethalin	0.011	甲苯	10.0
45	利谷隆	linuron	0.033	甲苯+丙酮(9+1)	10.0
46	杀螨醚	chlorbenside	0.017	甲苯	5.0
47	乙基溴硫磷	bromophos-ethyl	0.008	甲苯	2.5
48	喹硫磷	quinalphos	0.008	甲苯	2.5
49	反式氯丹	trans-chlordane	0.006	甲苯	2.5
50	稻丰散	phenthoate	0.017	甲苯	5.0
51	吡唑草胺	metazachlor	0.010	甲苯	7.5
52	苯硫威	fenothiocarb	0.006	丙酮	0.0
53	丙硫磷	prothiophos	0.008	甲苯	2.5
54	灭菌丹	folpet	0.100	甲苯	30.0
55	整形醇	chlorflurenol	0.005	甲苯+丙酮(9+1)	7.5
56	狄氏剂	dieldrin	0.017	甲苯	5.0
57	腐霉利	procymidone	0.008	甲苯	2.5
58	杀扑磷	methidathion	0.011	甲苯	5.0
59	氰草津	cyanazine	0.013	甲苯+丙酮(8+2)	7.5
60	敌草胺	napropamide	0.010	甲苯	7.5

表 A.1(续)

序号	中文名称	英文名称	检出限/(mg/kg)	溶剂	混合标准溶液浓度/(mg/L)
61	噁草酮	oxadiazone	0.008	甲苯	2.5
62	苯线磷	fenamiphos	0.017	甲苯	7.5
63	杀螨氯硫	tetrasul	0.004	甲苯	2.5
64	杀螨特	aramite	0.004	二氯甲烷	2.5
65	乙嘧酚磺酸酯	bupirimate	0.006	甲苯	2.5
66	萎锈灵	carboxin	0.005	甲苯	7.5
67	氟酰胺	flutolanil	0.004	甲苯	2.5
68	*p*,*p*′-滴滴滴	4,4′-DDD	0.004	甲苯	2.5
69	乙硫磷	ethion	0.008	甲苯	5.0
70	硫丙磷	sulprofos	0.007	甲苯	5.0
71	乙环唑	etaconazole	0.012	甲苯	7.5
72	腈菌唑	myclobutanil	0.008	甲苯	2.5
73	禾草灵	diclofop-methyl	0.004	甲苯	2.5
74	丙环唑	propiconazole	0.012	甲苯	7.5
75	丰索磷	fensulfothion	0.011	甲苯	5.0
76	联苯菊酯	bifenthrin	0.006	正己烷	2.5
77	丁硫克百威	carbosulfan	0.010	甲苯	7.5
78	灭蚁灵	mirex	0.004	甲苯	2.5
79	麦锈灵	benodanil	0.008	甲苯	7.5
80	氟苯嘧啶醇	nuarimol	0.007	甲苯+丙酮(9+1)	5.0
81	甲氧滴滴涕	methoxychlor	0.008	甲苯	2.5
82	噁霜灵	oxadixyl	0.008	甲苯	2.5
83	胺菊酯	tetramethirn	0.007	甲苯	5.0
84	戊唑醇	tebuconazole	0.012	甲苯	7.5
85	氟草敏	norflurazon	0.008	甲苯+丙酮(9+1)	2.5
86	哒嗪硫磷	pyridaphenthion	0.008	甲苯	2.5
87	亚胺硫磷	phosmet	0.008	甲苯	5.0
88	三氯杀螨砜	tetradifon	0.006	甲苯	2.5
89	氧化萎锈灵	oxycarboxin	0.012	甲苯+丙酮(9+1)	15.0
90	顺式-氯菊酯	cis-permethrin	0.008	甲苯	2.5
91	反式-氯菊酯	trans-permethrin	0.008	甲苯	2.5
92	吡菌磷	pyrazophos	0.007	甲苯	5.0
93	氯氰菊酯	cypermethrin	0.025	甲苯	7.5
94	氰戊菊酯	fenvalerate	0.017	甲苯	10.0

表 A.1(续)

序号	中文名称	英文名称	检出限/(mg/kg)	溶剂	混合标准溶液浓度/(mg/L)
95	溴氰菊酯	deltamethrin	0.050	甲苯	15.0
B组					
96	茵草敌	EPTC	0.012	甲苯	7.5
97	丁草敌	butylate	0.012	甲苯	7.5
98	敌草腈	dichlobenil	0.001	甲苯	0.5
99	克草敌	pebulate	0.012	甲苯	7.5
100	三氯甲基吡啶	nitrapyrin	0.025	甲苯	7.5
101	速灭磷	mevinphos	0.017	甲苯	5.0
102	氯苯甲醚	chloroneb	0.008	甲苯	2.5
103	四氯硝基苯	tecnazene	0.017	甲苯	5.0
104	庚烯磷	heptanophos	0.025	甲苯	7.5
105	六氯苯	hexachlorobenzene	0.008	甲苯	2.5
106	灭线磷	ethoprophos	0.025	甲苯	7.5
107	毒草胺	propachlor	0.012	甲苯	7.5
108	燕麦敌	cis and trans-diallate	0.017	甲苯	5.0
109	氟乐灵	trifluralin	0.017	甲苯	5.0
110	氯苯胺灵	chlorpropham	0.017	甲苯	5.0
111	治螟磷	sulfotep	0.008	甲苯	2.5
112	菜草畏	sulfallate	0.017	甲苯	5.0
113	α-六六六	alpha-HCH	0.017	甲苯	2.5
114	特丁硫磷	terbufos	0.017	甲苯	5.0
115	特丁通	terbumeton	0.012	甲苯	7.5
116	环丙氟灵	profluralin	0.033	甲苯	10.0
117	敌噁磷	dioxathion	0.068	甲苯	10.0
118	扑灭津	propazine	0.008	甲苯	2.5
119	氯炔灵	chlorbufam	0.033	甲苯	5.0
120	氯硝胺	dicloran	0.033	甲苯＋丙酮(9＋1)	5.0
121	特丁津	terbuthylazine	0.008	甲苯	2.5
122	绿谷隆	monolinuron	0.033	甲苯	10.0
123	氟虫脲	flufenoxuron	0.050	甲苯＋丙酮(8＋2)	7.5
124	杀螟腈	cyanophos	0.033	甲苯	5.0
125	甲基毒死蜱	chlorpyrifos-methyl	0.008	甲苯	2.5
126	敌草净	desmetryn	0.008	甲苯	2.5
127	二甲草胺	dimethachlor	0.010	甲苯	7.5

表 A.1(续)

序号	中文名称	英文名称	检出限/(mg/kg)	溶剂	混合标准溶液浓度/(mg/L)
128	甲草胺	alachlor	0.025	甲苯	7.5
129	甲基嘧啶磷	pirimiphos-methyl	0.008	甲苯	2.5
130	特丁净	terbutryn	0.017	甲苯	5.0
131	杀草丹	thiobencarb	0.017	甲苯	5.0
132	丙硫特普	aspon	0.017	甲苯	5.0
133	三氯杀螨醇	dicofol	0.017	甲苯	5.0
134	异丙甲草胺	metolachlor	0.008	甲苯	2.5
135	氧化氯丹	oxy-chlordane	0.017	甲苯	2.5
136	嘧啶磷	pirimiphos-ethyl	0.017	甲苯	5.0
137	烯虫酯	methoprene	0.033	甲苯	10.0
138	溴硫磷	bromofos	0.017	甲苯	5.0
139	苯氟磺胺	dichlofluanid	0.050	甲苯	15.0
140	乙氧呋草黄	ethofumesate	0.017	甲苯	5.0
141	异丙乐灵	isopropalin	0.017	甲苯	5.0
142	硫丹Ⅰ	endosulfan Ⅰ	0.050	甲苯	15.0
143	敌稗	propanil	0.017	甲苯+丙酮(9+1)	5.0
144	异柳磷	isofenphos	0.017	甲苯	5.0
145	育畜磷	crufomate	0.050	甲苯	15.0
146	毒虫畏	cis and trane-chlorfenvinphos	0.025	甲苯	7.5
147	顺式-氯丹	cis-chlordane	0.017	甲苯	5.0
148	甲苯氟磺胺	tolylfluanide	0.025	甲苯	7.5
149	*p*,*p*′-滴滴伊	4,4′-DDE	0.008	甲苯	2.5
150	丁草胺	butachlor	0.017	甲苯	5.0
151	乙菌利	chlozolinate	0.017	甲苯	5.0
152	巴毒磷	crotoxyphos	0.050	甲苯	15.0
153	碘硫磷	iodofenphos	0.017	甲苯	5.0
154	杀虫畏	tetrachlorvinphos	0.025	甲苯	7.5
155	氯溴隆	chlorbromuron	0.204	甲苯	60.0
156	丙溴磷	profenofos	0.050	甲苯	15.0
157	氟咯草酮	fluorochloridone	0.017	甲苯	5.0
158	噻嗪酮	buprofezin	0.017	甲苯	5.0
159	*o*,*p*′-滴滴滴	2,4′-DDD	0.008	甲苯	2.5
160	异狄氏剂	endrin	0.100	甲苯	30.0
161	己唑醇	hexaconazole	0.050	甲苯	15.0

表 A.1(续)

序号	中文名称	英文名称	检出限/(mg/kg)	溶剂	混合标准溶液浓度/(mg/L)
162	杀螨酯	chlorfenson	0.017	甲苯	5.0
163	*o*,*p*′-滴滴涕	2,4′-DDT	0.017	甲苯	5.0
164	多效唑	paclobutrazol	0.025	甲苯	7.5
165	盖草津	methoprotryne	0.025	甲苯	7.5
166	抑草蓬	erbon	0.017	甲苯	2.5
167	丙酯杀螨醇	chloropropylate	0.008	甲苯	2.5
168	麦草氟甲酯	flamprop-methyl	0.008	甲苯	2.5
169	除草醚	nitrofen	0.050	甲苯	15.0
170	乙氧氟草醚	oxyfluorfen	0.033	甲苯	10.0
171	虫螨磷	chlorthiophos	0.025	甲苯	7.5
172	麦草氟异丙酯	flamprop-isopropyl	0.008	甲苯	2.5
173	*p*,*p*′-滴滴涕	4,4′-DDT	0.017	甲苯	5.0
174	三硫磷	carbofenothion	0.017	甲苯	5.0
175	苯霜灵	benalaxyl	0.008	甲苯	2.5
176	敌瘟磷	edifenphos	0.017	甲苯	5.0
177	三唑磷	triazophos	0.025	甲苯	7.5
178	苯腈膦	cyanofenphos	0.008	甲苯	2.5
179	氯杀螨砜	chlorbenside sulfone	0.017	甲苯	5.0
180	硫丹硫酸盐	endosulfan-sulfate	0.025	甲苯	7.5
181	溴螨酯	bromopropylate	0.017	甲苯	5.0
182	新燕灵	benzoylprop-ethyl	0.025	甲苯	7.5
183	甲氰菊酯	fenpropathrin	0.017	甲苯	5.0
184	敌菌丹	captafol	0.300	甲苯+丙酮(8+2)	45.0
185	溴苯膦	leptophos	0.017	甲苯	5.0
186	苯硫膦	EPN	0.033	甲苯	10.0
187	环嗪酮	hexazinone	0.012	甲苯	7.5
188	甲羧除草醚	bifenox	0.017	甲苯	5.0
189	伏杀硫磷	phosalone	0.017	甲苯	5.0
190	保棉磷	azinphos-methyl	0.050	甲苯	15.0
191	氯苯嘧啶醇	fenarimol	0.017	甲苯	5.0
192	益棉磷	azinphos-ethyl	0.017	甲苯	5.0
193	咪鲜胺	prochloraz	0.050	甲苯	15.0
194	蝇毒磷	coumaphos	0.050	甲苯	15.0
195	氟氯氰菊酯	cyfluthrin	0.100	甲苯	30.0

表 A.1(续)

序号	中文名称	英文名称	检出限/(mg/kg)	溶剂	混合标准溶液浓度/(mg/L)
196	氟胺氰菊酯	fluvalinate	0.050	甲苯	30.0
C组					
197	敌敌畏	dichlorvos	0.017	甲醇	15.0
198	联苯	biphenyl	0.004	甲苯	2.5
199	霜霉威	propamocarb	0.050	甲苯	7.5
200	灭草敌	vernolate	0.008	甲苯	2.5
201	3,5-二氯苯胺	3,5-dichloroaniline	0.008	甲苯	2.5
202	禾草敌	molinate	0.008	甲苯	2.5
203	虫螨畏	methacrifos	0.008	甲苯	2.5
204	邻苯基苯酚	2-phenylphenol	0.004	甲苯	2.5
205	四氢邻苯二甲酰亚胺	tetrahydrophthalimide	0.025	甲苯	7.5
206	仲丁威	fenobucarb	0.008	甲苯	5.0
207	乙丁氟灵	benfluralin	0.008	甲苯	2.5
208	氟铃脲	hexaflumuron	0.050	甲苯	15.0
209	扑灭通	prometon	0.008	甲苯	7.5
210	野麦畏	triallate	0.008	甲苯	5.0
211	嘧霉胺	pyrimethanil	0.004	甲苯	2.5
212	林丹	gamma-HCH	0.008	甲苯	5.0
213	乙拌磷	disulfoton	0.008	甲苯	2.5
214	莠去净	atrizine	0.008	甲苯+丙酮(9+1)	2.5
215	七氯	heptachlor	0.025	甲苯	7.5
216	异稻瘟净	iprobenfos	0.017	甲苯	7.5
217	氯唑磷	isazofos	0.017	甲苯	5.0
218	三氯杀虫酯	plifenate	0.017	甲苯	5.0
219	丁苯吗啉	fenpropimorph	0.006	甲苯	2.5
220	四氟苯菊酯	transfluthrin	0.008	甲苯	2.5
221	氯乙氟灵	fluchloralin	0.033	甲苯	10.0
222	甲基立枯磷	tolclofos-methyl	0.008	甲苯	2.5
223	异丙草胺	propisochlor	0.006	甲苯	2.5
224	莠灭净	ametryn	0.017	甲苯	7.5
225	西草净	simetryn	0.008	甲苯	5.0
226	溴谷隆	metobromuron	0.050	甲苯	15.0
227	嗪草酮	metribuzin	0.017	甲苯	7.5
228	噻节因	dimethipin	0.050	甲苯	7.5

表 A.1(续)

序号	中文名称	英文名称	检出限/(mg/kg)	溶剂	混合标准溶液浓度/(mg/L)
229	ε-六六六	epsilon-HCH	0.017	甲醇	5.0
230	异丙净	dipropetryn	0.008	甲苯	2.5
231	安硫磷	formothion	0.017	甲苯	5.0
232	特草定	terbacil	0.017	甲苯+丙酮(9+1)	5.0
233	乙霉威	diethofencarb	0.025	甲苯	15.0
234	哌草丹	dimepiperate	0.017	乙酸乙酯	5.0
235	生物烯丙菊酯	bioallethrin	0.033	甲苯	10.0
236	o,p'-滴滴伊	2,4′-DDE	0.006	甲苯	2.5
237	芬螨酯	fenson	0.006	甲苯	2.5
238	双苯酰草胺	diphenamid	0.006	甲苯	2.5
239	氯硫磷	chlorthion	0.017	甲苯	5.0
240	炔丙菊酯	prallethrin	0.017	甲苯	7.5
241	戊菌唑	penconazole	0.017	甲苯	7.5
242	灭蚜磷	mecarbam	0.017	甲苯	10.0
243	四氟醚唑	tetraconazole	0.025	甲苯	7.5
244	丙虫磷	propaphos	0.017	甲苯	5.0
245	氟节胺	flumetralin	0.017	甲苯	5.0
246	三唑醇	triadimenol	0.025	甲苯	7.5
247	丙草胺	pretilachlor	0.017	甲苯	5.0
248	亚胺菌	kresoxim-methyl	0.006	甲苯	2.5
249	吡氟禾草灵	fluazifop-butyl	0.006	甲苯	2.5
250	氟啶脲	chlorfluazuron	0.025	甲苯	7.5
251	乙酯杀螨醇	chlorobenzilate	0.006	甲苯	2.5
252	烯效唑	uniconazole	0.017	环己烷	5.0
253	氟哇唑	flusilazole	0.025	甲苯	7.5
254	三氟硝草醚	fluorodifen	0.033	甲苯	2.5
255	烯唑醇	diniconazole	0.025	甲苯	7.5
256	增效醚	piperonyl butoxide	0.006	甲苯	2.5
257	炔螨特	propargite	0.017	甲苯	5.0
258	灭锈胺	mepronil	0.006	甲苯	2.5
259	噁唑隆	dimefuron	0.033	甲苯+丙酮(8+2)	10.0
260	吡氟酰草胺	diflufenican	0.006	甲苯	2.5
261	喹螨醚	fenazaquin	0.006	甲苯	2.5
262	苯醚菊酯	phenothrin	0.006	甲苯	2.5

表 A.1(续)

序号	中文名称	英文名称	检出限/(mg/kg)	溶剂	混合标准溶液浓度/(mg/L)
263	咯菌腈	fludioxonil	0.008	甲苯+丙酮(8+2)	2.5
264	苯氧威	fenoxycarb	0.020	甲苯	15.0
265	稀禾啶	sethoxydim	0.076	甲苯	22.5
266	双甲脒	amitraz	0.010	甲苯	7.5
267	莎稗磷	anilofos	0.017	甲苯	5.0
268	氟丙菊酯	acrinathrin	0.017	甲苯	5.0
269	高效氯氟氰菊酯	lambda-cyhalothrin	0.008	甲苯	2.5
270	苯噻酰草胺	mefenacet	0.025	甲苯	7.5
271	氯菊酯	permethrin	0.008	甲苯	5.0
272	哒螨灵	pyridaben	0.006	甲苯	2.5
273	乙羧氟草醚	fluoroglycofen-ethyl	0.050	甲苯	30.0
274	联苯三唑醇	bitertanol	0.010	甲苯	7.5
275	醚菊酯	etofenprox	0.004	甲苯	2.5
276	噻草酮	cycloxydim	0.040	甲苯	30.0
277	顺式-氯氰菊酯	alpha-cypermethrin	0.008	甲苯	5.0
278	氟氰戊菊酯	flucythrinate	0.017	环已烷	5.0
279	S-氰戊菊酯	esfenvalerate	0.033	甲苯	10.0
280	苯醚甲环唑	difenoconazole	0.033	甲苯	15.0
281	丙炔氟草胺	flumioxazin	0.017	环已烷	5.0
282	氟烯草酸	flumiclorac-pentyl	0.017	甲苯	5.0
		D组			
283	甲氟磷	dimefox	0.013	甲苯	7.5
284	乙拌磷亚砜	disulfoton-sulfoxide	0.008	甲苯	5.0
285	五氯苯	pentachlorobenzene	0.004	甲苯	2.5
286	三异丁基磷酸盐	tri-iso-butyl phosphate	0.004	甲苯	2.5
287	鼠立死	crimidine	0.004	甲苯	2.5
288	4-溴-3,5-二甲苯基-N-甲基氨基甲酸酯-1	BDMC-1	0.008	甲苯	5.0
289	燕麦酯	chlorfenprop-methyl	0.004	甲苯	2.5
290	虫线磷	thionazin	0.004	甲苯	2.5
291	2,3,5,6-四氯苯胺	2,3,5,6-tetrachloroaniline	0.004	甲苯	2.5
292	三正丁基磷酸盐	tri-n-butyl phosphate	0.008	甲苯	5.0
293	2,3,4,5-四氯甲氧基苯	2,3,4,5-tetrachloroanisole	0.004	甲苯	2.5
294	五氯甲氧基苯	pentachloroanisole	0.004	甲苯	2.5

表 A.1(续)

序号	中文名称	英文名称	检出限/(mg/kg)	溶剂	混合标准溶液浓度/(mg/L)
295	牧草胺	tebutam	0.008	甲苯	5.0
296	蔬果磷	dioxabenzofos	0.042	甲苯	25.0
297	甲基苯噻隆	methabenzthiazuron	0.042	甲苯+丙酮(9+1)	25.0
298	西玛通	simeton	0.008	甲苯	5.0
299	阿特拉通	atratone	0.004	甲苯	2.5
300	脱异丙基莠去津	desisopropyl-atrazine	0.033	甲苯+丙酮(8+2)	20.0
301	特丁硫磷砜	terbufos sulfone	0.004	甲苯	2.5
302	七氟菊酯	tefluthrin	0.004	甲苯	2.5
303	溴烯杀	bromocylen	0.004	甲苯	2.5
304	草达津	trietazine	0.004	甲苯	2.5
305	氧乙嘧硫磷	etrimfos oxon	0.004	甲苯	2.5
306	环莠隆	cycluron	0.013	甲苯	7.5
307	2,6-二氯苯甲酰胺	2,6-dichlorobenzamide	0.008	甲苯+丙酮(8+2)	5.0
308	2,4,4′-三氯联苯	DE-PCB 28	0.004	甲苯	2.5
309	2,4,5-三氯联苯	DE-PCB 31	0.004	甲苯	2.5
310	脱乙基另丁津	desethyl-sebuthylazine	0.008	甲苯+丙酮(8+2)	5.0
311	2,3,4,5-四氯苯胺	2,3,4,5-tetrachloroaniline	0.008	甲苯	5.0
312	合成麝香	musk ambrette	0.004	甲苯	2.5
313	二甲苯麝香	musk xylene	0.004	甲苯	2.5
314	五氯苯胺	pentachloroaniline	0.004	甲苯	2.5
315	叠氮津	aziprotryne	0.033	甲苯	20.0
316	另丁津	sebutylazine	0.004	甲苯+丙酮(8+2)	2.5
317	丁咪酰胺	isocarbamid	0.021	甲苯+丙酮(8+2)	12.5
318	2,2′,5,5′-四氯联苯	DE-PCB 52	0.004	甲苯	2.5
319	麝香	musk moskene	0.004	甲苯	2.5
320	苄草丹	prosulfocarb	0.004	甲苯	2.5
321	二甲吩草胺	dimethenamid	0.004	甲苯	2.5
322	氧皮蝇磷	fenchlorphos oxon	0.008	甲苯	5.0
323	4-溴-3,5-二甲苯基-N-甲基氨基甲酸酯-2	BDMC-2	0.008	甲苯	5.0
324	甲基对氧磷	paraoxon-methyl	0.008	甲苯	5.0
325	庚酰草胺	monalide	0.008	甲苯	5.0
326	西藏麝香	musk tibeten	0.004	甲苯	2.5
327	碳氯灵	isobenzan	0.004	甲苯	2.5

表 A.1(续)

序号	中文名称	英文名称	检出限/(mg/kg)	溶剂	混合标准溶液浓度/(mg/L)
328	八氯苯烯	octachlorostyrene	0.004	甲苯	2.5
329	嘧啶磷	pyrimitate	0.004	甲苯	2.5
330	异艾氏剂	isodrin	0.004	甲苯	2.5
331	丁嗪草酮	isomethiozin	0.008	甲苯	5.0
332	毒壤磷	trichloronat	0.004	甲苯	2.5
333	敌草索	dacthal	0.004	甲苯	2.5
334	4,4-二氯二苯甲酮	4,4-dichlorobenzophenone	0.004	甲苯	2.5
335	酞菌酯	nitrothal-isopropyl	0.008	甲苯	5.0
336	麝香酮	musk ketone	0.004	甲苯	2.5
337	吡咪唑	rabenzazole	0.004	甲苯	2.5
338	嘧菌环胺	cyprodinil	0.004	甲苯	2.5
339	麦穗灵	fuberidazole	0.021	甲苯	12.5
340	异氯磷	dicapthon	0.021	甲苯	12.5
341	2,2′,4,5,5′-五氯联苯	DE-PCB 101	0.004	甲苯	2.5
342	2-甲-4-氯丁氧乙基酯	MCPA-butoxyethyl ester	0.004	甲苯	2.5
343	水胺硫磷	isocarbophos	0.008	甲苯	5.0
344	甲拌磷砜	phorate sulfone	0.004	甲苯	2.5
345	杀螨醇	chlorfenethol	0.004	甲苯	2.5
346	反式九氯	trans-nonachlor	0.004	甲苯	2.5
347	脱叶磷	DEF	0.008	甲苯	5.0
348	氟咯草酮	flurochloridone	0.008	甲苯	5.0
349	溴苯烯磷	bromfenvinfos	0.004	甲苯+丙酮(8+2)	2.5
350	乙滴涕	perthane	0.004	甲苯	2.5
351	2,3,4,4′,5-五氯联苯	DE-PCB 118	0.004	甲苯	2.5
352	4,4-二溴二苯甲酮	4,4-dibromobenzophenone	0.004	甲苯	2.5
353	粉唑醇	flutriafol	0.008	甲苯+丙酮(9+1)	5.0
354	地胺磷	mephosfolan	0.008	甲苯	5.0
355	乙基杀扑磷	athidathion	0.008	甲苯	5.0
356	2,2′,4,4′,5,5′-六氯联苯	DE-PCB 153	0.004	甲苯	2.5
357	苄氯三唑醇	diclobutrazole	0.017	甲苯+丙酮(8+2)	10.0
358	乙拌磷砜	disulfoton sulfone	0.008	甲苯	5.0
359	噻螨酮	hexythiazox	0.033	甲苯	20.0
360	2,2′,3,4,4′,5-六氯联苯	DE-PCB 138	0.004	甲苯	2.5
361	威菌磷	triamiphos	0.008	甲苯	5.0

表 A.1(续)

序号	中文名称	英文名称	检出限/(mg/kg)	溶剂	混合标准溶液浓度/(mg/L)
362	苄呋菊酯-1	resmethrin-1	0.008	甲苯	5.0
363	环菌唑	cyproconazole	0.004	甲苯	2.5
364	苄呋菊酯-2	resmethrin-2	0.008	甲苯	5.0
365	酞酸苯甲基丁酯	phthalic acid,benzyl butyl ester	0.004	甲苯	2.5
366	炔草酸	clodinafop-propargyl	0.008	甲苯	5.0
367	倍硫磷亚砜	fenthion sulfoxide	0.017	甲苯	10.0
368	三氟苯唑	fluotrimazole	0.004	甲苯	2.5
369	氟草烟-1-甲庚酯	fluroxypr-1-methylheptyl ester	0.004	甲苯	2.5
370	倍硫磷砜	fenthion sulfone	0.017	甲苯	10.0
371	三苯基磷酸盐	triphenyl phosphate	0.004	甲苯	2.5
372	苯嗪草酮	metamitron	0.042	甲苯+丙酮(8+2)	25.0
373	2,2′,3,4,4′,5,5′-七氯联苯	DE-PCB 180	0.004	甲苯	2.5
374	吡螨胺	tebufenpyrad	0.004	甲苯	2.5
375	解草酯	cloquintocet-mexyl	0.004	甲苯	2.5
376	环草定	lenacil	0.042	甲苯+丙酮(8+2)	25.0
377	糠菌唑-1	bromuconazole-1	0.008	甲苯	5.0
378	脱溴溴苯磷	desbrom-leptophos	0.004	甲苯	2.5
379	糠菌唑-2	bromuconazole-2	0.008	甲苯	5.0
380	甲磺乐灵	nitralin	0.042	甲苯+丙酮(8+2)	25.0
381	苯线磷亚砜	fenamiphos sulfoxide	0.017	甲苯	10.0
382	苯线磷砜	fenamiphos sulfone	0.017	甲苯+丙酮(8+2)	10.0
383	拌种咯	fenpiclonil	0.017	甲苯+丙酮(8+2)	10.0
384	氟喹唑	fluquinconazole	0.004	甲苯+丙酮(8+2)	2.5
385	腈苯唑	fenbuconazole	0.008	甲苯+丙酮(8+2)	5.0
		E组			
386	残杀威-1	propoxur-1	0.008	甲苯	5.0
387	异丙威-1	isoprocarb-1	0.008	甲苯	5.0
388	二氢苊	acenaphthene	0.004	甲苯	2.5
389	驱虫特	dibutyl succinate	0.008	甲苯	5.0
390	邻苯二甲酰亚胺	phthalimide	0.008	甲苯	5.0
391	氯氧磷	chlorethoxyfos	0.008	甲苯	5.0
392	异丙威-2	isoprocarb-2	0.008	甲苯	5.0
393	戊菌隆	pencycuron	0.008	甲苯	10.0
394	丁噻隆	tebuthiuron	0.017	甲苯	10.0

表 A.1(续)

序号	中文名称	英文名称	检出限/(mg/kg)	溶剂	混合标准溶液浓度/(mg/L)
395	甲基内吸磷	demeton-S-methyl	0.017	甲苯	10.0
396	硫线磷	cadusafos	0.017	甲苯	10.0
397	残杀威-2	propoxur-2	0.008	甲苯	5.0
398		phenanthrene	0.004	甲苯	2.5
399	螺环菌胺-1	spiroxamine-1	0.008	甲苯	5.0
400	唑螨酯	fenpyroximate	0.033	甲苯	20.0
401	丁基嘧啶磷	tebupirimfos	0.008	甲苯	5.0
402	茉莉酮	prohydrojasmon	0.017	环己烷	10.0
403	苯锈啶	fenpropidin	0.008	甲苯	5.0
404	氯硝胺	dichloran	0.008	甲苯	5.0
405	咯喹酮	pyroquilon	0.004	甲苯	2.5
406	螺环菌胺-2	spiroxamine-2	0.008	甲苯	5.0
407	炔苯酰草胺	propyzamide	0.008	甲苯	5.0
408	抗蚜威	pirimicarb	0.008	甲苯	5.0
409	磷胺-1	phosphamidon-1	0.033	甲苯	20.0
410	解草嗪	benoxacor	0.008	甲苯	5.0
411	溴丁酰草胺	bromobutide	0.004	环己烷	2.5
412	乙草胺	acetochlor	0.008	甲苯	5.0
413	灭草环	tridiphane	0.017	异辛烷	10.0
414	特草灵	terbucarb	0.008	甲苯	5.0
415	戊草丹	esprocarb	0.008	甲苯	5.0
416	甲呋酰胺	fenfuram	0.008	甲苯	5.0
417	活化酯	acibenzolar-S-methyl	0.008	环己烷	5.0
418	呋草黄	benfuresate	0.008	甲苯	5.0
419	氟硫草定	dithiopyr	0.004	甲苯	2.5
420	精甲霜灵	mefenoxam	0.008	甲苯	5.0
421	马拉氧磷	malaoxon	0.067	甲苯	40.0
422	磷胺-2	phosphamidon-2	0.033	甲苯	20.0
423	硅氟唑	simeconazole	0.008	甲苯	5.0
424	氯酞酸甲酯	chlorthal-dimethyl	0.008	甲苯	5.0
425	噻唑烟酸	thiazopyr	0.008	甲苯	5.0
426	甲基毒虫畏	dimethylvinphos	0.008	甲苯	5.0
427	仲丁灵	butralin	0.017	甲苯	10.0
428	苯酰草胺	zoxamide	0.008	甲苯+丙酮(8+2)	5.0

表 A.1(续)

序号	中文名称	英文名称	检出限/(mg/kg)	溶剂	混合标准溶液浓度/(mg/L)
429	啶斑肟-1	pyrifenox-1	0.033	甲苯	20.0
430	烯丙菊酯	allethrin	0.017	甲苯	10.0
431	异戊乙净	dimethametryn	0.004	甲苯	2.5
432	灭藻醌	quinoclamine	0.017	甲苯	10.0
433	甲醚菊酯-1	methothrin-1	0.008	甲苯	5.0
434	氟噻草胺	flufenacet	0.033	甲苯	20.0
435	甲醚菊酯-2	methothrin-2	0.008	甲苯	5.0
436	啶斑肟-2	pyrifenox-2	0.033	甲苯	20.0
437	氰菌胺	fenoxanil	0.008	甲苯	5.0
438	四氯苯酞	phthalide	0.017	丙酮	10.0
439	呋霜灵	furalaxyl	0.008	甲苯	5.0
440	嘧菌胺	mepanipyrim	0.004	甲苯	2.5
441	除草定	bromacil	0.033	甲苯	5.0
442	啶氧菌酯	picoxystrobin	0.008	甲苯	5.0
443	抑草磷	butamifos	0.004	环己烷	2.5
444	咪草酸	imazamethabenz-methyl	0.013	甲苯	7.5
445	苯氧菌胺-1	metominostrobin-1	0.017	乙腈	10.0
446	苯噻硫氰	TCMTB	0.067	甲苯	40.0
447	灭梭威砜	methiocarb sulfone	0.033	甲苯+丙酮(8+2)	80.0
448	抑霉唑	imazalil	0.017	甲苯	10.0
449	稻瘟灵	isoprothiolane	0.008	甲苯	5.0
450	环氟菌胺	cyflufenamid	0.067	环己烷	40.0
451	嘧草醚	pyriminobac-methyl	0.017	环己烷	10.0
452	噁唑磷	isoxathion	0.033	环己烷	20.0
453	苯氧菌胺-2	metominostrobin-2	0.017	乙腈	10.0
454	苯虫醚-1	diofenolan-1	0.008	甲苯	5.0
455	苯虫醚-2	diofenolan-2	0.008	甲苯	5.0
456	苯氧喹啉	quinoxyphen	0.004	甲苯	2.5
457	溴虫腈	chlorfenapyr	0.033	甲苯	20.0
458	肟菌酯	trifloxystrobin	0.017	甲苯	10.0
459	脱苯甲基亚胺唑	imibenconazole-des-benzyl	0.017	甲苯+丙酮(8+2)	10.0
460	双苯噁唑酸	isoxadifen-ethyl	0.008	甲苯	5.0
461	氟虫腈	fipronil	0.033	甲苯	20.0
462	炔咪菊酯-1	imiprothrin-1	0.008	甲苯	5.0

表 A.1(续)

序号	中文名称	英文名称	检出限/(mg/kg)	溶剂	混合标准溶液浓度/(mg/L)
463	唑酮草酯	carfentrazone-ethyl	0.008	甲苯	5.0
464	炔咪菊酯-2	imiprothrin-2	0.008	甲苯	5.0
465	氟环唑-1	epoxiconazole-1	0.033	甲苯	20.0
466	吡草醚	pyraflufen ethyl	0.008	甲苯	5.0
467	稗草丹	pyributicarb	0.008	甲苯	5.0
468	噻吩草胺	thenylchlor	0.008	甲苯	5.0
469	烯草酮	clethodim	0.017	甲苯	10.0
470	吡唑解草酯	mefenpyr-diethyl	0.013	甲苯	7.5
471	伐灭磷	famphur	0.017	甲苯	10.0
472	乙螨唑	etoxazole	0.025	环己烷	15.0
473	吡丙醚	pyriproxyfen	0.004	甲苯	5.0
474	氟环唑-2	epoxiconazole-2	0.033	甲苯	20.0
475	氟吡酰草胺	picolinafen	0.004	甲苯	2.5
476	异菌脲	iprodione	0.017	甲苯	10.0
477	哌草磷	piperophos	0.013	甲苯	7.5
478	呋酰胺	ofurace	0.013	甲苯	7.5
479	联苯肼酯	bifenazate	0.033	甲苯	20.0
480	异狄氏剂酮	endrin ketone	0.017	甲苯	10.0
481	氯甲酰草胺	clomeprop	0.004	乙腈	2.5
482	咪唑菌酮	fenamidone	0.004	甲苯	2.5
483	萘丙胺	naproanilide	0.004	丙酮	2.5
484	吡唑醚菊酯	pyraclostrobin	0.100	甲苯	60.0
485	乳氟禾草灵	lactofen	0.033	甲苯	20.0
486	三甲苯草酮	tralkoxydim	0.033	甲苯	20.0
487	吡唑硫磷	pyraclofos	0.033	环己烷	20.0
488	氯亚胺硫磷	dialifos	0.033	甲苯	80.0
489	螺螨酯	spirodiclofen	0.033	甲苯	20.0
490	苄螨醚	halfenprox	0.017	环己烷	5.0
491	呋草酮	flurtamone	0.017	甲苯	5.0
492	环酯草醚	pyriftalid	0.004	甲苯	2.5
493	氟硅菊酯	silafluofen	0.004	甲苯	2.5
494	嘧螨醚	pyrimidifen	0.017	乙腈	5.0
495	氟丙嘧草酯	butafenacil	0.004	甲苯	2.5
496	苯酮唑	cafenstrole	0.050	乙腈	10.0
497	氟啶草酮	fluridone	0.008	甲苯	5.0

附　录　B
（资料性附录）
497 种农药及相关化学品和内标化合物的保留时间、定量离子、定性离子及定量离子与定性离子的比值

497 种农药及相关化学品和内标化合物的保留时间、定量离子、定性离子及定量离子与定性离子的比值，见表 B.1。

表 B.1　497 种农药及相关化学品和内标化合物的保留时间、定量离子及定量离子与定性离子的比值

序号	中文名称	英文名称	保留时间/min	定量离子	定性离子 1	定性离子 2	定性离子 3
内标	环氧七氯	heptachlor-epoxide	22.10	353(100)	355(79)	351(52)	
A 组							
1	二丙烯草胺	allidochlor	8.78	138(100)	158(10)	173(15)	
2	烯丙酰草胺	dichlormid	9.74	172(100)	166(41)	124(79)	
3	土菌灵	etridiazol	10.42	211(100)	183(73)	140(19)	
4	氯甲硫磷	chlormephos	10.53	121(100)	234(70)	154(70)	
5	苯胺灵	propham	11.36	179(100)	137(66)	120(51)	
6	环草敌	cycloate	13.56	154(100)	186(5)	215(12)	
7	联苯二胺	diphenylamine	14.55	169(100)	168(58)	167(29)	
8	杀虫脒	chlordimeform	14.93	196(100)	198(30)	195(18)	183(23)
9	乙丁烯氟灵	ethalfluralin	15.00	276(100)	316(81)	292(42)	
10	甲拌磷	phorate	15.46	260(100)	121(160)	231(56)	153(3)
11	甲基乙拌磷	thiometon	16.20	88(100)	125(55)	246(9)	
12	五氯硝基苯	quintozene	16.75	295(100)	237(159)	249(114)	
13	脱乙基阿特拉津	atrazine-desethyl	16.76	172(100)	187(32)	145(17)	
14	异噁草松	clomazone	17.00	204(100)	138(4)	205(13)	
15	二嗪磷	diazinon	17.14	304(100)	179(192)	137(172)	
16	地虫硫磷	fonofos	17.31	246(100)	137(141)	174(15)	202(6)
17	乙嘧硫磷	etrimfos	17.92	292(100)	181(40)	277(31)	
18	西玛津	simazine	17.85	201(100)	186(62)	173(42)	
19	胺丙畏	propetamphos	17.97	138(100)	194(49)	236(30)	
20	密草通	secbumeton	18.36	196(100)	210(38)	225(39)	
21	除线磷	dichlofenthion	18.80	279(100)	223(78)	251(38)	
22	炔丙烯草胺	pronamide	18.72	173(100)	175(62)	255(22)	
23	兹克威	mexacarbate	18.83	165(100)	150(66)	222(27)	
24	乐果	dimethoate	18.78	125(100)	143(21)	229(19)	
25	艾氏剂	aldrin	19.67	263(100)	265(65)	293(40)	329(8)

表 B.1(续)

序号	中文名称	英文名称	保留时间/min	定量离子	定性离子 1	定性离子 2	定性离子 3
26	氨氟灵	dinitramine	19.35	305(100)	307(38)	261(29)	
27	皮蝇磷	ronnel	19.80	285(100)	287(67)	125(32)	
28	扑草净	prometryne	20.13	241(100)	184(78)	226(60)	
29	环丙津	cyprazine	20.18	212(100)	227(58)	170(29)	
30	百菌清	chlorothalonil	20.23	266(100)	264(72)	268(49)	
31	乙烯菌核利	vinclozolin	20.29	285(100)	212(109)	198(96)	
32	β-六六六	beta-HCH	20.31	219(100)	217(78)	181(94)	254(12)
33	甲霜灵	metalaxyl	20.67	206(100)	249(53)	234(38)	
34	毒死蜱	chlorpyrifos(-ethyl)	20.96	314(100)	258(57)	286(42)	
35	甲基对硫磷	methyl-parathion	20.82	263(100)	233(66)	246(8)	200(6)
36	蒽醌	anthraquinone	21.49	208(100)	180(84)	152(69)	
37	δ-六六六	delta-HCH	21.16	219(100)	217(80)	181(99)	254(10)
38	倍硫磷	fenthion	21.53	278(100)	169(16)	153(9)	
39	马拉硫磷	malathion	21.54	173(100)	158(36)	143(15)	
40	杀螟硫磷	fenitrothion	21.62	277(100)	260(52)	247(60)	
41	对氧磷	paraoxon-ethyl	21.57	275(100)	220(60)	247(58)	
42	三唑酮	triadimefon	22.22	208(100)	210(50)	181(74)	
43	对硫磷	parathion	22.32	291(100)	186(23)	235(35)	263(11)
44	二甲戊灵	pendimethalin	22.59	252(100)	220(22)	162(12)	
45	利谷隆	linuron	22.44	61(100)	248(30)	160(12)	
46	杀螨醚	chlorbenside	22.96	268(100)	270(41)	143(11)	
47	乙基溴硫磷	bromophos-ethyl	23.06	359(100)	303(77)	357(74)	
48	喹硫磷	quinalphos	23.10	146(100)	298(28)	157(66)	
49	反式氯丹	trans-chlordane	23.29	373(100)	375(96)	377(51)	
50	稻丰散	phenthoate	23.30	274(100)	246(24)	320(5)	
51	吡唑草胺	metazachlor	23.32	209(100)	133(120)	211(32)	
52	苯硫威	fenothiocarb	23.79	72(100)	160(37)	253(15)	
53	丙硫磷	prothiophos	24.04	309(100)	267(88)	162(55)	
54	灭菌丹	folpet	24.08	260(100)	104(56)	297(20)	
55	整形醇	chlorflurenol	24.15	215(100)	152(40)	274(11)	
56	狄氏剂	dieldrin	24.43	263(100)	277(82)	380(30)	345(35)
57	腐霉利	procymidone	24.36	283(100)	285(70)	255(15)	
58	杀扑磷	methidathion	24.49	145(100)	157(2)	302(4)	
59	氰草津	cyanazine	24.94	225(100)	240(56)	198(61)	

表 B.1(续)

序号	中文名称	英文名称	保留时间/min	定量离子	定性离子 1	定性离子 2	定性离子 3
60	敌草胺	napropamide	24.84	271(100)	128(111)	171(34)	
61	噁草酮	oxadiazone	25.06	175(100)	258(62)	302(37)	
62	苯线磷	fenamiphos	25.29	303(100)	154(56)	288(31)	217(22)
63	杀螨氯硫	tetrasul	25.85	252(100)	324(64)	254(68)	
64	杀螨特	aramite	25.60	185(100)	319(37)	334(32)	
65	乙嘧酚磺酸酯	bupirimate	26.00	273(100)	316(41)	208(83)	
66	萎锈灵	carboxin	26.25	235(100)	143(168)	87(52)	
67	氟酰胺	flutolanil	26.23	173(100)	145(25)	323(14)	
68	p,p'-滴滴滴	4,4′-DDD	26.59	235(100)	237(64)	199(12)	165(46)
69	乙硫磷	ethion	26.69	231(100)	384(13)	199(9)	
70	硫丙磷	sulprofos	26.87	322(100)	156(62)	280(11)	
71	乙环唑	etaconazole	26.89	245(100)	173(85)	247(65)	
72	腈菌唑	myclobutanil	27.19	179(100)	288(14)	150(45)	
73	禾草灵	diclofop-methyl	28.08	253(100)	281(50)	342(82)	
74	丙环唑	propiconazole	28.15	259(100)	173(97)	261(65)	
75	丰索磷	fensulfothion	27.94	292(100)	308(22)	293(73)	
76	联苯菊酯	bifenthrin	28.57	181(100)	166(25)	165(23)	
77	丁硫克百威	carbosulfan	28.68	160(100)	118(74)	323(14)	
78	灭蚁灵	mirex	28.72	272(100)	237(49)	274(80)	
79	麦锈灵	benodanil	29.14	231(100)	323(38)	203(22)	
80	氟苯嘧啶醇	nuarimol	28.90	314(100)	235(155)	203(108)	
81	甲氧滴滴涕	methoxychlor	29.38	227(100)	228(16)	212(4)	
82	噁霜灵	oxadixyl	29.50	163(100)	233(18)	278(11)	
83	胺菊酯	tetramethirn	29.59	164(100)	135(3)	232(1)	
84	戊唑醇	tebuconazole	29.51	250(100)	163(55)	252(36)	
85	氟草敏	norflurazon	29.99	303(100)	145(101)	102(47)	
86	哒嗪硫磷	pyridaphenthion	30.17	340(100)	199(48)	188(51)	
87	亚胺硫磷	phosmet	30.46	160(100)	161(11)	317(4)	
88	三氯杀螨砜	tetradifon	30.70	227(100)	356(70)	159(196)	
89	氧化萎锈灵	oxycarboxin	31.00	175(100)	267(52)	250(3)	
90	顺式-氯菊酯	cis-permethrin	31.42	183(100)	184(15)	255(2)	
91	反式-氯菊酯	trans-permethrin	31.68	183(100)	184(15)	255(2)	
92	吡菌磷	pyrazophos	31.60	221(100)	232(35)	373(19)	

表 B.1(续)

序号	中文名称	英文名称	保留时间/min	定量离子	定性离子 1	定性离子 2	定性离子 3
93	氯氰菊酯	cypermethrin	33.19 33.38 33.46 33.56	181(100)	152(23)	180(16)	
94	氰戊菊酯	fenvalerate	34.45 34.79	167(100)	225(53)	419(37)	181(41)
95	溴氰菊酯	deltamethrin	35.77	181(100)	172(25)	174(25)	
			B组				
96	茵草敌	EPTC	8.54	128(100)	189(30)	132(32)	
97	丁草敌	butylate	9.49	156(100)	146(115)	217(27)	
98	敌草腈	dichlobenil	9.75	171(100)	173(68)	136(15)	
99	克草敌	pebulate	10.18	128(100)	161(21)	203(20)	
100	三氯甲基吡啶	nitrapyrin	10.89	194(100)	196(97)	198(23)	
101	速灭磷	mevinphos	11.23	127(100)	192(39)	164(29)	
102	氯苯甲醚	chloroneb	11.85	191(100)	193(67)	206(66)	
103	四氯硝基苯	tecnazene	13.54	261(100)	203(135)	215(113)	
104	庚烯磷	heptenophos	13.78	124(100)	215(17)	250(14)	
105	六氯苯	hexachlorobenzene	14.69	284(100)	286(81)	282(51)	
106	灭线磷	ethoprophos	14.40	158(100)	200(40)	242(23)	168(15)
107	毒草胺	propachlor	14.73	120(100)	176(45)	211(11)	
108	燕麦敌	cis,trans-diallate	14.50 15.29	234(100)	236(37)	128(38)	
109	氟乐灵	trifluralin	15.23	306(100)	264(72)	335(7)	
110	氯苯胺灵	chlorpropham	15.49	213(100)	171(59)	153(24)	
111	治螟磷	sulfotep	15.55	322(100)	202(43)	238(27)	266(24)
112	菜草畏	sulfallate	15.75	188(100)	116(7)	148(4)	
113	α-六六六	alpha-HCH	16.06	219(100)	183(98)	221(47)	254(6)
114	特丁硫磷	terbufos	16.83	231(100)	153(25)	288(10)	186(13)
115	特丁通	terbumeton	17.20	210(100)	169(66)	225(32)	
116	环丙氟灵	profluralin	17.36	318(100)	304(47)	347(13)	
117	敌噁磷	dioxathion	17.51	270(100)	197(43)	169(19)	
118	扑灭津	propazine	17.67	214(100)	229(67)	172(51)	
119	氯炔灵	chlorbufam	17.85	223(100)	153(53)	164(64)	
120	氯硝胺	dicloran	17.89	206(100)	176(128)	160(52)	
121	特丁津	terbuthylazine	18.07	214(100)	229(33)	173(35)	

表 B.1(续)

序号	中文名称	英文名称	保留时间/min	定量离子	定性离子 1	定性离子 2	定性离子 3
122	绿谷隆	monolinuron	18.15	61(100)	126(45)	214(51)	
123	氟虫脲	flufenoxuron	18.83	305(100)	126(67)	307(32)	
124	杀螟腈	cyanophos	18.73	243(100)	180(8)	148(3)	
125	甲基毒死蜱	chlorpyrifos-methyl	19.38	286(100)	288(70)	197(5)	
126	敌草净	desmetryn	19.64	213(100)	198(60)	171(30)	
127	二甲草胺	dimethachlor	19.80	134(100)	197(47)	210(16)	
128	甲草胺	alachlor	20.03	188(100)	237(35)	269(15)	
129	甲基嘧啶磷	pirimiphos-methyl	20.30	290(100)	276(86)	305(74)	
130	特丁净	terbutryn	20.61	226(100)	241(64)	185(73)	
131	杀草丹	thiobencarb	20.63	100(100)	257(25)	259(9)	
132	丙硫特普	aspon	20.62	211(100)	253(52)	378(14)	
133	三氯杀螨醇	dicofol	21.33	139(100)	141(72)	250(23)	251(4)
134	异丙甲草胺	metolachlor	21.34	238(100)	162(159)	240(33)	
135	氧化氯丹	oxy-chlordane	21.63	387(100)	237(50)	185(68)	
136	嘧啶磷	pirimiphos-ethyl	21.59	333(100)	318(93)	304(69)	
137	烯虫酯	methoprene	21.71	73(100)	191(29)	153(29)	
138	溴硫磷	bromofos	21.75	331(100)	329(75)	213(7)	
139	苯氟磺胺	dichlofluanid	21.68	224(100)	226(74)	167(120)	
140	乙氧呋草黄	ethofumesate	21.84	207(100)	161(54)	286(27)	
141	异丙乐灵	isopropalin	22.10	280(100)	238(40)	222(4)	
142	硫丹-Ⅰ	endosulfan-Ⅰ	23.10	241(100)	265(66)	339(46)	
143	敌稗	propanil	22.68	161(100)	217(21)	163(62)	
144	异柳磷	isofenphos	22.99	213(100)	255(44)	185(45)	
145	育畜磷	crufomate	22.93	256(100)	182(154)	276(58)	
146	毒虫畏	chlorfenvinphos	23.19	323(100)	267(139)	269(92)	
147	顺式-氯丹	cis-chlordane	23.55	373(100)	375(96)	377(51)	
148	甲苯氟磺胺	tolylfluanide	23.45	238(100)	240(71)	137(210)	
149	*p*,*p*′-滴滴伊	4,4′-DDE	23.92	318(100)	316(80)	246(139)	248(70)
150	丁草胺	butachlor	23.82	176(100)	160(75)	188(46)	
151	乙菌利	chlozolinate	23.83	259(100)	188(83)	331(91)	
152	巴毒磷	crotoxyphos	23.94	193(100)	194(16)	166(51)	
153	碘硫磷	iodofenphos	24.33	377(100)	379(37)	250(6)	
154	杀虫畏	tetrachlorvinphos	24.36	329(100)	331(96)	333(31)	
155	氯溴隆	chlorbromuron	24.37	61(100)	294(17)	292(13)	

表 B.1(续)

序号	中文名称	英文名称	保留时间/min	定量离子	定性离子 1	定性离子 2	定性离子 3
156	丙溴磷	profenofos	24.65	339(100)	374(39)	297(37)	
157	氟咯草酮	fluorochloridone	25.14	311(100)	313(64)	187(85)	
158	噻嗪酮	buprofezin	24.87	105(100)	172(54)	305(24)	
159	*o*,*p*′-滴滴滴	2,4′-DDD	24.94	235(100)	237(65)	165(39)	199(15)
160	异狄氏剂	endrin	25.15	263(100)	317(30)	345(26)	
161	己唑醇	hexaconazole	24.92	214(100)	231(62)	256(26)	
162	杀螨酯	chlorfenson	25.05	302(100)	175(282)	177(103)	
163	*o*,*p*′-滴滴涕	2,4′-DDT	25.56	235(100)	237(63)	165(37)	199(14)
164	多效唑	paclobutrazol	25.21	236(100)	238(37)	167(39)	
165	盖草津	methoprotryne	25.63	256(100)	213(24)	271(17)	
166	抑草蓬	erbon	25.68	169(100)	171(35)	223(30)	
167	丙酯杀螨醇	chloropropylate	25.85	251(100)	253(64)	141(18)	
168	麦草氟甲酯	flamprop-methyl	25.90	105(100)	77(26)	276(11)	
169	除草醚	nitrofen	26.12	283(100)	253(90)	202(48)	139(15)
170	乙氧氟草醚	oxyfluorfen	26.13	252(100)	361(35)	300(35)	
171	虫螨磷	chlorthiophos	26.52	325(100)	360(52)	297(54)	
172	麦草氟异丙酯	flamprop-isopropyl	26.70	105(100)	276(19)	363(3)	
173	*p*,*p*′-滴滴涕	4,4′-DDT	27.22	235(100)	237(65)	246(7)	165(34)
174	三硫磷	carbofenothion	27.19	157(100)	342(49)	199(28)	
175	苯霜灵	benalaxyl	27.54	148(100)	206(32)	325(8)	
176	敌瘟磷	edifenphos	27.94	173(100)	310(76)	201(37)	
177	三唑磷	triazophos	28.23	161(100)	172(47)	257(38)	
178	苯腈膦	cyanofenphos	28.43	157(100)	169(56)	303(20)	
179	氯杀螨砜	chlorbenside sulfone	28.88	127(100)	99(14)	89(33)	
180	硫丹硫酸盐	endosulfan-sulfate	29.05	387(100)	272(165)	389(64)	
181	溴螨酯	bromopropylate	29.30	341(100)	183(34)	339(49)	
182	新燕灵	benzoylprop-ethyl	29.40	292(100)	365(36)	260(37)	
183	甲氰菊酯	fenpropathrin	29.56	265(100)	181(237)	349(25)	
184	敌菌丹	captafol	29.90	79(100)	183(32)	311(15)	
185	溴苯膦	leptophos	30.19	377(100)	375(73)	379(28)	
186	苯硫膦	EPN	30.06	157(100)	169(53)	323(14)	
187	环嗪酮	hexazinone	30.14	171(100)	252(3)	128(12)	
188	甲羧除草醚	bifenox	30.90	341(100)	189(82)	310(75)	
189	伏杀硫磷	phosalone	31.22	182(100)	367(30)	154(20)	

表 B.1(续)

序号	中文名称	英文名称	保留时间/min	定量离子	定性离子1	定性离子2	定性离子3
190	保棉磷	azinphos-methyl	31.41	160(100)	132(71)	77(58)	
191	氯苯嘧啶醇	fenarimol	31.65	139(100)	219(70)	330(42)	
192	益棉磷	azinphos-ethyl	32.01	160(100)	132(103)	77(51)	
193	咪鲜胺	prochloraz	33.07	180(100)	308(59)	266(18)	
194	蝇毒磷	coumaphos	33.22	362(100)	226(56)	364(39)	334(15)
195	氟氯氰菊酯	cyfluthrin	32.94 33.12	206(100)	199(63)	226(72)	
196	氟胺氰菊酯	fluvalinate	34.94 35.02	250(100)	252(38)	181(18)	
C组							
197	敌敌畏	dichlorvos	7.80	109(100)	185(34)	220(7)	
198	联苯	biphenyl	9.00	154(100)	153(40)	152(27)	
199	霜霉威	propamocarb	9.40	58(100)	129(6)	188(5)	
200	灭草敌	vernolate	9.82	128(100)	146(17)	203(9)	
201	3,5-二氯苯胺	3,5-dichloroaniline	11.20	161(100)	163(62)	126(10)	
202	禾草敌	molinate	11.92	126(100)	187(24)	158(2)	
203	虫螨畏	methacrifos	11.86	125(100)	208(74)	240(44)	
204	邻苯基苯酚	2-phenylphenol	12.47	170(100)	169(72)	141(31)	
205	四氢邻苯二甲酰亚胺	cis-1,2,3,6-tetrahy-drophthalimide	13.39	151(100)	123(16)	122(16)	
206	仲丁威	fenobucarb	14.60	121(100)	150(32)	107(8)	
207	乙丁氟灵	benfluralin	15.23	292(100)	264(20)	276(13)	
208	氟铃脲	hexaflumuron	16.20	176(100)	279(28)	277(43)	
209	扑灭通	prometon	16.66	210(100)	225(91)	168(67)	
210	野麦畏	triallate	17.12	268(100)	270(73)	143(19)	
211	嘧霉胺	pyrimethanil	17.28	198(100)	199(45)	200(5)	
212	林丹	gamma-HCH	17.48	183(100)	219(93)	254(13)	221(40)
213	乙拌磷	disulfoton	17.61	88(100)	274(15)	186(18)	
214	莠去净	atrizine	17.64	200(100)	215(62)	173(29)	
215	七氯	heptachlor	18.49	272(100)	237(40)	337(27)	
216	异稻瘟净	iprobenfos	18.44	204(100)	246(18)	288(17)	
217	氯唑磷	isazofos	18.54	161(100)	257(53)	285(39)	313(14)
218	三氯杀虫酯	plifenate	18.87	217(100)	175(96)	242(91)	
219	丁苯吗啉	fenpropimorph	19.22	128(100)	303(5)	129(9)	
220	四氟苯菊酯	transfluthrin	19.04	163(100)	165(23)	335(7)	

表 B.1（续）

序号	中文名称	英文名称	保留时间/min	定量离子	定性离子1	定性离子2	定性离子3
221	氯乙氟灵	fluchloralin	18.89	306(100)	326(87)	264(54)	
222	甲基立枯磷	tolclofos-methyl	19.69	265(100)	267(36)	250(10)	
223	异丙草胺	propisochlor	19.89	162(100)	223(200)	146(17)	
224	莠灭净	ametryn	20.11	227(100)	212(53)	185(17)	
225	西草净	simetryn	20.18	213(100)	170(26)	198(16)	
226	溴谷隆	metobromuron	20.07	61(100)	258(11)	170(16)	
227	嗪草酮	metribuzin	20.33	198(100)	199(21)	144(12)	
228	噻节因	dimethipin	20.38	118(100)	210(26)	103(20)	
229	ε-六六六	epsilon-HCH	20.78	181(100)	219(76)	254(15)	217(40)
230	异丙净	dipropetryn	20.82	255(100)	240(42)	222(20)	
231	安硫磷	formothion	21.42	170(100)	224(97)	257(63)	
232	特草定	terbacil	21.62	161(100)	160(53)	117(45)	
233	乙霉威	diethofencarb	21.43	267(100)	225(98)	151(31)	
234	哌草丹	dimepiperate	22.28	119(100)	145(30)	263(8)	
235	生物烯丙菊酯	bioallethrin	22.29 22.34	123(100)	136(24)	107(29)	
236	*o*,*p*′-滴滴伊	2,4′-DDE	22.64	246(100)	318(34)	176(26)	248(65)
237	芬螨酯	fenson	22.54	141(100)	268(53)	77(104)	
238	双苯酰草胺	diphenamid	22.87	167(100)	239(30)	165(43)	
239	氯硫磷	chlorthion	22.86	297(100)	267(162)	299(45)	
240	炔丙菊酯	prallethrin	23.11	123(100)	105(17)	134(9)	
241	戊菌唑	penconazole	23.17	248(100)	250(33)	161(50)	
242	灭蚜磷	mecarbam	23.46	131(100)	296(22)	329(40)	
243	四氟醚唑	tetraconazole	23.35	336(100)	338(33)	171(10)	
244	丙虫磷	propaphos	23.92	304(100)	220(108)	262(34)	
245	氟节胺	flumetralin	24.10	143(100)	157(25)	404(10)	
246	三唑醇	triadimenol	24.22	112(100)	168(81)	130(15)	
247	丙草胺	pretilachlor	24.67	162(100)	238(26)	262(8)	
248	亚胺菌	kresoxim-methyl	25.04	116(100)	206(25)	131(66)	
249	吡氟禾草灵	fluazifop-butyl	25.21	282(100)	383(44)	254(49)	
250	氟啶脲	chlorfluazuron	25.27	321(100)	323(71)	356(8)	
251	乙酯杀螨醇	chlorobenzilate	25.90	251(100)	253(65)	152(5)	
252	烯效唑	uniconazole	26.15	234(100)	236(40)	131(15)	
253	氟哇唑	flusilazole	26.19	233(100)	206(33)	315(9)	

表 B.1(续)

序号	中文名称	英文名称	保留时间/min	定量离子	定性离子 1	定性离子 2	定性离子 3
254	三氟硝草醚	fluorodifen	26.59	190(100)	328(35)	162(34)	
255	烯唑醇	diniconazole	27.03	268(100)	270(65)	232(13)	
256	增效醚	piperonyl butoxide	27.46	176(100)	177(33)	149(14)	
257	炔螨特	propargite	27.87	135(100)	350(7)	173(16)	
258	灭锈胺	mepronil	27.91	119(100)	269(26)	120(9)	
259	噁唑隆	dimefuron	27.82	140(100)	105(75)	267(36)	
260	吡氟酰草胺	diflufenican	28.45	266(100)	394(25)	267(14)	
261	喹螨醚	fenazaquin	28.97	145(100)	160(46)	117(10)	
262	苯醚菊酯	phenothrin	29.08 29.21	123(100)	183(74)	350(6)	
263	咯菌腈	fludioxonil	28.93	248(100)	127(24)	154(21)	
264	苯氧威	fenoxycarb	29.57	255(100)	186(82)	116(93)	
265	稀禾啶	sethoxydim	29.63	178(100)	281(51)	219(36)	
266	双甲脒	amitraz	30.00	293(100)	162(13)	132(104)	
267	莎稗磷	anilofos	30.68	226(100)	184(52)	334(10)	
268	氟丙菊酯	acrinathrin	31.07	181(100)	289(31)	247(12)	
269	高效氯氟氰菊酯	lambda-cyhalothrin	31.11	181(100)	197(100)	141(20)	
270	苯噻酰草胺	mefenacet	31.29	192(100)	120(35)	136(29)	
271	氯菊酯	permethrin	31.57	183(100)	184(14)	255(1)	
272	哒螨灵	pyridaben	31.86	147(100)	117(11)	364(7)	
273	乙羧氟草醚	fluoroglycofen-ethyl	32.01	447(100)	428(20)	449(35)	
274	联苯三唑醇	bitertanol	32.25	170(100)	112(8)	141(6)	
275	醚菊酯	etofenprox	32.75	163(100)	376(4)	183(6)	
276	噻草酮	cycloxydim	33.05	178(100)	279(7)	251(4)	
277	顺式-氯氰菊酯	alpha-cypermethrin	33.35	163(100)	181(84)	165(63)	
278	氟氰戊菊酯	flucythrinate	33.58 33.85	199(100)	157(90)	451(22)	
279	S-氰戊菊酯	esfenvalerate	34.65	419(100)	225(158)	181(189)	
280	苯醚甲环唑	difenoconazole	35.40	323(100)	325(66)	265(83)	
281	丙炔氟草胺	flumioxazin	35.50	354(100)	287(24)	259(15)	
282	氟烯草酸	flumiclorac-pentyl	36.34	423(100)	308(51)	318(29)	
D组							
283	甲氟磷	dimefox	5.62	110(100)	154(75)	153(17)	
284	乙拌磷亚砜	disulfoton-sulfoxide	8.41	212(100)	153(61)	184(20)	

表 B.1(续)

序号	中文名称	英文名称	保留时间/min	定量离子	定性离子 1	定性离子 2	定性离子 3
285	五氯苯	pentachlorobenzene	11.11	250(100)	252(64)	215(24)	
286	三异丁基磷酸盐	tri-iso-butyl phosphate	11.65	155(100)	139(67)	211(24)	
287	鼠立死	crimidine	13.13	142(100)	156(90)	171(84)	
288	4-溴-3,5-二甲苯基-N-甲基氨基甲酸酯-1	BDMC-1	13.25	200(100)	202(104)	201(13)	
289	燕麦酯	chlorfenprop-methyl	13.57	165(100)	196(87)	197(49)	
290	虫线磷	thionazin	14.04	143(100)	192(39)	220(14)	
291	2,3,5,6-四氯苯胺	2,3,5,6-tetrachloroaniline	14.22	231(100)	229(76)	158(25)	
292	三正丁基磷酸盐	tri-n-butyl phosphate	14.33	155(100)	211(61)	167(8)	
293	2,3,4,5-四氯甲氧基苯	2,3,4,5-tetrachloroanisole	14.66	246(100)	203(70)	231(51)	
294	五氯甲氧基苯	pentachloroanisole	15.19	280(100)	265(100)	237(85)	
295	牧草胺	tebutam	15.30	190(100)	106(38)	142(24)	
296	蔬果磷	dioxabenzofos	16.14	216(100)	201(26)	171(5)	
297	甲基苯噻隆	methabenzthiazuron	16.34	164(100)	136(81)	108(27)	
298	西玛通	simetone	16.69	197(100)	196(40)	182(38)	
299	阿特拉通	atratone	16.70	196(100)	211(68)	197(105)	
300	脱异丙基莠去津	desisopropyl-atrazine	16.69	173(100)	158(84)	145(73)	
301	特丁硫磷砜	terbufos sulfone	16.79	231(100)	288(11)	186(15)	
302	七氟菊酯	tefluthrin	17.24	177(100)	197(26)	161(5)	
303	溴烯杀	bromocylen	17.43	359(100)	357(99)	394(14)	
304	草达津	trietazine	17.53	200(100)	229(51)	214(45)	
305	氧乙嘧硫磷	etrimfos oxon	17.83	292(100)	277(35)	263(12)	
306	环莠隆	cycluron	17.95	89(100)	198(36)	114(9)	
307	2,6-二氯苯甲酰胺	2,6-dichlorobenzamide	17.93	173(100)	189(36)	175(62)	
308	2,4,4′-三氯联苯	DE-PCB 28	18.15	256(100)	186(53)	258(97)	
309	2,4,5-三氯联苯	DE-PCB 31	18.19	256(100)	186(53)	258(97)	
310	脱乙基另丁津	desethyl-sebuthylazine	18.32	172(100)	174(32)	186(11)	
311	2,3,4,5-四氯苯胺	2,3,4,5-tetrachloroaniline	18.55	231(100)	229(76)	233(48)	
312	合成麝香	musk ambrette	18.62	253(100)	268(35)	223(18)	
313	二甲苯麝香	musk xylene	18.66	282(100)	297(10)	128(20)	
314	五氯苯胺	pentachloroaniline	18.91	265(100)	263(63)	230(8)	
315	叠氮津	aziprotryne	19.11	199(100)	184(83)	157(31)	
316	另丁津	sebutylazine	19.26	200(100)	214(14)	229(13)	
317	丁咪酰胺	isocarbamid	19.24	142(100)	185(2)	143(6)	

表 B.1(续)

序号	中文名称	英文名称	保留时间/min	定量离子	定性离子 1	定性离子 2	定性离子 3
318	2,2′,5,5′-四氯联苯	DE-PCB 52	19.48	292(100)	220(88)	255(32)	
319	麝香	musk moskene	19.46	263(100)	278(12)	264(15)	
320	苄草丹	prosulfocarb	19.51	251(100)	252(14)	162(10)	
321	二甲吩草胺	dimethenamid	19.55	154(100)	230(43)	203(21)	
322	氧皮蝇磷	fenchlorphos oxon	19.72	285(100)	287(70)	270(7)	
323	4-溴-3,5-二甲苯基-N-甲基氨基甲酸酯-2	BDMC-2	19.74	200(100)	202(101)	201(12)	
324	甲基对氧磷	paraoxon-methyl	19.83	230(100)	247(93)	200(40)	
325	庚酰草胺	monalide	20.02	197(100)	199(31)	239(45)	
326	西藏麝香	musk tibeten	20.40	251(100)	266(25)	252(14)	
327	碳氯灵	isobenzan	20.55	311(100)	375(31)	412(7)	
328	八氯苯烯	octachlorostyrene	20.60	380(100)	343(94)	308(120)	
329	嘧啶磷	pyrimitate	20.59	305(100)	153(116)	180(49)	
330	异艾氏剂	isodrin	21.01	193(100)	263(46)	195(83)	
331	丁嗪草酮	isomethiozin	21.06	225(100)	198(86)	184(13)	
332	毒壤磷	trichloronat	21.10	297(100)	269(86)	196(16)	
333	敌草索	dacthal	21.25	301(100)	332(31)	221(16)	
334	4,4-二氯二苯甲酮	4,4-dichlorobenzophenone	21.29	250(100)	252(62)	215(26)	
335	酞菌酯	nitrothal-isopropyl	21.69	236(100)	254(54)	212(74)	
336	麝香酮	musk ketone	21.70	279(100)	294(28)	128(16)	
337	吡咪唑	rabenzazole	21.73	212(100)	170(26)	195(19)	
338	嘧菌环胺	cyprodinil	21.94	224(100)	225(62)	210(9)	
339	麦穗灵	fuberidazole	22.10	184(100)	155(21)	129(12)	
340	异氯磷	dicapthon	22.44	262(100)	263(10)	216(10)	
341	2,2′,4,5,5′-五氯联苯	DE-PCB 101	22.62	326(100)	254(66)	291(18)	
342	2-甲-4-氯丁氧乙基酯	MCPA-butoxyethyl ester	22.61	300(100)	200(71)	182(41)	
343	水胺硫磷	isocarbophos	22.87	136(100)	230(26)	289(22)	
344	甲拌磷砜	phorate sulfone	23.15	199(100)	171(30)	215(11)	
345	杀螨醇	chlorfenethol	23.29	251(100)	253(66)	266(12)	
346	反式九氯	trans-nonachlor	23.62	409(100)	407(89)	411(63)	
347	脱叶磷	DEF	24.08	202(100)	226(51)	258(55)	
348	氟咯草酮	flurochloridone	24.31	311(100)	187(74)	313(66)	
349	溴苯烯磷	bromfenvinfos	24.62	267(100)	323(56)	295(18)	
350	乙滴涕	perthane	24.81	223(100)	224(20)	178(9)	

表 B.1(续)

序号	中文名称	英文名称	保留时间/min	定量离子	定性离子 1	定性离子 2	定性离子 3
351	2,3,4,4′,5-五氯联苯	DE-PCB 118	25.08	326(100)	254(38)	184(16)	
352	4,4-二溴二苯甲酮	4,4-dibromobenzophenone	25.30	340(100)	259(30)	185(179)	
353	粉唑醇	flutriafol	25.31	219(100)	164(96)	201(7)	
354	地胺磷	mephosfolan	25.29	196(100)	227(49)	168(60)	
355	乙基杀扑磷	athidathion	25.63	145(100)	330(1)	129(12)	
356	2,2′,4,4′,5,5′-六氯联苯	DE-PCB 153	25.64	360(100)	290(62)	218(24)	
357	苄氯三唑醇	diclobutrazole	25.95	270(100)	272(68)	159(42)	
358	乙拌磷砜	disulfoton sulfone	26.16	213(100)	229(4)	185(11)	
359	噻螨酮	hexythiazox	26.48	227(100)	156(158)	184(93)	
360	2,2′,3,4,4′,5-六氯联苯	DE-PCB 138	26.84	360(100)	290(68)	218(26)	
361	威菌磷	triamiphos	27.02	160(100)	294(28)	251(16)	
362	苄呋菊酯-1	resmethrin-1	27.26	171(100)	143(83)	338(7)	
363	环菌唑	cyproconazole	27.23	222(100)	224(35)	223(11)	
364	苄呋菊酯-2	resmethrin-2	27.43	171(100)	143(80)	338(7)	
365	酞酸苯甲基丁酯	phthalic acid, benzyl butyl ester	27.56	206(100)	312(4)	230(1)	
366	炔草酸	clodinafop-propargyl	27.74	349(100)	238(96)	266(83)	
367	倍硫磷亚砜	fenthion sulfoxide	28.06	278(100)	279(290)	294(145)	
368	三氟苯唑	fluotrimazole	28.39	311(100)	379(60)	233(36)	
369	氟草烟-1-甲庚酯	fluroxypr-1-methylheptyl ester	28.45	366(100)	254(67)	237(60)	
370	倍硫磷砜	fenthion sulfone	28.55	310(100)	136(25)	231(10)	
371	三苯基磷酸盐	triphenyl phosphate	28.65	326(100)	233(16)	215(20)	
372	苯嗪草酮	metamitron	28.63	202(100)	174(52)	186(12)	
373	2,2′,3,4,4′,5,5′-七氯联苯	DE-PCB 180	29.05	394(100)	324(70)	359(20)	
374	吡螨胺	tebufenpyrad	29.06	318(100)	333(78)	276(44)	
375	解草酯	cloquintocet-mexyl	29.32	192(100)	194(32)	220(4)	
376	环草定	lenacil	29.70	153(100)	136(6)	234(2)	
377	糠菌唑-1	bromuconazole-1	29.90	173(100)	175(65)	214(15)	
378	脱溴溴苯磷	desbrom-leptophos	30.15	377(100)	171(97)	375(72)	
379	糠菌唑-2	bromuconazole-2	30.72	173(100)	175(67)	214(14)	
380	甲磺乐灵	nitralin	30.92	316(100)	274(58)	300(15)	

表 B.1(续)

序号	中文名称	英文名称	保留时间/min	定量离子	定性离子 1	定性离子 2	定性离子 3
381	苯线磷亚砜	fenamiphos sulfoxide	31.03	304(100)	319(29)	196(22)	
382	苯线磷砜	fenamiphos sulfone	31.34	320(100)	292(57)	335(7)	
383	拌种咯	fenpiclonil	32.37	236(100)	238(66)	174(36)	
384	氟喹唑	fluquinconazole	32.62	340(100)	342(37)	341(20)	
385	腈苯唑	fenbuconazole	34.02	129(100)	198(51)	125(31)	
E 组							
386	残杀威-1	propoxur-1	6.58	110(100)	152(16)	111(9)	
387	异丙威-1	isoprocarb-1	7.56	121(100)	136(34)	103(20)	
388	二氢苊	acenaphthene	10.79	164(100)	162(84)	160(38)	
389	驱虫特	dibutyl succinate	12.20	101(100)	157(19)	175(5)	
390	邻苯二甲酰亚胺	phthalimide	13.21	147(100)	104(61)	103(35)	
391	氯氧磷	chlorethoxyfos	13.43	153(100)	125(67)	301(19)	
392	异丙威-2	isoprocarb-2	13.69	121(100)	136(34)	103(20)	
393	戊菌隆	pencycuron	14.30	125(100)	180(65)	209(20)	
394	丁噻隆	tebuthiuron	14.25	156(100)	171(30)	157(9)	
395	甲基内吸磷	demeton-S-methyl	15.19	109(100)	142(43)	230(5)	
396	硫线磷	cadusafos	15.13	159(100)	213(14)	270(12)	
397	残杀威-2	propoxur-2	15.48	110(100)	152(19)	111(8)	
398		phenanthrene	16.97	188(100)	160(9)	189(16)	
399	螺环菌胺-1	spiroxamine-1	17.26	100(100)	126(7)	198(5)	
400	唑螨酯	fenpyroximate	17.49	213(100)	142(21)	198(9)	
401	丁基嘧啶磷	tebupirimfos	17.61	318(100)	261(107)	234(100)	
402	茉莉酮	prohydrojasmon	17.80	153(100)	184(41)	254(7)	
403	苯锈啶	fenpropidin	17.85	98(100)	273(5)	145(5)	
404	氯硝胺	dichloran	18.10	176(100)	206(87)	124(101)	
405	咯喹酮	pyroquilon	18.28	173(100)	130(69)	144(38)	
406	螺环菌胺-2	spiroxamine-2	18.23	100(100)	126(5)	198(5)	
407	炔苯酰草胺	propyzamide	19.01	173(100)	255(23)	240(9)	
408	抗蚜威	pirimicarb	19.08	166(100)	238(23)	138(8)	
409	磷胺-1	phosphamidon-1	19.66	264(100)	138(62)	227(25)	
410	解草嗪	benoxacor	19.62	120(100)	259(38)	176(19)	
411	溴丁酰草胺	bromobutide	19.70	119(100)	232(27)	296(6)	
412	乙草胺	acetochlor	19.84	146(100)	162(59)	223(59)	
413	灭草环	tridiphane	19.90	173(100)	187(90)	219(46)	

表 B.1(续)

序号	中文名称	英文名称	保留时间/min	定量离子	定性离子 1	定性离子 2	定性离子 3
414	特草灵	terbucarb	20.06	205(100)	220(52)	206(16)	
415	戊草丹	esprocarb	20.01	222(100)	265(10)	162(61)	
416	甲呋酰胺	fenfuram	20.35	109(100)	201(29)	202(5)	
417	活化酯	acibenzolar-S-methyl	20.42	182(100)	135(64)	153(34)	
418	呋草黄	benfuresate	20.68	163(100)	256(17)	121(18)	
419	氟硫草定	dithiopyr	20.78	354(100)	306(72)	286(74)	
420	精甲霜灵	mefenoxam	20.91	206(100)	249(46)	279(11)	
421	马拉氧磷	malaoxon	21.17	127(100)	268(11)	195(15)	
422	磷胺-2	phosphamidon-2	21.36	264(100)	138(54)	227(17)	
423	硅氟唑	simeconazole	21.41	121(100)	278(14)	211(34)	
424	氯酞酸甲酯	chlorthal-dimethyl	21.39	301(100)	332(27)	221(17)	
425	噻唑烟酸	thiazopyr	21.91	327(100)	363(73)	381(34)	
426	甲基毒虫畏	dimethylvinphos	22.21	295(100)	297(56)	109(74)	
427	仲丁灵	butralin	22.24	266(100)	224(16)	295(60)	
428	苯酰草胺	zoxamide	22.30	187(100)	242(68)	299(9)	
429	啶斑肟-1	pyrifenox-1	22.50	262(100)	294(15)	227(15)	
430	烯丙菊酯	allethrin	22.60	123(100)	107(24)	136(20)	
431	异戊乙净	dimethametryn	22.83	212(100)	255(9)	240(5)	
432	灭藻醌	quinoclamine	22.89	207(100)	172(259)	144(64)	
433	甲醚菊酯-1	methothrin-1	22.92	123(100)	135(89)	104(41)	
434	氟噻草胺	flufenacet	23.09	151(100)	211(61)	363(6)	
435	甲醚菊酯-2	methothrin-2	23.19	123(100)	135(73)	104(12)	
436	啶斑肟-2	pyrifenox-2	23.50	262(100)	294(17)	227(16)	
437	氰菌胺	fenoxanil	23.58	140(100)	189(14)	301(6)	
438	四氯苯酞	phthalide	23.51	243(100)	272(28)	215(20)	
439	呋霜灵	furalaxyl	23.97	242(100)	301(24)	152(40)	
440	嘧菌胺	mepanipyrim	24.29	222(100)	223(53)	221(9)	
441	除草定	bromacil	24.73	205(100)	207(46)	231(5)	
442		picoxystrobin	24.97	335(100)	303(43)	367(9)	
443	抑草磷	butamifos	25.41	286(100)	200(57)	232(37)	
444	咪草酸	imazamethabenz-methyl	25.50	144(100)	187(117)	256(95)	
445	苯氧菌胺-1	metominostrobin-1	25.61	191(100)	238(56)	196(75)	
446	苯噻硫氰	TCMTB	25.59	180(100)	238(108)	136(30)	
447	灭梭威砜	methiocarb sulfone	25.56	200(100)	185(40)	137(16)	

表 B.1(续)

序号	中文名称	英文名称	保留时间/min	定量离子	定性离子1	定性离子2	定性离子3
448	抑霉唑	imazalil	25.72	215(100)	173(66)	296(5)	
449	稻瘟灵	isoprothiolane	25.87	290(100)	231(82)	204(88)	
450	环氟菌胺	cyflufenamid	26.02	91(100)	412(11)	294(11)	
451	嘧草醚	pyriminobac-methyl	26.34	302(100)	330(107)	361(86)	
452	噁唑磷	isoxathion	26.51	313(100)	105(341)	177(208)	
453	苯氧菌胺-2	metominostrobin-2	26.76	196(100)	191(36)	238(89)	
454	苯虫醚-1	diofenolan-1	26.81	186(100)	300(57)	225(25)	
455	苯虫醚-2	diofenolan-2	27.14	186(100)	300(58)	225(31)	
456	苯氧喹啉	quinoxyphen	27.14	237(100)	272(37)	307(29)	
457	溴虫腈	chlorfenapyr	27.60	247(100)	328(47)	408(42)	
458	肟菌酯	trifloxystrobin	27.71	116(100)	131(40)	222(30)	
459	脱苯甲基亚胺唑	imibenconazole-des-benzyl	27.86	235(100)	270(35)	272(35)	
460	双苯噁唑酸	isoxadifen-ethyl	27.90	204(100)	222(76)	294(44)	
461	氟虫腈	fipronil	28.34	367(100)	369(69)	351(15)	
462	炔咪菊酯-1	imiprothrin-1	28.31	123(100)	151(55)	107(54)	
463	唑酮草酯	carfentrazone-ethyl	28.29	312(100)	340(135)	376(32)	
464	炔咪菊酯-2	imiprothrin-2	28.50	123(100)	151(21)	107(17)	
465	氟环唑-1	epoxiconazole-1	28.58	192(100)	183(24)	138(35)	
466	吡草醚	pyraflufen ethyl	28.91	412(100)	349(41)	339(34)	
467	稗草丹	pyributicarb	28.87	165(100)	181(23)	108(64)	
468	噻吩草胺	thenylchlor	29.12	127(100)	288(25)	141(17)	
469	烯草酮	clethodim	29.21	164(100)	205(50)	267(15)	
470	吡唑解草酯	mefenpyr-diethyl	29.55	227(100)	299(131)	372(18)	
471	伐灭磷	famphur	29.80	218(100)	125(27)	217(22)	
472	乙螨唑	etoxazole	29.64	300(100)	330(69)	359(65)	
473	吡丙醚	pyriproxyfen	30.06	136(100)	226(8)	185(10)	
474	氟环唑-2	epoxiconazole-2	29.73	192(100)	183(13)	138(30)	
475	氟吡酰草胺	picolinafen	30.27	238(100)	376(77)	266(11)	
476	异菌脲	iprodione	30.24	187(100)	244(65)	246(42)	
477	哌草磷	piperophos	30.42	320(100)	140(123)	122(114)	
478	呋酰胺	ofurace	30.36	160(100)	232(83)	204(35)	
479	联苯肼酯	bifenazate	30.38	300(100)	258(99)	199(100)	
480	异狄氏剂酮	endrin ketone	30.45	317(100)	250(31)	281(58)	
481	氯甲酰草胺	clomeprop	30.48	290(100)	288(279)	148(206)	

表 B.1(续)

序号	中文名称	英文名称	保留时间/min	定量离子	定性离子 1	定性离子 2	定性离子 3
482	咪唑菌酮	fenamidone	30.66	268(100)	238(111)	206(32)	
483	萘丙胺	naproanilide	31.89	291(100)	171(96)	144(100)	
484	吡唑醚菊酯	pyraclostrobin	31.98	132(100)	325(14)	283(21)	
485	乳氟禾草灵	lactofen	32.06	442(100)	461(25)	346(12)	
486	三甲苯草酮	tralkoxydim	32.14	283(100)	226(7)	268(8)	
487	吡唑硫磷	pyraclofos	32.18	360(100)	194(79)	362(38)	
488	氯亚胺硫磷	dialifos	32.27	186(100)	357(143)	210(397)	
489	螺螨酯	spirodiclofen	32.50	312(100)	259(48)	277(28)	
490	苄螨醚	halfenprox	32.62	263(100)	237(6)	476(5)	
491	呋草酮	flurtamone	32.78	333(100)	199(63)	247(25)	
492	环酯草醚	pyriftalid	32.94	318(100)	274(71)	303(44)	
493	氟硅菊酯	silafluofen	33.18	287(100)	286(274)	258(289)	
494	嘧螨醚	pyrimidifen	33.63	184(100)	186(32)	185(10)	
495	氟丙嘧草酯	butafenacil	33.85	331(100)	333(34)	180(35)	
496	苯酮唑	cafenstrole	34.36	100(100)	188(69)	119(25)	
497	氟啶草酮	fluridone	37.61	328(100)	329(100)	330(100)	

附 录 C
（资料性附录）
A、B、C、D、E 五组农药及相关化学品选择离子监测分组表

A、B、C、D、E 五组农药及相关化学品选择离子监测分组表，见表 C.1。

表 C.1 A、B、C、D、E 五组农药及相关化学品选择离子监测分组表

序号	时间/min	离子/amu	驻留时间/ms
		A 组	
1	8.30	138,158,173	200
2	9.60	124,140,166,172,183,211	90
3	10.50	121,154,234	200
4	10.75	120,137,179	200
5	11.70	154,186,215	200
6	14.40	167,168,169	200
7	14.90	121,142,143,153,183,195,196,198,230,231,260,276,292,316	30
8	16.20	88,125,246	200
9	16.70	137,138,145,172,174,179,187,202,204,205,237,246,249,295,304	30
10	17.80	138,173,175,181,186,194,196,201,210,225,236,255,277,292	30
11	18.80	150,165,173,175,222,223,251,255,279	50
12	19.20	125,143,229,261,263,265,293,305,307,329	50
13	19.80	125,261,263,265,285,287,293,305,307,329	50
14	20.10	170,181,184,198,200,206,212,217,219,226,227,233,234,241,246,249,254,258,263,264,266,268,285,286,314	10
15	21.40	143,152,153,158,169,173,180,181,208,217,219,220,247,254,256,260,275,277,278,351,353,355	10
16	22.30	61,143,160,162,181,186,208,210,220,235,248,252,263,268,270,291,351,353,355	20
17	23.00	133,143,146,157,209,211,246,268,270,274,298,303,320,357,359,373,375,377	20
18	23.70	72,104,133,145,152,157,160,162,209,211,215,253,255,260,263,267,274,277,283,285,297,302,309,345,380	10
19	24.80	128,145,154,157,171,175,198,217,225,240,255,258,271,283,285,288,302,303	20
20	25.50	154,185,217,252,253,254,288,303,319,324,334	50
21	26.00	87,139,143,145,165,173,199,208,231,235,237,251,253,273,316,323,384	20
22	26.80	145, 150, 156, 165, 173, 179, 199, 231, 235, 237, 245, 247, 280, 288, 322, 323,384	20
23	27.90	165,166,173,181,253,259,261,281,292,293,308,342	40

表 C.1(续)

序号	时间/min	离子/amu	驻留时间/ms
24	28.60	118,160,165,166,181,203,212,227,228,231,235,237,272,274,314,323	30
25	29.30	135,163,164,212,227,228,232,233,250,252,278	40
26	30.00	102,145,159,160,161,188,199,227,303,317,340,356	40
27	31.00	175,183,184,220,221,223,232,250,255,267,373	40
28	33.00	127,180,181	200
29	34.40	167,181,225,419	150
30	35.70	172,174,181	200
B组			
1	7.80	128,132,189	200
2	8.80	146,156,217	200
3	9.70	128,136,161,171,173,203	90
4	10.70	127,164,192,194,196,198	90
5	11.70	191,193,206	200
6	13.40	124,203,215,250,261	100
7	14.40	158,168,200,242,282,284,286	80
8	14.70	116,120,128,148,153,171,176,188,202,211,213,234,236,238,264,266,282,284,286,306,322,335	10
9	16.00	116,148,183,188,219,221,254	80
10	16.80	153,186,231,288	150
11	17.10	153,160,164,169,172,173,176,197,206,210,214,223,225,229,270,318,330,347	20
12	18.20	61,126,160,173,176,206,214,229	60
13	18.70	126,127,134,148,164,171,172,180,192,197,198,210,213,223,243,286,288,305,307	20
14	19.90	134,171,188,197,198,210,213,237,269,276,290,305	40
15	20.60	100,185,211,226,241,253,257,259,378	50
16	21.20	73,139,141,153,161,162,167,185,191,207,213,224,226,237,238,240,250,251,286,304,318,329,331,333,351,353,355,387	10
17	22.00	161,167,207,222,224,226,238,264,280,286,351,353,355	40
18	22.70	161,163,170,171,182,185,205,213,217,241,255,256,265,267,269,276,323,339	20
19	23.40	137,160,176,188,238,240,246,248,259,267,269,316,318,323,331,373,375,377	20
20	23.90	61,160,166,176,188,193,194,246,248,250,259,292,294,297,316,318,329,331,333,339,374,377,379	20
21	24.90	61,105,165,167,172,175,177,187,199,214,231,235,236,237,238,256,263,292,294,297,302,305,311,313,317,339,345,374	10

表 C.1(续)

序号	时间/min	离子/amu	驻留时间/ms
22	25.60	77,105,139,141,165,169,171,199,202,213,223,235,237,251,252,253,256,271,276,283,297,300,325,360,361	10
23	26.70	105,157,165,195,199,235,237,246,276,297,325,339,342,360,363	30
24	27.60	148,157,161,169,172,173,201,206,257,303,310,325	40
25	28.90	89,99,126,127,157,161,169,172,181,183,257,260,265,272,292,303,339,341,349,365,387,389	10
26	29.80	79,181,183,265,311,349	90
27	30.00	128,157,169,171,189,252,310,323,341,375,377,379	40
28	31.20	132,139,154,160,161,182,189,251,310,330,341,367	40
29	32.90	180,199,206,226,266,308,334,362,364	50
30	34.00	181,250,252	200
C组			
1	7.30	109,185,220	200
2	8.70	152,153,154	200
3	9.30	58,128,129,146,188,203	90
4	11.20	126,161,163	200
5	11.75	125,126,141,158,169,170,187,208,240	50
6	13.50	122,123,124,151,215,250	90
7	14.70	107,121,150,264,276,292	90
8	16.00	174,202,217	200
9	16.50	126,141,143,156,168,176,198,199,200,210,225,268,270,277,279	30
10	17.60	88,173,183,186,200,215,219,254,274	50
11	18.40	104,130,159,161,204,237,246,257,272,285,288,313,337	40
12	18.90	128,129,161,163,165,175,204,217,242,246,257,264,285,288,303,306,313,326,335	20
13	19.80	73,89,146,162,185,212,223,227,250,265,267	50
14	20.30	61,144,146,162,170,185,198,199,212,213,223,227,258	40
15	20.70	61,103,118,144,170,181,198,199,210,217,219,222,240,254,255	30
16	21.35	108,117,151,160,161,170,219,221,224,225,257,267,351,353,355	30
17	22.20	107,108,119,123,136,145,176,219,221,246,248,263,318,351,353,355	20
18	22.70	77,141,165,167,174,176,206,234,239,246,248,267,268,297,299,318	20
19	23.20	105,123,134,161,248,250,267,297,299	50
20	23.50	131,143,157,161,171,220,248,250,262,296,304,329,336,338,404	30
21	24.30	112,130,162,168,238,262	90
22	25.10	112,116,130,131,162,168,206,233,234,235,238,262	40
23	25.30	254,282,321,323,356,383	90

表 C.1(续)

序号	时间/min	离子/amu	驻留时间/ms
24	26.00	131,152,206,233,234,236,251,253,315	50
25	26.90	149,162,176,177,190,232,268,270,328	50
26	27.90	105,119,120,135,140,173,266,267,269,350,394	50
27	28.80	105,117,123,140,145,160,183,266,267,350,394	50
28	29.00	117,123,127,145,154,160,183,248,350	50
29	29.60	116,178,186,191,219,255	90
30	30.30	132,162,178,184,219,226,281,293,334	50
31	31.10	120,136,141,147,181,183,184,192,197,247,255,289,309,364	30
32	32.00	112,141,147,170,183,184,255,309,364,428,447,449	40
33	32.60	112,141,163,170,183,376,428,447,449	50
34	33.10	163,165,178,181,251,279	90
35	33.80	157,199,451	200
36	34.70	181,225,250,252,419	100
37	35.40	259,265,287,323,325,354	90
38	36.40	308,318,423	200
		D组	
1	5.50	110,153,154	200
2	8.00	153,184,212	200
3	11.00	139,155,211,215,250,252	90
4	13.00	142,156,165,171,196,197,200,201,202	50
5	14.00	143,155,158,167,192,203,211,220,229,231,246	40
6	15.00	106,142,190,237,265,280	90
7	16.00	108,136,145,158,164,171,173,182,186,196,197,201,211,216,213,288	20
8	17.20	161,174,177,197,200,202,214,229,246,357,359,394	40
9	17.90	89,114,128,172,173,174,175,186,189,198,223,229,230,231,233,253,256,258,263,265,268,277,282,292,297	10
10	19.20	142,143,154,157,162,184,185,199,200,201,202,203,214,220,229,230,247,251,252,255,263,264,270,278,285,287,292	10
11	20.00	153,180,197,199,200,201,202,230,239,247,251,252,266,305,308,311,343,375,380,412	15
12	21.00	115,184,193,195,196,198,215,221,225,250,252,263,269,276,285,297,301,332	20
13	21.60	128,170,194,195,210,212,224,225,236,254,279,294	40
14	22.10	129,155,182,184,200,201,210,212,216,224,225,229,230,254,262,263,291,300,314,326,351,353,355	10
15	23.00	136,171,199,215,230,251,253,266,289,407,409,411	40

表 C.1(续)

序号	时间/min	离子/amu	驻留时间/ms
16	23.90	130, 148, 178, 187, 202, 211, 223, 224, 226, 240, 258, 267, 295, 299, 311, 313, 323	20
17	25.00	129, 130, 145, 148, 164, 168, 184, 185, 196, 201, 218, 219, 227, 254, 259, 290, 299, 326, 330, 340, 360	15
18	26.00	156, 159, 184, 185, 213, 218, 227, 229, 270, 272, 290, 360	40
19	27.10	143, 160, 171, 206, 222, 223, 224, 230, 238, 251, 266, 294, 312, 338, 349	30
20	28.00	136, 174, 186, 202, 215, 231, 233, 237, 254, 278, 279, 294, 310, 311, 326, 366, 379	20
21	29.00	136, 153, 192, 194, 220, 234, 276, 318, 324, 333, 359, 394	40
22	30.00	160, 161, 171, 173, 175, 214, 317, 375, 377	50
23	30.80	173, 175, 196, 213, 230, 274, 292, 300, 304, 316, 319, 320, 335, 373	30
24	32.40	147, 236, 238, 340, 341, 342	90
25	34.00	125, 129, 198	200
E组			
1	5.50	110, 111, 152	200
2	7.00	103, 107, 121, 122, 136	100
3	9.00	94, 95, 141	200
4	10.40	160, 162, 164, 205, 206, 220	100
5	12.00	101, 157, 175	200
6	12.90	103, 104, 121, 125, 130, 136, 147, 153, 301	60
7	13.90	125, 156, 157, 171, 180, 209	100
8	14.80	109, 110, 111, 142, 145, 152, 159, 185, 213, 230, 370	50
9	16.80	98, 100, 126, 142, 145, 153, 160, 184, 187, 188, 189, 198, 213, 232, 234, 254, 261, 273, 318	30
10	17.95	98, 100, 124, 126, 130, 144, 145, 173, 176, 177, 187, 198, 206, 213, 225, 232, 240, 273	30
11	18.70	138, 166, 173, 238, 240, 255	100
12	19.20	109, 119, 120, 135, 138, 146, 153, 162, 173, 176, 182, 187, 201, 202, 205, 206, 219, 220, 222, 223, 227, 232, 259, 264, 265, 296	20
13	20.30	109, 121, 127, 135, 153, 163, 182, 195, 201, 202, 206, 249, 256, 268, 279, 286, 306, 354	30
14	20.90	121, 127, 138, 195, 206, 211, 221, 227, 249, 264, 268, 278, 279, 301, 327, 332, 363, 381	30
15	21.95	109, 187, 224, 242, 266, 295, 297, 299, 351, 353, 355	50
16	22.30	104, 107, 123, 135, 136, 144, 151, 172, 187, 209, 211, 212, 227, 240, 242, 255, 262, 294, 299, 363	35
17	23.30	140, 152, 189, 215, 227, 272, 243, 262, 272	50

表 C.1(续)

序号	时间/min	离子/amu	驻留时间/ms
18	24.00	112,128,149,168,182,205,207,212,221,222,223,231,236,247,264,303,335,367	30
19	25.00	91,112,128,136,137,144,168,173,180,185,187,191,196,200,204,215,231,232,238,256,286,290,294,296,412	20
20	26.05	105,125,157,177,186,191,196,225,238,300,302,313,314,330,361	40
21	26.90	116,131,186,194,204,222,225,235,237,247,270,272,294,300,307,328,351,367,369,408,447,449	30
22	28.00	107,123,138,151,183,192,235,260,270,272,295,312,327,340,351,367,369,376	30
23	28.60	108,127,141,164,165,181,205,267,288,339,349,412	50
24	29.20	120,125,136,137,138,164,183,185,187,192,205,206,217,218,226,227,236,240,244,246,249,299,300,330,359,372,	20
25	30.05	122,136,140,148,160,185,187,199,204,206,214,226,229,232,238,244,246,250,258,266,268,285,288,290,300,317,319,320,376	20
26	31.60	111,132,137,144,171,186,194,199,210,226,237,247,259,263,268,274,277,291,303,312,318,325,333,346,357,360,362,442,461,476	20
27	33.00	126,152,166,180,184,185,186,258,286,287,331,333	50
28	34.00	100,119,188	200
29	37.00	328,329,330	200

附　录　D
（资料性附录）
标准物质在蜂蜜基质中选择离子监测 GC-MS 图

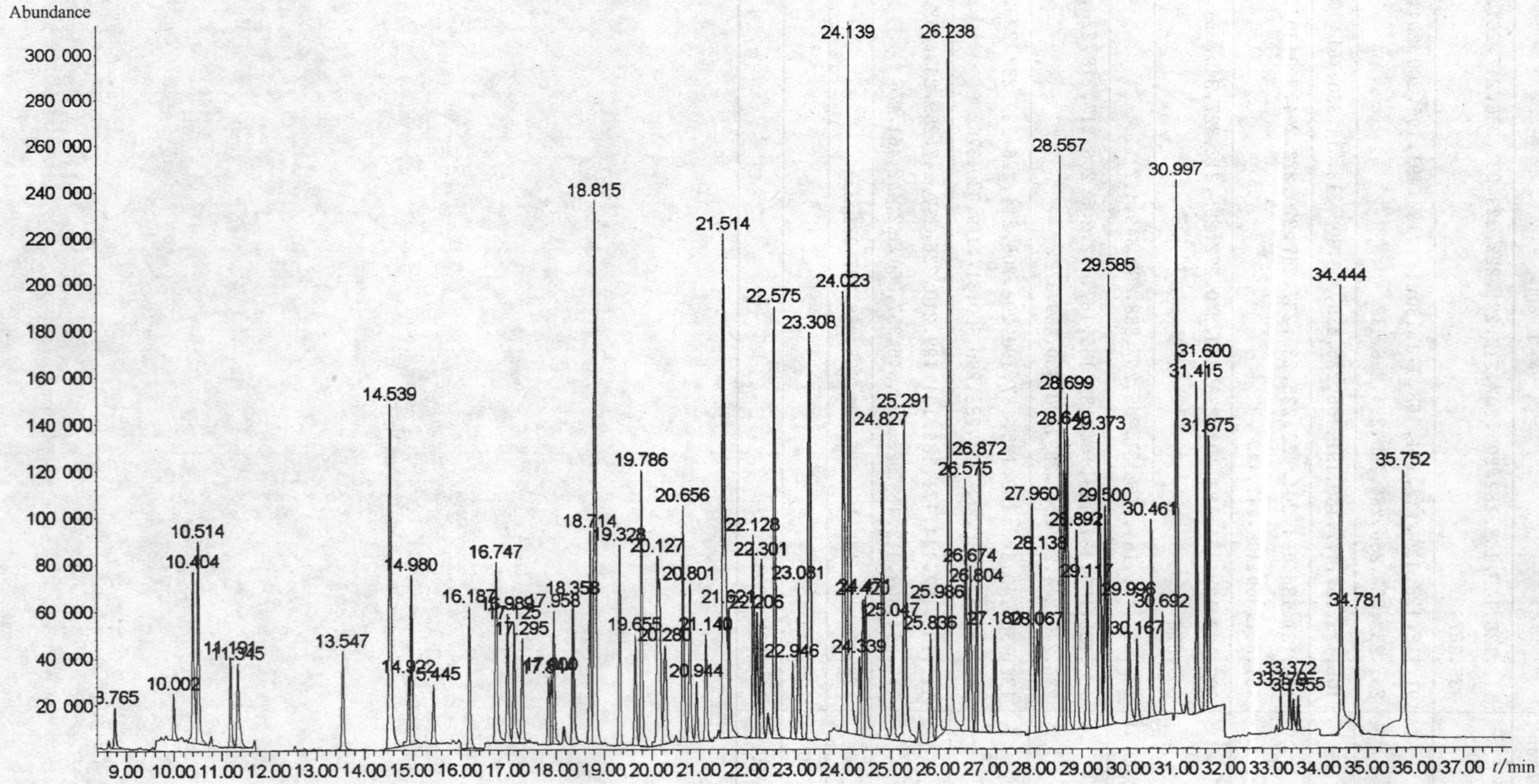

注：农药及相关化学品名称见附录 A 序号 1～95。

图 D.1　A 组标准物质在蜂蜜基质中选择离子监测 GC-MS 图

注：农药及相关化学品名称见附录 A 序号 96～196。

图 D.2　B 组标准物质在蜂蜜基质中选择离子监测 GC-MS 图

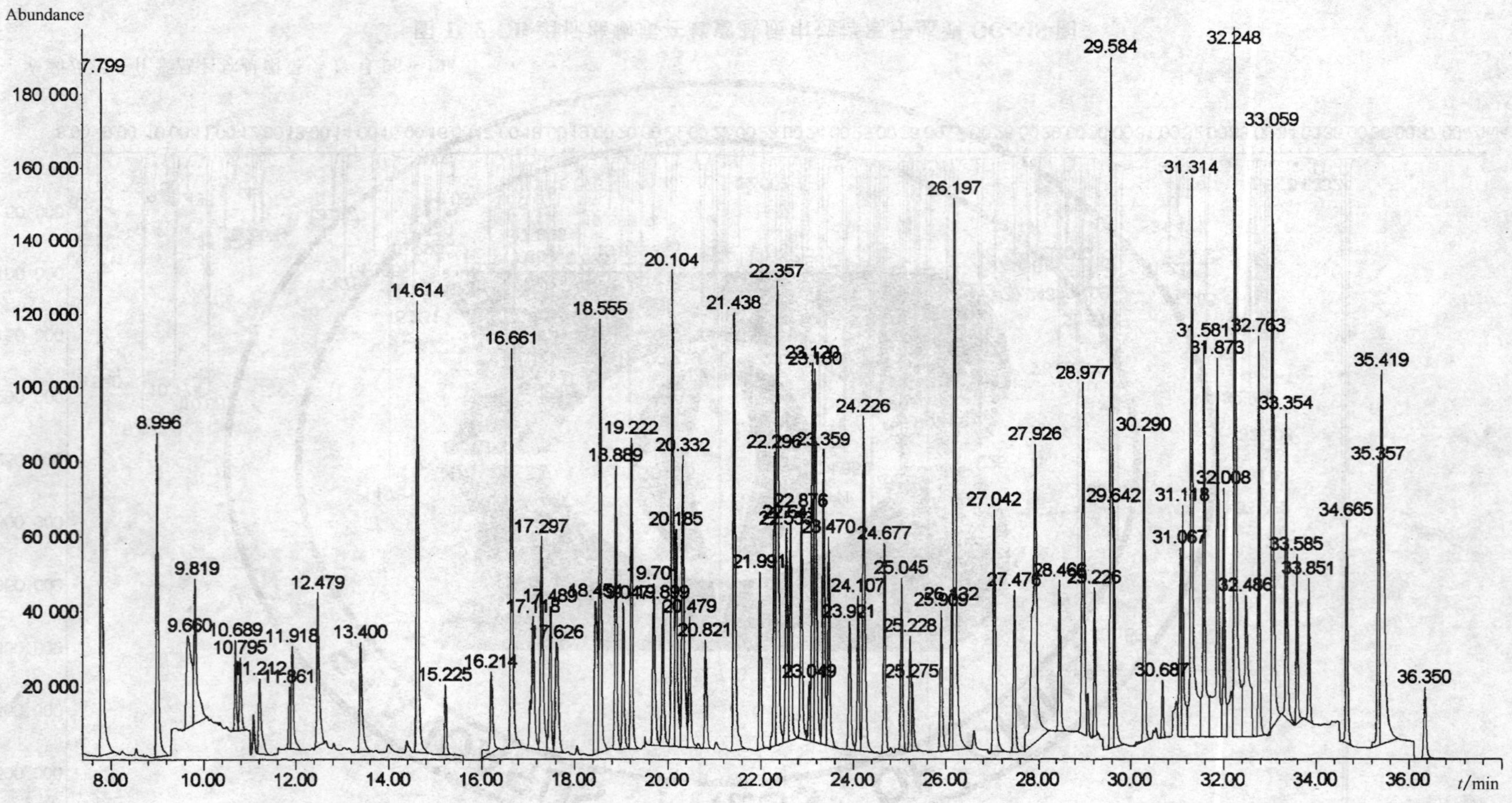

注：农药及相关化学品名称见附录 A 序号 197～282。

图 D.3　C 组标准物质在蜂蜜基质中选择离子监测 GC-MS 图

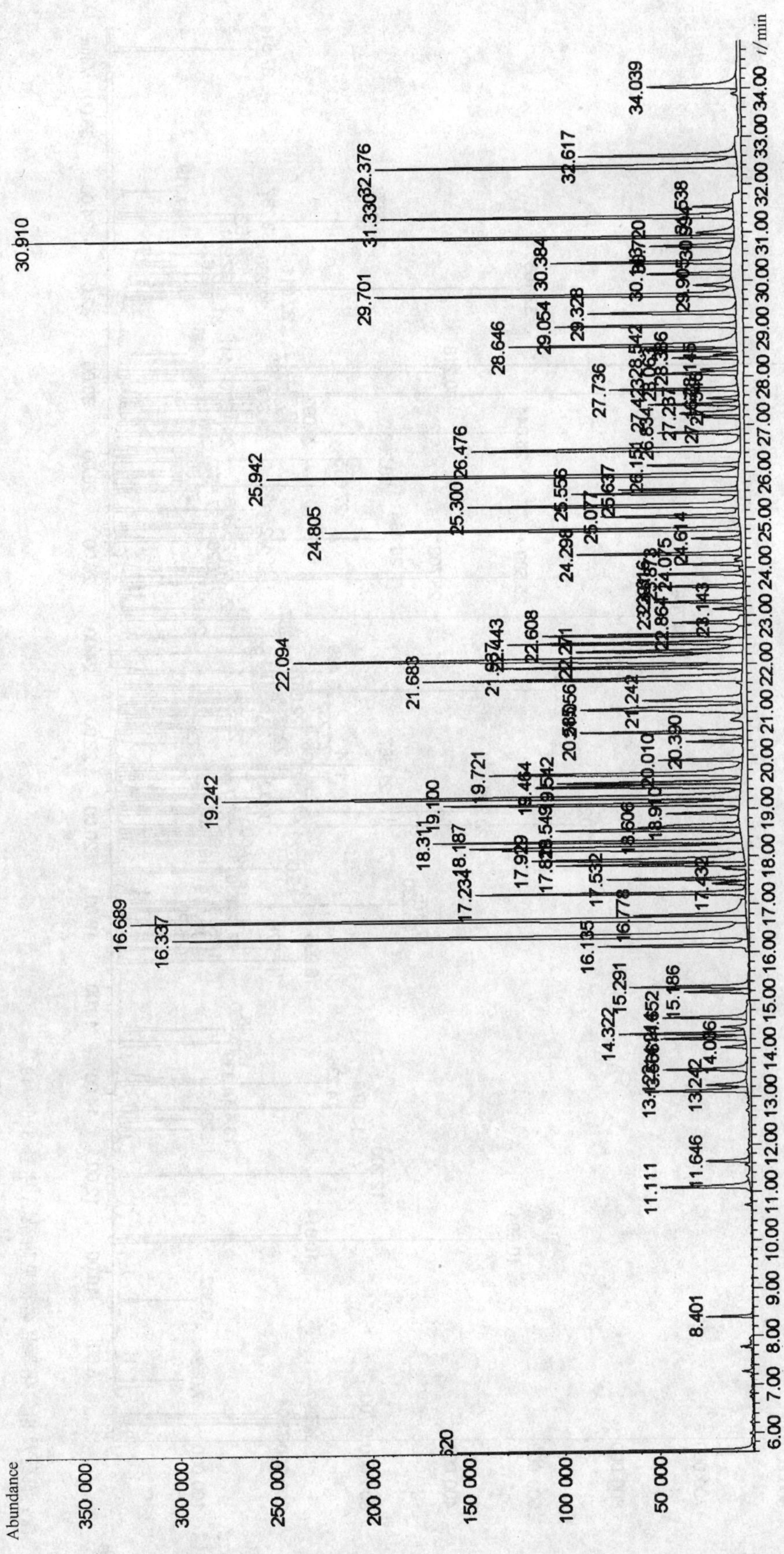

注：农药及相关化学品名称见附录 A 序号 283～385。

图 D.4　D 组标准物质在蜂蜜基质中选择离子监测 GC-MS 图

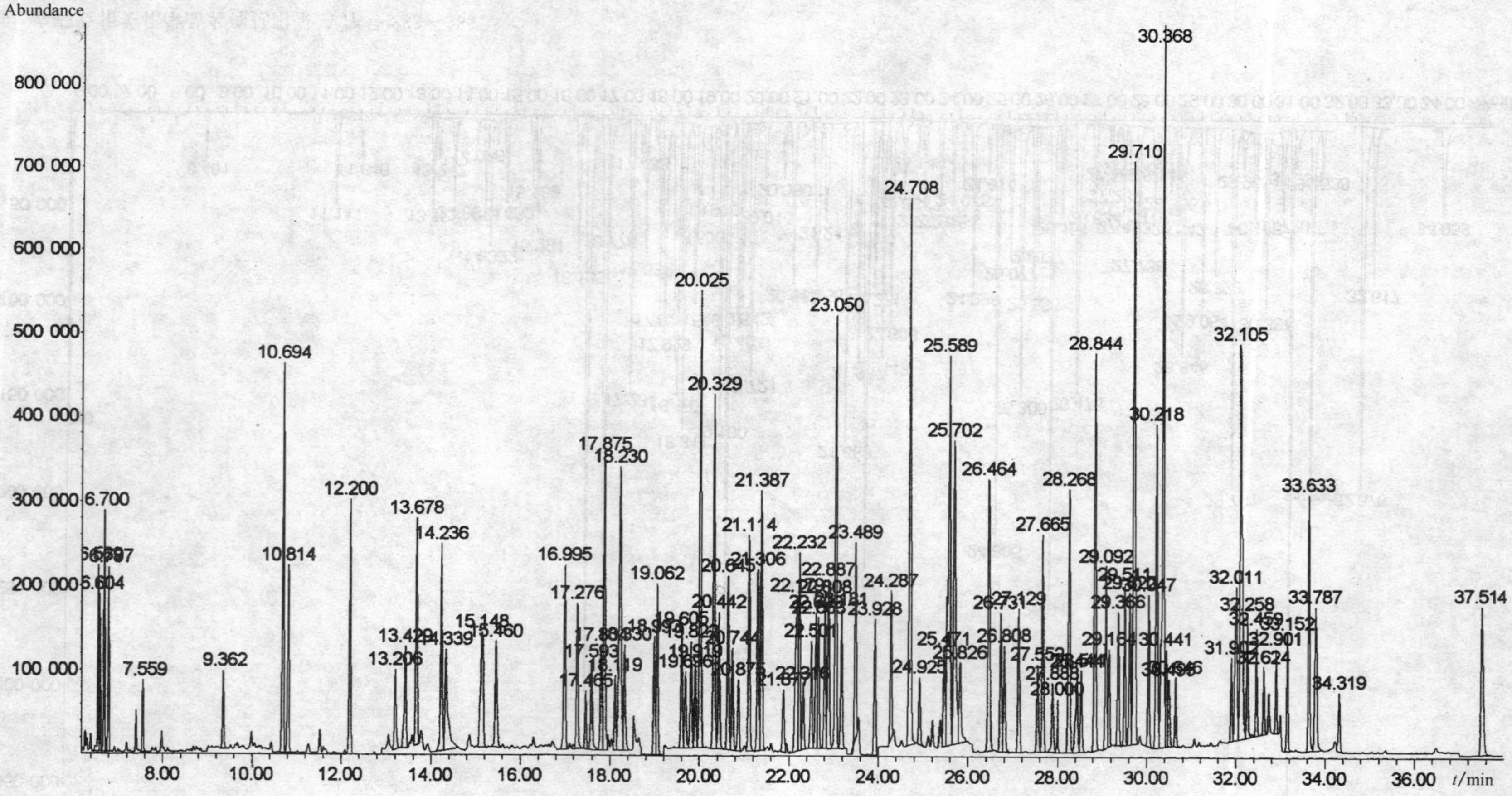

注：农药及相关化学品名称见附录 A 序号 386～497。

图 D.5　E 标准物质在蜂蜜基质中选择离子监测 GC-MS 图

附 录 E
（资料性附录）
497 种农药及相关化学品精密度数据表

497 种农药及相关化学品精密度数据表，见表 E.1。

表 E.1 497 种农药及相关化学品精密度数据表

序号	中文名称	含量/(mg/kg)	重复性限 r	再现性限 R	含量/(mg/kg)	重复性限 r	再现性限 R
A组							
1	二丙烯草胺	0.033 3	0.002 6	0.003 1	0.133 3	0.010 8	0.018 5
2	烯丙酰草胺	0.016 7	0.004 0	0.003 6	0.066 7	0.004 5	0.010 0
3	土菌灵	0.050 0	0.009 3	0.012 7	0.200 0	0.027 1	0.047 0
4	氯甲硫磷	0.033 3	0.003 9	0.006 5	0.133 3	0.019 0	0.020 4
5	苯胺灵	0.016 7	0.007 2	0.008 2	0.066 7	0.004 2	0.007 3
6	环草敌	0.016 7	0.001 5	0.003 3	0.066 7	0.004 9	0.006 5
7	联苯二胺	0.016 7	0.004 7	0.009 5	0.066 7	0.005 3	0.007 4
8	杀虫脒	0.016 7	0.003 1	0.004 8	0.066 7	0.005 0	0.007 5
9	乙丁烯氟灵	0.066 7	0.009 8	0.020 7	0.266 7	0.027 5	0.057 9
10	甲拌磷	0.016 7	0.002 1	0.004 3	0.066 7	0.003 3	0.007 2
11	甲基乙拌磷	0.016 7	0.001 7	0.003 3	0.066 7	0.003 2	0.007 6
12	五氯硝基苯	0.033 3	0.003 4	0.007 9	0.133 3	0.004 8	0.012 4
13	脱乙基阿特拉津	0.016 7	0.001 4	0.003 5	0.066 7	0.007 7	0.007 7
14	异噁草松	0.016 7	0.001 2	0.004 0	0.066 7	0.003 5	0.010 2
15	二嗪磷	0.016 7	0.001 2	0.004 2	0.066 7	0.002 8	0.006 5
16	地虫硫磷	0.016 7	0.001 7	0.003 2	0.066 7	0.001 5	0.009 4
17	乙嘧硫磷	0.016 7	0.002 6	0.004 1	0.066 7	0.002 8	0.005 2
18	西玛津	0.016 7	0.030 5	0.057 4	0.066 7	0.010 1	0.017 6
19	胺丙畏	0.016 7	0.001 0	0.003 7	0.066 7	0.002 5	0.006 6
20	密草通	0.016 7	0.001 7	0.004 1	0.066 7	0.002 0	0.006 0
21	除线磷	0.016 7	0.003 2	0.003 2	0.066 7	0.002 7	0.007 6
22	炔丙烯草胺	0.016 7	0.003 1	0.003 3	0.066 7	0.002 9	0.006 2
23	兹克威	0.050 0	0.011 5	0.019 2	0.200 0	0.016 8	0.036 9
24	乐果	0.066 7	0.019 7	0.028 3	0.266 7	0.039 6	0.036 4
25	艾氏剂	0.033 3	0.006 3	0.008 4	0.133 3	0.003 6	0.012 5
26	氨氟灵	0.066 7	0.006 6	0.017 1	0.266 7	0.030 4	0.052 0
27	皮蝇磷	0.033 3	0.004 1	0.007 3	0.133 3	0.003 7	0.013 8
28	扑草净	0.016 7	0.002 1	0.004 8	0.066 7	0.003 2	0.005 8
29	环丙津	0.016 7	0.002 9	0.003 6	0.066 7	0.002 2	0.007 0

表 E.1(续)

序号	中文名称	含量/(mg/kg)	重复性限 r	再现性限 R	含量/(mg/kg)	重复性限 r	再现性限 R
30	百菌清	0.033 3	0.006 2	0.017 4	0.133 3	0.015 1	0.014 2
31	乙烯菌核利	0.016 7	0.003 8	0.003 4	0.066 7	0.002 6	0.007 1
32	β-六六六	0.016 7	0.001 1	0.003 8	0.066 7	0.002 1	0.005 8
33	甲霜灵	0.050 0	0.004 4	0.013 3	0.200 0	0.006 8	0.016 8
34	毒死蜱	0.016 7	0.002 8	0.005 1	0.066 7	0.002 7	0.006 3
35	甲基对硫磷	0.066 7	0.006 6	0.021 0	0.266 7	0.006 9	0.020 3
36	蒽醌	0.016 7	0.003 9	0.004 7	0.066 7	0.002 7	0.006 0
37	δ-六六六	0.033 3	0.002 0	0.007 4	0.133 3	0.003 1	0.011 4
38	倍硫磷	0.016 7	0.001 0	0.004 1	0.066 7	0.001 9	0.006 8
39	马拉硫磷	0.066 7	0.005 9	0.023 1	0.266 7	0.009 8	0.024 0
40	杀螟硫磷	0.033 3	0.002 8	0.010 0	0.133 3	0.003 4	0.010 6
41	对氧磷	0.066 7	0.012 2	0.015 8	0.266 7	0.012 7	0.037 9
42	三唑酮	0.033 3	0.002 4	0.006 0	0.133 3	0.002 5	0.012 3
43	对硫磷	0.066 7	0.004 3	0.019 4	0.266 7	0.010 7	0.026 2
44	二甲戊灵	0.066 7	0.007 8	0.016 9	0.266 7	0.010 6	0.025 1
45	利谷隆	0.066 7	0.019 3	0.019 8	0.266 7	0.036 8	0.066 4
46	杀螨醚	0.033 3	0.002 3	0.008 2	0.133 3	0.003 3	0.014 5
47	乙基溴硫磷	0.016 7	0.002 1	0.004 3	0.066 7	0.002 9	0.005 5
48	喹硫磷	0.016 7	0.003 8	0.005 5	0.066 7	0.001 9	0.004 1
49	反式氯丹	0.016 7	0.001 8	0.004 2	0.066 7	0.002 6	0.006 4
50	稻丰散	0.033 3	0.003 0	0.009 3	0.133 3	0.004 5	0.012 0
51	吡唑草胺	0.050 0	0.003 7	0.012 0	0.200 0	0.004 7	0.020 4
52	苯硫威	0.000 0	0.001 9	0.004 8	0.000 0	0.003 1	0.006 8
53	丙硫磷	0.016 7	0.002 5	0.003 6	0.066 7	0.002 7	0.006 5
54	灭菌丹	0.200 0	0.054 8	0.065 8	0.800 0	0.129 7	0.196 2
55	整形醇	0.050 0	0.004 2	0.012 6	0.200 0	0.005 1	0.022 7
56	狄氏剂	0.033 3	0.002 9	0.005 9	0.133 3	0.004 4	0.012 5
57	腐霉利	0.016 7	0.001 2	0.005 0	0.066 7	0.003 2	0.006 6
58	杀扑磷	0.033 3	0.002 8	0.005 8	0.133 3	0.004 5	0.014 9
59	氰草津	0.050 0	0.006 5	0.007 4	0.200 0	0.020 9	0.020 3
60	敌草胺	0.050 0	0.003 5	0.010 3	0.200 0	0.004 8	0.018 3
61	噁草酮	0.016 7	0.002 4	0.006 3	0.066 7	0.003 9	0.006 0
62	苯线磷	0.050 0	0.001 8	0.003 8	0.200 0	0.001 9	0.009 4
63	杀螨氯硫	0.016 7	0.005 6	0.007 3	0.066 7	0.004 0	0.006 5
64	杀螨特	0.016 7	0.004 4	0.007 9	0.066 7	0.003 0	0.007 8

表 E.1(续)

序号	中文名称	含量/(mg/kg)	重复性限 r	再现性限 R	含量/(mg/kg)	重复性限 r	再现性限 R
65	乙嘧酚磺酸酯	0.016 7	0.002 1	0.004 1	0.066 7	0.003 1	0.006 7
66	萎锈灵	0.050 0	0.006 6	0.011 4	0.200 0	0.041 7	0.046 5
67	氟酰胺	0.016 7	0.001 0	0.004 1	0.066 7	0.002 3	0.005 2
68	p,p'-滴滴滴	0.016 7	0.001 6	0.004 2	0.066 7	0.002 5	0.005 9
69	乙硫磷	0.033 3	0.005 8	0.009 1	0.133 3	0.005 6	0.009 3
70	硫丙磷	0.033 3	0.005 6	0.008 6	0.133 3	0.004 5	0.011 3
71	乙环唑	0.050 0	0.005 9	0.008 9	0.200 0	0.066 2	0.068 9
72	腈菌唑	0.016 7	0.009 2	0.014 8	0.066 7	0.004 0	0.007 9
73	禾草灵	0.016 7	0.004 3	0.009 8	0.066 7	0.004 6	0.008 3
74	丙环唑	0.050 0	0.008 3	0.015 6	0.200 0	0.008 9	0.015 5
75	丰索磷	0.033 3	0.009 1	0.019 7	0.133 3	0.024 7	0.030 6
76	联苯菊酯	0.016 7	0.003 1	0.004 4	0.066 7	0.003 1	0.005 4
77	丁硫克百威	0.050 0	0.009 8	0.028 6	0.200 0	0.038 1	0.041 2
78	灭蚁灵	0.016 7	0.003 4	0.004 4	0.066 7	0.003 2	0.005 6
79	麦锈灵	0.050 0	0.006 6	0.011 4	0.200 0	0.041 7	0.046 5
80	氟苯嘧啶醇	0.033 3	0.012 4	0.011 8	0.133 3	0.002 9	0.012 2
81	甲氧滴滴涕	0.016 7	0.002 9	0.002 6	0.066 7	0.004 0	0.015 2
82	噁霜灵	0.016 7	0.009 5	0.018 5	0.066 7	0.026 4	0.017 5
83	胺菊酯	0.033 3	0.005 4	0.007 9	0.133 3	0.004 1	0.014 6
84	戊唑醇	0.050 0	0.005 9	0.018 0	0.200 0	0.010 0	0.016 3
85	氟草敏	0.016 7	0.003 0	0.007 9	0.066 7	0.004 4	0.009 4
86	哒嗪硫磷	0.016 7	0.002 6	0.006 9	0.066 7	0.004 0	0.005 1
87	亚胺硫磷	0.033 3	0.004 9	0.009 7	0.133 3	0.011 4	0.020 3
88	三氯杀螨砜	0.016 7	0.011 7	0.017 8	0.066 7	0.003 3	0.006 3
89	氧化萎锈灵	0.100 0	0.022 9	0.058 3	0.400 0	0.062 4	0.046 0
90	顺式-氯菊酯	0.016 7	0.004 6	0.011 5	0.066 7	0.006 2	0.006 9
91	反式-氯菊酯	0.016 7	0.002 0	0.004 6	0.066 7	0.038 3	0.029 9
92	吡菌磷	0.033 3	0.002 0	0.010 2	0.133 3	0.002 9	0.012 2
93	氯氰菊酯	0.050 0	0.002 6	0.003 8	0.200 0	0.002 8	0.004 8
94	氰戊菊酯	0.066 7	0.020 7	0.049 6	0.266 7	0.070 5	0.063 8
95	溴氰菊酯	0.100 0	0.013 2	0.024 1	0.400 0	0.030 6	0.037 8
B组							
96	茵草敌	0.050 0	0.005 9	0.010 0	0.200 0	0.052 7	0.042 5
97	丁草敌	0.050 0	0.006 3	0.010 9	0.200 0	0.046 5	0.045 2
98	敌草腈	0.003 3	0.001 4	0.001 9	0.013 3	0.006 3	0.004 1

表 E.1(续)

序号	中文名称	含量/(mg/kg)	重复性限 r	再现性限 R	含量/(mg/kg)	重复性限 r	再现性限 R
99	克草敌	0.050 0	0.004 3	0.007 3	0.200 0	0.040 9	0.034 2
100	三氯甲基吡啶	0.050 0	0.008 8	0.027 8	0.200 0	0.058 6	0.076 5
101	速灭磷	0.033 3	0.012 0	0.007 5	0.133 3	0.023 6	0.023 2
102	氯苯甲醚	0.016 7	0.002 3	0.002 1	0.066 7	0.011 6	0.011 9
103	四氯硝基苯	0.033 3	0.004 3	0.005 6	0.133 3	0.023 2	0.022 1
104	庚烯磷	0.050 0	0.008 1	0.007 9	0.200 0	0.031 5	0.040 0
105	六氯苯	0.016 7	0.002 2	0.003 9	0.066 7	0.013 8	0.011 6
106	灭线磷	0.050 0	0.006 7	0.005 2	0.200 0	0.032 1	0.038 8
107	毒草胺	0.050 0	0.008 0	0.006 6	0.200 0	0.030 9	0.034 5
108	燕麦敌	0.033 3	0.002 7	0.003 8	0.133 3	0.010 8	0.015 1
109	氟乐灵	0.033 3	0.007 4	0.009 1	0.133 3	0.026 8	0.034 0
110	氯苯胺灵	0.033 3	0.005 5	0.003 9	0.133 3	0.021 5	0.025 0
111	治螟磷	0.016 7	0.002 5	0.002 7	0.066 7	0.011 5	0.012 3
112	菜草畏	0.033 3	0.007 6	0.007 8	0.133 3	0.034 1	0.038 9
113	α-六六六	0.016 7	0.002 2	0.005 3	0.066 7	0.015 3	0.012 8
114	特丁硫磷	0.033 3	0.006 6	0.012 5	0.133 3	0.031 6	0.029 1
115	特丁通	0.050 0	0.007 4	0.008 2	0.200 0	0.026 9	0.034 8
116	环丙氟灵	0.066 7	0.015 6	0.019 7	0.266 7	0.056 8	0.066 2
117	敌噁磷	0.066 7	0.019 8	0.045 9	0.266 7	0.152 7	0.165 8
118	扑灭津	0.016 7	0.002 7	0.002 8	0.066 7	0.009 2	0.010 5
119	氯炔灵	0.033 3	0.005 4	0.006 2	0.133 3	0.017 0	0.022 8
120	氯硝胺	0.033 3	0.007 7	0.005 4	0.133 3	0.034 9	0.033 6
121	特丁津	0.016 7	0.003 0	0.002 4	0.066 7	0.012 8	0.015 4
122	绿谷隆	0.066 7	0.010 3	0.023 0	0.266 7	0.038 6	0.085 0
123	氟虫脲	0.050 0	0.014 7	0.015 3	0.200 0	0.035 1	0.050 4
124	杀螟腈	0.033 3	0.016 8	0.012 8	0.133 3	0.061 1	0.072 0
125	甲基毒死蜱	0.016 7	0.002 3	0.003 3	0.066 7	0.011 5	0.012 4
126	敌草净	0.016 7	0.005 3	0.004 6	0.066 7	0.021 3	0.023 5
127	二甲草胺	0.050 0	0.007 1	0.005 7	0.200 0	0.030 3	0.034 1
128	甲草胺	0.050 0	0.006 8	0.006 2	0.200 0	0.031 5	0.034 0
129	甲基嘧啶磷	0.016 7	0.002 1	0.003 1	0.066 7	0.012 2	0.012 8
130	特丁净	0.033 3	0.005 0	0.004 3	0.133 3	0.020 9	0.022 9
131	杀草丹	0.033 3	0.005 6	0.006 7	0.133 3	0.020 2	0.022 7
132	丙硫特普	0.033 3	0.005 7	0.009 2	0.133 3	0.054 6	0.047 3
133	三氯杀螨醇	0.033 3	0.004 7	0.014 9	0.133 3	0.018 4	0.043 4

表 E.1(续)

序号	中文名称	含量/(mg/kg)	重复性限 r	再现性限 R	含量/(mg/kg)	重复性限 r	再现性限 R
134	异丙甲草胺	0.016 7	0.002 1	0.002 8	0.066 7	0.010 0	0.010 9
135	氧化氯丹	0.016 7	0.000 0	0.002 0	0.066 7	0.007 5	0.012 8
136	嘧啶磷	0.033 3	0.005 7	0.008 0	0.133 3	0.021 2	0.021 3
137	烯虫酯	0.066 7	0.013 6	0.016 9	0.266 7	0.054 5	0.049 4
138	溴硫磷	0.033 3	0.005 8	0.007 0	0.133 3	0.020 6	0.023 4
139	苯氟磺胺	0.100 0	0.022 9	0.054 0	0.400 0	0.069 9	0.110 8
140	乙氧呋草黄	0.033 3	0.004 7	0.005 2	0.133 3	0.024 1	0.023 9
141	异丙乐灵	0.033 3	0.008 5	0.010 7	0.133 3	0.028 7	0.030 7
142	硫丹Ⅰ	0.100 0	0.014 7	0.020 0	0.400 0	0.058 9	0.071 1
143	敌稗	0.033 3	0.006 3	0.005 4	0.133 3	0.018 9	0.025 9
144	异柳磷	0.033 3	0.004 3	0.005 8	0.133 3	0.021 0	0.022 4
145	育畜磷	0.100 0	0.014 2	0.034 7	0.400 0	0.057 7	0.080 2
146	毒虫畏	0.050 0	0.006 4	0.006 3	0.200 0	0.024 4	0.042 5
147	顺式-氯丹	0.033 3	0.005 6	0.007 7	0.133 3	0.020 5	0.025 4
148	甲苯氟磺胺	0.050 0	0.011 9	0.021 2	0.200 0	0.046 7	0.059 8
149	p,p'-滴滴伊	0.016 7	0.002 6	0.005 3	0.066 7	0.019 8	0.012 1
150	丁草胺	0.033 3	0.005 2	0.007 2	0.133 3	0.021 3	0.022 0
151	乙菌利	0.033 3	0.004 2	0.005 7	0.133 3	0.018 6	0.023 6
152	巴毒磷	0.100 0	0.012 0	0.026 6	0.400 0	0.062 7	0.158 7
153	碘硫磷	0.033 3	0.006 2	0.008 4	0.133 3	0.022 4	0.025 1
154	杀虫畏	0.050 0	0.006 5	0.006 9	0.200 0	0.024 4	0.049 3
155	氯溴隆	0.400 0	0.075 4	0.1743	1.600 0	0.256 8	0.568 7
156	丙溴磷	0.100 0	0.015 6	0.019 3	0.400 0	0.039 4	0.076 2
157	氟咯草酮	0.033 3	0.004 6	0.004 3	0.133 3	0.020 2	0.024 8
158	噻嗪酮	0.033 3	0.004 0	0.005 8	0.133 3	0.016 3	0.019 5
159	o,p'-滴滴滴	0.016 7	0.010 3	0.014 7	0.066 7	0.053 0	0.034 4
160	异狄氏剂	0.200 0	0.029 7	0.046 4	0.800 0	0.173 2	0.245 1
161	己唑醇	0.100 0	0.014 7	0.015 6	0.400 0	0.061 6	0.072 1
162	杀螨酯	0.033 3	0.004 9	0.005 6	0.133 3	0.019 1	0.022 5
163	o,p'-滴滴涕	0.033 3	0.006 4	0.009 0	0.133 3	0.021 7	0.033 8
164	多效唑	0.050 0	0.007 5	0.007 7	0.200 0	0.025 5	0.030 8
165	盖草津	0.050 0	0.007 8	0.007 2	0.200 0	0.030 3	0.044 3
166	抑草蓬	0.016 7	0.102 0	0.092 2	0.066 7	0.026 6	0.039 1
167	丙酯杀螨醇	0.016 7	0.002 9	0.004 0	0.066 7	0.010 0	0.011 0
168	麦草氟甲酯	0.016 7	0.002 4	0.002 2	0.066 7	0.009 4	0.011 0

表 E.1(续)

序号	中文名称	含量/(mg/kg)	重复性限 r	再现性限 R	含量/(mg/kg)	重复性限 r	再现性限 R
169	除草醚	0.100 0	0.018 9	0.025 1	0.400 0	0.097 6	0.092 9
170	乙氧氟草醚	0.066 7	0.012 5	0.017 6	0.266 7	0.058 2	0.053 5
171	虫螨磷	0.050 0	0.009 1	0.012 7	0.200 0	0.033 0	0.033 4
172	麦草氟异丙酯	0.016 7	0.007 0	0.006 7	0.066 7	0.009 9	0.010 3
173	p,p′-滴滴涕	0.033 3	0.007 1	0.013 0	0.133 3	0.018 1	0.046 6
174	三硫磷	0.033 3	0.006 3	0.008 7	0.133 3	0.020 8	0.021 9
175	苯霜灵	0.016 7	0.002 1	0.002 5	0.066 7	0.009 6	0.009 6
176	敌瘟磷	0.033 3	0.005 0	0.006 8	0.133 3	0.016 5	0.029 3
177	三唑磷	0.050 0	0.006 2	0.006 2	0.200 0	0.023 5	0.042 0
178	苯腈膦	0.016 7	0.003 0	0.002 7	0.066 7	0.009 3	0.009 7
179	氯杀螨砜	0.033 3	0.005 0	0.004 9	0.133 3	0.018 9	0.021 3
180	硫丹硫酸盐	0.050 0	0.007 2	0.008 1	0.200 0	0.028 4	0.031 8
181	溴螨酯	0.033 3	0.005 3	0.007 5	0.133 3	0.021 6	0.022 1
182	新燕灵	0.050 0	0.007 3	0.008 3	0.200 0	0.028 8	0.033 0
183	甲氰菊酯	0.033 3	0.005 7	0.009 2	0.133 3	0.020 5	0.019 8
184	敌菌丹	0.300 0	0.148 0	0.290 6	1.200 0	0.474 1	0.609 7
185	溴苯膦	0.033 3	0.006 3	0.008 6	0.133 3	0.019 5	0.020 9
186	苯硫膦	0.066 7	0.013 7	0.017 6	0.266 7	0.056 9	0.053 7
187	环嗪酮	0.050 0	0.008 3	0.009 1	0.200 0	0.021 4	0.026 6
188	甲羧除草醚	0.033 3	0.007 7	0.008 6	0.133 3	0.035 1	0.033 3
189	伏杀硫磷	0.033 3	0.006 5	0.007 9	0.133 3	0.013 5	0.022 6
190	保棉磷	0.100 0	0.031 7	0.056 1	0.400 0	0.063 1	0.123 2
191	氯苯嘧啶醇	0.033 3	0.024 6	0.024 1	0.133 3	0.115 7	0.131 0
192	益棉磷	0.033 3	0.004 9	0.006 8	0.133 3	0.016 2	0.025 6
193	咪鲜胺	0.100 0	0.021 8	0.061 6	0.400 0	0.052 7	0.125 6
194	蝇毒磷	0.100 0	0.017 3	0.022 4	0.400 0	0.064 2	0.070 6
195	氟氯氰菊酯	0.200 0	0.040 5	0.058 0	0.800 0	0.109 3	0.114 4
196	氟胺氰菊酯	0.200 0	0.049 1	0.068 6	0.800 0	0.120 2	0.102 9
	C组						
197	敌敌畏	0.100 0	0.013 3	0.026 5	0.400 0	0.048 4	0.036 1
198	联苯	0.016 7	0.001 7	0.008 3	0.066 7	0.012 8	0.006 9
199	霜霉威	0.050 0	0.025 0	0.100 7	0.200 0	0.205 0	0.176 0
200	灭草敌	0.016 7	0.001 5	0.008 7	0.066 7	0.007 4	0.004 7
201	3,5-二氯苯胺	0.016 7	0.009 1	0.017 0	0.066 7	0.010 2	0.010 5
202	禾草敌	0.016 7	0.001 5	0.002 9	0.066 7	0.005 0	0.004 2

表 E.1(续)

序号	中文名称	含量/(mg/kg)	重复性限 r	再现性限 R	含量/(mg/kg)	重复性限 r	再现性限 R
203	虫螨畏	0.016 7	0.005 8	0.010 8	0.066 7	0.010 2	0.008 2
204	邻苯基苯酚	0.016 7	0.000 8	0.003 9	0.066 7	0.003 9	0.005 2
205	四氢邻苯二甲酰亚胺	0.050 0	0.004 3	0.010 5	0.200 0	0.060 6	0.029 6
206	仲丁威	0.033 3	0.002 9	0.006 8	0.133 3	0.007 8	0.013 6
207	乙丁氟灵	0.016 7	0.001 3	0.003 2	0.066 7	0.004 9	0.012 6
208	氟铃脲	0.100 0	0.018 0	0.052 9	0.400 0	0.120 4	0.068 1
209	扑灭通	0.050 0	0.001 1	0.002 7	0.200 0	0.002 5	0.004 4
210	野麦畏	0.033 3	0.001 7	0.006 5	0.133 3	0.005 7	0.009 5
211	嘧霉胺	0.016 7	0.001 2	0.002 6	0.066 7	0.002 8	0.004 6
212	林丹	0.033 3	0.003 4	0.007 5	0.133 3	0.007 8	0.010 0
213	乙拌磷	0.016 7	0.001 6	0.002 5	0.066 7	0.004 3	0.006 8
214	莠去净	0.016 7	0.000 0	0.002 9	0.066 7	0.003 0	0.004 3
215	七氯	0.050 0	0.006 8	0.010 2	0.200 0	0.017 3	0.033 4
216	异稻瘟净	0.050 0	0.004 6	0.003 4	0.200 0	0.016 6	0.033 5
217	氯唑磷	0.033 3	0.002 1	0.006 2	0.133 3	0.050 5	0.040 8
218	三氯杀虫酯	0.033 3	0.009 8	0.118 2	0.133 3	0.014 0	0.016 6
219	丁苯吗啉	0.016 7	0.001 4	0.002 9	0.066 7	0.003 4	0.005 7
220	四氟苯菊酯	0.016 7	0.003 3	0.009 1	0.066 7	0.008 2	0.008 1
221	氯乙氟灵	0.066 7	0.006 1	0.012 2	0.266 7	0.013 8	0.051 0
222	甲基立枯磷	0.016 7	0.001 3	0.003 1	0.066 7	0.002 6	0.004 5
223	异丙草胺	0.016 7	0.001 1	0.032 9	0.066 7	0.004 8	0.006 2
224	莠灭净	0.050 0	0.006 7	0.018 9	0.200 0	0.007 9	0.015 6
225	西草净	0.033 3	0.002 5	0.011 4	0.133 3	0.013 2	0.009 4
226	溴谷隆	0.100 0	0.027 7	0.034 7	0.400 0	0.059 8	0.102 9
227	嗪草酮	0.050 0	0.004 2	0.008 1	0.200 0	0.016 4	0.020 9
228	噻节因	0.050 0	0.002 6	0.010 9	0.200 0	0.037 1	0.021 6
229	ε-六六六	0.033 3	0.012 3	0.014 8	0.133 3	0.000 0	
230	异丙净	0.016 7	0.002 0	0.004 1	0.066 7	0.004 0	0.006 9
231	安硫磷	0.033 3	0.002 2	0.006 3	0.133 3	0.022 3	0.012 8
232	特草定	0.033 3	0.007 1	0.009 0	0.133 3	0.022 7	0.026 9
233	乙霉威	0.100 0	0.005 6	0.014 6	0.400 0	0.015 7	0.034 1
234	哌草丹	0.033 3	0.005 0	0.004 0	0.133 3	0.014 1	0.022 1
235	生物烯丙菊酯	0.066 7	0.004 9	0.010 2	0.266 7	0.021 6	0.015 0
236	*o*,*p*′-滴滴伊	0.016 7	0.001 3	0.003 6	0.066 7	0.002 7	0.004 9
237	芬螨酯	0.016 7	0.002 6	0.005 1	0.066 7	0.004 4	0.005 3

表 E.1(续)

序号	中文名称	含量/(mg/kg)	重复性限 r	再现性限 R	含量/(mg/kg)	重复性限 r	再现性限 R
238	双苯酰草胺	0.016 7	0.001 9	0.002 8	0.066 7	0.004 6	0.003 3
239	氯硫磷	0.033 3	0.016 9	0.015 9	0.133 3	0.019 7	0.022 1
240	炔丙菊酯	0.050 0	0.006 9	0.011 8	0.200 0	0.013 9	0.020 2
241	戊菌唑	0.050 0		0.019 9	0.200 0		0.046 9
242	灭蚜磷	0.066 7	0.003 8	0.009 3	0.266 7	0.026 8	0.026 6
243	四氟醚唑	0.050 0	0.002 0	0.009 1	0.200 0	0.007 1	0.012 8
244	丙虫磷	0.033 3	0.002 1	0.002 9	0.133 3	0.005 3	0.013 3
245	氟节胺	0.033 3	0.006 1	0.010 4	0.133 3	0.010 5	0.025 0
246	三唑醇	0.050 0	0.007 6	0.011 5	0.200 0	0.028 5	0.021 7
247	丙草胺	0.033 3	0.001 9	0.005 0	0.133 3	0.005 3	0.010 9
248	亚胺菌	0.016 7	0.001 1	0.003 3	0.066 7	0.003 3	0.004 7
249	吡氟禾草灵	0.016 7	0.001 6	0.002 9	0.066 7	0.004 5	0.004 7
250	氟啶脲	0.050 0	0.011 9	0.021 9	0.200 0	0.059 9	0.048 5
251	乙酯杀螨醇	0.016 7	0.001 2	0.002 4	0.066 7	0.003 7	0.004 2
252	烯效唑	0.033 3	0.001 9	0.002 9	0.133 3	0.008 9	0.011 9
253	氟硅唑	0.050 0	0.002 1	0.006 4	0.200 0	0.007 1	0.012 9
254	三氟硝草醚	0.016 7	0.008 9	0.008 9	0.066 7	0.015 0	0.021 1
255	烯唑醇	0.050 0	0.003 7	0.008 5	0.200 0	0.014 6	0.019 4
256	增效醚	0.016 7	0.001 0	0.003 4	0.066 7	0.004 5	0.004 6
257	炔螨特	0.033 3	0.015 8	0.020 8	0.133 3	0.053 1	0.039 1
258	灭锈胺	0.016 7	0.003 6	0.006 0	0.066 7	0.012 9	0.010 3
259	噁唑隆	0.066 7	0.027 7	0.063 5	0.266 7	0.157 1	0.100 1
260	吡氟酰草胺	0.016 7	0.001 3	0.003 5	0.066 7	0.006 5	0.003 9
261	喹螨醚	0.016 7	0.002 4	0.003 3	0.066 7	0.006 3	0.005 9
262	苯醚菊酯	0.016 7	0.002 2	0.003 3	0.066 7	0.003 4	0.003 6
263	咯菌腈	0.016 7	0.000 9	0.002 1	0.066 7	0.009 9	0.005 6
264	苯氧威	0.100 0	0.027 6	0.014 7	0.400 0	0.211 2	0.199 8
265	稀禾啶	0.150 0	0.054 6	0.047 6	0.600 0	0.154 8	0.199 6
266	双甲脒	0.050 0	0.003 9	0.006 6	0.200 0	0.032 8	0.032 5
267	莎稗磷	0.033 3	0.003 0	0.005 1	0.133 3	0.010 8	0.065 5
268	氟丙菊酯	0.033 3	0.003 3	0.007 0	0.133 3	0.009 0	0.014 3
269	高效氯氟氰菊酯	0.016 7	0.003 1	0.004 4	0.066 7	0.009 3	0.008 6
270	苯噻酰草胺	0.050 0	0.013 1	0.012 7	0.200 0	0.021 0	0.017 0
271	氯菊酯	0.033 3	0.003 1	0.008 0	0.133 3	0.004 3	0.006 5
272	哒螨灵	0.016 7	0.001 8	0.002 5	0.066 7	0.003 6	0.008 0

表 E.1(续)

序号	中文名称	含量/(mg/kg)	重复性限 r	再现性限 R	含量/(mg/kg)	重复性限 r	再现性限 R
273	乙羧氟草醚	0.200 0	0.031 6	0.027 4	0.800 0	0.117 2	0.149 2
274	联苯三唑醇	0.050 0	0.001 7	0.003 9	0.200 0	0.079 3	0.083 3
275	醚菊酯	0.016 7	0.002 4	0.003 0	0.066 7	0.006 2	0.004 8
276	噻草酮	0.200 0	0.036 6	0.052 6	0.800 0	0.115 4	0.164 1
277	顺式-氯氰菊酯	0.033 3	0.005 7	0.008 2	0.133 3	0.020 6	0.022 3
278	氟氰戊菊酯	0.033 3	0.005 2	0.008 7	0.133 3	0.072 8	0.070 0
279	S-氰戊菊酯	0.066 7	0.016 8	0.018 3	0.266 7	0.029 7	0.039 8
280	苯醚甲环唑	0.100 0	0.016 9	0.026 9	0.400 0	0.041 6	0.034 6
281	丙炔氟草胺	0.033 3	0.003 8	0.006 7	0.133 3	0.018 2	0.010 6
282	氟烯草酸	0.033 3	0.002 3	0.007 1	0.133 3	0.007 7	0.010 8
D组							
283	甲氟磷	0.025 0	0.008 7	0.001 3	0.100 0	0.046 2	0.009 8
284	乙拌磷亚砜	0.016 7	0.000 5	0.001 3	0.066 7	0.015 0	0.009 8
285	五氯苯	0.008 3	0.002 1	0.001 9	0.033 3	0.007 3	0.003 1
286	三异丁基磷酸盐	0.008 3	0.018 8	0.013 2	0.033 3	0.025 9	0.014 6
287	鼠立克	0.008 3	0.000 3	0.000 2	0.033 3	0.005 4	0.004 0
288	BDMC-1	0.016 7			0.066 7		
289	燕麦酯	0.008 3	0.002 1	0.004 3	0.033 3	0.006 4	0.003 7
290	虫线磷	0.008 3	0.000 8	0.000 4	0.033 3	0.006 5	0.007 0
291	2,3,5,6-s 四氯苯胺	0.008 3	0.000 8	0.000 5	0.033 3	0.006 1	0.003 7
292	三正丁基磷酸盐	0.016 7	0.001 9	0.001 5	0.066 7	0.011 4	0.008 4
293	2,3,4,5-s 四氯甲氧基苯	0.008 3	0.004 7	0.002 3	0.033 3	0.005 1	0.055 8
294	五氯甲氧基苯	0.008 3	0.001 6	0.000 8	0.033 3	0.006 1	0.003 8
295	牧草胺	0.016 7	0.001 1	0.001 3	0.066 7	0.011 8	0.008 5
296	蔬果磷	0.083 3	0.005 3	0.005 2	0.333 3	0.341 2	0.035 8
297	甲基苯噻隆	0.083 3	0.003 7	0.005 9	0.333 3	0.065 9	0.047 1
298	西玛通	0.016 7	0.002 2	0.000 8	0.066 7	0.014 0	0.013 2
299	莠去通	0.008 3	0.001 1	0.000 4	0.033 3	0.006 0	0.005 5
300	脱异丙基莠去津	0.066 7	0.003 7	0.008 6	0.266 7	0.059 5	0.090 3
301	地虫宁砜	0.008 3	0.000 3	0.000 8	0.033 3	0.005 9	0.003 8
302	七氟菊酯	0.008 3	0.000 1	0.000 6	0.033 3	0.005 8	0.003 6
303	溴环烯	0.008 3	0.000 2	0.000 5	0.033 3	0.005 7	0.003 8
304	草达津	0.008 3	0.000 4	0.000 5	0.033 3	0.006 6	0.005 0
305	氧乙嘧硫磷	0.008 3	0.000 3	0.000 4	0.033 3	0.006 6	0.004 1
306	环莠隆	0.025 0	0.001 3	0.001 3	0.100 0	0.019 3	0.018 1

表 E.1(续)

序号	中文名称	含量/(mg/kg)	重复性限 r	再现性限 R	含量/(mg/kg)	重复性限 r	再现性限 R
307	2,6-二氯苯甲酰胺	0.016 7	0.000 9	0.000 9	0.066 7	0.022 0	0.030 0
308	DE-PCB 28	0.008 3	0.000 2	0.000 2	0.033 3	0.006 1	0.004 5
309	DE-PCB 31	0.008 3	0.000 1	0.000 2	0.033 3	0.006 0	0.004 5
310	脱乙基另丁津	0.016 7	0.000 8	0.000 9	0.066 7	0.019 0	0.013 8
311	2,3,4,5-s 四氯苯胺	0.016 7	0.001 0	0.001 0	0.066 7	0.012 0	0.009 0
312	合成麝香	0.008 3	0.008 0	0.008 5	0.033 3	0.006 8	0.004 0
313	二甲苯麝香	0.008 3	0.000 9	0.001 0	0.033 3	0.006 3	0.002 5
314	五氯苯胺	0.008 3	0.000 4	0.000 8	0.033 3	0.006 1	0.004 8
315	叠氮津	0.066 7	0.002 5	0.013 3	0.266 7	0.043 1	0.072 5
316	另丁津	0.008 3	0.000 4	0.000 5	0.033 3	0.144 0	0.325 5
317	丁咪酰胺	0.041 7	0.004 6	0.004 5	0.166 7	0.042 8	0.058 8
318	DE-PCB 52	0.008 3	0.000 8	0.000 4	0.033 3	0.005 6	0.004 7
319	麝香	0.008 3			0.033 3		
320	苄草丹	0.008 3	0.000 4	0.000 3	0.033 3	0.005 7	0.004 3
321	二甲吩草胺	0.008 3	0.000 5	0.000 5	0.033 3	0.006 9	0.003 8
322	氧皮蝇磷	0.016 7	0.000 9	0.001 1	0.066 7	0.017 0	0.004 9
323	BDMC-2	0.0167			0.066 7	0.012 8	0.020 9
324	甲基对氧磷	0.016 7	0.002 9	0.008 6	0.066 7	0.022 4	0.021 8
325	庚酰草胺	0.016 7	0.001 4	0.001 5	0.066 7	0.012 3	0.008 7
326	西藏麝香	0.008 3	0.007 8	0.004 6	0.033 3	0.022 6	0.065 4
327	碳氯灵	0.008 3	0.000 4	0.000 5	0.033 3	0.005 5	0.004 5
328	八氯苯烯	0.008 3	0.000 7	0.000 4	0.033 3	0.005 5	0.004 6
329	嘧啶磷	0.008 3	0.001 7	0.000 7	0.033 3	0.006 3	0.002 7
330	异艾氏剂	0.008 3	0.003 0	0.003 7	0.033 3	0.007 5	0.007 8
331	丁嗪草酮	0.016 7	0.001 3	0.001 8	0.066 7	0.012 9	0.010 2
332	毒壤磷	0.008 3	0.000 3	0.000 4	0.033 3	0.005 9	0.004 1
333	敌草索	0.008 3	0.000 2	0.000 4	0.033 3	0.006 1	0.004 8
334	4,4-二氯二苯甲酮	0.008 3	0.000 3	0.000 3	0.033 3	0.007 0	0.005 7
335	酞菌酯	0.016 7	0.000 8	0.001 6	0.066 7	0.012 2	0.003 5
336	麝香酮	0.008 3	0.020 4	0.021 6	0.033 3	0.498 4	0.658 8
337	吡咪唑	0.008 3	0.001 1	0.000 9	0.033 3	0.008 0	0.006 4
338	嘧菌环胺	0.008 3	0.000 4	0.000 5	0.033 3	0.006 2	0.004 4
339	麦穗灵	0.041 7	0.004 1	0.002 0	0.166 7	0.070 2	0.067 1
340	异氯磷	0.041 7	0.004 2	0.005 5	0.166 7	0.075 6	0.040 2
341	DE-PCB 101	0.008 3	0.000 5	0.000 2	0.033 3	0.005 7	0.004 6

表 E.1(续)

序号	中文名称	含量/(mg/kg)	重复性限 r	再现性限 R	含量/(mg/kg)	重复性限 r	再现性限 R
342	2-甲-4-氯丁氧乙基酯	0.008 3	0.000 8	0.000 9	0.033 3	0.006 8	0.006 4
343	水胺硫磷	0.016 7	0.005 3	0.007 1	0.066 7	0.033 4	0.024 4
344	甲拌磷砜	0.008 3	0.001 2	0.002 9	0.033 3	0.008 9	0.004 2
345	杀螨醇	0.008 3	0.000 5	0.000 5	0.033 3	0.005 9	0.005 3
346	反式九氯	0.008 3	0.000 5	0.000 3	0.033 3	0.006 1	0.004 5
347	脱叶磷	0.016 7	0.001 5	0.001 4	0.066 7	0.013 2	0.006 5
348	氟咯草酮	0.016 7	0.001 4	0.001 3	0.066 7	0.017 2	0.005 3
349	溴苯烯磷	0.008 3	0.000 4	0.002 4	0.033 3	0.006 9	0.004 3
350	乙滴涕	0.008 3	0.000 1	0.000 4	0.033 3	0.006 3	0.004 3
351	DE-PCB 118	0.008 3	0.000 4	0.000 3	0.033 3	0.006 1	0.004 7
352	4,4-二溴二苯甲酮	0.008 3	0.000 5	0.000 6	0.033 3	0.007 1	0.003 6
353	粉唑醇	0.016 7	0.001 6	0.001 3	0.066 7		
354	地胺磷	0.016 7	0.003 8	0.003 4	0.066 7	0.017 4	0.016 4
355	乙基杀扑磷	0.016 7	0.001 6	0.001 2	0.066 7	0.018 0	0.012 2
356	DE-PCB 153	0.008 3	0.000 6	0.000 5	0.033 3	0.006 2	0.005 0
357	苄氯三唑醇	0.033 3	0.002 3	0.001 9	0.133 3	0.026 0	0.017 9
358	乙拌磷砜	0.016 7	0.003 2	0.012 7	0.066 7	0.041 3	0.024 6
359	噻螨酮	0.066 7	0.037 5	0.084 5	0.266 7	0.065 3	0.211 9
360	DE-PCB 138	0.008 3	0.000 5	0.090 6	0.033 3	0.006 3	0.005 1
361	威菌磷	0.016 7	0.002 6	0.001 3	0.066 7	0.014 0	0.008 9
362	苄呋菊酯-1	0.016 7	0.039 2	0.040 3	0.066 7	0.019 2	0.027 4
363	环菌唑	0.008 3	0.004 0	0.005 0	0.033 3	0.006 4	0.006 1
364	苄呋菊酯-2	0.016 7	0.002 7	0.002 1	0.066 7	0.015 2	0.007 1
365	酞酸甲苯基丁基酯	0.008 3	0.000 9	0.001 1	0.033 3	0.005 7	0.005 9
366	炔草酸	0.016 7	0.002 4	0.001 1	0.066 7	0.019 8	0.010 6
367	倍硫磷亚砜	0.033 3	0.003 2	0.011 1	0.133 3	0.039 0	0.043 8
368	三氟苯唑	0.008 3	0.000 9	0.002 4	0.033 3	0.005 5	0.017 8
369	氟草烟 1-甲庚酯	0.008 3	0.000 6	0.000 8	0.033 3	0.006 8	0.004 4
370	倍硫磷砜	0.033 3	0.003 4	0.008 1	0.133 3	0.058 5	0.016 6
371	三苯基磷酸盐	0.008 3	0.000 4	0.000 5	0.033 3	0.006 1	0.005 0
372	苯嗪草酮	0.083 3	0.015 8	0.024 2	0.333 3	0.201 2	0.053 4
373	DE-PCB 180	0.008 3	0.000 8	0.000 9	0.033 3	0.005 9	0.004 8
374	吡螨胺	0.008 3	0.000 7	0.000 7	0.033 3	0.006 8	0.004 0
375	解草酯	0.008 3	0.002 3	0.002 5	0.033 3	0.008 4	0.008 9
376	环草定	0.083 3	0.008 8	0.003 4	0.333 3	0.098 8	0.072 7

表 E.1(续)

序号	中文名称	含量/(mg/kg)	重复性限 r	再现性限 R	含量/(mg/kg)	重复性限 r	再现性限 R
377	糠菌唑-1	0.016 7	0.004 7	0.006 0	0.066 7	0.020 4	0.030 5
378	脱溴溴苯磷	0.008 3	0.000 3	0.001 3	0.033 3	0.010 6	0.002 8
379	糠菌唑-2	0.016 7	0.003 5	0.008 5	0.066 7	0.014 7	0.008 9
380	甲磺乐灵	0.083 3	0.008 4	0.013 8	0.333 3	0.064 2	0.046 2
381	苯线磷亚砜	0.033 3	0.018 7	0.023 0	0.133 3	0.050 9	0.144 5
382	苯线磷砜	0.033 3	0.010 4	0.010 4	0.133 3	0.051 0	0.074 2
383	拌种咯	0.033 3	0.008 4	0.005 0	0.133 3	0.058 4	0.072 9
384	氟喹唑	0.008 3	0.000 3	0.000 6	0.033 3		
385	腈苯唑	0.016 7	0.002 1	0.001 8	0.066 7	0.018 3	0.014 8
	E组						
386	残杀威-1	0.016 7	0.000 8	0.002 5	0.066 7	0.005 1	0.007 9
387	异丙威-1	0.016 7	0.001 4	0.002 8	0.066 7	0.005 5	0.005 2
388	二氢苊	0.008 3	0.001 5	0.004 1	0.033 3	0.007 1	0.003 8
389	驱虫特	0.016 7	0.002 3	0.004 1	0.066 7	0.011 0	0.012 5
390	邻苯二甲酰亚胺	0.016 7	0.001 5	0.001 3	0.066 7	0.047 0	0.014 3
391	氯氧磷	0.016 7	0.002 3	0.002 9	0.066 7	0.008 9	0.016 7
392	异丙威-2	0.016 7	0.000 7	0.001 3	0.066 7	0.010 9	0.014 9
393	戊菌隆	0.033 3	0.008 2	0.009 5	0.133 3	0.049 8	0.057 6
394	丁噻隆	0.033 3	0.000 8	0.003 8	0.133 3	0.019 1	0.025 1
395	甲基内吸磷	0.033 3	0.006 4	0.006 7	0.133 3	0.036 3	0.047 0
396	硫线磷	0.033 3	0.001 2	0.002 6	0.133 3	0.019 0	0.026 3
397	残杀威-2	0.016 7	0.001 6	0.003 2	0.066 7	0.017 2	0.025 7
398	phenanthrene	0.008 3	0.000 6	0.000 8	0.033 3	0.005 3	0.006 2
399	螺环菌胺-1	0.016 7	0.001 3	0.001 3	0.066 7	0.008 2	0.009 3
400	唑螨酯	0.066 7	0.006 9	0.013 2	0.266 7	0.080 2	0.073 4
401	丁基嘧啶磷	0.016 7	0.000 5	0.001 4	0.066 7	0.009 0	0.012 7
402	茉莉酮	0.033 3	0.005 6	0.004 3	0.133 3	0.014 6	0.008 9
403	苯锈啶	0.016 7	0.003 7	0.002 9	0.066 7	0.010 0	0.015 2
404	氯硝胺	0.016 7	0.003 2	0.007 8	0.066 7	0.009 3	0.019 0
405	咯喹酮	0.008 3	0.000 8	0.000 8	0.033 3	0.004 8	0.006 1
406	螺环菌胺-2	0.016 7	0.000 7	0.001 0	0.066 7	0.012 6	0.016 5
407	炔苯酰草胺	0.016 7	0.000 7	0.000 7	0.066 7	0.009 4	0.012 8
408	抗蚜威	0.016 7	0.002 3	0.001 9	0.066 7	0.009 5	0.012 2
409	磷胺-1	0.066 7	0.016 3	0.025 4	0.266 7	0.037 3	0.115 0
410	解草嗪	0.016 7	0.001 6	0.002 7	0.066 7	0.008 0	0.015 2

表 E.1(续)

序号	中文名称	含量/(mg/kg)	重复性限 r	再现性限 R	含量/(mg/kg)	重复性限 r	再现性限 R
411	溴丁酰草胺	0.008 3	0.000 4	0.000 6	0.033 3	0.005 2	0.002 0
412	乙草胺	0.016 7	0.000 9	0.000 7	0.066 7	0.009 3	0.012 8
413	灭草环	0.033 3	0.009 9	0.008 7	0.133 3	0.010 3	0.025 6
414	特草灵-2	0.016 7	0.000 7	0.001 3	0.066 7	0.008 7	0.011 8
415	戊草丹	0.016 7	0.000 8	0.000 9	0.066 7	0.001 9	0.011 5
416	甲呋酰胺	0.016 7	0.001 1	0.001 5	0.066 7	0.009 6	0.010 0
417	活化酯	0.016 7	0.000 5	0.001 1	0.066 7	0.143 6	0.261 5
418	呋草黄	0.016 7	0.004 9	0.003 0	0.066 7	0.024 8	0.018 3
419	氟硫草定	0.008 3	0.000 4	0.000 4	0.033 3	0.004 4	0.006 0
420	精甲霜灵	0.016 7	0.000 9	0.000 8	0.066 7	0.009 3	0.011 1
421	马拉氧磷	0.133 3	0.023 5	0.043 4	0.533 3	0.049 6	0.178 9
422	磷胺-2	0.066 7	0.007 2	0.010 3	0.266 7	0.029 3	0.067 2
423	硅氟唑	0.016 7	0.001 0	0.001 2	0.066 7	0.010 9	0.014 0
424	氯酞酸甲酯	0.016 7	0.000 7	0.000 5	0.066 7	0.008 0	0.010 7
425	噻唑烟酸	0.016 7	0.001 3	0.002 1	0.066 7	0.008 7	0.012 2
426	甲基毒虫畏	0.016 7	0.004 1	0.003 4	0.066 7	0.010 8	0.022 3
427	仲丁灵	0.033 3	0.001 5	0.004 8	0.133 3	0.022 9	0.034 8
428	苯酰草胺	0.016 7	0.001 8	0.002 6	0.066 7	0.020 5	0.023 9
429	啶斑肟-1	0.066 7	0.003 6	0.007 5	0.266 7	0.037 6	0.059 2
430	烯丙菊酯	0.033 3	0.004 4	0.003 3	0.133 3	0.016 0	0.029 4
431	异戊乙净	0.008 3	0.000 4	0.000 4	0.033 3	0.004 5	0.006 1
432	灭藻醌	0.033 3	0.001 4	0.005 1	0.133 3	0.023 9	0.025 9
433	甲醚菊酯-1	0.016 7	0.011 6	0.016 1	0.066 7	0.015 3	0.038 8
434	氟噻草胺	0.066 7	0.018 7	0.022 4	0.266 7	0.015 1	0.030 2
435	甲醚菊酯-2	0.016 7	0.005 0	0.014 5	0.066 7	0.008 8	0.024 6
436	啶斑肟-2	0.066 7	0.001 5	0.005 3	0.266 7	0.035 3	0.053 1
437	氰菌胺	0.016 7	0.007 3	0.004 5	0.066 7	0.022 5	0.014 2
438	四氯苯酞	0.033 3	0.004 0	0.005 3	0.133 3	0.047 2	0.040 0
439	呋霜灵	0.016 7	0.001 0	0.000 5	0.066 7	0.009 4	0.012 0
440	嘧菌胺	0.008 3	0.000 6	0.001 9	0.033 3	0.005 0	0.008 3
441	除草定	0.016 7	0.007 4	0.017 8	0.066 7	0.008 0	0.019 1
442	picoxystrobin	0.016 7	0.001 0	0.001 4	0.066 7	0.008 8	0.012 2
443	抑草磷	0.008 3	0.002 1	0.002 6	0.033 3	0.030 6	0.080 6
444	咪草酸	0.025 0	0.002 3	0.027 8	0.100 0	0.043 8	0.040 6
445	苯氧菌胺-1	0.033 3	0.001 8	0.004 0	0.133 3	0.031 8	0.018 7

表 E.1(续)

序号	中文名称	含量/(mg/kg)	重复性限 r	再现性限 R	含量/(mg/kg)	重复性限 r	再现性限 R
446	苯噻硫氰	0.133 3	0.025 6	0.075 2	0.533 3	0.080 6	0.173 4
447	灭梭威砜	0.266 7	0.095 3	0.0814	1.066 7	0.268 7	0.241 2
448	抑霉唑	0.033 3	0.012 2	0.048	0.133 3	0.026 4	0.023 8
449	稻瘟灵	0.016 7	0.000 8	0.000 9	0.066 7	0.009 8	0.012 4
450	环氟菌胺	0.133 3	0.005 0	0.014 2	0.533 3	0.108 2	0.189 7
451	嘧草醚	0.033 3	0.001 5	0.004 2	0.133 3	0.018 6	0.006 4
452	噁唑磷	0.066 7	0.018 4	0.036 3	0.266 7	0.036 1	0.051 6
453	苯氧菌胺-2	0.033 3	0.016 4	0.010 5	0.133 3	0.024 3	0.047 2
454	苯虫醚-1	0.016 7	0.000 5	0.001 2	0.066 7	0.009 1	0.013 4
455	苯虫醚-2	0.016 7	0.000 8	0.001 2	0.066 7	0.008 5	0.012 7
456	苯氧喹啉	0.008 3	0.001 7	0.001 1	0.033 3	0.004 1	0.008 6
457	溴虫腈	0.066 7	0.003 8	0.005 1	0.266 7	0.082 2	0.094 5
458	肟菌酯	0.033 3	0.000 8	0.003 3	0.133 3	0.017 5	0.027 3
459	脱苯甲基亚胺唑	0.033 3	0.015 1	0.050 5	0.133 3	0.047 1	0.039 9
460	双苯噁唑酸	0.016 7	0.002 0	0.006 6	0.066 7		
461	氟虫腈	0.066 7	0.006 1	0.008 8	0.266 7	0.025 7	0.040 2
462	炔咪菊酯-1	0.016 7	0.010 9	0.018 5	0.066 7	0.022 3	0.035 2
463	唑酮草酯	0.016 7	0.006 3	0.003 8	0.066 7	0.008 7	0.014 9
464	炔咪菊酯-2	0.016 7	0.005 8	0.008 5	0.066 7	0.011 4	0.023 4
465	氟环唑-1	0.066 7	0.012 7	0.020 3	0.266 7	0.053 0	0.054 6
466	吡草醚	0.016 7	0.005 4	0.000 8	0.066 7	0.008 9	0.012 1
467	稗草丹	0.016 7	0.002 6	0.003 8	0.066 7	0.008 5	0.018 5
468	噻吩草胺	0.016 7	0.001 8	0.003 1	0.066 7	0.006 9	0.015 4
469	烯草酮	0.033 3	0.006 2	0.003 7	0.133 3	0.022 9	0.022 2
470	吡唑解草酯	0.025 0	0.002 3	0.006 4	0.100 0	0.012 5	0.022 5
471	伐灭磷	0.033 3	0.013 6	0.019 7	0.133 3	0.044 4	0.030 8
472	乙螨唑	0.050 0	0.014 0	0.019 3	0.200 0	0.010 3	0.010 6
473	吡丙醚	0.016 7	0.004 9	0.006 2	0.066 7	0.035 7	0.051 3
474	氟环唑-2	0.066 7	0.000 6	0.002 8	0.266 7	0.009 9	0.014 1
475	氟吡酰草胺	0.008 3	0.000 7	0.001 0	0.033 3	0.004 9	0.007 5
476	异菌脲	0.033 3	0.001 4	0.004 6	0.133 3	0.026 5	0.029 4
477	哌草磷	0.025 0	0.003 1	0.005 0	0.100 0	0.016 9	0.023 5
478	呋酰胺	0.025 0	0.005 4	0.005 4	0.100 0	0.017 2	0.019 5
479	联苯肼酯	0.066 7	0.019 9	0.039 5	0.266 7	0.027 9	0.0173 8
480	异狄氏剂酮	0.033 3	0.009 0	0.012 1	0.133 3	0.012 2	0.029 4

表 E.1(续)

序号	中文名称	含量/(mg/kg)	重复性限 r	再现性限 R	含量/(mg/kg)	重复性限 r	再现性限 R
481	氯甲酰草胺	0.008 3	0.003 6	0.006 1	0.033 3	0.010 6	0.016 7
482	咪唑菌酮	0.008 3	0.000 3	0.001 1	0.033 3	0.005 2	0.002 4
483	萘丙胺	0.008 3	0.001 5	0.003 6	0.033 3	0.004 7	0.010 4
484	吡唑醚菊酯	0.200 0	0.054 2	0.077 8	0.800 0	0.379 4	0.431 4
485	乳氟禾草灵	0.066 7	0.017 9	0.023 4	0.266 7	0.173 7	0.162 4
486	三甲苯草酮	0.066 7	0.007 3	0.010 1	0.266 7	0.035 2	0.034 4
487	吡唑硫磷	0.066 7	0.007 3	0.026 8	0.266 7	0.039 7	0.047 6
488	氯亚胺硫磷	0.266 7	0.056 6	0.0616	1.066 7	0.043 0	0.123 8
489	螺螨酯	0.066 7	0.004 2	0.006 5	0.266 7	0.022 5	0.046 0
490	苄螨醚	0.016 7	0.001 0	0.006 0	0.066 7	0.007 5	0.004 6
491	呋草酮	0.016 7	0.002 3	0.004 5	0.066 7	0.011 0	0.007 7
492	环酯草醚	0.008 3	0.002 2	0.004 7	0.033 3	0.004 7	0.007 7
493	氟硅菊酯	0.008 3	0.002 3	0.003 1	0.033 3	0.003 4	0.010 0
494	嘧螨醚	0.016 7	0.002 8	0.002 5	0.066 7	0.029 7	0.010 2
495	氟丙嘧草酯	0.008 3	0.001 2	0.002 8	0.033 3	0.004 1	0.006 8
496	苯酮唑	0.033 3	0.004 3	0.010 3	0.133 3	0.018 4	0.033 0
497	氟啶草酮	0.016 7	0.004 7	0.002 7	0.066 7	0.024 3	0.014 6

附 录 F
（资料性附录）
497 种农药及相关化学品英文中文名称对照索引

497 种农药及相关化学品英文中文名称对照索引（按英文字母顺序），见表 F.1。

表 F.1 497 种农药及相关化学品英文中文名称对照索引

序号	英文名称	中文名称	附录 A 中序号	序号	英文名称	中文名称	附录 A 中序号
1	2,3,4,5-tetrachloro-aniline	2,3,4,5-四氯苯胺	311	29	aramite	杀螨特	64
				30	aspon	丙硫特普	132
2	2,3,4,5-tetrachloro-anisole	2,3,4,5-四氯甲氧基苯	293	31	athidathion	乙基杀扑磷	355
				32	atratone	阿特拉通	299
3	2,3,5,6-tetrachloro-aniline	2,3,5,6-四氯苯胺	291	33	atrazine-desethyl	脱乙基阿特拉津	13
				34	atrizine	莠去净	214
4	2,4′-DDD	o,p'-滴滴滴	159	35	azinphos-ethyl	益棉磷	192
5	2,4′-DDE	o,p'-滴滴伊	236	36	azinphos-methyl	保棉磷	190
6	2,4′-DDT	o,p'-滴滴涕	163	37	aziprotryne	叠氮津	315
7	2,6-dichlorobenzamide	2,6-二氯苯甲酰胺	307	38	BDMC-1	4-溴-3,5-二甲苯基-N-甲基氨基甲酸酯-1	288
8	2-phenylphenol	邻苯基苯酚	204				
9	3,5-dichloroaniline	3,5-二氯苯胺	201				
10	4,4′-DDE	p,p'-滴滴伊	149	39	BDMC-2	4-溴-3,5-二甲苯基-N-甲基氨基甲酸酯-2	323
11	4,4′-DDT	p,p'-滴滴涕	173				
12	4,4′-DDD	p,p'-滴滴滴	68				
13	4,4-dibromobenzo-phenone	4,4-二溴二苯甲酮	352	40	benalaxyl	苯霜灵	175
				41	benfluralin	乙丁氟灵	207
14	4,4-dichlorobenzo-phenone	4,4-二氯二苯甲酮	334	42	benfuresate	呋草黄	418
				43	benodanil	麦锈灵	79
15	acenaphthene	二氢苊	388	44	benoxacor	解草嗪	410
16	acetochlor	乙草胺	412	45	benzoylprop-ethyl	新燕灵	182
17	acibenzolar-S-methyl	活化酯	417	46	beta-HCH	β-六六六	32
18	acrinathrin	氟丙菊酯	268	47	bifenazate	联苯肼酯	479
19	alachlor	甲草胺	128	48	bifenox	甲羧除草醚	188
20	aldrin	艾氏剂	25	49	bifenthrin	联苯菊酯	76
21	allethrin	烯丙菊酯	430	50	bioallethrin	生物烯丙菊酯	235
22	allidochlor	二丙烯草胺	1	51	biphenyl	联苯	198
23	alpha-cypermethrin	顺式-氯氰菊酯	277	52	bitertanol	联苯三唑醇	274
24	alpha-HCH	α-六六六	113	53	bromacil	除草定	441
25	ametryn	莠灭净	224	54	bromfenvinfos	溴苯烯磷	349
26	amitraz	双甲脒	266	55	bromobutide	溴丁酰草胺	411
27	anilofos	莎稗磷	267	56	bromocylen	溴烯杀	303
28	anthraquinone	蒽醌	36	57	bromofos	溴硫磷	138

表 F.1(续)

序号	英文名称	中文名称	附录 A 中序号
58	bromophos-ethyl	乙基溴硫磷	47
59	bromopropylate	溴螨酯	181
60	bromuconazole-1	糠菌唑-1	377
61	bromuconazole-2	糠菌唑-2	379
62	bupirimate	乙嘧酚磺酸酯	65
63	buprofezin	噻嗪酮	158
64	butachlor	丁草胺	150
65	butafenacil	氟丙嘧草酯	495
66	butamifos	抑草磷	443
67	butralin	仲丁灵	427
68	butylate	丁草敌	97
69	cadusafos	硫线磷	396
70	cafenstrole	苯酮唑	496
71	captafol	敌菌丹	184
72	carbofenothion	三硫磷	174
73	carbosulfan	丁硫克百威	77
74	carboxin	萎锈灵	66
75	carfentrazone-ethyl	唑酮草酯	463
76	chlorbenside	杀螨醚	46
77	chlorbenside sulfone	氯杀螨砜	179
78	chlorbromuron	氯溴隆	155
79	chlorbufam	氯炔灵	119
80	chlordimeform	杀虫脒	8
81	chlorethoxyfos	氯氧磷	391
82	chlorfenapyr	溴虫腈	457
83	chlorfenethol	杀螨醇	345
84	chlorfenprop-methyl	燕麦酯	289
85	chlorfenson	杀螨酯	162
86	chlorfluazuron	氟啶脲	250
87	chlorflurenol	整形醇	55
88	chlormephos	氯甲硫磷	4
89	chlorobenzilate	乙酯杀螨醇	251
90	chloroneb	氯苯甲醚	102
91	chloropropylate	丙酯杀螨醇	167
92	chlorothalonil	百菌清	30
93	chlorpropham	氯苯胺灵	110
94	chlorpyrifos(-ethyl)	毒死蜱	34
95	chlorpyrifos-methyl	甲基毒死蜱	125
96	chlorthal-dimethyl	氯酞酸甲酯	424
97	chlorthion	氯硫磷	239
98	chlorthiophos	虫螨磷	171
99	chlozolinate	乙菌利	151
100	cis and trane-chlorfenvinphos	毒虫畏	146
101	cis and trans-diallate	燕麦敌	108
102	cis-chlordane	顺式-氯丹	147
103	cis-permethrin	顺式-氯菊酯	90
104	clethodim	烯草酮	469
105	clodinafop-propargyl	炔草酸	366
106	clomazone	异噁草松	14
107	clomeprop	氯甲酰草胺	481
108	cloquintocet-mexyl	解草酯	375
109	coumaphos	蝇毒磷	194
110	crimidine	鼠立死	287
111	crotoxyphos	巴毒磷	152
112	crufomate	育畜磷	145
113	cyanazine	氰草津	59
114	cyanofenphos	苯腈膦	178
115	cyanophos	杀螟腈	124
116	cycloate	环草敌	6
117	cycloxydim	噻草酮	276
118	cycluron	环莠隆	306
119	cyflufenamid	环氟菌胺	450
120	cyfluthrin	氟氯氰菊酯	195
121	cypermethrin	氯氰菊酯	93
122	cyprazine	环丙津	29
123	cyproconazole	环菌唑	363
124	cyprodinil	嘧菌环胺	338
125	dacthal	敌草索	333
126	DEF	脱叶磷	347
127	delta-HCH	δ-六六六	37
128	deltamethrin	溴氰菊酯	95
129	demeton-S-methyl	甲基内吸磷	395
130	DE-PCB 101	2,2′,4,5,5′-五氯联苯	341
131	DE-PCB 118	2,3,4,4′,5-五氯联苯	351
132	DE-PCB 138	2,2′,3,4,4′,5-六氯联苯	360

表 F.1(续)

序号	英文名称	中文名称	附录 A 中序号	序号	英文名称	中文名称	附录 A 中序号
133	DE-PCB 153	2,2′,4,4′,5,5′-六氯联苯	356	168	dimethylvinphos	甲基毒虫畏	426
				169	diniconazole	烯唑醇	255
134	DE-PCB 180	2,2′,3,4,4′,5,5′-七氯联苯	373	170	dinitramine	氨氟灵	26
				171	diofenolan-1	苯虫醚-1	454
135	DE-PCB 28	2,4,4′-三氯联苯	308	172	diofenolan-2	苯虫醚-2	455
136	DE-PCB 31	2,4,5-三氯联苯	309	173	dioxabenzofos	蔬果磷	296
137	DE-PCB 52	2,2′,5,5′-四氯联苯	318	174	dioxathion	敌噁磷	117
				175	diphenamid	双苯酰草胺	238
138	desbrom-leptophos	脱溴溴苯磷	378	176	diphenylamine	联苯二胺	7
139	desethyl-sebuthylazine	脱乙基另丁津	310	177	dipropetryn	异丙净	230
				178	disulfoton	乙拌磷	213
140	desisopropyl-atrazine	脱异丙基莠去津	300	179	disulfoton sulfone	乙拌磷砜	358
141	desmetryn	敌草净	126	180	disulfoton-sulfoxide	乙拌磷亚砜	284
142	dialifos	氯亚胺硫磷	488	181	dithiopyr	氟硫草定	419
143	diazinon	二嗪磷	15	182	edifenphos	敌瘟磷	176
144	dibutyl succinate	驱虫特	389	183	endosulfan Ⅰ	硫丹Ⅰ	142
145	dicapthon	异氯磷	340	184	endosulfan-sulfate	硫丹硫酸盐	180
146	dichlobenil	敌草腈	98	185	endrin	异狄氏剂	160
147	dichlofenthion	除线磷	21	186	endrin ketone	异狄氏剂酮	480
148	dichlofluanid	苯氟磺胺	139	187	EPN	苯硫膦	186
149	dichloran	氯硝胺	404	188	epoxiconazole-1	氟环唑-1	465
150	dichlormid	烯丙酰草胺	2	189	epoxiconazole-2	氟环唑-2	474
151	dichlorvos	敌敌畏	197	190	EPTC	茵草敌	96
152	diclobutrazole	苄氯三唑醇	357	191	erbon	抑草蓬	166
153	diclofop-methyl	禾草灵	73	192	esfenvalerate	S-氰戊菊酯	279
154	dicloran	氯硝胺	120	193	esprocarb	戊草丹	415
155	dicofol	三氯杀螨醇	133	194	etaconazole	乙环唑	71
156	dieldrin	狄氏剂	56	195	ethalfluralin	乙丁烯氟灵	9
157	diethofencarb	乙霉威	233	196	ethion	乙硫磷	69
158	difenoconazole	苯醚甲环唑	280	197	ethofumesate	乙氧呋草黄	140
159	diflufenican	吡氟酰草胺	260	198	ethoprophos	灭线磷	106
160	dimefox	甲氟磷	283	199	etofenprox	醚菊酯	275
161	dimefuron	噁唑隆	259	200	etoxazole	乙螨唑	472
162	dimepiperate	哌草丹	234	201	etridiazol	土菌灵	3
163	dimethachlor	二甲草胺	127	202	etrimfos	乙嘧硫磷	17
164	dimethametryn	异戊乙净	431	203	etrimfos oxon	氧乙嘧硫磷	305
165	dimethenamid	二甲吩草胺	321	204	famphur	伐灭磷	471
166	dimethipin	噻节因	228	205	fenamidone	咪唑菌酮	482
167	dimethoate	乐果	24	206	fenamiphos	苯线磷	62

表 F.1(续)

序号	英文名称	中文名称	附录 A 中序号	序号	英文名称	中文名称	附录 A 中序号
207	fenamiphos sulfone	苯线磷砜	382	246	fluquinconazole	氟喹唑	384
208	fenamiphos sulfoxide	苯线磷亚砜	381	247	fluridone	氟啶草酮	497
209	fenarimol	氯苯嘧啶醇	191	248	flurochloridone	氟咯草酮	348
210	fenazaquin	喹螨醚	261	249	fluroxypr-1-methyl-heptyl ester	氟草烟-1-甲庚酯	369
211	fenbuconazole	腈苯唑	385				
212	fenchlorphos oxon	氧皮蝇磷	322	250	flurtamone	呋草酮	491
213	fenfuram	甲呋酰胺	416	251	flusilazole	氟哇唑	253
214	fenitrothion	杀螟硫磷	40	252	flutolanil	氟酰胺	67
215	fenobucarb	仲丁威	206	253	flutriafol	粉唑醇	353
216	fenothiocarb	苯硫威	52	254	fluvalinate	氟胺氰菊酯	196
217	fenoxanil	氰菌胺	437	255	folpet	灭菌丹	54
218	fenoxycarb	苯氧威	264	256	fonofos	地虫硫磷	16
219	fenpiclonil	拌种咯	383	257	formothion	安硫磷	231
220	fenpropathrin	甲氰菊酯	183	258	fuberidazole	麦穗灵	339
221	fenpropidin	苯锈啶	403	259	furalaxyl	呋霜灵	439
222	fenpropimorph	丁苯吗啉	219	260	gamma-HCH	林丹	212
223	fenpyroximate	唑螨酯	400	261	halfenprox	苄螨醚	490
224	fenson	芬螨酯	237	262	epsilon-HCH	ε-六六六	229
225	fensulfothion	丰索磷	75	263	heptachlor	七氯	215
226	fenthion	倍硫磷	38	264	heptanophos	庚烯磷	104
227	fenthion sulfone	倍硫磷砜	370	265	hexachlorobenzene	六氯苯	105
228	fenthion sulfoxide	倍硫磷亚砜	367	266	hexaconazole	已唑醇	161
229	fenvalerate	氰戊菊酯	94	267	hexaflumuron	氟铃脲	208
230	fipronil	氟虫腈	461	268	hexazinone	环嗪酮	187
231	flamprop-isopropyl	麦草氟异丙酯	172	269	hexythiazox	噻螨酮	359
232	flamprop-methyl	麦草氟甲酯	168	270	imazalil	抑霉唑	448
233	fluazifop-butyl	吡氟禾草灵	249	271	imazamethabenz-methyl	咪草酸	444
234	fluchloralin	氯乙氟灵	221	272	imibenconazole-des-benzyl	脱苯甲基亚胺唑	459
235	flucythrinate	氟氰戊菊酯	278				
236	fludioxonil	咯菌腈	263	273	imiprothrin-1	炔咪菊酯-1	462
237	flufenacet	氟噻草胺	434	274	imiprothrin-2	炔咪菊酯-2	464
238	flufenoxuron	氟虫脲	123	275	iodofenphos	碘硫磷	153
239	flumetralin	氟节胺	245	276	iprobenfos	异稻瘟净	216
240	flumiclorac-pentyl	氟烯草酸	282	277	iprodione	异菌脲	476
241	flumioxazin	丙炔氟草胺	281	278	isazofos	氯唑磷	217
242	fluorochloridone	氟咯草酮	157	279	isobenzan	碳氯灵	327
243	fluorodifen	三氟硝草醚	254	280	isocarbamid	丁咪酰胺	317
244	fluoroglycofen-ethyl	乙羧氟草醚	273	281	isocarbophos	水胺硫磷	343
245	fluotrimazole	三氟苯唑	368	282	isodrin	异艾氏剂	330

表 F.1(续)

序号	英文名称	中文名称	附录 A 中序号	序号	英文名称	中文名称	附录 A 中序号
283	isofenphos	异柳磷	144	321	metolachlor	异丙甲草胺	134
284	isomethiozin	丁嗪草酮	331	322	metominostrobin-1	苯氧菌胺-1	445
285	isoprocarb-1	异丙威-1	387	323	metominostrobin-2	苯氧菌胺-2	453
286	isoprocarb-2	异丙威-2	392	324	metribuzin	嗪草酮	227
287	isopropalin	异丙乐灵	141	325	mevinphos	速灭磷	101
288	isoprothiolane	稻瘟灵	449	326	mexacarbate	兹克威	23
289	isoxadifen-ethyl	双苯噁唑酸	460	327	mirex	灭蚁灵	78
290	isoxathion	噁唑磷	452	328	molinate	禾草敌	202
291	kresoxim-methyl	亚胺菌	248	329	monalide	庚酰草胺	325
292	lactofen	乳氟禾草灵	485	330	monolinuron	绿谷隆	122
293	lambda-cyhalothrin	高效氯氟氰菊酯	269	331	musk ambrette	合成麝香	312
294	lenacil	环草定	376	332	musk ketone	麝香酮	336
295	leptophos	溴苯膦	185	333	musk moskene	麝香	319
296	linuron	利谷隆	45	334	musk tibeten	西藏麝香	326
297	malaoxon	马拉氧磷	421	335	musk xylene	二甲苯麝香	313
298	malathion	马拉硫磷	39	336	myclobutanil	腈菌唑	72
299	MCPA-butoxyethyl ester	2-甲-4-氯丁氧乙基酯	342	337	naproanilide	萘丙胺	483
				338	napropamide	敌草胺	60
300	mecarbam	灭蚜磷	242	339	nitralin	甲磺乐灵	380
301	mefenacet	苯噻酰草胺	270	340	nitrapyrin	三氯甲基吡啶	100
302	mefenoxam	精甲霜灵	420	341	nitrofen	除草醚	169
303	mefenpyr-diethyl	吡唑解草酯	470	342	nitrothal-isopropyl	酞菌酯	335
304	mepanipyrim	嘧菌胺	440	343	norflurazon	氟草敏	85
305	mephosfolan	地胺磷	354	344	nuarimol	氟苯嘧啶醇	80
306	mepronil	灭锈胺	258	345	octachlorostyrene	八氯苯烯	328
307	metalaxyl	甲霜灵	33	346	ofurace	呋酰胺	478
308	metamitron	苯嗪草酮	372	347	oxadiazone	噁草酮	61
309	metazachlor	吡唑草胺	51	348	oxadixyl	噁霜灵	82
310	methabenzthiazuron	甲基苯噻隆	297	349	oxycarboxin	氧化萎锈灵	89
311	methacrifos	虫螨畏	203	350	oxy-chlordane	氧化氯丹	135
312	methidathion	杀扑磷	58	351	oxyfluorfen	乙氧氟草醚	170
313	methiocarb sulfone	灭梭威砜	447	352	paclobutrazol	多效唑	164
314	methoprene	烯虫酯	137	353	paraoxon-ethyl	对氧磷	41
315	methoprotryne	盖草津	165	354	paraoxon-methyl	甲基对氧磷	324
316	methothrin-1	甲醚菊酯-1	433	355	parathion	对硫磷	43
317	methothrin-2	甲醚菊酯-2	435	356	pebulate	克草敌	99
318	methoxychlor	甲氧滴滴涕	81	357	penconazole	戊菌唑	241
319	methyl-parathion	甲基对硫磷	35	358	pencycuron	戊菌隆	393
320	metobromuron	溴谷隆	226	359	pendimethalin	二甲戊灵	44

表 F.1(续)

序号	英文名称	中文名称	附录 A 中序号	序号	英文名称	中文名称	附录 A 中序号
360	pentachloroaniline	五氯苯胺	314	398	propaphos	丙虫磷	244
361	pentachloroanisole	五氯甲氧基苯	294	399	propargite	炔螨特	257
362	pentachlorobenzene	五氯苯	285	400	propazine	扑灭津	118
363	permethrin	氯菊酯	271	401	propetamphos	胺丙畏	19
364	perthane	乙滴涕	350	402	propham	苯胺灵	5
365	phenanthrene		398	403	propiconazole	丙环唑	74
366	phenothrin	苯醚菊酯	262	404	propisochlor	异丙草胺	223
367	phenthoate	稻丰散	50	405	propoxur-1	残杀威-1	386
368	phorate	甲拌磷	10	406	propoxur-2	残杀威-2	397
369	phorate sulfone	甲拌磷砜	344	407	propyzamide	炔苯酰草胺	407
370	phosalone	伏杀硫磷	189	408	prosulfocarb	苄草丹	320
371	phosmet	亚胺硫磷	87	409	prothiophos	丙硫磷	53
372	phosphamidon-1	磷胺-1	409	410	pyraclofos	吡唑硫磷	487
373	phosphamidon-2	磷胺-2	422	411	pyraclostrobin	吡唑醚菊酯	484
374	phthalic acid, benzyl-butylester	酞酸苯甲基丁酯	365	412	pyraflufen ethyl	吡草醚	466
				413	pyrazophos	吡菌磷	92
375	phthalide	四氯苯酞	438	414	pyributicarb	稗草丹	467
376	phthalimide	邻苯二甲酰亚胺	390	415	pyridaben	哒螨灵	272
377	picolinafen	氟吡酰草胺	475	416	pyridaphenthion	哒嗪硫磷	86
378	picoxystrobin		442	417	pyrifenox-1	啶斑肟-1	429
379	piperonyl butoxide	增效醚	256	418	pyrifenox-2	啶斑肟-2	436
380	piperophos	哌草磷	477	419	pyriftalid	环酯草醚	492
381	pirimicarb	抗蚜威	408	420	pyrimethanil	嘧霉胺	211
382	pirimiphos-ethyl	嘧啶磷	136	421	pyrimidifen	嘧螨醚	494
383	pirimiphos-methyl	甲基嘧啶磷	129	422	pyriminobac-methyl	嘧草醚	451
384	plifenate	三氯杀虫酯	218	423	pyrimitate	嘧啶磷	329
385	prallethrin	炔丙菊酯	240	424	pyriproxyfen	吡丙醚	473
386	pretilachlor	丙草胺	247	425	pyroquilon	咯喹酮	405
387	prochloraz	咪鲜胺	193	426	quinalphos	喹硫磷	48
388	procymidone	腐霉利	57	427	quinoclamine	灭藻醌	432
389	profenofos	丙溴磷	156	428	quinoxyphen	苯氧喹啉	456
390	profluralin	环丙氟灵	116	429	quintozene	五氯硝基苯	12
391	prohydrojasmon	茉莉酮	402	430	rabenzazole	吡咪唑	337
392	prometon	扑灭通	209	431	resmethrin-1	苄呋菊酯-1	362
393	prometryne	扑草净	28	432	resmethrin-2	苄呋菊酯-2	364
394	pronamide	炔丙烯草胺	22	433	ronnel	皮蝇磷	27
395	propachlor	毒草胺	107	434	sebutylazine	另丁津	316
396	propamocarb	霜霉威	199	435	secbumeton	密草通	20
397	propanil	敌稗	143	436	sethoxydim	稀禾啶	265

表 F.1(续)

序号	英文名称	中文名称	附录A中序号	序号	英文名称	中文名称	附录A中序号
437	silafluofen	氟硅菊酯	493	467	tetramethirn	胺菊酯	83
438	simazine	西玛津	18	468	tetrasul	杀螨氯硫	63
439	simeconazole	硅氟唑	423	469	thenylchlor	噻吩草胺	468
440	simeton	西玛通	298	470	thiazopyr	噻唑烟酸	425
441	simetryn	西草净	225	471	thiobencarb	杀草丹	131
442	spirodiclofen	螺螨酯	489	472	thiometon	甲基乙拌磷	11
443	spiroxamine-1	螺环菌胺-1	399	473	thionazin	虫线磷	290
444	spiroxamine-2	螺环菌胺-2	406	474	tolclofos-methyl	甲基立枯磷	222
445	sulfallate	菜草畏	112	475	tolylfluanide	甲苯氟磺胺	148
446	sulfotep	治螟磷	111	476	tralkoxydim	三甲苯草酮	486
447	sulprofos	硫丙磷	70	477	trans-chlordane	反式氯丹	49
448	TCMTB	苯噻硫氰	446	478	transfluthrin	四氟苯菊酯	220
449	tebuconazole	戊唑醇	84	479	trans-nonachlor	反式九氯	346
450	tebufenpyrad	吡螨胺	374	480	trans-permethrin	反式-氯菊酯	91
451	tebupirimfos	丁基嘧啶磷	401	481	triadimefon	三唑酮	42
452	tebutam	牧草胺	295	482	triadimenol	三唑醇	246
453	tebuthiuron	丁噻隆	394	483	triallate	野麦畏	210
454	tecnazene	四氯硝基苯	103	484	triamiphos	威菌磷	361
455	tefluthrin	七氟菊酯	302	485	triazophos	三唑磷	177
456	terbacil	特草定	232	486	trichloronat	毒壤磷	332
457	terbucarb	特草灵	414	487	tridiphane	灭草环	413
458	terbufos	特丁硫磷	114	488	trietazine	草达津	304
459	terbufos sulfone	特丁硫磷砜	301	489	trifloxystrobin	肟菌酯	458
460	terbumeton	特丁通	115	490	trifluralin	氟乐灵	109
461	terbuthylazine	特丁津	121	491	tri-iso-butyl phosphate	三异丁基磷酸盐	286
462	terbutryn	特丁净	130	492	tri-n-butyl phosphate	三正丁基磷酸盐	292
463	tetrachlorvinphos	杀虫畏	154	493	triphenyl phosphate	三苯基磷酸盐	371
464	tetraconazole	四氟醚唑	243	494	uniconazole	烯效唑	252
465	tetradifon	三氯杀螨砜	88	495	vernolate	灭草敌	200
466	tetrahydrophthalimide	四氢邻苯二甲酰亚胺	205	496	vinclozolin	乙烯菌核利	31
				497	zoxamide	苯酰草胺	428

ICS 67.140.10
X 55

中华人民共和国国家标准

GB/T 19598—2006
代替 GB 19598—2004

地理标志产品 安溪铁观音

Product of geographical indication—Anxi tieguanyin tea

2006-12-29 发布 2007-06-01 实施

中华人民共和国国家质量监督检验检疫总局
中国国家标准化管理委员会 发布

前　言

本标准根据国家质量监督检验检疫总局颁布的《地理标志产品保护规定》和 GB 17924—1999《原产地域产品通用要求》而制定。

本标准是对 GB 19598—2004《原产地域产品　安溪铁观音》的修订。

本标准与 GB 19598—2004 相比主要变化如下：

——将标准属性由强制性修改为推荐性；

——根据国家质量监督检验检疫总局颁布的《地理标志产品保护规定》，修改相关名称；

——删除卫生指标要求，增加污染物限量指标和农药最大残留限量指标要求；

——将“净含量允差”修改为“净含量允许短缺量”；

——按地理标志产品专用标志管理办法的规定，增加了在其产品上使用防伪专用标志的要求；

——取消了对保质期的限定；

——删除了氮、磷、钾的施肥配比要求。

本标准的附录 A 为规范性附录，附录 B、附录 C 为资料性附录。

本标准由全国原产地域产品标准化工作组提出并归口。

本标准起草单位：安溪县质量技术监督局、安溪县农业与茶果局、福建省茶叶产品质量检测中心、福建省安溪茶厂有限公司、福建省安溪县华福茶厂、福建省安溪八马茶业有限公司。

本标准起草人：刘坤城、黄火良、黄东方、杨文俪、林志勇、李国生、林锻炼、高金典。

本标准所代替标准的历次版本发布情况为：

——GB 19598—2004。

地理标志产品　安溪铁观音

1　范围

本标准规定了安溪铁观音的地理标志产品保护范围、术语和定义、要求、试验方法、检验规则、标志、标签及包装、运输、贮存、保质期。

本标准适用于国家质量监督检验检疫总局根据《地理标志产品保护规定》批准保护的安溪铁观音。

2　规范性引用文件

下列文件中的条款通过本标准的引用而成为本标准的条款。凡是注日期的引用文件，其随后所有的修改单（不包括勘误的内容）或修订版均不适用于本标准，然而，鼓励根据本标准达成协议的各方研究是否可使用这些文件的最新版本。凡是不注日期的引用文件，其最新版本适用于本标准。

GB/T 191　包装储运图示标志

GB 2762　食品中污染物限量

GB 2763　食品中农药最大残留限量

GB 4285　农药安全使用标准

GB 7718　预包装食品标签通则

GB/T 8302　茶　取样

GB/T 8304　茶　水分测定

GB/T 8306　茶　总灰分测定

GB/T 8311　茶　粉末和碎茶含量测定

GB/T 8321.1　农药合理使用准则（一）

GB/T 8321.2　农药合理使用准则（二）

GB/T 8321.3　农药合理使用准则（三）

GB/T 8321.4　农药合理使用准则（四）

GB/T 8321.5　农药合理使用准则（五）

GB/T 8321.6　农药合理使用准则（六）

GB 11767　茶树种苗

GB/T 14487　茶叶感官审评术语

GB 14881　食品企业通用卫生规范

NY/T 787　茶叶感官审评通用方法

SB/T 10035　茶叶销售包装通用技术条件

定量包装商品计量监督管理办法（国家质量监督检验检疫总局［2005］75 号令）

3　地理标志产品保护范围

安溪铁观音地理标志产品的保护范围限于国家质量监督检验检疫总局根据《地理标志产品保护规定》批准的范围，即现福建省安溪县管辖的行政区域内，见附录 A。

4　术语和定义

GB/T 14487 确定的以及下列术语和定义适用于本标准。

4.1

安溪铁观音　Anxi tieguanyin tea

在地理标志产品保护范围内的自然生态环境条件下，选用铁观音茶树品种进行扦插繁育、栽培和采摘，按照独特的传统加工工艺制作而成，具有铁观音品质特征的乌龙茶。其成品茶分为清香型与浓香型。

5　要求

5.1　自然环境

5.1.1　地理特征

安溪地处戴云山脉向东南延伸的部分，地势西高东低，北纬 24°50′～25°26′，东经 117°36′～118°17′，海拔 32 m～1 600 m。地貌有低丘、高丘、低山、中山类型，河谷盆地串珠状分布其间。境内千米以上山峰 2 461 座，太华尖、紫云山和大坪山构成境内主山脉。

5.1.2　气候特征

安溪属南、中亚热带海洋性季风气候，年平均气温 16℃～21℃，年日照 1 850 h～2 000 h，年无霜期 260 d～350 d，夏无酷暑，冬无严寒。由于地理特征的原因，来自泉州湾的东南风与来自漳州平原的偏西风在境内形成混流，使 5 月初夏和 10 月秋末之时昼夜温差大。

5.1.3　降水

年降水量 1 600 mm～1 800 mm，年平均相对湿度 80%左右。

5.1.4　土壤与植被

土壤以山地砂质土壤为主，pH4.5～6。海拔在 700 m 以下以红壤为主，海拔在 700 m 以上以黄红壤与黄壤为主；土壤质地疏松，土层深厚，有机质含量较高，矿物质营养元素丰富，特别是土壤中锰、锌、钼含量较高。

高山植被丰富，枯枝落叶形成较厚的地表覆盖层，森林覆盖率 65% 以上。

5.2　栽培技术

栽培技术参见附录 B。

5.3　采摘技术

采摘技术参见附录 C。

5.4　制作工艺

5.4.1　初制工艺

茶青→晒青→凉青→摇青→杀青→揉捻→烘干→毛茶。

毛茶应具有安溪铁观音特有的“音韵”等感官品质特征。用其制成的安溪铁观音产品应符合 5.5 的要求。

5.4.2　精制工艺

5.4.2.1　清香型产品精制工艺

毛茶→验收→归堆→投放→筛分→风选→拣剔、拣杂→号茶拼配→匀堆→（文火烘干）→包装→成品茶。

5.4.2.2　浓香型产品精制工艺

毛茶→验收→归堆→投放→筛分→风选→拣剔→号茶拼配→烘焙→摊凉→匀堆→拣杂→包装→成品茶。

5.4.3　制作环境

应符合 GB 14881 的规定。

5.5　成品茶

5.5.1　感官品质

5.5.1.1　通用要求

产品应品质正常，无异味，无霉变，无劣变；应洁净，不着色，不添加任何添加剂，不得夹杂非茶类物质。

5.5.1.2 **清香型安溪铁观音感官指标**

清香型安溪铁观音按感官指标分为特级、一级、二级、三级，各级感官指标应符合表1的要求。

表1 清香型安溪铁观音感官指标

项目		级别			
		特级	一级	二级	三级
外形	条索	肥壮、圆结、重实	壮实、紧结	卷曲、结实	卷曲、尚结实
	色泽	翠绿润、砂绿明显	绿油润、砂绿明	绿油润、有砂绿	乌绿、稍带黄
	整碎	匀整	匀整	尚匀整	尚匀整
	净度	洁净	净	尚净、稍有细嫩梗	尚净、稍有细嫩梗
内质	香气	高香	清香、持久	清香	清纯
	滋味	鲜醇高爽、音韵明显	清醇甘鲜、音韵明显	尚鲜醇爽口、音韵尚明	醇和回甘、音韵稍轻
	汤色	金黄明亮	金黄明亮	金黄	金黄
	叶底	肥厚软亮、匀整、余香高长	软亮、尚匀整、有余香	尚软亮、尚匀整、稍有余香	稍软亮、尚匀整、稍有余香

5.5.1.3 **浓香型安溪铁观音感官指标**

浓香型安溪铁观音按感官指标分为特级、一级、二级、三级、四级，各级感官指标应符合表2的要求。

表2 浓香型安溪铁观音感官指标

项目		级别				
		特级	一级	二级	三级	四级
外形	条索	肥壮、圆结、重实	较肥壮、结实	稍肥壮、略结实	卷曲、尚结实	稍卷曲、略粗松
	色泽	翠绿、乌润、砂绿明	乌润、砂绿较明	乌绿、有砂绿	乌绿、稍带褐红点	暗绿、带褐红色
	整碎	匀整	匀整	尚匀整	稍整齐	欠匀整
	净度	洁净	净	尚净、稍有嫩幼梗	稍净、有嫩幼梗	欠净、有梗片
内质	香气	浓郁、持久	清高、持久	尚清高	清纯平正	平淡、稍粗飘
	滋味	醇厚鲜爽回甘、音韵明显	醇厚、尚鲜爽、音韵明	醇和鲜爽、音韵稍明	醇和、音韵轻微	稍粗味
	汤色	金黄、清澈	深金黄、清澈	橙黄、深黄	深橙黄、清黄	橙红、清红
	叶底	肥厚、软亮匀整、红边明、有余香	尚软亮、匀整、有红边、稍有余香	稍软亮、略匀整	稍匀整、带褐红色	欠匀整、有粗叶及褐红叶

5.5.2 **理化指标**

理化指标应符合表3规定。

表3 安溪铁观音理化指标 %

项目	水分 ≤	碎茶 ≤	粉末 ≤	总灰分 ≤
指标	7.5	16	1.3	6.5

5.5.3 **污染物限量指标**

污染物限量指标应符合GB 2762的规定。

5.5.4 **农药残留最大限量指标**

农药残留最大限量指标应符合GB 2763的规定。

5.5.5 净含量允许短缺量

单件定量包装茶叶的净含量允许短缺量，应符合《定量包装商品计量监督管理办法》（国家质量监督检验检疫总局[2005]75号令）的规定。

6 试验方法

6.1 感官品质

按NY/T 787规定的方法，对照安溪铁观音国家标准样品进行审评。

6.2 理化指标

6.2.1 水分按GB/T 8304规定的方法测定。

6.2.2 碎茶和粉末按GB/T 8311规定的方法测定。

6.2.3 总灰分按GB/T 8306规定的方法测定。

6.3 污染物限量指标

按GB 2762规定的检验方法测定。

6.4 农药最大残留限量指标

按GB 2763规定的检验方法测定。

6.5 净含量允许短缺量

使用相应精度等级的计量器具进行测定。

7 检验规则

7.1 组批规则与取样方法

7.1.1 组批规则

以同一生产周期内相同等级的产品为一批。生产周期、产量由生产企业确定。

7.1.2 取样方法

取样方法按GB/T 8302的规定执行，应同时从取样点加倍抽取复检样。

7.2 检验分类

7.2.1 出厂检验

产品应按5.5规定的项目进行检验，经检验合格，附有合格证，方可出厂销售。

7.2.2 型式检验

型式检验每年二次。出现下列情况之一时，应进行型式检验：

a) 新产品定型投产时；

b) 生产地址、生产设备或生产工艺有较大改变，可能影响产品质量时；

c) 停产一年以上恢复生产时。

型式检验项目为5.5规定的项目。

7.3 判定规则

7.3.1 感官指标、理化指标、污染物限量指标、农药最大残留限量指标和净含量允许短缺量的每个项目均符合本标准要求，则判定该批产品合格。

7.3.2 污染物限量指标和农药最大残留限量的任一项目首检不符合本标准要求，则判定该批产品不合格。

7.3.3 感官指标、理化指标和净含量允许短缺量任一项目首检不符合本标准要求时，可用复检样对不符合的项目进行复检。若复检结果符合本标准要求，则判定该批产品合格。若复检结果有任一个项目不符合本标准要求，则判定该批产品不合格。

7.3.4 对检验结果有争议时，应依法选定检验机构，用复检样对所争议的项目进行复检，以复检结果为准。

8 标志、标签

8.1 标志

8.1.1 获准使用地理标志产品专用标志的生产者，应按地理标志产品专用标志管理办法的规定在其产品上使用防伪专用标志。

8.1.2 产品的包装储运图示标志应符合 GB/T 191 的规定。

8.2 标签

产品的标签应符合 GB 7718 的规定，并标示相应的类型与级别。

9 包装、运输、贮存、保质期

9.1 包装

包装容器应干燥、清洁、无毒、无异味、防潮，包装材料应符合 SB/T 10035 的规定。

9.2 运输

箱茶搬运，一般不应在雨天进行，如遇特殊情况，应用防雨布严密遮盖和防护。运输时应轻搬、轻放、防潮，避免剧烈撞击、重压。严禁与有毒、有异味、潮湿、易污染的物品混装混运。

9.3 贮存

贮存的仓库应通风、干燥、清洁、阴凉、无阳光直接照射，严禁与有毒、有异味、潮湿、易生虫、易污染的物品同仓贮存。

9.4 保质期

保质期由生产者根据产品的类型、包装材料和贮存条件等因素自行确定。

附　录　A
（规范性附录）
安溪铁观音地理标志产品保护范围图

安溪铁观音地理标志产品保护范围见图 A.1。

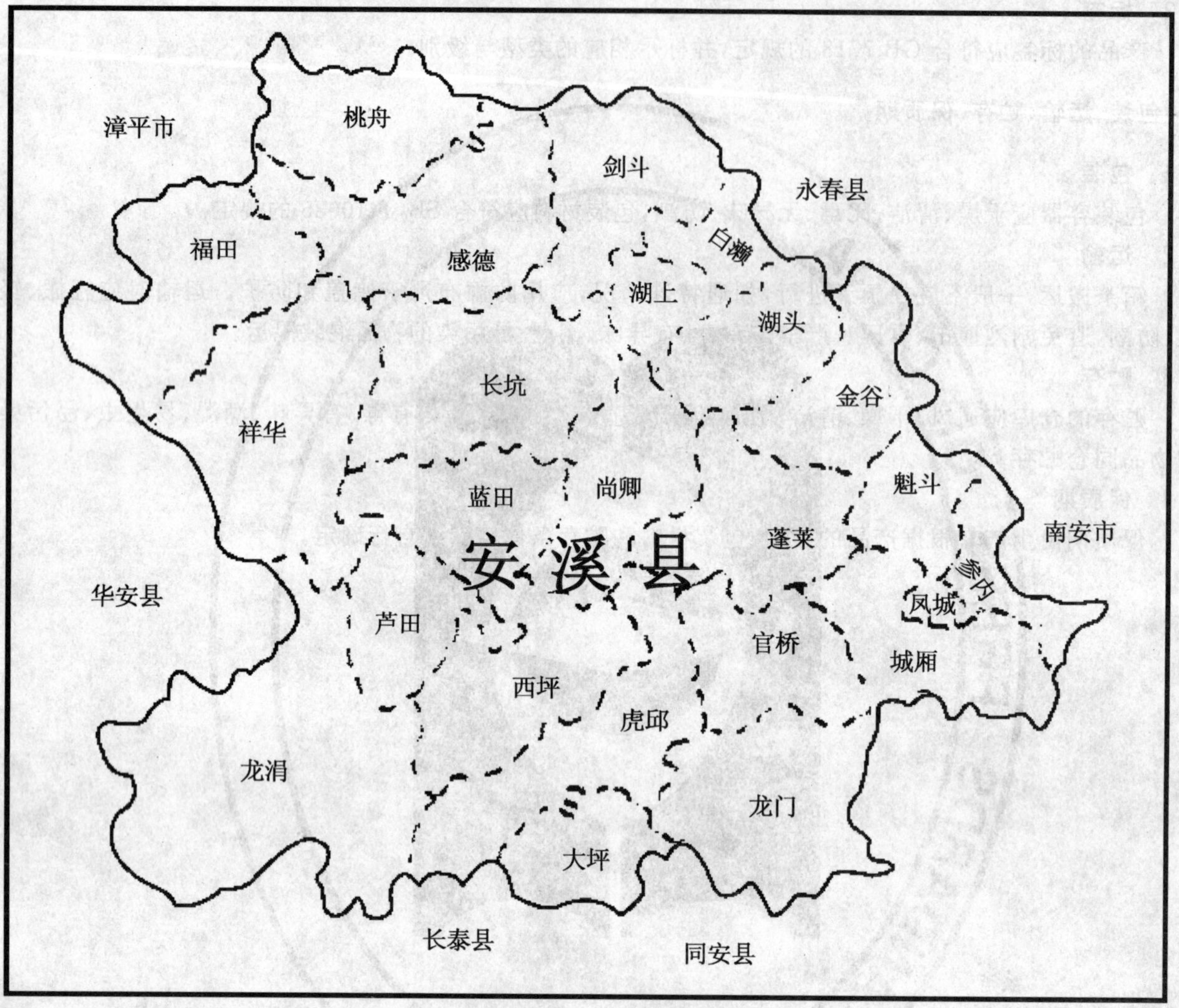

图 A.1　安溪铁观音地理标志产品保护范围

附　录　B
（资料性附录）
栽　培　技　术

B.1　茶树种苗繁育

茶树种苗应采用无性繁殖。

B.1.1　母树的选择

应选择品种纯正、生长健壮、无病虫害的优良母树。

B.1.2　母树的培育

B.1.2.1　母树茶园在秋末冬初结合深耕改土，重施有机肥，增施磷钾肥。

B.1.2.2　根据扦插季节，茶树萌动前 10 d 以上应进行一次轻修剪，修剪后应施追肥。

B.1.2.3　冬季喷施石硫合剂，在新梢生育过程中应特别注意及时防治病虫害，在采穗前一周，应用生物农药或低毒长效农药喷施一次，以防病虫从母树带入苗圃。

B.1.2.4　母树的芽梢应轻采或打顶采摘。

B.1.3　插穗要求

B.1.3.1　品种纯正，枝条上段初木质化黄绿色梗枝、中段半木质化红棕色枝，粗壮、叶大、腋芽饱满、无病虫害。

B.1.3.2　去除异杂品种枝梢，去除病虫枝并集中烧毁。

B.1.3.3　苗穗应摊放在阴凉潮湿的地方，并注意喷水湿润，不允许重压、日晒、风吹，防止发热、萎蔫。

B.1.3.4　插穗应带有一个饱满腋芽和一片健全叶，叶片下短茎长 3 cm～4 cm。

B.1.3.5　剪口应平滑，斜面与叶同向，腋芽和叶片应完整无损，上段剪口距叶柄处 3 mm 左右，应随剪随插。

B.1.4　扦插

B.1.4.1　应根据不同气候情况，一般春插在 2 月～3 月，夏插在 4 月底至 5 月下旬，秋插在 8 月～9 月，冬插在 11 月～12 月。较寒冷的地区以夏插为宜。

B.1.4.2　将苗床充分喷湿，待稍干不粘手后，按叶片的长度进行划行扦插。

B.1.4.3　扦插行距、株距合适，以叶片互不遮叠为宜。

B.1.4.4　插穗直插或将叶片稍翘起斜插入土，叶面应顺主风向，叶柄和腋芽应露出土面，叶片不贴土。插后应立即遮荫并充分喷水至培养土湿透。

B.1.5　出圃规格

茶树种苗出圃规格应按 GB 11767 规定执行。

B.2　栽培管理

B.2.1　划种植行

B.2.1.1　梯面宽 1.5 m 的梯层茶园种一行，距梯埂外沿 80 cm～90 cm 平行划种植行。

B.2.1.2　梯面宽 2.7 m 以上的梯层应按行距 1.2 m～1.5 m 规划种植。

B.2.2　种植沟与施基肥

B.2.2.1　根据划出的各种植行，挖深 60 cm、宽 50 cm 的种植沟。

B.2.2.2　重施有机肥，增施磷肥，与土拌匀，施入沟底，再覆土 20 cm。

B.2.3　定植

B.2.3.1　定植时间

在茶苗休眠期定植，一般在晚秋 10 月～11 月或早春 2 月～3 月，以雨后或阴天最好。

B.2.3.2 种植密度

每公顷种植42 000株～72 000株(即每亩种植2 800株～4 800株),株距35 cm,行距120 cm～150 cm,穴种2株～3株。

B.2.4 种植

B.2.4.1 茶苗的根茎部入土深2 cm～3 cm,茶根要自然伸展。

B.2.4.2 栽后覆土适度压实,盖一层松土,保持有10 cm浅沟,再浇水,铺草覆盖。

B.2.5 中耕除草

B.2.5.1 一般每年4次～5次,以经常保持茶园土壤疏松和无杂草。

B.2.5.2 时间以各茶季茶芽萌发前于晴天进行。一、二年幼龄茶园,宜在雨后进行。

B.2.5.3 浅耕一般深10 cm左右,中耕15 cm～20 cm,深耕20 cm～30 cm。

B.2.6 茶园施肥

B.2.6.1 施肥时间:追肥一般在各茶季采摘前一个月施用,全年3次～4次。基肥一般结合秋冬季深耕时施用。

B.2.6.2 肥料种类:基肥主要为有机肥与磷、钾肥;追肥可选用复合肥、尿素、钙镁磷、过磷酸钙或生物固氮菌肥、有机复合肥等。

B.2.6.3 施肥量与配比:幼龄茶园以氮肥为主,磷钾肥为辅;采摘茶园增加磷钾肥,适当使用氮肥,推广使用有机肥。

B.2.7 茶树修剪

B.2.7.1 幼龄茶树定型修剪

定植后1年左右,树高30 cm,主茎粗0.3 cm以上,即可进行第一次定型修剪;一般在春茶芽梢萌动前或春茶采摘后(长势旺盛的茶树),定剪次数为3次～4次;剪去主干枝,然后平剪;每次剪后要加强耕锄,肥培管理,防治病虫害。

B.2.7.2 茶树轻修剪

成龄茶树每年进行一次轻修剪。采用平剪或略带弧型剪,剪去树冠表面鸡爪枝、细弱枝、病虫枝和突出枝;每次修剪深度比上次剪口提高5 cm左右。

B.2.7.3 茶树深修剪

剪去树冠10 cm～15 cm,刺激切口下骨干枝潜伏芽萌发新梢,更新树冠;修剪时间为立春前或春茶采摘后10 d内进行。

B.2.7.4 茶树重修剪

茶树树势趋向衰老或未老先衰,分枝稀疏、枝条细弱、新梢萌发无力,对夹叶增多,产量逐步下降,应在离地面30 cm～45 cm处进行剪除。

B.2.7.5 台刈

对茶树树势严重衰老,多枯枝、病虫枝、细弱枝、披生地衣、苔藓,芽叶稀小细弱,对夹叶多,产量严重下降的老茶树应在离地面5 cm～10 cm处进行台刈,若根茎部有更新枝的应留数枝枝梢。

B.2.8 铺草覆盖

夏、秋茶采后,应用杂草或作物稿杆等覆盖。

B.2.9 病虫害防治

B.2.9.1 防治原则

按照预防为主,综合防治的原则,应用农业防治、生物防治、物理防治和适量适度化学防治相结合,强化采剪、耕作、施肥等农业技术的综合运用。

B.2.9.2 农药的使用

使用农药应严格遵循GB 4285、GB/T 8321.1、GB/T 8321.2、GB/T 8321.3、GB/T 8321.4、GB/T 8321.5、GB/T 8321.6的规定,不得使用国家明令禁止在茶树上使用的农药,应严格执行农药安全间隔期。

附 录 C
（资料性附录）
采 摘 技 术

C.1 采摘条件

C.1.1 成熟度：芽梢驻芽形成后顶叶小开面至中开面，春秋茶采顶叶小开面2分～4分成熟，夏暑茶可适当嫩采。

C.1.2 标准芽叶：1芽2叶至4叶嫩梢及幼嫩对夹叶。

C.2 采摘时间

每年春、夏暑、秋（冬）各季采摘。春茶在谷雨后至立夏前后采摘，夏暑茶在夏至前至秋分采摘，秋（冬）茶在寒露前至立冬采摘。

C.3 采摘方法

C.3.1 每季萌发的新梢，应确定合理的留养高度，高于采摘面以上的新梢芽叶应一律采摘、采齐；低于额定采摘面以下的新梢芽应全部留养。

C.3.2 严格留养采摘面以下的侧枝、低梢及树冠稀疏处的芽梢，待每季采摘后，再轻度摘去留养新梢的顶芽。

C.3.3 投采茶园一般控制树冠高度在70 cm～90 cm。

C.4 茶青质量

茶青应肥壮、完整、新鲜、均匀，每梢为两个"定型叶"（即有两个叶子比较成熟），且应符合下列要求之一：

a) 小开面（顶叶面积为第二叶的20%～30%）采三至四叶及对夹叶；

b) 中开面（顶叶面积为第二叶的31%～70%）采二至三叶及对夹叶；

c) 大开面（顶叶面积为第二叶的71%～90%）采二叶；

d) 一芽四叶（壮树带芽采四叶）。

C.5 茶青的运输、贮存

C.5.1 茶青应使用清洁卫生、透气良好的篮篓进行盛装，不得挤压，不得与有异味、有毒物品混装。茶青运回初制厂前，应存放在洁净、阴凉的地方。

C.5.2 茶青采摘后应在4 h内运到初制厂内，运输过程中应避免日晒雨淋，并应注意保质保鲜。

C.5.3 茶青盛装、运输、贮存，应轻放、轻翻。

ICS 67.050
X 04

中华人民共和国国家标准

GB/T 19648—2006
部分代替 GB/T 19648—2005

水果和蔬菜中500种农药及相关化学品残留量的测定 气相色谱-质谱法

Method for determination of 500 pesticides and related chemicals residues in fruits and vegetables—GC-MS method

2006-12-31 发布　　　　2007-03-01 实施

中华人民共和国国家质量监督检验检疫总局
中国国家标准化管理委员会　发布

前　言

本标准是对 GB/T 19648—2005《水果和蔬菜中 446 种农药多残留测定方法　气相色谱-质谱(GC-MS)和液相色谱-串联质谱(LC-MS-MS)法》的修订。修订的主要内容是：

——气相色谱-质谱(GC-MS)法可测定的农药由 383 种扩大为 500 种；

——把液相色谱-串联质谱(LC-MS-MS)法从本标准中分离出去，修订为 GB/T 20769—2006；

——修改了标准名称。

本标准代替 GB/T 19648—2005 中关于气相色谱-质谱(GC-MS)法的内容。

本标准的附录 A、附录 B、附录 C、附录 D、附录 E 和附录 F 为资料性附录。

本标准由中华人民共和国秦皇岛出入境检验检疫局提出。

本标准由中华人民共和国国家质量监督检验检疫总局归口。

本标准起草单位：中华人民共和国秦皇岛出入境检验检疫局。

本标准主要起草人：庞国芳、刘永明、范春林、曹彦忠、张进杰、李学民、吴艳萍。

原标准于 2005 年首次发布，本标准和 GB/T 20769—2006 共同代替 GB/T 19648—2005。

水果和蔬菜中500种农药及相关化学品残留量的测定 气相色谱-质谱法

1 范围

本标准规定了苹果、柑桔、葡萄、甘蓝、芹菜、西红柿中500种农药及相关化学品(参见附录A)残留量气相色谱-质谱测定方法。

本标准适用于苹果、柑桔、葡萄、甘蓝、芹菜、西红柿中500种农药及相关化学品残留量的测定。

本标准的方法检出限为0.006 3 mg/kg～0.800 0 mg/kg(参见附录A)。

2 规范性引用文件

下列文件中的条款通过本标准的引用而成为本标准的条款。凡是注日期的引用文件,其随后所有的修改单(不包括勘误的内容)或修订版均不适用于本标准,然而,鼓励根据本标准达成协议的各方研究是否可使用这些文件的最新版本。凡是不注日期的引用文件,其最新版本适用于本标准。

GB/T 6379.1 测量方法与结果的准确度(正确度与精密度) 第1部分:总则与定义(GB/T 6379.1—2004,ISO 5725-1:1994,IDT)

GB/T 6379.2 测量方法与结果的准确度(正确度与精密度) 第2部分:确定标准测量方法重复性与再现性的基本方法(GB/T 6379.2—2004,ISO 5725-2:1994,IDT)

GB/T 8855 新鲜水果和蔬菜的取样方法(GB/T 8855—1988,eqv ISO 874:1980)

3 原理

试样用乙腈匀浆提取,盐析离心后,取上清液,经固相萃取柱净化,用乙腈+甲苯(3+1)洗脱农药及相关化学品,溶剂交换后用气相色谱-质谱仪检测。

4 试剂和材料

4.1 乙腈:色谱纯。

4.2 氯化钠:优级纯。

4.3 无水硫酸钠:分析纯。用前在650℃灼烧4 h,贮于干燥器中,冷却后备用。

4.4 甲苯:优级纯。

4.5 丙酮:分析纯,重蒸馏。

4.6 二氯甲烷:色谱纯。

4.7 正己烷:分析纯,重蒸馏。

4.8 Envi-18柱[1)]:12 mL,2.0 g或相当者。

4.9 Envi-Carb[1)]活性碳柱:6 mL,0.5 g或相当者。

4.10 Sep-Pak[2)] NH_2 固相萃取柱:3 mL,0.5 g或相当者。

---

1) Envi-18柱和Envi-Carb柱是SUPELCO公司产品的商品名称,给出这一信息是为了方便本标准的使用者,并不是表示对该产品的认可。如果其他等效产品具有相同的效果,则可使用这些等效产品。

2) Sep-Pak NH_2 柱是Waters公司产品的商品名称,给出这一信息是为了方便本标准的使用者,并不是表示对该产品的认可。如果其他等效产品具有相同的效果,则可使用这些等效产品。

4.11 农药及相关化学品标准物质:纯度≥95%,参见附录A。

4.12 标准溶液

4.12.1 标准储备溶液

分别称取适量(精确至0.1 mg)各种农药及相关化学品标准物分别于10 mL容量瓶中,根据标准物的溶解性选甲苯、甲苯+丙酮混合液、二氯甲烷等溶剂溶解并定容至刻度(溶剂选择参见附录A),标准溶液避光4℃保存,可使用一年。

4.12.2 混合标准溶液(混合标准溶液A、B、C、D和E)

按照农药及相关化学品的性质和保留时间,将500种农药及相关化学品分成A、B、C、D、E五个组,并根据每种农药及相关化学品在仪器上的响应灵敏度,确定其在混合标准溶液中的浓度。本标准对500种农药及相关化学品的分组及其混合标准溶液浓度参见附录A。

依据每种农药及相关化学品的分组号、混合标准溶液浓度及其标准储备液的浓度,移取一定量的单个农药及相关化学品标准储备溶液于100 mL容量瓶中,用甲苯定容至刻度。混合标准溶液避光4℃保存,可使用一个月。

4.12.3 内标溶液

准确称取3.5 mg环氧七氯于100 mL容量瓶中,用甲苯定容至刻度。

4.12.4 基质混合标准工作溶液

A、B、C、D、E组农药及相关化学品基质混合标准工作溶液是将40 μL内标溶液(4.12.3)和50 μL的混合标准溶液(4.12.2)分别加到1.0 mL的样品空白基质提取液中,混匀,配成基质混合标准工作溶液A、B、C、D和E。基质混合标准工作溶液应现用现配。

5 仪器

5.1 气相色谱-质谱仪:配有电子轰击源(EI)。

5.2 分析天平:感量0.1 mg和0.01 g。

5.3 均质器:转速不低于20 000 r/min。

5.4 鸡心瓶:200 mL。

5.5 移液器:1 mL。

5.6 氮气吹干仪。

6 试样制备与保存

6.1 试样的制备

按GB/T 8855抽取的水果、蔬菜样品取可食部分切碎,混匀,密封,作为试样,标明标记。

6.2 试样的保存

将试样于4℃冷藏保存。

7 测定步骤

7.1 提取

称取20 g试样(精确至0.01 g)于80 mL离心管中,加入40 mL乙腈,用均质器在15 000 r/min匀浆提取1 min,加入5 g氯化钠,再匀浆提取1 min,将离心管放入离心机,在3 000 r/min离心5 min,取上清液20 mL(相当于10 g试样量),待净化。

7.2 净化

7.2.1 将Envi-18柱放入固定架上,加样前先用10 mL乙腈预洗柱,下接鸡心瓶,移入上述20 mL提取液,并用15 mL乙腈洗涤柱,将收集的提取液和洗涤液在40℃水浴中旋转浓缩至约1 mL,备用。

7.2.2 在Envi-Carb柱中加入约2 cm高无水硫酸钠,将该柱连接在Sep-Pak氨丙基柱顶部,将串联柱下接鸡心瓶放在固定架上。加样前先用 4 mL 乙腈＋甲苯(3＋1)预洗柱，当液面到达硫酸钠的顶部时，迅速将样品浓缩液(7.2.1)转移至净化柱上，再每次用 2 mL 乙腈＋甲苯(3＋1)三次洗涤样液瓶，并将洗涤液移入柱中。在串联柱上加上 50 mL 贮液器，用 25 mL 乙腈＋甲苯(3＋1)洗涤串联柱，收集所有流出物于鸡心瓶中，并在 40℃水浴中旋转浓缩至约 0.5 mL。每次加入 5 mL 正己烷在 40℃水浴中旋转蒸发，进行溶剂交换二次，最后使样液体积约为 1 mL，加入 40 μL 内标溶液，混匀，用于气相色谱-质谱测定。

7.3 气相色谱-质谱法测定

7.3.1 仪器条件

a) 色谱柱：DB-1701(30 m×0.25 mm×0.25 μm)石英毛细管柱或相当者；

b) 色谱柱温度程序：40℃保持 1 min，然后以 30℃/min 程序升温至 130℃，再以 5℃/min 升温至 250℃，再以 10℃/min 升温至 300℃，保持 5 min；

c) 载气：氦气，纯度≥99.999%，流速：1.2 mL/min；

d) 进样口温度：290℃；

e) 进样量：1 μL；

f) 进样方式：无分流进样，1.5 min 后打开分流阀和隔垫吹扫阀；

g) 电子轰击源：70 eV；

h) 离子源温度：230℃；

i) GC-MS 接口温度：280℃；

j) 选择离子监测：每种化合物分别选择一个定量离子，2 个～3 个定性离子。每组所有需要检测的离子按照出峰顺序，分时段分别检测。每种化合物的保留时间、定量离子、定性离子及定量离子与定性离子的丰度比值，参见附录 B。每组检测离子的开始时间和驻留时间参见附录 C。

7.3.2 定性测定

进行样品测定时，如果检出的色谱峰的保留时间与标准样品相一致，并且在扣除背景后的样品质谱图中，所选择的离子均出现，而且所选择的离子丰度比与标准样品的离子丰度比相一致(相对丰度＞50%，允许±10%偏差；相对丰度＞20%～50%，允许±15%偏差；相对丰度＞10%～20%，允许±20%偏差；相对丰度≤10%，允许±50%偏差)，则可判断样品中存在这种农药或相关化学品。如果不能确证，应重新进样，以扫描方式(有足够灵敏度)或采用增加其他确证离子的方式或用其他灵敏度更高的分析仪器来确证。

7.3.3 定量测定

本方法采用内标法单离子定量测定。内标物为环氧七氯。为减少基质的影响，定量用标准溶液应采用基质混合标准工作溶液。标准溶液的浓度应与待测化合物的浓度相近。本方法的 A、B、C、D、E 五组标准物质在苹果基质中选择离子监测 GC-MS 图参见附录 D。

7.4 平行试验

按以上步骤对同一试样进行平行测定。

7.5 空白试验

除不称取试样外，均按上述步骤进行。

8 结果计算

气相色谱-质谱测定结果可由计算机按内标法自动计算，也可按式(1)计算：

$$X = c_s \times \frac{A}{A_s} \times \frac{c_i}{c_{si}} \times \frac{A_{si}}{A_i} \times \frac{V}{m} \times \frac{1\,000}{1\,000} \quad\cdots\cdots(1)$$

式中：

X——试样中被测物残留量，单位为毫克每千克(mg/kg)；

c_s——基质标准工作溶液中被测物的浓度，单位为微克每毫升(μg/mL)；

A——试样溶液中被测物的色谱峰面积；

A_s——基质标准工作溶液中被测物的色谱峰面积；

c_i——试样溶液中内标物的浓度，单位为微克每毫升(μg/mL)；

c_{si}——基质标准工作溶液中内标物的浓度，单位为微克每毫升(μg/mL)；

A_{si}——基质标准工作溶液中内标物的色谱峰面积；

A_i——试样溶液中内标物的色谱峰面积；

V——样液最终定容体积，单位为毫升(mL)；

m——试样溶液所代表试样的质量，单位为克(g)。

注：计算结果应扣除空白值。

9 精密度

本标准精密度数据是按照 GB/T 6379.1 和 GB/T 6379.2 的规定确定的，获得重复性和再现性的值是以 95%的可信度来计算的。本标准方法的精密度数据参见附录 E。

附 录 A
（资料性附录）
500种农药及相关化学品方法检出限、分组、溶剂选择和混合标准溶液浓度表

500种农药及相关化学品方法检出限、分组、溶剂选择和混合标准溶液浓度表，见表A.1。

表A.1 500种农药及相关化学品方法检出限、分组、溶剂选择和混合标准溶液的浓度表

序号	中文名称	英文名称	检出限/(mg/kg)	溶剂	混合标准溶液浓度/(mg/L)
内标	环氧七氯	heptachlor-epoxide		甲苯	
		A组			
1	二丙烯草胺	allidochlor	0.012 5	甲苯	5.0
2	烯丙酰草胺	dichlormid	0.012 5	甲苯	5.0
3	土菌灵	etridiazol	0.018 8	甲苯	7.5
4	氯甲硫磷	chlormephos	0.012 5	甲苯	5.0
5	苯胺灵	propham	0.006 3	甲苯	2.5
6	环草敌	cycloate	0.006 3	甲苯	2.5
7	联苯二胺	diphenylamine	0.006 3	甲苯	2.5
8	杀虫脒	chlordimeform	0.006 3	正已烷	2.5
9	乙丁烯氟灵	ethalfluralin	0.025 0	甲苯	10.0
10	甲拌磷	phorate	0.006 3	甲苯	2.5
11	甲基乙拌磷	thiometon	0.006 3	甲苯	2.5
12	五氯硝基苯	quintozene	0.012 5	甲苯	5.0
13	脱乙基阿特拉津	atrazine-desethyl	0.006 3	甲苯+丙酮(8+2)	2.5
14	异噁草松	clomazone	0.006 3	甲苯	2.5
15	二嗪磷	diazinon	0.006 3	甲苯	2.5
16	地虫硫磷	fonofos	0.006 3	甲苯	2.5
17	乙嘧硫磷	etrimfos	0.006 3	甲苯	2.5
18	西玛津	simazine	0.006 3	甲醇	2.5
19	胺丙畏	propetamphos	0.006 3	甲苯	2.5
20	密草通	secbumeton	0.006 3	甲苯	2.5
21	除线磷	dichlofenthion	0.006 3	甲苯	2.5
22	炔丙烯草胺	pronamide	0.006 3	甲苯+丙酮(9+1)	2.5
23	兹克威	mexacarbate	0.018 8	甲苯	7.5
24	艾氏剂	aldrin	0.012 5	甲苯	5.0
25	氨氟灵	dinitramine	0.025 0	甲苯	10.0
26	皮蝇磷	ronnel	0.012 5	甲苯	5.0
27	扑草净	prometryne	0.006 3	甲苯	2.5

表 A.1(续)

序号	中文名称	英文名称	检出限/(mg/kg)	溶剂	混合标准溶液浓度/(mg/L)
28	环丙津	cyprazine	0.006 3	甲苯+丙酮(9+1)	2.5
29	乙烯菌核利	vinclozolin	0.006 3	甲苯	2.5
30	β-六六六	beta-HCH	0.006 3	甲苯	2.5
31	甲霜灵	metalaxyl	0.018 8	甲苯	7.5
32	毒死蜱	chlorpyrifos(-ethyl)	0.006 3	甲苯	2.5
33	甲基对硫磷	methyl-parathion	0.025 0	甲苯	10.0
34	蒽醌	anthraquinone	0.006 3	二氯甲烷	2.5
35	δ-六六六	delta-HCH	0.012 5	甲苯	5.0
36	倍硫磷	fenthion	0.006 3	甲苯	2.5
37	马拉硫磷	malathion	0.025 0	甲苯	10.0
38	杀螟硫磷	fenitrothion	0.012 5	甲苯	5.0
39	对氧磷	paraoxon-ethyl	0.200 0	甲苯	80.0
40	三唑酮	triadimefon	0.012 5	甲苯	5.0
41	对硫磷	parathion	0.025 0	甲苯	10.0
42	二甲戊灵	pendimethalin	0.025 0	甲苯	10.0
43	利谷隆	linuron	0.025 0	甲苯+丙酮(9+1)	10.0
44	杀螨醚	chlorbenside	0.012 5	甲苯	5.0
45	乙基溴硫磷	bromophos-ethyl	0.006 3	甲苯	2.5
46	喹硫磷	quinalphos	0.006 3	甲苯	2.5
47	反式氯丹	trans-chlordane	0.006 3	甲苯	2.5
48	稻丰散	phenthoate	0.012 5	甲苯	5.0
49	吡唑草胺	metazachlor	0.018 8	甲苯	7.5
50	苯硫威	fenothiocarb	0.012 5	丙酮	5.0
51	丙硫磷	prothiophos	0.006 3	甲苯	2.5
52	整形醇	chlorfurenol	0.018 8	甲苯+丙酮(9+1)	7.5
53	狄氏剂	dieldrin	0.012 5	甲苯	5.0
54	腐霉利	procymidone	0.006 3	甲苯	2.5
55	杀扑磷	methidathion	0.012 5	甲苯	5.0
56	氰草津	cyanazine	0.018 8	甲苯+丙酮(8+2)	7.5
57	敌草胺	napropamide	0.018 8	甲苯	7.5
58	噁草酮	oxadiazone	0.006 3	甲苯	2.5
59	苯线磷	fenamiphos	0.018 8	甲苯	7.5
60	杀螨氯硫	tetrasul	0.006 3	甲苯	2.5
61	杀螨特	aramite	0.006 3	二氯甲烷	2.5

表 A.1(续)

序号	中文名称	英文名称	检出限/(mg/kg)	溶剂	混合标准溶液浓度/(mg/L)
62	乙嘧酚磺酸酯	bupirimate	0.006 3	甲苯	2.5
63	萎锈灵	carboxin	0.150 0	甲苯	60.0
64	氟酰胺	flutolanil	0.006 3	甲苯	2.5
65	p,p'-滴滴滴	4,4′-DDD	0.006 3	甲苯	2.5
66	乙硫磷	ethion	0.012 5	甲苯	5.0
67	硫丙磷	sulprofos	0.012 5	甲苯	5.0
68	乙环唑-1	etaconazole-1	0.018 8	甲苯	7.5
69	乙环唑-2	etaconazole-2	0.018 8	甲苯	7.5
70	腈菌唑	myclobutanil	0.006 3	甲苯	2.5
71	禾草灵	diclofop-methyl	0.006 3	甲苯	2.5
72	丙环唑	propiconazole	0.018 8	甲苯	7.5
73	丰索磷	fensulfothion	0.012 5	甲苯	5.0
74	联苯菊酯	bifenthrin	0.006 3	正己烷	2.5
75	灭蚁灵	mirex	0.006 3	甲苯	2.5
76	麦锈灵	benodanil	0.018 8	甲苯	7.5
77	氟苯嘧啶醇	nuarimol	0.012 5	甲苯+丙酮(9+1)	5.0
78	甲氧滴滴涕	methoxychlor	0.050 0	甲苯	20.0
79	噁霜灵	oxadixyl	0.006 3	甲苯	2.5
80	胺菊酯	tetramethirn	0.012 5	甲苯	5.0
81	戊唑醇	tebuconazole	0.018 8	甲苯	7.5
82	氟草敏	norflurazon	0.006 3	甲苯+丙酮(9+1)	2.5
83	哒嗪硫磷	pyridaphenthion	0.006 3	甲苯	2.5
84	亚胺硫磷	phosmet	0.012 5	甲苯	5.0
85	三氯杀螨砜	tetradifon	0.006 3	甲苯	2.5
86	氧化萎锈灵	oxycarboxin	0.037 5	甲苯+丙酮(9+1)	15.0
87	顺式-氯菊酯	cis-permethrin	0.006 3	甲苯	2.5
88	反式-氯菊酯	trans-permethrin	0.006 3	甲苯	2.5
89	吡菌磷	pyrazophos	0.012 5	甲苯	5.0
90	氯氰菊酯	cypermethrin	0.018 8	甲苯	7.5
91	氰戊菊酯	fenvalerate	0.025 0	甲苯	10.0
92	溴氰菊酯	deltamethrin	0.037 5	甲苯	15.0
B组					
93	茵草敌	EPTC	0.018 8	甲苯	7.5
94	丁草敌	butylate	0.018 8	甲苯	7.5

表 A.1(续)

序号	中文名称	英文名称	检出限/(mg/kg)	溶剂	混合标准溶液浓度/(mg/L)
95	敌草腈	dichlobenil	0.001 3	甲苯	0.5
96	克草敌	pebulate	0.018 8	甲苯	7.5
97	三氯甲基吡啶	nitrapyrin	0.018 8	甲苯	7.5
98	速灭磷	mevinphos	0.012 5	甲苯	5.0
99	氯苯甲醚	chloroneb	0.006 3	甲苯	2.5
100	四氯硝基苯	tecnazene	0.012 5	甲苯	5.0
101	庚烯磷	heptanophos	0.018 8	甲苯	7.5
102	六氯苯	hexachlorobenzene	0.006 3	甲苯	2.5
103	灭线磷	ethoprophos	0.018 8	甲苯	7.5
104	顺式-燕麦敌	cis-diallate	0.012 5	甲苯	5.0
105	毒草胺	propachlor	0.018 8	甲苯	7.5
106	反式-燕麦敌	trans-diallate	0.012 5	甲苯	5.0
107	氟乐灵	trifluralin	0.012 5	甲苯	5.0
108	氯苯胺灵	chlorpropham	0.012 5	甲苯	5.0
109	治螟磷	sulfotep	0.006 3	甲苯	2.5
110	菜草畏	sulfallate	0.012 5	甲苯	5.0
111	α-六六六	alpha-HCH	0.006 3	甲苯	2.5
112	特丁硫磷	terbufos	0.012 5	甲苯	5.0
113	特丁通	terbumeton	0.018 8	甲苯	7.5
114	环丙氟灵	profluralin	0.025 0	甲苯	10.0
115	敌噁磷	dioxathion	0.025 0	甲苯	10.0
116	扑灭津	propazine	0.006 3	甲苯	2.5
117	氯炔灵	chlorbufam	0.012 5	甲苯	5.0
118	氯硝胺	dicloran	0.012 5	甲苯＋丙酮(9＋1)	5.0
119	特丁津	terbuthylazine	0.006 3	甲苯	2.5
120	绿谷隆	monolinuron	0.025 0	甲苯	10.0
121	氟虫脲	flufenoxuron	0.018 8	甲苯＋丙酮(8＋2)	7.5
122	杀螟腈	cyanophos	0.012 5	甲苯	5.0
123	甲基毒死蜱	chlorpyrifos-methyl	0.006 3	甲苯	2.5
124	敌草净	desmetryn	0.006 3	甲苯	2.5
125	二甲草胺	dimethachlor	0.018 8	甲苯	7.5
126	甲草胺	alachlor	0.018 8	甲苯	7.5
127	甲基嘧啶磷	pirimiphos-methyl	0.006 3	甲苯	2.5
128	特丁净	terbutryn	0.012 5	甲苯	5.0

表 A.1(续)

序号	中文名称	英文名称	检出限/(mg/kg)	溶剂	混合标准溶液浓度/(mg/L)
129	杀草丹	thiobencarb	0.012 5	甲苯	5.0
130	丙硫特普	aspon	0.012 5	甲苯	5.0
131	三氯杀螨醇	dicofol	0.012 5	甲苯	5.0
132	异丙甲草胺	metolachlor	0.006 3	甲苯	2.5
133	氧化氯丹	oxy-chlordane	0.006 3	甲苯	2.5
134	嘧啶磷	pirimiphos-ethyl	0.012 5	甲苯	5.0
135	烯虫酯	methoprene	0.025 0	甲苯	10.0
136	溴硫磷	bromofos	0.012 5	甲苯	5.0
137	苯氟磺胺	dichlofluanid	0.300 0	甲苯	120.0
138	乙氧呋草黄	ethofumesate	0.012 5	甲苯	5.0
139	异丙乐灵	isopropalin	0.012 5	甲苯	5.0
140	硫丹-1	endosulfan-1	0.037 5	甲苯	15.0
141	敌稗	propanil	0.012 5	甲苯+丙酮(9+1)	5.0
142	异柳磷	isofenphos	0.012 5	甲苯	5.0
143	育畜磷	crufomate	0.037 5	甲苯	15.0
144	毒虫畏	chlorfenvinphos	0.018 8	甲苯	7.5
145	顺式-氯丹	cis-chlordane	0.012 5	甲苯	5.0
146	甲苯氟磺胺	tolylfluanide	0.150 0	甲苯	60.0
147	p,p'-滴滴伊	4,4′-DDE	0.006 3	甲苯	2.5
148	丁草胺	butachlor	0.012 5	甲苯	5.0
149	乙菌利	chlozolinate	0.012 5	甲苯	5.0
150	巴毒磷	crotoxyphos	0.037 5	甲苯	15.0
151	碘硫磷	iodofenphos	0.012 5	甲苯	5.0
152	杀虫畏	tetrachlorvinphos	0.018 8	甲苯	7.5
153	氯溴隆	chlorbromuron	0.150 0	甲苯	60.0
154	丙溴磷	profenofos	0.037 5	甲苯	15.0
155	氟咯草酮	fluorochloridone	0.012 5	甲苯	5.0
156	噻嗪酮	buprofezin	0.012 5	甲苯	5.0
157	o,p'-滴滴滴	2,4′-DDD	0.006 3	甲苯	2.5
158	异狄氏剂	endrin	0.075 0	甲苯	30.0
159	己唑醇	hexaconazole	0.037 5	甲苯	15.0
160	杀螨酯	chlorfenson	0.012 5	甲苯	5.0
161	o,p'-滴滴涕	2,4′-DDT	0.012 5	甲苯	5.0
162	多效唑	paclobutrazol	0.018 8	甲苯	7.5

表 A.1(续)

序号	中文名称	英文名称	检出限/(mg/kg)	溶剂	混合标准溶液浓度/(mg/L)
163	盖草津	methoprotryne	0.018 8	甲苯	7.5
164	抑草蓬	erbon	0.012 5	甲苯	5.0
165	丙酯杀螨醇	chloropropylate	0.006 3	甲苯	2.5
166	麦草氟甲酯	flamprop-methyl	0.006 3	甲苯	2.5
167	除草醚	nitrofen	0.037 5	甲苯	15.0
168	乙氧氟草醚	oxyfluorfen	0.025 0	甲苯	10.0
169	虫螨磷	chlorthiophos	0.018 8	甲苯	7.5
170	硫丹-2	endosulfan-2	0.037 5	甲苯	15.0
171	麦草氟异丙酯	flamprop-Isopropyl	0.006 3	甲苯	2.5
172	*p*,*p*′-滴滴涕	4,4′-DDT	0.012 5	甲苯	5.0
173	三硫磷	carbofenothion	0.012 5	甲苯	5.0
174	苯霜灵	benalaxyl	0.006 3	甲苯	2.5
175	敌瘟磷	edifenphos	0.012 5	甲苯	5.0
176	三唑磷	triazophos	0.018 8	甲苯	7.5
177	苯腈磷	cyanofenphos	0.006 3	甲苯	2.5
178	氯杀螨砜	chlorbenside sulfone	0.012 5	甲苯	5.0
179	硫丹硫酸盐	endosulfan-sulfate	0.018 8	甲苯	7.5
180	溴螨酯	bromopropylate	0.012 5	甲苯	5.0
181	新燕灵	benzoylprop-ethyl	0.018 8	甲苯	7.5
182	甲氰菊酯	fenpropathrin	0.012 5	甲苯	5.0
183	溴苯磷	leptophos	0.012 5	甲苯	5.0
184	苯硫膦	EPN	0.025 0	甲苯	10.0
185	环嗪酮	hexazinone	0.018 8	甲苯	7.5
186	伏杀硫磷	phosalone	0.012 5	甲苯	5.0
187	保棉磷	azinphos-methyl	0.037 5	甲苯	15.0
188	氯苯嘧啶醇	fenarimol	0.012 5	甲苯	5.0
189	益棉磷	azinphos-ethyl	0.012 5	甲苯	5.0
190	咪鲜胺	prochloraz	0.037 5	甲苯	15.0
191	蝇毒磷	coumaphos	0.037 5	甲苯	15.0
192	氟氯氰菊酯	cyfluthrin	0.075 0	甲苯	30.0
193	氟胺氰菊酯	fluvalinate	0.075 0	甲苯	30.0
C组					
194	敌敌畏	dichlorvos	0.037 5	甲醇	15.0
195	联苯	biphenyl	0.006 3	甲苯	2.5

表 A.1(续)

序号	中文名称	英文名称	检出限/(mg/kg)	溶剂	混合标准溶液浓度/(mg/L)
196	灭草敌	vernolate	0.006 3	甲苯	2.5
197	3,5-二氯苯胺	3,5-dichloroaniline	0.050 0	甲苯	20.0
198	禾草敌	molinate	0.006 3	甲苯	2.5
199	虫螨畏	methacrifos	0.006 3	甲苯	2.5
200	邻苯基苯酚	2-phenylphenol	0.006 3	甲苯	2.5
201	四氢邻苯二甲酰亚胺	tetrahydrophthalimide	0.018 8	甲苯	7.5
202	仲丁威	fenobucarb	0.012 5	甲苯	5.0
203	乙丁氟灵	benfluralin	0.006 3	甲苯	2.5
204	氟铃脲	hexaflumuron	0.037 5	甲苯	15.0
205	扑灭通	prometon	0.018 8	甲苯	7.5
206	野麦畏	triallate	0.012 5	甲苯	5.0
207	嘧霉胺	pyrimethanil	0.006 3	甲苯	2.5
208	林丹	gamma-HCH	0.012 5	甲苯	5.0
209	乙拌磷	disulfoton	0.006 3	甲苯	2.5
210	莠去净	atrizine	0.006 3	甲苯+丙酮(9+1)	2.5
211	七氯	heptachlor	0.018 8	甲苯	7.5
212	异稻瘟净	iprobenfos	0.018 8	甲苯	7.5
213	氯唑磷	isazofos	0.012 5	甲苯	5.0
214	三氯杀虫酯	plifenate	0.012 5	甲苯	5.0
215	丁苯吗啉	fenpropimorph	0.006 3	甲苯	2.5
216	四氟苯菊酯	transfluthrin	0.006 3	甲苯	2.5
217	氯乙氟灵	fluchloralin	0.025 0	甲苯	10.0
218	甲基立枯磷	tolclofos-methyl	0.006 3	甲苯	2.5
219	异丙草胺	propisochlor	0.006 3	甲苯	2.5
220	莠灭净	ametryn	0.018 8	甲苯	7.5
221	西草净	simetryn	0.012 5	甲苯	5.0
222	溴谷隆	metobromuron	0.037 5	甲苯	15.0
223	嗪草酮	metribuzin	0.018 8	甲苯	7.5
224	噻节因	dimethipin	0.018 8	甲苯	7.5
225	ε-六六六	HCH,epsilon	0.012 5	甲醇	5.0
226	异丙净	dipropetryn	0.006 3	甲苯	2.5
227	安硫磷	formothion	0.012 5	甲苯	5.0
228	乙霉威	diethofencarb	0.037 5	甲苯	15.0
229	哌草丹	dimepiperate	0.012 5	乙酸乙酯	5.0

表 A.1(续)

序号	中文名称	英文名称	检出限/(mg/kg)	溶剂	混合标准溶液浓度/(mg/L)
230	生物烯丙菊酯-1	bioallethrin-1	0.025 0	甲苯	10.0
231	生物烯丙菊酯-2	bioallethrin-2	0.025 0	甲苯	10.0
232	*o*,*p*′-滴滴伊	2,4′-DDE	0.006 3	甲苯	2.5
233	芬螨酯	fenson	0.006 3	甲苯	2.5
234	双苯酰草胺	diphenamid	0.006 3	甲苯	2.5
235	氯硫磷	chlorthion	0.012 5	甲苯	5.0
236	炔丙菊酯	prallethrin	0.018 8	甲苯	7.5
237	戊菌唑	penconazole	0.018 8	甲苯	7.5
238	灭蚜磷	mecarbam	0.025 0	甲苯	10.0
239	四氟醚唑	tetraconazole	0.018 8	甲苯	7.5
240	丙虫磷	propaphos	0.012 5	甲苯	5.0
241	氟节胺	flumetralin	0.012 5	甲苯	5.0
242	三唑醇	triadimenol	0.018 8	甲苯	7.5
243	丙草胺	pretilachlor	0.012 5	甲苯	5.0
244	亚胺菌	kresoxim-methyl	0.006 3	甲苯	2.5
245	吡氟禾草灵	fluazifop-butyl	0.006 3	甲苯	2.5
246	氟啶脲	chlorfluazuron	0.018 8	甲苯	7.5
247	乙酯杀螨醇	chlorobenzilate	0.006 3	甲苯	2.5
248	烯效唑	uniconazole	0.012 5	环已烷	5.0
249	氟哇唑	flusilazole	0.018 8	甲苯	7.5
250	三氟硝草醚	fluorodifen	0.006 3	甲苯	2.5
251	烯唑醇	diniconazole	0.018 8	甲苯	7.5
252	增效醚	piperonyl butoxide	0.006 3	甲苯	2.5
253	炔螨特	propargite	0.012 5	甲苯	5.0
254	灭锈胺	mepronil	0.006 3	甲苯	2.5
255	噁唑隆	dimefuron	0.025 0	甲苯+丙酮(8+2)	10.0
256	吡氟酰草胺	diflufenican	0.006 3	甲苯	2.5
257	喹螨醚	fenazaquin	0.006 3	甲苯	2.5
258	苯醚菊酯	phenothrin	0.006 3	甲苯	2.5
259	咯菌腈	fludioxonil	0.006 3	甲苯+丙酮(8+2)	2.5
260	苯氧威	fenoxycarb	0.037 5	甲苯	15.0
261	稀禾啶	sethoxydim	0.450 0	甲苯	180.0
262	莎稗磷	anilofos	0.012 5	甲苯	5.0
263	氟丙菊酯	acrinathrin	0.012 5	甲苯	5.0

表 A.1(续)

序号	中文名称	英文名称	检出限/(mg/kg)	溶剂	混合标准溶液浓度/(mg/L)
264	高效氯氟氰菊酯	lambda-cyhalothrin	0.006 3	甲苯	2.5
265	苯噻酰草胺	mefenacet	0.018 8	甲苯	7.5
266	氯菊酯	permethrin	0.012 5	甲苯	5.0
267	哒螨灵	pyridaben	0.006 3	甲苯	2.5
268	乙羧氟草醚	fluoroglycofen-ethyl	0.075 0	甲苯	30.0
269	联苯三唑醇	bitertanol	0.018 8	甲苯	7.5
270	醚菊酯	etofenprox	0.006 3	甲苯	2.5
271	噻草酮	cycloxydim	0.600 0	甲苯	240.0
272	顺式-氯氰菊酯	alpha-cypermethrin	0.012 5	甲苯	5.0
273	氟氰戊菊酯	flucythrinate	0.012 5	环己烷	5.0
274	S-氰戊菊酯	esfenvalerate	0.025 0	甲苯	10.0
275	苯醚甲环唑	difenonazole	0.037 5	甲苯	15.0
276	丙炔氟草胺	flumioxazin	0.012 5	环己烷	5.0
277	氟烯草酸	flumiclorac-pentyl	0.012 5	甲苯	5.0
		D 组			
278	甲氟磷	dimefox	0.018 8	甲苯	7.5
279	乙拌磷亚砜	disulfoton-sulfoxide	0.012 5	甲苯	5.0
280	五氯苯	pentachlorobenzene	0.006 3	甲苯	2.5
281	三异丁基磷酸盐	tri-iso-butyl phosphate	0.006 3	甲苯	2.5
282	鼠立死	crimidine	0.006 3	甲苯	2.5
283	4-溴-3,5-二甲苯基-N-甲基氨基甲酸酯-1	BDMC-1	0.012 5	甲苯	5.0
284	燕麦酯	chlorfenprop-methyl	0.006 3	甲苯	2.5
285	虫线磷	thionazin	0.006 3	甲苯	2.5
286	2,3,5,6-四氯苯胺	2,3,5,6-tetrachloroaniline	0.006 3	甲苯	2.5
287	三正丁基磷酸盐	tri-n-butyl phosphate	0.012 5	甲苯	5.0
288	2,3,4,5-四氯甲氧基苯	2,3,4,5-tetrachloroanisole	0.006 3	甲苯	2.5
289	五氯甲氧基苯	pentachloroanisole	0.006 3	甲苯	2.5
290	牧草胺	tebutam	0.012 5	甲苯	5.0
291	蔬果磷	dioxabenzofos	0.062 5	甲醇	25.0
292	甲基苯噻隆	methabenzthiazuron	0.062 5	甲苯+丙酮(9+1)	25.0
293	西玛通	simetone	0.012 5	甲苯	5.0
294	阿特拉通	atratone	0.006 3	甲苯	2.5
295	脱异丙基莠去津	desisopropyl-atrazine	0.050 0	甲苯+丙酮(8+2)	20.0

表 A.1(续)

序号	中文名称	英文名称	检出限/(mg/kg)	溶剂	混合标准溶液浓度/(mg/L)
296	特丁硫磷砜	terbufos sulfone	0.006 3	甲苯	2.5
297	七氟菊酯	tefluthrin	0.006 3	甲苯	2.5
298	溴烯杀	bromocylen	0.006 3	甲苯	2.5
299	草达津	trietazine	0.006 3	甲苯	2.5
300	氧乙嘧硫磷	etrimfos oxon	0.006 3	甲苯	2.5
301	环莠隆	cycluron	0.018 8	甲苯	7.5
302	2,6-二氯苯甲酰胺	2,6-dichlorobenzamide	0.012 5	甲苯+丙酮(8+2)	5.0
303	2,4,4′-三氯联苯	DE-PCB 28	0.006 3	甲苯	2.5
304	2,4,5-三氯联苯	DE-PCB 31	0.006 3	甲苯	2.5
305	脱乙基另丁津	desethyl-sebuthylazine	0.012 5	甲苯+丙酮(8+2)	5.0
306	2,3,4,5-四氯苯胺	2,3,4,5-tetrachloroaniline	0.012 5	甲苯	5.0
307	合成麝香	musk ambrette	0.006 3	甲苯	2.5
308	二甲苯麝香	musk xylene	0.006 3	甲苯	2.5
309	五氯苯胺	pentachloroaniline	0.006 3	甲苯	2.5
310	叠氮津	aziprotryne	0.050 0	甲苯	20.0
311	另丁津	sebutylazine	0.006 3	甲苯+丙酮(8+2)	2.5
312	丁咪酰胺	isocarbamid	0.031 3	甲苯+丙酮(9+1)	12.5
313	2,2′,5,5′-四氯联苯	DE-PCB 52	0.006 3	甲苯	2.5
314	麝香	musk moskene	0.006 3	甲苯	2.5
315	苄草丹	prosulfocarb	0.006 3	甲苯	2.5
316	二甲吩草胺	dimethenamid	0.006 3	甲苯	2.5
317	氧皮蝇磷	fenchlorphos oxon	0.012 5	甲苯	5.0
318	4-溴-3,5-二甲苯基-N-甲基氨基甲酸酯-2	BDMC-2	0.025 0	甲苯	10.0
319	甲基对氧磷	paraoxon-methyl	0.012 5	甲苯	5.0
320	庚酰草胺	monalide	0.012 5	甲苯	5.0
321	西藏麝香	musk tibeten	0.006 3	甲苯	2.5
322	碳氯灵	isobenzan	0.006 3	甲苯	2.5
323	八氯苯乙烯	octachlorostyrene	0.006 3	甲苯	2.5
324	嘧啶磷	pyrimitate	0.006 3	甲苯	2.5
325	异艾氏剂	isodrin	0.006 3	甲苯	2.5
326	丁嗪草酮	isomethiozin	0.012 5	甲苯	5.0
327	毒壤磷	trichloronat	0.006 3	甲苯	2.5
328	敌草索	dacthal	0.006 3	甲苯	2.5

表 A.1(续)

序号	中文名称	英文名称	检出限/(mg/kg)	溶剂	混合标准溶液浓度/(mg/L)
329	4,4-二氯二苯甲酮	4,4-dichlorobenzophenone	0.006 3	甲苯	2.5
330	酞菌酯	nitrothal-isopropyl	0.012 5	甲苯	5.0
331	麝香酮	musk ketone	0.006 3	甲苯	2.5
332	吡咪唑	rabenzazole	0.006 3	甲苯	2.5
333	嘧菌环胺	cyprodinil	0.006 3	甲苯	2.5
334	麦穗灵	fuberidazole	0.031 3	甲苯+丙酮(8+2)	12.5
335	氧异柳磷	isofenphos oxon	0.012 5	甲苯	5.0
336	异氯磷	dicapthon	0.031 3	甲苯	12.5
337	2,2′,4,5,5′-五氯联苯	DE-PCB 101	0.006 3	甲苯	2.5
338	2-甲-4-氯丁氧乙基酯	MCPA-butoxyethyl ester	0.006 3	甲苯	2.5
339	水胺硫磷	isocarbophos	0.012 5	甲苯	5.0
340	甲拌磷砜	phorate sulfone	0.006 3	甲苯	2.5
341	杀螨醇	chlorfenethol	0.006 3	甲苯	2.5
342	反式九氯	trans-nonachlor	0.006 3	甲苯	2.5
343	消螨通	dinobuton	0.062 5	甲苯	25.0
344	脱叶磷	DEF	0.012 5	甲苯	5.0
345	氟咯草酮	flurochloridone	0.012 5	甲醇	5.0
346	溴苯烯磷	bromfenvinfos	0.006 3	甲苯+丙酮(8+2)	2.5
347	乙滴涕	perthane	0.006 3	甲苯	2.5
348	灭菌磷	ditalimfos	0.006 3	甲苯	2.5
349	2,3,4,4′,5-五氯联苯	DE-PCB 118	0.006 3	甲苯	2.5
350	4,4-二溴二苯甲酮	4,4-Dibromobenzophenone	0.006 3	甲苯	2.5
351	粉唑醇	flutriafol	0.012 5	甲苯+丙酮(9+1)	5.0
352	地胺磷	mephosfolan	0.012 5	甲苯	5.0
353	乙基杀扑磷	athidathion	0.012 5	甲苯	5.0
354	2,2′,4,4′,5,5′-六氯联苯	DE-PCB 153	0.006 3	甲苯	2.5
355	苄氯三唑醇	diclobutrazole	0.025 0	甲苯+丙酮(8+2)	10.0
356	乙拌磷砜	disulfoton sulfone	0.012 5	甲苯	5.0
357	噻螨酮	hexythiazox	0.050 0	甲苯	20.0
358	2,2′,3,4,4′,5-六氯联苯	DE-PCB 138	0.006 3	甲苯	2.5
359	威菌磷	triamiphos	0.012 5	甲苯	5.0
360	苄呋菊酯-1	resmethrin-1	0.100 0	甲苯	40.0
361	环丙唑	cyproconazole	0.006 3	甲苯	2.5
362	苄呋菊酯-2	resmethrin-2	0.100 0	甲苯	40.0

表 A.1(续)

序号	中文名称	英文名称	检出限/(mg/kg)	溶剂	混合标准溶液浓度/(mg/L)
363	酞酸甲苯基丁酯	phthalic acid,benzyl butyl ester	0.006 3	甲苯	2.5
364	炔草酸	clodinafop-propargyl	0.012 5	甲苯	5.0
365	倍硫磷亚砜	fenthion sulfoxide	0.025 0	甲苯	10.0
366	三氟苯唑	fluotrimazole	0.006 3	甲苯	2.5
367	氟草烟-1-甲庚酯	fluroxypr-1-methylheptyl ester	0.006 3	甲苯	2.5
368	倍硫磷砜	fenthion sulfone	0.025 0	甲苯	10.0
369	三苯基磷酸盐	triphenyl phosphate	0.006 3	甲苯	2.5
370	苯嗪草酮	metamitron	0.062 5	甲苯+丙酮(8+2)	25.0
371	2,2,3,4,4′,5,5′-七氯联苯	DE-PCB 180	0.006 3	甲苯	2.5
372	吡螨胺	tebufenpyrad	0.006 3	甲苯	2.5
373	解草酯	cloquintocet-mexyl	0.006 3	甲苯	2.5
374	环草定	lenacil	0.062 5	甲苯+丙酮(8+2)	25.0
375	糠菌唑-1	bromuconazole-1	0.012 5	甲苯	5.0
376	脱溴溴苯磷	desbrom-leptophos	0.006 3	甲苯	2.5
377	糠菌唑-2	bromuconazole-2	0.012 5	甲苯	5.0
378	甲磺乐灵	nitralin	0.062 5	甲苯+丙酮(8+2)	25.0
379	苯线磷亚砜	fenamiphos sulfoxide	0.200 0	甲苯	80.0
380	苯线磷砜	fenamiphos sulfone	0.025 0	甲苯+丙酮(8+2)	10.0
381	拌种咯	fenpiclonil	0.025 0	甲苯+丙酮(8+2)	10.0
382	氟喹唑	fluquinconazole	0.006 3	甲苯+丙酮(8+2)	2.5
383	腈苯唑	fenbuconazole	0.012 5	甲苯+丙酮(8+2)	5.0
E组					
384	残杀威-1	propoxur-1	0.012 5	甲苯	5.0
385	异丙威-1	isoprocarb-1	0.012 5	甲苯	5.0
386	甲胺磷	methamidophos	0.200 0	甲苯	10.0
387	二氢苊	acenaphthene	0.006 3	甲苯	2.5
388	驱虫特	dibutyl succinate	0.012 5	甲苯	5.0
389	邻苯二甲酰亚胺	phthalimide	0.012 5	甲苯	5.0
390	氯氧磷	chlorethoxyfos	0.012 5	甲苯	5.0
391	异丙威-2	isoprocarb-2	0.012 5	甲苯	5.0
392	戊菌隆	pencycuron	0.012 5	甲苯	10.0
393	丁噻隆	tebuthiuron	0.025 0	甲苯	10.0
394	甲基内吸磷	demeton-S-methyl	0.025 0	甲苯	10.0
395	硫线磷	cadusafos	0.025 0	甲苯	10.0

表 A.1(续)

序号	中文名称	英文名称	检出限/(mg/kg)	溶剂	混合标准溶液浓度/(mg/L)
396	残杀威-2	propoxur-2	0.012 5	甲苯	5.0
397	菲	phenanthrene	0.006 3	甲苯	2.5
398	螺菌环胺-1	spiroxamine-1	0.012 5	甲苯	5.0
399	唑螨酯	fenpyroximate	0.050 0	甲苯	20.0
400	丁基嘧啶磷	tebupirimfos	0.012 5	甲苯	5.0
401	茉莉酮	prohydrojasmon	0.025 0	环己烷	10.0
402	苯锈啶	fenpropidin	0.012 5	甲苯	5.0
403	氯硝胺	dichloran	0.012 5	甲苯	5.0
404	咯喹酮	pyroquilon	0.006 3	甲苯	2.5
405	螺菌环胺-2	spiroxamine-2	0.012 5	甲苯	5.0
406	炔苯酰草胺	propyzamide	0.012 5	甲苯	5.0
407	抗蚜威	pirimicarb	0.012 5	甲苯	5.0
408	磷胺-1	phosphamidon-1	0.050 0	甲苯	20.0
409	解草嗪	benoxacor	0.012 5	甲苯	5.0
410	溴丁酰草胺	bromobutide	0.006 3	环己烷	2.5
411	乙草胺	acetochlor	0.012 5	甲苯	5.0
412	灭草环	tridiphane	0.025 0	异辛烷	10.0
413	特草灵	terbucarb	0.012 5	甲苯	5.0
414	戊草丹	esprocarb	0.012 5	甲苯	5.0
415	甲呋酰胺	fenfuram	0.012 5	甲苯	5.0
416	活化酯	acibenzolar-S-methyl	0.012 5	环己烷	5.0
417	呋草黄	benfuresate	0.012 5	甲苯	5.0
418	氟硫草定	dithiopyr	0.006 3	甲苯	2.5
419	精甲霜灵	mefenoxam	0.012 5	甲苯	5.0
420	马拉氧磷	malaoxon	0.100 0	甲苯	40.0
421	磷胺-2	phosphamidon-2	0.050 0	甲苯	20.0
422	硅氟唑	simeconazole	0.012 5	甲苯	5.0
423	氯酞酸甲酯	chlorthal-dimethyl	0.012 5	甲苯	5.0
424	噻唑烟酸	thiazopyr	0.012 5	甲苯	5.0
425	甲基毒虫畏	dimethylvinphos	0.012 5	甲苯	5.0
426	仲丁灵	butralin	0.025 0	甲苯	10.0
427	苯酰草胺	zoxamide	0.012 5	甲苯+丙酮(8+2)	5.0
428	啶斑肟-1	pyrifenox-1	0.050 0	甲苯	20.0
429	烯丙菊酯	allethrin	0.025 0	甲苯	10.0

表 A.1(续)

序号	中文名称	英文名称	检出限/(mg/kg)	溶剂	混合标准溶液浓度/(mg/L)
430	异戊乙净	dimethametryn	0.006 3	甲苯	2.5
431	灭藻醌	quinoclamine	0.025 0	甲苯	10.0
432	甲醚菊酯-1	methothrin-1	0.012 5	甲苯	5.0
433	氟噻草胺	flufenacet	0.050 0	甲苯	20.0
434	甲醚菊酯-2	methothrin-2	0.012 5	甲苯	5.0
435	啶斑肟-2	pyrifenox	0.050 0	甲苯	20.0
436	氰菌胺	fenoxanil	0.012 5	甲苯	5.0
437	四氯苯酞	phthalide	0.025 0	丙酮	10.0
438	呋霜灵	furalaxyl	0.012 5	甲苯	5.0
439	噻虫嗪	thiamethoxam	0.025 0	甲苯	10.0
440	嘧菌胺	mepanipyrim	0.006 3	甲苯	2.5
441	克菌丹	captan	0.400 0	甲苯	40.0
442	除草定	bromacil	0.050 0	甲苯	5.0
443		picoxystrobin	0.012 5	甲苯	5.0
444	抑草磷	butamifos	0.006 3	环已烷	2.5
445	咪草酸	imazamethabenz-methyl	0.018 8	甲苯	7.5
446	苯氧菌胺-1	metominostrobin-1	0.025 0	乙腈	10.0
447	苯噻硫氰	TCMTB	0.100 0	甲苯	40.0
448	灭梭威砜	methiocarb sulfone	0.800 0	甲苯+丙酮(8+2)	80.0
449	抑霉唑	imazalil	0.025 0	甲苯	10.0
450	稻瘟灵	isoprothiolane	0.012 5	甲苯	5.0
451	环氟菌胺	cyflufenamid	0.100 0	环已烷	40.0
452	嘧草醚	pyriminobac-methyl	0.025 0	环已烷	10.0
453	噁唑磷	isoxathion	0.050 0	环已烷	20.0
454	苯氧菌胺-2	metominostrobin-2	0.025 0	乙腈	10.0
455	苯虫醚-1	diofenolan-1	0.012 5	甲苯	5.0
456	噻呋酰胺	thifluzamide	0.050 0	乙腈	20.0
457	苯虫醚-2	diofenolan-2	0.012 5	甲苯	5.0
458	苯氧喹啉	quinoxyphen	0.006 3	甲苯	2.5
459	溴虫腈	chlorfenapyr	0.050 0	甲苯	20.0
460	肟菌酯	trifloxystrobin	0.025 0	甲苯	10.0
461	脱苯甲基亚胺唑	imibenconazole-des-benzyl	0.025 0	甲苯+丙酮(8+2)	10.0
462	双苯噁唑酸	isoxadifen-ethyl	0.012 5	甲苯	5.0
463	氟虫腈	fipronil	0.050 0	甲苯	20.0

表 A.1(续)

序号	中文名称	英文名称	检出限/(mg/kg)	溶剂	混合标准溶液浓度/(mg/L)
464	炔咪菊酯-1	imiprothrin-1	0.012 5	甲苯	5.0
465	唑酮草酯	carfentrazone-ethyl	0.012 5	甲苯	5.0
466	炔咪菊酯-2	imiprothrin-2	0.012 5	甲苯	5.0
467	氟环唑-1	epoxiconazole-1	0.050 0	甲苯	20.0
468	吡草醚	pyraflufen ethyl	0.012 5	甲苯	5.0
469	稗草丹	pyributicarb	0.012 5	甲苯	5.0
470	噻吩草胺	thenylchlor	0.012 5	甲苯	5.0
471	烯草酮	clethodim	0.025 0	甲苯	10.0
472	吡唑解草酯	mefenpyr-diethyl	0.018 8	甲苯	7.5
473	伐灭磷	famphur	0.025 0	甲苯	10.0
474	乙螨唑	etoxazole	0.037 5	环已烷	15.0
475	吡丙醚	pyriproxyfen	0.006 3	甲苯	5.0
476	氟环唑-2	epoxiconazole-2	0.050 0	甲苯	20.0
477	氟吡酰草胺	picolinafen	0.006 3	甲苯	2.5
478	异菌脲	iprodione	0.025 0	甲苯	10.0
479	哌草磷	piperophos	0.018 8	甲苯	7.5
480	呋酰胺	ofurace	0.018 8	甲苯	7.5
481	联苯肼酯	bifenazate	0.050 0	甲苯	20.0
482	异狄氏剂酮	endrin ketone	0.025 0	甲苯	10.0
483	氯甲酰草胺	clomeprop	0.006 3	乙腈	2.5
484	咪唑菌酮	fenamidone	0.006 3	甲苯	2.5
485	萘丙胺	naproanilide	0.006 3	丙酮	2.5
486	吡唑醚菊酯	pyraclostrobin	0.150 0	甲苯	60.0
487	乳氟禾草灵	lactofen	0.050 0	甲苯	20.0
488	三甲苯草酮	tralkoxydim	0.050 0	甲苯	20.0
489	吡唑硫磷	pyraclofos	0.050 0	环已烷	20.0
490	氯亚胺硫磷	dialifos	0.050 0	甲苯	80.0
491	螺螨酯	spirodiclofen	0.050 0	甲苯	20.0
492	苄螨醚	halfenprox	0.025 0	环已烷	5.0
493	呋草酮	flurtamone	0.025 0	甲苯	5.0
494	环酯草醚	pyriftalid	0.006 3	甲苯	2.5
495	氟硅菊酯	silafluofen	0.006 3	甲苯	2.5
496	嘧螨醚	pyrimidifen	0.025 0	乙腈	5.0
497	啶虫脒	acetamiprid	0.200 0	甲苯	10.0
498	氟丙嘧草酯	butafenacil	0.006 3	甲苯	2.5
499	苯酮唑	cafenstrole	0.075 0	乙腈	10.0
500	氟啶草酮	fluridone	0.050 0	甲苯	5.0

附 录 B
（资料性附录）
500种农药及相关化学品和内标化合物的保留时间、定量离子、定性离子及定量离子与定性离子的比值

500种农药及相关化学品和内标化合物的保留时间、定量离子、定性离子及定量离子与定性离子的比值，见表B.1。

表B.1 500种农药及相关化学品和内标化合物的保留时间、定量离子、定性离子及定量离子与定性离子的比值

序号	中文名称	英文名称	保留时间/min	定量离子	定性离子1	定性离子2	定性离子3
内标	环氧七氯	heptachlor-epoxide	22.10	353(100)	355(79)	351(52)	
A组							
1	二丙烯草胺	allidochlor	8.78	138(100)	158(10)	173(15)	
2	烯丙酰草胺	dichlormid	9.74	172(100)	166(41)	124(79)	
3	土菌灵	etridiazol	10.42	211(100)	183(73)	140(19)	
4	氯甲硫磷	chlormephos	10.53	121(100)	234(70)	154(70)	
5	苯胺灵	propham	11.36	179(100)	137(66)	120(51)	
6	环草敌	cycloate	13.56	154(100)	186(5)	215(12)	
7	联苯二胺	diphenylamine	14.55	169(100)	168(58)	167(29)	
8	杀虫脒	chlordimeform	14.93	196(100)	198(30)	195(18)	183(23)
9	乙丁烯氟灵	ethalfluralin	15.00	276(100)	316(81)	292(42)	
10	甲拌磷	phorate	15.46	260(100)	121(160)	231(56)	153(3)
11	甲基乙拌磷	thiometon	16.20	88(100)	125(55)	246(9)	
12	五氯硝基苯	quintozene	16.75	295(100)	237(159)	249(114)	
13	脱乙基阿特拉津	atrazine-desethyl	16.76	172(100)	187(32)	145(17)	
14	异噁草松	clomazone	17.00	204(100)	138(4)	205(13)	
15	二嗪磷	diazinon	17.14	304(100)	179(192)	137(172)	
16	地虫硫磷	fonofos	17.31	246(100)	137(141)	174(15)	202(6)
17	乙嘧硫磷	etrimfos	17.92	292(100)	181(40)	277(31)	
18	西玛津	simazine	17.85	201(100)	186(62)	173(42)	
19	胺丙畏	propetamphos	17.97	138(100)	194(49)	236(30)	
20	密草通	secbumeton	18.36	196(100)	210(38)	225(39)	
21	除线磷	dichlofenthion	18.80	279(100)	223(78)	251(38)	
22	炔丙烯草胺	pronamide	18.72	173(100)	175(62)	255(22)	
23	兹克威	mexacarbate	18.83	165(100)	150(66)	222(27)	
24	艾氏剂	aldrin	19.67	263(100)	265(65)	293(40)	329(8)
25	氨氟灵	dinitramine	19.35	305(100)	307(38)	261(29)	

表 B.1(续)

序号	中文名称	英文名称	保留时间/min	定量离子	定性离子 1	定性离子 2	定性离子 3
26	皮蝇磷	ronnel	19.80	285(100)	287(67)	125(32)	
27	扑草净	prometryne	20.13	241(100)	184(78)	226(60)	
28	环丙津	cyprazine	20.18	212(100)	227(58)	170(29)	
29	乙烯菌核利	vinclozolin	20.29	285(100)	212(109)	198(96)	
30	β-六六六	beta-HCH	20.31	219(100)	217(78)	181(94)	254(12)
31	甲霜灵	metalaxyl	20.67	206(100)	249(53)	234(38)	
32	毒死蜱	chlorpyrifos(-ethyl)	20.96	314(100)	258(57)	286(42)	
33	甲基对硫磷	methyl-parathion	20.82	263(100)	233(66)	246(8)	200(6)
34	蒽醌	anthraquinone	21.49	208(100)	180(84)	152(69)	
35	δ-六六六	delta-HCH	21.16	219(100)	217(80)	181(99)	254(10)
36	倍硫磷	fenthion	21.53	278(100)	169(16)	153(9)	
37	马拉硫磷	malathion	21.54	173(100)	158(36)	143(15)	
38	杀螟硫磷	fenitrothion	21.62	277(100)	260(52)	247(60)	
39	对氧磷	paraoxon-ethyl	21.57	275(100)	220(60)	247(58)	
40	三唑酮	triadimefon	22.22	208(100)	210(50)	181(74)	
41	对硫磷	parathion	22.32	291(100)	186(23)	235(35)	263(11)
42	二甲戊灵	pendimethalin	22.59	252(100)	220(22)	162(12)	
43	利谷隆	linuron	22.44	61(100)	248(30)	160(12)	
44	杀螨醚	chlorbenside	22.96	268(100)	270(41)	143(11)	
45	乙基溴硫磷	bromophos-ethyl	23.06	359(100)	303(77)	357(74)	
46	喹硫磷	quinalphos	23.10	146(100)	298(28)	157(66)	
47	反式氯丹	trans-chlordane	23.29	373(100)	375(96)	377(51)	
48	稻丰散	phenthoate	23.30	274(100)	246(24)	320(5)	
49	吡唑草胺	metazachlor	23.32	209(100)	133(120)	211(32)	
50	苯硫威	fenothiocarb	23.79	72(100)	160(37)	253(15)	
51	丙硫磷	prothiophos	24.04	309(100)	267(88)	162(55)	
52	整形醇	chlorfurenol	24.15	215(100)	152(40)	274(11)	
53	狄氏剂	dieldrin	24.43	263(100)	277(82)	380(30)	345(35)
54	腐霉利	procymidone	24.36	283(100)	285(70)	255(15)	
55	杀扑磷	methidathion	24.49	145(100)	157(2)	302(4)	
56	氰草津	cyanazine	24.94	225(100)	240(56)	198(61)	
57	敌草胺	napropamide	24.84	271(100)	128(111)	171(34)	
58	噁草酮	oxadiazone	25.06	175(100)	258(62)	302(37)	
59	苯线磷	fenamiphos	25.29	303(100)	154(56)	288(31)	217(22)

表 B.1(续)

序号	中文名称	英文名称	保留时间/min	定量离子	定性离子 1	定性离子 2	定性离子 3
60	杀螨氯硫	tetrasul	25.85	252(100)	324(64)	254(68)	
61	杀螨特	aramite	25.60	185(100)	319(37)	334(32)	
62	乙嘧酚磺酸酯	bupirimate	26.00	273(100)	316(41)	208(83)	
63	萎锈灵	carboxin	26.25	235(100)	143(168)	87(52)	
64	氟酰胺	flutolanil	26.23	173(100)	145(25)	323(14)	
65	p,p'-滴滴滴	4,4′-DDD	26.59	235(100)	237(64)	199(12)	165(46)
66	乙硫磷	ethion	26.69	231(100)	384(13)	199(9)	
67	硫丙磷	sulprofos	26.87	322(100)	156(62)	280(11)	
68	乙环唑-1	etaconazole-1	26.81	245(100)	173(85)	247(65)	
69	乙环唑-2	etaconazole-2	26.89	245(100)	173(85)	247(65)	
70	腈菌唑	myclobutanil	27.19	179(100)	288(14)	150(45)	
71	禾草灵	diclofop-methyl	28.08	253(100)	281(50)	342(82)	
72	丙环唑	propiconazole	28.15	259(100)	173(97)	261(65)	
73	丰索磷	fensulfothion	27.94	292(100)	308(22)	293(73)	
74	联苯菊酯	bifenthrin	28.57	181(100)	166(25)	165(23)	
75	灭蚁灵	mirex	28.72	272(100)	237(49)	274(80)	
76	麦锈灵	benodanil	29.14	231(100)	323(38)	203(22)	
77	氟苯嘧啶醇	nuarimol	28.90	314(100)	235(155)	203(108)	
78	甲氧滴滴涕	methoxychlor	29.38	227(100)	228(16)	212(4)	
79	噁霜灵	oxadixyl	29.50	163(100)	233(18)	278(11)	
80	胺菊酯	tetramethirn	29.59	164(100)	135(3)	232(1)	
81	戊唑醇	tebuconazole	29.51	250(100)	163(55)	252(36)	
82	氟草敏	norflurazon	29.99	303(100)	145(101)	102(47)	
83	哒嗪硫磷	pyridaphenthion	30.17	340(100)	199(48)	188(51)	
84	亚胺硫磷	phosmet	30.46	160(100)	161(11)	317(4)	
85	三氯杀螨砜	tetradifon	30.70	227(100)	356(70)	159(196)	
86	氧化萎锈灵	oxycarboxin	31.00	175(100)	267(52)	250(3)	
87	顺式-氯菊酯	cis-permethrin	31.42	183(100)	184(15)	255(2)	
88	反式-氯菊酯	trans-permethrin	31.68	183(100)	184(15)	255(2)	
89	吡菌磷	pyrazophos	31.60	221(100)	232(35)	373(19)	
90	氯氰菊酯	cypermethrin	33.19 33.38 33.46 33.56	181(100)	152(23)	180(16)	

表 B.1(续)

序号	中文名称	英文名称	保留时间/min	定量离子	定性离子 1	定性离子 2	定性离子 3
91	氰戊菊酯	fenvalerate	34.45 34.79	167(100)	225(53)	419(37)	181(41)
92	溴氰菊酯	deltamethrin	35.77	181(100)	172(25)	174(25)	
			B组				
93	茵草敌	EPTC	8.54	128(100)	189(30)	132(32)	
94	丁草敌	butylate	9.49	156(100)	146(115)	217(27)	
95	敌草腈	dichlobenil	9.75	171(100)	173(68)	136(15)	
96	克草敌	pebulate	10.18	128(100)	161(21)	203(20)	
97	三氯甲基吡啶	nitrapyrin	10.89	194(100)	196(97)	198(23)	
98	速灭磷	mevinphos	11.23	127(100)	192(39)	164(29)	
99	氯苯甲醚	chloroneb	11.85	191(100)	193(67)	206(66)	
100	四氯硝基苯	tecnazene	13.54	261(100)	203(135)	215(113)	
101	庚烯磷	heptenophos	13.78	124(100)	215(17)	250(14)	
102	六氯苯	hexachlorobenzene	14.69	284(100)	286(81)	282(51)	
103	灭线磷	ethoprophos	14.40	158(100)	200(40)	242(23)	168(15)
104	顺式-燕麦敌	cis-diallate	14.75	234(100)	236(37)	128(38)	
105	毒草胺	propachlor	14.73	120(100)	176(45)	211(11)	
106	反式-燕麦敌	trans-diallate	15.29	234(100)	236(37)	128(38)	
107	氟乐灵	trifluralin	15.23	306(100)	264(72)	335(7)	
108	氯苯胺灵	chlorpropham	15.49	213(100)	171(59)	153(24)	
109	治螟磷	sulfotep	15.55	322(100)	202(43)	238(27)	266(24)
110	菜草畏	sulfallate	15.75	188(100)	116(7)	148(4)	
111	α-六六六	alpha-HCH	16.06	219(100)	183(98)	221(47)	254(6)
112	特丁硫磷	terbufos	16.83	231(100)	153(25)	288(10)	186(13)
113	特丁通	terbumeton	17.20	210(100)	169(66)	225(32)	
114	环丙氟灵	profluralin	17.36	318(100)	304(47)	347(13)	
115	敌噁磷	dioxathion	17.51	270(100)	197(43)	169(19)	
116	扑灭津	propazine	17.67	214(100)	229(67)	172(51)	
117	氯炔灵	chlorbufam	17.85	223(100)	153(53)	164(64)	
118	氯硝胺	dicloran	17.89	206(100)	176(128)	160(52)	
119	特丁津	terbuthylazine	18.07	214(100)	229(33)	173(35)	
120	绿谷隆	monolinuron	18.15	61(100)	126(45)	214(51)	
121	氟虫脲	flufenoxuron	18.83	305(100)	126(67)	307(32)	
122	杀螟腈	cyanophos	18.73	243(100)	180(8)	148(3)	

表 B.1(续)

序号	中文名称	英文名称	保留时间/min	定量离子	定性离子 1	定性离子 2	定性离子 3
123	甲基毒死蜱	chlorpyrifos-methyl	19.38	286(100)	288(70)	197(5)	
124	敌草净	desmetryn	19.64	213(100)	198(60)	171(30)	
125	二甲草胺	dimethachlor	19.80	134(100)	197(47)	210(16)	
126	甲草胺	alachlor	20.03	188(100)	237(35)	269(15)	
127	甲基嘧啶磷	pirimiphos-methyl	20.30	290(100)	276(86)	305(74)	
128	特丁净	terbutryn	20.61	226(100)	241(64)	185(73)	
129	杀草丹	thiobencarb	20.63	100(100)	257(25)	259(9)	
130	丙硫特普	aspon	20.62	211(100)	253(52)	378(14)	
131	三氯杀螨醇	dicofol	21.33	139(100)	141(72)	250(23)	251(4)
132	异丙甲草胺	metolachlor	21.34	238(100)	162(159)	240(33)	
133	氧化氯丹	oxy-chlordane	21.63	387(100)	237(50)	185(68)	
134	嘧啶磷	pirimiphos-ethyl	21.59	333(100)	318(93)	304(69)	
135	烯虫酯	methoprene	21.71	73(100)	191(29)	153(29)	
136	溴硫磷	bromofos	21.75	331(100)	329(75)	213(7)	
137	苯氟磺胺	dichlofluanid	21.68	224(100)	226(74)	167(120)	
138	乙氧呋草黄	ethofumesate	21.84	207(100)	161(54)	286(27)	
139	异丙乐灵	isopropalin	22.10	280(100)	238(40)	222(4)	
140	硫丹-Ⅰ	endosulfan-Ⅰ	23.10	241(100)	265(66)	339(46)	
141	敌稗	propanil	22.68	161(100)	217(21)	163(62)	
142	异柳磷	isofenphos	22.99	213(100)	255(44)	185(45)	
143	育畜磷	crufomate	22.93	256(100)	182(154)	276(58)	
144	毒虫畏	chlorfenvinphos	23.19	323(100)	267(139)	269(92)	
145	顺式-氯丹	cis-chlordane	23.55	373(100)	375(96)	377(51)	
146	甲苯氟磺胺	tolylfluanide	23.45	238(100)	240(71)	137(210)	
147	*p*,*p*′-滴滴伊	4,4′-DDE	23.92	318(100)	316(80)	246(139)	248(70)
148	丁草胺	butachlor	23.82	176(100)	160(75)	188(46)	
149	乙菌利	chlozolinate	23.83	259(100)	188(83)	331(91)	
150	巴毒磷	crotoxyphos	23.94	193(100)	194(16)	166(51)	
151	碘硫磷	iodofenphos	24.33	377(100)	379(37)	250(6)	
152	杀虫畏	tetrachlorvinphos	24.36	329(100)	331(96)	333(31)	
153	氯溴隆	chlorbromuron	24.37	61(100)	294(17)	292(13)	
154	丙溴磷	profenofos	24.65	339(100)	374(39)	297(37)	
155	氟咯草酮	fluorochloridone	25.14	311(100)	313(64)	187(85)	
156	噻嗪酮	buprofezin	24.87	105(100)	172(54)	305(24)	

表 B.1(续)

序号	中文名称	英文名称	保留时间/min	定量离子	定性离子 1	定性离子 2	定性离子 3
157	*o*,*p*′-滴滴滴	2,4′-DDD	24.94	235(100)	237(65)	165(39)	199(15)
158	异狄氏剂	endrin	25.15	263(100)	317(30)	345(26)	
159	己唑醇	hexaconazole	24.92	214(100)	231(62)	256(26)	
160	杀螨酯	chlorfenson	25.05	302(100)	175(282)	177(103)	
161	*o*,*p*′-滴滴涕	2,4′-DDT	25.56	235(100)	237(63)	165(37)	199(14)
162	多效唑	paclobutrazol	25.21	236(100)	238(37)	167(39)	
163	盖草津	methoprotryne	25.63	256(100)	213(24)	271(17)	
164	抑草蓬	erbon	25.68	169(100)	171(35)	223(30)	
165	丙酯杀螨醇	chloropropylate	25.85	251(100)	253(64)	141(18)	
166	麦草氟甲酯	flamprop-methyl	25.90	105(100)	77(26)	276(11)	
167	除草醚	nitrofen	26.12	283(100)	253(90)	202(48)	139(15)
168	乙氧氟草醚	oxyfluorfen	26.13	252(100)	361(35)	300(35)	
169	虫螨磷	chlorthiophos	26.52	325(100)	360(52)	297(54)	
170	硫丹-Ⅱ	endosulfan-Ⅱ	26.72	241(100)	265(66)	339(46)	
171	麦草氟异丙酯	flamprop-Isopropyl	26.70	105(100)	276(19)	363(3)	
172	*p*,*p*′-滴滴涕	4,4′-DDT	27.22	235(100)	237(65)	246(7)	165(34)
173	三硫磷	carbofenothion	27.19	157(100)	342(49)	199(28)	
174	苯霜灵	benalaxyl	27.54	148(100)	206(32)	325(8)	
175	敌瘟磷	edifenphos	27.94	173(100)	310(76)	201(37)	
176	三唑磷	triazophos	28.23	161(100)	172(47)	257(38)	
177	苯腈磷	cyanofenphos	28.43	157(100)	169(56)	303(20)	
178	氯杀螨砜	chlorbenside sulfone	28.88	127(100)	99(14)	89(33)	
179	硫丹硫酸盐	endosulfan-Sulfate	29.05	387(100)	272(165)	389(64)	
180	溴螨酯	bromopropylate	29.30	341(100)	183(34)	339(49)	
181	新燕灵	benzoylprop-ethyl	29.40	292(100)	365(36)	260(37)	
182	甲氰菊酯	fenpropathrin	29.56	265(100)	181(237)	349(25)	
183	溴苯磷	leptophos	30.19	377(100)	375(73)	379(28)	
184	苯硫膦	EPN	30.06	157(100)	169(53)	323(14)	
185	环嗪酮	hexazinone	30.14	171(100)	252(3)	128(12)	
186	伏杀硫磷	phosalone	31.22	182(100)	367(30)	154(20)	
187	保棉磷	azinphos-methyl	31.41	160(100)	132(71)	77(58)	
188	氯苯嘧啶醇	fenarimol	31.65	139(100)	219(70)	330(42)	
189	益棉磷	azinphos-ethyl	32.01	160(100)	132(103)	77(51)	
190	咪鲜胺	prochloraz	33.07	180(100)	308(59)	266(18)	

表 B.1(续)

序号	中文名称	英文名称	保留时间/min	定量离子	定性离子 1	定性离子 2	定性离子 3
191	蝇毒磷	coumaphos	33.22	362(100)	226(56)	364(39)	334(15)
192	氟氯氰菊酯	cyfluthrin	32.94 33.12	206(100)	199(63)	226(72)	
193	氟胺氰菊酯	fluvalinate	34.94 35.02	250(100)	252(38)	181(18)	
		C组					
194	敌敌畏	dichlorvos	7.80	109(100)	185(34)	220(7)	
195	联苯	biphenyl	9.00	154(100)	153(40)	152(27)	
196	灭草敌	vernolate	9.82	128(100)	146(17)	203(9)	
197	3,5-二氯苯胺	3,5-Dichloroaniline	11.20	161(100)	163(62)	126(10)	
198	禾草敌	molinate	11.92	126(100)	187(24)	158(2)	
199	虫螨畏	methacrifos	11.86	125(100)	208(74)	240(44)	
200	邻苯基苯酚	2-phenylphenol	12.47	170(100)	169(72)	141(31)	
201	四氢邻苯二甲酰亚胺	cis-1,2,3,6-tetrahydrophthalimide	13.39	151(100)	123(16)	122(16)	
202	仲丁威	fenobucarb	14.60	121(100)	150(32)	107(8)	
203	乙丁氟灵	benfluralin	15.23	292(100)	264(20)	276(13)	
204	氟铃脲	hexaflumuron	16.20	176(100)	279(28)	277(43)	
205	扑灭通	prometon	16.66	210(100)	225(91)	168(67)	
206	野麦畏	triallate	17.12	268(100)	270(73)	143(19)	
207	嘧霉胺	pyrimethanil	17.28	198(100)	199(45)	200(5)	
208	林丹	gamma-HCH	17.48	183(100)	219(93)	254(13)	221(40)
209	乙拌磷	disulfoton	17.61	88(100)	274(15)	186(18)	
210	莠去净	atrizine	17.64	200(100)	215(62)	173(29)	
211	七氯	heptachlor	18.49	272(100)	237(40)	337(27)	
212	异稻瘟净	iprobenfos	18.44	204(100)	246(18)	288(17)	
213	氯唑磷	isazofos	18.54	161(100)	257(53)	285(39)	313(14)
214	三氯杀虫酯	plifenate	18.87	217(100)	175(96)	242(91)	
215	丁苯吗啉	fenpropimorph	19.22	128(100)	303(5)	129(9)	
216	四氟苯菊酯	transfluthrin	19.04	163(100)	165(23)	335(7)	
217	氯乙氟灵	fluchloralin	18.89	306(100)	326(87)	264(54)	
218	甲基立枯磷	tolclofos-methyl	19.69	265(100)	267(36)	250(10)	
219	异丙草胺	propisochlor	19.89	162(100)	223(200)	146(17)	
220	莠灭净	ametryn	20.11	227(100)	212(53)	185(17)	

表 B.1(续)

序号	中文名称	英文名称	保留时间/min	定量离子	定性离子1	定性离子2	定性离子3
221	西草净	simetryn	20.18	213(100)	170(26)	198(16)	
222	溴谷隆	metobromuron	20.07	61(100)	258(11)	170(16)	
223	嗪草酮	metribuzin	20.33	198(100)	199(21)	144(12)	
224	噻节因	dimethipin	20.38	118(100)	210(26)	103(20)	
225	ε-六六六	HCH,epsilon-	20.78	181(100)	219(76)	254(15)	217(40)
226	异丙净	dipropetryn	20.82	255(100)	240(42)	222(20)	
227	安硫磷	formothion	21.42	170(100)	224(97)	257(63)	
228	乙霉威	diethofencarb	21.43	267(100)	225(98)	151(31)	
229	哌草丹	dimepiperate	22.28	119(100)	145(30)	263(8)	
230	生物烯丙菊酯-1	bioallethrin-1	22.29	123(100)	136(24)	107(29)	
231	生物烯丙菊酯-2	bioallethrin-2	22.34	123(100)	136(24)	107(29)	
232	o,p'-滴滴伊	2,4′-DDE	22.64	246(100)	318(34)	176(26)	248(65)
233	芬螨酯	fenson	22.54	141(100)	268(53)	77(104)	
234	双苯酰草胺	diphenamid	22.87	167(100)	239(30)	165(43)	
235	氯硫磷	chlorthion	22.86	297(100)	267(162)	299(45)	
236	炔丙菊酯	prallethrin	23.11	123(100)	105(17)	134(9)	
237	戊菌唑	penconazole	23.17	248(100)	250(33)	161(50)	
238	灭蚜磷	mecarbam	23.46	131(100)	296(22)	329(40)	
239	四氟醚唑	tetraconazole	23.35	336(100)	338(33)	171(10)	
240	丙虫磷	propaphos	23.92	304(100)	220(108)	262(34)	
241	氟节胺	flumetralin	24.10	143(100)	157(25)	404(10)	
242	三唑醇	triadimenol	24.22	112(100)	168(81)	130(15)	
243	丙草胺	pretilachlor	24.67	162(100)	238(26)	262(8)	
244	亚胺菌	kresoxim-methyl	25.04	116(100)	206(25)	131(66)	
245	吡氟禾草灵	fluazifop-butyl	25.21	282(100)	383(44)	254(49)	
246	氟啶脲	chlorfluazuron	25.27	321(100)	323(71)	356(8)	
247	乙酯杀螨醇	chlorobenzilate	25.90	251(100)	253(65)	152(5)	
248	烯效唑	uniconazole	26.15	234(100)	236(40)	131(15)	
249	氟哇唑	flusilazole	26.19	233(100)	206(33)	315(9)	
250	三氟硝草醚	fluorodifen	26.59	190(100)	328(35)	162(34)	
251	烯唑醇	diniconazole	27.03	268(100)	270(65)	232(13)	
252	增效醚	piperonyl butoxide	27.46	176(100)	177(33)	149(14)	
253	炔螨特	propargite	27.87	135(100)	350(7)	173(16)	
254	灭锈胺	mepronil	27.91	119(100)	269(26)	120(9)	

表 B.1(续)

序号	中文名称	英文名称	保留时间/min	定量离子	定性离子 1	定性离子 2	定性离子 3
255	噁唑隆	dimefuron	27.82	140(100)	105(75)	267(36)	
256	吡氟酰草胺	diflufenican	28.45	266(100)	394(25)	267(14)	
257	喹螨醚	fenazaquin	28.97	145(100)	160(46)	117(10)	
258	苯醚菊酯	phenothrin	29.08 29.21	123(100)	183(74)	350(6)	
259	咯菌腈	fludioxonil	28.93	248(100)	127(24)	154(21)	
260	苯氧威	fenoxycarb	29.57	255(100)	186(82)	116(93)	
261	稀禾啶	sethoxydim	29.63	178(100)	281(51)	219(36)	
262	莎稗磷	anilofos	30.68	226(100)	184(52)	334(10)	
263	氟丙菊酯	acrinathrin	31.07	181(100)	289(31)	247(12)	
264	高效氯氟氰菊酯	lambda-cyhalothrin	31.11	181(100)	197(100)	141(20)	
265	苯噻酰草胺	mefenacet	31.29	192(100)	120(35)	136(29)	
266	氯菊酯	permethrin	31.57	183(100)	184(14)	255(1)	
267	哒螨灵	pyridaben	31.86	147(100)	117(11)	364(7)	
268	乙羧氟草醚	fluoroglycofen-ethyl	32.01	447(100)	428(20)	449(35)	
269	联苯三唑醇	bitertanol	32.25	170(100)	112(8)	141(6)	
270	醚菊酯	etofenprox	32.75	163(100)	376(4)	183(6)	
271	噻草酮	cycloxydim	33.05	178(100)	279(7)	251(4)	
272	顺式-氯氰菊酯	alpha-cypermethrin	33.35	163(100)	181(84)	165(63)	
273	氟氰戊菊酯	flucythrinate	33.58 33.85	199(100)	157(90)	451(22)	
274	S-氰戊菊酯	esfenvalerate	34.65	419(100)	225(158)	181(189)	
275	苯醚甲环唑	difenonazole	35.40	323(100)	325(66)	265(83)	
276	丙炔氟草胺	flumioxazin	35.50	354(100)	287(24)	259(15)	
277	氟烯草酸	flumiclorac-pentyl	36.34	423(100)	308(51)	318(29)	
D组							
278	甲氟磷	dimefox	5.62	110(100)	154(75)	153(17)	
279	乙拌磷亚砜	disulfoton-sulfoxide	8.41	212(100)	153(61)	184(20)	
280	五氯苯	pentachlorobenzene	11.11	250(100)	252(64)	215(24)	
281	三异丁基磷酸盐	tri-iso-butyl phosphate	11.65	155(100)	139(67)	211(24)	
282	鼠立死	crimidine	13.13	142(100)	156(90)	171(84)	
283	4-溴-3,5-二甲苯基-N-甲基氨基甲酸酯-1	BDMC-1	13.25	200(100)	202(104)	201(13)	
284	燕麦酯	chlorfenprop-methyl	13.57	165(100)	196(87)	197(49)	

表 B.1(续)

序号	中文名称	英文名称	保留时间/min	定量离子	定性离子 1	定性离子 2	定性离子 3
285	虫线磷	thionazin	14.04	143(100)	192(39)	220(14)	
286	2,3,5,6-四氯苯胺	2,3,5,6-tetrachloroaniline	14.22	231(100)	229(76)	158(25)	
287	三正丁基磷酸盐	tri-n-butyl phosphate	14.33	155(100)	211(61)	167(8)	
288	2,3,4,5-四氯甲氧基苯	2,3,4,5-tetrachloroanisole	14.66	246(100)	203(70)	231(51)	
289	五氯甲氧基苯	pentachloroanisole	15.19	280(100)	265(100)	237(85)	
290	牧草胺	tebutam	15.30	190(100)	106(38)	142(24)	
291	蔬果磷	dioxabenzofos	16.14	216(100)	201(26)	171(5)	
292	甲基苯噻隆	methabenzthiazuron	16.34	164(100)	136(81)	108(27)	
293	西玛通	simetone	16.69	197(100)	196(40)	182(38)	
294	阿特拉通	atratone	16.70	196(100)	211(68)	197(105)	
295	脱异丙基莠去津	desisopropyl-atrazine	16.69	173(100)	158(84)	145(73)	
296	特丁硫磷砜	terbufos sulfone	16.79	231(100)	288(11)	186(15)	
297	七氟菊酯	tefluthrin	17.24	177(100)	197(26)	161(5)	
298	溴烯杀	bromocylen	17.43	359(100)	357(99)	394(14)	
299	草达津	trietazine	17.53	200(100)	229(51)	214(45)	
300	氧乙嘧硫磷	etrimfos oxon	17.83	292(100)	277(35)	263(12)	
301	环莠隆	cycluron	17.95	89(100)	198(36)	114(9)	
302	2,6-二氯苯甲酰胺	2,6-dichlorobenzamide	17.93	173(100)	189(36)	175(62)	
303	2,4,4′-三氯联苯	DE-PCB 28	18.15	256(100)	186(53)	258(97)	
304	2,4,5-三氯联苯	DE-PCB 31	18.19	256(100)	186(53)	258(97)	
305	脱乙基另丁津	desethyl-sebuthylazine	18.32	172(100)	174(32)	186(11)	
306	2,3,4,5-四氯苯胺	2,3,4,5-tetrachloroaniline	18.55	231(100)	229(76)	233(48)	
307	合成麝香	musk ambrette	18.62	253(100)	268(35)	223(18)	
308	二甲苯麝香	musk xylene	18.66	282(100)	297(10)	128(20)	
309	五氯苯胺	pentachloroaniline	18.91	265(100)	263(63)	230(8)	
310	叠氮津	aziprotryne	19.11	199(100)	184(83)	157(31)	
311	另丁津	sebutylazine	19.26	200(100)	214(14)	229(13)	
312	丁咪酰胺	isocarbamid	19.24	142(100)	185(2)	143(6)	
313	2,2′,5,5′-四氯联苯	DE-PCB 52	19.48	292(100)	220(88)	255(32)	
314	麝香	musk moskene	19.46	263(100)	278(12)	264(15)	
315	苄草丹	prosulfocarb	19.51	251(100)	252(14)	162(10)	
316	二甲吩草胺	dimethenamid	19.55	154(100)	230(43)	203(21)	
317	氧皮蝇磷	fenchlorphos oxon	19.72	285(100)	287(70)	270(7)	

表 B.1(续)

序号	中文名称	英文名称	保留时间/min	定量离子	定性离子 1	定性离子 2	定性离子 3
318	4-溴-3,5-二甲苯基-N-甲基氨基甲酸酯-2	BDMC-2	19.74	200(100)	202(101)	201(12)	
319	甲基对氧磷	paraoxon-methyl	19.83	230(100)	247(93)	200(40)	
320	庚酰草胺	monalide	20.02	197(100)	199(31)	239(45)	
321	西藏麝香	musk tibeten	20.40	251(100)	266(25)	252(14)	
322	碳氯灵	isobenzan	20.55	311(100)	375(31)	412(7)	
323	八氯苯乙烯	octachlorostyrene	20.60	380(100)	343(94)	308(120)	
324	嘧啶磷	pyrimitate	20.59	305(100)	153(116)	180(49)	
325	异艾氏剂	isodrin	21.01	193(100)	263(46)	195(83)	
326	丁嗪草酮	isomethiozin	21.06	225(100)	198(86)	184(13)	
327	毒壤磷	trichloronat	21.10	297(100)	269(86)	196(16)	
328	敌草索	dacthal	21.25	301(100)	332(31)	221(16)	
329	4,4-二氯二苯甲酮	4,4-dichlorobenzophenone	21.29	250(100)	252(62)	215(26)	
330	酞菌酯	nitrothal-isopropyl	21.69	236(100)	254(54)	212(74)	
331	麝香酮	musk ketone	21.70	279(100)	294(28)	128(16)	
332	吡咪唑	rabenzazole	21.73	212(100)	170(26)	195(19)	
333	嘧菌环胺	cyprodinil	21.94	224(100)	225(62)	210(9)	
334	麦穗灵	fuberidazole	22.10	184(100)	155(21)	129(12)	
335	氧异柳磷	isofenphos oxon	22.04	229(100)	201(2)	314(12)	
336	异氯磷	dicapthon	22.44	262(100)	263(10)	216(10)	
337	2,2′,4,5,5′-五氯联苯	DE-PCB 101	22.62	326(100)	254(66)	291(18)	
338	2-甲-4-氯丁氧乙基酯	MCPA-butoxyethyl ester	22.61	300(100)	200(71)	182(41)	
339	水胺硫磷	isocarbophos	22.87	136(100)	230(26)	289(22)	
340	甲拌磷砜	phorate sulfone	23.15	199(100)	171(30)	215(11)	
341	杀螨醇	chlorfenethol	23.29	251(100)	253(66)	266(12)	
342	反式九氯	trans-nonachlor	23.62	409(100)	407(89)	411(63)	
343	消螨通	dinobuton	23.88	211(100)	240(15)	223(15)	
344	脱叶磷	DEF	24.08	202(100)	226(51)	258(55)	
345	氟咯草酮	flurochloridone	24.31	311(100)	187(74)	313(66)	
346	溴苯烯磷	bromfenvinfos	24.62	267(100)	323(56)	295(18)	
347	乙滴涕	perthane	24.81	223(100)	224(20)	178(9)	
348	灭菌磷	ditalimfos	24.82	130(100)	148(43)	299(34)	
349	2,3,4,4′,5-五氯联苯	DE-PCB 118	25.08	326(100)	254(38)	184(16)	
350	4,4-二溴二苯甲酮	4,4-dibromobenzophenone	25.30	340(100)	259(30)	185(179)	

表 B.1(续)

序号	中文名称	英文名称	保留时间/min	定量离子	定性离子 1	定性离子 2	定性离子 3
351	粉唑醇	flutriafol	25.31	219(100)	164(96)	201(7)	
352	地胺磷	mephosfolan	25.29	196(100)	227(49)	168(60)	
353	乙基杀扑磷	athidathion	25.63	145(100)	330(1)	129(12)	
354	2,2′,4,4′,5,5′-六氯联苯	DE-PCB 153	25.64	360(100)	290(62)	218(24)	
355	苄氯三唑醇	diclobutrazole	25.95	270(100)	272(68)	159(42)	
356	乙拌磷砜	disulfoton sulfone	26.16	213(100)	229(4)	185(11)	
357	噻螨酮	hexythiazox	26.48	227(100)	156(158)	184(93)	
358	2,2′,3,4,4′,5-六氯联苯	DE-PCB 138	26.84	360(100)	290(68)	218(26)	
359	威菌磷	triamiphos	27.02	160(100)	294(28)	251(16)	
360	苄呋菊酯-1	resmethrin-1	27.26	171(100)	143(83)	338(7)	
361	环丙唑	cyproconazole	27.23	222(100)	224(35)	223(11)	
362	苄呋菊酯-2	resmethrin-2	27.43	171(100)	143(80)	338(7)	
363	酞酸甲苯基丁酯	phthalic acid, benzyl butyl ester	27.56	206(100)	312(4)	230(1)	
364	炔草酸	clodinafop-propargyl	27.74	349(100)	238(96)	266(83)	
365	倍硫磷亚砜	fenthion sulfoxide	28.06	278(100)	279(290)	294(145)	
366	三氟苯唑	fluotrimazole	28.39	311(100)	379((60)	233(36)	
367	氟草烟-1-甲庚酯	fluroxypr-1-methylheptyl ester	28.45	366(100)	254(67)	237(60)	
368	倍硫磷砜	fenthion sulfone	28.55	310(100)	136(25)	231(10)	
369	三苯基磷酸盐	triphenyl phosphate	28.65	326(100)	233(16)	215(20)	
370	苯嗪草酮	metamitron	28.63	202(100)	174(52)	186(12)	
371	2,2′,3,4,4′,5,5′-七氯联苯	DE-PCB 180	29.05	394(100)	324(70)	359(20)	
372	吡螨胺	tebufenpyrad	29.06	318(100)	333(78)	276(44)	
373	解草酯	cloquintocet-mexyl	29.32	192(100)	194(32)	220(4)	
374	环草定	lenacil	29.70	153(100)	136(6)	234(2)	
375	糠菌唑-1	bromuconazole-1	29.90	173(100)	175(65)	214(15)	
376	脱溴溴苯磷	desbrom-leptophos	30.15	377(100)	171(97)	375(72)	
377	糠菌唑-2	bromuconazole-2	30.72	173(100)	175(67)	214(14)	
378	甲磺乐灵	nitralin	30.92	316(100)	274(58)	300(15)	
379	苯线磷亚砜	fenamiphos sulfoxide	31.03	304(100)	319(29)	196(22)	

表 B.1(续)

序号	中文名称	英文名称	保留时间/min	定量离子	定性离子1	定性离子2	定性离子3
380	苯线磷砜	fenamiphos sulfone	31.34	320(100)	292(57)	335(7)	
381	拌种咯	fenpiclonil	32.37	236(100)	238(66)	174(36)	
382	氟喹唑	fluquinconazole	32.62	340(100)	342(37)	341(20)	
383	腈苯唑	fenbuconazole	34.02	129(100)	198(51)	125(31)	
E组							
384	残杀威-1	propoxur-1	6.58	110(100)	152(16)	111(9)	
385	异丙威-1	isoprocarb-1	7.56	121(100)	136(34)	103(20)	
386	甲胺磷	methamidophos	9.37	94(100)	95(112)	141(52)	
387	二氢苊	acenaphthene	10.79	164(100)	162(84)	160(38)	
388	驱虫特	dibutyl succinate	12.20	101(100)	157(19)	175(5)	
389	邻苯二甲酰亚胺	phthalimide	13.21	147(100)	104(61)	103(35)	
390	氯氧磷	chlorethoxyfos	13.43	153(100)	125(67)	301(19)	
391	异丙威-2	isoprocarb-2	13.69	121(100)	136(34)	103(20)	
392	戊菌隆	pencycuron	14.30	125(100)	180(65)	209(20)	
393	丁噻隆	tebuthiuron	14.25	156(100)	171(30)	157(9)	
394	甲基内吸磷	demeton-S-methyl	15.19	109(100)	142(43)	230(5)	
395	硫线磷	cadusafos	15.13	159(100)	213(14)	270(12)	
396	残杀威-2	propoxur-2	15.48	110(100)	152(19)	111(8)	
397	菲	phenanthrene	16.97	188(100)	160(9)	189(16)	
398	螺菌环胺-1	spiroxamine-1	17.26	100(100)	126(7)	198(5)	
399	唑螨酯	fenpyroximate	17.49	213(100)	142(21)	198(9)	
400	丁基嘧啶磷	tebupirimfos	17.61	318(100)	261(107)	234(100)	
401	茉莉酮	prohydrojasmon	17.80	153(100)	184(41)	254(7)	
402	苯锈啶	fenpropidin	17.85	98(100)	273(5)	145(5)	
403	氯硝胺	dichloran	18.10	176(100)	206(87)	124(101)	
404	咯喹酮	pyroquilon	18.28	173(100)	130(69)	144(38)	
405	螺菌环胺-2	spiroxamine-2	18.23	100(100)	126(5)	198(5)	
406	炔苯酰草胺	propyzamide	19.01	173(100)	255(23)	240(9)	
407	抗蚜威	pirimicarb	19.08	166(100)	238(23)	138(8)	
408	磷胺-1	phosphamidon-1	19.66	264(100)	138(62)	227(25)	
409	解草嗪	benoxacor	19.62	120(100)	259(38)	176(19)	
410	溴丁酰草胺	bromobutide	19.70	119(100)	232(27)	296(6)	
411	乙草胺	acetochlor	19.84	146(100)	162(59)	223(59)	
412	灭草环	tridiphane	19.90	173(100)	187(90)	219(46)	

表 B.1(续)

序号	中文名称	英文名称	保留时间/min	定量离子	定性离子 1	定性离子 2	定性离子 3
413	特草灵	terbucarb	20.06	205(100)	220(52)	206(16)	
414	戊草丹	esprocarb	20.01	222(100)	265(10)	162(61)	
415	甲呋酰胺	fenfuram	20.35	109(100)	201(29)	202(5)	
416	活化酯	acibenzolar-S-Methyl	20.42	182(100)	135(64)	153(34)	
417	呋草黄	benfuresate	20.68	163(100)	256(17)	121(18)	
418	氟硫草定	dithiopyr	20.78	354(100)	306(72)	286(74)	
419	精甲霜灵	mefenoxam	20.91	206(100)	249(46)	279(11)	
420	马拉氧磷	malaoxon	21.17	127(100)	268(11)	195(15)	
421	磷胺-2	phosphamidon-2	21.36	264(100)	138(54)	227(17)	
422	硅氟唑	simeconazole	21.41	121(100)	278(14)	211(34)	
423	氯酞酸甲酯	chlorthal-dimethyl	21.39	301(100)	332(27)	221(17)	
424	噻唑烟酸	thiazopyr	21.91	327(100)	363(73)	381(34)	
425	甲基毒虫畏	dimethylvinphos	22.21	295(100)	297(56)	109(74)	
426	仲丁灵	butralin	22.24	266(100)	224(16)	295(60)	
427	苯酰草胺	zoxamide	22.30	187(100)	242(68)	299(9)	
428	啶斑肟-1	pyrifenox-1	22.50	262(100)	294(15)	227(15)	
429	烯丙菊酯	allethrin	22.60	123(100)	107(24)	136(20)	
430	异戊乙净	dimethametryn	22.83	212(100)	255(9)	240(5)	
431	灭藻醌	quinoclamine	22.89	207(100)	172(259)	144(64)	
432	甲醚菊酯-1	methothrin-1	22.92	123(100)	135(89)	104(41)	
433	氟噻草胺	flufenacet	23.09	151(100)	211(61)	363(6)	
434	甲醚菊酯-2	methothrin-2	23.19	123(100)	135(73)	104(12)	
435	啶斑肟-2	pyrifenox-2	23.50	262(100)	294(17)	227(16)	
436	氰菌胺	fenoxanil	23.58	140(100)	189(14)	301(6)	
437	四氯苯酞	phthalide	23.51	243(100)	272(28)	215(20)	
438	呋霜灵	furalaxyl	23.97	242(100)	301(24)	152(40)	
439	噻虫嗪	thiamethoxam	24.38	182(100)	212(92)	247(124)	
440	嘧菌胺	mepanipyrim	24.29	222(100)	223(53)	221(9)	
441	克菌丹	captan	24.55	149(100)	264(32)	236(10)	
442	除草定	bromacil	24.73	205(100)	207(46)	231(5)	
443		picoxystrobin	24.97	335(100)	303(43)	367(9)	
444	抑草磷	butamifos	25.41	286(100)	200(57)	232(37)	
445	咪草酸	imazamethabenz-methyl	25.50	144(100)	187(117)	256(95)	
446	苯氧菌胺-1	metominostrobin-1	25.61	191(100)	238(56)	196(75)	

表 B.1(续)

序号	中文名称	英文名称	保留时间/min	定量离子	定性离子 1	定性离子 2	定性离子 3
447	苯噻硫氰	TCMTB	25.59	180(100)	238(108)	136(30)	
448	灭梭威砜	methiocarb sulfone	25.56	200(100)	185(40)	137(16)	
449	抑霉唑	imazalil	25.72	215(100)	173(66)	296(5)	
450	稻瘟灵	isoprothiolane	25.87	290(100)	231(82)	204(88)	
451	环氟菌胺	cyflufenamid	26.02	91(100)	412(11)	294(11)	
452	嘧草醚	pyriminobac-methyl	26.34	302(100)	330(107)	361(86)	
453	噁唑磷	isoxathion	26.51	313(100)	105(341)	177(208)	
454	苯氧菌胺-2	metominostrobin-2	26.76	196(100)	191(36)	238(89)	
455	苯虫醚-1	diofenolan-1	26.81	186(100)	300(57)	225(25)	
456	噻呋酰胺	thifluzamide	27.26	449(100)	447(97)	194(308)	
457	苯虫醚-2	diofenolan-2	27.14	186(100)	300(58)	225(31)	
458	苯氧喹啉	quinoxyphen	27.14	237(100)	272(37)	307(29)	
459	溴虫腈	chlorfenapyr	27.60	247(100)	328(47)	408(42)	
460	肟菌酯	trifloxystrobin	27.71	116(100)	131(40)	222(30)	
461	脱苯甲基亚胺唑	imibenconazole-des-benzyl	27.86	235(100)	270(35)	272(35)	
462	双苯噁唑酸	isoxadifen-ethyl	27.90	204(100)	222(76)	294(44)	
463	氟虫腈	fipronil	28.34	367(100)	369(69)	351(15)	
464	炔咪菊酯-1	imiprothrin-1	28.31	123(100)	151(55)	107(54)	
465	唑酮草酯	carfentrazone-ethyl	28.29	312(100)	340(135)	376(32)	
466	炔咪菊酯-2	imiprothrin-2	28.50	123(100)	151(21)	107(17)	
467	氟环唑-1	epoxiconazole-1	28.58	192(100)	183(24)	138(35)	
468	吡草醚	pyraflufen ethyl	28.91	412(100)	349(41)	339(34)	
469	稗草丹	pyributicarb	28.87	165(100)	181(23)	108(64)	
470	噻吩草胺	thenylchlor	29.12	127(100)	288(25)	141(17)	
471	烯草酮	clethodim	29.21	164(100)	205(50)	267(15)	
472	吡唑解草酯	mefenpyr-diethyl	29.55	227(100)	299(131)	372(18)	
473	伐灭磷	famphur	29.80	218(100)	125(27)	217(22)	
474	乙螨唑	etoxazole	29.64	300(100)	330(69)	359(65)	
475	吡丙醚	pyriproxyfen	30.06	136(100)	226(8)	185(10)	
476	氟环唑-2	epoxiconazole-2	29.73	192(100)	183(13)	138(30)	
477	氟吡酰草胺	picolinafen	30.27	238(100)	376(77)	266(11)	
478	异菌脲	iprodione	30.24	187(100)	244(65)	246(42)	
479	哌草磷	piperophos	30.42	320(100)	140(123)	122(114)	
480	呋酰胺	ofurace	30.36	160(100)	232(83)	204(35)	

表 B.1(续)

序号	中文名称	英文名称	保留时间/min	定量离子	定性离子 1	定性离子 2	定性离子 3
481	联苯肼酯	bifenazate	30.38	300(100)	258(99)	199(100)	
482	异狄氏剂酮	endrin ketone	30.45	317(100)	250(31)	281(58)	
483	氯甲酰草胺	clomeprop	30.48	290(100)	288(279)	148(206)	
484	咪唑菌酮	fenamidone	30.66	268(100)	238(111)	206(32)	
485	萘丙胺	naproanilide	31.89	291(100)	171(96)	144(100)	
486	吡唑醚菊酯	pyraclostrobin	31.98	132(100)	325(14)	283(21)	
487	乳氟禾草灵	lactofen	32.06	442(100)	461(25)	346(12)	
488	三甲苯草酮	tralkoxydim	32.14	283(100)	226(7)	268(8)	
489	吡唑硫磷	pyraclofos	32.18	360(100)	194(79)	362(38)	
490	氯亚胺硫磷	dialifos	32.27	186(100)	357(143)	210(397)	
491	螺螨酯	spirodiclofen	32.50	312(100)	259(48)	277(28)	
492	苄螨醚	halfenprox	32.62	263(100)	237(6)	476(5)	
493	呋草酮	flurtamone	32.78	333(100)	199(63)	247(25)	
494	环酯草醚	pyriftalid	32.94	318(100)	274(71)	303(44)	
495	氟硅菊酯	silafluofen	33.18	287(100)	286(274)	258(289)	
496	嘧螨醚	pyrimidifen	33.63	184(100)	186(32)	185(10)	
497	啶虫脒	acetamiprid	33.87	126(100)	152(99)	166(58)	
498	氟丙嘧草酯	butafenacil	33.85	331(100)	333(34)	180(35)	
499	苯酮唑	cafenstrole	34.36	100(100)	188(69)	119(25)	
500	氟啶草酮	fluridone	37.61	328(100)	329(100)	330(100)	

附 录 C
（资料性附录）
GC-MS 测定的 A、B、C、D、E 五组农药及相关化学品选择离子监测分组表

GC-MS 测定的 A、B、C、D、E 五组农药及相关化学品选择离子监测分组表，见表 C.1。

表 C.1　GC-MS 测定的 A、B、C、D、E 五组农药及相关化学品选择离子监测分组表

序号	时间/min	离子/amu	驻留时间/ms
		A 组	
1	8.30	138,158,173	200
2	9.60	124,140,166,172,183,211	90
3	10.50	121,154,234	200
4	10.75	120,137,179	200
5	11.70	154,186,215	200
6	14.40	167,168,169	200
7	14.90	121,142,143,153,183,195,196,198,230,231,260,276,292,316	30
8	16.20	88,125,246	200
9	16.70	137,138,145,172,174,179,187,202,204,205,237,246,249,295,304	30
10	17.80	138,173,175,181,186,194,196,201,210,225,236,255,277,292	30
11	18.80	150,165,173,175,222,223,251,255,279	50
12	19.20	125,143,229,261,263,265,293,305,307,329	50
13	19.80	125,261,263,265,285,287,293,305,307,329	50
14	20.10	170,181,184,198,200,206,212,217,219,226,227,233,234,241,246,249,254,258,263,264,266,268,285,286,314	10
15	21.40	143,152,153,158,169,173,180,181,208,217,219,220,247,254,256,260,275,277,278,351,353,355	10
16	22.30	61,143,160,162,181,186,208,210,220,235,248,252,263,268,270,291,351,353,355	20
17	23.00	133,143,146,157,209,211,246,268,270,274,298,303,320,357,359,373,375,377	20
18	23.70	72,104,133,145,152,157,160,162,209,211,215,253,255,260,263,267,274,277,283,285,297,302,309,345,380	10
19	24.80	128,145,154,157,171,175,198,217,225,240,255,258,271,283,285,288,302,303	20
20	25.50	154,185,217,252,253,254,288,303,319,324,334	50
21	26.00	87,139,143,145,165,173,199,208,231,235,237,251,253,273,316,323,384	20
22	26.80	145,150,156,165,173,179,199,231,235,237,245,247,280,288,322,323,384	20

表 C.1(续)

序号	时间/min	离子/amu	驻留时间/ms
23	27.90	165,166,173,181,253,259,261,281,292,293,308,342	40
24	28.60	118,160,165,166,181,203,212,227,228,231,235,237,272,274,314,323	30
25	29.30	135,163,164,212,227,228,232,233,250,252,278	40
26	30.00	102,145,159,160,161,188,199,227,303,317,340,356	40
27	31.00	175,183,184,220,221,223,232,250,255,267,373	40
28	33.00	127,180,181	200
29	34.40	167,181,225,419	150
30	35.70	172,174,181	200
B组			
1	7.80	128,132,189	200
2	8.80	146,156,217	200
3	9.70	128,136,161,171,173,203	90
4	10.70	127,164,192,194,196,198	90
5	11.70	191,193,206	200
6	13.40	124,203,215,250,261	100
7	14.40	158,168,200,242,282,284,286	80
8	14.70	116,120,128,148,153,171,176,188,202,211,213,234,236,238,264,266,282,284,286,306,322,335	10
9	16.00	116,148,183,188,219,221,254	80
10	16.80	153,186,231,288	150
11	17.10	153,160,164,169,172,173,176,197,206,210,214,223,225,229,270,318,330,347	20
12	18.20	61,126,160,173,176,206,214,229	60
13	18.70	126,127,134,148,164,171,172,180,192,197,198,210,213,223,243,286,288,305,307	20
14	19.90	134,171,188,197,198,210,213,237,269,276,290,305	40
15	20.60	100,185,211,226,241,253,257,259,378	50
16	21.20	73,139,141,153,161,162,167,185,191,207,213,224,226,237,238,240,250,251,286,304,318,329,331,333,351,353,355,387	10
17	22.00	161,167,207,222,224,226,238,264,280,286,351,353,355	40
18	22.70	161,163,170,171,182,185,205,213,217,241,255,256,265,267,269,276,323,339	20
19	23.40	137,160,176,188,238,240,246,248,259,267,269,316,318,323,331,373,375,377	20
20	23.90	61,160,166,176,188,193,194,246,248,250,259,292,294,297,316,318,329,331,333,339,374,377,379	20

表 C.1(续)

序号	时间/min	离子/amu	驻留时间/ms
21	24.90	61,105,165,167,172,175,177,187,199,214,231,235,236,237,238,256,263,292,294,297,302,305,311,313,317,339,345,374	10
22	25.60	77,105,139,141,165,169,171,199,202,213,223,235,237,251,252,253,256,271,276,283,297,300,325,360,361	10
23	26.70	105,157,165,195,199,235,237,246,276,297,325,339,342,360,363	30
24	27.60	148,157,161,169,172,173,201,206,257,303,310,325	40
25	28.90	89,99,126,127,157,161,169,172,181,183,257,260,265,272,292,303,339,341,349,365,387,389	10
26	29.80	79,181,183,265,311,349	90
27	30.00	128,157,169,171,189,252,310,323,341,375,377,379	40
28	31.20	132,139,154,160,161,182,189,251,310,330,341,367	40
29	32.90	180,199,206,226,266,308,334,362,364	50
30	34.00	181,250,252	200
C组			
1	7.30	109,185,220	200
2	8.70	152,153,154	200
3	9.30	58,128,129,146,188,203	90
4	11.20	126,161,163	200
5	11.75	125,126,141,158,169,170,187,208,240	50
6	13.50	122,123,124,151,215,250	90
7	14.70	107,121,150,264,276,292	90
8	16.00	174,202,217	200
9	16.50	126,141,143,156,168,176,198,199,200,210,225,268,270,277,279	30
10	17.60	88,173,183,186,200,215,219,254,274	50
11	18.40	104,130,159,161,204,237,246,257,272,285,288,313,337	40
12	18.90	128,129,161,163,165,175,204,217,242,246,257,264,285,288,303,306,313,326,335	20
13	19.80	73,89,146,162,185,212,223,227,250,265,267	50
14	20.30	61,144,146,162,170,185,198,199,212,213,223,227,258	40
15	20.70	61,103,118,144,170,181,198,199,210,217,219,222,240,254,255	30
16	21.35	108,117,151,160,161,170,219,221,224,225,257,267,351,353,355	30
17	22.20	107,108,119,123,136,145,176,219,221,246,248,263,318,351,353,355	20
18	22.70	77,141,165,167,174,176,206,234,239,246,248,267,268,297,299,318	20
19	23.20	105,123,134,161,248,250,267,297,299	50
20	23.50	131,143,157,161,171,220,248,250,262,296,304,329,336,338,404	30

表 C.1(续)

序号	时间/min	离子/amu	驻留时间/ms
21	24.30	112,130,162,168,238,262	90
22	25.10	112,116,130,131,162,168,206,233,234,235,238,262	40
23	25.30	254,282,321,323,356,383	90
24	26.00	131,152,206,233,234,236,251,253,315	50
25	26.90	149,162,176,177,190,232,268,270,328	50
26	27.90	105,119,120,135,140,173,266,267,269,350,394	50
27	28.80	105,117,123,140,145,160,183,266,267,350,394	50
28	29.00	117,123,127,145,154,160,183,248,350	50
29	29.60	116,178,186,191,219,255	90
30	30.30	132,162,178,184,219,226,281,293,334	50
31	31.10	120,136,141,147,181,183,184,192,197,247,255,289,309,364	30
32	32.00	112,141,147,170,183,184,255,309,364,428,447,449	40
33	32.60	112,141,163,170,183,376,428,447,449	50
34	33.10	163,165,178,181,251,279	90
35	33.80	157,199,451	200
36	34.70	181,225,250,252,419	100
37	35.40	259,265,287,323,325,354	90
38	36.40	308,318,423	200
D组			
1	5.50	110,153,154	200
2	8.00	153,184,212	200
3	11.00	139,155,211,215,250,252	90
4	13.00	142,156,165,171,196,197,200,201,202	50
5	14.00	143,155,158,167,192,203,211,220,229,231,246	40
6	15.00	106,142,190,237,265,280	90
7	16.00	108,136,145,158,164,171,173,182,186,196,197,201,211,216,213,288	20
8	17.20	161,174,177,197,200,202,214,229,246,357,359,394	40
9	17.90	89,114,128,172,173,174,175,186,189,198,223,229,230,231,233,253,256,258,263,265,268,277,282,292,297	10
10	19.20	142,143,154,157,162,184,185,199,200,201,202,203,214,220,229,230,247,251,252,255,263,264,270,278,285,287,292	10
11	20.00	153,180,197,199,200,201,202,230,239,247,251,252,266,305,308,311,343,375,380,412	15
12	21.00	115,184,193,195,196,198,215,221,225,250,252,263,269,276,285,297,301,332	20

表 C.1(续)

序号	时间/min	离子/amu	驻留时间/ms
13	21.60	128,170,194,195,210,212,224,225,236,254,279,294	40
14	22.10	129,155,182,184,200,201,210,212,216,224,225,229,230,254,262,263,291,300,314,326,351,353,355	10
15	23.00	136,171,199,215,230,251,253,266,289,407,409,411	40
16	23.90	130,148,178,187,202,211,223,224,226,240,258,267,295,299,311,313,323	20
17	25.00	129,130,145,148,164,168,184,185,196,201,218,219,227,254,259,290,299,326,330,340,360	15
18	26.00	156,159,184,185,213,218,227,229,270,272,290,360	40
19	27.10	143,160,171,206,222,223,224,230,238,251,266,294,312,338,349	30
20	28.00	136,174,186,202,215,231,233,237,254,278,279,294,310,311,326,366,379	20
21	29.00	136,153,192,194,220,234,276,318,324,333,359,394	40
22	30.00	160,161,171,173,175,214,317,375,377	50
23	30.80	173,175,196,213,230,274,292,300,304,316,319,320,335,373	30
24	32.40	147,236,238,340,341,342	90
25	34.00	125,129,198	200
		E组	
1	5.50	110,111,152	200
2	7.00	103,107,121,122,136	100
3	9.00	94,95,141	200
4	10.40	160,162,164,205,206,220	100
5	12.00	101,157,175	200
6	12.90	103,104,121,125,130,136,147,153,301	60
7	13.90	125,156,157,171,180,209	100
8	14.80	109,110,111,142,145,152,159,185,213,230,370	50
9	16.80	98,100,126,142,145,153,160,184,187,188,189,198,213,232,234,254,261,273,318	30
10	17.95	98,100,124,126,130,144,145,173,176,177,187,198,206,213,225,232,240,273	30
11	18.70	138,166,173,238,240,255	100
12	19.20	109,119,120,135,138,146,153,162,173,176,182,187,201,202,205,206,219,220,222,223,227,232,259,264,265,296	20
13	20.30	109,121,127,135,153,163,182,195,201,202,206,249,256,268,279,286,306,354	30
14	20.90	121,127,138,195,206,211,221,227,249,264,268,278,279,301,327,332,363,381	30

表 C.1(续)

序号	时间/min	离子/amu	驻留时间/ms
15	21.95	109,187,224,242,266,295,297,299,351,353,355	50
16	22.30	104,107,123,135,136,144,151,172,187,209,211,212,227,240,242,255,262,294,299,363	35
17	23.30	140,152,189,215,227,232,243,262,272	50
18	24.00	112,128,149,168,182,205,207,212,221,222,223,231,236,247,264,303,335,367	30
19	25.00	91,112,128,136,137,144,168,173,180,185,187,191,196,200,204,215,231,232,238,256,286,290,294,296,412	20
20	26.05	105,125,157,177,186,191,196,225,238,300,302,313,314,330,361	40
21	26.90	116,131,186,194,204,222,225,235,237,247,270,272,294,300,307,328,351,367,369,408,447,449	30
22	28.00	107,123,138,151,183,192,235,260,270,272,295,312,327,340,351,367,369,376	30
23	28.60	108,127,141,164,165,181,205,267,288,339,349,412	50
24	29.20	120,125,136,137,138,164,183,185,187,192,205,206,217,218,226,227,236,240,244,246,249,299,300,330,359,372	20
25	30.05	122,136,140,148,160,185,187,199,204,206,214,226,229,232,238,244,246,250,258,266,268,285,288,290,300,317,319,320,376	20
26	31.60	111,132,137,144,171,186,194,199,210,226,237,247,259,263,268,274,277,291,303,312,318,325,333,346,357,360,362,442,461,476	20
27	33.00	126,152,166,180,184,185,186,258,286,287,331,333	50
28	34.00	100,119,188	200
29	37.00	328,329,330	200

附　录　D
（资料性附录）
标准物质在苹果基质中选择离子监测 GC-MS 图

D. 1　A 组标准物质在苹果基质中选择离子监测 GC-MS 图，见图 D. 1。

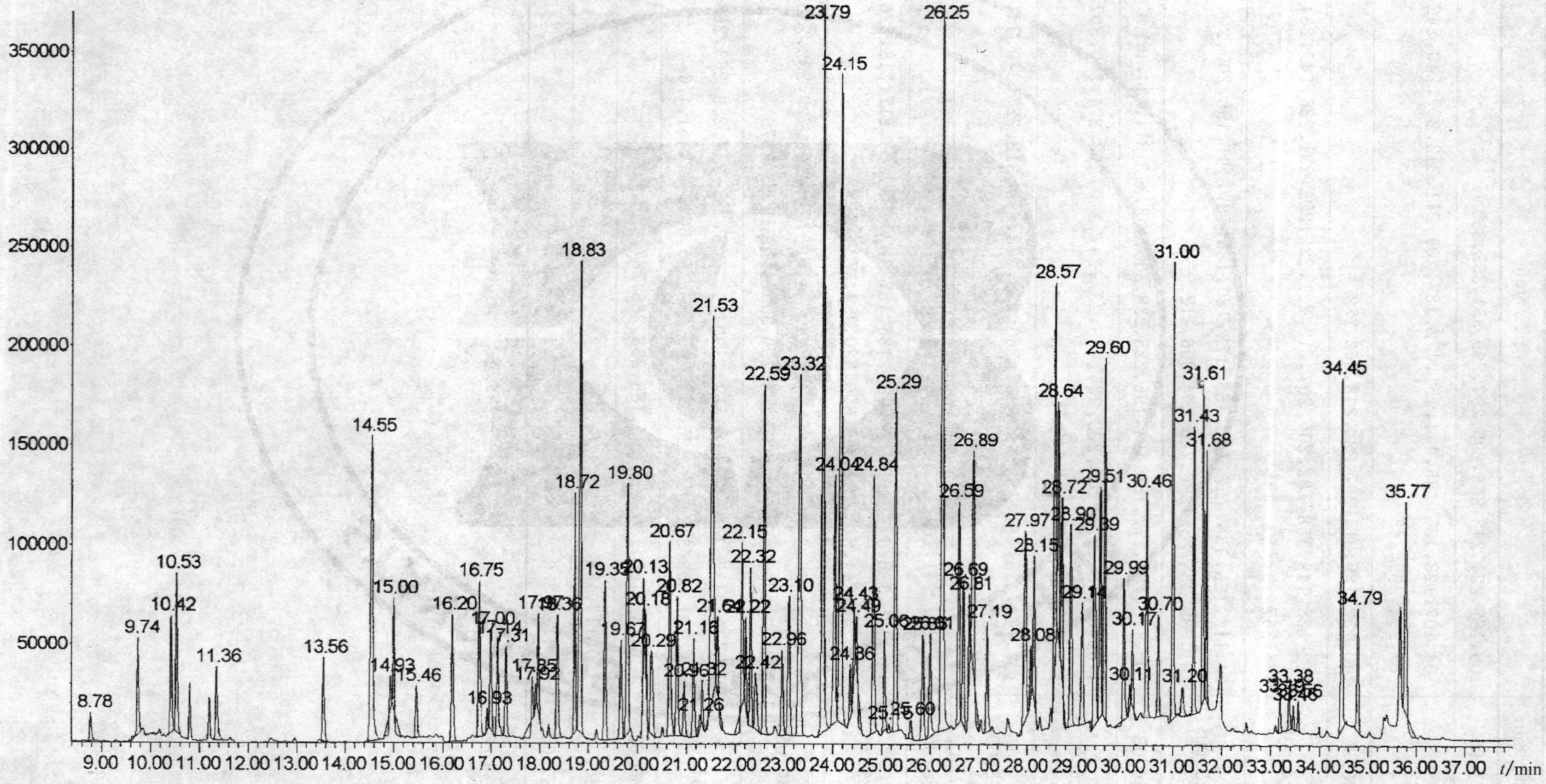

注：农药及相关化学品名称参见附录 A 中的序号 1～92。

图 D. 1　A 组标准物质在苹果基质中选择离子监测 GC-MS 图

D. 2 B 组标准物质在苹果基质中选择离子监测 GC-MS 图，见图 D. 2。

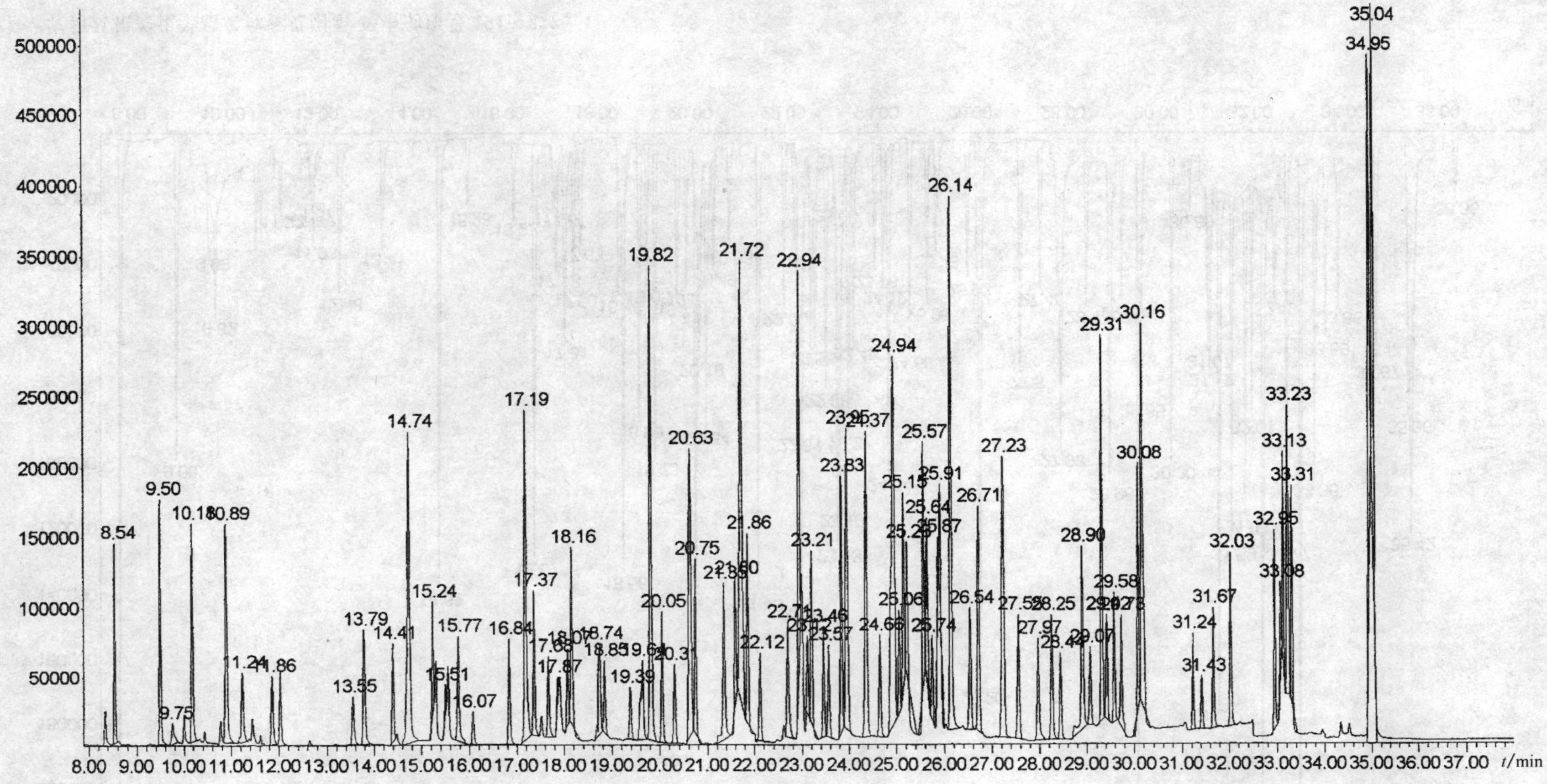

注：农药及相关化学品名称参见附录 A 中的序号 93～193。

图 D. 2　B 组标准物质在苹果基质中选择离子监测 GC-MS 图

D.3 C组标准物质在苹果基质中选择离子监测 GC-MS 图，见图 D.3。

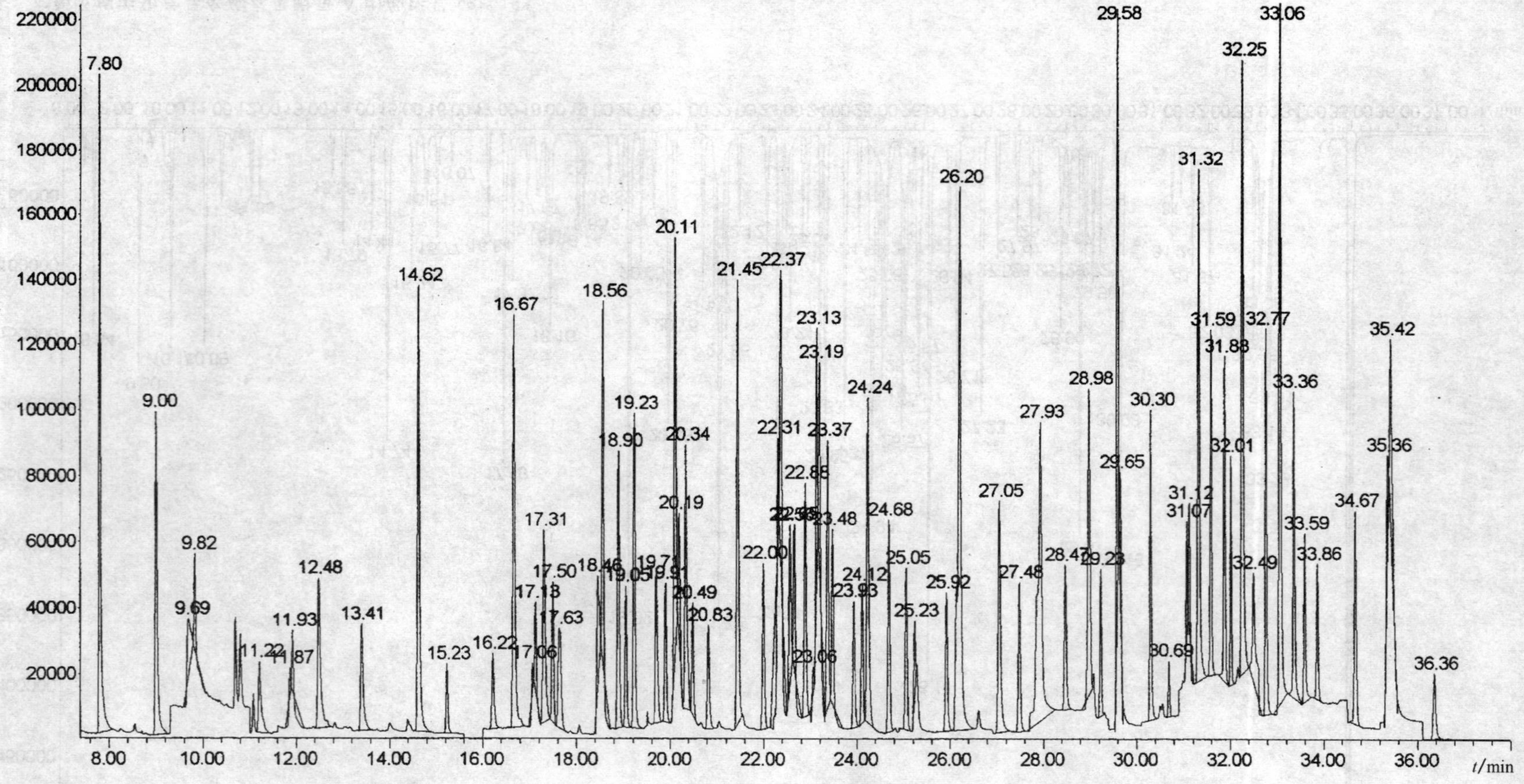

注：农药及相关化学品名称参见附录 A 中的序号 194～277。

图 D.3 C组标准物质在苹果基质中选择离子监测 GC-MS 图

D.4 D组标准物质在苹果基质中选择离子监测 GC-MS 图，见图 D.4。

注：农药及相关化学品名称参见附录 A 中的序号 278～383。

图 D.4 D组标准物质在苹果基质中选择离子监测 GC-MS 图

D.5 E组标准物质在苹果基质中选择离子监测 GC-MS 图，见图 D.5。

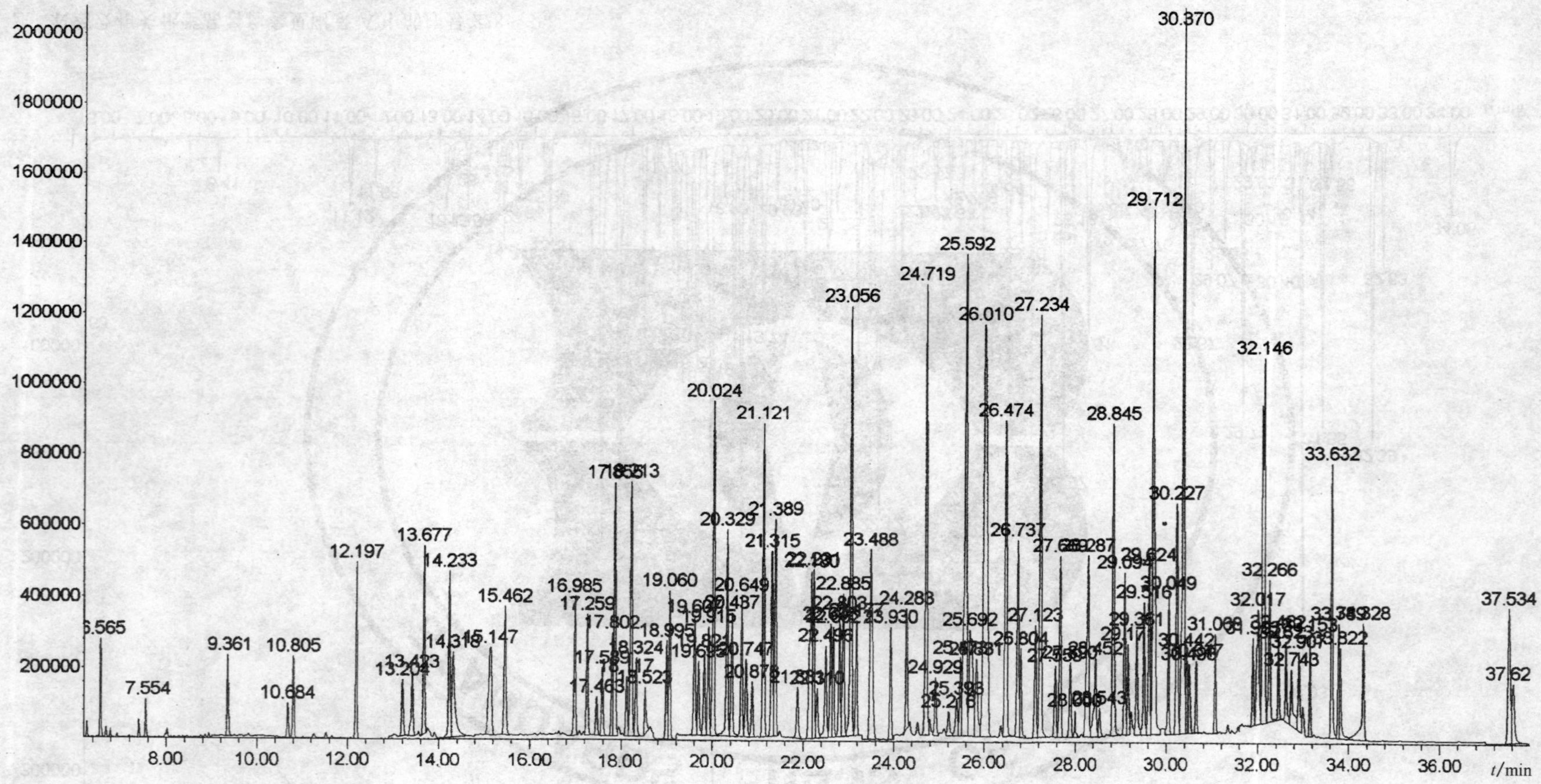

注：农药及相关化学品名称参见附录 A 中的序号 384～500。

图 D.5　E组标准物质在苹果基质中选择离子监测 GC-MS 图

附 录 E
（资料性附录）
500 种农药及相关化学品精密度数据表

500 种农药及相关化学品精密度数据表，见表 E.1。

表 E.1 500 种农药及相关化学品精密度数据表

序号	中文名称	含量/(mg/kg)	重复性限 r	再现性限 R	含量/(mg/kg)	重复性限 r	再现性限 R
				A 组			
1	二丙烯草胺	0.025 0	0.004 6	0.008 7	0.100 0	0.016 3	0.025 5
2	烯丙酰草胺	0.025 0	0.003 8	0.005 4	0.100 0		
3	土菌灵	0.037 5	0.012 5	0.031 0	0.150 0	0.047 6	0.050 4
4	氯甲硫磷	0.025 0	0.005 2	0.007 2	0.100 0	0.022 9	0.016 8
5	苯胺灵	0.012 5	0.001 9	0.003 8	0.050 0	0.008 2	0.011 1
6	环草敌	0.012 5	0.002 6	0.004 7	0.050 0	0.011 7	0.019 5
7	联苯二胺	0.012 5	0.001 7	0.004 6	0.050 0	0.012 2	0.014 6
8	杀虫脒	0.012 5	0.002 4	0.002 9	0.050 0	0.011 9	0.017 3
9	乙丁烯氟灵	0.050 0	0.007 3	0.012 8	0.200 0	0.044 2	0.044 5
10	甲拌磷	0.012 5	0.003 5	0.002 5	0.050 0	0.006 5	0.004 6
11	甲基乙拌磷	0.012 5	0.005 7	0.005 1	0.050 0	0.009 0	0.010 0
12	五氯硝基苯	0.025 0	0.005 9	0.007 2	0.100 0	0.021 7	0.027 5
13	脱乙基阿特拉津	0.012 5	0.003 6	0.004 5	0.050 0	0.010 2	0.010 0
14	异噁草松	0.012 5	0.003 0	0.006 1	0.050 0	0.012 5	0.021 1
15	二嗪磷	0.012 5	0.002 4	0.005 0	0.050 0	0.012 6	0.020 6
16	地虫硫磷	0.012 5	0.001 9	0.003 4	0.050 0	0.008 0	0.007 5
17	乙嘧硫磷	0.012 5	0.002 2	0.003 3	0.050 0	0.011 5	0.019 4
18	西玛津	0.012 5	0.001 9	0.003 4	0.050 0	0.012 7	0.016 1
19	胺丙畏	0.012 5	0.002 2	0.004 2	0.050 0	0.010 0	0.008 4
20	密草通	0.012 5	0.002 2	0.006 4	0.050 0	0.013 1	0.020 5
21	除线磷	0.012 5	0.003 8	0.003 0	0.050 0	0.011 8	0.010 5
22	炔丙烯草胺	0.012 5	0.002 4	0.003 6	0.050 0	0.009 9	0.006 0
23	兹克威	0.037 5	0.013 8	0.020 5	0.150 0	0.040 5	0.080 6
24	艾氏剂	0.025 0	0.004 1	0.005 0	0.100 0	0.015 4	0.021 0
25	氨氟灵	0.050 0	0.011 3	0.007 6	0.200 0	0.059 3	0.072 2
26	皮蝇磷	0.025 0	0.003 2	0.004 6	0.100 0	0.017 7	0.015 6
27	扑草净	0.012 5	0.001 9	0.004 8	0.050 0	0.012 1	0.022 7
28	环丙津	0.012 5	0.007 4	0.005 9	0.050 0	0.026 7	0.021 3
29	乙烯菌核利	0.012 5	0.002 0	0.001 8	0.050 0	0.010 2	0.006 1

表 E.1(续)

序号	中文名称	含量/(mg/kg)	重复性限 r	再现性限 R	含量/(mg/kg)	重复性限 r	再现性限 R
30	β-六六六	0.012 5	0.002 2	0.001 4	0.050 0	0.008 0	0.007 1
31	甲霜灵	0.037 5	0.008 0	0.016 2	0.150 0	0.037 5	0.068 5
32	毒死蜱	0.012 5	0.001 6	0.002 7	0.050 0	0.009 8	0.006 9
33	甲基对硫磷	0.050 0	0.010 0	0.016 5	0.200 0	0.056 9	0.070 6
34	蒽醌	0.012 5	0.005 9	0.005 9	0.050 0	0.015 4	0.009 7
35	δ-六六六	0.025 0	0.004 9	0.005 6	0.100 0	0.019 7	0.030 1
36	倍硫磷	0.012 5	0.002 1	0.001 9	0.050 0	0.009 7	0.011 8
37	马拉硫磷	0.050 0	0.006 3	0.018 5	0.200 0	0.051 4	0.088 9
38	杀螟硫磷	0.025 0	0.004 8	0.009 3	0.100 0	0.024 5	0.036 3
39	对氧磷	0.050 0	0.011 8	0.036 7	0.200 0	0.079 4	0.145 8
40	三唑酮	0.025 0	0.011 8	0.036 7	0.100 0	0.020 0	0.015 7
41	对硫磷	0.050 0	0.009 2	0.015 6	0.200 0	0.050 3	0.060 3
42	二甲戊灵	0.050 0	0.008 6	0.019 3	0.200 0	0.059 4	0.096 4
43	利谷隆	0.050 0	0.018 3	0.029 5	0.200 0	0.054 7	0.090 0
44	杀螨醚	0.025 0	0.003 3	0.003 7	0.100 0	0.018 0	0.013 0
45	乙基溴硫磷	0.012 5	0.001 3	0.001 0	0.050 0	0.010 1	0.004 9
46	喹硫磷	0.012 5	0.002 9	0.006 4	0.050 0	0.011 9	0.017 1
47	反式氯丹	0.012 5	0.000 7	0.001 2	0.050 0	0.008 7	0.005 2
48	稻丰散	0.025 0	0.001 9	0.004 9	0.100 0	0.017 5	0.022 3
49	吡唑草胺	0.037 5	0.005 7	0.008 9	0.150 0	0.031 2	0.049 8
50	苯硫威	0.025 0	0.005 0	0.012 2	0.100 0		
51	丙硫磷	0.012 5	0.001 6	0.003 0	0.050 0	0.009 8	0.013 1
52	整形醇	0.037 5	0.003 8	0.007 7	0.150 0	0.028 7	0.034 5
53	狄氏剂	0.025 0	0.005 3	0.005 6	0.100 0	0.019 6	0.021 9
54	腐霉利	0.012 5	0.003 5	0.003 9	0.050 0	0.009 2	0.010 1
55	杀扑磷	0.025 0	0.007 1	0.010 8	0.100 0	0.026 5	0.043 6
56	氰草津	0.037 5	0.033 3	0.055 9	0.150 0	0.075 7	0.151 7
57	敌草胺	0.037 5	0.009 1	0.013 8	0.150 0	0.035 8	0.059 4
58	噁草酮	0.012 5	0.001 3	0.001 3	0.050 0	0.009 3	0.008 7
59	苯线磷	0.037 5	0.010 3	0.021 5	0.150 0	0.047 1	0.078 1
60	杀螨氯硫	0.012 5	0.001 2	0.001 4	0.050 0	0.008 7	0.006 1
61	杀螨特	0.012 5	0.004 0	0.005 8	0.050 0	0.015 9	0.022 4
62	乙嘧酚磺酸酯	0.012 5	0.001 1	0.003 5	0.050 0	0.011 7	0.020 5
63	萎锈灵	0.037 5	0.010 1	0.004 7	0.150 0	0.025 2	0.037 3
64	氟酰胺	0.012 5	0.002 5	0.002 7	0.050 0	0.009 7	0.010 7

表 E.1(续)

序号	中文名称	含量/(mg/kg)	重复性限 r	再现性限 R	含量/(mg/kg)	重复性限 r	再现性限 R
65	p,p'-滴滴滴	0.012 5	0.002 3	0.002 0	0.050 0	0.010 4	0.009 5
66	乙硫磷	0.025 0	0.004 7	0.007 5	0.100 0	0.022 4	0.018 5
67	硫丙磷	0.025 0	0.006 0	0.004 5	0.100 0	0.020 9	0.033 0
68	乙环唑-1	0.037 5	0.016 0	0.058 4	0.150 0	0.051 4	0.058 7
69	乙环唑-2	0.037 5	0.019 9	0.028 7	0.150 0	0.063 2	0.066 3
70	腈菌唑	0.012 5	0.002 3	0.002 6	0.050 0	0.010 8	0.012 1
71	禾草灵	0.012 5	0.002 4	0.003 2	0.050 0	0.009 7	0.007 7
72	丙环唑	0.037 5	0.007 9	0.009 7	0.150 0	0.037 4	0.041 4
73	丰索磷	0.025 0	0.018 7	0.025 9	0.100 0	0.027 4	0.057 8
74	联苯菊酯	0.012 5	0.003 7	0.004 7	0.050 0	0.013 7	0.027 1
75	灭蚁灵	0.012 5	0.002 8	0.002 8	0.050 0	0.011 2	0.021 4
76	麦锈灵	0.037 5	0.012 7	0.018 6	0.150 0	0.029 8	0.030 8
77	氟苯嘧啶醇	0.025 0	0.006 7	0.007 3	0.100 0	0.029 5	0.030 6
78	甲氧滴滴涕	0.012 5	0.008 3	0.016 8	0.050 0	0.024 6	0.050 8
79	噁霜灵	0.012 5	0.006 7	0.015 4	0.050 0	0.077 5	0.096 8
80	胺菊酯	0.025 0	0.006 2	0.010 1	0.100 0	0.025 7	0.049 5
81	戊唑醇	0.037 5	0.012 4	0.014 8	0.150 0	0.042 8	0.066 2
82	氟草敏	0.012 5	0.002 4	0.003 3	0.050 0	0.012 5	0.019 2
83	哒嗪硫磷	0.012 5	0.003 2	0.006 4	0.050 0	0.016 8	0.031 8
84	亚胺硫磷	0.025 0	0.024 2	0.017 6	0.100 0	0.029 8	0.077 0
85	三氯杀螨砜	0.012 5	0.003 0	0.001 1	0.050 0	0.008 9	0.012 0
86	氧化萎锈灵	0.075 0	0.021 2	0.043 3	0.300 0	0.115 8	0.235 0
87	顺式-氯菊酯	0.012 5	0.003 7	0.003 9	0.050 0	0.012 2	0.023 7
88	反式-氯菊酯	0.012 5	0.004 3	0.003 8	0.050 0	0.013 6	0.025 3
89	吡菌磷	0.025 0	0.006 6	0.011 8	0.100 0	0.031 4	0.067 0
90	氯氰菊酯	0.037 5	0.010 1	0.014 3	0.150 0	0.037 6	0.076 4
91	氰戊菊酯	0.050 0	0.016 1	0.016 8	0.200 0	0.048 6	0.101 9
92	溴氰菊酯	0.075 0	0.026 2	0.053 3	0.300 0	0.117 2	0.149 4
	B组						
93	茵草敌	0.037 5	0.003 2	0.003 8	0.150 0	0.013 4	0.010 2
94	丁草敌	0.037 5	0.003 6	0.003 8	0.150 0	0.013 7	0.008 7
95	敌草腈	0.002 5	0.000 5	0.000 3	0.010 0	0.000 9	0.000 7
96	克草敌	0.037 5	0.004 5	0.005 3	0.150 0	0.011 0	0.008 0
97	三氯甲基吡啶	0.037 5	0.003 6	0.007 4	0.150 0	0.010 4	0.011 3
98	速灭磷	0.025 0	0.005 1	0.009 0	0.100 0	0.007 6	0.014 5

表 E.1(续)

序号	中文名称	含量/(mg/kg)	重复性限 r	再现性限 R	含量/(mg/kg)	重复性限 r	再现性限 R
99	氯苯甲醚	0.012 5	0.001 3	0.004 8	0.050 0	0.002 9	0.001 8
100	四氯硝基苯	0.025 0	0.002 5	0.004 3	0.100 0	0.007 2	0.005 6
101	庚烯磷	0.037 5	0.002 5	0.003 9	0.150 0	0.007 0	0.007 7
102	六氯苯	0.012 5	0.002 1	0.000 8	0.050 0	0.006 3	0.008 6
103	灭线磷	0.037 5	0.002 0	0.003 7	0.150 0	0.008 2	0.007 8
104	顺式-燕麦敌	0.025 0	0.005 5	0.007 9	0.100 0	0.015 1	0.011 5
105	毒草胺	0.037 5	0.001 7	0.002 0	0.150 0	0.004 5	0.005 6
106	反式-燕麦敌	0.025 0	0.001 1	0.000 8	0.100 0	0.006 0	0.003 3
107	氟乐灵	0.025 0	0.001 1	0.002 0	0.100 0	0.008 8	0.005 7
108	氯苯胺灵	0.025 0	0.003 1	0.002 6	0.100 0	0.005 8	0.006 8
109	治螟磷	0.012 5	0.000 4	0.000 6	0.050 0	0.002 6	0.001 2
110	莱草畏	0.025 0	0.001 6	0.002 9	0.100 0	0.013 2	0.009 0
111	α-六六六	0.012 5	0.001 2	0.001 6	0.050 0	0.003 1	0.002 1
112	特丁硫磷	0.025 0	0.001 6	0.002 0	0.100 0	0.009 0	0.013 4
113	特丁通	0.037 5	0.003 7	0.003 4	0.150 0	0.008 2	0.011 9
114	环丙氟灵	0.050 0	0.003 9	0.005 1	0.200 0	0.013 7	0.016 6
115	敌噁磷	0.050 0	0.007 6	0.005 2	0.200 0	0.030 5	0.131 0
116	扑灭津	0.012 5	0.000 8	0.000 9	0.050 0	0.003 4	0.002 6
117	氯炔灵	0.025 0	0.002 1	0.002 6	0.100 0	0.009 4	0.012 5
118	氯硝胺	0.025 0	0.006 6	0.011 4	0.100 0	0.010 9	0.009 9
119	特丁津	0.012 5	0.001 2	0.001 0	0.050 0	0.008 3	0.009 6
120	绿谷隆	0.050 0	0.007 8	0.016 4	0.200 0	0.027 9	0.079 8
121	氟虫脲	0.037 5	0.010 0	0.010 5	0.150 0	0.040 7	0.076 4
122	杀螟腈	0.025 0	0.000 9	0.002 2	0.100 0	0.011 2	0.013 3
123	甲基毒死蜱	0.012 5	0.000 8	0.000 7	0.050 0	0.003 6	0.002 9
124	敌草净	0.012 5	0.001 0	0.001 1	0.050 0	0.004 9	0.003 8
125	二甲草胺	0.037 5	0.002 4	0.002 6	0.150 0	0.007 6	0.008 1
126	甲草胺	0.037 5	0.002 2	0.002 3	0.150 0	0.008 2	0.007 6
127	甲基嘧啶磷	0.012 5	0.001 0	0.001 0	0.050 0	0.004 7	0.003 6
128	特丁净	0.025 0	0.001 8	0.002 2	0.100 0	0.007 3	0.007 3
129	杀草丹	0.025 0	0.001 4	0.001 4	0.100 0	0.005 0	0.007 0
130	丙硫特普	0.025 0	0.002 1	0.002 9	0.100 0	0.006 9	0.010 3
131	三氯杀螨醇	0.025 0	0.013 6	0.014 1	0.100 0	0.034 7	0.140 1
132	异丙甲草胺	0.012 5	0.000 9	0.001 1	0.050 0	0.003 7	0.003 2
133	氧化氯丹	0.012 5	0.000 8	0.001 8	0.050 0	0.004 2	0.004 9

表 E.1(续)

序号	中文名称	含量/(mg/kg)	重复性限 r	再现性限 R	含量/(mg/kg)	重复性限 r	再现性限 R
134	嘧啶磷	0.025 0	0.001 2	0.002 6	0.100 0	0.007 6	0.008 9
135	烯虫酯	0.050 0	0.003 0	0.003 0	0.200 0	0.016 6	0.017 5
136	溴硫磷	0.025 0	0.001 2	0.002 8	0.100 0	0.007 8	0.006 4
137	苯氟磺胺	0.075 0	0.007 3	0.003 2	0.300 0	0.047 7	0.035 0
138	乙氧呋草黄	0.025 0	0.001 5	0.001 0	0.100 0	0.005 8	0.006 0
139	异丙乐灵	0.025 0	0.003 0	0.002 6	0.100 0	0.011 9	0.013 5
140	硫丹-1	0.075 0	0.011 6	0.003 6	0.300 0	0.023 5	0.034 3
141	敌稗	0.025 0	0.001 9	0.002 7	0.100 0	0.010 8	0.007 1
142	异柳磷	0.025 0	0.001 7	0.002 7	0.100 0	0.008 8	0.007 0
143	育畜磷	0.075 0	0.008 7	0.009 9	0.300 0	0.035 1	0.025 0
144	毒虫畏	0.037 5	0.002 6	0.004 5	0.150 0	0.015 2	0.010 8
145	顺式-氯丹	0.025 0	0.001 0	0.001 7	0.100 0	0.007 0	0.003 9
146	甲苯氟磺胺	0.037 5	0.005 7	0.004 1	0.150 0	0.022 9	0.017 8
147	p,p'-滴滴伊	0.012 5	0.000 7	0.000 5	0.050 0	0.003 2	0.002 2
148	丁草胺	0.025 0	0.001 5	0.002 8	0.100 0	0.015 2	0.014 4
149	乙菌利	0.025 0	0.001 6	0.001 8	0.100 0	0.007 2	0.006 0
150	巴毒磷	0.075 0	0.011 8	0.014 2	0.300 0	0.061 7	0.033 8
151	碘硫磷	0.025 0	0.001 1	0.002 7	0.100 0	0.017 4	0.010 3
152	杀虫畏	0.037 5	0.002 3	0.004 9	0.150 0	0.022 4	0.015 3
153	氯溴隆	0.300 0	0.096 5	0.201 1	1.200 0	0.215 5	0.555 2
154	丙溴磷	0.075 0	0.003 9	0.006 4	0.300 0	0.040 8	0.023 1
155	氟咯草酮	0.025 0	0.013 9	0.009 6	0.100 0	0.015 6	0.010 6
156	噻嗪酮	0.025 0	0.005 1	0.005 2	0.100 0	0.007 1	0.006 4
157	o,p'-滴滴滴	0.012 5	0.001 1	0.000 9	0.050 0	0.003 5	0.002 8
158	异狄氏剂	0.150 0	0.006 0	0.012 9	0.600 0	0.043 3	0.036 1
159	己唑醇	0.075 0	0.005 8	0.007 8	0.300 0	0.043 5	0.027 2
160	杀螨酯	0.025 0	0.003 0	0.003 9	0.100 0	0.007 5	0.007 7
161	o,p'-滴滴涕	0.025 0	0.002 1	0.004 4	0.100 0	0.008 4	0.007 2
162	多效唑	0.037 5	0.006 2	0.012 3	0.150 0	0.037 2	0.032 2
163	盖草津	0.037 5	0.003 1	0.004 9	0.150 0	0.016 4	0.016 0
164	抑草蓬	0.025 0	0.004 2	0.006 6	0.100 0	0.012 8	0.013 3
165	丙酯杀螨醇	0.012 5	0.000 6	0.001 4	0.050 0	0.004 8	0.004 2
166	麦草氟甲酯	0.012 5	0.000 6	0.001 0	0.050 0	0.004 1	0.004 7
167	除草醚	0.075 0	0.010 7	0.015 5	0.300 0	0.033 9	0.036 4
168	乙氧氟草醚	0.050 0	0.005 8	0.009 3	0.200 0	0.025 0	0.026 8

表 E.1(续)

序号	中文名称	含量/(mg/kg)	重复性限 r	再现性限 R	含量/(mg/kg)	重复性限 r	再现性限 R
169	虫螨磷	0.037 5	0.002 1	0.003 5	0.150 0	0.015 2	0.011 4
170	硫丹-2	0.075 0	0.028 8	0.023 9	0.300 0	0.074 7	0.108 0
171	麦草氟异丙酯	0.012 5	0.000 7	0.000 9	0.050 0	0.004 2	0.005 3
172	p,p'-滴滴涕	0.025 0	0.003 0	0.005 8	0.100 0	0.009 4	0.007 1
173	三硫磷	0.025 0	0.001 3	0.002 8	0.100 0	0.010 0	0.010 9
174	苯霜灵	0.012 5	0.000 8	0.001 2	0.050 0	0.004 3	0.005 3
175	敌瘟磷	0.025 0	0.006 3	0.008 8	0.100 0	0.017 9	0.010 8
176	三唑磷	0.037 5	0.002 2	0.004 1	0.150 0	0.018 7	0.013 5
177	苯腈磷	0.012 5	0.000 5	0.000 9	0.050 0	0.005 4	0.005 0
178	氯杀螨砜	0.025 0	0.001 4	0.002 8	0.100 0	0.009 4	0.009 7
179	硫丹硫酸盐	0.037 5	0.002 8	0.003 3	0.150 0	0.019 2	0.017 8
180	溴螨酯	0.025 0	0.001 1	0.002 1	0.100 0	0.009 5	0.008 2
181	新燕灵	0.037 5	0.001 6	0.002 3	0.150 0	0.012 5	0.011 3
182	甲氰菊酯	0.025 0	0.007 3	0.006 2	0.100 0	0.010 6	0.010 3
183	溴苯磷	0.025 0	0.003 7	0.005 5	0.100 0	0.014 3	0.009 7
184	苯硫膦	0.050 0	0.005 9	0.005 9	0.200 0	0.030 1	0.036 8
185	环嗪酮	0.037 5	0.002 0	0.003 6	0.150 0	0.015 0	0.012 7
186	伏杀硫磷	0.025 0	0.003 0	0.009 0	0.100 0	0.018 0	0.008 1
187	保棉磷	0.075 0	0.021 9	0.028 4	0.300 0	0.111 7	0.070 2
188	氯苯嘧啶醇	0.025 0	0.001 3	0.001 8	0.100 0	0.011 3	0.009 1
189	益棉磷	0.025 0	0.001 3	0.002 5	0.100 0	0.012 5	0.009 2
190	咪鲜胺	0.075 0	0.021 7	0.013 8	0.300 0	0.044 6	0.030 0
191	蝇毒磷	0.075 0	0.003 6	0.008 3	0.300 0	0.048 1	0.028 6
192	氟氯氰菊酯	0.150 0	0.042 0	0.063 0	0.600 0	0.248 2	0.192 7
193	氟胺氰菊酯	0.150 0	0.014 3	0.022 0	0.600 0	0.056 7	0.066 0
	C组						
194	敌敌畏	0.075 0	0.011 7	0.006 0	0.300 0	0.040 3	0.053 8
195	联苯	0.012 5	0.002 9	0.001 4	0.050 0	0.008 5	0.009 9
196	灭草敌	0.012 5	0.002 6	0.001 3	0.050 0	0.008 8	0.009 0
197	3,5-二氯苯胺	0.012 5	0.003 4	0.002 0	0.050 0	0.014 0	0.004 0
198	禾草敌	0.012 5	0.001 7	0.001 8	0.050 0	0.010 2	0.011 2
199	虫螨畏	0.012 5	0.002 2	0.002 0	0.050 0	0.010 1	0.006 7
200	邻苯基苯酚	0.012 5	0.000 8	0.001 3	0.050 0	0.012 8	0.012 4
201	四氢邻苯二甲酰亚胺	0.037 5	0.003 3	0.003 3	0.150 0	0.030 4	0.031 4
202	仲丁威	0.025 0	0.001 2	0.001 7	0.100 0	0.023 5	0.025 0

表 E.1（续）

序号	中文名称	含量/(mg/kg)	重复性限 r	再现性限 R	含量/(mg/kg)	重复性限 r	再现性限 R
203	乙丁氟灵	0.012 5	0.000 9	0.001 0	0.050 0	0.012 1	0.011 9
204	氟铃脲	0.075 0	0.013 2	0.019 8	0.300 0	0.071 2	0.086 3
205	扑灭通	0.037 5	0.002 6	0.003 1	0.150 0	0.039 7	0.044 7
206	野麦畏	0.025 0	0.001 5	0.001 6	0.100 0	0.026 2	0.023 2
207	嘧霉胺	0.012 5	0.000 8	0.000 5	0.050 0	0.014 3	0.013 2
208	林丹	0.025 0	0.009 6	0.017 7	0.100 0	0.020 6	0.014 1
209	乙拌磷	0.012 5	0.002 2	0.002 2	0.050 0	0.013 1	0.009 5
210	莠去净	0.012 5	0.000 5	0.000 7	0.050 0	0.013 7	0.012 7
211	七氯	0.037 5	0.001 9	0.003 9	0.150 0	0.053 8	0.064 0
212	异稻瘟净	0.037 5	0.004 9	0.002 9	0.150 0	0.045 7	0.052 3
213	氯唑磷	0.025 0	0.006 6	0.007 0	0.100 0	0.028 6	0.025 3
214	三氯杀虫酯	0.025 0	0.001 6	0.002 1	0.100 0	0.029 1	0.019 2
215	丁苯吗啉	0.012 5	0.000 5	0.001 1	0.050 0	0.012 9	0.012 1
216	四氟苯菊酯	0.012 5	0.000 5	0.000 7	0.050 0	0.011 9	0.009 4
217	氯乙氟灵	0.050 0	0.003 6	0.004 2	0.200 0	0.052 5	0.053 1
218	甲基立枯磷	0.012 5	0.000 7	0.001 2	0.050 0	0.010 8	0.008 4
219	异丙草胺	0.012 5	0.000 8	0.000 8	0.050 0	0.010 3	0.013 2
220	莠灭净	0.037 5	0.002 2	0.002 6	0.150 0	0.042 4	0.040 8
221	西草净	0.025 0	0.001 7	0.001 4	0.100 0	0.028 7	0.029 8
222	溴谷隆	0.075 0	0.030 0	0.031 8	0.300 0	0.087 4	0.068 2
223	嗪草酮	0.037 5	0.003 5	0.003 2	0.150 0	0.045 8	0.044 5
224	噻节因	0.037 5	0.011 5	0.026 0	0.150 0		
225	ε-六六六	0.025 0	0.001 5	0.000 9	0.100 0	0.015 9	0.017 4
226	异丙净	0.012 5	0.002 1	0.002 1	0.050 0	0.015 7	0.016 6
227	安硫磷	0.025 0	0.011 5	0.005 9	0.100 0	0.033 2	0.027 0
228	乙霉威	0.075 0	0.009 9	0.007 4	0.300 0	0.083 1	0.098 4
229	哌草丹	0.025 0	0.032 1	0.029 3	0.100 0	0.592 9	0.879 3
230	生物烯丙菊酯-1	0.050 0	0.004 8	0.005 9	0.200 0	0.062 7	0.048 1
231	生物烯丙菊酯-2	0.050 0	0.004 5	0.005 2	0.200 0	0.053 8	0.054 5
232	*o*,*p*′-滴滴伊	0.012 5	0.000 5	0.000 6	0.050 0	0.013 1	0.010 8
233	芬螨酯	0.012 5	0.001 7	0.003 7	0.050 0	0.013 0	0.019 9
234	双苯酰草胺	0.012 5	0.001 0	0.000 8	0.050 0	0.013 0	0.012 2
235	氯硫磷	0.025 0	0.005 1	0.006 1	0.100 0	0.030 9	0.019 9
236	炔丙菊酯	0.037 5	0.004 7	0.005 5	0.150 0	0.048 4	0.041 9
237	戊菌唑	0.037 5	0.002 4	0.001 8	0.150 0	0.044 7	0.042 8

表 E.1(续)

序号	中文名称	含量/(mg/kg)	重复性限 r	再现性限 R	含量/(mg/kg)	重复性限 r	再现性限 R
238	灭蚜磷	0.050 0	0.004 5	0.003 0	0.200 0	0.050 7	0.042 4
239	四氟醚唑	0.037 5	0.002 3	0.002 4	0.150 0	0.043 4	0.048 3
240	丙虫磷	0.025 0	0.003 0	0.003 8	0.100 0	0.026 6	0.035 9
241	氟节胺	0.025 0	0.002 5	0.002 5	0.100 0	0.027 2	0.018 5
242	三唑醇	0.037 5	0.003 4	0.003 8	0.150 0	0.041 9	0.036 7
243	丙草胺	0.025 0	0.002 2	0.002 1	0.100 0	0.026 8	0.027 0
244	亚胺菌	0.012 5	0.000 9	0.000 9	0.050 0	0.013 7	0.012 6
245	吡氟禾草灵	0.012 5	0.001 3	0.001 0	0.050 0	0.014 6	0.014 0
246	氟啶脲	0.037 5	0.012 5	0.008 0	0.150 0	0.081 5	0.047 6
247	乙酯杀螨醇	0.012 5	0.001 8	0.002 9	0.050 0	0.012 6	0.010 6
248	烯效唑	0.025 0	0.003 6	0.003 4	0.100 0	0.026 3	0.030 2
249	氟哇唑	0.037 5	0.003 1	0.004 7	0.150 0	0.045 8	0.041 2
250	三氟硝草醚	0.012 5	0.001 3	0.002 0	0.050 0	0.018 9	0.014 2
251	烯唑醇	0.037 5	0.006 4	0.006 9	0.150 0	0.041 2	0.031 2
252	增效醚	0.012 5	0.001 7	0.001 5	0.050 0	0.014 9	0.012 1
253	炔螨特	0.025 0	0.015 8	0.007 8	0.100 0	0.025 9	0.037 5
254	灭锈胺	0.012 5	0.001 0	0.002 4	0.050 0	0.011 9	0.010 9
255	噁唑隆	0.050 0	0.013 2	0.026 8	0.200 0	0.027 6	0.103 2
256	吡氟酰草胺	0.012 5	0.001 2	0.001 2	0.050 0	0.014 9	0.012 5
257	喹螨醚	0.012 5	0.002 5	0.004 7	0.050 0	0.011 9	0.012 6
258	苯醚菊酯	0.012 5	0.001 8	0.002 3	0.050 0	0.016 6	0.012 2
259	咯菌腈	0.012 5	0.001 4	0.001 3	0.050 0	0.010 3	0.011 8
260	苯氧威	0.075 0	0.025 1	0.024 3	0.300 0	0.103 0	0.179 3
261	稀禾啶	0.112 5	0.025 0	0.031 5	0.450 0	0.130 4	0.137 2
262	莎稗磷	0.025 0	0.004 4	0.004 5	0.100 0	0.032 9	0.025 1
263	氟丙菊酯	0.025 0	0.005 1	0.009 4	0.100 0	0.032 7	0.025 2
264	高效氯氟氰菊酯	0.012 5	0.007 2	0.005 8	0.050 0	0.017 4	0.010 8
265	苯噻酰草胺	0.037 5	0.004 3	0.004 3	0.150 0	0.041 6	0.032 0
266	氯菊酯	0.025 0	0.002 5	0.002 6	0.100 0	0.028 1	0.025 3
267	哒螨灵	0.012 5	0.001 4	0.001 4	0.050 0	0.013 9	0.014 0
268	乙羧氟草醚	0.150 0	0.024 8	0.020 7	0.600 0	0.269 2	0.214 9
269	联苯三唑醇	0.037 5	0.002 9	0.003 3	0.150 0	0.044 4	0.043 2
270	醚菊酯	0.012 5	0.003 3	0.005 3	0.050 0	0.012 8	0.012 0
271	噻草酮	0.150 0	0.042 4	0.045 8	0.600 0	0.170 5	0.248 4
272	顺式-氯氰菊酯	0.025 0	0.002 7	0.003 1	0.100 0	0.020 1	0.019 8

表 E.1(续)

序号	中文名称	含量/(mg/kg)	重复性限 r	再现性限 R	含量/(mg/kg)	重复性限 r	再现性限 R
408	磷胺-1	0.100 0	0.054 7	0.058 3	0.400 0	0.125 4	0.326 5
409	解草嗪	0.025 0	0.004 3	0.008 2	0.100 0	0.007 6	0.042 2
410	溴丁酰草胺	0.012 5	0.000 9	0.002 5	0.050 0	0.006 9	0.002 9
411	乙草胺	0.025 0	0.000 9	0.003 5	0.100 0	0.006 0	0.023 6
412	灭草环	0.050 0	0.008 0	0.012 8	0.200 0	0.021 1	0.074 7
413	特草灵	0.025 0	0.001 2	0.003 6	0.100 0	0.698 2	0.708 8
414	戊草丹	0.025 0	0.000 6	0.002 4	0.100 0	0.107 1	0.216 6
415	甲呋酰胺	0.025 0	0.001 2	0.003 6	0.100 0	0.021 5	0.034 5
416	活化酯	0.025 0	0.001 6	0.004 5	0.100 0	0.143 0	0.193 9
417	呋草黄	0.025 0	0.001 2	0.002 9	0.100 0	0.006 4	0.017 3
418	氟硫草定	0.012 5	0.000 5	0.002 1	0.050 0	0.002 9	0.010 3
419	精甲霜灵	0.025 0	0.001 8	0.003 5	0.100 0	0.006 6	0.018 6
420	马拉氧磷	0.200 0	0.077 0	0.051 2	0.800 0	0.775 1	1.159 3
421	磷胺-2	0.100 0	0.012 3	0.020 2	0.400 0	0.061 6	0.287 8
422	硅氟唑	0.025 0	0.001 3	0.004 3	0.100 0	0.005 0	0.032 4
423	氯酞酸甲酯	0.025 0	0.001 0	0.003 6	0.100 0	0.005 3	0.025 4
424	噻唑烟酸	0.025 0	0.001 3	0.004 1	0.100 0	0.005 0	0.024 4
425	甲基毒虫畏	0.025 0	0.002 3	0.004 1	0.100 0	0.013 6	0.064 3
426	仲丁灵	0.050 0	0.002 8	0.013 7	0.200 0	0.016 5	0.103 4
427	苯酰草胺	0.025 0	0.002 1	0.006 2	0.100 0	0.016 3	0.011 4
428	啶斑肟-1	0.100 0	0.005 8	0.012 1	0.400 0	0.026 0	0.107 5
429	烯丙菊酯	0.050 0	0.002 0	0.006 0	0.200 0	0.017 6	0.049 2
430	异戊乙净	0.012 5	0.000 7	0.002 0	0.050 0	0.014 1	0.066 8
431	灭藻醌	0.050 0	0.005 5	0.010 0	0.200 0	0.021 2	0.027 4
432	甲醚菊酯-1	0.025 0	0.004 7	0.009 4	0.100 0	0.009 6	0.030 8
433	氟噻草胺	0.100 0	0.010 6	0.015 3	0.400 0	0.071 0	0.245 8
434	甲醚菊酯-2	0.025 0	0.001 2	0.009 6	0.100 0	0.012 6	0.033 2
435	啶斑肟-2	0.100 0	0.003 9	0.015 0	0.400 0	0.024 5	0.109 7
436	氰菌胺	0.025 0	0.004 2	0.007 9	0.100 0	0.012 8	0.020 0
437	四氯苯酞	0.050 0			0.200 0	0.017 8	0.378 2
438	呋霜灵	0.025 0	0.001 5	0.003 7	0.100 0	0.006 4	0.021 1
439	噻虫嗪	0.050 0	0.016 9	0.013 0	0.200 0	0.043 7	0.224 2
440	嘧菌胺	0.012 5	0.000 7	0.002 6	0.050 0	0.002 7	0.018 9
441	克菌丹	0.200 0	0.023 0	0.078 5	0.800 0	0.912 5	0.655 5
442	除草定	0.025 0	0.008 9	0.012 8	0.100 0	0.006 8	0.028 8

表 E.1(续)

序号	中文名称	含量/(mg/kg)	重复性限 r	再现性限 R	含量/(mg/kg)	重复性限 r	再现性限 R
443	picoxystrobin	0.025 0	0.001 1	0.003 5	0.100 0	0.006 9	0.025 6
444	抑草磷	0.012 5	0.001 2	0.003 0	0.050 0	0.006 1	0.023 8
445	咪草酸	0.037 5	0.003 9	0.004 1	0.150 0	0.009 8	0.070 7
446	苯氧菌胺-1	0.050 0	0.004 2	0.008 5	0.200 0	0.034 5	0.011 2
447	苯噻硫氰	0.200 0	0.081 7	0.067 3	0.800 0	0.230 1	0.548 9
448	灭梭威砜	0.400 0	0.039 9	0.096 7	1.600 0	0.573 4	0.334 9
449	抑霉唑	0.050 0	0.003 5	0.009 0	0.200 0	0.047 1	0.045 9
450	稻瘟灵	0.025 0	0.000 9	0.004 3	0.100 0	0.004 3	0.027 2
451	环氟菌胺	0.200 0			0.800 0	0.818 6	1.714 9
452	嘧草醚	0.050 0	0.003 8	0.007 9	0.200 0	0.025 3	0.015 9
453	噁唑磷	0.100 0	0.036 2	0.029 3	0.400 0	0.112 9	0.426 1
454	苯氧菌胺-2	0.050 0	0.017 1	0.029 5	0.200 0	0.039 7	0.108 6
455	苯虫醚-1	0.025 0	0.001 0	0.003 7	0.100 0	0.004 7	0.024 5
456	噻呋酰胺	0.100 0			0.400 0	0.031 3	0.802 3
457	苯虫醚-2	0.025 0	0.001 1	0.004 3	0.100 0	0.006 0	0.024 9
458	苯氧喹啉	0.012 5	0.001 4	0.002 7	0.050 0	0.002 4	0.014 5
459	溴虫腈	0.100 0	0.004 0	0.010 4	0.400 0	0.027 7	0.102 0
460	肟菌酯	0.050 0	0.012 8	0.016 8	0.200 0	0.006 3	0.059 7
461	脱苯甲基亚胺唑	0.050 0	0.004 8	0.060 1	0.200 0	0.092 7	0.152 7
462	双苯噁唑酸	0.025 0	0.002 7	0.006 4	0.100 0	0.008 7	0.008 8
463	氟虫腈	0.100 0	0.006 4	0.021 3	0.400 0	0.030 7	0.095 4
464	炔咪菊酯-1	0.025 0	0.009 9	0.025 5	0.100 0	0.045 0	0.054 6
465	唑酮草酯	0.025 0	0.001 9	0.006 1	0.100 0	0.004 4	0.032 6
466	炔咪菊酯-2	0.025 0	0.007 0	0.010 2	0.100 0	0.008 9	0.061 0
467	氟环唑-1	0.100 0	0.010 1	0.013 2	0.400 0	0.066 9	0.176 1
468	吡草醚	0.025 0	0.001 2	0.003 1	0.100 0	0.049 7	0.047 7
469	稗草丹	0.025 0	0.002 1	0.006 7	0.100 0	0.005 2	0.032 8
470	噻吩草胺	0.025 0	0.005 5	0.007 5	0.100 0	0.003 5	0.028 6
471	烯草酮	0.050 0	0.018 5	0.013 4	0.200 0	0.029 0	0.161 0
472	吡唑解草酯	0.037 5	0.003 3	0.007 4	0.150 0	0.007 0	0.042 0
473	伐灭磷	0.050 0	0.006 4	0.017 7	0.200 0	0.082 5	0.254 1
474	乙螨唑	0.075 0	0.007 4	0.011 1	0.300 0	0.017 0	0.047 7
475	吡丙醚	0.025 0	0.003 9	0.010 4	0.100 0	0.014 9	0.094 9
476	氟环唑-2	0.100 0	0.004 1	0.004 9	0.400 0	0.003 8	0.035 0
477	氟吡酰草胺	0.012 5	0.000 7	0.002 4	0.050 0	0.002 4	0.012 6

表 E.1(续)

序号	中文名称	含量/(mg/kg)	重复性限 r	再现性限 R	含量/(mg/kg)	重复性限 r	再现性限 R
478	异菌脲	0.050 0	0.003 4	0.010 1	0.200 0	0.009 2	0.074 5
479	哌草磷	0.037 5	0.003 4	0.008 2	0.150 0	0.021 5	0.036 9
480	呋酰胺	0.037 5	0.004 5	0.006 3	0.150 0	0.013 9	0.016 2
481	联苯肼酯	0.100 0	0.021 6	0.168 4	0.400 0	0.354 8	0.874 7
482	异狄氏剂酮	0.050 0	0.004 3	0.011 5	0.200 0	0.012 5	0.068 9
483	氯甲酰草胺	0.012 5	0.004 8	0.007 3	0.050 0	0.008 2	0.008 3
484	咪唑菌酮	0.012 5	0.000 9	0.002 7	0.050 0	0.008 2	0.004 7
485	萘丙胺	0.012 5	0.001 7	0.002 9	0.050 0	0.005 4	0.006 8
486	吡唑醚菊酯	0.300 0	0.086 5	0.0983	1.200 0	0.378 3	0.629 0
487	乳氟禾草灵	0.100 0	0.012 1	0.039 9	0.400 0	0.067 3	0.484 8
488	三甲苯草酮	0.100 0	0.044 4	0.030 1	0.400 0	0.066 3	0.322 5
489	吡唑硫磷	0.100 0	0.009 0	0.025 6	0.400 0	0.146 2	0.372 9
490	氯亚胺硫磷	0.400 0	0.012 6	0.081 1	1.600 0	0.281 6	0.785 3
491	螺螨酯	0.100 0	0.004 2	0.014 9	0.400 0	0.032 5	0.076 3
492	苄螨醚	0.025 0	0.002 2	0.006 0	0.100 0	0.015 5	0.025 6
493	呋草酮	0.025 0	0.003 7	0.005 7	0.100 0	0.573 4	0.554 4
494	环酯草醚	0.012 5	0.002 6	0.003 1	0.050 0	0.002 8	0.013 1
495	氟硅菊酯	0.012 5	0.002 8	0.005 8	0.050 0	0.004 9	0.015 0
496	嘧螨醚	0.025 0	0.001 7	0.006 8	0.100 0	0.016 4	0.048 6
497	啶虫脒	0.050 0	0.004 7	0.004 3	0.200 0	0.071 0	0.142 8
498	氟丙嘧草酯	0.012 5	0.001 3	0.002 5	0.050 0	0.003 1	0.014 3
499	苯酮唑	0.050 0	0.003 5	0.014 6	0.200 0	0.035 1	0.098 8
500	氟啶草酮	0.025 0	0.002 6	0.002 5	0.100 0	0.028 9	0.031 6

附 录 F
（资料性附录）
500种农药及相关化学品英文中文名称对照索引

500种农药及相关化学品英文中文名称对照索引(按英文字母顺序)，见表F.1。

表F.1 500种农药及相关化学品英文中文名称对照索引

序号	英文名称	中文名称	附录A中序号
1	2,3,4,5-tetrachloroaniline	2,3,4,5-四氯苯胺	306
2	2,3,4,5-tetrachloroanisole	2,3,4,5-四氯甲氧基苯	288
3	2,3,5,6-tetrachloroaniline	2,3,5,6-四氯苯胺	286
4	2,4′-DDD	*o*,*p*′-滴滴滴	157
5	2,4′-DDE	*o*,*p*′-滴滴伊	232
6	2,4′-DDT	*o*,*p*′-滴滴涕	161
7	2,6-dichlorobenzamide	2,6-二氯苯甲酰胺	302
8	2-phenylphenol	邻苯基苯酚	200
9	3,5-dichloroaniline	3,5-二氯苯胺	197
10	4,4′-DDE	*p*,*p*′-滴滴伊	147
11	4,4′-DDT	*p*,*p*′-滴滴涕	172
12	4,4′-DDD	*p*,*p*′-滴滴滴	65
13	4,4-dibromobenzophenone	4,4-二溴二苯甲酮	350
14	4,4-dichlorobenzophenone	4,4-二氯二苯甲酮	329
15	acenaphthene	二氢苊	387
16	acetamiprid	啶虫脒	497
17	acetochlor	乙草胺	411
18	acibenzolar-S-methyl	活化酯	416
19	acrinathrin	氟丙菊酯	263
20	alachlor	甲草胺	126
21	aldrin	艾氏剂	24
22	allethrin	烯丙菊酯	429
23	allidochlor	二丙烯草胺	1
24	alpha-cypermethrin	顺式-氯氰菊酯	272
25	alpha-HCH	α-六六六	111
26	ametryn	莠灭净	220
27	anilofos	莎稗磷	262
28	anthraquinone	蒽醌	34
29	aramite	杀螨特	61
30	aspon	丙硫特普	130
31	athidathion	乙基杀扑磷	353
32	atratone	阿特拉通	294
33	atrazine-desethyl	脱乙基阿特拉津	13
34	atrizine	莠去净	210
35	azinphos-ethyl	益棉磷	189
36	azinphos-methyl	保棉磷	187
37	aziprotryne	叠氮津	310
38	BDMC-1	4-溴-3，5-二甲苯基-N-甲基氨基甲酸酯-1	283
39	BDMC-2	4-溴-3，5-二甲苯基-N-甲基氨基甲酸酯-2	318
40	benalaxyl	苯霜灵	174
41	benfluralin	乙丁氟灵	203
42	benfuresate	呋草黄	417
43	benodanil	麦锈灵	76
44	benoxacor	解草嗪	409
45	benzoylprop-ethyl	新燕灵	181
46	beta-HCH	β-六六六	30
47	bifenazate	联苯肼酯	481
48	bifenthrin	联苯菊酯	74
49	bioallethrin-1	生物烯丙菊酯-1	230
50	bioallethrin-2	生物烯丙菊酯-2	231
51	biphenyl	联苯	195
52	bitertanol	联苯三唑醇	269
53	bromacil	除草定	442
54	bromfenvinfos	溴苯烯磷	346
55	bromobutide	溴丁酰草胺	410
56	bromocylen	溴烯杀	298
57	bromofos	溴硫磷	136

表 F.1(续)

序号	英文名称	中文名称	附录 A 中序号	序号	英文名称	中文名称	附录 A 中序号
58	bromophos-ethyl	乙基溴硫磷	45	97	chlorthal-dimethyl	氯酞酸甲酯	423
59	bromopropylate	溴螨酯	180	98	chlorthion	氯硫磷	235
60	bromuconazole-1	糠菌唑-1	375	99	chlorthiophos	虫螨磷	169
61	bromuconazole-2	糠菌唑-2	377	100	chlozolinate	乙菌利	149
62	bupirimate	乙嘧酚磺酸酯	62	101	clethodim	烯草酮	471
63	buprofezin	噻嗪酮	156	102	clodinafop-propargyl	炔草酸	364
64	butachlor	丁草胺	148	103	clomazone	异噁草松	14
65	butafenacil	氟丙嘧草酯	498	104	clomeprop	氯甲酰草胺	483
66	butamifos	抑草磷	444	105	cloquintocet-mexyl	解草酯	373
67	butralin	仲丁灵	426	106	coumaphos	蝇毒磷	191
68	butylate	丁草敌	94	107	crimidine	鼠立死	282
69	cadusafos	硫线磷	395	108	crotoxyphos	巴毒磷	150
70	cafenstrole	苯酮唑	499	109	crufomate	育畜磷	143
71	captan	克菌丹	441	110	cyanazine	氰草津	56
72	carbofenothion	三硫磷	173	111	cyanofenphos	苯腈磷	177
73	carboxin	萎锈灵	63	112	cyanophos	杀螟腈	122
74	carfentrazone-ethyl	唑酮草酯	465	113	cycloate	环草敌	6
75	chlorbenside	杀螨醚	44	114	cycloxydim	噻草酮	271
76	chlorbenside sulfone	氯杀螨砜	178	115	cycluron	环莠隆	301
77	chlorbromuron	氯溴隆	153	116	cyflufenamid	环氟菌胺	451
78	chlorbufam	氯炔灵	117	117	cyfluthrin	氟氯氰菊酯	192
79	chlordane-cis	顺式-氯丹	145	118	cypermethrin	氯氰菊酯	90
80	chlordane-trans	反式氯丹	47	119	cyprazine	环丙津	28
81	chlordimeform	杀虫脒	8	120	cyproconazole	环丙唑	361
82	chlorethoxyfos	氯氧磷	390	121	cyprodinil	嘧菌环胺	333
83	chlorfenapyr	溴虫腈	459	122	dacthal	敌草索	328
84	chlorfenethol	杀螨醇	341	123	DEF	脱叶磷	344
85	chlorfenprop-methyl	燕麦酯	284	124	delta-HCH	δ-六六六	35
86	chlorfenson	杀螨酯	160	125	deltamethrin	溴氰菊酯	92
87	chlorfenvinphos	毒虫畏	144	126	demeton-S-methyl	甲基内吸磷	394
88	chlorfluazuron	氟啶脲	246	127	DE-PCB 101	2,2′,4,5,5′-五氯联苯	337
89	chlorfurenol	整形醇	52				
90	chlormephos	氯甲硫磷	4	128	DE-PCB 118	2,3,4,4′,5-五氯联苯	349
91	chlorobenzilate	乙酯杀螨醇	247				
92	chloroneb	氯苯甲醚	99	129	DE-PCB 138	2,2′,3,4,4′,5-六氯联苯	358
93	chloropropylate	丙酯杀螨醇	165				
94	chlorpropham	氯苯胺灵	108	130	DE-PCB 153	2,2′,4,4′,5,5′-六氯联苯	354
95	chlorpyrifos(-ethyl)	毒死蜱	32				
96	chlorpyrifos-methyl	甲基毒死蜱	123	131	DE-PCB 180	2,2,3,4,4′,5,5′-七氯联苯	371

表 F.1(续)

序号	英文名称	中文名称	附录 A 中序号	序号	英文名称	中文名称	附录 A 中序号
132	DE-PCB 28	2,4,4′-三氯联苯	303	170	diofenolan-1	苯虫醚-1	455
133	DE-PCB 31	2,4,5-三氯联苯	304	171	diofenolan-2	苯虫醚-2	457
134	DE-PCB 52	2，2′，5，5′-四氯联苯	313	172	dioxabenzofos	蔬果磷	291
				173	dioxathion	敌噁磷	115
135	desbrom-leptophos	脱溴溴苯磷	376	174	diphenamid	双苯酰草胺	234
136	desethyl-sebuthylazine	脱乙基另丁津	305	175	diphenylamine	联苯二胺	7
137	desisopropyl-atrazine	脱异丙基莠去津	295	176	dipropetryn	异丙净	226
138	desmetryn	敌草净	124	177	disulfoton	乙拌磷	209
139	dialifos	氯亚胺硫磷	490	178	disulfoton sulfone	乙拌磷砜	356
140	diallate-cis	顺式-燕麦敌	104	179	disulfoton-sulfoxide	乙拌磷亚砜	279
141	diallate-trans	反式-燕麦敌	106	180	ditalimfos	灭菌磷	348
142	diazinon	二嗪磷	15	181	dithiopyr	氟硫草定	418
143	dibutyl succinate	驱虫特	388	182	edifenphos	敌瘟磷	175
144	dicapthon	异氯磷	336	183	endosulfan-1	硫丹-1	140
145	dichlobenil	敌草腈	95	184	endosulfan-2	硫丹-2	170
146	dichlofenthion	除线磷	21	185	endosulfan-sulfate	硫丹硫酸盐	179
147	dichlofluanid	苯氟磺胺	137	186	endrin	异狄氏剂	158
148	dichloran	氯硝胺	403	187	endrin ketone	异狄氏剂酮	482
149	dichlormid	烯丙酰草胺	2	188	EPN	苯硫膦	184
150	dichlorvos	敌敌畏	194	189	epoxiconazole-1	氟环唑-1	467
151	diclobutrazole	苄氯三唑醇	355	190	epoxiconazole-2	氟环唑-2	476
152	diclofop-methyl	禾草灵	71	191	EPTC	茵草敌	93
153	dicloran	氯硝胺	118	192	erbon	抑草蓬	164
154	dicofol	三氯杀螨醇	131	193	esfenvalerate	S-氰戊菊酯	274
155	dieldrin	狄氏剂	53	194	esprocarb	戊草丹	414
156	diethofencarb	乙霉威	228	195	etaconazole-1	乙环唑-1	68
157	difenonazole	苯醚甲环唑	275	196	etaconazole-2	乙环唑-2	69
158	diflufenican	吡氟酰草胺	256	197	ethalfluralin	乙丁烯氟灵	9
159	dimefox	甲氟磷	278	198	ethion	乙硫磷	66
160	dimefuron	噁唑隆	255	199	ethofumesate	乙氧呋草黄	138
161	dimepiperate	哌草丹	229	200	ethoprophos	灭线磷	103
162	dimethachlor	二甲草胺	125	201	etofenprox	醚菊酯	270
163	dimethametryn	异戊乙净	430	202	etoxazole	乙螨唑	474
164	dimethenamid	二甲吩草胺	316	203	etridiazol	土菌灵	3
165	dimethipin	噻节因	224	204	etrimfos	乙嘧硫磷	17
166	dimethylvinphos	甲基毒虫畏	425	205	etrimfos oxon	氧乙嘧硫磷	300
167	diniconazole	烯唑醇	251	206	famphur	伐灭磷	473
168	dinitramine	氨氟灵	25	207	fenamidone	咪唑菌酮	484
169	dinobuton	消螨通	343	208	fenamiphos	苯线磷	59

表 F.1(续)

序号	英文名称	中文名称	附录A中序号	序号	英文名称	中文名称	附录A中序号
209	fenamiphos sulfone	苯线磷砜	380	248	fluquinconazole	氟喹唑	382
210	fenamiphos sulfoxide	苯线磷亚砜	379	249	fluridone	氟啶草酮	500
211	fenarimol	氯苯嘧啶醇	188	250	flurochloridone	氟咯草酮	345
212	fenazaquin	喹螨醚	257	251	fluroxypr-1-methyl-heptyl ester	氟草烟-1-甲庚酯	367
213	fenbuconazole	腈苯唑	383				
214	fenchlorphos oxon	氧皮蝇磷	317	252	flurtamone	呋草酮	493
215	fenfuram	甲呋酰胺	415	253	flusilazole	氟哇唑	249
216	fenitrothion	杀螟硫磷	38	254	flutolanil	氟酰胺	64
217	fenobucarb	仲丁威	202	255	flutriafol	粉唑醇	351
218	fenothiocarb	苯硫威	50	256	fluvalinate	氟胺氰菊酯	193
219	fenoxanil	氰菌胺	436	257	fonofos	地虫硫磷	16
220	fenoxycarb	苯氧威	260	258	formothion	安硫磷	227
221	fenpiclonil	拌种咯	381	259	fuberidazole	麦穗灵	334
222	fenpropathrin	甲氰菊酯	182	260	furalaxyl	呋霜灵	438
223	fenpropidin	苯锈啶	402	261	gamma-HCH	林丹	208
224	fenpropimorph	丁苯吗啉	215	262	halfenprox	苄螨醚	492
225	fenpyroximate	唑螨酯	399	263	HCH,epsilon-	ε-六六六	225
226	fenson	芬螨酯	233	264	heptachlor	七氯	211
227	fensulfothion	丰索磷	73	265	heptanophos	庚烯磷	101
228	fenthion	倍硫磷	36	266	hexachlorobenzene	六氯苯	102
229	fenthion sulfone	倍硫磷砜	368	267	hexaconazole	己唑醇	159
230	fenthion sulfoxide	倍硫磷亚砜	365	268	hexaflumuron	氟铃脲	204
231	fenvalerate	氰戊菊酯	91	269	hexazinone	环嗪酮	185
232	fipronil	氟虫腈	463	270	hexythiazox	噻螨酮	357
233	flamprop-isopropyl	麦草氟异丙酯	171	271	imazalil	抑霉唑	449
234	flamprop-methyl	麦草氟甲酯	166	272	imazamethabenz-methyl	咪草酸	445
235	fluazifop-butyl	吡氟禾草灵	245	273	imibenconazole-des-benzyl	脱苯甲基亚胺唑	461
236	fluchloralin	氯乙氟灵	217				
237	flucythrinate	氟氰戊菊酯	273	274	imiprothrin-1	炔咪菊酯-1	464
238	fludioxonil	咯菌腈	259	275	imiprothrin-2	炔咪菊酯-2	466
239	flufenacet	氟噻草胺	433	276	iodofenphos	碘硫磷	151
240	flufenoxuron	氟虫脲	121	277	iprobenfos	异稻瘟净	212
241	flumetralin	氟节胺	241	278	iprodione	异菌脲	478
242	flumiclorac-pentyl	氟烯草酸	277	279	isazofos	氯唑磷	213
243	flumioxazin	丙炔氟草胺	276	280	isobenzan	碳氯灵	322
244	fluorochloridone	氟咯草酮	155	281	isocarbamid	丁咪酰胺	312
245	fluorodifen	三氟硝草醚	250	282	isocarbophos	水胺硫磷	339
246	fluoroglycofen-ethyl	乙羧氟草醚	268	283	isodrin	异艾氏剂	325
247	fluotrimazole	三氟苯唑	366	284	isofenphos	异柳磷	142

表 F.1(续)

序号	英文名称	中文名称	附录 A 中序号	序号	英文名称	中文名称	附录 A 中序号
285	isofenphos oxon	氧异柳磷	335	323	metolachlor	异丙甲草胺	132
286	isomethiozin	丁嗪草酮	326	324	metominostrobin-1	苯氧菌胺-1	446
287	isoprocarb-1	异丙威-1	385	325	metominostrobin-2	苯氧菌胺-2	454
288	isoprocarb-2	异丙威-2	391	326	metribuzin	嗪草酮	223
289	isopropalin	异丙乐灵	139	327	mevinphos	速灭磷	98
290	isoprothiolane	稻瘟灵	450	328	mexacarbate	兹克威	23
291	isoxadifen-ethyl	双苯噁唑酸	462	329	mirex	灭蚁灵	75
292	isoxathion	噁唑磷	453	330	molinate	禾草敌	198
293	kresoxim-methyl	亚胺菌	244	331	monalide	庚酰草胺	320
294	lactofen	乳氟禾草灵	487	332	monolinuron	绿谷隆	120
295	lambda-cyhalothrin	高效氯氟氰菊酯	264	333	musk ambrette	合成麝香	307
296	lenacil	环草定	374	334	musk ketone	麝香酮	331
297	leptophos	溴苯磷	183	335	musk moskene	麝香	314
298	linuron	利谷隆	43	336	musk tibeten	西藏麝香	321
299	malaoxon	马拉氧磷	420	337	musk xylene	二甲苯麝香	308
300	malathion	马拉硫磷	37	338	myclobutanil	腈菌唑	70
301	MCPA-butoxyethyl ester	2-甲-4-氯丁氧乙基酯	338	339	naproanilide	萘丙胺	485
				340	napropamide	敌草胺	57
302	mecarbam	灭蚜磷	238	341	nitralin	甲磺乐灵	378
303	mefenacet	苯噻酰草胺	265	342	nitrapyrin	三氯甲基吡啶	97
304	mefenoxam	精甲霜灵	419	343	nitrofen	除草醚	167
305	mefenpyr-diethyl	吡唑解草酯	472	344	nitrothal-isopropyl	酞菌酯	330
306	mepanipyrim	嘧菌胺	440	345	nonachlor-trans	反式九氯	342
307	mephosfolan	地胺磷	352	346	norflurazon	氟草敏	82
308	mepronil	灭锈胺	254	347	nuarimol	氟苯嘧啶醇	77
309	metalaxyl	甲霜灵	31	348	octachlorostyrene	八氯苯乙烯	323
310	metamitron	苯嗪草酮	370	349	ofurace	呋酰胺	480
311	metazachlor	吡唑草胺	49	350	oxadiazone	噁草酮	58
312	methabenzthiazuron	甲基苯噻隆	292	351	oxadixyl	噁霜灵	79
313	methacrifos	虫螨畏	199	352	oxycarboxin	氧化萎锈灵	86
314	methamidophos	甲胺磷	386	353	oxy-chlordane	氧化氯丹	133
315	methidathion	杀扑磷	55	354	oxyfluorfen	乙氧氟草醚	168
316	methiocarb sulfone	灭梭威砜	448	355	paclobutrazol	多效唑	162
317	methoprene	烯虫酯	135	356	paraoxon-ethyl	对氧磷	39
318	methoprotryne	盖草津	163	357	paraoxon-methyl	甲基对氧磷	319
319	methothrin-1	甲醚菊酯-1	432	358	parathion	对硫磷	41
320	methothrin-2	甲醚菊酯-2	434	359	parathion-methyl	甲基对硫磷	33
321	methoxychlor	甲氧滴滴涕	78	360	pebulate	克草敌	96
322	metobromuron	溴谷隆	222	361	penconazole	戊菌唑	237

表 F.1(续)

序号	英文名称	中文名称	附录 A 中序号	序号	英文名称	中文名称	附录 A 中序号
362	pencycuron	戊菌隆	392	400	pronamide	炔丙烯草胺	22
363	pendimethalin	二甲戊灵	42	401	propachlor	毒草胺	105
364	pentachloroaniline	五氯苯胺	309	402	propanil	敌稗	141
365	pentachloroanisole	五氯甲氧基苯	289	403	propaphos	丙虫磷	240
366	pentachlorobenzene	五氯苯	280	404	propargite	炔螨特	253
367	permethrin	氯菊酯	266	405	propazine	扑灭津	116
368	permethrin-cis	顺式-氯菊酯	87	406	propetamphos	胺丙畏	19
369	permethrin-trans	反式-氯菊酯	88	407	propham	苯胺灵	5
370	perthane	乙滴涕	347	408	propiconazole	丙环唑	72
371	phenanthrene	菲	397	409	propisochlor	异丙草胺	219
372	phenothrin	苯醚菊酯	258	410	propoxur-1	残杀威-1	384
373	phenthoate	稻丰散	48	411	propoxur-2	残杀威-2	396
374	phorate	甲拌磷	10	412	propyzamide	炔苯酰草胺	406
375	phorate sulfone	甲拌磷砜	340	413	prosulfocarb	苄草丹	315
376	phosalone	伏杀硫磷	186	414	prothiophos	丙硫磷	51
377	phosmet	亚胺硫磷	84	415	pyraclofos	吡唑硫磷	489
378	phosphamidon-1	磷胺-1	408	416	pyraclostrobin	吡唑醚菊酯	486
379	phosphamidon-2	磷胺-2	421	417	pyraflufen ethyl	吡草醚	468
380	phthalic acid，benzyl butyl ester	酞酸甲苯基丁酯	363	418	pyrazophos	吡菌磷	89
				419	pyributicarb	稗草丹	469
381	phthalide	四氯苯酞	437	420	pyridaben	哒螨灵	267
382	phthalimide	邻苯二甲酰亚胺	389	421	pyridaphenthion	哒嗪硫磷	83
383	picolinafen	氟吡酰草胺	477	422	pyrifenox-1	啶斑肟-1	428
384	picoxystrobin		443	423	pyrifenox-2	啶斑肟-2	435
385	piperonyl butoxide	增效醚	252	424	pyriftalid	环酯草醚	494
386	piperophos	哌草磷	479	425	pyrimethanil	嘧霉胺	207
387	pirimicarb	抗蚜威	407	426	pyrimidifen	嘧螨醚	496
388	pirimiphos-ethyl	嘧啶磷	134	427	pyriminobac-methyl	嘧草醚	452
389	pirimiphos-methyl	甲基嘧啶磷	127	428	pyrimitate	嘧啶磷	324
390	plifenate	三氯杀虫酯	214	429	pyriproxyfen	吡丙醚	475
391	prallethrin	炔丙菊酯	236	430	pyroquilon	咯喹酮	404
392	pretilachlor	丙草胺	243	431	quinalphos	喹硫磷	46
393	prochloraz	咪鲜胺	190	432	quinoclamine	灭藻醌	431
394	procymidone	腐霉利	54	433	quinoxyphen	苯氧喹啉	458
395	profenofos	丙溴磷	154	434	quintozene	五氯硝基苯	12
396	profluralin	环丙氟灵	114	435	rabenzazole	吡咪唑	332
397	prohydrojasmon	茉莉酮	401	436	resmethrin-1	苄呋菊酯-1	360
398	prometon	扑灭通	205	437	resmethrin-2	苄呋菊酯-2	362
399	prometryne	扑草净	27	438	ronnel	皮蝇磷	26

表 F.1(续)

序号	英文名称	中文名称	附录A中序号	序号	英文名称	中文名称	附录A中序号
439	sebutylazine	另丁津	311	470	tetrahydrophthalimide	四氢邻苯二甲酰亚胺	201
440	secbumeton	密草通	20	471	tetramethirn	胺菊酯	80
441	sethoxydim	稀禾啶	261	472	tetrasul	杀螨氯硫	60
442	silafluofen	氟硅菊酯	495	473	thenylchlor	噻吩草胺	470
443	simazine	西玛津	18	474	thiamethoxam	噻虫嗪	439
444	simeconazole	硅氟唑	422	475	thiazopyr	噻唑烟酸	424
445	simetone	西玛通	293	476	thifluzamide	噻呋酰胺	456
446	simetryn	西草净	221	477	thiobencarb	杀草丹	129
447	spirodiclofen	螺螨酯	491	478	thiometon	甲基乙拌磷	11
448	spiroxamine-1	螺菌环胺-1	398	479	thionazin	虫线磷	285
449	spiroxamine-2	螺菌环胺-2	405	480	tolclofos-methyl	甲基立枯磷	218
450	sulfallate	菜草畏	110	481	tolylfluanide	甲苯氟磺胺	146
451	sulfotep	治螟磷	109	482	tralkoxydim	三甲苯草酮	488
452	sulprofos	硫丙磷	67	483	transfluthrin	四氟苯菊酯	216
453	TCMTB	苯噻硫氰	447	484	triadimefon	三唑酮	40
454	tebuconazole	戊唑醇	81	485	triadimenol	三唑醇	242
455	tebufenpyrad	吡螨胺	372	486	triallate	野麦畏	206
456	tebupirimfos	丁基嘧啶磷	400	487	triamiphos	威菌磷	359
457	tebutam	牧草胺	290	488	triazophos	三唑磷	176
458	tebuthiuron	丁噻隆	393	489	trichloronat	毒壤磷	327
459	tecnazene	四氯硝基苯	100	490	tridiphane	灭草环	412
460	tefluthrin	七氟菊酯	297	491	trietazine	草达津	299
461	terbucarb	特草灵	413	492	trifloxystrobin	肟菌酯	460
462	terbufos	特丁硫磷	112	493	trifluralin	氟乐灵	107
463	terbufos sulfone	特丁硫磷砜	296	494	tri-iso-butyl phosphate	三异丁基磷酸盐	281
464	terbumeton	特丁通	113	495	tri-n-butyl phosphate	三正丁基磷酸盐	287
465	terbuthylazine	特丁津	119	496	triphenyl phosphate	三苯基磷酸盐	369
466	terbutryn	特丁净	128	497	uniconazole	烯效唑	248
467	tetrachlorvinphos	杀虫畏	152	498	vernolate	灭草敌	196
468	tetraconazole	四氟醚唑	239	499	vinclozolin	乙烯菌核利	29
469	tetradifon	三氯杀螨砜	85	500	zoxamide	苯酰草胺	427

ICS 67.050
X 04

中华人民共和国国家标准

GB/T 19649—2006
部分代替 GB/T 19649—2005

粮谷中475种农药及相关化学品残留量的测定 气相色谱-质谱法

Method for determination of 475 pesticides and related chemicals residues in grains—GC-MS method

2006-12-31 发布 2007-03-01 实施

中华人民共和国国家质量监督检验检疫总局
中国国家标准化管理委员会 发布

前　言

本标准是对 GB/T 19649—2005《粮谷中 405 种农药多残留测定方法　气相色谱-质谱和液相色谱-串联质谱法》中气相色谱-质谱法部分的修订。修订的主要内容是：

——气相色谱-质谱法可测定的农药品种由 362 种扩大为 475 种；

——把液相色谱-串联质谱法从本标准中分离出去，修订为 GB/T 20770—2006《粮谷中 372 种农药及相关化学品残留量的测定　液相色谱-串联质谱法》；

——修改了标准名称。

本标准代替 GB/T 19649—2005 中关于气相色谱-质谱法的内容。

本标准的附录 A、附录 B、附录 C、附录 D、附录 E 和附录 F 为资料性附录。

本标准由中华人民共和国秦皇岛出入境检验检疫局提出。

本标准由中华人民共和国国家质量监督检验检疫总局归口。

本标准起草单位：中华人民共和国秦皇岛出入境检验检疫局。

本标准主要起草人：庞国芳、刘永明、范春林、吴艳萍、曹彦忠、张进杰、李学民、李金。

原标准于 2005 年首次发布，本标准和 GB/T 20770—2006 共同代替 GB/T 19649—2005。

粮谷中475种农药及相关化学品残留量的测定 气相色谱-质谱法

1 范围

本标准规定了大麦、小麦、燕麦、大米、玉米中475种农药及相关化学品(参见附录A)残留量气相色谱-质谱测定方法。

本标准适用于大麦、小麦、燕麦、大米、玉米中475种农药及相关化学品残留量的测定。

本标准的方法检出限为0.002 5 mg/kg～0.800 0 mg/kg(参见附录A)。

2 规范性引用文件

下列文件中的条款通过本标准的引用而成为本标准的条款。凡是注日期的引用文件,其随后所有的修改单(不包括勘误的内容)或修订版均不适用于本标准,然而,鼓励根据本标准达成协议的各方研究是否可使用这些文件的最新版本。凡是不注日期的引用文件,其最新版本适用于本标准。

GB 5491 粮食、油料检验 扦样、分样法

GB/T 6379.1 测量方法与结果的准确度(正确度与精密度) 第1部分:总则与定义(GB/T 6379.1—2004,ISO 5725-1:1994,IDT)

GB/T 6379.2 测量方法与结果的准确度(正确度与精密度) 第2部分:确定标准测量方法重复性与再现性的基本方法(GB/T 6379.2—2004,ISO 5725-2:1994,IDT)

3 原理

试样于加速溶剂萃取仪中用乙腈提取,提取液经固相萃取柱净化后,用乙腈+甲苯(3+1)洗脱农药及相关化学品,用气相色谱-质谱仪检测。

4 试剂和材料

4.1 乙腈:色谱纯。

4.2 硅藻土:优级纯。

4.3 无水硫酸钠:分析纯。用前在650℃灼烧4 h,贮于干燥器中,冷却后备用。

4.4 甲苯:优级纯。

4.5 丙酮:分析纯,重蒸馏。

4.6 二氯甲烷:色谱纯。

4.7 Envi-18柱[1]:12 mL,2 g或相当者。

4.8 Envi-Carb柱[1]:6 mL,0.5 g或相当者。

4.9 Sep-Pak NH_2 柱[2]:3 mL,0.5 g或相当者。

4.10 农药及相关化学品标准物质:纯度≥95%。

4.11 农药及相关化学品标准溶液

1) Envi-18柱和Envi-Carb是SUPELCO公司产品的商品名称,给出这一信息是为了方便本标准的使用者,并不是表示对该产品的认可。如果其他等效产品具有相同的效果,则可使用这些等效产品。

2) Sep-Pak NH_2 柱是Waters公司产品的商品名称,给出这一信息是为了方便本标准的使用者,并不是表示对该产品的认可。如果其他等效产品具有相同的效果,则可使用这些等效产品。

4.11.1 **标准储备溶液**

准确称取 5 mg～10 mg(精确至 0.1 mg)农药及相关化学品各标准物分别置于 10 mL 容量瓶中,根据标准物的溶解性和测定的需要选甲苯、甲苯＋丙酮混合液、二氯甲烷等溶剂溶解并定容至刻度(溶剂选择参见附录 A)。

4.11.2 **混合标准溶液(混合标准溶液 A、B、C、D 和 E)**

按照农药及相关化学品的性质和保留时间,将 475 种农药及相关化学品分成 A、B、C、D、E 五个组,并根据每种农药及相关化学品在仪器上的响应灵敏度,确定其在混合标准溶液中的浓度。本标准对 475 种农药及相关化学品的分组及其混合标准溶液浓度参见附录 A。

依据每种农药及相关化学品的分组号、混合标准溶液浓度及其标准储备液的浓度,移取一定量的单个农药及相关化学品标准储备溶液(4.11.1)于 100 mL 容量瓶中,用甲苯定容至刻度。混合标准溶液避光 4℃保存,可使用一个月。

4.11.3 **内标溶液**

准确称取 3.5 mg 环氧七氯于 100 mL 容量瓶中,用甲苯定容至刻度。

4.11.4 **基质混合标准工作溶液**

A、B、C、D、E 组农药及相关化学品基质混合标准工作溶液是将 40 μL 内标溶液(4.11.3)和一定体积的混合标准溶液分别加到 1.0 mL 的样品空白基质提取液中,混匀,配成基质混合标准工作溶液 A、B、C、D 和 E。基质混合标准工作溶液应现用现配。

5 仪器

5.1 气相色谱-质谱仪:配有电子轰击源(EI)。

5.2 分析天平:感量 0.1 mg 和 0.01 g。

5.3 加速溶剂萃取仪:配有 34 mL 萃取池。

5.4 氮气吹干仪。

5.5 梨形瓶:200 mL。

5.6 移液器:1 mL。

6 试样制备与保存

6.1 试样的制备

按 GB 5491 扦取的粮谷样品经粉碎机粉碎,过 20 目筛,混匀,密封,作为试样,标明标记。

6.2 试样的保存

试样于常温下保存。

7 测定步骤

7.1 提取

称取 10 g 试样(精确至 0.01 g)与 10 g 硅藻土混合,移入加速溶剂萃取仪的 34 mL 萃取池中,在 10.34 MPa 压力、80 ℃条件下,加热 5 min,用乙腈静态萃取 3 min,循环 2 次,然后用池体积 60%的乙腈(20.4 mL)冲洗萃取池,并用氮气吹扫 100 s。萃取完毕后,将萃取液混匀,对含油量较小的样品取萃取液体积的二分之一(相当于 5 g 试样量),对含油量较大的样品取萃取液体积的四分之一(相当于 2.5 g 试样量),待净化。

7.2 净化

7.2.1 用 10 mL 乙腈预洗 Envi-18 柱,然后将 Envi-18 柱放入固定架上,下接梨形瓶,移入上述萃取液,并用 15 mL 乙腈洗涤 Envi-18 柱,收集萃取液及洗涤液,在旋转蒸发器上将收集的液体浓缩至约 1 mL,备用。

7.2.2 在Envi-Carb柱中加入约2 cm高无水硫酸钠，将该柱连接在Sep-Pak NH_2柱顶部，用4 mL乙腈+甲苯(3+1)预洗串联柱，下接梨形瓶，放入固定架上。将上述样品浓缩液转移至串联柱中，用3×2 mL乙腈+甲苯(3+1)洗涤样液瓶，并将洗涤液移入柱中，在串联柱上加上50 mL贮液器，再用25 mL乙腈+甲苯(3+1)洗涤串联柱，收集上述所有流出物于梨形瓶中，并在40℃水浴中旋转浓缩至约0.5 mL。加入2×5 mL正己烷进行溶剂交换两次，最后使样液体积约为1 mL，加入40 μL内标溶液，混匀，用于气相色谱-质谱测定。

7.3 气相色谱-质谱法测定

7.3.1 条件

a) 色谱柱：DB-1701(30 m×0.25 mm×0.25 μm)石英毛细管柱或相当者；

b) 色谱柱温度：40℃保持1 min，然后以30℃/min程序升温至130℃，再以5℃/min升温至250℃，再以10℃/min升温至300℃，保持5 min；

c) 载气：氦气，纯度≥99.999%，流速：1.2 mL/min；

d) 进样口温度：290℃；

e) 进样量：1 μL；

f) 进样方式：无分流进样，1.5 min后打开分流阀和隔垫吹扫阀；

g) 电子轰击源：70 eV；

h) 离子源温度：230℃；

i) GC-MS接口温度：280℃；

j) 选择离子监测：每种化合物分别选择一个定量离子，2个～3个定性离子。每组所有需要检测的离子按照出峰顺序，分时段分别检测。每种化合物的保留时间、定量离子、定性离子及定量离子与定性离子丰度的比值，参见附录B。每组检测离子的开始时间和驻留时间参见附录C。

7.3.2 定性测定

进行样品测定时，如果检出的色谱峰的保留时间与标准样品相一致，并且在扣除背景后的样品质谱图中，所选择的离子均出现，而且所选择的离子丰度比与标准样品的离子丰度比相一致(相对丰度>50%，允许±10%偏差；相对丰度>20%～50%，允许±15%偏差；相对丰度>10%～20%，允许±20%偏差；相对丰度≤10%，允许±50%偏差)，则可判断样品中存在这种农药或相关化学品。如果不能确证，应重新进样，以扫描方式(有足够灵敏度)或采用增加其他确证离子的方式或用其他灵敏度更高的分析仪器来确证。

7.3.3 定量测定

本方法采用内标法单离子定量测定。内标物为环氧七氯。为减少基质的影响，定量用标准应采用空白样液配制混合标准工作溶液。标准溶液的浓度应与待测化合物的浓度相近。本方法的A、B、C、D、E五组标准物质在粮谷基质中选择离子监测GC-MS图参见附录D。

7.4 平行试验

按以上步骤对同一试样进行平行试验测定。

7.5 空白试验

除不称取试样外，均按上述步骤进行。

8 结果计算

气相色谱-质谱测定结果可由计算机按内标法自动计算，也可按式(1)计算：

$$X = c_s \times \frac{A}{A_s} \times \frac{c_i}{c_{si}} \times \frac{A_{si}}{A_i} \times \frac{V}{m} \times \frac{1\,000}{1\,000} \qquad \cdots\cdots(1)$$

式中：

X ——试样中被测物残留量，单位为毫克每千克(mg/kg)；

c_s——基质标准工作溶液中被测物的浓度，单位为微克每毫升（$\mu g/mL$）；

A——试样溶液中被测物的色谱峰面积；

A_s——基质标准工作溶液中被测物的色谱峰面积；

c_i——试样溶液中内标物的浓度，单位为微克每毫升（$\mu g/mL$）；

c_{si}——基质标准工作溶液中内标物的浓度，单位为微克每毫升（$\mu g/mL$）；

A_{si}——基质标准工作溶液中内标物的色谱峰面积；

A_i——试样溶液中内标物的色谱峰面积；

V——样液最终定容体积，单位为毫升（mL）；

m——试样溶液所代表试样的质量，单位为克（g）。

注：计算结果应扣除空白值。

9 精密度

本标准精密度数据是按照 GB/T 6379.1 和 GB/T 6379.2 的规定确定的，获得重复性和再现性的值以 95% 的可信度来计算。本标准方法的精密度数据见附录 E。

附 录 A
（资料性附录）
475 种农药及相关化学品方法检出限、分组、溶剂选择和混合标准溶液浓度表

475 种农药及相关化学品中文与英文名称、方法检出限、分组、溶剂选择和混合标准溶液浓度表，见表 A.1

表 A.1 475 种农药及相关化学品中文与英文名称、方法检出限、分组、溶剂选择和混合标准溶液浓度表

序号	中文名称	英文名称	检出限/(mg/kg)	溶 剂	混合标准溶液浓度/(mg/L)
内标	环氧七氯	heptachlor-epoxide	—	甲苯	—
A组					
1	二丙烯草胺	allidochlor	0.025 0	甲苯	5.0
2	烯丙酰草胺	dichlormid	0.025 0	甲苯	5.0
3	土菌灵	etridiazol	0.037 5	甲苯	7.5
4	氯甲硫磷	chlormephos	0.025 0	甲苯	5.0
5	苯胺灵	propham	0.012 5	甲苯	2.5
6	环草敌	cycloate	0.012 5	甲苯	2.5
7	联苯二胺	diphenylamine	0.012 5	甲苯	2.5
8	乙丁烯氟灵	ethalfluralin	0.050 0	甲苯	10.0
9	甲拌磷	phorate	0.012 5	甲苯	2.5
10	甲基乙拌磷	thiometon	0.012 5	甲苯	2.5
11	五氯硝基苯	quintozene	0.025 0	甲苯	5.0
12	脱乙基阿特拉津	atrazine-desethyl	0.012 5	甲苯+丙酮(8+2)	2.5
13	异噁草松	clomazone	0.012 5	甲苯	2.5
14	二嗪磷	diazinon	0.012 5	甲苯	2.5
15	地虫硫磷	fonofos	0.012 5	甲苯	2.5
16	乙嘧硫磷	etrimfos	0.012 5	甲苯	2.5
17	西玛津	simazine	0.012 5	甲醇	2.5
18	胺丙畏	propetamphos	0.012 5	甲苯	2.5
19	密草通	secbumeton	0.012 5	甲苯	2.5
20	除线磷	dichlofenthion	0.012 5	甲苯	2.5
21	炔丙烯草胺	pronamide	0.012 5	甲苯+丙酮(9+1)	2.5
22	兹克威	mexacarbate	0.037 5	甲苯	7.5
23	艾氏剂	aldrin	0.025 0	甲苯	5.0
24	氨氟灵	dinitramine	0.050 0	甲苯	10.0

表 A.1（续）

序号	中文名称	英文名称	检出限/(mg/kg)	溶　剂	混合标准溶液浓度/(mg/L)
25	皮蝇磷	ronnel	0.025 0	甲苯	5.0
26	扑草净	prometryne	0.012 5	甲苯	2.5
27	环丙津	cyprazine	0.100 0	甲苯+丙酮(9+1)	20.0
28	乙烯菌核利	vinclozolin	0.012 5	甲苯	2.5
29	β-六六六	beta-HCH	0.012 5	甲苯	2.5
30	甲霜灵	metalaxyl	0.037 5	甲苯	7.5
31	毒死蜱	chlorpyrifos (-ethyl)	0.012 5	甲苯	2.5
32	甲基对硫磷	methyl-parathion	0.050 0	甲苯	10.0
33	蒽醌	anthraquinone	0.012 5	二氯甲烷	2.5
34	δ-六六六	delta-HCH	0.025 0	甲苯	5.0
35	倍硫磷	fenthion	0.012 5	甲苯	2.5
36	马拉硫磷	malathion	0.050 0	甲苯	10.0
37	杀螟硫磷	fenitrothion	0.025 0	甲苯	5.0
38	对氧磷	paraoxon-ethyl	0.050 0	甲苯	10.0
39	三唑酮	triadimefon	0.025 0	甲苯	5.0
40	对硫磷	parathion	0.050 0	甲苯	10.0
41	二甲戊灵	pendimethalin	0.050 0	甲苯	10.0
42	利谷隆	linuron	0.050 0	甲苯+丙酮(9+1)	10.0
43	杀螨醚	chlorbenside	0.025 0	甲苯	5.0
44	乙基溴硫磷	bromophos-ethyl	0.012 5	甲苯	2.5
45	喹硫磷	quinalphos	0.012 5	甲苯	2.5
46	反式氯丹	trans-chlordane	0.012 5	甲苯	2.5
47	稻丰散	phenthoate	0.025 0	甲苯	5.0
48	吡唑草胺	metazachlor	0.037 5	甲苯	7.5
49	苯硫威	fenothiocarb	0.025 0	丙酮	5.0
50	丙硫磷	prothiophos	0.012 5	甲苯	2.5
51	整形醇	chlorflurenol	0.037 5	甲苯+丙酮(9+1)	7.5
52	狄氏剂	dieldrin	0.025 0	甲苯	5.0
53	腐霉利	procymidone	0.012 5	甲苯	2.5
54	杀扑磷	methidathion	0.025 0	甲苯	5.0
55	敌草胺	napropamide	0.037 5	甲苯	7.5
56	噁草酮	oxadiazone	0.012 5	甲苯	2.5
57	苯线磷	fenamiphos	0.037 5	甲苯	7.5
58	杀螨氯硫	tetrasul	0.012 5	甲苯	2.5

表 A.1（续）

序号	中文名称	英文名称	检出限/(mg/kg)	溶　剂	混合标准溶液浓度/(mg/L)
59	杀螨特	aramite	0.012 5	二氯甲烷	2.5
60	乙嘧酚磺酸酯	bupirimate	0.012 5	甲苯	2.5
61	萎锈灵	carboxin	0.037 5	甲苯	7.5
62	氟酰胺	flutolanil	0.012 5	甲苯	2.5
63	p,p'-滴滴滴	4,4′-DDD	0.012 5	甲苯	2.5
64	乙硫磷	ethion	0.025 0	甲苯	5.0
65	硫丙磷	sulprofos	0.025 0	甲苯	5.0
66	乙环唑-1	etaconazole -1	0.037 5	甲苯	7.5
67	乙环唑-2	etaconazole -2	0.037 5	甲苯	7.5
68	腈菌唑	myclobutanil	0.012 5	甲苯	2.5
69	禾草灵	diclofop-methyl	0.012 5	甲苯	2.5
70	丙环唑	propiconazole	0.037 5	甲苯	7.5
71	丰索磷	fensulfothion	0.025 0	甲苯	5.0
72	联苯菊酯	bifenthrin	0.012 5	正己烷	2.5
73	灭蚁灵	mirex	0.012 5	甲苯	2.5
74	麦锈灵	benodanil	0.037 5	甲苯	7.5
75	氟苯嘧啶醇	nuarimol	0.025 0	甲苯＋丙酮(9＋1)	5.0
76	甲氧滴滴涕	methoxychlor	0.012 5	甲苯	2.5
77	噁霜灵	oxadixyl	0.012 5	甲苯	2.5
78	胺菊酯	tetramethirn	0.025 0	甲苯	5.0
79	戊唑醇	tebuconazole	0.037 5	甲苯	7.5
80	氟草敏	norflurazon	0.012 5	甲苯＋丙酮(9＋1)	2.5
81	哒嗪硫磷	pyridaphenthion	0.012 5	甲苯	2.5
82	亚胺硫磷	phosmet	0.025 0	甲苯	5.0
83	三氯杀螨砜	tetradifon	0.012 5	甲苯	2.5
84	氧化萎锈灵	oxycarboxin	0.075 0	甲苯＋丙酮(9＋1)	15.0
85	顺式-氯菊酯	cis-permethrin	0.012 5	甲苯	2.5
86	反式-氯菊酯	trans-permethrin	0.012 5	甲苯	2.5
87	吡菌磷	pyrazophos	0.025 0	甲苯	5.0
88	氯氰菊酯	cypermethrin	0.037 5	甲苯	7.5
89	氰戊菊酯	fenvalerate	0.050 0	甲苯	10.0
90	溴氰菊酯	deltamethrin	0.075 0	甲苯	15.0
B组					
91	茵草敌	EPTC	0.037 5	甲苯	7.5

表 A.1（续）

序号	中文名称	英文名称	检出限/(mg/kg)	溶　剂	混合标准溶液浓度/(mg/L)
92	丁草敌	butylate	0.037 5	甲苯	7.5
93	敌草腈	dichlobenil	0.002 5	甲苯	0.5
94	克草敌	pebulate	0.037 5	甲苯	7.5
95	三氯甲基吡啶	nitrapyrin	0.037 5	甲苯	7.5
96	速灭磷	mevinphos	0.025 0	甲苯	5.0
97	氯苯甲醚	chloroneb	0.012 5	甲苯	2.5
98	四氯硝基苯	tecnazene	0.025 0	甲苯	5.0
99	庚烯磷	heptanophos	0.037 5	甲苯	7.5
100	六氯苯	hexachlorobenzene	0.012 5	甲苯	2.5
101	灭线磷	ethoprophos	0.037 5	甲苯	7.5
102	顺式-燕麦敌	cis-diallate	0.025 0	甲苯	5.0
103	毒草胺	propachlor	0.037 5	甲苯	7.5
104	反式-燕麦敌	trans-diallate	0.025 0	甲苯	5.0
105	氟乐灵	trifluralin	0.025 0	甲苯	5.0
106	氯苯胺灵	chlorpropham	0.025 0	甲苯	5.0
107	治螟磷	sulfotep	0.012 5	甲苯	2.5
108	菜草畏	sulfallate	0.025 0	甲苯	5.0
109	α-六六六	alpha-HCH	0.012 5	甲苯	2.5
110	特丁硫磷	terbufos	0.025 0	甲苯	5.0
111	特丁通	terbumeton	0.037 5	甲苯	7.5
112	环丙氟灵	profluralin	0.050 0	甲苯	10.0
113	敌噁磷	dioxathion	0.050 0	甲苯	10.0
114	扑灭津	propazine	0.012 5	甲苯	2.5
115	氯炔灵	chlorbufam	0.025 0	甲苯	5.0
116	氯硝胺	dicloran	0.025 0	甲苯＋丙酮(9＋1)	5.0
117	特丁津	terbuthylazine	0.012 5	甲苯	2.5
118	绿谷隆	monolinuron	0.050 0	甲苯	10.0
119	氟虫脲	flufenoxuron	0.037 5	甲苯＋丙酮(8＋2)	7.5
120	杀螟腈	cyanophos	0.025 0	甲苯	5.0
121	甲基毒死蜱	chlorpyrifos-methyl	0.012 5	甲苯	2.5
122	敌草净	desmetryn	0.012 5	甲苯	2.5
123	二甲草胺	dimethachlor	0.037 5	甲苯	7.5
124	甲草胺	alachlor	0.037 5	甲苯	7.5
125	甲基嘧啶磷	pirimiphos-methyl	0.012 5	甲苯	2.5

表 A.1（续）

序号	中文名称	英文名称	检出限/(mg/kg)	溶　剂	混合标准溶液浓度/(mg/L)
126	特丁净	terbutryn	0.025 0	甲苯	5.0
127	杀草丹	thiobencarb	0.025 0	甲苯	5.0
128	丙硫特普	aspon	0.025 0	甲苯	5.0
129	三氯杀螨醇	dicofol	0.200 0	甲苯	40.0
130	异丙甲草胺	metolachlor	0.012 5	甲苯	2.5
131	氧化氯丹	oxy-chlordane	0.012 5	甲苯	2.5
132	烯虫酯	methoprene	0.050 0	甲苯	10.0
133	溴硫磷	bromofos	0.025 0	甲苯	5.0
134	乙氧呋草黄	ethofumesate	0.025 0	甲苯	5.0
135	异丙乐灵	isopropalin	0.025 0	甲苯	5.0
136	硫丹Ⅰ	endosulfan Ⅰ	0.075 0	甲苯	15.0
137	敌稗	propanil	0.025 0	甲苯＋丙酮(9＋1)	5.0
138	异柳磷	isofenphos	0.025 0	甲苯	5.0
139	育畜磷	crufomate	0.075 0	甲苯	15.0
140	毒虫畏	chlorfenvinphos	0.037 5	甲苯	7.5
141	顺式-氯丹	cis-chlordane	0.025 0	甲苯	5.0
142	甲苯氟磺胺	tolylfluanide	0.037 5	甲苯	7.5
143	*p*,*p*′-滴滴伊	4,4′-DDE	0.012 5	甲苯	2.5
144	丁草胺	butachlor	0.025 0	甲苯	5.0
145	乙菌利	chlozolinate	0.025 0	甲苯	5.0
146	巴毒磷	crotoxyphos	0.075 0	甲苯	15.0
147	碘硫磷	iodofenphos	0.025 0	甲苯	5.0
148	杀虫畏	tetrachlorvinphos	0.037 5	甲苯	7.5
149	氯溴隆	chlorbromuron	0.300 0	甲苯	60.0
150	丙溴磷	profenofos	0.075 0	甲苯	15.0
151	氟咯草酮	fluorochloridone	0.025 0	甲苯	5.0
152	*o*,*p*′-滴滴滴	2,4′-DDD	0.012 5	甲苯	2.5
153	异狄氏剂	endrin	0.150 0	甲苯	30.0
154	已唑醇	hexaconazole	0.075 0	甲苯	15.0
155	杀螨酯	chlorfenson	0.025 0	甲苯	5.0
156	*o*,*p*′-滴滴涕	2,4′-DDT	0.025 0	甲苯	5.0
157	多效唑	paclobutrazol	0.037 5	甲苯	7.5
158	盖草津	methoprotryne	0.037 5	甲苯	7.5
159	丙酯杀螨醇	chloropropylate	0.012 5	甲苯	2.5

表 A.1（续）

序号	中文名称	英文名称	检出限/(mg/kg)	溶　剂	混合标准溶液浓度/(mg/L)
160	麦草氟甲酯	flamprop-methyl	0.012 5	甲苯	2.5
161	除草醚	nitrofen	0.075 0	甲苯	15.0
162	乙氧氟草醚	oxyfluorfen	0.050 0	甲苯	10.0
163	虫螨磷	chlorthiophos	0.037 5	甲苯	7.5
164	硫丹Ⅱ	endosulfan Ⅱ	0.075 0	甲苯	15.0
165	麦草氟异丙酯	flamprop-isopropyl	0.012 5	甲苯	2.5
166	*p*,*p*′-滴滴涕	4,4′-DDT	0.025 0	甲苯	5.0
167	三硫磷	carbofenothion	0.025 0	甲苯	5.0
168	苯霜灵	benalaxyl	0.012 5	甲苯	2.5
169	敌瘟磷	edifenphos	0.025 0	甲苯	5.0
170	三唑磷	triazophos	0.037 5	甲苯	7.5
171	苯腈磷	cyanofenphos	0.012 5	甲苯	2.5
172	氯杀螨砜	chlorbenside sulfone	0.025 0	甲苯	5.0
173	硫丹硫酸盐	endosulfan-sulfate	0.037 5	甲苯	7.5
174	溴螨酯	bromopropylate	0.025 0	甲苯	5.0
175	新燕灵	benzoylprop-ethyl	0.037 5	甲苯	7.5
176	甲氰菊酯	fenpropathrin	0.025 0	甲苯	5.0
177	溴苯磷	leptophos	0.025 0	甲苯	5.0
178	苯硫磷	EPN	0.050 0	甲苯	10.0
179	环嗪酮	hexazinone	0.037 5	甲苯	7.5
180	伏杀硫磷	phosalone	0.025 0	甲苯	5.0
181	保棉磷	azinphos-methyl	0.075 0	甲苯	15.0
182	氯苯嘧啶醇	fenarimol	0.025 0	甲苯	5.0
183	益棉磷	azinphos-ethyl	0.025 0	甲苯	5.0
184	蝇毒磷	coumaphos	0.075 0	甲苯	15.0
185	氟氯氰菊酯	cyfluthrin	0.150 0	甲苯	30.0
186	氟胺氰菊酯	fluvalinate	0.150 0	甲苯	30.0
C组					
187	敌敌畏	dichlorvos	0.600 0	甲醇	120.0
188	联苯	biphenyl	0.012 5	甲苯	2.5
189	灭草敌	vernolate	0.012 5	甲苯	2.5
190	3,5-二氯苯胺	3,5-dichloroaniline	0.012 5	甲苯	2.5
191	禾草敌	molinate	0.012 5	甲苯	2.5
192	虫螨畏	methacrifos	0.012 5	甲苯	2.5

表 A.1（续）

序号	中文名称	英文名称	检出限/(mg/kg)	溶　剂	混合标准溶液浓度/(mg/L)
193	邻苯基苯酚	2-phenylphenol	0.012 5	甲苯	2.5
194	四氢邻苯二甲酰亚胺	tetrahydrophthalimide	0.037 5	甲苯	7.5
195	仲丁威	fenobucarb	0.025 0	甲苯	5.0
196	乙丁氟灵	benfluralin	0.012 5	甲苯	2.5
197	氟铃脲	hexaflumuron	0.075 0	甲苯	15.0
198	野麦畏	triallate	0.025 0	甲苯	5.0
199	嘧霉胺	pyrimethanil	0.012 5	甲苯	2.5
200	林丹	gamma-HCH	0.025 0	甲苯	5.0
201	乙拌磷	disulfoton	0.012 5	甲苯	2.5
202	莠去净	atrizine	0.012 5	甲苯＋丙酮(9＋1)	2.5
203	七氯	heptachlor	0.037 5	甲苯	7.5
204	异稻瘟净	iprobenfos	0.037 5	甲苯	7.5
205	氯唑磷	isazofos	0.025 0	甲苯	5.0
206	三氯杀虫酯	plifenate	0.025 0	甲苯	5.0
207	四氟苯菊酯	transfluthrin	0.012 5	甲苯	2.5
208	氯乙氟灵	fluchloraline	0.050 0	甲苯	10.0
209	甲基立枯磷	tolclofos-methyl	0.012 5	甲苯	2.5
210	异丙草胺	propisochlor	0.012 5	甲苯	2.5
211	溴谷隆	metobromuron	0.075 0	甲苯	15.0
212	嗪草酮	metribuzin	0.037 5	甲苯	7.5
213	ε-六六六	HCH，epsilon-	0.025 0	甲醇	5.0
214	安硫磷	formothion	0.025 0	甲苯	5.0
215	乙霉威	diethofencarb	0.075 0	甲苯	15.0
216	哌草丹	dimepiperate	0.025 0	乙酸乙酯	5.0
217	生物烯丙菊酯-1	bioallethrin-1	0.050 0	甲苯	10.0
218	生物烯丙菊酯-2	bioallethrin-2	0.050 0	甲苯	10.0
219	*o*,*p*′-滴滴伊	2,4′-DDE	0.012 5	甲苯	2.5
220	芬螨酯	fenson	0.012 5	甲苯	2.5
221	双苯酰草胺	diphenamid	0.012 5	甲苯	2.5
222	氯硫磷	chlorthion	0.025 0	甲苯	5.0
223	炔丙菊酯	prallethrin	0.037 5	甲苯	7.5
224	戊菌唑	penconazole	0.037 5	甲苯	7.5
225	灭蚜磷	mecarbam	0.050 0	甲苯	10.0
226	四氟醚唑	tetraconazole	0.037 5	甲苯	7.5

表 A.1（续）

序号	中文名称	英文名称	检出限/(mg/kg)	溶　剂	混合标准溶液浓度/(mg/L)
227	丙虫磷	propaphos	0.025 0	甲苯	5.0
228	氟节胺	flumetralin	0.025 0	甲苯	5.0
229	三唑醇	triadimenol	0.037 5	甲苯	7.5
230	丙草胺	pretilachlor	0.025 0	甲苯	5.0
231	亚胺菌	kresoxim-methyl	0.012 5	甲苯	2.5
232	吡氟禾草灵	fluazifop-butyl	0.012 5	甲苯	2.5
233	氟啶脲	chlorfluazuron	0.037 5	甲苯	7.5
234	乙酯杀螨醇	chlorobenzilate	0.012 5	甲苯	2.5
235	烯效唑	uniconazole	0.025 0	环己烷	5.0
236	氟哇唑	flusilazole	0.037 5	甲苯	7.5
237	三氟硝草醚	fluorodifen	0.012 5	甲苯	2.5
238	烯唑醇	diniconazole	0.037 5	甲苯	7.5
239	增效醚	piperonyl butoxide	0.012 5	甲苯	2.5
240	炔螨特	propargite	0.025 0	甲苯	5.0
241	灭锈胺	mepronil	0.012 5	甲苯	2.5
242	噁唑隆	dimefuron	0.050 0	甲苯＋丙酮(8＋2)	10.0
243	吡氟酰草胺	diflufenican	0.012 5	甲苯	2.5
244	苯醚菊酯	phenothrin	0.012 5	甲苯	2.5
245	咯菌腈	fludioxonil	0.012 5	甲苯＋丙酮(8＋2)	2.5
246	苯氧威	fenoxycarb	0.075 0	甲苯	15.0
247	稀禾啶	sethoxydim	0.112 5	甲苯	22.5
248	莎稗磷	anilofos	0.025 0	甲苯	5.0
249	氟丙菊酯	acrinathrin	0.025 0	甲苯	5.0
250	高效氯氟氰菊酯	lambda-cyhalothrin	0.012 5	甲苯	2.5
251	苯噻酰草胺	mefenacet	0.037 5	甲苯	7.5
252	氯菊酯	permethrin	0.025 0	甲苯	5.0
253	哒螨灵	pyridaben	0.012 5	甲苯	2.5
254	乙羧氟草醚	fluoroglycofen-ethyl	0.150 0	甲苯	30.0
255	联苯三唑醇	bitertanol	0.037 5	甲苯	7.5
256	醚菊酯	etofenprox	0.012 5	甲苯	2.5
257	噻草酮	cycloxydim	1.200 0	甲苯	240.0
258	α-氯氰菊酯	alpha-cypermethrin	0.025 0	甲苯	5.0
259	氟氰戊菊酯	flucythrinate	0.025 0	环己烷	5.0
260	S-氰戊菊酯	esfenvalerate	0.050 0	甲苯	10.0

表 A.1（续）

序号	中文名称	英文名称	检出限/(mg/kg)	溶　剂	混合标准溶液浓度/(mg/L)
261	苯醚甲环唑	difenoconazole	0.075 0	甲苯	15.0
262	丙炔氟草胺	flumioxazin	0.025 0	环己烷	5.0
263	氟烯草酸	flumiclorac-pentyl	0.025 0	甲苯	5.0
D组					
264	甲氟磷	dimefox	0.300 0	甲苯	60.0
265	乙拌磷亚砜	disulfoton-sulfoxide	0.025 0	甲苯	5.0
266	五氯苯	pentachlorobenzene	0.012 5	甲苯	2.5
267	三异丁基磷酸盐	tri-iso-butyl phosphate	0.012 5	甲苯	2.5
268	鼠立死	crimidine	0.012 5	甲苯	2.5
269	4-溴-3,5-二甲苯基-N-甲基氨基甲酸酯-1	BDMC-1	0.025 0	甲苯	5.0
270	燕麦酯	chlorfenprop-methyl	0.012 5	甲苯	2.5
271	虫线磷	thionazin	0.012 5	甲苯	2.5
272	2,3,5,6-四氯苯胺	2,3,5,6-tetrachloroaniline	0.012 5	甲苯	2.5
273	三正丁基磷酸盐	tri-N-butyl phosphate	0.025 0	甲苯	5.0
274	2,3,4,5-四氯甲氧基苯	2,3,4,5-tetrachloroanisole	0.012 5	甲苯	2.5
275	五氯甲氧基苯	pentachloroanisole	0.012 5	甲苯	2.5
276	牧草胺	tebutam	0.025 0	甲苯	5.0
277	蔬果磷	dioxabenzofos	0.125 0	甲醇	25.0
278	甲基苯噻隆	methabenzthiazuron	0.125 0	甲苯＋丙酮(9＋1)	25.0
279	西玛通	simetone	0.025 0	甲苯	5.0
280	阿特拉通	atratone	0.012 5	甲苯	2.5
281	脱异丙基莠去津	desisopropyl-atrazine	0.100 0	甲苯＋丙酮(8＋2)	20.0
282	特丁硫磷砜	terbufos sulfone	0.012 5	甲苯	2.5
283	七氟菊酯	tefluthrin	0.012 5	甲苯	2.5
284	溴烯杀	bromocylen	0.012 5	甲苯	2.5
285	草达津	trietazine	0.012 5	甲苯	2.5
286	氧乙嘧硫磷	etrimfos oxon	0.012 5	甲苯	2.5
287	环莠隆	cycluron	0.037 5	甲苯	7.5
288	2,6-二氯苯甲酰胺	2,6-dichlorobenzamide	0.025 0	甲苯＋丙酮(8＋2)	5.0
289	2,4,4′-三氯联苯	DE-PCB 28	0.012 5	甲苯	2.5
290	2,4′,5-三氯联苯	DE-PCB 31	0.012 5	甲苯	2.5
291	脱乙基另丁津	desethyl-sebuthylazine	0.025 0	甲苯＋丙酮(8＋2)	5.0
292	2,3,4,5-四氯苯胺	2,3,4,5-tetrachloroaniline	0.025 0	甲苯	5.0

表 A.1(续)

序号	中文名称	英文名称	检出限/(mg/kg)	溶　剂	混合标准溶液浓度/(mg/L)
293	合成麝香	musk ambrette	0.0125	甲苯	2.5
294	二甲苯麝香	musk xylene	0.0125	甲苯	2.5
295	五氯苯胺	pentachloroaniline	0.0125	甲苯	2.5
296	叠氮津	aziprotryne	0.1000	甲苯	20.0
297	另丁津	sebutylazine	0.0125	甲苯+丙酮(8+2)	2.5
298	丁脒酰胺	isocarbamide	0.0625	甲苯+丙酮(9+1)	12.5
299	2,2′,5,5′-四氯联苯	DE-PCB 52	0.0125	甲苯	2.5
300	麝香	musk moskene	0.0125	甲苯	2.5
301	苄草丹	prosulfocarb	0.0125	甲苯	2.5
302	二甲吩草胺	dimethenamid	0.0125	甲苯	2.5
303	氧皮蝇磷	fenchlorphos oxon	0.0250	甲苯	5.0
304	4-溴-3,5-二甲苯基-N-甲基氨基甲酸酯-2	BDMC-2	0.0250	甲苯	5.0
305	甲基对氧磷	paraoxon-methyl	0.2000	甲苯	40.0
306	庚酰草胺	monalide	0.0250	甲苯	5.0
307	西藏麝香	musk tibeten	0.0125	甲苯	2.5
308	碳氯灵	isobenzan	0.0125	甲苯	2.5
309	八氯苯乙烯	octachlorostyrene	0.0125	甲苯	2.5
310	嘧啶磷	pyrimitate	0.0125	甲苯	2.5
311	异艾氏剂	isodrin	0.0125	甲苯	2.5
312	丁嗪草酮	isomethiozin	0.0250	甲苯	5.0
313	毒壤磷	trichloronat	0.0125	甲苯	2.5
314	敌草索	dacthal	0.0125	甲苯	2.5
315	4,4-二氯二苯甲酮	4,4-dichlorobenzophenone	0.0125	甲苯	2.5
316	酞菌酯	nitrothal-isopropyl	0.0250	甲苯	5.0
317	麝香酮	musk ketone	0.0125	甲苯	2.5
318	吡咪唑	rabenzazole	0.0125	甲苯	2.5
319	嘧菌环胺	cyprodinil	0.0125	甲苯	2.5
320	氧异柳磷	isofenphos oxon	0.0250	甲苯	5.0
321	异氯磷	dicapthon	0.0625	甲苯	12.5
322	2,2′,4′,5,5′-五氯联苯	DE-PCB 101	0.0125	甲苯	2.5
323	2-甲-4-氯丁氧乙基酯	MCPA-butoxyethyl ester	0.0125	甲苯	2.5
324	水胺硫磷	isocarbophos	0.0250	甲苯	5.0
325	甲拌磷砜	phorate sulfone	0.0125	甲苯	2.5

表 A.1（续）

序号	中文名称	英文名称	检出限/(mg/kg)	溶剂	混合标准溶液浓度/(mg/L)
326	杀螨醇	chlorfenethol	0.012 5	甲苯	2.5
327	反式九氯	trans-nonachlor	0.012 5	甲苯	2.5
328	消螨通	dinobuton	0.125 0	甲苯	25.0
329	脱叶磷	DEF	0.025 0	甲苯	5.0
330	氟咯草酮	flurochloridone	0.025 0	甲醇	5.0
331	溴苯烯磷	bromfenvinfos	0.012 5	甲苯+丙酮(8+2)	2.5
332	乙滴涕	perthane	0.012 5	甲苯	2.5
333	2,3′,4,4′,5-五氯联苯	DE-PCB 118	0.012 5	甲苯	2.5
334	4,4-二溴二苯甲酮	4,4-dibromobenzophenone	0.012 5	甲苯	2.5
335	粉唑醇	flutriafol	0.025 0	甲苯+丙酮(9+1)	5.0
336	地胺磷	mephosfolan	0.025 0	甲苯	5.0
337	乙基杀扑磷	athidathion	0.025 0	甲苯	5.0
338	2,2′,4,4′,5,5′-六氯联苯	DE-PCB 153	0.012 5	甲苯	2.5
339	苄氯三唑醇	diclobutrazole	0.050 0	甲苯+丙酮(8+2)	10.0
340	乙拌磷砜	disulfoton sulfone	0.025 0	甲苯	5.0
341	噻螨酮	hexythiazox	0.100 0	甲苯	20.0
342	2,2′,3,4,4′,5′-六氯联苯	DE-PCB 138	0.012 5	甲苯	2.5
343	环菌唑	cyproconazole	0.012 5	甲苯	2.5
344	炔草酸	clodinafop-propargyl	0.025 0	甲苯	5.0
345	倍硫磷亚砜	fenthion sulfoxide	0.050 0	甲苯	10.0
346	三氟苯唑	fluotrimazole	0.012 5	甲苯	2.5
347	氟草烟-1-甲庚酯	fluroxypr-1-methylheptyl ester	0.012 5	甲苯	2.5
348	倍硫磷砜	fenthion sulfone	0.050 0	甲苯	10.0
349	三苯基磷酸盐	triphenyl phosphate	0.012 5	甲苯	2.5
350	苯嗪草酮	metamitron	0.125 0	甲苯+丙酮(8+2)	25.0
351	2,2′,3,4,4′,5,5′-七氯联苯	DE-PCB 180	0.012 5	甲苯	2.5
352	吡螨胺	tebufenpyrad	0.012 5	甲苯	2.5
353	环草定	lenacil	0.125 0	甲苯+丙酮(8+2)	25.0
354	糠菌唑-1	bromuconazole -1	0.025 0	甲苯	5.0
355	脱溴溴苯磷	desbrom-leptophos	0.012 5	甲苯	2.5
356	糠菌唑-2	bromuconazole -2	0.025 0	甲苯	5.0

表 A.1（续）

序号	中文名称	英文名称	检出限/(mg/kg)	溶　剂	混合标准溶液浓度/(mg/L)
357	甲磺乐灵	nitralin	0.125 0	甲苯+丙酮(8+2)	25.0
358	苯线磷亚砜	fenamiphos sulfoxide	0.400 0	甲苯	80.0
359	苯线磷砜	fenamiphos sulfone	0.050 0	甲苯+丙酮(8+2)	10.0
360	拌种咯	fenpiclonil	0.050 0	甲苯+丙酮(8+2)	10.0
361	氟喹唑	fluquinconazole	0.012 5	甲苯+丙酮(8+2)	2.5
362	腈苯唑	fenbuconazole	0.025 0	甲苯+丙酮(8+2)	5.0
E组					
363	残杀威-1	propoxur-1	0.025 0	甲苯	5.0
364	异丙威-1	isoprocarb-1	0.025 0	甲苯	5.0
365	甲胺磷	methamidophos	0.400 0	甲苯	10.0
366	二氢苊	acenaphthene	0.012 5	甲苯	2.5
367	驱虫特	dibutyl succinate	0.025 0	甲苯	5.0
368	邻苯二甲酰亚胺	phthalimide	0.025 0	甲苯	5.0
369	氯氧磷	chlorethoxyfos	0.025 0	甲苯	5.0
370	异丙威-2	isoprocarb-2	0.025 0	甲苯	5.0
371	戊菌隆	pencycuron	0.100 0	甲苯	10.0
372	丁噻隆	tebuthiuron	0.050 0	甲苯	10.0
373	甲基内吸磷	demeton-S-methyl	0.050 0	甲苯	10.0
374	硫线磷	cadusafos	0.050 0	甲苯	10.0
375	残杀威-2	propoxur-2	0.025 0	甲苯	5.0
376	菲	phenanthrene	0.012 5	甲苯	2.5
377	唑螨酯	fenpyroximate	0.100 0	甲苯	20.0
378	丁基嘧啶磷	tebupirimfos	0.025 0	甲苯	5.0
379	茉莉酮	prohydrojasmon	0.050 0	环己烷	10.0
380	氯硝胺	dichloran	0.025 0	甲苯	5.0
381	咯喹酮	pyroquilon	0.012 5	甲苯	2.5
382	炔苯酰草胺	propyzamide	0.025 0	甲苯	5.0
383	抗蚜威	pirimicarb	0.050 0	甲苯	5.0
384	磷胺-1	phosphamidon-1	0.100 0	甲苯	20.0
385	解草嗪	benoxacor	0.025 0	甲苯	5.0
386	溴丁酰草胺	bromobutide	0.012 5	环己烷	2.5
387	乙草胺	acetochlor	0.025 0	甲苯	5.0
388	灭草环	tridiphane	0.050 0	异辛烷	10.0
389	特草灵	terbucarb	0.025 0	甲苯	5.0

表 A.1（续）

序号	中文名称	英文名称	检出限/(mg/kg)	溶剂	混合标准溶液浓度/(mg/L)
390	戊草丹	esprocarb	0.025 0	甲苯	5.0
391	甲呋酰胺	fenfuram	0.025 0	甲苯	5.0
392	活化酯	acibenzolar-S-methyl	0.025 0	环已烷	5.0
393	呋草黄	benfuresate	0.025 0	甲苯	5.0
394	氟硫草定	dithiopyr	0.012 5	甲苯	2.5
395	精甲霜灵	mefenoxam	0.025 0	甲苯	5.0
396	马拉氧磷	malaoxon	0.200 0	甲苯	40.0
397	磷胺-2	phosphamidon-2	0.100 0	甲苯	20.0
398	硅氟唑	simeconazole	0.025 0	甲苯	5.0
399	氯酞酸甲酯	chlorthal-dimethyl	0.025 0	甲苯	5.0
400	噻唑烟酸	thiazopyr	0.025 0	甲苯	5.0
401	甲基毒虫畏	dimethylvinphos	0.025 0	甲苯	5.0
402	仲丁灵	butralin	0.050 0	甲苯	10.0
403	苯酰草胺	zoxamide	0.025 0	甲苯＋丙酮(8＋2)	5.0
404	啶斑肟-1	pyrifenox-1	0.100 0	甲苯	20.0
405	烯丙菊酯	allethrin	0.050 0	甲苯	10.0
406	异戊乙净	dimethametryn	0.012 5	甲苯	2.5
407	灭藻醌	quinoclamine	0.050 0	甲苯	10.0
408	甲醚菊酯-1	methothrin-1	0.025 0	甲苯	5.0
409	氟噻草胺	flufenacet	0.100 0	甲苯	20.0
410	甲醚菊酯-2	methothrin-2	0.025 0	甲苯	5.0
411	啶斑肟-2	pyrifenox-2	0.100 0	甲苯	20.0
412	氰菌胺	fenoxanil	0.025 0	甲苯	5.0
413	四氯苯酞	phthalide	0.050 0	丙酮	10.0
414	呋霜灵	furalaxyl	0.025 0	甲苯	5.0
415	噻虫嗪	thiamethoxam	0.050 0	甲苯	10.0
416	嘧菌胺	mepanipyrim	0.012 5	甲苯	2.5
417	除草定	bromacil	0.100 0	甲苯	5.0
418		picoxystrobin	0.025 0	甲苯	5.0
419	抑草磷	butamifos	0.012 5	环已烷	2.5
420	咪草酸	imazamethabenz-methyl	0.037 5	甲苯	7.5
421	苯氧菌胺-1	metominostrobin-1	0.050 0	乙腈	10.0
422	苯噻硫氰	TCMTB	0.200 0	甲苯	40.0
423	灭梭威砜	methiocarb sulfone	0.800 0	甲苯＋丙酮(8＋2)	80.0

表 A.1(续)

序号	中文名称	英文名称	检出限/(mg/kg)	溶　剂	混合标准溶液浓度/(mg/L)
424	抑霉唑	imazalil	0.100 0	甲苯	10.0
425	稻瘟灵	isoprothiolane	0.025 0	甲苯	5.0
426	环氟菌胺	cyflufenamid	0.200 0	环己烷	40.0
427	嘧草醚	pyriminobac-methyl	0.050 0	环己烷	10.0
428	噁唑磷	isoxathion	0.100 0	环己烷	20.0
429	苯氧菌胺-2	metominostrobin-2	0.050 0	乙腈	10.0
430	苯虫醚-1	diofenolan-1	0.025 0	甲苯	5.0
431	噻呋酰胺	thifluzamide	0.100 0	乙腈	20.0
432	苯虫醚-2	diofenolan-2	0.025 0	甲苯	5.0
433	苯氧喹啉	quinoxyphen	0.012 5	甲苯	2.5
434	溴虫腈	chlorfenapyr	0.100 0	甲苯	20.0
435	肟菌酯	trifloxystrobin	0.050 0	甲苯	10.0
436	脱苯甲基亚胺唑	imibenconazole-des-benzyl	0.050 0	甲苯+丙酮(8+2)	10.0
437	双苯噁唑酸	isoxadifen-ethyl	0.025 0	甲苯	5.0
438	氟虫腈	fipronil	0.100 0	甲苯	20.0
439	炔咪菊酯-1	imiprothrin-1	0.025 0	甲苯	5.0
440	唑酮草酯	carfentrazone-ethyl	0.025 0	甲苯	5.0
441	炔咪菊酯-2	imiprothrin-2	0.025 0	甲苯	5.0
442	氟环唑-1	epoxiconazole -1	0.100 0	甲苯	20.0
443	吡草醚	pyraflufen ethyl	0.025 0	甲苯	5.0
444	稗草丹	pyributicarb	0.025 0	甲苯	5.0
445	噻吩草胺	thenylchlor	0.025 0	甲苯	5.0
446	烯草酮	clethodim	0.100 0	甲苯	10.0
447	吡唑解草酯	mefenpyr-diethyl	0.037 5	甲苯	7.5
448	伐灭磷	famphur	0.050 0	甲苯	10.0
449	乙螨唑	etoxazole	0.075 0	环己烷	15.0
450	吡丙醚	pyriproxyfen	0.012 5	甲苯	5.0
451	氟环唑-2	epoxiconazole -2	0.100 0	甲苯	20.0
452	氟吡酰草胺	picolinafen	0.012 5	甲苯	2.5
453	异菌脲	iprodione	0.050 0	甲苯	10.0
454	哌草磷	piperophos	0.037 5	甲苯	7.5
455	呋酰胺	ofurace	0.037 5	甲苯	7.5
456	联苯肼酯	bifenazate	0.100 0	甲苯	20.0
457	异狄氏剂酮	endrin ketone	0.050 0	甲苯	10.0

表 A.1（续）

序号	中文名称	英文名称	检出限/(mg/kg)	溶　剂	混合标准溶液浓度/(mg/L)
458	氯甲酰草胺	clomeprop	0.012 5	乙腈	2.5
459	咪唑菌酮	fenamidone	0.012 5	甲苯	2.5
460	萘丙胺	naproanilide	0.012 5	丙酮	2.5
461	吡唑醚菊酯	pyraclostrobin	0.300 0	甲苯	60.0
462	乳氟禾草灵	lactofen	0.100 0	甲苯	20.0
463	三甲苯草酮	tralkoxydim	0.400 0	甲苯	20.0
464	吡唑硫磷	pyraclofos	0.100 0	环已烷	20.0
465	氯亚胺硫磷	dialifos	0.100 0	甲苯	80.0
466	螺螨酯	spirodiclofen	0.100 0	甲苯	20.0
467	苄螨醚	halfenprox	0.050 0	环已烷	5.0
468	呋草酮	flurtamone	0.050 0	甲苯	5.0
469	环酯草醚	pyriftalid	0.012 5	甲苯	2.5
470	氟硅菊酯	silafluofen	0.012 5	甲苯	2.5
471	嘧螨醚	pyrimidifen	0.100 0	乙腈	5.0
472	啶虫脒	acetamiprid	0.150 0	甲苯	10.0
473	氟丙嘧草酯	butafenacil	0.012 5	甲苯	2.5
474	苯酮唑	cafenstrole	0.150 0	乙腈	10.0
475	氟啶草酮	fluridone	0.025 0	甲苯	5.0

附 录 B
（资料性附录）
475 种农药及相关化学品和内标化合物的保留时间、定量离子、定性离子及定量离子与定性离子的丰度比值

475 种农药及相关化学品和内标化合物的保留时间、定量离子、定性离子及定量离子与定性离子的丰度比值，见表 B.1。

表 B.1　475 种农药及相关化学品和内标化合物的保留时间、定量离子、定性离子及定量离子与定性离子的丰度比值

序号	中文名称	英文名称	保留时间/min	定量离子	定性离子1	定性离子2	定性离子3
内标	环氧七氯	heptachlor-epoxide	22.10	353(100)	355(79)	351(52)	
A 组							
1	二丙烯草胺	allidochlor	8.78	138(100)	158(10)	173(15)	
2	烯丙酰草胺	dichlormid	9.74	172(100)	166(41)	124(79)	
3	土菌灵	etridiazol	10.42	211(100)	183(73)	140(19)	
4	氯甲硫磷	chlormephos	10.53	121(100)	234(70)	154(70)	
5	苯胺灵	propham	11.36	179(100)	137(66)	120(51)	
6	环草敌	cycloate	13.56	154(100)	186(5)	215(12)	
7	联苯二胺	diphenylamine	14.55	169(100)	168(58)	167(29)	
8	乙丁烯氟灵	ethalfluralin	15.00	276(100)	316(81)	292(42)	
9	甲拌磷	phorate	15.46	260(100)	121(160)	231(56)	153(3)
10	甲基乙拌磷	thiometon	16.20	88(100)	125(55)	246(9)	
11	五氯硝基苯	quintozene	16.75	295(100)	237(159)	249(114)	
12	脱乙基阿特拉津	atrazine-desethyl	16.76	172(100)	187(32)	145(17)	
13	异噁草松	clomazone	17.00	204(100)	138(4)	205(13)	
14	二嗪磷	diazinon	17.14	304(100)	179(192)	137(172)	
15	地虫硫磷	fonofos	17.31	246(100)	137(141)	174(15)	202(6)
16	乙嘧硫磷	etrimfos	17.92	292(100)	181(40)	277(31)	
17	西玛津	simazine	17.85	201(100)	186(62)	173(42)	
18	胺丙畏	propetamphos	17.97	138(100)	194(49)	236(30)	
19	密草通	secbumeton	18.36	196(100)	210(38)	225(39)	
20	除线磷	dichlofenthion	18.80	279(100)	223(78)	251(38)	
21	炔丙烯草胺	pronamide	18.72	173(100)	175(62)	255(22)	
22	兹克威	mexacarbate	18.83	165(100)	150(66)	222(27)	
23	艾氏剂	aldrin	19.67	263(100)	265(65)	293(40)	329(8)
24	氨氟灵	dinitramine	19.35	305(100)	307(38)	261(29)	

表 B.1（续）

序号	中文名称	英文名称	保留时间/min	定量离子	定性离子1	定性离子2	定性离子3
25	皮蝇磷	ronnel	19.80	285(100)	287(67)	125(32)	
26	扑草净	prometryne	20.13	241(100)	184(78)	226(60)	
27	环丙津	cyprazine	20.18	212(100)	227(58)	170(29)	
28	乙烯菌核利	vinclozolin	20.29	285(100)	212(109)	198(96)	
29	β-六六六	beta-HCH	20.31	219(100)	217(78)	181(94)	254(12)
30	甲霜灵	metalaxyl	20.67	206(100)	249(53)	234(38)	
31	毒死蜱	chlorpyrifos (-ethyl)	20.96	314(100)	258(57)	286(42)	
32	甲基对硫磷	methyl-parathion	20.82	263(100)	233(66)	246(8)	200(6)
33	蒽醌	anthraquinone	21.49	208(100)	180(84)	152(69)	
34	δ-六六六	delta-HCH	21.16	219(100)	217(80)	181(99)	254(10)
35	倍硫磷	fenthion	21.53	278(100)	169(16)	153(9)	
36	马拉硫磷	malathion	21.54	173(100)	158(36)	143(15)	
37	杀螟硫磷	fenitrothion	21.62	277(100)	260(52)	247(60)	
38	对氧磷	paraoxon-ethyl	21.57	275(100)	220(60)	247(58)	
39	三唑酮	triadimefon	22.22	208(100)	210(50)	181(74)	
40	对硫磷	parathion	22.32	291(100)	186(23)	235(35)	263(11)
41	二甲戊灵	pendimethalin	22.59	252(100)	220(22)	162(12)	
42	利谷隆	linuron	22.44	61(100)	248(30)	160(12)	
43	杀螨醚	chlorbenside	22.96	268(100)	270(41)	143(11)	
44	乙基溴硫磷	bromophos-ethyl	23.06	359(100)	303(77)	357(74)	
45	喹硫磷	quinalphos	23.10	146(100)	298(28)	157(66)	
46	反式氯丹	trans-chlordane	23.29	373(100)	375(96)	377(51)	
47	稻丰散	phenthoate	23.30	274(100)	246(24)	320(5)	
48	吡唑草胺	metazachlor	23.32	209(100)	133(120)	211(32)	
49	苯硫威	fenothiocarb	23.79	72(100)	160(37)	253(15)	
50	丙硫磷	prothiophos	24.04	309(100)	267(88)	162(55)	
51	整形醇	chlorflurenol	24.15	215(100)	152(40)	274(11)	
52	狄氏剂	dieldrin	24.43	263(100)	277(82)	380(30)	345(35)
53	腐霉利	procymidone	24.36	283(100)	285(70)	255(15)	
54	杀扑磷	methidathion	24.49	145(100)	157(2)	302(4)	
55	敌草胺	napropamide	24.84	271(100)	128(111)	171(34)	
56	噁草酮	oxadiazone	25.06	175(100)	258(62)	302(37)	
57	苯线磷	fenamiphos	25.29	303(100)	154(56)	288(31)	217(22)
58	杀螨氯硫	tetrasul	25.85	252(100)	324(64)	254(68)	

表 B.1（续）

序号	中文名称	英文名称	保留时间/min	定量离子	定性离子1	定性离子2	定性离子3
59	杀螨特	aramite	25.60	185(100)	319(37)	334(32)	
60	乙嘧酚磺酸酯	bupirimate	26.00	273(100)	316(41)	208(83)	
61	萎锈灵	carboxin	26.25	235(100)	143(168)	87(52)	
62	氟酰胺	flutolanil	26.23	173(100)	145(25)	323(14)	
63	*p*,*p*′-滴滴滴	4,4′-DDD	26.59	235(100)	237(64)	199(12)	165(46)
64	乙硫磷	ethion	26.69	231(100)	384(13)	199(9)	
65	硫丙磷	sulprofos	26.87	322(100)	156(62)	280(11)	
66	乙环唑-1	etaconazole-1	26.81	245(100)	173(85)	247(65)	
67	乙环唑-2	etaconazole-2	26.89	245(100)	173(85)	247(65)	
68	腈菌唑	myclobutanil	27.19	179(100)	288(14)	150(45)	
69	禾草灵	diclofop-methyl	28.08	253(100)	281(50)	342(82)	
70	丙环唑	propiconazole	28.15	259(100)	173(97)	261(65)	
71	丰索磷	fensulfothion	27.94	292(100)	308(22)	293(73)	
72	联苯菊酯	bifenthrin	28.57	181(100)	166(25)	165(23)	
73	灭蚁灵	mirex	28.72	272(100)	237(49)	274(80)	
74	麦锈灵	benodanil	29.14	231(100)	323(38)	203(22)	
75	氟苯嘧啶醇	nuarimol	28.90	314(100)	235(155)	203(108)	
76	甲氧滴滴涕	methoxychlor	29.38	227(100)	228(16)	212(4)	
77	噁霜灵	oxadixyl	29.50	163(100)	233(18)	278(11)	
78	胺菊酯	tetramethirn	29.59	164(100)	135(3)	232(1)	
79	戊唑醇	tebuconazole	29.51	250(100)	163(55)	252(36)	
80	氟草敏	norflurazon	29.99	303(100)	145(101)	102(47)	
81	哒嗪硫磷	pyridaphenthion	30.17	340(100)	199(48)	188(51)	
82	亚胺硫磷	phosmet	30.46	160(100)	161(11)	317(4)	
83	三氯杀螨砜	tetradifon	30.70	227(100)	356(70)	159(196)	
84	氧化萎锈灵	oxycarboxin	31.00	175(100)	267(52)	250(3)	
85	顺式-氯菊酯	cis-permethrin	31.42	183(100)	184(15)	255(2)	
86	反式-氯菊酯	trans-permethrin	31.68	183(100)	184(15)	255(2)	
87	吡菌磷	pyrazophos	31.60	221(100)	232(35)	373(19)	
88	氯氰菊酯	cypermethrin	33.19 33.38 33.46 33.56	181(100)	152(23)	180(16)	
89	氰戊菊酯	fenvalerate	34.45 34.79	167(100)	225(53)	419(37)	181(41)

表 B.1（续）

序号	中文名称	英文名称	保留时间/min	定量离子	定性离子1	定性离子2	定性离子3
90	溴氰菊酯	deltamethrin	35.77	181(100)	172(25)	174(25)	
		B组					
91	茵草敌	EPTC	8.54	128(100)	189(30)	132(32)	
92	丁草敌	butylate	9.49	156(100)	146(115)	217(27)	
93	敌草腈	dichlobenil	9.75	171(100)	173(68)	136(15)	
94	克草敌	pebulate	10.18	128(100)	161(21)	203(20)	
95	三氯甲基吡啶	nitrapyrin	10.89	194(100)	196(97)	198(23)	
96	速灭磷	mevinphos	11.23	127(100)	192(39)	164(29)	
97	氯苯甲醚	chloroneb	11.85	191(100)	193(67)	206(66)	
98	四氯硝基苯	tecnazene	13.54	261(100)	203(135)	215(113)	
99	庚烯磷	heptanophos	13.78	124(100)	215(17)	250(14)	
100	六氯苯	hexachlorobenzene	14.69	284(100)	286(81)	282(51)	
101	灭线磷	ethoprophos	14.40	158(100)	200(40)	242(23)	168(15)
102	顺式-燕麦敌	cis-diallate	14.75	234(100)	236(37)	128(38)	
103	毒草胺	propachlor	14.73	120(100)	176(45)	211(11)	
104	反式-燕麦敌	trans-diallate	15.29	234(100)	236(37)	128(38)	
105	氟乐灵	trifluralin	15.23	306(100)	264(72)	335(7)	
106	氯苯胺灵	chlorpropham	15.49	213(100)	171(59)	153(24)	
107	治螟磷	sulfotep	15.55	322(100)	202(43)	238(27)	266(24)
108	菜草畏	sulfallate	15.75	188(100)	116(7)	148(4)	
109	α-六六六	alpha-HCH	16.06	219(100)	183(98)	221(47)	254(6)
110	特丁硫磷	terbufos	16.83	231(100)	153(25)	288(10)	186(13)
111	特丁通	terbumeton	17.20	210(100)	169(66)	225(32)	
112	环丙氟灵	profluralin	17.36	318(100)	304(47)	347(13)	
113	敌噁磷	dioxathion	17.51	270(100)	197(43)	169(19)	
114	扑灭津	propazine	17.67	214(100)	229(67)	172(51)	
115	氯炔灵	chlorbufam	17.85	223(100)	153(53)	164(64)	
116	氯硝胺	dicloran	17.89	206(100)	176(128)	160(52)	
117	特丁津	terbuthylazine	18.07	214(100)	229(33)	173(35)	
118	绿谷隆	monolinuron	18.15	61(100)	126(45)	214(51)	
119	氟虫脲	flufenoxuron	18.83	305(100)	126(67)	307(32)	
120	杀螟腈	cyanophos	18.73	243(100)	180(8)	148(3)	
121	甲基毒死蜱	chlorpyrifos-methyl	19.38	286(100)	288(70)	197(5)	
122	敌草净	desmetryn	19.64	213(100)	198(60)	171(30)	

表 B.1（续）

序号	中文名称	英文名称	保留时间/min	定量离子	定性离子1	定性离子2	定性离子3
123	二甲草胺	dimethachlor	19.80	134(100)	197(47)	210(16)	
124	甲草胺	alachlor	20.03	188(100)	237(35)	269(15)	
125	甲基嘧啶磷	pirimiphos-methyl	20.30	290(100)	276(86)	305(74)	
126	特丁净	terbutryn	20.61	226(100)	241(64)	185(73)	
127	杀草丹	thiobencarb	20.63	100(100)	257(25)	259(9)	
128	丙硫特普	aspon	20.62	211(100)	253(52)	378(14)	
129	三氯杀螨醇	dicofol	21.33	139(100)	141(72)	250(23)	251(4)
130	异丙甲草胺	metolachlor	21.34	238(100)	162(159)	240(33)	
131	氧化氯丹	oxy-chlordane	21.63	387(100)	237(50)	185(68)	
132	烯虫酯	methoprene	21.71	73(100)	191(29)	153(29)	
133	溴硫磷	bromofos	21.75	331(100)	329(75)	213(7)	
134	乙氧呋草黄	ethofumesate	21.84	207(100)	161(54)	286(27)	
135	异丙乐灵	isopropalin	22.10	280(100)	238(40)	222(4)	
136	硫丹Ⅰ	endosulfan Ⅰ	23.10	241(100)	265(66)	339(46)	
137	敌稗	propanil	22.68	161(100)	217(21)	163(62)	
138	异柳磷	isofenphos	22.99	213(100)	255(44)	185(45)	
139	育畜磷	crufomate	22.93	256(100)	182(154)	276(58)	
140	毒虫畏	chlorfenvinphos	23.19	323(100)	267(139)	269(92)	
141	顺式-氯丹	cis-chlordane	23.55	373(100)	375(96)	377(51)	
142	甲苯氟磺胺	tolylfluanide	23.45	238(100)	240(71)	137(210)	
143	*p*,*p*′-滴滴伊	4,4′-DDE	23.92	318(100)	316(80)	246(139)	248(70)
144	丁草胺	butachlor	23.82	176(100)	160(75)	188(46)	
145	乙菌利	chlozolinate	23.83	259(100)	188(83)	331(91)	
146	巴毒磷	crotoxyphos	23.94	193(100)	194(16)	166(51)	
147	碘硫磷	iodofenphos	24.33	377(100)	379(37)	250(6)	
148	杀虫畏	tetrachlorvinphos	24.36	329(100)	331(96)	333(31)	
149	氯溴隆	chlorbromuron	24.37	61(100)	294(17)	292(13)	
150	丙溴磷	profenofos	24.65	339(100)	374(39)	297(37)	
151	氟咯草酮	fluorochloridone	25.14	311(100)	313(64)	187(85)	
152	*o*,*p*′-滴滴滴	2,4′-DDD	24.94	235(100)	237(65)	165(39)	199(15)
153	异狄氏剂	endrin	25.15	263(100)	317(30)	345(26)	
154	己唑醇	hexaconazole	24.92	214(100)	231(62)	256(26)	
155	杀螨酯	chlorfenson	25.05	302(100)	175(282)	177(103)	
156	*o*,*p*′-滴滴涕	2,4′-DDT	25.56	235(100)	237(63)	165(37)	199(14)

表 B.1（续）

序号	中文名称	英文名称	保留时间/min	定量离子	定性离子1	定性离子2	定性离子3
157	多效唑	paclobutrazol	25.21	236(100)	238(37)	167(39)	
158	盖草津	methoprotryne	25.63	256(100)	213(24)	271(17)	
159	丙酯杀螨醇	chloropropylate	25.85	251(100)	253(64)	141(18)	
160	麦草氟甲酯	flamprop-methyl	25.90	105(100)	77(26)	276(11)	
161	除草醚	nitrofen	26.12	283(100)	253(90)	202(48)	139(15)
162	乙氧氟草醚	oxyfluorfen	26.13	252(100)	361(35)	300(35)	
163	虫螨磷	chlorthiophos	26.52	325(100)	360(52)	297(54)	
164	硫丹Ⅱ	endosulfan Ⅱ	26.72	241(100)	265(66)	339(46)	
165	麦草氟异丙酯	flamprop-isopropyl	26.70	105(100)	276(19)	363(3)	
166	p,p'-滴滴涕	4,4'-DDT	27.22	235(100)	237(65)	246(7)	165(34)
167	三硫磷	carbofenothion	27.19	157(100)	342(49)	199(28)	
168	苯霜灵	benalaxyl	27.54	148(100)	206(32)	325(8)	
169	敌瘟磷	edifenphos	27.94	173(100)	310(76)	201(37)	
170	三唑磷	triazophos	28.23	161(100)	172(47)	257(38)	
171	苯腈磷	cyanofenphos	28.43	157(100)	169(56)	303(20)	
172	氯杀螨砜	chlorbenside sulfone	28.88	127(100)	99(14)	89(33)	
173	硫丹硫酸盐	endosulfan-sulfate	29.05	387(100)	272(165)	389(64)	
174	溴螨酯	bromopropylate	29.30	341(100)	183(34)	339(49)	
175	新燕灵	benzoylprop-ethyl	29.40	292(100)	365(36)	260(37)	
176	甲氰菊酯	fenpropathrin	29.56	265(100)	181(237)	349(25)	
177	溴苯磷	leptophos	30.19	377(100)	375(73)	379(28)	
178	苯硫磷	EPN	30.06	157(100)	169(53)	323(14)	
179	环嗪酮	hexazinone	30.14	171(100)	252(3)	128(12)	
180	伏杀硫磷	phosalone	31.22	182(100)	367(30)	154(20)	
181	保棉磷	azinphos-methyl	31.41	160(100)	132(71)	77(58)	
182	氯苯嘧啶醇	fenarimol	31.65	139(100)	219(70)	330(42)	
183	益棉磷	azinphos-ethyl	32.01	160(100)	132(103)	77(51)	
184	蝇毒磷	coumaphos	33.22	362(100)	226(56)	364(39)	334(15)
185	氟氯氰菊酯	cyfluthrin	32.94 33.12	206(100)	199(63)	226(72)	
186	氟胺氰菊酯	fluvalinate	34.94 35.02	250(100)	252(38)	181(18)	
C组							
187	敌敌畏	dichlorvos	7.80	109(100)	185(34)	220(7)	

表 B.1（续）

序号	中文名称	英文名称	保留时间/min	定量离子	定性离子1	定性离子2	定性离子3
188	联苯	biphenyl	9.00	154(100)	153(40)	152(27)	
189	灭草敌	vernolate	9.82	128(100)	146(17)	203(9)	
190	3,5-二氯苯胺	3,5-dichloroaniline	11.20	161(100)	163(62)	126(10)	
191	禾草敌	molinate	11.92	126(100)	187(24)	158(2)	
192	虫螨畏	methacrifos	11.86	125(100)	208(74)	240(44)	
193	邻苯基苯酚	2-phenylphenol	12.47	170(100)	169(72)	141(31)	
194	四氢邻苯二甲酰亚胺	tetrahydrophthalimide	13.39	151(100)	123(16)	122(16)	
195	仲丁威	fenobucarb	14.60	121(100)	150(32)	107(8)	
196	乙丁氟灵	benfluralin	15.23	292(100)	264(20)	276(13)	
197	氟铃脲	hexaflumuron	16.20	176(100)	279(28)	277(43)	
198	野麦畏	triallate	17.12	268(100)	270(73)	143(19)	
199	嘧霉胺	pyrimethanil	17.28	198(100)	199(45)	200(5)	
200	林丹	gamma-HCH	17.48	183(100)	219(93)	254(13)	221(40)
201	乙拌磷	disulfoton	17.61	88(100)	274(15)	186(18)	
202	莠去净	atrizine	17.64	200(100)	215(62)	173(29)	
203	七氯	heptachlor	18.49	272(100)	237(40)	337(27)	
204	异稻瘟净	iprobenfos	18.44	204(100)	246(18)	288(17)	
205	氯唑磷	isazofos	18.54	161(100)	257(53)	285(39)	313(14)
206	三氯杀虫酯	plifenate	18.87	217(100)	175(96)	242(91)	
207	四氟苯菊酯	transfluthrin	19.04	163(100)	165(23)	335(7)	
208	氯乙氟灵	fluchloraline	18.89	306(100)	326(87)	264(54)	
209	甲基立枯磷	tolclofos-methyl	19.69	265(100)	267(36)	250(10)	
210	异丙草胺	propisochlor	19.89	162(100)	223(200)	146(17)	
211	溴谷隆	metobromuron	20.07	61(100)	258(11)	170(16)	
212	嗪草酮	metribuzin	20.33	198(100)	199(21)	144(12)	
213	ε-六六六	HCH，epsilon-	20.78	181(100)	219(76)	254(15)	217(40)
214	安硫磷	formothion	21.42	170(100)	224(97)	257(63)	
215	乙霉威	diethofencarb	21.43	267(100)	225(98)	151(31)	
216	哌草丹	dimepiperate	22.28	119(100)	145(30)	263(8)	
217	生物烯丙菊酯-1	bioallethrin-1	22.29	123(100)	136(24)	107(29)	
218	生物烯丙菊酯-2	bioallethrin-2	22.34	123(100)	136(24)	107(29)	
219	o,p'-滴滴伊	2,4′-DDE	22.64	246(100)	318(34)	176(26)	248(65)
220	芬螨酯	fenson	22.54	141(100)	268(53)	77(104)	
221	双苯酰草胺	diphenamid	22.87	167(100)	239(30)	165(43)	

表 B.1（续）

序号	中文名称	英文名称	保留时间/min	定量离子	定性离子1	定性离子2	定性离子3
222	氯硫磷	chlorthion	22.86	297(100)	267(162)	299(45)	
223	炔丙菊酯	prallethrin	23.11	123(100)	105(17)	134(9)	
224	戊菌唑	penconazole	23.17	248(100)	250(33)	161(50)	
225	灭蚜磷	mecarbam	23.46	131(100)	296(22)	329(40)	
226	四氟醚唑	tetraconazole	23.35	336(100)	338(33)	171(10)	
227	丙虫磷	propaphos	23.92	304(100)	220(108)	262(34)	
228	氟节胺	flumetralin	24.10	143(100)	157(25)	404(10)	
229	三唑醇	triadimenol	24.22	112(100)	168(81)	130(15)	
230	丙草胺	pretilachlor	24.67	162(100)	238(26)	262(8)	
231	亚胺菌	kresoxim-methyl	25.04	116(100)	206(25)	131(66)	
232	吡氟禾草灵	fluazifop-butyl	25.21	282(100)	383(44)	254(49)	
233	氟啶脲	chlorfluazuron	25.27	321(100)	323(71)	356(8)	
234	乙酯杀螨醇	chlorobenzilate	25.90	251(100)	253(65)	152(5)	
235	烯效唑	uniconazole	26.15	234(100)	236(40)	131(15)	
236	氟哇唑	flusilazole	26.19	233(100)	206(33)	315(9)	
237	三氟硝草醚	fluorodifen	26.59	190(100)	328(35)	162(34)	
238	烯唑醇	diniconazole	27.03	268(100)	270(65)	232(13)	
239	增效醚	piperonyl butoxide	27.46	176(100)	177(33)	149(14)	
240	炔螨特	propargite	27.87	135(100)	350(7)	173(16)	
241	灭锈胺	mepronil	27.91	119(100)	269(26)	120(9)	
242	噁唑隆	dimefuron	27.82	140(100)	105(75)	267(36)	
243	吡氟酰草胺	diflufenican	28.45	266(100)	394(25)	267(14)	
244	苯醚菊酯	phenothrin	29.08 29.21	123(100)	183(74)	350(6)	
245	咯菌腈	fludioxonil	28.93	248(100)	127(24)	154(21)	
246	苯氧威	fenoxycarb	29.57	255(100)	186(82)	116(93)	
247	稀禾啶	sethoxydim	29.63	178(100)	281(51)	219(36)	
248	莎稗磷	anilofos	30.68	226(100)	184(52)	334(10)	
249	氟丙菊酯	acrinathrin	31.07	181(100)	289(31)	247(12)	
250	高效氯氟氰菊酯	lambda-cyhalothrin	31.11	181(100)	197(100)	141(20)	
251	苯噻酰草胺	mefenacet	31.29	192(100)	120(35)	136(29)	
252	氯菊酯	permethrin	31.57	183(100)	184(14)	255(1)	
253	哒螨灵	pyridaben	31.86	147(100)	117(11)	364(7)	
254	乙羧氟草醚	fluoroglycofen-ethyl	32.01	447(100)	428(20)	449(35)	

表 B.1（续）

序号	中文名称	英文名称	保留时间/min	定量离子	定性离子1	定性离子2	定性离子3
255	联苯三唑醇	bitertanol	32.25	170(100)	112(8)	141(6)	
256	醚菊酯	etofenprox	32.75	163(100)	376(4)	183(6)	
257	噻草酮	cycloxydim	33.05	178(100)	279(7)	251(4)	
258	α-氯氰菊酯	alpha-cypermethrin	33.35	163(100)	181(84)	165(63)	
259	氟氰戊菊酯	flucythrinate	33.58 33.85	199(100)	157(90)	451(22)	
260	S-氰戊菊酯	esfenvalerate	34.65	419(100)	225(158)	181(189)	
261	苯醚甲环唑	difenoconazole	35.40	323(100)	325(66)	265(83)	
262	丙炔氟草胺	flumioxazin	35.50	354(100)	287(24)	259(15)	
263	氟烯草酸	flumiclorac-pentyl	36.34	423(100)	308(51)	318(29)	
D组							
264	甲氟磷	dimefox	5.62	110(100)	154(75)	153(17)	
265	乙拌磷亚砜	disulfoton-sulfoxide	8.41	212(100)	153(61)	184(20)	
266	五氯苯	pentachlorobenzene	11.11	250(100)	252(64)	215(24)	
267	三异丁基磷酸盐	tri-iso-butyl phosphate	11.65	155(100)	139(67)	211(24)	
268	鼠立死	crimidine	13.13	142(100)	156(90)	171(84)	
269	4-溴-3,5-二甲苯基-N-甲基氨基甲酸酯-1	BDMC-1	13.25	200(100)	202(104)	201(13)	
270	燕麦酯	chlorfenprop-methyl	13.57	165(100)	196(87)	197(49)	
271	虫线磷	thionazin	14.04	143(100)	192(39)	220(14)	
272	2,3,5,6-四氯苯胺	2,3,5,6-tetrachloroaniline	14.22	231(100)	229(76)	158(25)	
273	三正丁基磷酸盐	tri-N-butyl phosphate	14.33	155(100)	211(61)	167(8)	
274	2,3,4,5-四氯甲氧基苯	2,3,4,5-tetrachloroanisole	14.66	246(100)	203(70)	231(51)	
275	五氯甲氧基苯	pentachloroanisole	15.19	280(100)	265(100)	237(85)	
276	牧草胺	tebutam	15.30	190(100)	106(38)	142(24)	
277	蔬果磷	dioxabenzofos	16.14	216(100)	201(26)	171(5)	
278	甲基苯噻隆	methabenzthiazuron	16.34	164(100)	136(81)	108(27)	
279	西玛通	simetone	16.69	197(100)	196(40)	182(38)	
280	阿特拉通	atratone	16.70	196(100)	211(68)	197(105)	
281	脱异丙基莠去津	desisopropyl-atrazine	16.69	173(100)	158(84)	145(73)	
282	特丁硫磷砜	terbufos sulfone	16.79	231(100)	288(11)	186(15)	
283	七氟菊酯	tefluthrin	17.24	177(100)	197(26)	161(5)	
284	溴烯杀	bromocylen	17.43	359(100)	357(99)	394(14)	
285	草达津	trietazine	17.53	200(100)	229(51)	214(45)	

表 B.1（续）

序号	中文名称	英文名称	保留时间/min	定量离子	定性离子1	定性离子2	定性离子3
286	氧乙嘧硫磷	etrimfos oxon	17.83	292(100)	277(35)	263(12)	
287	环莠隆	cycluron	17.95	89(100)	198(36)	114(9)	
288	2,6-二氯苯甲酰胺	2,6-dichlorobenzamide	17.93	173(100)	189(36)	175(62	
289	2,4,4′-三氯联苯	DE-PCB 28	18.15	256(100)	186(53)	258(97)	
290	2,4′,5-三氯联苯	DE-PCB 31	18.19	256(100)	186(53)	258(97)	
291	脱乙基另丁津	desethyl-sebuthylazine	18.32	172(100)	174(32)	186(11)	
292	2,3,4,5-四氯苯胺	2,3,4,5-tetrachloroaniline	18.55	231(100)	229(76)	233(48)	
293	合成麝香	musk ambrette	18.62	253(100)	268(35)	223(18)	
294	二甲苯麝香	musk xylene	18.66	282(100)	297(10)	128(20)	
295	五氯苯胺	pentachloroaniline	18.91	265(100)	263(63)	230(8)	
296	叠氮津	aziprotryne	19.11	199(100)	184(83)	157(31)	
297	另丁津	sebutylazine	19.26	200(100)	214(14)	229(13)	
298	丁脒酰胺	isocarbamide	19.24	142(100)	185(2)	143(6)	
299	2,2′,5,5′-四氯联苯	DE-PCB 52	19.48	292(100)	220(88)	255(32)	
300	麝香	musk moskene	19.46	263(100)	278(12)	264(15)	
301	苄草丹	prosulfocarb	19.51	251(100)	252(14)	162(10)	
302	二甲吩草胺	dimethenamid	19.55	154(100)	230(43)	203(21)	
303	氧皮蝇磷	fenchlorphos oxon	19.72	285(100)	287(70)	270(7)	
304	4-溴-3,5-二甲苯基-N-甲基氨基甲酸酯-2	BDMC-2	19.74	200(100)	202(101)	201(12)	
305	甲基对氧磷	paraoxon-methyl	19.83	230(100)	247(93)	200(40)	
306	庚酰草胺	monalide	20.02	197(100)	199(31)	239(45)	
307	西藏麝香	musk tibeten	20.40	251(100)	266(25)	252(14)	
308	碳氯灵	isobenzan	20.55	311(100)	375(31)	412(7)	
309	八氯苯乙烯	octachlorostyrene	20.60	380(100)	343(94)	308(120)	
310	嘧啶磷	pyrimitate	20.59	305(100)	153(116)	180(49)	
311	异艾氏剂	isodrin	21.01	193(100)	263(46)	195(83)	
312	丁嗪草酮	isomethiozin	21.06	225(100)	198(86)	184(13)	
313	毒壤磷	trichloronat	21.10	297(100)	269(86)	196(16)	
314	敌草索	dacthal	21.25	301(100)	332(31)	221(16)	
315	4,4-二氯二苯甲酮	4,4-dichlorobenzophenone	21.29	250(100)	252(62)	215(26)	
316	酞菌酯	nitrothal-isopropyl	21.69	236(100)	254(54)	212(74)	
317	麝香酮	musk ketone	21.70	279(100)	294(28)	128(16)	
318	吡咪唑	rabenzazole	21.73	212(100)	170(26)	195(19)	

表 B.1（续）

序号	中文名称	英文名称	保留时间/min	定量离子	定性离子1	定性离子2	定性离子3
319	嘧菌环胺	cyprodinil	21.94	224(100)	225(62)	210(9)	
320	氧异柳磷	isofenphos oxon	22.04	229(100)	201(2)	314(12)	
321	异氯磷	dicapthon	22.44	262(100)	263(10)	216(10)	
322	2,2′,4′,5,5′-五氯联苯	DE-PCB 101	22.62	326(100)	254(66)	291(18)	
323	2-甲-4-氯丁氧乙基酯	MCPA-butoxyethyl ester	22.61	300(100)	200(71)	182(41)	
324	水胺硫磷	isocarbophos	22.87	136(100)	230(26)	289(22)	
325	甲拌磷砜	phorate sulfone	23.15	199(100)	171(30)	215(11)	
326	杀螨醇	chlorfenethol	23.29	251(100)	253(66)	266(12)	
327	反式九氯	trans-nonachlor	23.62	409(100)	407(89)	411(63)	
328	消螨通	dinobuton	23.88	211(100)	240(15)	223(15)	
329	脱叶磷	DEF	24.08	202(100)	226(51)	258(55)	
330	氟咯草酮	flurochloridone	24.31	311(100)	187(74)	313(66)	
331	溴苯烯磷	bromfenvinfos	24.62	267(100)	323(56)	295(18)	
332	乙滴涕	perthane	24.81	223(100)	224(20)	178(9)	
333	2,3′,4,4′,5-五氯联苯	DE-PCB 118	25.08	326(100)	254(38)	184(16)	
334	4,4-二溴二苯甲酮	4,4-dibromobenzophenone	25.30	340(100)	259(30)	185(179)	
335	粉唑醇	flutriafol	25.31	219(100)	164(96)	201(7)	
336	地胺磷	mephosfolan	25.29	196(100)	227(49)	168(60)	
337	乙基杀扑磷	athidathion	25.63	145(100)	330(1)	129(12)	
338	2,2′,4,4′,5,5′-六氯联苯	DE-PCB 153	25.64	360(100)	290(62)	218(24)	
339	苄氯三唑醇	diclobutrazole	25.95	270(100)	272(68)	159(42)	
340	乙拌磷砜	disulfoton sulfone	26.16	213(100)	229(4)	185(11)	
341	噻螨酮	hexythiazox	26.48	227(100)	156(158)	184(93)	
342	2,2′,3,4,4′,5′-六氯联苯	DE-PCB 138	26.84	360(100)	290(68)	218(26)	
343	环菌唑	cyproconazole	27.23	222(100)	224(35)	223(11)	
344	炔草酸	clodinafop-propargyl	27.74	349(100)	238(96)	266(83)	
345	倍硫磷亚砜	fenthion sulfoxide	28.06	278(100)	279(290)	294(145)	
346	三氟苯唑	fluotrimazole	28.39	311(100)	379((60)	233(36)	
347	氟草烟-1-甲庚酯	fluroxypr-1-methylheptyl ester	28.45	366(100)	254(67)	237(60)	
348	倍硫磷砜	fenthion sulfone	28.55	310(100)	136(25)	231(10)	
349	三苯基磷酸盐	triphenyl phosphate	28.65	326(100)	233(16)	215(20)	

表 B.1(续)

序号	中文名称	英文名称	保留时间/min	定量离子	定性离子 1	定性离子 2	定性离子 3
350	苯嗪草酮	metamitron	28.63	202(100)	174(52)	186(12)	
351	2,2′,3,4,4′,5,5′-七氯联苯	DE-PCB 180	29.05	394(100)	324(70)	359(20)	
352	吡螨胺	tebufenpyrad	29.06	318(100)	333(78)	276(44)	
353	环草定	lenacil	29.70	153(100)	136(6)	234(2)	
354	糠菌唑-1	bromuconazole -1	29.90	173(100)	175(65)	214(15)	
355	脱溴溴苯磷	desbrom-leptophos	30.15	377(100)	171(97)	375(72)	
356	糠菌唑-2	bromuconazole -2	30.72	173(100)	175(67)	214(14)	
357	甲磺乐灵	nitralin	30.92	316(100)	274(58)	300(15)	
358	苯线磷亚砜	fenamiphos sulfoxide	31.03	304(100)	319(29)	196(22)	
359	苯线磷砜	fenamiphos sulfone	31.34	320(100)	292(57)	335(7)	
360	拌种咯	fenpiclonil	32.37	236(100)	238(66)	174(36)	
361	氟喹唑	fluquinconazole	32.62	340(100)	342(37)	341(20)	
362	腈苯唑	fenbuconazole	34.02	129(100)	198(51)	125(31)	
		E组					
363	残杀威-1	propoxur-1	6.58	110(100)	152(16)	111(9)	
364	异丙威-1	isoprocarb-1	7.56	121(100)	136(34)	103(20)	
365	甲胺磷	methamidophos	9.37	94(100)	95(112)	141(52)	
366	二氢苊	acenaphthene	10.79	164(100)	162(84)	160(38)	
367	驱虫特	dibutyl succinate	12.20	101(100)	157(19)	175(5)	
368	邻苯二甲酰亚胺	phthalimide	13.21	147(100)	104(61)	103(35)	
369	氯氧磷	chlorethoxyfos	13.43	153(100)	125(67)	301(19)	
370	异丙威-2	isoprocarb-2	13.69	121(100)	136(34)	103(20)	
371	戊菌隆	pencycuron	14.30	125(100)	180(65)	209(20)	
372	丁噻隆	tebuthiuron	14.25	156(100)	171(30)	157(9)	
373	甲基内吸磷	demeton-S-methyl	15.19	109(100)	142(43)	230(5)	
374	硫线磷	cadusafos	15.13	159(100)	213(14)	270(12)	
375	残杀威-2	propoxur-2	15.48	110(100)	152(19)	111(8)	
376	菲	phenanthrene	16.97	188(100)	160(9)	189(16)	
377	唑螨酯	fenpyroximate	17.49	213(100)	142(21)	198(9)	
378	丁基嘧啶磷	tebupirimfos	17.61	318(100)	261(107)	234(100)	
379	茉莉酮	prohydrojasmon	17.80	153(100)	184(41)	254(7)	
380	氯硝胺	dichloran	18.10	176(100)	206(87)	124(101)	
381	咯喹酮	pyroquilon	18.28	173(100)	130(69)	144(38)	

表 B.1(续)

序号	中文名称	英文名称	保留时间/min	定量离子	定性离子1	定性离子2	定性离子3
382	炔苯酰草胺	propyzamide	19.01	173(100)	255(23)	240(9)	
383	抗蚜威	pirimicarb	19.08	166(100)	238(23)	138(8)	
384	磷胺-1	phosphamidon-1	19.66	264(100)	138(62)	227(25)	
385	解草嗪	benoxacor	19.62	120(100)	259(38)	176(19)	
386	溴丁酰草胺	bromobutide	19.70	119(100)	232(27)	296(6)	
387	乙草胺	acetochlor	19.84	146(100)	162(59)	223(59)	
388	灭草环	tridiphane	19.90	173(100)	187(90)	219(46)	
389	特草灵	terbucarb	20.06	205(100)	220(52)	206(16)	
390	戊草丹	esprocarb	20.01	222(100)	265(10)	162(61)	
391	甲呋酰胺	fenfuram	20.35	109(100)	201(29)	202(5)	
392	活化酯	acibenzolar-S-methyl	20.42	182(100)	135(64)	153(34)	
393	呋草黄	benfuresate	20.68	163(100)	256(17)	121(18)	
394	氟硫草定	dithiopyr	20.78	354(100)	306(72)	286(74)	
395	精甲霜灵	mefenoxam	20.91	206(100)	249(46)	279(11)	
396	马拉氧磷	malaoxon	21.17	127(100)	268(11)	195(15)	
397	磷胺-2	phosphamidon-2	21.36	264(100)	138(54)	227(17)	
398	硅氟唑	simeconazole	21.41	121(100)	278(14)	211(34)	
399	氯酞酸甲酯	chlorthal-dimethyl	21.39	301(100)	332(27)	221(17)	
400	噻唑烟酸	thiazopyr	21.91	327(100)	363(73)	381(34)	
401	甲基毒虫畏	dimethylvinphos	22.21	295(100)	297(56)	109(74)	
402	仲丁灵	butralin	22.24	266(100)	224(16)	295(60)	
403	苯酰草胺	zoxamide	22.30	187(100)	242(68)	299(9)	
404	啶斑肟-1	pyrifenox-1	22.50	262(100)	294(15)	227(15)	
405	烯丙菊酯	allethrin	22.60	123(100)	107(24)	136(20)	
406	异戊乙净	dimethametryn	22.83	212(100)	255(9)	240(5)	
407	灭藻醌	quinoclamine	22.89	207(100)	172(259)	144(64)	
408	甲醚菊酯-1	methothrin-1	22.92	123(100)	135(89)	104(41)	
409	氟噻草胺	flufenacet	23.09	151(100)	211(61)	363(6)	
410	甲醚菊酯-2	methothrin-2	23.19	123(100)	135(73)	104(12)	
411	啶斑肟-2	pyrifenox-2	23.50	262(100)	294(17)	227(16)	
412	氰菌胺	fenoxanil	23.58	140(100)	189(14)	301(6)	
413	四氯苯酞	phthalide	23.51	243(100)	272(28)	215(20)	
414	呋霜灵	furalaxyl	23.97	242(100)	301(24)	152(40)	
415	噻虫嗪	thiamethoxam	24.38	182(100)	212(92)	247(124)	

附　录　D
（资料性附录）
标准物质在小麦基质中选择离子监测 GC-MS 图

D.1　A 组标准物质在小麦基质中选择离子监测 GC-MS 图，见图 D.1。

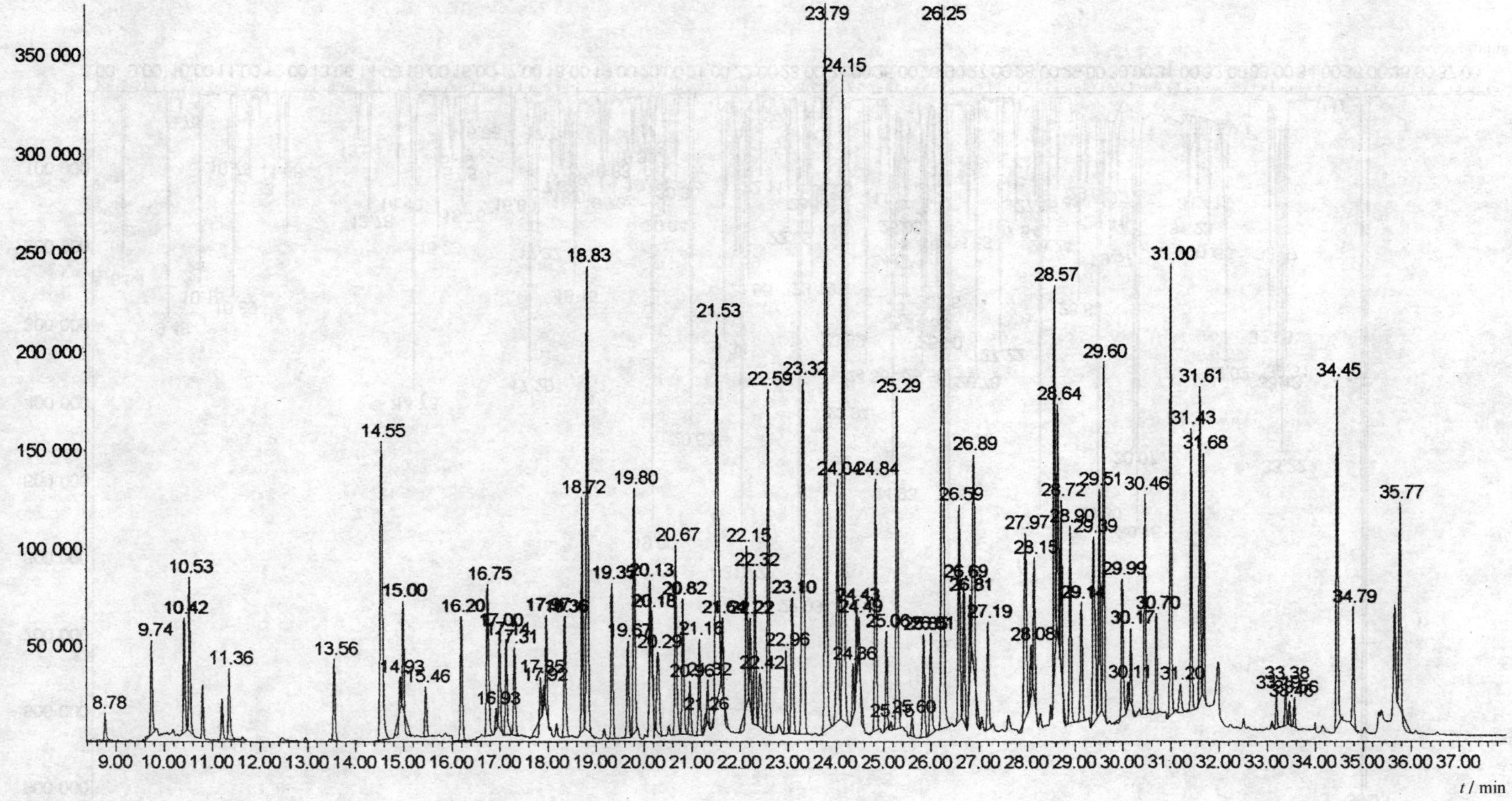

注：农药及相关化学品名称参见附录 A 序号 1～90。

图 D.1　A 组标准物质在小麦基质中选择离子监测 GC-MS 图

D.2 B 组标准物质在小麦基质中选择离子监测 GC-MS 图，见图 D.2。

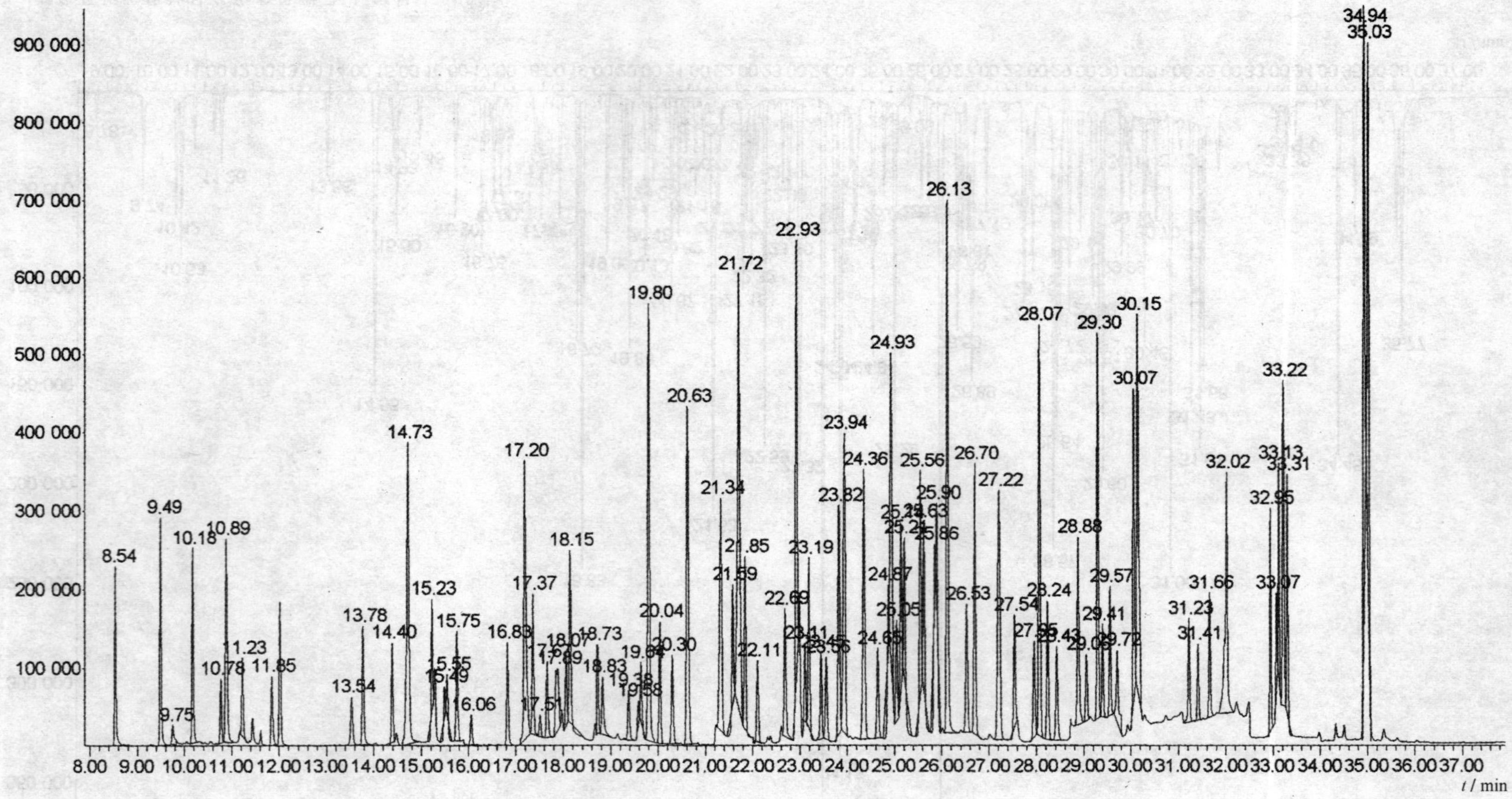

注：农药及相关化学品名称参见附录 A 序号 91～186。

图 D.2　B 组标准物质在小麦基质中选择离子监测 GC-MS 图

D.3 C组标准物质在小麦基质中选择离子监测GC-MS图，见图D.3。

注：农药及相关化学品名称参见附录A序号187～263。

图D.3　C组标准物质在小麦基质中选择离子监测GC-MS图

D.4　D组标准物质在小麦基质中选择离子监测 GC-MS 图，见图 D.4。

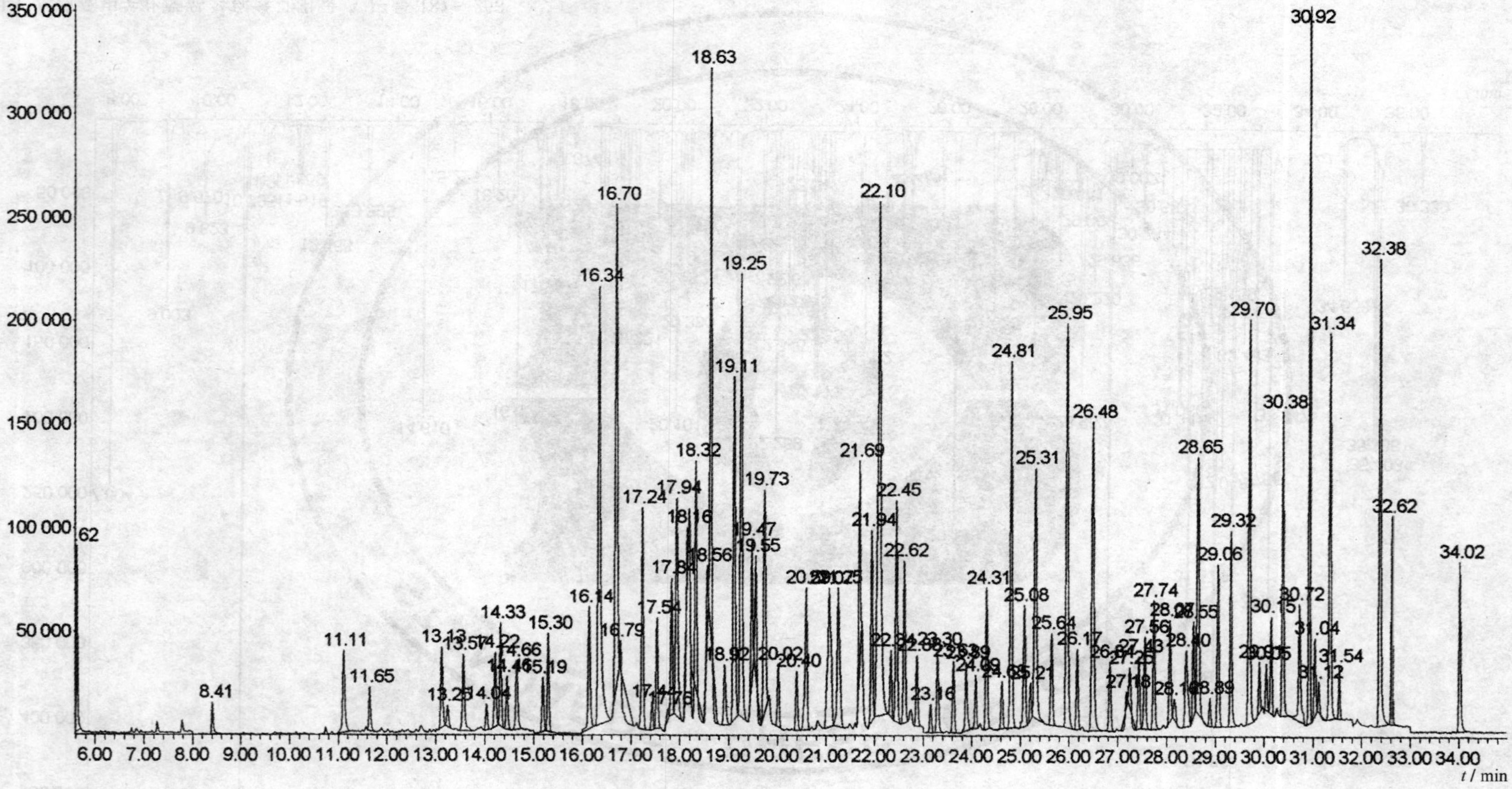

注：农药及相关化学品名称参见附录 A 序号 264～362。

图 D.4　D组标准物质在小麦基质中选择离子监测 GC-MS 图

D.5 E组标准物质在小麦基质中选择离子监测 GC-MS 图，见图 D.5。

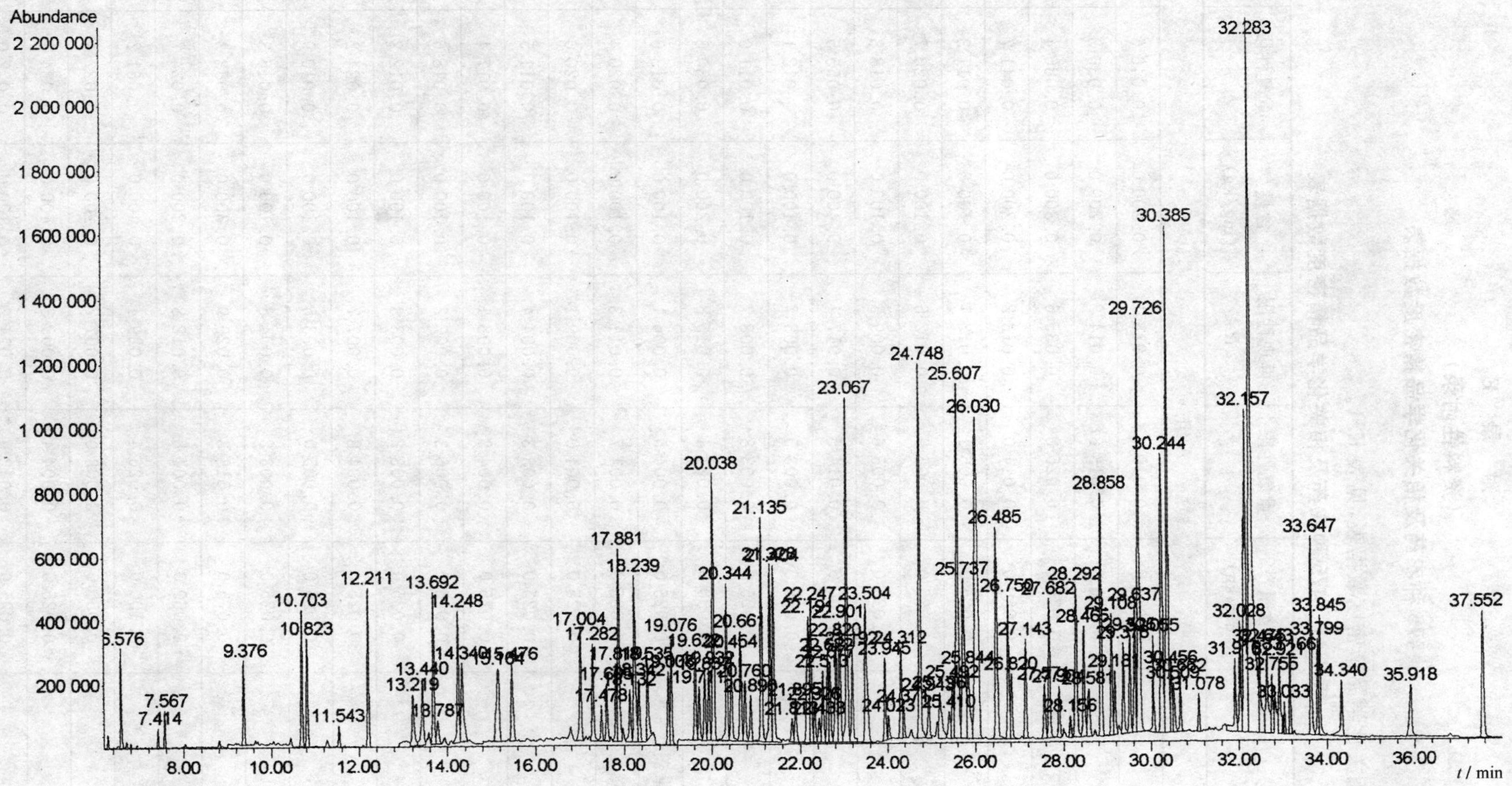

注：农药及相关化学品名称参见附录 A 序号 363～475。

图 D.5 E组标准物质在小麦基质中选择离子监测 GC-MS 图

附 录 E
（资料性附录）
475 种农药及相关化学品精密度数据表

475 种农药及相关化学品精密度数据表，见表 E.1。

表 E.1 475 种农药及相关化学品精密度数据表

序号	中文名称	含量/（mg/kg）	重复性限 r	再现性限 R	含量/（mg/kg）	重复性限 r	再现性限 R
A组							
1	二丙烯草胺	0.050 0	0.010 4	0.018 1	0.200 0	0.046 6	0.081 1
2	烯丙酰草胺	0.050 0	0.013 8	0.014 2	0.200 0	0.036 3	0.058 0
3	土菌灵	0.075 0	0.025 8	0.035 6	0.300 0	0.086 4	0.168 7
4	氯甲硫磷	0.050 0	0.014 0	0.013 2	0.200 0	0.041 7	0.066 6
5	苯胺灵	0.025 0	0.006 1	0.013 1	0.100 0	0.011 3	0.028 2
6	环草敌	0.025 0	0.006 9	0.012 6	0.100 0	0.020 7	0.050 8
7	联苯二胺	0.025 0	0.005 6	0.009 3	0.100 0	0.018 8	0.036 6
8	乙丁烯氟灵	0.100 0	0.014 5	0.017 4	0.400 0	0.055 5	0.132 3
9	甲拌磷	0.025 0	0.003 5	0.003 7	0.100 0	0.012 1	0.020 1
10	甲基乙拌磷	0.025 0	0.003 8	0.008 7	0.100 0	0.011 0	0.028 2
11	五氯硝基苯	0.050 0	0.021 4	0.016 8	0.200 0	0.030 0	0.057 6
12	脱乙基阿特拉津	0.025 0	0.004 5	0.006 1	0.100 0	0.013 0	0.025 6
13	异噁草松	0.025 0	0.004 7	0.011 3	0.100 0	0.020 4	0.045 4
14	二嗪磷	0.025 0	0.004 0	0.009 1	0.100 0	0.020 0	0.044 9
15	地虫硫磷	0.025 0	0.003 3	0.004 4	0.100 0	0.011 5	0.022 4
16	乙嘧硫磷	0.025 0	0.004 9	0.008 1	0.100 0	0.017 4	0.040 7
17	西玛津	0.025 0	0.006 3	0.007 2	0.100 0	0.018 6	0.038 2
18	胺丙畏	0.025 0	0.003 2	0.003 3	0.100 0	0.012 2	0.017 3
19	密草通	0.025 0	0.004 8	0.007 7	0.100 0	0.024 2	0.035 3
20	除线磷	0.025 0	0.005 0	0.003 5	0.100 0	0.010 9	0.017 5
21	炔丙烯草胺	0.025 0	0.003 2	0.004 8	0.100 0	0.016 3	0.018 1
22	兹克威	0.075 0	0.018 3	0.029 9	0.300 0	0.053 3	0.110 8
23	艾氏剂	0.050 0	0.004 8	0.012 8	0.200 0	0.024 7	0.051 6
24	氨氟灵	0.100 0	0.026 4	0.029 4	0.400 0	0.061 2	0.160 7
25	皮蝇磷	0.050 0	0.003 0	0.007 7	0.200 0	0.027 4	0.039 3
26	扑草净	0.025 0	0.004 4	0.009 3	0.100 0	0.024 3	0.038 8
27	环丙津	0.025 0	0.042 9	0.074 2	0.100 0	0.022 0	0.040 1
28	乙烯菌核利	0.025 0	0.002 3	0.003 6	0.100 0	0.010 6	0.018 7

表 E.1（续）

序号	中文名称	含量/(mg/kg)	重复性限 r	再现性限 R	含量/(mg/kg)	重复性限 r	再现性限 R
29	β-六六六	0.025 0	0.006 8	0.004 6	0.100 0	0.010 4	0.020 3
30	甲霜灵	0.075 0	0.011 3	0.041 4	0.300 0	0.070 5	0.147 6
31	毒死蜱	0.025 0	0.002 1	0.003 8	0.100 0	0.009 7	0.017 5
32	甲基对硫磷	0.100 0	0.012 4	0.020 5	0.400 0	0.082 5	0.136 6
33	蒽醌	0.025 0	0.006 4	0.007 9	0.100 0	0.018 8	0.024 7
34	δ-六六六	0.050 0	0.005 8	0.019 1	0.200 0	0.113 5	0.110 7
35	倍硫磷	0.025 0	0.002 5	0.006 9	0.100 0	0.015 1	0.026 2
36	马拉硫磷	0.100 0	0.020 1	0.045 5	0.400 0	0.084 4	0.182 2
37	杀螟硫磷	0.050 0	0.007 0	0.012 0	0.200 0	0.038 5	0.069 4
38	对氧磷	0.100 0	0.035 7	0.067 6	0.400 0	0.117 6	0.230 6
39	三唑酮	0.050 0	0.004 7	0.007 6	0.200 0	0.030 7	0.046 0
40	对硫磷	0.100 0	0.011 3	0.019 1	0.400 0	0.076 2	0.129 0
41	二甲戊灵	0.100 0	0.015 0	0.029 5	0.400 0	0.088 2	0.198 7
42	利谷隆	0.100 0	0.017 5	0.020 0	0.400 0	0.085 9	0.116 3
43	杀螨醚	0.050 0	0.005 9	0.006 6	0.200 0	0.025 8	0.035 2
44	乙基溴硫磷	0.025 0	0.002 5	0.004 2	0.100 0	0.013 7	0.016 3
45	喹硫磷	0.025 0	0.003 8	0.008 5	0.100 0	0.018 6	0.035 9
46	反式氯丹	0.025 0	0.001 6	0.002 6	0.100 0	0.011 8	0.016 0
47	稻丰散	0.050 0	0.004 5	0.010 2	0.200 0	0.035 1	0.042 8
48	吡唑草胺	0.075 0	0.014 0	0.035 0	0.300 0	0.057 0	0.112 7
49	苯硫威	0.050 0	0.012 3	0.030 4	0.200 0	0.045 6	0.093 8
50	丙硫磷	0.025 0	0.003 6	0.008 8	0.100 0	0.015 6	0.025 6
51	整形醇	0.075 0	0.009 1	0.021 3	0.300 0	0.042 4	0.076 1
52	狄氏剂	0.050 0	0.006 9	0.015 7	0.200 0	0.031 3	0.061 0
53	腐霉利	0.025 0	0.003 1	0.008 3	0.100 0	0.014 0	0.020 7
54	杀扑磷	0.050 0	0.010 6	0.022 9	0.200 0	0.044 8	0.079 2
55	敌草胺	0.075 0	0.016 9	0.037 8	0.300 0	0.069 0	0.141 9
56	噁草酮	0.025 0	0.001 6	0.004 3	0.100 0	0.014 5	0.021 2
57	苯线磷	0.075 0	0.015 8	0.034 3	0.300 0	0.073 6	0.157 1
58	杀螨氯硫	0.025 0	0.002 3	0.005 6	0.100 0	0.012 0	0.018 4
59	杀螨特	0.025 0	0.020 0	0.016 3	0.100 0	0.031 9	0.042 8
60	乙嘧酚磺酸酯	0.025 0	0.004 1	0.009 2	0.100 0	0.021 3	0.034 3
61	萎锈灵	0.075 0	0.040 0	0.024 1	0.300 0	0.049 8	0.082 5
62	氟酰胺	0.025 0	0.002 3	0.003 1	0.100 0	0.017 2	0.031 9

表 E.1（续）

序号	中文名称	含量/(mg/kg)	重复性限 *r*	再现性限 *R*	含量/(mg/kg)	重复性限 *r*	再现性限 *R*
63	*p*,*p*′-滴滴滴	0.025 0	0.003 2	0.007 8	0.100 0	0.014 6	0.025 8
64	乙硫磷	0.050 0	0.004 8	0.007 9	0.200 0	0.029 0	0.046 8
65	硫丙磷	0.050 0	0.012 6	0.025 4	0.200 0	0.036 8	0.070 5
66	乙环唑-1	0.075 0	0.024 6	0.025 4	0.300 0	0.056 0	0.059 6
67	乙环唑-2	0.075 0	0.009 3	0.016 8	0.300 0	0.057 2	0.088 2
68	腈菌唑	0.025 0	0.002 3	0.004 7	0.100 0	0.015 9	0.028 6
69	禾草灵	0.025 0	0.008 9	0.009 6	0.100 0	0.016 4	0.024 5
70	丙环唑	0.075 0	0.009 5	0.020 8	0.300 0	0.065 2	0.117 3
71	丰索磷	0.050 0	0.018 7	0.047 2	0.200 0	0.077 6	0.116 9
72	联苯菊酯	0.025 0	0.005 6	0.014 9	0.100 0	0.025 3	0.052 3
73	灭蚁灵	0.025 0	0.004 6	0.012 8	0.100 0	0.019 8	0.040 6
74	麦锈灵	0.075 0	0.022 4	0.038 8	0.300 0	0.040 3	0.070 5
75	氟苯嘧啶醇	0.050 0	0.019 6	0.045 3	0.200 0	0.041 7	0.081 0
76	甲氧滴滴涕	0.025 0	0.002 7	0.023 1	0.100 0	0.056 0	0.106 4
77	噁霜灵	0.025 0	0.011 7	0.023 2	0.100 0	0.018 6	0.032 3
78	胺菊酯	0.050 0	0.011 0	0.028 8	0.200 0	0.046 8	0.099 0
79	戊唑醇	0.075 0	0.021 8	0.031 7	0.300 0	0.068 3	0.126 5
80	氟草敏	0.025 0	0.014 9	0.020 7	0.100 0	0.026 3	0.048 1
81	哒嗪硫磷	0.025 0	0.005 3	0.012 2	0.100 0	0.029 2	0.054 2
82	亚胺硫磷	0.050 0	0.028 6	0.036 6	0.200 0	0.086 8	0.148 7
83	三氯杀螨砜	0.025 0	0.004 2	0.010 6	0.100 0	0.013 8	0.025 2
84	氧化萎锈灵	0.150 0	0.047 4	0.096 9	0.600 0	0.158 1	0.189 9
85	顺式-氯菊酯	0.025 0	0.004 5	0.009 9	0.100 0	0.018 5	0.042 9
86	反式-氯菊酯	0.025 0	0.005 8	0.014 4	0.100 0	0.022 3	0.046 9
87	吡菌磷	0.050 0	0.014 0	0.031 6	0.200 0	0.047 8	0.099 8
88	氯氰菊酯	0.075 0	0.016 0	0.030 6	0.300 0	0.068 9	0.149 2
89	氰戊菊酯	0.100 0	0.024 7	0.059 6	0.400 0	0.085 7	0.194 1
90	溴氰菊酯	0.150 0	0.053 6	0.043 3	0.600 0	0.234 5	0.2247
B组							
91	茵草敌	0.075 0	0.016 0	0.008 9	0.300 0	0.050 8	0.042 8
92	丁草敌	0.075 0	0.013 8	0.007 7	0.300 0	0.053 6	0.043 3
93	敌草腈	0.005 0	0.003 0	0.003 2	0.020 0	0.003 1	0.003 4
94	克草敌	0.075 0	0.011 1	0.005 1	0.300 0	0.055 7	0.041 8
95	三氯甲基吡啶	0.075 0	0.011 5	0.006 6	0.300 0	0.049 4	0.068 5

表 E.1（续）

序号	中文名称	含量/(mg/kg)	重复性限 r	再现性限 R	含量/(mg/kg)	重复性限 r	再现性限 R
96	速灭磷	0.050 0	0.016 1	0.024 9	0.200 0	0.035 1	0.027 1
97	氯苯甲醚	0.025 0	0.003 1	0.002 7	0.100 0	0.017 1	0.014 2
98	四氯硝基苯	0.050 0	0.009 2	0.006 4	0.200 0	0.034 3	0.026 4
99	庚烯磷	0.075 0	0.010 7	0.011 3	0.300 0	0.051 4	0.040 2
100	六氯苯	0.025 0	0.007 4	0.003 2	0.100 0	0.016 5	0.013 4
101	灭线磷	0.075 0	0.010 0	0.010 4	0.300 0	0.057 7	0.038 1
102	顺式-燕麦敌	0.050 0	0.019 0	0.018 7	0.200 0	0.041 3	0.023 6
103	毒草胺	0.075 0	0.010 9	0.008 6	0.300 0	0.056 3	0.037 4
104	反式-燕麦敌	0.050 0	0.006 1	0.004 3	0.200 0	0.037 0	0.026 9
105	氟乐灵	0.050 0	0.009 4	0.007 1	0.200 0	0.035 9	0.025 5
106	氯苯胺灵	0.050 0	0.006 8	0.007 5	0.200 0	0.031 4	0.024 7
107	治螟磷	0.025 0	0.002 6	0.002 7	0.100 0	0.017 9	0.014 1
108	莱草畏	0.050 0	0.007 5	0.004 5	0.200 0	0.045 7	0.025 6
109	α-六六六	0.025 0	0.004 4	0.002 5	0.100 0	0.021 6	0.012 7
110	特丁硫磷	0.050 0	0.011 3	0.006 1	0.200 0	0.029 3	0.025 4
111	特丁通	0.075 0	0.021 3	0.011 6	0.300 0	0.102 9	0.089 7
112	环丙氟灵	0.100 0	0.015 7	0.017 9	0.400 0	0.067 3	0.042 4
113	敌噁磷	0.100 0	0.035 4	0.074 6	0.400 0	0.085 0	0.080 5
114	扑灭津	0.025 0	0.003 0	0.003 4	0.100 0	0.019 4	0.011 9
115	氯炔灵	0.050 0	0.012 0	0.008 7	0.200 0	0.042 7	0.030 2
116	氯硝胺	0.050 0	0.025 7	0.022 1	0.200 0	0.035 1	0.023 4
117	特丁津	0.025 0	0.003 7	0.004 1	0.100 0	0.016 6	0.014 9
118	绿谷隆	0.100 0	0.022 0	0.041 2	0.400 0	0.099 4	0.078 6
119	氟虫脲	0.075 0	0.026 3	0.044 9	0.300 0	0.105 1	0.052 2
120	杀螟腈	0.050 0	0.005 0	0.009 5	0.200 0	0.033 6	0.073 7
121	甲基毒死蜱	0.025 0	0.003 3	0.003 2	0.100 0	0.017 5	0.013 3
122	敌草净	0.025 0	0.005 6	0.003 1	0.100 0	0.029 0	0.026 1
123	二甲草胺	0.075 0	0.009 5	0.010 1	0.300 0	0.060 4	0.036 0
124	甲草胺	0.075 0	0.010 9	0.011 3	0.300 0	0.057 7	0.035 7
125	甲基嘧啶磷	0.025 0	0.004 0	0.003 5	0.100 0	0.016 1	0.015 0
126	特丁净	0.050 0	0.011 4	0.005 3	0.200 0	0.064 0	0.054 7
127	杀草丹	0.050 0	0.007 0	0.006 1	0.200 0	0.040 2	0.023 8
128	丙硫特普	0.050 0	0.006 4	0.007 7	0.200 0	0.048 4	0.082 2
129	三氯杀螨醇	0.050 0	0.067 3	0.147 9	0.200 0	0.046 6	0.046 6

表 E.1（续）

序号	中文名称	含量/(mg/kg)	重复性限 r	再现性限 R	含量/(mg/kg)	重复性限 r	再现性限 R
130	异丙甲草胺	0.025 0	0.003 3	0.004 4	0.100 0	0.018 8	0.012 3
131	氧化氯丹	0.025 0	0.004 5	0.004 8	0.100 0	0.015 7	0.016 4
132	烯虫酯	0.100 0	0.011 1	0.014 8	0.400 0	0.078 4	0.049 5
133	溴硫磷	0.050 0	0.005 0	0.008 0	0.200 0	0.034 4	0.025 5
134	乙氧呋草黄	0.050 0	0.004 7	0.005 5	0.200 0	0.037 5	0.025 4
135	异丙乐灵	0.050 0	0.006 3	0.007 6	0.200 0	0.009 6	0.006 2
136	硫丹Ⅰ	0.150 0	0.016 8	0.028 8	0.600 0	0.117 1	0.073 8
137	敌稗	0.050 0	0.008 2	0.008 5	0.200 0	0.035 1	0.020 6
138	异柳磷	0.050 0	0.006 1	0.008 8	0.200 0	0.037 4	0.021 6
139	育畜磷	0.150 0	0.031 2	0.033 8	0.600 0	0.104 1	0.075 2
140	毒虫畏	0.075 0	0.009 5	0.011 0	0.300 0	0.053 8	0.034 0
141	顺式-氯丹	0.050 0	0.006 3	0.004 7	0.200 0	0.039 3	0.025 3
142	甲苯氟磺胺	0.075 0	0.012 7	0.022 9	0.300 0	0.105 6	0.116 8
143	p,p'-滴滴伊	0.025 0	0.002 0	0.003 3	0.100 0	0.019 8	0.011 1
144	丁草胺	0.050 0	0.010 0	0.011 6	0.200 0	0.035 4	0.023 8
145	乙菌利	0.050 0	0.018 1	0.007 6	0.200 0	0.050 5	0.074 8
146	巴毒磷	0.150 0	0.028 4	0.039 5	0.600 0	0.105 4	0.106 6
147	碘硫磷	0.050 0	0.006 3	0.008 4	0.200 0	0.033 1	0.029 2
148	杀虫畏	0.075 0	0.009 9	0.012 9	0.300 0	0.059 9	0.052 1
149	氯溴隆	0.600 0	0.158 2	0.204 4	2.400 0	0.859 9	1.552 0
150	丙溴磷	0.150 0	0.019 0	0.026 6	0.600 0	0.103 5	0.075 2
151	氟咯草酮	0.050 0	0.008 8	0.012 3	0.200 0	0.055 6	0.043 6
152	o,p'-滴滴滴	0.025 0	0.002 4	0.002 8	0.100 0	0.014 2	0.015 9
153	异狄氏剂	0.300 0	0.037 4	0.038 1	1.200 0	0.244 0	0.168 4
154	已唑醇	0.150 0	0.022 9	0.026 5	0.600 0	0.202 9	0.342 5
155	杀螨酯	0.050 0	0.006 7	0.009 6	0.200 0	0.041 4	0.027 8
156	o,p'-滴滴涕	0.050 0	0.006 3	0.007 0	0.200 0	0.044 4	0.039 3
157	多效唑	0.075 0	0.011 2	0.011 8	0.300 0	0.083 5	0.071 7
158	盖草津	0.075 0	0.015 6	0.009 0	0.300 0	0.100 0	0.085 0
159	丙酯杀螨醇	0.025 0	0.002 5	0.003 0	0.100 0	0.019 0	0.011 1
160	麦草氟甲酯	0.025 0	0.002 9	0.003 2	0.100 0	0.020 6	0.011 4
161	除草醚	0.150 0	0.025 9	0.035 1	0.600 0	0.113 8	0.074 3
162	乙氧氟草醚	0.100 0	0.021 6	0.029 8	0.400 0	0.072 8	0.049 4
163	虫螨磷	0.075 0	0.009 7	0.011 3	0.300 0	0.055 5	0.036 3

表 E.1（续）

序号	中文名称	含量/(mg/kg)	重复性限 r	再现性限 R	含量/(mg/kg)	重复性限 r	再现性限 R
164	硫丹Ⅱ	0.150 0	0.060 8	0.049 8	0.600 0	0.127 2	0.223 4
165	麦草氟异丙酯	0.025 0	0.001 9	0.003 4	0.100 0	0.021 1	0.013 6
166	p,p'-滴滴涕	0.050 0	0.006 0	0.007 2	0.200 0	0.045 5	0.047 7
167	三硫磷	0.050 0	0.005 7	0.007 2	0.200 0	0.037 7	0.023 2
168	苯霜灵	0.025 0	0.003 0	0.003 7	0.100 0	0.020 7	0.014 7
169	敌瘟磷	0.050 0	0.008 4	0.011 5	0.200 0	0.041 6	0.030 8
170	三唑磷	0.075 0	0.010 4	0.011 5	0.300 0	0.060 7	0.038 7
171	苯腈磷	0.025 0	0.002 8	0.002 2	0.100 0	0.019 3	0.012 1
172	氯杀螨砜	0.050 0	0.008 0	0.008 1	0.200 0	0.043 0	0.026 2
173	硫丹硫酸盐	0.075 0	0.008 7	0.012 2	0.300 0	0.051 9	0.044 3
174	溴螨酯	0.050 0	0.006 1	0.006 3	0.200 0	0.037 4	0.022 2
175	新燕灵	0.075 0	0.009 3	0.010 2	0.300 0	0.060 2	0.037 9
176	甲氰菊酯	0.050 0	0.007 2	0.008 4	0.200 0	0.036 9	0.022 7
177	溴苯磷	0.050 0	0.005 5	0.006 9	0.200 0	0.040 2	0.025 8
178	苯硫磷	0.100 0	0.021 3	0.036 0	0.400 0	0.082 9	0.054 4
179	环嗪酮	0.075 0	0.014 8	0.012 3	0.300 0	0.050 7	0.033 0
180	伏杀硫磷	0.050 0	0.010 7	0.015 8	0.200 0	0.043 7	0.033 1
181	保棉磷	0.150 0	0.027 1	0.055 0	0.600 0	0.122 4	0.130 4
182	氯苯嘧啶醇	0.050 0	0.008 3	0.009 0	0.200 0	0.037 9	0.024 0
183	益棉磷	0.050 0	0.010 4	0.010 9	0.200 0	0.034 0	0.030 8
184	蝇毒磷	0.150 0	0.018 7	0.023 0	0.600 0	0.113 3	0.082 8
185	氟氯氰菊酯	0.300 0	0.072 8	0.127 6	1.200 0	0.363 1	0.305 9
186	氟胺氰菊酯	0.300 0	0.040 5	0.045 6	1.200 0	0.295 9	0.177 0
				C组			
187	敌敌畏	0.150 0	0.007 4	0.011 4	0.600 0	0.039 4	0.024 0
188	联苯	0.025 0	0.002 1	0.003 5	0.100 0	0.014 6	0.003 8
189	灭草敌	0.025 0	0.003 5	0.006 1	0.100 0	0.013 4	0.013 0
190	3,5-二氯苯胺	0.025 0	0.001 9	0.001 8	0.100 0	0.009 2	0.007 8
191	禾草敌	0.025 0	0.002 3	0.005 6	0.100 0	0.010 9	0.013 0
192	虫螨畏	0.025 0	0.002 0	0.004 9	0.100 0	0.014 4	0.010 6
193	邻苯基苯酚	0.025 0	0.002 3	0.004 4	0.100 0	0.009 8	0.009 7
194	四氢邻苯二甲酰亚胺	0.075 0	0.011 2	0.018 6	0.300 0	0.028 0	0.024 4
195	仲丁威	0.050 0	0.004 4	0.013 0	0.200 0	0.016 7	0.018 6
196	乙丁氟灵	0.025 0	0.001 5	0.005 2	0.100 0	0.014 3	0.015 4

表 E.1（续）

序号	中文名称	含量/(mg/kg)	重复性限 r	再现性限 R	含量/(mg/kg)	重复性限 r	再现性限 R
197	氟铃脲	0.150 0	0.031 3	0.028 1	0.600 0	0.166 7	0.088 9
198	野麦畏	0.050 0	0.004 5	0.009 6	0.200 0	0.018 1	0.015 7
199	嘧霉胺	0.025 0	0.003 0	0.004 1	0.100 0	0.066 3	0.031 9
200	林丹	0.050 0	0.003 8	0.008 0	0.200 0	0.020 1	0.017 1
201	乙拌磷	0.025 0	0.001 2	0.004 5	0.100 0	0.011 5	0.009 7
202	莠去净	0.025 0	0.003 0	0.005 6	0.100 0	0.010 8	0.010 1
203	七氯	0.075 0	0.014 5	0.034 7	0.300 0	0.029 1	0.078 5
204	异稻瘟净	0.075 0	0.006 6	0.011 3	0.300 0	0.047 7	0.091 7
205	氯唑磷	0.050 0	0.019 3	0.022 0	0.200 0	0.023 2	0.022 7
206	三氯杀虫酯	0.050 0	0.007 1	0.011 6	0.200 0	0.024 9	0.025 4
207	四氟苯菊酯	0.025 0	0.002 0	0.003 7	0.100 0	0.009 9	0.009 5
208	氯乙氟灵	0.100 0	0.013 7	0.024 6	0.400 0	0.057 5	0.054 4
209	甲基立枯磷	0.025 0	0.002 3	0.004 3	0.100 0	0.010 9	0.008 7
210	异丙草胺	0.025 0	0.002 5	0.005 4	0.100 0	0.016 8	0.014 2
211	溴谷隆	0.150 0	0.028 9	0.056 0	0.600 0	0.355 0	0.389 2
212	嗪草酮	0.075 0	0.008 2	0.018 4	0.300 0	0.031 7	0.030 7
213	ε-六六六	0.050 0	0.003 0	0.007 6	0.200 0	0.111 3	0.085 0
214	安硫磷	0.050 0	0.007 3	0.028 6	0.200 0	0.102 6	0.110 0
215	乙霉威	0.150 0	0.015 2	0.044 0	0.600 0	0.079 6	0.075 1
216	哌草丹	0.050 0	0.009 1	0.019 2	0.200 0	0.085 6	0.102 3
217	生物烯丙菊酯-1	0.100 0	0.014 1	0.032 4	0.400 0	0.047 1	0.055 1
218	生物烯丙菊酯-2	0.100 0	0.014 1	0.027 6	0.400 0	0.058 0	0.055 8
219	o,p'-滴滴伊	0.025 0	0.002 6	0.004 7	0.100 0	0.007 9	0.008 6
220	芬螨酯	0.025 0	0.008 4	0.011 0	0.100 0	0.015 1	0.012 4
221	双苯酰草胺	0.025 0	0.003 9	0.005 9	0.100 0	0.009 9	0.009 0
222	氯硫磷	0.050 0	0.011 4	0.015 1	0.200 0	0.032 8	0.047 0
223	炔丙菊酯	0.075 0	0.005 4	0.014 0	0.300 0	0.044 7	0.038 2
224	戊菌唑	0.075 0	0.006 2	0.014 5	0.300 0	0.110 9	0.059 7
225	灭蚜磷	0.100 0	0.008 0	0.015 2	0.400 0	0.039 4	0.038 3
226	四氟醚唑	0.075 0	0.009 1	0.020 4	0.300 0	0.038 4	0.035 2
227	丙虫磷	0.050 0	0.006 2	0.010 9	0.100 0		
228	氟节胺	0.050 0	0.003 9	0.009 2	0.200 0	0.037 4	0.034 2
229	三唑醇	0.075 0	0.008 6	0.016 0	0.300 0	0.043 2	0.033 2
230	丙草胺	0.050 0	0.004 0	0.010 3	0.200 0	0.021 0	0.020 4

表 E.1（续）

序号	中文名称	含量/(mg/kg)	重复性限 r	再现性限 R	含量/(mg/kg)	重复性限 r	再现性限 R
231	亚胺菌	0.025 0	0.002 5	0.005 1	0.100 0	0.011 6	0.010 9
232	吡氟禾草灵	0.025 0	0.002 4	0.006 5	0.100 0	0.013 5	0.012 4
233	氟啶脲	0.075 0	0.014 2	0.012 9	0.300 0	0.132 2	0.180 2
234	乙酯杀螨醇	0.025 0	0.003 0	0.002 6	0.100 0	0.007 6	0.008 0
235	烯效唑	0.050 0	0.002 4	0.006 1	0.200 0	0.055 9	0.042 4
236	氟哇唑	0.075 0	0.007 1	0.013 4	0.300 0	0.096 5	0.058 5
237	三氟硝草醚	0.025 0	0.003 2	0.004 4	0.100 0	0.019 1	0.021 4
238	烯唑醇	0.075 0	0.008 2	0.015 9	0.300 0	0.076 6	0.049 6
239	增效醚	0.025 0	0.002 4	0.005 5	0.100 0	0.010 5	0.010 3
240	炔螨特	0.050 0	0.011 3	0.018 5	0.200 0	0.019 9	0.027 5
241	灭锈胺	0.025 0	0.010 4	0.008 5	0.100 0	0.012 8	0.012 9
242	噁唑隆	0.100 0	0.574 0	0.538 4	0.400 0	0.190 1	0.237 1
243	吡氟酰草胺	0.025 0	0.002 9	0.006 3	0.100 0	0.011 0	0.012 2
244	苯醚菊酯	0.025 0	0.002 6	0.005 0	0.100 0	0.012 4	0.012 7
245	咯菌腈	0.025 0	0.001 8	0.004 9	0.100 0	0.012 5	0.016 7
246	苯氧威	0.150 0	0.076 9	0.080 4	0.600 0	0.104 3	0.248 3
247	稀禾啶	0.225 0	0.052 6	0.070 4	0.900 0	0.125 3	0.169 4
248	莎稗磷	0.050 0	0.003 7	0.008 9	0.200 0	0.020 7	0.023 4
249	氟丙菊酯	0.050 0	0.016 8	0.027 7	0.200 0	0.062 8	0.049 5
250	高效氯氟氰菊酯	0.025 0	0.002 9	0.006 4	0.100 0	0.038 5	0.044 0
251	苯噻酰草胺	0.075 0	0.016 7	0.018 2	0.300 0	0.028 3	0.032 9
252	氯菊酯	0.050 0	0.005 7	0.012 7	0.200 0	0.020 2	0.021 8
253	哒螨灵	0.025 0	0.003 9	0.010 1	0.100 0	0.019 3	0.026 8
254	乙羧氟草醚	0.300 0	0.050 4	0.078 4	1.200 0	0.230 0	0.371 6
255	联苯三唑醇	0.075 0	0.008 3	0.018 3	0.300 0	0.039 0	0.033 3
256	醚菊酯	0.025 0	0.002 9	0.005 9	0.100 0	0.009 1	0.008 5
257	噻草酮	0.300 0	0.069 3	0.088 4	1.200 0	0.138 9	0.105 7
258	α-氯氰菊酯	0.050 0	0.003 3	0.006 1	0.200 0	0.049 8	0.029 0
259	氟氰戊菊酯	0.050 0	0.006 0	0.012 0	0.200 0	0.125 6	0.155 8
260	S-氰戊菊酯	0.100 0	0.035 6	0.023 7	0.400 0	0.173 0	0.131 5
261	苯醚甲环唑	0.150 0	0.020 2	0.033 9	0.600 0	0.222 7	0.314 5
262	丙炔氟草胺	0.050 0	0.022 9	0.023 8	0.200 0	0.090 2	0.127 2
263	氟烯草酸	0.050 0	0.008 6	0.008 5	0.200 0	0.018 5	0.029 3

表 E.1(续)

序号	中文名称	含量/(mg/kg)	重复性限 r	再现性限 R	含量/(mg/kg)	重复性限 r	再现性限 R
D组							
264	甲氰磷	0.075 0	0.010 8	0.013 2	0.300 0	0.044 0	0.065 9
265	乙拌磷亚砜	0.050 0	0.008 1	0.016 6	0.200 0	0.043 3	0.049 7
266	五氯苯	0.025 0	0.003 1	0.003 5	0.100 0	0.021 0	0.022 1
267	三异丁基磷酸盐	0.025 0	0.003 5	0.008 5	0.100 0	0.020 3	0.028 1
268	鼠立死	0.025 0	0.008 5	0.007 5	0.100 0	0.015 0	0.006 6
269	4-溴-3,5-二甲苯基-N-甲基氨基甲酸酯-1	0.050 0	0.010 6	0.021 2	0.200 0	0.029 8	0.075 6
270	燕麦酯	0.025 0	0.002 7	0.005 5	0.100 0	0.011 5	0.023 6
271	虫线磷	0.025 0	0.001 9	0.002 2	0.100 0	0.018 7	0.024 9
272	2,3,5,6-四氯苯胺	0.025 0	0.002 6	0.002 9	0.100 0	0.015 9	0.016 7
273	三正丁基磷酸盐	0.050 0	0.006 6	0.011 2	0.200 0	0.033 1	0.046 8
274	2,3,4,5-四氯甲氧基苯	0.025 0	0.002 2	0.004 0	0.100 0	0.018 0	0.020 6
275	五氯甲氧基苯	0.025 0	0.002 7	0.003 9	0.100 0	0.019 0	0.018 6
276	牧草胺	0.050 0	0.009 5	0.013 8	0.200 0	0.036 3	0.047 3
277	蔬果磷	0.250 0	0.035 6	0.035 8	1.000 0	0.187 1	0.224 8
278	甲基苯噻隆	0.250 0	0.048 3	0.083 3	1.000 0	0.219 2	0.268 7
279	西玛通	0.050 0	0.008 5	0.008 8	0.200 0	0.021 6	0.020 6
280	阿特拉通	0.025 0	0.005 8	0.005 4	0.100 0	0.007 6	0.005 9
281	脱异丙基莠去津	0.200 0	0.044 7	0.076 4	0.800 0	0.131 6	0.188 0
282	特丁硫磷砜	0.025 0	0.002 5	0.003 3	0.100 0	0.018 2	0.023 3
283	七氟菊酯	0.025 0	0.002 5	0.004 2	0.100 0	0.018 4	0.023 2
284	溴烯杀	0.025 0	0.002 2	0.002 5	0.100 0	0.018 8	0.023 7
285	草达津	0.025 0	0.003 5	0.002 9	0.100 0	0.020 7	0.024 1
286	氧乙嘧硫磷	0.025 0	0.001 7	0.003 6	0.100 0	0.019 1	0.023 6
287	环莠隆	0.075 0	0.010 4	0.010 8	0.300 0	0.047 0	0.018 1
288	2,6-二氯苯甲酰胺	0.050 0	0.005 0	0.005 1	0.200 0	0.046 8	0.051 5
289	2,4,4′-三氯联苯	0.025 0	0.002 3	0.002 0	0.100 0	0.024 8	0.032 3
290	2,4′,5-三氯联苯	0.025 0	0.002 1	0.002 8	0.100 0	0.013 5	0.023 4
291	脱乙基另丁津	0.050 0	0.003 4	0.005 8	0.200 0	0.037 1	0.047 7
292	2,3,4,5-四氯苯胺	0.050 0	0.004 0	0.006 8	0.200 0	0.036 4	0.046 8
293	合成麝香	0.025 0	0.003 7	0.004 0	0.100 0	0.017 6	0.023 8
294	二甲苯麝香	0.025 0	0.004 2	0.005 9	0.100 0	0.014 6	0.019 3
295	五氯苯胺	0.025 0	0.002 9	0.005 7	0.100 0	0.018 5	0.022 4

表 E.1(续)

序号	中文名称	含量/(mg/kg)	重复性限 r	再现性限 R	含量/(mg/kg)	重复性限 r	再现性限 R
296	叠氮津	0.200 0	0.022 9	0.028 4	0.800 0	0.167 1	0.271 2
297	另丁津	0.025 0	0.001 3	0.002 7	0.100 0	0.018 8	0.023 6
298	丁脒酰胺	0.125 0	0.008 7	0.018 5	0.500 0	0.091 6	0.121 8
299	2,2′,5,5′-四氯联苯	0.025 0	0.001 9	0.002 7	0.100 0	0.019 4	0.022 2
300	麝香	0.025 0	0.003 3	0.005 5	0.100 0	0.018 0	0.027 2
301	苄草丹	0.025 0	0.007 0	0.008 8	0.100 0	0.018 0	0.024 3
302	二甲吩草胺	0.025 0	0.002 3	0.002 6	0.100 0	0.017 9	0.023 9
303	氧皮蝇磷	0.050 0	0.006 6	0.010 4	0.200 0	0.038 3	0.049 6
304	4-溴-3,5-二甲苯基-N-甲基氨基甲酸酯-2	0.050 0	0.007 0	0.014 0	0.200 0	0.062 4	0.064 2
305	甲基对氧磷	0.0500			0.200 0	0.054 7	0.061 3
306	庚酰草胺	0.050 0	0.004 9	0.007 3	0.200 0	0.035 6	0.050 2
307	西藏麝香	0.025 0	0.003 9	0.006 3	0.100 0	0.016 5	0.023 5
308	碳氯灵	0.025 0	0.002 2	0.001 9	0.100 0	0.018 5	0.022 8
309	八氯苯乙烯	0.025 0	0.002 7	0.002 7	0.100 0	0.017 1	0.021 8
310	嘧啶磷	0.025 0	0.003 6	0.003 7	0.100 0	0.011 7	0.011 9
311	异艾氏剂	0.025 0	0.007 9	0.006 9	0.100 0	0.028 1	0.030 7
312	丁嗪草酮	0.050 0	0.009 2	0.019 9	0.200 0	0.036 6	0.052 1
313	毒壤磷	0.025 0	0.003 2	0.005 2	0.100 0	0.020 2	0.026 5
314	敌草索	0.025 0	0.002 0	0.002 2	0.100 0	0.019 4	0.023 7
315	4,4-二氯二苯甲酮	0.025 0	0.004 1	0.005 6	0.100 0	0.018 2	0.023 4
316	酞菌酯	0.050 0	0.009 0	0.014 4	0.200 0	0.043 0	0.065 1
317	麝香酮	0.025 0	0.007 1	0.007 4	0.100 0	0.016 0	0.019 8
318	吡咪唑	0.025 0	0.004 9	0.007 7	0.100 0	0.016 3	0.025 1
319	嘧菌环胺	0.025 0	0.005 7	0.004 9	0.100 0	0.012 0	0.008 9
320	氧异柳磷	0.050 0	0.012 8	0.017 5	0.200 0		
321	异氯磷	0.125 0	0.032 4	0.060 0	0.500 0	0.122 3	0.154 1
322	2,2′,4′,5,5′-五氯联苯	0.025 0	0.001 9	0.002 7	0.100 0	0.018 9	0.022 3
323	2-甲-4-氯丁氧乙基酯	0.025 0	0.001 9	0.004 2	0.100 0	0.018 6	0.028 8
324	水胺硫磷	0.050 0	0.005 6	0.009 3	0.200 0	0.039 5	0.055 8
325	甲拌磷砜	0.025 0	0.007 6	0.005 6	0.100 0	0.017 8	0.028 7
326	杀螨醇	0.025 0	0.005 7	0.003 2	0.100 0	0.021 9	0.029 2
327	反式九氯	0.025 0	0.002 0	0.002 2	0.100 0	0.019 6	0.024 6
328	消螨通	0.250 0	0.066 7	0.076 9	1.000 0	0.349 5	0.539 4

表 E.1（续）

序号	中文名称	含量/(mg/kg)	重复性限 r	再现性限 R	含量/(mg/kg)	重复性限 r	再现性限 R
329	脱叶磷	0.050 0	0.012 3	0.022 9	0.200 0	0.042 8	0.067 0
330	氟咯草酮	0.050 0	0.006 7	0.013 6	0.200 0	0.044 3	0.059 9
331	溴苯烯磷	0.025 0	0.006 0	0.010 4	0.100 0	0.026 3	0.034 7
332	乙滴涕	0.025 0	0.002 2	0.003 6	0.100 0	0.020 0	0.028 2
333	2,3′,4,4′,5-五氯联苯	0.025 0	0.002 1	0.004 0	0.100 0	0.019 9	0.026 5
334	4,4-二溴二苯甲酮	0.025 0	0.003 3	0.006 1	0.100 0	0.017 1	0.025 1
335	粉唑醇	0.050 0	0.009 3	0.010 2	0.200 0	0.036 1	0.046 7
336	地胺磷	0.050 0	0.013 7	0.023 7	0.200 0	0.050 8	0.066 7
337	乙基杀扑磷	0.050 0	0.014 5	0.016 4	0.200 0	0.036 3	0.043 8
338	2,2′,4,4′,5,5′-六氯联苯	0.025 0	0.001 8	0.003 2	0.100 0	0.020 5	0.025 5
339	苄氯三唑醇	0.100 0	0.013 0	0.022 3	0.400 0	0.076 4	0.094 8
340	乙拌磷砜	0.050 0	0.008 2	0.012 9	0.200 0	0.049 3	0.070 1
341	噻螨酮	0.200 0	0.026 2	0.051 7	0.800 0	0.164 1	0.232 2
342	2,2′,3,4,4′,5′-六氯联苯	0.025 0	0.002 4	0.004 5	0.100 0	0.020 4	0.026 7
343	环菌唑	0.025 0	0.006 8	0.012 9	0.100 0	0.018 3	0.028 9
344	炔草酸	0.050 0	0.011 2	0.023 6	0.200 0	0.052 3	0.085 6
345	倍硫磷亚砜	0.100 0	0.013 5	0.022 4	0.400 0	0.098 0	0.096 5
346	三氟苯唑	0.025 0	0.005 3	0.008 0	0.100 0	0.028 2	0.041 9
347	氟草烟-1-甲庚酯	0.025 0	0.003 3	0.003 6	0.100 0	0.022 1	0.030 0
348	倍硫磷砜	0.100 0	0.022 9	0.041 6	0.400 0	0.105 9	0.121 0
349	三苯基磷酸盐	0.025 0	0.002 1	0.004 1	0.100 0	0.020 0	0.026 8
350	苯嗪草酮	0.250 0	0.036 5	0.0673	1.000 0	0.264 0	0.285 7
351	2,2′,3,4,4′,5,5′-七氯联苯	0.025 0	0.004 6	0.003 6	0.100 0	0.020 7	0.025 4
352	吡螨胺	0.025 0	0.002 8	0.005 2	0.100 0	0.020 0	0.030 3
353	环草定	0.250 0	0.032 0	0.0626	1.000 0	0.211 8	0.296 7
354	糠菌唑-1	0.050 0	0.022 4	0.017 5	0.200 0	0.083 0	0.047 8
355	脱溴溴苯磷	0.025 0	0.003 8	0.006 2	0.100 0	0.023 2	0.029 1
356	糠菌唑-2	0.050 0	0.007 8	0.010 3	0.200 0	0.039 1	0.043 1
357	甲磺乐灵	0.250 0	0.071 0	0.095 1	1.000 0	0.153 5	0.220 6
358	苯线磷亚砜	0.100 0	0.034 0	0.040 7	0.400 0	0.077 2	0.055 1
359	苯线磷砜	0.100 0	0.022 9	0.038 9	0.400 0	0.115 2	0.119 3
360	拌种咯	0.100 0	0.013 5	0.011 0	0.400 0	0.080 5	0.103 6
361	氟喹唑	0.025 0	0.002 4	0.003 2	0.100 0	0.020 1	0.026 3

表 E.1（续）

序号	中文名称	含量/(mg/kg)	重复性限 r	再现性限 R	含量/(mg/kg)	重复性限 r	再现性限 R
362	腈苯唑	0.050 0	0.005 0	0.009 9	0.200 0	0.042 5	0.0539
E组							
363	残杀威-1	0.050 0	0.001 9	0.014 9	0.200 0	0.017 0	0.027 0
364	异丙威-1	0.050 0	0.003 7	0.019 3	0.200 0	0.010 6	0.051 7
365	甲胺磷	0.100 0	0.012 3	0.076 2	0.400 0	0.110 4	0.049 5
366	二氢苊	0.025 0	0.003 5	0.008 5	0.100 0	0.008 8	0.004 1
367	驱虫特	0.050 0	0.002 1	0.005 1	0.200 0	0.024 6	0.016 2
368	邻苯二甲酰亚胺	0.050 0	0.003 9	0.011 9	0.200 0	0.008 5	0.019 4
369	氯氧磷	0.050 0	0.009 9	0.015 6	0.200 0	0.022 4	0.016 7
370	异丙威-2	0.050 0	0.002 5	0.001 8	0.200 0	0.025 8	0.017 9
371	戊菌隆	0.100 0	0.016 3	0.214 1	0.400 0	0.070 8	0.115 6
372	丁噻隆	0.100 0	0.009 3	0.009 1	0.400 0	0.037 1	0.022 4
373	甲基内吸磷	0.100 0	0.016 9	0.021 2	0.400 0	0.043 0	0.017 1
374	硫线磷	0.100 0	0.002 2	0.014 9	0.400 0	0.047 8	0.032 2
375	残杀威-2	0.050 0	0.003 8	0.009 9	0.200 0	0.039 0	0.048 0
376	菲	0.025 0	0.001 8	0.002 2	0.100 0	0.005 0	0.002 8
377	唑螨酯	0.200 0	0.016 6	0.023 1	0.800 0	0.137 7	0.063 4
378	丁基嘧啶磷	0.050 0	0.001 3	0.002 8	0.200 0	0.022 5	0.017 0
379	茉莉酮	0.100 0	0.015 2	0.013 3	0.400 0	0.019 7	0.029 7
380	氯硝胺	0.050 0	0.014 9	0.013 1	0.200 0	0.014 5	0.011 0
381	咯喹酮	0.025 0	0.000 6	0.002 0	0.100 0	0.006 4	0.006 6
382	炔苯酰草胺	0.050 0	0.002 1	0.001 9	0.200 0	0.022 3	0.013 6
383	抗蚜威	0.050 0	0.003 6	0.003 7	0.200 0	0.012 1	0.004 4
384	磷胺-1	0.200 0	0.057 5	0.081 7	0.800 0	0.083 8	0.089 5
385	解草嗪	0.050 0	0.004 6	0.009 6	0.200 0	0.016 2	0.013 0
386	溴丁酰草胺	0.025 0	0.001 1	0.002 8	0.100 0	0.007 7	0.008 9
387	乙草胺	0.050 0	0.001 5	0.001 3	0.200 0	0.023 3	0.014 4
388	灭草环	0.100 0	0.007 5	0.024 7	0.400 0	0.014 6	0.030 6
389	特草灵	0.050 0	0.000 9	0.001 8	0.200 0	0.022 1	0.019 2
390	戊草丹	0.050 0	0.000 9	0.008 1	0.200 0	0.076 9	0.012 4
391	甲呋酰胺	0.050 0	0.001 8	0.003 1	0.200 0	0.015 2	0.007 8
392	活化酯	0.050 0	0.000 8	0.004 4	0.200 0	0.146 8	0.066 6
393	呋草黄	0.050 0	0.025 5	0.029 6	0.200 0	0.023 0	0.014 7
394	氟硫草定	0.025 0	0.000 6	0.001 0	0.100 0	0.012 2	0.008 7

表 E.1(续)

序号	中文名称	含量/(mg/kg)	重复性限 r	再现性限 R	含量/(mg/kg)	重复性限 r	再现性限 R
395	精甲霜灵	0.050 0	0.001 3	0.001 4	0.200 0	0.023 5	0.016 7
396	马拉氧磷	0.400 0	0.052 3	0.1907	1.600 0	0.091 0	0.211 0
397	磷胺-2	0.200 0	0.024 9	0.054 8	0.800 0	0.059 8	0.100 7
398	硅氟唑	0.050 0	0.004 1	0.003 3	0.200 0	0.021 0	0.014 6
399	氯酞酸甲酯	0.050 0	0.001 3	0.002 3	0.200 0	0.026 4	0.015 7
400	噻唑烟酸	0.050 0	0.002 1	0.003 2	0.200 0	0.022 8	0.016 3
401	甲基毒虫畏	0.050 0	0.002 3	0.008 5	0.200 0	0.011 1	0.010 1
402	仲丁灵	0.100 0	0.012 9	0.019 3	0.400 0	0.057 6	0.039 9
403	苯酰草胺	0.050 0	0.009 6	0.013 2	0.200 0	0.016 6	0.029 7
404	啶斑肟-1	0.200 0	0.012 8	0.018 3	0.800 0	0.055 7	0.017 6
405	烯丙菊酯	0.100 0	0.006 6	0.012 4	0.400 0	0.048 5	0.031 7
406	异戊乙净	0.025 0	0.002 7	0.001 3	0.100 0	0.006 3	0.001 6
407	灭藻醌	0.100 0	0.008 8	0.016 8	0.400 0	0.023 2	0.032 5
408	甲醚菊酯-1	0.050 0	0.001 5	0.021 9	0.200 0	0.033 5	0.030 9
409	氟噻草胺	0.200 0	0.004 3	0.035 1	0.800 0	0.020 1	0.034 2
410	甲醚菊酯-2	0.050 0	0.009 6	0.017 9	0.200 0	0.028 3	0.021 5
411	啶斑肟-2	0.200 0	0.018 0	0.011 1	0.800 0	0.050 1	0.028 7
412	氰菌胺	0.050 0	0.016 2	0.035 0	0.200 0	0.060 7	0.107 4
413	四氯苯酞	0.100 0	0.002 7	0.013 5	0.400 0	0.027 0	0.005 0
414	呋霜灵	0.050 0	0.003 1	0.002 4	0.200 0	0.022 8	0.014 5
415	噻虫嗪	0.100 0	0.022 6	0.066 4	0.400 0	0.156 3	0.064 8
416	嘧菌胺	0.025 0	0.003 5	0.002 7	0.100 0	0.003 9	0.005 1
417	除草定	0.050 0	0.009 8	0.030 9	0.200 0	0.064 4	0.062 5
418	picoxystrobin	0.050 0	0.001 9	0.001 4	0.200 0	0.025 6	0.013 5
419	抑草磷	0.025 0	0.002 3	0.006 2	0.100 0	0.004 2	0.017 7
420	咪草酸	0.075 0	0.003 3	0.006 3	0.300 0	0.162 3	0.168 4
421	苯氧菌胺-1	0.100 0	0.006 0	0.013 3	0.400 0	0.022 4	0.033 6
422	苯噻硫氰	0.400 0	0.063 1	0.301 5	1.600 0	0.909 5	0.995 6
423	灭梭威砜	0.800 0	0.274 7	0.764 6	3.200 0	0.494 4	1.376 7
424	抑霉唑	0.100 0	0.007 3	0.010 1	0.400 0	0.038 9	0.021 6
425	稻瘟灵	0.050 0	0.002 2	0.003 0	0.200 0	0.025 3	0.015 8
426	环氟菌胺	0.400 0	0.017 2	0.0517	1.600 0	0.068 1	0.094 7
427	嘧草醚	0.100 0	0.003 1	0.010 5	0.400 0	0.021 9	0.029 9
428	噁唑磷	0.200 0	0.041 8	0.122 3	0.800 0	0.144 8	0.107 7

表 E.1（续）

序号	中文名称	含量/(mg/kg)	重复性限 r	再现性限 R	含量/(mg/kg)	重复性限 r	再现性限 R
429	苯氧菌胺-2	0.100 0	0.023 1	0.051 2	0.400 0	0.051 6	0.043 3
430	苯虫醚-1	0.050 0	0.002 3	0.001 2	0.200 0	0.016 4	0.008 8
431	噻呋酰胺	0.200 0	0.017 5	0.072 6	0.800 0		
432	苯虫醚-2	0.050 0	0.002 0	0.002 0	0.200 0	0.015 4	0.010 9
433	苯氧喹啉	0.025 0	0.002 6	0.001 8	0.100 0	0.004 3	0.005 5
434	溴虫腈	0.200 0	0.006 8	0.018 4	0.800 0	0.070 9	0.024 5
435	肟菌酯	0.100 0	0.008 2	0.010 4	0.400 0	0.036 1	0.035 5
436	脱苯甲基亚胺唑	0.100 0	0.039 0	0.094 0	0.400 0	0.136 1	0.368 8
437	双苯噁唑酸	0.050 0	0.003 5	0.006 4	0.200 0	0.026 7	0.021 9
438	氟虫腈	0.200 0	0.031 4	0.056 3	0.800 0	0.048 9	0.095 3
439	炔咪菊酯-1	0.050 0	0.020 5	0.021 7	0.200 0	0.087 2	0.085 4
440	唑酮草酯	0.050 0	0.002 6	0.006 7	0.200 0	0.024 9	0.011 3
441	炔咪菊酯-2	0.050 0	0.010 8	0.017 3	0.200 0	0.029 2	0.023 2
442	氟环唑-1	0.200 0	0.035 4	0.063 8	0.800 0	0.267 4	0.144 0
443	吡草醚	0.050 0	0.001 3	0.001 9	0.200 0	0.017 8	0.011 8
444	稗草丹	0.050 0	0.005 1	0.012 1	0.200 0	0.031 8	0.020 3
445	噻吩草胺	0.050 0	0.002 3	0.005 7	0.200 0	0.023 1	0.013 4
446	烯草酮	0.100 0	0.009 9	0.004 8	0.400 0	0.099 2	0.082 6
447	吡唑解草酯	0.075 0	0.008 3	0.011 0	0.300 0	0.012 5	0.022 4
448	伐灭磷	0.100 0	0.014 0	0.004 5	0.400 0	0.009 4	0.007 5
449	乙螨唑	0.150 0	0.007 7	0.010 1	0.600 0	0.025 6	0.019 9
450	吡丙醚	0.050 0	0.003 8	0.004 8	0.200 0	0.005 9	0.009 5
451	氟环唑-2	0.200 0	0.029 9	0.057 4	0.800 0	0.134 0	0.134 8
452	氟吡酰草胺	0.025 0	0.001 6	0.004 0	0.100 0	0.014 1	0.018 8
453	异菌脲	0.100 0	0.006 3	0.011 9	0.400 0	0.010 1	0.048 4
454	哌草磷	0.075 0	0.007 1	0.010 5	0.300 0	0.010 8	0.025 2
455	呋酰胺	0.075 0	0.004 6	0.011 8	0.300 0	0.025 5	0.018 7
456	联苯肼酯	0.200 0	0.043 1	0.037 6	0.800 0	0.190 0	0.081 5
457	异狄氏剂酮	0.100 0	0.008 5	0.021 7	0.400 0	0.011 3	0.018 7
458	氯甲酰草胺	0.025 0	0.006 6	0.008 4	0.100 0	0.012 0	0.019 6
459	咪唑菌酮	0.025 0	0.002 8	0.008 0	0.100 0	0.002 9	0.010 2
460	萘丙胺	0.025 0	0.006 5	0.010 5	0.100 0	0.004 2	0.009 1
461	吡唑醚菊酯	0.600 0	0.044 3	0.214 6	2.400 0	0.604 3	1.385 0
462	乳氟禾草灵	0.200 0	0.059 7	0.060 3	0.800 0	0.030 2	0.100 2

表 E.1（续）

序号	中文名称	含量/(mg/kg)	重复性限 r	再现性限 R	含量/(mg/kg)	重复性限 r	再现性限 R
463	三甲苯草酮	0.200 0	0.024 3	0.027 2	0.800 0	0.159 6	0.281 3
464	吡唑硫磷	0.200 0	0.028 5	0.102 5	0.800 0	0.025 0	0.055 4
465	氯亚胺硫磷	0.800 0	0.050 2	0.337 9	3.200 0	0.163 4	0.413 1
466	螺螨酯	0.200 0	0.007 3	0.024 7	0.800 0	0.084 2	0.066 2
467	苄螨醚	0.050 0	0.006 6	0.017 0	0.200 0	0.012 3	0.040 9
468	呋草酮	0.050 0	0.003 4	0.011 6	0.200 0	0.027 2	0.026 8
469	环酯草醚	0.025 0	0.003 5	0.005 9	0.100 0	0.001 6	0.005 2
470	氟硅菊酯	0.025 0	0.004 6	0.008 9	0.100 0	0.009 4	0.136 6
471	嘧螨醚	0.050 0	0.003 1	0.002 2	0.200 0	0.012 2	0.008 2
472	啶虫脒	0.100 0	0.030 8	0.034 8	0.400 0	0.093 5	0.107 5
473	氟丙嘧草酯	0.025 0	0.004 2	0.007 4	0.100 0	0.009 9	0.003 9
474	苯酮唑	0.100 0	0.003 7	0.040 5	0.400 0	0.046 4	0.089 2
475	氟啶草酮	0.050 0	0.007 9	0.003 0	0.200 0	0.027 4	0.028 5

附 录 F
（资料性附录）
475 种农药及相关化学品英文中文名称对照索引

475 种农药及相关化学品英文中文名称对照索引（按英文字母顺序），见表 F.1。

表 F.1 475 种农药及相关化学品英文中文名称对照索引

序号	英文名称	中文名称	附录 A 中序号	序号	英文名称	中文名称	附录 A 中序号
1	2,3,4,5-tetrachloroaniline	2,3,4,5-四氯苯胺	292	25	alpha-HCH	α-六六六	109
				26	anilofos	莎稗磷	248
2	2,3,4,5-tetrachloroanisole	2,3,4,5-四氯甲氧基苯	274	27	anthraquinone	蒽醌	33
				28	aramite	杀螨特	59
3	2,3,5,6-tetrachloroaniline	2,3,5,6-四氯苯胺	272	29	aspon	丙硫特普	128
				30	athidathion	乙基杀扑磷	337
4	2,4′-DDD	o,p'-滴滴滴	152	31	atratone	阿特拉通	280
5	2,4′-DDE	o,p'-滴滴伊	219	32	atrazine-desethyl	脱乙基阿特拉津	12
6	2,4′-DDT	o,p'-滴滴涕	156	33	atrizine	莠去净	202
7	2,6-dichlorobenzamide	2,6-二氯苯甲酰胺	288	34	azinphos-ethyl	益棉磷	183
8	2-phenylphenol	邻苯基苯酚	193	35	azinphos-methyl	保棉磷	181
9	3,5-dichloroaniline	3,5-二氯苯胺	190	36	aziprotryne	叠氮津	296
10	4,4′-DDE	p,p'-滴滴伊	143	37	BDMC-1	4-溴-3,5-二甲苯基-N-甲基氨基甲酸酯-1	269
11	4,4′-DDT	p,p'-滴滴涕	166				
12	4,4′-DDD	p,p'-滴滴滴	63	38	BDMC-2	4-溴-3,5-二甲苯基-N-甲基氨基甲酸酯-2	304
13	4, 4-dibromobenzophenone	4,4-二溴二苯甲酮	334				
				39	benalaxyl	苯霜灵	168
14	4, 4-dichlorobenzophenone	4,4-二氯二苯甲酮	315	40	benfluralin	乙丁氟灵	196
				41	benfuresate	呋草黄	393
15	acenaphthene	二氢苊	366	42	benodanil	麦锈灵	74
16	acetamiprid	啶虫脒	472	43	benoxacor	解草嗪	385
17	acetochlor	乙草胺	387	44	benzoylprop-ethyl	新燕灵	175
18	acibenzolar-S-methyl	活化酯	392	45	beta-HCH	β-六六六	29
19	acrinathrin	氟丙菊酯	249	46	bifenazate	联苯肼酯	456
20	alachlor	甲草胺	124	47	bifenthrin	联苯菊酯	72
21	aldrin	艾氏剂	23	48	bioallethrin-1	生物烯丙菊酯-1	217
22	allethrin	烯丙菊酯	405	49	bioallethrin-2	生物烯丙菊酯-2	218
23	allidochlor	二丙烯草胺	1	50	biphenyl	联苯	188
24	alpha-cypermethrin	α-氯氰菊酯	258	51	bitertanol	联苯三唑醇	255

表 F.1(续)

序号	英文名称	中文名称	附录 A 中序号	序号	英文名称	中文名称	附录 A 中序号
52	bromacil	除草定	417	86	chloroneb	氯苯甲醚	97
53	bromfenvinfos	溴苯烯磷	331	87	chloropropylate	丙酯杀螨醇	159
54	bromobutide	溴丁酰草胺	386	88	chlorpropham	氯苯胺灵	106
55	bromocylen	溴烯杀	284	89	chlorpyrifos (-ethyl)	毒死蜱	31
56	bromofos	溴硫磷	133	90	chlorpyrifos-methyl	甲基毒死蜱	121
57	bromophos-ethyl	乙基溴硫磷	44	91	chlorthal-dimethyl	氯酞酸甲酯	399
58	bromopropylate	溴螨酯	174	92	chlorthion	氯硫磷	222
59	bromuconazole-1	糠菌唑-1	354	93	chlorthiophos	虫螨磷	163
60	bromuconazole-2	糠菌唑-2	356	94	chlozolinate	乙菌利	145
61	bupirimate	乙嘧酚磺酸酯	60	95	cis-chlordane	顺式-氯丹	141
62	butachlor	丁草胺	144	96	cis-diallate	顺式-燕麦敌	102
63	butafenacil	氟丙嘧草酯	473	97	cis-permethrin	顺式-氯菊酯	85
64	butamifos	抑草磷	419	98	clethodim	烯草酮	446
65	butralin	仲丁灵	402	99	clodinafop-propargyl	炔草酸	344
66	butylate	丁草敌	92	100	clomazone	异噁草松	13
67	cadusafos	硫线磷	374	101	clomeprop	氯甲酰草胺	458
68	cafenstrole	苯酮唑	474	102	coumaphos	蝇毒磷	184
69	carbofenothion	三硫磷	167	103	crimidine	鼠立死	268
70	carboxin	萎锈灵	61	104	crotoxyphos	巴毒磷	146
71	carfentrazone-ethyl	唑酮草酯	440	105	crufomate	育畜磷	139
72	chlorbenside	杀螨醚	43	106	cyanofenphos	苯腈磷	171
73	chlorbenside sulfone	氯杀螨砜	172	107	cyanophos	杀螟腈	120
74	chlorbromuron	氯溴隆	149	108	cycloate	环草敌	6
75	chlorbufam	氯炔灵	115	109	cycloxydim	噻草酮	257
76	chlorethoxyfos	氯氧磷	369	110	cycluron	环莠隆	287
77	chlorfenapyr	溴虫腈	434	111	cyflufenamid	环氟菌胺	426
78	chlorfenethol	杀螨醇	326	112	cyfluthrin	氟氯氰菊酯	185
79	chlorfenprop-methyl	燕麦酯	270	113	cypermethrin	氯氰菊酯	88
80	chlorfenson	杀螨酯	155	114	cyprazine	环丙津	27
81	chlorfenvinphos	毒虫畏	140	115	cyproconazole	环菌唑	343
82	chlorfluazuron	氟啶脲	233	116	cyprodinil	嘧菌环胺	319
83	chlorflurenol	整形醇	51	117	dacthal	敌草索	314
84	chlormephos	氯甲硫磷	4	118	DEF	脱叶磷	329
85	chlorobenzilate	乙酯杀螨醇	234	119	delta-HCH	δ-六六六	34

表 F.1（续）

序号	英文名称	中文名称	附录 A 中序号	序号	英文名称	中文名称	附录 A 中序号
120	deltamethrin	溴氰菊酯	90	149	difenoconazole	苯醚甲环唑	261
121	demeton-S-methyl	甲基内吸磷	373	150	diflufenican	吡氟酰草胺	243
122	DE-PCB 101	2,2′,4′,5,5′-五氯联苯	322	151	dimefox	甲氟磷	264
				152	dimefuron	噁唑隆	242
123	DE-PCB 118	2,3′,4,4′,5-五氯联苯	333	153	dimepiperate	哌草丹	216
				154	dimethachlor	二甲草胺	123
124	DE-PCB 138	2,2′,3,4,4′,5′-六氯联苯	342	155	dimethametryn	异戊乙净	406
				156	dimethenamid	二甲吩草胺	302
125	DE-PCB 153	2,2′,4,4′,5,5′-六氯联苯	338	157	dimethylvinphos	甲基毒虫畏	401
				158	diniconazole	烯唑醇	238
126	DE-PCB 180	2,2′,3,4,4′,5,5′-七氯联苯	351	159	dinitramine	氨氟灵	24
				160	dinobuton	消螨通	328
127	DE-PCB 28	2,4,4′-三氯联苯	289	161	diofenolan-1	苯虫醚-1	430
128	DE-PCB 31	2,4′,5-三氯联苯	290	162	diofenolan-2	苯虫醚-2	432
129	DE-PCB 52	2,2′,5,5′-四氯联苯	299	163	dioxabenzofos	蔬果磷	277
130	desbrom-leptophos	脱溴溴苯磷	355	164	dioxathion	敌噁磷	113
131	desethyl-sebuthylazine	脱乙基另丁津	291	165	diphenamid	双苯酰草胺	221
132	desisopropyl-atrazine	脱异丙基莠去津	281	166	diphenylamine	联苯二胺	7
133	desmetryn	敌草净	122	167	disulfoton	乙拌磷	201
134	dialifos	氯亚胺硫磷	465	168	disulfoton sulfone	乙拌磷砜	340
135	diazinon	二嗪磷	14	169	disulfoton-sulfoxide	乙拌磷亚砜	265
136	dibutyl succinate	驱虫特	367	170	dithiopyr	氟硫草定	394
137	dicapthon	异氯磷	321	171	edifenphos	敌瘟磷	169
138	dichlobenil	敌草腈	93	172	endosulfan Ⅰ	硫丹Ⅰ	136
139	dichlofenthion	除线磷	20	173	endosulfan Ⅱ	硫丹Ⅱ	164
140	dichloran	氯硝胺	380	174	endosulfan-sulfate	硫丹硫酸盐	173
141	dichlormid	烯丙酰草胺	2	175	endrin	异狄氏剂	153
142	dichlorvos	敌敌畏	187	176	endrin ketone	异狄氏剂酮	457
143	diclobutrazole	苄氯三唑醇	339	177	EPN	苯硫磷	178
144	diclofop-methyl	禾草灵	69	178	epoxiconazole-1	氟环唑-1	442
145	dicloran	氯硝胺	116	179	epoxiconazole-2	氟环唑-2	451
146	dicofol	三氯杀螨醇	129	180	EPTC	茵草敌	91
147	dieldrin	狄氏剂	52	181	esfenvalerate	S-氰戊菊酯	260
148	diethofencarb	乙霉威	215	182	esprocarb	戊草丹	390

表 F.1（续）

序号	英文名称	中文名称	附录A中序号	序号	英文名称	中文名称	附录A中序号
183	etaconazole-1	乙环唑-1	66	217	fipronil	氟虫腈	438
184	etaconazole-2	乙环唑-2	67	218	flamprop-isopropyl	麦草氟异丙酯	165
185	ethalfluralin	乙丁烯氟灵	8	219	flamprop-methyl	麦草氟甲酯	160
186	ethion	乙硫磷	64	220	fluazifop-butyl	吡氟禾草灵	232
187	ethofumesate	乙氧呋草黄	134	221	fluchloraline	氯乙氟灵	208
188	ethoprophos	灭线磷	101	222	flucythrinate	氟氰戊菊酯	259
189	etofenprox	醚菊酯	256	223	fludioxonil	咯菌腈	245
190	etoxazole	乙螨唑	449	224	flufenacet	氟噻草胺	409
191	etridiazol	土菌灵	3	225	flufenoxuron	氟虫脲	119
192	etrimfos	乙嘧硫磷	16	226	flumetralin	氟节胺	228
193	etrimfos oxon	氧乙嘧硫磷	286	227	flumiclorac-pentyl	氟烯草酸	263
194	famphur	伐灭磷	448	228	flumioxazin	丙炔氟草胺	262
195	fenamidone	咪唑菌酮	459	229	fluorochloridone	氟咯草酮	151
196	fenamiphos	苯线磷	57	230	fluorodifen	三氟硝草醚	237
197	fenamiphos sulfone	苯线磷砜	359	231	fluoroglycofen-ethyl	乙羧氟草醚	254
198	fenamiphos sulfoxide	苯线磷亚砜	358	232	fluotrimazole	三氟苯唑	346
199	fenarimol	氯苯嘧啶醇	182	233	fluquinconazole	氟喹唑	361
200	fenbuconazole	腈苯唑	362	234	fluridone	氟啶草酮	475
201	fenchlorphos oxon	氧皮蝇磷	303	235	flurochloridone	氟咯草酮	330
202	fenfuram	甲呋酰胺	391	236	fluroxypr-1-methyl-heptyl ester	氟草烟-1-甲庚酯	347
203	fenitrothion	杀螟硫磷	37				
204	fenobucarb	仲丁威	195	237	flurtamone	呋草酮	468
205	fenothiocarb	苯硫威	49	238	flusilazole	氟哇唑	236
206	fenoxanil	氰菌胺	412	239	flutolanil	氟酰胺	62
207	fenoxycarb	苯氧威	246	240	flutriafol	粉唑醇	335
208	fenpiclonil	拌种咯	360	241	fluvalinate	氟胺氰菊酯	186
209	fenpropathrin	甲氰菊酯	176	242	fonofos	地虫硫磷	15
210	fenpyroximate	唑螨酯	377	243	formothion	安硫磷	214
211	fenson	芬螨酯	220	244	furalaxyl	呋霜灵	414
212	fensulfothion	丰索磷	71	245	gamma-HCH	林丹	200
213	fenthion	倍硫磷	35	246	halfenprox	苄螨醚	467
214	fenthion sulfone	倍硫磷砜	348	247	HCH，epsilon-	ε-六六六	213
215	fenthion sulfoxide	倍硫磷亚砜	345	248	heptachlor	七氯	203
216	fenvalerate	氰戊菊酯	89	249	heptanophos	庚烯磷	99

表 F.1（续）

序号	英文名称	中文名称	附录 A 中序号	序号	英文名称	中文名称	附录 A 中序号
250	hexachlorobenzene	六氯苯	100	283	malaoxon	马拉氧磷	396
251	hexaconazole	己唑醇	154	284	malathion	马拉硫磷	36
252	hexaflumuron	氟铃脲	197	285	MCPA-butoxyethyl ester	2-甲-4-氯丁氧乙基酯	323
253	hexazinone	环嗪酮	179				
254	hexythiazox	噻螨酮	341	286	mecarbam	灭蚜磷	225
255	imazalil	抑霉唑	424	287	mefenacet	苯噻酰草胺	251
256	imazamethabenz-methyl	咪草酸	420	288	mefenoxam	精甲霜灵	395
257	imibenconazole-des-benzyl	脱苯甲基亚胺唑	436	289	mefenpyr-diethyl	吡唑解草酯	447
				290	mepanipyrim	嘧菌胺	416
258	imiprothrin-1	炔咪菊酯-1	439	291	mephosfolan	地胺磷	336
259	imiprothrin-2	炔咪菊酯-2	441	292	mepronil	灭锈胺	241
260	iodofenphos	碘硫磷	147	293	metalaxyl	甲霜灵	30
261	iprobenfos	异稻瘟净	204	294	metamitron	苯嗪草酮	350
262	iprodione	异菌脲	453	295	metazachlor	吡唑草胺	48
263	isazofos	氯唑磷	205	296	methabenzthiazuron	甲基苯噻隆	278
264	isobenzan	碳氯灵	308	297	methacrifos	虫螨畏	192
265	isocarbamide	丁脒酰胺	298	298	methamidophos	甲胺磷	365
266	isocarbophos	水胺硫磷	324	299	methidathion	杀扑磷	54
267	isodrin	异艾氏剂	311	300	methiocarb sulfone	灭梭威砜	423
268	isofenphos	异柳磷	138	301	methoprene	烯虫酯	132
269	isofenphos oxon	氧异柳磷	320	302	methoprotryne	盖草津	158
270	isomethiozin	丁嗪草酮	312	303	methothrin-1	甲醚菊酯-1	408
271	isoprocarb-1	异丙威-1	364	304	methothrin-2	甲醚菊酯-2	410
272	isoprocarb-2	异丙威-2	370	305	methoxychlor	甲氧滴滴涕	76
273	isopropalin	异丙乐灵	135	306	methyl-parathion	甲基对硫磷	32
274	isoprothiolane	稻瘟灵	425	307	metobromuron	溴谷隆	211
275	isoxadifen-ethyl	双苯噁唑酸	437	308	metolachlor	异丙甲草胺	130
276	isoxathion	噁唑磷	428	309	metominostrobin-1	苯氧菌胺-1	421
277	kresoxim-methyl	亚胺菌	231	310	metominostrobin-2	苯氧菌胺-2	429
278	lactofen	乳氟禾草灵	462	311	metribuzin	嗪草酮	212
279	lambda-cyhalothrin	高效氯氟氰菊酯	250	312	mevinphos	速灭磷	96
280	lenacil	环草定	353	313	mexacarbate	兹克威	22
281	leptophos	溴苯磷	177	314	mirex	灭蚁灵	73
282	linuron	利谷隆	42	315	molinate	禾草敌	191

表 F.1(续)

序号	英文名称	中文名称	附录 A 中序号	序号	英文名称	中文名称	附录 A 中序号
316	monalide	庚酰草胺	306	350	permethrin	氯菊酯	252
317	monolinuron	绿谷隆	118	351	perthane	乙滴涕	332
318	musk ambrette	合成麝香	293	352	phenanthrene	菲	376
319	musk ketone	麝香酮	317	353	phenothrin	苯醚菊酯	244
320	musk moskene	麝香	300	354	phenthoate	稻丰散	47
321	musk tibeten	西藏麝香	307	355	phorate	甲拌磷	9
322	musk xylene	二甲苯麝香	294	356	phorate sulfone	甲拌磷砜	325
323	myclobutanil	腈菌唑	68	357	phosalone	伏杀硫磷	180
324	naproanilide	萘丙胺	460	358	phosmet	亚胺硫磷	82
325	napropamide	敌草胺	55	359	phosphamidon-1	磷胺-1	384
326	nitralin	甲磺乐灵	357	360	phosphamidon-2	磷胺-2	397
327	nitrapyrin	三氯甲基吡啶	95	361	phthalide	四氯苯酞	413
328	nitrofen	除草醚	161	362	phthalimide	邻苯二甲酰亚胺	368
329	nitrothal-isopropyl	酞菌酯	316	363	picolinafen	氟吡酰草胺	452
330	norflurazon	氟草敏	80	364	picoxystrobin		418
331	nuarimol	氟苯嘧啶醇	75	365	piperonyl butoxide	增效醚	239
332	octachlorostyrene	八氯苯乙烯	309	366	piperophos	哌草磷	454
333	ofurace	呋酰胺	455	367	pirimicarb	抗蚜威	383
334	oxadiazone	噁草酮	56	368	pirimiphos-methyl	甲基嘧啶磷	125
335	oxadixyl	噁霜灵	77	369	plifenate	三氯杀虫酯	206
336	oxycarboxin	氧化萎锈灵	84	370	prallethrin	炔丙菊酯	223
337	oxy-chlordane	氧化氯丹	131	371	pretilachlor	丙草胺	230
338	oxyfluorfen	乙氧氟草醚	162	372	procymidone	腐霉利	53
339	paclobutrazol	多效唑	157	373	profenofos	丙溴磷	150
340	paraoxon-ethyl	对氧磷	38	374	profluralin	环丙氟灵	112
341	paraoxon-methyl	甲基对氧磷	305	375	prohydrojasmon	茉莉酮	379
342	parathion	对硫磷	40	376	prometryne	扑草净	26
343	pebulate	克草敌	94	377	pronamide	炔丙烯草胺	21
344	penconazole	戊菌唑	224	378	propachlor	毒草胺	103
345	pencycuron	戊菌隆	371	379	propanil	敌稗	137
346	pendimethalin	二甲戊灵	41	380	propaphos	丙虫磷	227
347	pentachloroaniline	五氯苯胺	295	381	propargite	炔螨特	240
348	pentachloroanisole	五氯甲氧基苯	275	382	propazine	扑灭津	114
349	pentachlorobenzene	五氯苯	266	383	propetamphos	胺丙畏	18

表 F.1（续）

序号	英文名称	中文名称	附录 A 中序号	序号	英文名称	中文名称	附录 A 中序号
384	propham	苯胺灵	5	418	simazine	西玛津	17
385	propiconazole	丙环唑	70	419	simeconazole	硅氟唑	398
386	propisochlor	异丙草胺	210	420	simetone	西玛通	279
387	propoxur-1	残杀威-1	363	421	spirodiclofen	螺螨酯	466
388	propoxur-2	残杀威-2	375	422	sulfallate	菜草畏	108
389	propyzamide	炔苯酰草胺	382	423	sulfotep	治螟磷	107
390	prosulfocarb	苄草丹	301	424	sulprofos	硫丙磷	65
391	prothiophos	丙硫磷	50	425	TCMTB	苯噻硫氰	422
392	pyraclofos	吡唑硫磷	464	426	tebuconazole	戊唑醇	79
393	pyraclostrobin	吡唑醚菊酯	461	427	tebufenpyrad	吡螨胺	352
394	pyraflufen ethyl	吡草醚	443	428	tebupirimfos	丁基嘧啶磷	378
395	pyrazophos	吡菌磷	87	429	tebutam	牧草胺	276
396	pyributicarb	稗草丹	444	430	tebuthiuron	丁噻隆	372
397	pyridaben	哒螨灵	253	431	tecnazene	四氯硝基苯	98
398	pyridaphenthion	哒嗪硫磷	81	432	tefluthrin	七氟菊酯	283
399	pyrifenox -1	啶斑肟-1	404	433	terbucarb	特草灵	389
400	pyrifenox -2	啶斑肟-2	411	434	terbufos	特丁硫磷	110
401	pyriftalid	环酯草醚	469	435	terbufos sulfone	特丁硫磷砜	282
402	pyrimethanil	嘧霉胺	199	436	terbumeton	特丁通	111
403	pyrimidifen	嘧螨醚	471	437	terbuthylazine	特丁津	117
404	pyriminobac-methyl	嘧草醚	427	438	terbutryn	特丁净	126
405	pyrimitate	嘧啶磷	310	439	tetrachlorvinphos	杀虫畏	148
406	pyriproxyfen	吡丙醚	450	440	tetraconazole	四氟醚唑	226
407	pyroquilon	咯喹酮	381	441	tetradifon	三氯杀螨砜	83
408	quinalphos	喹硫磷	45	442	tetrahydrophthalimide	四氢邻苯二甲酰亚胺	194
409	quinoclamine	灭藻醌	407				
410	quinoxyphen	苯氧喹啉	433	443	tetramethirn	胺菊酯	78
411	quintozene	五氯硝基苯	11	444	tetrasul	杀螨氯硫	58
412	rabenzazole	吡咪唑	318	445	thenylchlor	噻吩草胺	445
413	ronnel	皮蝇磷	25	446	thiamethoxam	噻虫嗪	415
414	sebutylazine	另丁津	297	447	thiazopyr	噻唑烟酸	400
415	secbumeton	密草通	19	448	thifluzamide	噻呋酰胺	431
416	sethoxydim	稀禾啶	247	449	thiobencarb	杀草丹	127
417	silafluofen	氟硅菊酯	470	450	thiometon	甲基乙拌磷	10

表 F.1（续）

序号	英文名称	中文名称	附录 A 中序号	序号	英文名称	中文名称	附录 A 中序号
451	thionazin	虫线磷	271	464	trichloronat	毒壤磷	313
452	tolclofos-methyl	甲基立枯磷	209	465	tridiphane	灭草环	388
453	tolylfluanide	甲苯氟磺胺	142	466	trietazine	草达津	285
454	tralkoxydim	三甲苯草酮	463	467	trifloxystrobin	肟菌酯	435
455	trans-chlordane	反式氯丹	46	468	trifluralin	氟乐灵	105
456	trans-diallate	反式-燕麦敌	104	469	tri-iso-butyl phosphate	三异丁基磷酸盐	267
457	transfluthrin	四氟苯菊酯	207	470	tri-N-butyl phosphate	三正丁基磷酸盐	273
458	trans-nonachlor	反式九氯	327	471	triphenyl phosphate	三苯基磷酸盐	349
459	trans-permethrin	反式-氯菊酯	86	472	uniconazole	烯效唑	235
460	triadimefon	三唑酮	39	473	vernolate	灭草敌	189
461	triadimenol	三唑醇	229	474	vinclozolin	乙烯菌核利	28
462	triallate	野麦畏	198	475	zoxamide	苯酰草胺	403
463	triazophos	三唑磷	170				

ICS 67.050
X 04

中华人民共和国国家标准

GB/T 19650—2006
部分代替 GB/T 19650—2005

动物肌肉中478种农药及相关化学品残留量的测定 气相色谱-质谱法

Method for determination of 478 pesticides and related chemicals residues in animal muscles— GC-MS method

2006-12-31 发布

2007-03-01 实施

中华人民共和国国家质量监督检验检疫总局
中国国家标准化管理委员会 发布

前 言

本标准是对 GB/T 19650—2005《动物组织中 437 种农药多残留测定方法　气相色谱-质谱和液相色谱-串联质谱法》中气相色谱-质谱法部分的修订。修订的主要内容是：

——气相色谱-质谱法可测定的农药品种由 368 种扩大为 478 种；

——把液相色谱-串联质谱法从本标准中分离出去，修订为 GB/T 20772—2006《动物肌肉中 380 种农药及相关化学品残留量的测定　液相色谱-串联质谱法》；

——修改了标准名称。

本标准代替 GB/T 19650—2005 中关于气相色谱-质谱法的内容。

本标准的附录 A、附录 B、附录 C、附录 D、附录 E 和附录 F 为资料性附录。

本标准由中华人民共和国秦皇岛出入境检验检疫局提出。

本标准由中华人民共和国国家质量监督检验检疫总局归口。

本标准起草单位：中华人民共和国秦皇岛出入境检验检疫局、山东农业大学。

本标准主要起草人：庞国芳、曹彦忠、刘永明、范春林、张进杰、李学民、贾光群、郑锋、石玉秋、吴艳萍。

原标准于 2005 年首次发布，本标准和 GB/T 20772—2006 共同代替 GB/T 19650—2005。

动物肌肉中 478 种农药及相关化学品残留量的测定 气相色谱-质谱法

1 范围

本标准规定了猪肉、牛肉、羊肉、兔肉、鸡肉中 478 种农药及相关化学品(参见附录 A)残留量气相色谱-质谱测定方法。

本标准适用于猪肉、牛肉、羊肉、兔肉、鸡肉中 478 种农药及相关化学品残留量的测定。

本标准的方法检出限为 0.002 5 mg/kg～0.300 0 mg/kg(参见附录 A)。

2 规范性引用文件

下列文件中的条款通过本标准的引用而成为本标准的条款。凡是注日期的引用文件,其随后所有的修改单(不包括勘误的内容)或修订版均不适用于本标准,然而,鼓励根据本标准达成协议的各方研究是否可使用这些文件的最新版本。凡是不注日期的引用文件,其最新版本适用于本标准。

GB/T 6379.1 测量方法与结果的准确度(正确度与精密度) 第 1 部分:总则与定义(GB/T 6379.1—2004,ISO 5725-1:1994,IDT)

GB/T 6379.2 测量方法与结果的准确度(正确度与精密度) 第 2 部分:确定标准测量方法重复性与再现性的基本方法(GB/T 6379.2—2004,ISO 5725-2:1994,IDT)

GB/T 9695.19 肉与肉制品 取样方法(GB/T 9695.19—1988,neq ISO/DIS 3100-1:1984)

3 原理

试样用环己烷＋乙酸乙酯(1＋1)均质提取,提取液浓缩定容后,用凝胶渗透色谱净化,供气相色谱-质谱仪检测。

4 试剂和材料

4.1 乙腈:色谱纯。

4.2 环己烷:色谱纯。

4.3 乙酸乙酯:色谱纯。

4.4 正己烷:色谱纯。

4.5 无水硫酸钠:分析纯。用前在 650℃灼烧 4 h,贮于干燥器中,冷却后备用。

4.6 环己烷＋乙酸乙酯混合溶剂:1＋1。

4.7 农药及相关化学品标准物质:纯度≥95%。

4.8 农药及相关化学品标准溶液

4.8.1 标准储备溶液

准确称取 5 mg～10 mg(精确至 0.1 mg)农药及相关化学品各标准物分别放入 10 mL 容量瓶中,根据标准物的溶解性和测定的需要选甲苯、甲苯＋丙酮混合液、二氯甲烷等溶剂溶解并定容至刻度(溶剂选择参见附录 A)。

4.8.2 混合标准溶液(混合标准溶液 A、B、C、D 和 E)

按照农药及相关化学品的性质和保留时间,将 478 种农药及相关化学品分成 A、B、C、D、E 五个组,并根据每种农药及相关化学品在仪器上的响应灵敏度,确定其在混合标准溶液中的浓度。本标准对

478 种农药及相关化学品的分组及其混合标准溶液浓度参见附录 A。

依据每种农药及相关化学品的分组号、混合标准溶液浓度及其标准储备液的浓度，移取一定量的单个农药及相关化学品标准储备溶液于 100 mL 容量瓶中，用甲苯定容至刻度。混合标准溶液避光 4℃保存，可使用一个月。

4.8.3 内标溶液

准确称取 3.5 mg 环氧七氯于 100 mL 容量瓶中，用甲苯定容至刻度。

4.8.4 基质混合标准工作溶液

A、B、C、D、E 组农药及相关化学品基质混合标准工作溶液是将 40 μL 内标溶液和一定体积的 A、B、C、D、E 组混合标准溶液分别加到 1.0 mL 的样品空白基质提取液中，混匀，配成基质混合标准工作溶液 A、B、C、D 和 E。基质混合标准工作溶液应现用现配。

5 仪器

5.1 气相色谱-质谱仪：配有电子轰击源(EI)。

5.2 凝胶渗透色谱仪：配有 400 mm×25 mm，内装 BIO-Beads S-X3 填料的净化柱或相当者。

5.3 分析天平：感量 0.1 mg 和 0.01 g。

5.4 旋转蒸发器。

5.5 均质器：最大转速为 24 000 r/min。

5.6 离心机：最大转速为 4 200 r/min。

5.7 氮气吹干仪。

5.8 鸡心瓶。

5.9 移液器：1 mL。

6 试样制备与保存

6.1 试样的制备

按 GB/T 9695.19 抽取的样品用绞肉机绞碎，充分混匀，用四分法缩分至不少于 500 g，作为试样，装入清洁容器内，密封后，标明标记。

6.2 试样的保存

将试样于－18℃冷冻保存。

7 测定步骤

7.1 提取

称取 10 g 试样(精确至 0.01 g)，放入盛有 20 g 无水硫酸钠的 50 mL 离心管中，加入 35 mL 环己烷＋乙酸乙酯混合溶剂。用均质器在 15 000 r/ min 均质提取 1.5 min，把离心管放在离心机中，在 3 000 r/ min 离心 3 min。上清液通过装有无水硫酸钠的筒形漏斗，收集于 100 mL 鸡心瓶中，残渣用 35 mL 环己烷＋乙酸乙酯混合溶剂重复提取一次，经离心过滤后，合并二次提取液，将提取液于 40℃水浴用旋转蒸发器旋转蒸发至约 5 mL，待净化。若以脂肪计，将提取液收集于已称量的鸡心瓶中，用旋转蒸发器在 40℃水浴蒸发至 5 mL，然后再用氮气吹干仪吹干残存的溶剂，鸡心瓶称量后，记下脂肪质量，待净化。

7.2 凝胶渗透色谱净化

7.2.1 条件

a) 净化柱：400 mm×25 mm，内装 BIO-Beads S-X3 填料或相当者；

b) 检测波长：254 nm；

c) 流动相：乙酸乙酯＋环己烷(1＋1)；

d) 流速:5 mL/min;

e) 进样量:5 mL;

f) 开始收集时间:22 min;

g) 结束收集时间:40 min。

7.2.2 净化

将浓缩的提取液或脂肪用乙酸乙酯+环己烷混合溶剂(1+1)溶解转移至10 mL容量瓶中,用5 mL环己烷+乙酸乙酯混合溶剂分两次洗涤鸡心瓶,并转移至上述10 mL容量瓶中,再用环己烷+乙酸乙酯混合溶剂定容至刻度,摇匀。用0.45 μm滤膜,将样液过滤入10 mL试管中,用凝胶渗透色谱仪净化,收集22 min～40 min的馏分于100 mL鸡心瓶中,并在40℃水浴旋转蒸发至约0.5 mL。加入2×5 mL正己烷在40℃用旋转蒸发器进行溶剂交换两次,使最终样液体积约为1 mL,加入40 μL内标溶液,混匀,供气相色谱-质谱仪测定。

同时取不含农药及相关化学品的肌肉样品,按7.1和7.2步骤制备样品空白提取液,用于配制基质混合标准工作溶液。

7.3 气相色谱-质谱法测定

7.3.1 条件

a) 色谱柱:DB-1701(30 m×0.25 mm×0.25 μm)石英毛细管柱或相当者;

b) 色谱柱温度:40℃保持1 min,然后以30℃/min程序升温至130℃,再以5℃/min升温至250℃,再以10℃/min升温至300℃,保持5 min;

c) 载气:氦气,纯度≥99.999%,流速:1.2 mL/min;

d) 进样口温度:290℃;

e) 进样量:1 μL;

f) 进样方式:无分流进样,1.5 min后打开分流阀和隔垫吹扫阀;

g) 电子轰击源:70 eV;

h) 离子源温度:230℃;

i) GC-MS接口温度:280℃;

j) 选择离子监测:每种化合物分别选择一个定量离子,2个～3个定性离子。每组所有需要检测的离子按照出峰顺序,分时段分别检测。每种化合物的保留时间、定量离子、定性离子及定量离子与定性离子的丰度比值,参见附录B。每组检测离子的开始时间和驻留时间参见附录C。

7.3.2 定性测定

进行样品测定时,如果检出的色谱峰的保留时间与标准样品相一致,并且在扣除背景后的样品质谱图中,所选择的离子均出现,而且所选择的离子丰度比与标准样品的离子丰度比相一致(相对丰度>50%,允许±10%偏差;相对丰度>20%～50%,允许±15%偏差;相对丰度>10%～20%,允许±20%偏差;相对丰度≤10%,允许±50%偏差),则可判断样品中存在这种农药或相关化学品。如果不能确证,应重新进样,以扫描方式(有足够灵敏度)或采用增加其他确证离子的方式或用其他灵敏度更高的分析仪器来确证。

7.3.3 定量测定

本方法采用内标法单离子定量测定。内标物为环氧七氯。为减少基质的影响,定量用标准应采用空白样品液配制混合标准工作溶液。标准溶液的浓度应与待测化合物的浓度相近。本方法的A、B、C、D、E五组标准物质在鸡肉基质中选择离子监测GC-MS图参见附录D。

7.4 平行试验

按以上步骤对同一试样进行平行试验测定。

7.5 空白试验

除不称取试样外,均按上述步骤进行。

8 结果计算

气相色谱-质谱测定结果可由计算机按内标法自动计算，也可按式(1)计算：

$$X = c_s \times \frac{A}{A_s} \times \frac{c_i}{c_{si}} \times \frac{A_{si}}{A_i} \times \frac{V}{m} \times \frac{1\ 000}{1\ 000} \qquad \cdots\cdots(1)$$

式中：

X——试样中被测物残留量，单位为毫克每千克(mg/kg)；

c_s——基质标准工作溶液中被测物的浓度，单位为微克每毫升(μg/mL)；

A——试样溶液中被测物的色谱峰面积；

A_s——基质标准工作溶液中被测物的色谱峰面积；

c_i——试样溶液中内标物的浓度，单位为微克每毫升(μg/mL)；

c_{si}——基质标准工作溶液中内标物的浓度，单位为微克每毫升(μg/mL)；

A_{si}——基质标准工作溶液中内标物的色谱峰面积；

A_i——试样溶液中内标物的色谱峰面积；

V——样液最终定容体积，单位为毫升(mL)；

m——试样溶液所代表试样的质量，单位为克(g)。

注：计算结果应扣除空白值。

9 精密度

本标准精密度数据是按照 GB/T 6379.1 和 GB/T 6379.2 的规定确定的，获得重复性和再现性的值以 95%的可信度来计算。本标准方法的精密度数据参见附录 E。

附 录 A
（资料性附录）
478种农药及相关化学品方法检出限、分组、溶剂选择和混合标准溶液浓度表

478种农药及相关化学品中文与英文名称、方法检出限、分组、溶剂选择和混合标准溶液浓度表，见表A.1。

表A.1 478种农药及相关化学品方法检出限、分组、溶剂选择

序号	中文名称	英文名称	检出限/(mg/kg)	溶剂	混合标准溶液浓度/(mg/L)
内标	环氧七氯	heptachlor-epoxide	—	甲苯	—
A组					
1	二丙烯草胺	allidochlor	0.025 0	甲苯	5.0
2	烯丙酰草胺	dichlormid	0.025 0	甲苯	5.0
3	土菌灵	etridiazol	0.037 5	甲苯	7.5
4	氯甲硫磷	chlormephos	0.025 0	甲苯	5.0
5	苯胺灵	propham	0.012 5	甲苯	2.5
6	环草敌	cycloate	0.012 5	甲苯	2.5
7	联苯二胺	diphenylamine	0.012 5	甲苯	2.5
8	杀虫脒	chlordimeform	0.012 5	正己烷	2.5
9	乙丁烯氟灵	ethalfluralin	0.050 0	甲苯	10.0
10	甲拌磷	phorate	0.012 5	甲苯	2.5
11	甲基乙拌磷	thiometon	0.012 5	甲苯	2.5
12	五氯硝基苯	quintozene	0.025 0	甲苯	5.0
13	脱乙基阿特拉津	atrazine-desethyl	0.012 5	甲苯+丙酮(8+2)	2.5
14	异噁草松	clomazone	0.012 5	甲苯	2.5
15	二嗪磷	diazinon	0.012 5	甲苯	2.5
16	地虫硫磷	fonofos	0.012 5	甲苯	2.5
17	乙嘧硫磷	etrimfos	0.012 5	甲苯	2.5
18	西玛津	simazine	0.012 5	甲醇	2.5
19	胺丙畏	propetamphos	0.012 5	甲苯	2.5
20	密草通	secbumeton	0.012 5	甲苯	2.5
21	除线磷	dichlofenthion	0.012 5	甲苯	2.5
22	炔丙酰草胺	pronamide	0.012 5	甲苯+丙酮(9+1)	2.5
23	兹克威	mexacarbate	0.037 5	甲苯	7.5
24	艾氏剂	aldrin	0.025 0	甲苯	5.0

表 A.1（续）

序号	中文名称	英文名称	检出限/(mg/kg)	溶　剂	混合标准溶液浓度/(mg/L)
25	氨氟灵	dinitramine	0.050 0	甲苯	10.0
26	皮蝇磷	ronnel	0.025 0	甲苯	5.0
27	扑草净	prometryne	0.012 5	甲苯	2.5
28	环丙津	cyprazine	0.012 5	甲苯＋丙酮(9＋1)	2.5
29	乙烯菌核利	vinclozolin	0.012 5	甲苯	2.5
30	β-六六六	beta-HCH	0.012 5	甲苯	2.5
31	甲霜灵	metalaxyl	0.037 5	甲苯	7.5
32	毒死蜱	chlorpyrifos (-ethyl)	0.012 5	甲苯	2.5
33	甲基对硫磷	methyl-parathion	0.050 0	甲苯	10.0
34	蒽醌	anthraquinone	0.012 5	二氯甲烷	2.5
35	δ-六六六	delta-HCH	0.025 0	甲苯	5.0
36	倍硫磷	fenthion	0.012 5	甲苯	2.5
37	马拉硫磷	malathion	0.050 0	甲苯	10.0
38	杀螟硫磷	fenitrothion	0.025 0	甲苯	5.0
39	对氧磷	paraoxon-ethyl	0.050 0	甲苯	10.0
40	三唑酮	triadimefon	0.025 0	甲苯	5.0
41	对硫磷	parathion	0.050 0	甲苯	10.0
42	二甲戊灵	pendimethalin	0.050 0	甲苯	10.0
43	利谷隆	linuron	0.050 0	甲苯＋丙酮(9＋1)	10.0
44	杀螨醚	chlorbenside	0.025 0	甲苯	5.0
45	乙基溴硫磷	bromophos-ethyl	0.012 5	甲苯	2.5
46	喹硫磷	quinalphos	0.012 5	甲苯	2.5
47	反式氯丹	trans-chlordane	0.012 5	甲苯	2.5
48	稻丰散	phenthoate	0.025 0	甲苯	5.0
49	吡唑草胺	metazachlor	0.037 5	甲苯	7.5
50	苯硫威	fenothiocarb	0.025 0	丙酮	5.0
51	丙硫磷	prothiophos	0.012 5	甲苯	2.5
52	整形醇	chlorflurenol	0.037 5	甲苯＋丙酮(9＋1)	7.5
53	狄氏剂	dieldrin	0.025 0	甲苯	5.0
54	腐霉利	procymidone	0.012 5	甲苯	2.5
55	杀扑磷	methidathion	0.025 0	甲苯	5.0
56	敌草胺	napropamide	0.037 5	甲苯	7.5
57	噁草酮	oxadiazone	0.012 5	甲苯	2.5
58	苯线磷	fenamiphos	0.037 5	甲苯	7.5

表 A.1（续）

序号	中文名称	英文名称	检出限/(mg/kg)	溶　剂	混合标准溶液浓度/(mg/L)
59	杀螨氯硫	tetrasul	0.012 5	甲苯	2.5
60	杀螨特	aramite	0.012 5	二氯甲烷	2.5
61	乙嘧酚磺酸酯	bupirimate	0.012 5	甲苯	2.5
62	萎锈灵	carboxin	0.037 5	甲苯	7.5
63	氟酰胺	flutolanil	0.012 5	甲苯	2.5
64	p,p'-滴滴滴	4,4′-DDD	0.012 5	甲苯	2.5
65	乙硫磷	ethion	0.025 0	甲苯	5.0
66	硫丙磷	sulprofos	0.025 0	甲苯	5.0
67	乙环唑-1	etaconazole-1	0.037 5	甲苯	7.5
68	乙环唑-2	etaconazole-2	0.037 5	甲苯	7.5
69	腈菌唑	myclobutanil	0.012 5	甲苯	2.5
70	禾草灵	diclofop-methyl	0.012 5	甲苯	2.5
71	丙环唑	propiconazole	0.037 5	甲苯	7.5
72	丰索磷	fensulfothion	0.025 0	甲苯	5.0
73	联苯菊酯	bifenthrin	0.012 5	正己烷	2.5
74	丁硫克百威	carbosulfan	0.037 5	甲苯	7.5
75	灭蚁灵	mirex	0.012 5	甲苯	2.5
76	麦锈灵	benodanil	0.037 5	甲苯	7.5
77	氟苯嘧啶醇	nuarimol	0.025 0	甲苯＋丙酮(9＋1)	5.0
78	甲氧滴滴涕	methoxychlor	0.012 5	甲苯	2.5
79	噁霜灵	oxadixyl	0.012 5	甲苯	2.5
80	胺菊酯	tetramethirn	0.025 0	甲苯	5.0
81	戊唑醇	tebuconazole	0.037 5	甲苯	7.5
82	氟草敏	norflurazon	0.012 5	甲苯＋丙酮(9＋1)	2.5
83	哒嗪硫磷	pyridaphenthion	0.012 5	甲苯	2.5
84	亚胺硫磷	phosmet	0.025 0	甲苯	5.0
85	三氯杀螨砜	tetradifon	0.012 5	甲苯	2.5
86	氧化萎锈灵	oxycarboxin	0.075 0	甲苯＋丙酮(9＋1)	15.0
87	顺式-氯菊酯	cis-permethrin	0.012 5	甲苯	2.5
88	反式-氯菊酯	trans-permethrin	0.012 5	甲苯	2.5
89	吡菌磷	pyrazophos	0.025 0	甲苯	5.0
90	氯氰菊酯	cypermethrin	0.037 5	甲苯	7.5
91	氰戊菊酯	fenvalerate	0.050 0	甲苯	10.0
92	溴氰菊酯	deltamethrin	0.075 0	甲苯	15.0

表 A.1（续）

序号	中文名称	英文名称	检出限/(mg/kg)	溶剂	混合标准溶液浓度/(mg/L)
B组					
93	茵草敌	EPTC	0.037 5	甲苯	7.5
94	丁草敌	butylate	0.037 5	甲苯	7.5
95	敌草腈	dichlobenil	0.002 5	甲苯	0.5
96	克草敌	pebulate	0.037 5	甲苯	7.5
97	三氯甲基吡啶	nitrapyrin	0.037 5	甲苯	7.5
98	速灭磷	mevinphos	0.025 0	甲苯	5.0
99	氯苯甲醚	chloroneb	0.012 5	甲苯	2.5
100	四氯硝基苯	tecnazene	0.025 0	甲苯	5.0
101	庚烯磷	heptanophos	0.037 5	甲苯	7.5
102	六氯苯	hexachlorobenzene	0.012 5	甲苯	2.5
103	灭线磷	ethoprophos	0.037 5	甲苯	7.5
104	顺式-燕麦敌	cis-diallate	0.025 0	甲苯	5.0
105	毒草胺	propachlor	0.037 5	甲苯	7.5
106	反式-燕麦敌	trans-diallate	0.025 0	甲苯	5.0
107	氟乐灵	trifluralin	0.025 0	甲苯	5.0
108	氯苯胺灵	chlorpropham	0.025 0	甲苯	5.0
109	治螟磷	sulfotep	0.012 5	甲苯	2.5
110	菜草畏	sulfallate	0.025 0	甲苯	5.0
111	α-六六六	alpha-HCH	0.012 5	甲苯	2.5
112	特丁硫磷	terbufos	0.025 0	甲苯	5.0
113	特丁通	terbumeton	0.037 5	甲苯	7.5
114	环丙氟灵	profluralin	0.050 0	甲苯	10.0
115	敌噁磷	dioxathion	0.050 0	甲苯	10.0
116	扑灭津	propazine	0.012 5	甲苯	2.5
117	氯炔灵	chlorbufam	0.025 0	甲苯	5.0
118	氯硝胺	dicloran	0.025 0	甲苯+丙酮(9+1)	5.0
119	特丁津	terbuthylazine	0.012 5	甲苯	2.5
120	绿谷隆	monolinuron	0.050 0	甲苯	10.0
121	杀螟腈	cyanophos	0.025 0	甲苯	5.0
122	甲基毒死蜱	chlorpyrifos-methyl	0.012 5	甲苯	2.5
123	敌草净	desmetryn	0.012 5	甲苯	2.5
124	二甲草胺	dimethachlor	0.037 5	甲苯	7.5
125	甲草胺	alachlor	0.037 5	甲苯	7.5

表 A.1（续）

序号	中文名称	英文名称	检出限/(mg/kg)	溶　剂	混合标准溶液浓度/(mg/L)
126	甲基嘧啶磷	pirimiphos-methyl	0.012 5	甲苯	2.5
127	特丁净	terbutryn	0.025 0	甲苯	5.0
128	杀草丹	thiobencarb	0.025 0	甲苯	5.0
129	丙硫特普	aspon	0.025 0	甲苯	5.0
130	三氯杀螨醇	dicofol	0.025 0	甲苯	5.0
131	异丙甲草胺	metolachlor	0.012 5	甲苯	2.5
132	氧化氯丹	oxy-chlordane	0.012 5	甲苯	2.5
133	嘧啶磷	pirimiphos-ethyl	0.025 0	甲苯	5.0
134	烯虫酯	methoprene	0.050 0	甲苯	10.0
135	溴硫磷	bromofos	0.025 0	甲苯	5.0
136	抑菌灵	dichlofluanid	0.075 0	甲苯	15.0
137	乙氧呋草黄	ethofumesate	0.025 0	甲苯	5.0
138	异丙乐灵	isopropalin	0.025 0	甲苯	5.0
139	硫丹Ⅰ	endosulfan Ⅰ	0.075 0	甲苯	15.0
140	敌稗	propanil	0.025 0	甲苯＋丙酮(9＋1)	5.0
141	异柳磷	isofenphos	0.025 0	甲苯	5.0
142	育畜磷	crufomate	0.075 0	甲苯	15.0
143	毒虫畏	chlorfenvinphos	0.037 5	甲苯	7.5
144	顺式-氯丹	cis-chlordane	0.025 0	甲苯	5.0
145	甲苯氟磺胺	tolylfluanide	0.037 5	甲苯	7.5
146	*p*,*p*′-滴滴伊	4,4′-DDE	0.012 5	甲苯	2.5
147	丁草胺	butachlor	0.025 0	甲苯	5.0
148	乙菌利	chlozolinate	0.025 0	甲苯	5.0
149	巴毒磷	crotoxyphos	0.075 0	甲苯	15.0
150	碘硫磷	iodofenphos	0.025 0	甲苯	5.0
151	杀虫畏	tetrachlorvinphos	0.037 5	甲苯	7.5
152	氯溴隆	chlorbromuron	0.300 0	甲苯	60.0
153	丙溴磷	profenofos	0.075 0	甲苯	15.0
154	氟咯草酮	fluorochloridone	0.025 0	甲苯	5.0
155	噻嗪酮	buprofezin	0.025 0	甲苯	5.0
156	*o*,*p*′-滴滴滴	2,4′-DDD	0.012 5	甲苯	2.5
157	异狄氏剂	endrin	0.150 0	甲苯	30.0
158	己唑醇	hexaconazole	0.075 0	甲苯	15.0
159	杀螨酯	chlorfenson	0.025 0	甲苯	5.0

表 A.1（续）

序号	中文名称	英文名称	检出限/(mg/kg)	溶剂	混合标准溶液浓度/(mg/L)
160	*o*,*p*'-滴滴涕	2,4'-DDT	0.025 0	甲苯	5.0
161	多效唑	paclobutrazol	0.037 5	甲苯	7.5
162	盖草津	methoprotryne	0.037 5	甲苯	7.5
163	抑草蓬	erbon	0.025 0	甲苯	5.0
164	丙酯杀螨醇	chloropropylate	0.012 5	甲苯	2.5
165	麦草氟甲酯	flamprop-methyl	0.012 5	甲苯	2.5
166	除草醚	nitrofen	0.075 0	甲苯	15.0
167	乙氧氟草醚	oxyfluorfen	0.050 0	甲苯	10.0
168	虫螨磷	chlorthiophos	0.037 5	甲苯	7.5
169	硫丹Ⅱ	endosulfan Ⅱ	0.075 0	甲苯	15.0
170	麦草氟异丙酯	flamprop-Isopropyl	0.012 5	甲苯	2.5
171	*p*,*p*'-滴滴涕	4,4'-DDT	0.025 0	甲苯	5.0
172	三硫磷	carbofenothion	0.025 0	甲苯	5.0
173	苯霜灵	benalaxyl	0.012 5	甲苯	2.5
174	敌瘟磷	edifenphos	0.025 0	甲苯	5.0
175	三唑磷	triazophos	0.037 5	甲苯	7.5
176	苯腈磷	cyanofenphos	0.012 5	甲苯	2.5
177	氯杀螨砜	chlorbenside sulfone	0.025 0	甲苯	5.0
178	硫丹硫酸盐	endosulfan-sulfate	0.037 5	甲苯	7.5
179	溴螨酯	bromopropylate	0.025 0	甲苯	5.0
180	新燕灵	benzoylprop-ethyl	0.037 5	甲苯	7.5
181	甲氰菊酯	fenpropathrin	0.025 0	甲苯	5.0
182	溴苯磷	leptophos	0.025 0	甲苯	5.0
183	苯硫磷	EPN	0.050 0	甲苯	10.0
184	环嗪酮	hexazinone	0.037 5	甲苯	7.5
185	伏杀硫磷	phosalone	0.025 0	甲苯	5.0
186	保棉磷	azinphos-methyl	0.075 0	甲苯	15.0
187	氯苯嘧啶醇	fenarimol	0.025 0	甲苯	5.0
188	益棉磷	azinphos-ethyl	0.025 0	甲苯	5.0
189	咪鲜胺	prochloraz	0.075 0	甲苯	15.0
190	蝇毒磷	coumaphos	0.075 0	甲苯	15.0
191	氟氯氰菊酯	cyfluthrin	0.150 0	甲苯	30.0
C组					
192	敌敌畏	dichlorvos	0.075 0	甲醇	15.0

表 A.1（续）

序号	中文名称	英文名称	检出限/(mg/kg)	溶　剂	混合标准溶液浓度/(mg/L)
193	联苯	biphenyl	0.012 5	甲苯	2.5
194	灭草敌	vernolate	0.012 5	甲苯	2.5
195	3,5-二氯苯胺	3,5-dichloroaniline	0.012 5	甲苯	2.5
196	禾草敌	molinate	0.012 5	甲苯	2.5
197	虫螨畏	methacrifos	0.012 5	甲苯	2.5
198	联苯基苯酚	2-phenylphenol	0.012 5	甲苯	2.5
199	四氢邻苯二甲酰亚胺	tetrahydrophthalimide	0.037 5	甲苯	7.5
200	仲丁威	fenobucarb	0.025 0	甲苯	5.0
201	乙丁氟灵	benfluralin	0.012 5	甲苯	2.5
202	扑灭通	prometon	0.037 5	甲苯	7.5
203	野麦畏	triallate	0.025 0	甲苯	5.0
204	嘧霉胺	pyrimethanil	0.012 5	甲苯	2.5
205	林丹	gamma-HCH	0.025 0	甲苯	5.0
206	乙拌磷	disulfoton	0.012 5	甲苯	2.5
207	莠去净	atrizine	0.012 5	甲苯＋丙酮(9＋1)	2.5
208	七氯	heptachlor	0.037 5	甲苯	7.5
209	异稻瘟净	iprobenfos	0.037 5	甲苯	7.5
210	氯唑磷	isazofos	0.025 0	甲苯	5.0
211	丁苯吗啉	fenpropimorph	0.012 5	甲苯	2.5
212	四氟苯菊酯	transfluthrin	0.012 5	甲苯	2.5
213	甲基立枯磷	tolclofos-methyl	0.012 5	甲苯	2.5
214	异丙草胺	propisochlor	0.012 5	甲苯	2.5
215	莠灭净	ametryn	0.037 5	甲苯	7.5
216	西草净	simetryn	0.025 0	甲苯	5.0
217	溴谷隆	metobromuron	0.075 0	甲苯	15.0
218	嗪草酮	metribuzin	0.037 5	甲苯	7.5
219	ε-六六六	HCH, epsilon-	0.025 0	甲醇	5.0
220	异丙净	dipropetryn	0.012 5	甲苯	2.5
221	安硫磷	formothion	0.025 0	甲苯	5.0
222	乙霉威	diethofencarb	0.075 0	甲苯	15.0
223	哌草丹	dimepiperate	0.025 0	乙酸乙酯	5.0
224	生物烯丙菊酯-1	bioallethrin-1	0.050 0	甲苯	10.0
225	生物烯丙菊酯-2	bioallethrin-2	0.050 0	甲苯	10.0
226	*o*,*p*′-滴滴伊	2,4′-DDE	0.012 5	甲苯	2.5

表 A.1(续)

序号	中文名称	英文名称	检出限/(mg/kg)	溶　剂	混合标准溶液浓度/(mg/L)
227	芬螨酯	fenson	0.012 5	甲苯	2.5
228	双苯酰草胺	diphenamid	0.012 5	甲苯	2.5
229	氯硫磷	chlorthion	0.025 0	甲苯	5.0
230	炔丙菊酯	prallethrin	0.037 5	甲苯	7.5
231	戊菌唑	penconazole	0.037 5	甲苯	7.5
232	灭蚜磷	mecarbam	0.050 0	甲苯	10.0
233	四氟醚唑	tetraconazole	0.037 5	甲苯	7.5
234	氟节胺	flumetralin	0.025 0	甲苯	5.0
235	三唑醇	triadimenol	0.037 5	甲苯	7.5
236	丙草胺	pretilachlor	0.025 0	甲苯	5.0
237	亚胺菌	kresoxim-methyl	0.012 5	甲苯	2.5
238	吡氟禾草灵	fluazifop-butyl	0.012 5	甲苯	2.5
239	乙酯杀螨醇	chlorobenzilate	0.012 5	甲苯	2.5
240	烯效唑	uniconazole	0.025 0	环已烷	5.0
241	氟哇唑	flusilazole	0.037 5	甲苯	7.5
242	三氟硝草醚	fluorodifen	0.012 5	甲苯	2.5
243	烯唑醇	diniconazole	0.037 5	甲苯	7.5
244	增效醚	piperonyl butoxide	0.012 5	甲苯	2.5
245	炔螨特	propargite	0.025 0	甲苯	5.0
246	灭锈胺	mepronil	0.012 5	甲苯	2.5
247	吡氟酰草胺	diflufenican	0.012 5	甲苯	2.5
248	喹螨醚	fenazaquin	0.012 5	甲苯	2.5
249	苯醚菊酯	phenothrin	0.012 5	甲苯	2.5
250	咯菌腈	fludioxonil	0.012 5	甲苯+丙酮(8+2)	2.5
251	苯氧威	fenoxycarb	0.075 0	甲苯	15.0
252	稀禾啶	sethoxydim	0.112 5	甲苯	22.5
253	双甲脒	amitraz	0.037 5	甲苯	7.5
254	莎稗磷	anilofos	0.025 0	甲苯	5.0
255	苯噻酰草胺	mefenacet	0.037 5	甲苯	7.5
256	氯菊酯	permethrin	0.025 0	甲苯	5.0
257	哒螨灵	pyridaben	0.012 5	甲苯	2.5
258	乙羧氟草醚	fluoroglycofen-ethyl	0.150 0	甲苯	30.0
259	联苯三唑醇	bitertanol	0.037 5	甲苯	7.5
260	醚菊酯	etofenprox	0.012 5	甲苯	2.5

表 A.1(续)

序号	中文名称	英文名称	检出限/(mg/kg)	溶　剂	混合标准溶液浓度/(mg/L)
261	噻草酮	cycloxydim	0.150 0	甲苯	30.0
262	顺式氯氰菊酯	alpha-cypermethrin	0.025 0	甲苯	5.0
263	S-氰戊菊酯	esfenvalerate	0.050 0	甲苯	10.0
264	苯醚甲环唑	difenoconazole	0.075 0	甲苯	15.0
265	丙炔氟草胺	flumioxazin	0.025 0	环己烷	5.0
266	氟烯草酸	flumiclorac-pentyl	0.025 0	甲苯	5.0
		D组			
267	甲氟磷	dimefox	0.037 5	甲苯	7.5
268	乙拌磷亚砜	disulfoton-sulfoxide	0.025 0	甲苯	5.0
269	五氯苯	pentachlorobenzene	0.012 5	甲苯	2.5
270	三异丁基磷酸盐	tri-iso-butyl phosphate	0.012 5	甲苯	2.5
271	鼠立死	crimidine	0.012 5	甲苯	2.5
272	4-溴-3,5-二甲苯基-N-甲基氨基甲酸酯-1	BDMC-1	0.025 0	甲苯	5.0
273	燕麦酯	chlorfenprop-methyl	0.012 5	甲苯	2.5
274	虫线磷	thionazin	0.012 5	甲苯	2.5
275	2,3,5,6-四氯苯胺	2,3,5,6-tetrachloroaniline	0.012 5	甲苯	2.5
276	三正丁基磷酸盐	tri-n-butyl phosphate	0.025 0	甲苯	5.0
277	2,3,4,5-四氯甲氧基苯	2,3,4,5-tetrachloroanisole	0.012 5	甲苯	2.5
278	五氯甲氧基苯	pentachloroanisole	0.012 5	甲苯	2.5
279	牧草胺	tebutam	0.025 0	甲苯	5.0
280	蔬果磷	dioxabenzofos	0.125 0	甲醇	25.0
281	甲基苯噻隆	methabenzthiazuron	0.125 0	甲苯+丙酮(9+1)	25.0
282	西玛通	simetone	0.025 0	甲苯	5.0
283	阿特拉通	atratone	0.012 5	甲苯	2.5
284	溴烯杀	bromocylen	0.012 5	甲苯	2.5
285	草达津	trietazine	0.012 5	甲苯	2.5
286	氧乙嘧硫磷	etrimfos oxon	0.012 5	甲苯	2.5
287	环莠隆	cycluron	0.037 5	甲苯	7.5
288	2,6-二氯苯甲酰胺	2,6-dichlorobenzamide	0.025 0	甲苯+丙酮(8+2)	5.0
289	2,4,4′-三氯联苯	DE-PCB 28	0.012 5	甲苯	2.5
290	2,4′,5-三氯联苯	DE-PCB 31	0.012 5	甲苯	2.5
291	脱乙基另丁津	desethyl-sebuthylazine	0.025 0	甲苯+丙酮(8+2)	5.0
292	2,3,4,5-四氯苯胺	2,3,4,5-tetrachloroaniline	0.025 0	甲苯	5.0

表 A.1(续)

序号	中文名称	英文名称	检出限/(mg/kg)	溶　剂	混合标准溶液浓度/(mg/L)
293	合成麝香	musk ambrette	0.012 5	甲苯	2.5
294	二甲苯麝香	musk xylene	0.012 5	甲苯	2.5
295	五氯苯胺	pentachloroaniline	0.012 5	甲苯	2.5
296	叠氮津	aziprotryne	0.100 0	甲苯	20.0
297	另丁津	sebutylazine	0.012 5	甲苯+丙酮(8+2)	2.5
298	丁咪酰胺	isocarbamid	0.062 5	甲苯+丙酮(9+1)	12.5
299	2,2′,5,5′-四氯联苯	DE-PCB 52	0.012 5	甲苯	2.5
300	麝香	musk moskene	0.012 5	甲苯	2.5
301	苄草丹	prosulfocarb	0.012 5	甲苯	2.5
302	二甲吩草胺	dimethenamid	0.012 5	甲苯	2.5
303	氧皮蝇磷	fenchlorphos oxon	0.025 0	甲苯	5.0
304	4-溴-3,5-二甲苯基-N-甲基氨基甲酸酯-2	BDMC-2	0.025 0	甲苯	5.0
305	甲基对氧磷	paraoxon-methyl	0.025 0	甲苯	5.0
306	庚酰草胺	monalide	0.025 0	甲苯	5.0
307	西藏麝香	musk tibeten	0.012 5	甲苯	2.5
308	碳氯灵	isobenzan	0.012 5	甲苯	2.5
309	八氯苯乙烯	octachlorostyrene	0.012 5	甲苯	2.5
310	嘧啶磷	pyrimitate	0.012 5	甲苯	2.5
311	异艾氏剂	isodrin	0.012 5	甲苯	2.5
312	丁嗪草酮	isomethiozin	0.025 0	甲苯	5.0
313	毒壤磷	trichloronat	0.012 5	甲苯	2.5
314	敌草索	dacthal	0.012 5	甲苯	2.5
315	4,4-二氯二苯甲酮	4,4-dichlorobenzophenone	0.012 5	甲苯	2.5
316	酞菌酯	nitrothal-isopropyl	0.025 0	甲苯	5.0
317	吡咪唑	rabenzazole	0.012 5	甲苯	2.5
318	嘧菌环胺	cyprodinil	0.012 5	甲苯	2.5
319	麦穗宁	fuberidazole	0.062 5	甲苯+丙酮(8+2)	12.5
320	氧异柳磷	isofenphos oxon	0.025 0	甲苯	5.0
321	呋菌胺	methfuroxam	0.012 5	甲苯+丙酮(9+1)	2.5
322	异氯磷	dicapthon	0.062 5	甲苯	12.5
323	2,2′,4′,5,5′-五氯联苯	DE-PCB 101	0.012 5	甲苯	2.5
324	2-甲 4-氯丁氧乙基酯	MCPA-butoxyethyl ester	0.012 5	甲苯	2.5
325	水胺硫磷	isocarbophos	0.025 0	甲苯	5.0

表 A.1（续）

序号	中文名称	英文名称	检出限/(mg/kg)	溶　剂	混合标准溶液浓度/(mg/L)
326	甲拌磷砜	phorate sulfone	0.012 5	甲苯	2.5
327	杀螨醇	chlorfenethol	0.012 5	甲苯	2.5
328	反式九氯	trans-nonachlor	0.012 5	甲苯	2.5
329	消螨通	dinobuton	0.125 0	甲苯	25.0
330	脱叶磷	DEF	0.025 0	甲苯	5.0
331	氟咯草酮	flurochloridone	0.025 0	甲醇	5.0
332	溴苯烯磷	bromfenvinfos	0.012 5	甲苯＋丙酮(8＋2)	2.5
333	乙滴涕	perthane	0.012 5	甲苯	2.5
334	灭菌磷	ditalimfos	0.012 5	甲苯	2.5
335	2,3′,4,4′,5-五氯联苯	DE-PCB 118	0.012 5	甲苯	2.5
336	4,4-二溴二苯甲酮	4,4-dibromobenzophenone	0.012 5	甲苯	2.5
337	粉唑醇	flutriafol	0.025 0	甲苯＋丙酮(9＋1)	5.0
338	地胺磷	mephosfolan	0.025 0	甲苯	5.0
339	乙基杀扑磷	athidathion	0.025 0	甲苯	5.0
340	2,2′,4,4′,5,5′-六氯联苯	DE-PCB 153	0.012 5	甲苯	2.5
341	苄氯三唑醇	diclobutrazole	0.050 0	甲苯＋丙酮(8＋2)	10.0
342	乙拌磷砜	disulfoton sulfone	0.025 0	甲苯	5.0
343	噻螨酮	hexythiazox	0.100 0	甲苯	20.0
344	2,2′,3,4,4′,5′-六氯联苯	DE-PCB 138	0.012 5	甲苯	2.5
345	威菌磷	triamiphos	0.025 0	甲苯	5.0
346	苄呋菊酯-1	resmethrin-1	0.025 0	甲苯	5.0
347	环菌唑	cyproconazole	0.012 5	甲苯	2.5
348	苄呋菊酯-2	resmethrin-2	0.025 0	甲苯	5.0
349	酞酸苯甲基丁酯	phthalic acid,benzyl butyl ester	0.012 5	甲苯	2.5
350	炔草酸	clodinafop-propargyl	0.025 0	甲苯	5.0
351	倍硫磷亚砜	fenthion sulfoxide	0.050 0	甲苯	10.0
352	三氯苯唑	fluotrimazole	0.012 5	甲苯	2.5
353	氟草烟-1-甲庚酯	fluroxypr-1-methylheptyl ester	0.012 5	甲苯	2.5
354	倍硫磷砜	fenthion sulfone	0.050 0	甲苯	10.0
355	三苯基磷酸盐	triphenyl phosphate	0.012 5	甲苯	2.5
356	苯嗪草酮	metamitron	0.125 0	甲苯＋丙酮(8＋2)	25.0
357	2,2′,3,4,4′,5,5′-七氯联苯	DE-PCB 180	0.012 5	甲苯	2.5

表 A.1（续）

序号	中文名称	英文名称	检出限/(mg/kg)	溶剂	混合标准溶液浓度/(mg/L)
358	吡螨胺	tebufenpyrad	0.012 5	甲苯	2.5
359	解草酯	cloquintocet-mexyl	0.012 5	甲苯	2.5
360	环草定	lenacil	0.125 0	甲苯+丙酮(8+2)	25.0
361	糠菌唑	bromuconazole	0.025 0	甲苯	5.0
362	脱溴溴苯磷	desbrom-leptophos	0.012 5	甲苯	2.5
363	甲磺乐灵	nitralin	0.125 0	甲苯+丙酮(8+2)	25.0
364	苯线磷亚砜	fenamiphos sulfoxide	0.050 0	甲苯	10.0
365	苯线磷砜	fenamiphos sulfone	0.050 0	甲苯+丙酮(8+2)	10.0
366	拌种咯	fenpiclonil	0.050 0	甲苯+丙酮(8+2)	10.0
367	氟喹唑	fluquinconazole	0.012 5	甲苯+丙酮(8+2)	2.5
368	腈苯唑	fenbuconazole	0.025 0	甲苯+丙酮(8+2)	5.0
E组					
369	残杀威-1	propoxur-1	0.025 0	甲苯	5.0
370	异丙威-1	isoprocarb-1	0.025 0	甲苯	5.0
371	甲胺磷	methamidophos	0.050 0	甲苯	10.0
372	二氢苊	acenaphthene	0.012 5	甲苯	2.5
373	驱虫特	dibutyl succinate	0.025 0	甲苯	5.0
374	邻苯二甲酰亚胺	phthalimide	0.025 0	甲苯	5.0
375	氯氧磷	chlorethoxyfos	0.025 0	甲苯	5.0
376	异丙威-2	isoprocarb-2	0.025 0	甲苯	5.0
377	戊菌隆	pencycuron	0.025 0	甲苯	10.0
378	丁噻隆	tebuthiuron	0.050 0	甲苯	10.0
379	甲基内吸磷	demeton-S-methyl	0.050 0	甲苯	10.0
380	硫线磷	cadusafos	0.050 0	甲苯	10.0
381	残杀威-2	propoxur-2	0.025 0	甲苯	5.0
382	菲	phenanthrene	0.012 5	甲苯	2.5
383	唑螨酯	fenpyroximate	0.100 0	甲苯	20.0
384	丁基嘧啶磷	tebupirimfos	0.025 0	甲苯	5.0
385	茉莉酮	prohydrojasmon	0.050 0	环己烷	10.0
386	苯锈啶	fenpropidin	0.025 0	甲苯	5.0
387	氯硝胺	dichloran	0.025 0	甲苯	5.0
388	炔苯烯草胺	propyzamide	0.025 0	甲苯	5.0
389	抗蚜威	pirimicarb	0.025 0	甲苯	5.0
390	磷胺-1	phosphamidon-1	0.100 0	甲苯	20.0

表 A.1（续）

序号	中文名称	英文名称	检出限/(mg/kg)	溶　剂	混合标准溶液浓度/(mg/L)
391	解草嗪	benoxacor	0.025 0	甲苯	5.0
392	溴丁酰草胺	bromobutide	0.012 5	环己烷	2.5
393	乙草胺	acetochlor	0.025 0	甲苯	5.0
394	灭草环	tridiphane	0.050 0	异辛烷	10.0
395	特草灵	terbucarb	0.025 0	甲苯	5.0
396	戊草丹	esprocarb	0.025 0	甲苯	5.0
397	甲呋酰胺	fenfuram	0.025 0	甲苯	5.0
398	活化酯	acibenzolar-S-methyl	0.025 0	环己烷	5.0
399	呋草黄	benfuresate	0.025 0	甲苯	5.0
400	氟硫草定	dithiopyr	0.012 5	甲苯	2.5
401	精甲霜灵	mefenoxam	0.025 0	甲苯	5.0
402	马拉氧磷	malaoxon	0.200 0	甲苯	40.0
403	磷胺-2	phosphamidon-2	0.100 0	甲苯	20.0
404	硅氟唑	simeconazole	0.025 0	甲苯	5.0
405	氯酞酸甲酯	chlorthal-dimethyl	0.025 0	甲苯	5.0
406	噻唑烟酸	thiazopyr	0.025 0	甲苯	5.0
407	甲基毒虫畏	dimethylvinphos	0.025 0	甲苯	5.0
408	仲丁灵	butralin	0.050 0	甲苯	10.0
409	苯酰草胺	zoxamide	0.025 0	甲苯＋丙酮(8＋2)	5.0
410	啶斑肟-1	pyrifenox-1	0.100 0	甲苯	20.0
411	烯丙菊酯	allethrin	0.050 0	甲苯	10.0
412	异戊乙净	dimethametryn	0.012 5	甲苯	2.5
413	灭藻醌	quinoclamine	0.050 0	甲苯	10.0
414	甲醚菊酯-1	methothrin-1	0.025 0	甲苯	5.0
415	氟噻草胺	flufenacet	0.100 0	甲苯	20.0
416	甲醚菊酯-2	methothrin-2	0.025 0	甲苯	5.0
417	啶斑肟	pyrifenox-2	0.100 0	甲苯	20.0
418	氰菌胺	fenoxanil	0.025 0	甲苯	5.0
419	四氯苯酞	phthalide	0.050 0	丙酮	10.0
420	呋霜灵	furalaxyl	0.025 0	甲苯	5.0
421	噻虫嗪	thiamethoxam	0.050 0	甲苯	10.0
422	嘧菌胺	mepanipyrim	0.012 5	甲苯	2.5
423	除草定	bromacil	0.100 0	甲苯	5.0
424		picoxystrobin	0.025 0	甲苯	5.0

表 A.1（续）

序号	中文名称	英文名称	检出限/(mg/kg)	溶　剂	混合标准溶液浓度/(mg/L)
425	抑草磷	butamifos	0.012 5	环己烷	2.5
426	咪草酸	imazamethabenz-methyl	0.037 5	甲苯	7.5
427	苯氧菌胺-1	metominostrobin-1	0.050 0	乙腈	10.0
428	苯噻硫氰	TCMTB	0.200 0	甲苯	40.0
429	灭梭威砜	methiocarb sulfone	0.100 0	甲苯＋丙酮(8＋2)	80.0
430	抑霉唑	imazalil	0.050 0	甲苯	10.0
431	稻瘟灵	isoprothiolane	0.025 0	甲苯	5.0
432	嘧草醚	pyriminobac-methyl	0.050 0	环己烷	10.0
433	噁唑磷	isoxathion	0.100 0	环己烷	20.0
434	苯氧菌胺-2	metominostrobin-2	0.050 0	乙腈	10.0
435	苯虫醚-1	diofenolan-1	0.025 0	甲苯	5.0
436	苯虫醚-2	diofenolan-2	0.025 0	甲苯	5.0
437	苯氧喹啉	quinoxyphen	0.012 5	甲苯	2.5
438	溴虫腈	chlorfenapyr	0.100 0	甲苯	20.0
439	肟菌酯	trifloxystrobin	0.050 0	甲苯	10.0
440	脱苯甲基亚胺唑	imibenconazole-des-benzyl	0.050 0	甲苯＋丙酮(8＋2)	10.0
441	双苯噁唑酸	isoxadifen-ethyl	0.025 0	甲苯	5.0
442	炔咪菊酯-1	imiprothrin-1	0.025 0	甲苯	5.0
443	唑酮草酯	carfentrazone-ethyl	0.025 0	甲苯	5.0
444	炔咪菊酯-2	imiprothrin-2	0.025 0	甲苯	5.0
445	氟环唑-1	epoxiconazole-1	0.100 0	甲苯	20.0
446	吡草醚	pyraflufen ethyl	0.025 0	甲苯	5.0
447	稗草丹	pyributicarb	0.025 0	甲苯	5.0
448	噻吩草胺	thenylchlor	0.025 0	甲苯	5.0
449	烯草酮	clethodim	0.100 0	甲苯	10.0
450	吡唑解草酯	mefenpyr-diethyl	0.037 5	甲苯	7.5
451	伐灭磷	famphur	0.050 0	甲苯	10.0
452	乙螨唑	etoxazole	0.075 0	环己烷	15.0
453	吡丙醚	pyriproxyfen	0.012 5	甲苯	5.0
454	氟环唑-2	epoxiconazole-2	0.100 0	甲苯	20.0
455	氟吡酰草胺	picolinafen	0.012 5	甲苯	2.5
456	异菌脲	iprodione	0.050 0	甲苯	10.0
457	哌草磷	piperophos	0.037 5	甲苯	7.5
458	呋酰胺	ofurace	0.037 5	甲苯	7.5

表 A.1（续）

序号	中文名称	英文名称	检出限/(mg/kg)	溶　剂	混合标准溶液浓度/(mg/L)
459	联苯肼酯	bifenazate	0.100 0	甲苯	20.0
460	异狄氏剂酮	endrin ketone	0.050 0	甲苯	10.0
461	氯甲酰草胺	clomeprop	0.012 5	乙腈	2.5
462	咪三唑酮	fenamidone	0.012 5	甲苯	2.5
463	萘丙胺	naproanilide	0.012 5	丙酮	2.5
464	吡唑醚菊酯	pyraclostrobin	0.300 0	甲苯	60.0
465	乳氟禾草灵	lactofen	0.200 0	甲苯	20.0
466	三甲苯草酮	tralkoxydim	0.100 0	甲苯	20.0
467	吡唑硫磷	pyraclofos	0.100 0	环已烷	20.0
468	氯亚胺硫磷	dialifos	0.100 0	甲苯	80.0
469	螺螨酯	spirodiclofen	0.100 0	甲苯	20.0
470	苄螨醚	halfenprox	0.050 0	环已烷	5.0
471	呋草酮	flurtamone	0.050 0	甲苯	5.0
472	环酯草醚	pyriftalid	0.012 5	甲苯	2.5
473	氟硅菊酯	silafluofen	0.012 5	甲苯	2.5
474	嘧螨醚	pyrimidifen	0.050 0	乙腈	5.0
475	啶虫脒	acetamiprid	0.150 0	甲苯	10.0
476	氟丙嘧草酯	butafenacil	0.050 0	甲苯	2.5
477	苯酮唑	cafenstrole	0.150 0	乙腈	10.0
478	氟啶草酮	fluridone	0.025 0	甲苯	5.0

附　录　B
（资料性附录）
478 种农药及相关化学品和内标化合物的保留时间、定量离子、定性离子及定量离子与定性离子的丰度比值

478 种农药及相关化学品和内标化合物的保留时间、定量离子、定性离子及定量离子与定性离子的丰度比值，见表 B.1。

表 B.1　478 种农药及相关化学品和内标化合物的保留时间、定量离子、定性离子及定量离子与定性离子的丰度比值

序号	中文名称	英文名称	保留时间/min	定量离子	定性离子1	定性离子2	定性离子3
内标	环氧七氯	heptachlor-epoxide	22.10	353(100)	355(79)	351(52)	
A 组							
1	二丙烯草胺	allidochlor	8.78	138(100)	158(10)	173(15)	
2	烯丙酰草胺	dichlormid	9.74	172(100)	166(41)	124(79)	
3	土菌灵	etridiazol	10.42	211(100)	183(73)	140(19)	
4	氯甲硫磷	chlormephos	10.53	121(100)	234(70)	154(70)	
5	苯胺灵	propham	11.36	179(100)	137(66)	120(51)	
6	环草敌	cycloate	13.56	154(100)	186(5)	215(12)	
7	联苯二胺	diphenylamine	14.55	169(100)	168(58)	167(29)	
8	杀虫脒	chlordimeform	14.93	196(100)	198(30)	195(18)	183(23)
9	乙丁烯氟灵	ethalfluralin	15.00	276(100)	316(81)	292(42)	
10	甲拌磷	phorate	15.46	260(100)	121(160)	231(56)	153(3)
11	甲基乙拌磷	thiometon	16.20	88(100)	125(55)	246(9)	
12	五氯硝基苯	quintozene	16.75	295(100)	237(159)	249(114)	
13	脱乙基阿特拉津	atrazine-desethyl	16.76	172(100)	187(32)	145(17)	
14	异噁草松	clomazone	17.00	204(100)	138(4)	205(13)	
15	二嗪磷	diazinon	17.14	304(100)	179(192)	137(172)	
16	地虫硫磷	fonofos	17.31	246(100)	137(141)	174(15)	202(6)
17	乙嘧硫磷	etrimfos	17.92	292(100)	181(40)	277(31)	
18	西玛津	simazine	17.85	201(100)	186(62)	173(42)	
19	胺丙畏	propetamphos	17.97	138(100)	194(49)	236(30)	
20	密草通	secbumeton	18.36	196(100)	210(38)	225(39)	
21	除线磷	dichlofenthion	18.80	279(100)	223(78)	251(38)	
22	炔丙酰草胺	pronamide	18.72	173(100)	175(62)	255(22)	
23	兹克威	mexacarbate	18.83	165(100)	150(66)	222(27)	
24	艾氏剂	aldrin	19.67	263(100)	265(65)	293(40)	329(8)

表 B.1（续）

序号	中文名称	英文名称	保留时间/min	定量离子	定性离子1	定性离子2	定性离子3
25	氨氟灵	dinitramine	19.35	305(100)	307(38)	261(29)	
26	皮蝇磷	ronnel	19.80	285(100)	287(67)	125(32)	
27	扑草净	prometryne	20.13	241(100)	184(78)	226(60)	
28	环丙津	cyprazine	20.18	212(100)	227(58)	170(29)	
29	乙烯菌核利	vinclozolin	20.29	285(100)	212(109)	198(96)	
30	β-六六六	beta-HCH	20.31	219(100)	217(78)	181(94)	254(12)
31	甲霜灵	metalaxyl	20.67	206(100)	249(53)	234(38)	
32	毒死蜱	chlorpyrifos (-ethyl)	20.96	314(100)	258(57)	286(42)	
33	甲基对硫磷	methyl-Parathion	20.82	263(100)	233(66)	246(8)	200(6)
34	蒽醌	anthraquinone	21.49	208(100)	180(84)	152(69)	
35	δ-六六六	delta-HCH	21.16	219(100)	217(80)	181(99)	254(10)
36	倍硫磷	fenthion	21.53	278(100)	169(16)	153(9)	
37	马拉硫磷	malathion	21.54	173(100)	158(36)	143(15)	
38	杀螟硫磷	fenitrothion	21.62	277(100)	260(52)	247(60)	
39	对氧磷	paraoxon-ethyl	21.57	275(100)	220(60)	247(58)	
40	三唑酮	triadimefon	22.22	208(100)	210(50)	181(74)	
41	对硫磷	parathion	22.32	291(100)	186(23)	235(35)	263(11)
42	二甲戊灵	pendimethalin	22.59	252(100)	220(22)	162(12)	
43	利谷隆	linuron	22.44	61(100)	248(30)	160(12)	
44	杀螨醚	chlorbenside	22.96	268(100)	270(41)	143(11)	
45	乙基溴硫磷	bromophos-ethyl	23.06	359(100)	303(77)	357(74)	
46	喹硫磷	quinalphos	23.10	146(100)	298(28)	157(66)	
47	反式氯丹	trans-chlordane	23.29	373(100)	375(96)	377(51)	
48	稻丰散	phenthoate	23.30	274(100)	246(24)	320(5)	
49	吡唑草胺	metazachlor	23.32	209(100)	133(120)	211(32)	
50	苯硫威	fenothiocarb	23.79	72(100)	160(37)	253(15)	
51	丙硫磷	prothiophos	24.04	309(100)	267(88)	162(55)	
52	整形醇	chlorflurenol	24.15	215(100)	152(40)	274(11)	
53	狄氏剂	dieldrin	24.43	263(100)	277(82)	380(30)	345(35)
54	腐霉利	procymidone	24.36	283(100)	285(70)	255(15)	
55	杀扑磷	methidathion	24.49	145(100)	157(2)	302(4)	
56	敌草胺	napropamide	24.84	271(100)	128(111)	171(34)	
57	噁草酮	oxadiazone	25.06	175(100)	258(62)	302(37)	
58	苯线磷	fenamiphos	25.29	303(100)	154(56)	288(31)	217(22)

表 B.1（续）

序号	中文名称	英文名称	保留时间/min	定量离子	定性离子1	定性离子2	定性离子3
59	杀螨氯硫	tetrasul	25.85	252(100)	324(64)	254(68)	
60	杀螨特	aramite	25.60	185(100)	319(37)	334(32)	
61	乙嘧酚磺酸酯	bupirimate	26.00	273(100)	316(41)	208(83)	
62	萎锈灵	carboxin	26.25	235(100)	143(168)	87(52)	
63	氟酰胺	flutolanil	26.23	173(100)	145(25)	323(14)	
64	*p*,*p*′-滴滴滴	4,4′-DDD	26.59	235(100)	237(64)	199(12)	165(46)
65	乙硫磷	ethion	26.69	231(100)	384(13)	199(9)	
66	硫丙磷	sulprofos	26.87	322(100)	156(62)	280(11)	
67	乙环唑-1	etaconazole-1	26.81	245(100)	173(85)	247(65)	
68	乙环唑-2	etaconazole-2	26.89	245(100)	173(85)	247(65)	
69	腈菌唑	myclobutanil	27.19	179(100)	288(14)	150(45)	
70	禾草灵	diclofop-methyl	28.08	253(100)	281(50)	342(82)	
71	丙环唑	propiconazole	28.15	259(100)	173(97)	261(65)	
72	丰索磷	fensulfothion	27.94	292(100)	308(22)	293(73)	
73	联苯菊酯	bifenthrin	28.57	181(100)	166(25)	165(23)	
74	丁硫克百威	carbosulfan	28.70	160(100)	118(74)	323(14)	
75	灭蚁灵	mirex	28.72	272(100)	237(49)	274(80)	
76	麦锈灵	benodanil	29.14	231(100)	323(38)	203(22)	
77	氟苯嘧啶醇	nuarimol	28.90	314(100)	235(155)	203(108)	
78	甲氧滴滴涕	methoxychlor	29.38	227(100)	228(16)	212(4)	
79	噁霜灵	oxadixyl	29.50	163(100)	233(18)	278(11)	
80	胺菊酯	tetramethirn	29.59	164(100)	135(3)	232(1)	
81	戊唑醇	tebuconazole	29.51	250(100)	163(55)	252(36)	
82	氟草敏	norflurazon	29.99	303(100)	145(101)	102(47)	
83	哒嗪硫磷	pyridaphenthion	30.17	340(100)	199(48)	188(51)	
84	亚胺硫磷	phosmet	30.46	160(100)	161(11)	317(4)	
85	三氯杀螨砜	tetradifon	30.70	227(100)	356(70)	159(196)	
86	氧化萎锈灵	oxycarboxin	31.00	175(100)	267(52)	250(3)	
87	顺式-氯菊酯	cis-permethrin	31.42	183(100)	184(15)	255(2)	
88	反式-氯菊酯	trans-permethrin	31.68	183(100)	184(15)	255(2)	
89	吡菌磷	pyrazophos	31.60	221(100)	232(35)	373(19)	
90	氯氰菊酯	cypermethrin	33.19 33.38 33.46 33.56	181(100)	152(23)	180(16)	

表 B.1（续）

序号	中文名称	英文名称	保留时间/min	定量离子	定性离子1	定性离子2	定性离子3
91	氰戊菊酯	fenvalerate	34.45 34.79	167(100)	225(53)	419(37)	181(41)
92	溴氰菊酯	deltamethrin	35.77	181(100)	172(25)	174(25)	
		B组					
93	茵草敌	EPTC	8.54	128(100)	189(30)	132(32)	
94	丁草敌	butylate	9.49	156(100)	146(115)	217(27)	
95	敌草腈	dichlobenil	9.75	171(100)	173(68)	136(15)	
96	克草敌	pebulate	10.18	128(100)	161(21)	203(20)	
97	三氯甲基吡啶	nitrapyrin	10.89	194(100)	196(97)	198(23)	
98	速灭磷	mevinphos	11.23	127(100)	192(39)	164(29)	
99	氯苯甲醚	chloroneb	11.85	191(100)	193(67)	206(66)	
100	四氯硝基苯	tecnazene	13.54	261(100)	203(135)	215(113)	
101	庚烯磷	heptenophos	13.78	124(100)	215(17)	250(14)	
102	六氯苯	hexachlorobenzene	14.69	284(100)	286(81)	282(51)	
103	灭线磷	ethoprophos	14.40	158(100)	200(40)	242(23)	168(15)
104	顺式-燕麦敌	cis-diallate	14.75	234(100)	236(37)	128(38)	
105	毒草胺	propachlor	14.73	120(100)	176(45)	211(11)	
106	反式-燕麦敌	trans-diallate	15.29	234(100)	236(37)	128(38)	
107	氟乐灵	trifluralin	15.23	306(100)	264(72)	335(7)	
108	氯苯胺灵	chlorpropham	15.49	213(100)	171(59)	153(24)	
109	治螟磷	sulfotep	15.55	322(100)	202(43)	238(27)	266(24)
110	菜草畏	sulfallate	15.75	188(100)	116(7)	148(4)	
111	α-六六六	alpha-HCH	16.06	219(100)	183(98)	221(47)	254(6)
112	特丁硫磷	terbufos	16.83	231(100)	153(25)	288(10)	186(13)
113	特丁通	terbumeton	17.20	210(100)	169(66)	225(32)	
114	环丙氟灵	profluralin	17.36	318(100)	304(47)	347(13)	
115	敌噁磷	dioxathion	17.51	270(100)	197(43)	169(19)	
116	扑灭津	propazine	17.67	214(100)	229(67)	172(51)	
117	氯炔灵	chlorbufam	17.85	223(100)	153(53)	164(64)	
118	氯硝胺	dicloran	17.89	206(100)	176(128)	160(52)	
119	特丁津	terbuthylazine	18.07	214(100)	229(33)	173(35)	
120	绿谷隆	monolinuron	18.15	61(100)	126(45)	214(51)	
121	杀螟腈	cyanophos	18.73	243(100)	180(8)	148(3)	
122	甲基毒死蜱	chlorpyrifos-methyl	19.38	286(100)	288(70)	197(5)	

表 B.1(续)

序号	中文名称	英文名称	保留时间/min	定量离子	定性离子1	定性离子2	定性离子3
123	敌草净	desmetryn	19.64	213(100)	198(60)	171(30)	
124	二甲草胺	dimethachlor	19.80	134(100)	197(47)	210(16)	
125	甲草胺	alachlor	20.03	188(100)	237(35)	269(15)	
126	甲基嘧啶磷	pirimiphos-methyl	20.30	290(100)	276(86)	305(74)	
127	特丁净	terbutryn	20.61	226(100)	241(64)	185(73)	
128	杀草丹	thiobencarb	20.63	100(100)	257(25)	259(9)	
129	丙硫特普	aspon	20.62	211(100)	253(52)	378(14)	
130	三氯杀螨醇	dicofol	21.33	139(100)	141(72)	250(23)	251(4)
131	异丙甲草胺	metolachlor	21.34	238(100)	162(159)	240(33)	
132	氧化氯丹	oxy-chlordane	21.63	387(100)	237(50)	185(68)	
133	嘧啶磷	pirimiphos-ethyl	21.59	333(100)	318(93)	304(69)	
134	烯虫酯	methoprene	21.71	73(100)	191(29)	153(29)	
135	溴硫磷	bromofos	21.75	331(100)	329(75)	213(7)	
136	抑菌灵	dichlofluanid	21.68	224(100)	226(74)	167(120)	
137	乙氧呋草黄	ethofumesate	21.84	207(100)	161(54)	286(27)	
138	异丙乐灵	isopropalin	22.10	280(100)	238(40)	222(4)	
139	硫丹Ⅰ	endosulfan Ⅰ	23.10	241(100)	265(66)	339(46)	
140	敌稗	propanil	22.68	161(100)	217(21)	163(62)	
141	异柳磷	isofenphos	22.99	213(100)	255(44)	185(45)	
142	育畜磷	crufomate	22.93	256(100)	182(154)	276(58)	
143	毒虫畏	chlorfenvinphos	23.19	323(100)	267(139)	269(92)	
144	顺式-氯丹	cis-chlordane	23.55	373(100)	375(96)	377(51)	
145	甲苯氟磺胺	tolylfluanide	23.45	238(100)	240(71)	137(210)	
146	p,p'-滴滴伊	4,4'-DDE	23.92	318(100)	316(80)	246(139)	248(70)
147	丁草胺	butachlor	23.82	176(100)	160(75)	188(46)	
148	乙菌利	chlozolinate	23.83	259(100)	188(83)	331(91)	
149	巴毒磷	crotoxyphos	23.94	193(100)	194(16)	166(51)	
150	碘硫磷	iodofenphos	24.33	377(100)	379(37)	250(6)	
151	杀虫畏	tetrachlorvinphos	24.36	329(100)	331(96)	333(31)	
152	氯溴隆	chlorbromuron	24.37	61(100)	294(17)	292(13)	
153	丙溴磷	profenofos	24.65	339(100)	374(39)	297(37)	
154	氟咯草酮	fluorochloridone	25.14	311(100)	313(64)	187(85)	
155	噻嗪酮	buprofezin	24.87	105(100)	172(54)	305(24)	
156	o,p'-滴滴滴	2,4'-DDD	24.94	235(100)	237(65)	165(39)	199(15)

表 B.1（续）

序号	中文名称	英文名称	保留时间/min	定量离子	定性离子1	定性离子2	定性离子3
157	异狄氏剂	endrin	25.15	263(100)	317(30)	345(26)	
158	己唑醇	hexaconazole	24.92	214(100)	231(62)	256(26)	
159	杀螨酯	chlorfenson	25.05	302(100)	175(282)	177(103)	
160	*o*,*p*′-滴滴涕	2,4′-DDT	25.56	235(100)	237(63)	165(37)	199(14)
161	多效唑	paclobutrazol	25.21	236(100)	238(37)	167(39)	
162	盖草津	methoprotryne	25.63	256(100)	213(24)	271(17)	
163	抑草蓬	erbon	25.68	169(100)	171(35)	223(30)	
164	丙酯杀螨醇	chloropropylate	25.85	251(100)	253(64)	141(18)	
165	麦草氟甲酯	flamprop-methyl	25.90	105(100)	77(26)	276(11)	
166	除草醚	nitrofen	26.12	283(100)	253(90)	202(48)	139(15)
167	乙氧氟草醚	oxyfluorfen	26.13	252(100)	361(35)	300(35)	
168	虫螨磷	chlorthiophos	26.52	325(100)	360(52)	297(54)	
169	硫丹Ⅱ	endosulfan Ⅱ	26.72	241(100)	265(66)	339(46)	
170	麦草氟异丙酯	flamprop-Isopropyl	26.70	105(100)	276(19)	363(3)	
171	*p*,*p*′-滴滴涕	4,4′-DDT	27.22	235(100)	237(65)	246(7)	165(34)
172	三硫磷	carbofenothion	27.19	157(100)	342(49)	199(28)	
173	苯霜灵	benalaxyl	27.54	148(100)	206(32)	325(8)	
174	敌瘟磷	edifenphos	27.94	173(100)	310(76)	201(37)	
175	三唑磷	triazophos	28.23	161(100)	172(47)	257(38)	
176	苯腈磷	cyanofenphos	28.43	157(100)	169(56)	303(20)	
177	氯杀螨砜	chlorbenside sulfone	28.88	127(100)	99(14)	89(33)	
178	硫丹硫酸盐	endosulfan-sulfate	29.05	387(100)	272(165)	389(64)	
179	溴螨酯	bromopropylate	29.30	341(100)	183(34)	339(49)	
180	新燕灵	benzoylprop-ethyl	29.40	292(100)	365(36)	260(37)	
181	甲氰菊酯	fenpropathrin	29.56	265(100)	181(237)	349(25)	
182	溴苯磷	leptophos	30.19	377(100)	375(73)	379(28)	
183	苯硫磷	EPN	30.06	157(100)	169(53)	323(14)	
184	环嗪酮	hexazinone	30.14	171(100)	252(3)	128(12)	
185	伏杀硫磷	phosalone	31.22	182(100)	367(30)	154(20)	
186	保棉磷	azinphos-methyl	31.41	160(100)	132(71)	77(58)	
187	氯苯嘧啶醇	fenarimol	31.65	139(100)	219(70)	330(42)	
188	益棉磷	azinphos-ethyl	32.01	160(100)	132(103)	77(51)	
189	咪鲜胺	prochloraz	33.07	180(100)	308(59)	266(18)	
190	蝇毒磷	coumaphos	33.22	362(100)	226(56)	364(39)	334(15)

表 B.1（续）

序号	中文名称	英文名称	保留时间/min	定量离子	定性离子1	定性离子2	定性离子3
191	氟氯氰菊酯	cyfluthrin	32.94 33.12	206(100)	199(63)	226(72)	
C组							
192	敌敌畏	dichlorvos	7.80	109(100)	185(34)	220(7)	
193	联苯	biphenyl	9.00	154(100)	153(40)	152(27)	
194	灭草敌	vernolate	9.82	128(100)	146(17)	203(9)	
195	3,5-二氯苯胺	3,5-dichloroaniline	11.20	161(100)	163(62)	126(10)	
196	禾草敌	molinate	11.92	126(100)	187(24)	158(2)	
197	虫螨畏	methacrifos	11.86	125(100)	208(74)	240(44)	
198	联苯基苯酚	2-phenylphenol	12.47	170(100)	169(72)	141(31)	
199	四氢邻苯二甲酰亚胺	cis-1,2,3,6-tetrahydrophthalimide	13.39	151(100)	123(16)	122(16)	
200	仲丁威	fenobucarb	14.60	121(100)	150(32)	107(8)	
201	乙丁氟灵	benfluralin	15.23	292(100)	264(20)	276(13)	
202	扑灭通	prometon	16.66	210(100)	225(91)	168(67)	
203	野麦畏	triallate	17.12	268(100)	270(73)	143(19)	
204	嘧霉胺	pyrimethanil	17.28	198(100)	199(45)	200(5)	
205	林丹	gamma-HCH	17.48	183(100)	219(93)	254(13)	221(40)
206	乙拌磷	disulfoton	17.61	88(100)	274(15)	186(18)	
207	莠去净	atrizine	17.64	200(100)	215(62)	173(29)	
208	七氯	heptachlor	18.49	272(100)	237(40)	337(27)	
209	异稻瘟净	iprobenfos	18.44	204(100)	246(18)	288(17)	
210	氯唑磷	isazofos	18.54	161(100)	257(53)	285(39)	313(14)
211	丁苯吗啉	fenpropimorph	19.22	128(100)	303(5)	129(9)	
212	四氟苯菊酯	transfluthrin	19.04	163(100)	165(23)	335(7)	
213	甲基立枯磷	tolclofos-methyl	19.69	265(100)	267(36)	250(10)	
214	异丙草胺	propisochlor	19.89	162(100)	223(200)	146(17)	
215	莠灭净	ametryn	20.11	227(100)	212(53)	185(17)	
216	西草净	simetryn	20.18	213(100)	170(26)	198(16)	
217	溴谷隆	metobromuron	20.07	61(100)	258(11)	170(16)	
218	嗪草酮	metribuzin	20.33	198(100)	199(21)	144(12)	
219	ε-六六六	HCH，epsilon-	20.78	181(100)	219(76)	254(15)	217(40)
220	异丙净	dipropetryn	20.82	255(100)	240(42)	222(20)	
221	安硫磷	formothion	21.42	170(100)	224(97)	257(63)	

表 B.1(续)

序号	中文名称	英文名称	保留时间/min	定量离子	定性离子1	定性离子2	定性离子3
222	乙霉威	diethofencarb	21.43	267(100)	225(98)	151(31)	
223	哌草丹	dimepiperate	22.28	119(100)	145(30)	263(8)	
224	生物烯丙菊酯-1	bioallethrin-1	22.29	123(100)	136(24)	107(29)	
225	生物烯丙菊酯-2	bioallethrin-2	22.34	123(100)	136(24)	107(29)	
226	*o*,*p*′-滴滴伊	2,4′-DDE	22.64	246(100)	318(34)	176(26)	248(65)
227	芬螨酯	fenson	22.54	141(100)	268(53)	77(104)	
228	双苯酰草胺	diphenamid	22.87	167(100)	239(30)	165(43)	
229	氯硫磷	chlorthion	22.86	297(100)	267(162)	299(45)	
230	炔丙菊酯	prallethrin	23.11	123(100)	105(17)	134(9)	
231	戊菌唑	penconazole	23.17	248(100)	250(33)	161(50)	
232	灭蚜磷	mecarbam	23.46	131(100)	296(22)	329(40)	
233	四氟醚唑	tetraconazole	23.35	336(100)	338(33)	171(10)	
234	氟节胺	flumetralin	24.10	143(100)	157(25)	404(10)	
235	三唑醇	triadimenol	24.22	112(100)	168(81)	130(15)	
236	丙草胺	pretilachlor	24.67	162(100)	238(26)	262(8)	
237	亚胺菌	kresoxim-methyl	25.04	116(100)	206(25)	131(66)	
238	吡氟禾草灵	fluazifop-butyl	25.21	282(100)	383(44)	254(49)	
239	乙酯杀螨醇	chlorobenzilate	25.90	251(100)	253(65)	152(5)	
240	烯效唑	uniconazole	26.15	234(100)	236(40)	131(15)	
241	氟哇唑	flusilazole	26.19	233(100)	206(33)	315(9)	
242	三氟硝草醚	fluorodifen	26.59	190(100)	328(35)	162(34)	
243	烯唑醇	diniconazole	27.03	268(100)	270(65)	232(13)	
244	增效醚	piperonyl butoxide	27.46	176(100)	177(33)	149(14)	
245	炔螨特	propargite	27.87	135(100)	350(7)	173(16)	
246	灭锈胺	mepronil	27.91	119(100)	269(26)	120(9)	
247	吡氟酰草胺	diflufenican	28.45	266(100)	394(25)	267(14)	
248	喹螨醚	fenazaquin	28.97	145(100)	160(46)	117(10)	
249	苯醚菊酯	phenothrin	29.08 29.21	123(100)	183(74)	350(6)	
250	咯菌腈	fludioxonil	28.93	248(100)	127(24)	154(21)	
251	苯氧威	fenoxycarb	29.57	255(100)	186(82)	116(93)	
252	稀禾啶	sethoxydim	29.63	178(100)	281(51)	219(36)	
253	双甲脒	amitraz	30.29	293(100)	162(113)	132(104)	
254	莎稗磷	anilofos	30.68	226(100)	184(52)	334(10)	

表 B.1（续）

序号	中文名称	英文名称	保留时间/min	定量离子	定性离子1	定性离子2	定性离子3
255	苯噻酰草胺	mefenacet	31.29	192(100)	120(35)	136(29)	
256	氯菊酯	permethrin	31.57	183(100)	184(14)	255(1)	
257	哒螨灵	pyridaben	31.86	147(100)	117(11)	364(7)	
258	乙羧氟草醚	fluoroglycofen-ethyl	32.01	447(100)	428(20)	449(35)	
259	联苯三唑醇	bitertanol	32.25	170(100)	112(8)	141(6)	
260	醚菊酯	etofenprox	32.75	163(100)	376(4)	183(6)	
261	噻草酮	cycloxydim	33.05	178(100)	279(7)	251(4)	
262	顺式氯氰菊酯	alpha-cypermethrin	33.35	163(100)	181(84)	165(63)	
263	S-氰戊菊酯	esfenvalerate	34.65	419(100)	225(158)	181(189)	
264	苯醚甲环唑	difenoconazole	35.40	323(100)	325(66)	265(83)	
265	丙炔氟草胺	flumioxazin	35.50	354(100)	287(24)	259(15)	
266	氟烯草酸	flumiclorac-pentyl	36.34	423(100)	308(51)	318(29)	
		D组					
267	甲氟磷	dimefox	5.62	110(100)	154(75)	153(17)	
268	乙拌磷亚砜	disulfoton-sulfoxide	8.41	212(100)	153(61)	184(20)	
269	五氯苯	pentachlorobenzene	11.11	250(100)	252(64)	215(24)	
270	三异丁基磷酸盐	tri-iso-butyl phosphate	11.65	155(100)	139(67)	211(24)	
271	鼠立死	crimidine	13.13	142(100)	156(90)	171(84)	
272	4-溴-3,5-二甲苯基-N-甲基氨基甲酸酯-1	BDMC-1	13.25	200(100)	202(104)	201(13)	
273	燕麦酯	chlorfenprop-methyl	13.57	165(100)	196(87)	197(49)	
274	虫线磷	thionazin	14.04	143(100)	192(39)	220(14)	
275	2,3,5,6-四氯苯胺	2,3,5,6-tetrachloroaniline	14.22	231(100)	229(76)	158(25)	
276	三正丁基磷酸盐	tri-n-butyl phosphate	14.33	155(100)	211(61)	167(8)	
277	2,3,4,5-四氯甲氧基苯	2,3,4,5-tetrachloroanisole	14.66	246(100)	203(70)	231(51)	
278	五氯甲氧基苯	pentachloroanisole	15.19	280(100)	265(100)	237(85)	
279	牧草胺	tebutam	15.30	190(100)	106(38)	142(24)	
280	蔬果磷	dioxabenzofos	16.14	216(100)	201(26)	171(5)	
281	甲基苯噻隆	methabenzthiazuron	16.34	164(100)	136(81)	108(27)	
282	西玛通	simetone	16.69	197(100)	196(40)	182(38)	
283	阿特拉通	atratone	16.70	196(100)	211(68)	197(105)	
284	溴烯杀	bromocylen	17.43	359(100)	357(99)	394(14)	
285	草达津	trietazine	17.53	200(100)	229(51)	214(45)	
286	氧乙嘧硫磷	etrimfos oxon	17.83	292(100)	277(35)	263(12)	

表 B.1（续）

序号	中文名称	英文名称	保留时间/min	定量离子	定性离子1	定性离子2	定性离子3
287	环莠隆	cycluron	17.95	89(100)	198(36)	114(9)	
288	2,6-二氯苯甲酰胺	2,6-dichlorobenzamide	17.93	173(100)	189(36)	175(62	
289	2,4,4′-三氯联苯	DE-PCB 28	18.15	256(100)	186(53)	258(97)	
290	2,4′,5-三氯联苯	DE-PCB 31	18.19	256(100)	186(53)	258(97)	
291	脱乙基另丁津	desethyl-sebuthylazine	18.32	172(100)	174(32)	186(11)	
292	2,3,4,5-四氯苯胺	2,3,4,5-tetrachloroaniline	18.55	231(100)	229(76)	233(48)	
293	合成麝香	musk ambrette	18.62	253(100)	268(35)	223(18)	
294	二甲苯麝香	musk xylene	18.66	282(100)	297(10)	128(20)	
295	五氯苯胺	pentachloroaniline	18.91	265(100)	263(63)	230(8)	
296	叠氮津	aziprotryne	19.11	199(100)	184(83)	157(31)	
297	另丁津	sebutylazine	19.26	200(100)	214(14)	229(13)	
298	丁咪酰胺	isocarbamid	19.24	142(100)	185(2)	143(6)	
299	2,2′,5,5′-四氯联苯	DE-PCB 52	19.48	292(100)	220(88)	255(32)	
300	麝香	musk moskene	19.46	263(100)	278(12)	264(15)	
301	苄草丹	prosulfocarb	19.51	251(100)	252(14)	162(10)	
302	二甲吩草胺	dimethenamid	19.55	154(100)	230(43)	203(21)	
303	氧皮蝇磷	fenchlorphos oxon	19.72	285(100)	287(70)	270(7)	
304	4-溴-3,5-二甲苯基-N-甲基氨基甲酸酯-2	BDMC-2	19.74	200(100)	202(101)	201(12)	
305	甲基对氧磷	paraoxon-methyl	19.83	230(100)	247(93)	200(40)	
306	庚酰草胺	monalide	20.02	197(100)	199(31)	239(45)	
307	西藏麝香	musk tibeten	20.40	251(100)	266(25)	252(14)	
308	碳氯灵	isobenzan	20.55	311(100)	375(31)	412(7)	
309	八氯苯乙烯	octachlorostyrene	20.60	380(100)	343(94)	308(120)	
310	嘧啶磷	pyrimitate	20.59	305(100)	153(116)	180(49)	
311	异艾氏剂	isodrin	21.01	193(100)	263(46)	195(83)	
312	丁嗪草酮	isomethiozin	21.06	225(100)	198(86)	184(13)	
313	毒壤磷	trichloronat	21.10	297(100)	269(86)	196(16)	
314	敌草索	dacthal	21.25	301(100)	332(31)	221(16)	
315	4,4-二氯二苯甲酮	4,4-dichlorobenzophenone	21.29	250(100)	252(62)	215(26)	
316	酞菌酯	nitrothal-isopropyl	21.69	236(100)	254(54)	212(74)	
317	吡咪唑	rabenzazole	21.73	212(100)	170(26)	195(19)	
318	嘧菌环胺	cyprodinil	21.94	224(100)	225(62)	210(9)	
319	麦穗宁	fuberidazole	22.10	184(100)	155(21)	129(12)	

表 B.1（续）

序号	中文名称	英文名称	保留时间/min	定量离子	定性离子1	定性离子2	定性离子3
320	氧异柳磷	isofenphos oxon	22.04	229(100)	201(2)	314(12)	
321	呋菌胺	methfuroxam	22.45	229(100)	212(3)	230(15)	
322	异氯磷	dicapthon	22.44	262(100)	263(10)	216(10)	
323	2,2′,4′,5,5′-五氯联苯	DE-PCB 101	22.62	326(100)	254(66)	291(18)	
324	2-甲-4-氯丁氧乙基酯	MCPA-butoxyethyl ester	22.61	300(100)	200(71)	182(41)	
325	水胺硫磷	isocarbophos	22.87	136(100)	230(26)	289(22)	
326	甲拌磷砜	phorate sulfone	23.15	199(100)	171(30)	215(11)	
327	杀螨醇	chlorfenethol	23.29	251(100)	253(66)	266(12)	
328	反式九氯	trans-nonachlor	23.62	409(100)	407(89)	411(63)	
329	消螨通	dinobuton	23.88	211(100)	240(15)	223(15)	
330	脱叶磷	DEF	24.08	202(100)	226(51)	258(55)	
331	氟咯草酮	flurochloridone	24.31	311(100)	187(74)	313(66)	
332	溴苯烯磷	bromfenvinfos	24.62	267(100)	323(56)	295(18)	
333	乙滴涕	perthane	24.81	223(100)	224(20)	178(9)	
334	灭菌磷	ditalimfos	24.82	130(100)	148(43)	299(34)	
335	2,3′,4,4′,5-五氯联苯	DE-PCB 118	25.08	326(100)	254(38)	184(16)	
336	4,4-二溴二苯甲酮	4,4-dibromobenzophenone	25.30	340(100)	259(30)	185(179)	
337	粉唑醇	flutriafol	25.31	219(100)	164(96)	201(7)	
338	地胺磷	mephosfolan	25.29	196(100)	227(49)	168(60)	
339	乙基杀扑磷	athidathion	25.63	145(100)	330(1)	129(12)	
340	2,2′,4,4′,5,5′-六氯联苯	DE-PCB 153	25.64	360(100)	290(62)	218(24)	
341	苄氯三唑醇	diclobutrazole	25.95	270(100)	272(68)	159(42)	
342	乙拌磷砜	disulfoton sulfone	26.16	213(100)	229(4)	185(11)	
343	噻螨酮	hexythiazox	26.48	227(100)	156(158)	184(93)	
344	2,2′,3,4,4′,5′-六氯联苯	DE-PCB 138	26.84	360(100)	290(68)	218(26)	
345	威菌磷	triamiphos	27.02	160(100)	294(28)	251(16)	
346	苄呋菊酯-1	resmethrin-1	27.26	171(100)	143(83)	338(7)	
347	环菌唑	cyproconazole	27.23	222(100)	224(35)	223(11)	
348	苄呋菊酯-2	resmethrin-2	27.43	171(100)	143(80)	338(7)	
349	酞酸苯甲基丁酯	phthalic acid,benzyl butyl ester	27.56	206(100)	312(4)	230(1)	
350	炔草酸	clodinafop-propargyl	27.74	349(100)	238(96)	266(83)	
351	倍硫磷亚砜	fenthion sulfoxide	28.06	278(100)	279(290)	294(145)	

表 B.1（续）

序号	中文名称	英文名称	保留时间/min	定量离子	定性离子 1	定性离子 2	定性离子 3
352	三氯苯唑	fluotrimazole	28.39	311(100)	379((60)	233(36)	
353	氟草烟-1-甲庚酯	fluroxypr-1-methylheptyl ester	28.45	366(100)	254(67)	237(60)	
354	倍硫磷砜	fenthion sulfone	28.55	310(100)	136(25)	231(10)	
355	三苯基磷酸盐	triphenyl phosphate	28.65	326(100)	233(16)	215(20)	
356	苯嗪草酮	metamitron	28.63	202(100)	174(52)	186(12)	
357	2,2′,3,4,4′,5,5′-七氯联苯	DE-PCB 180	29.05	394(100)	324(70)	359(20)	
358	吡螨胺	tebufenpyrad	29.06	318(100)	333(78)	276(44)	
359	解草酯	cloquintocet-mexyl	29.32	192(100)	194(32)	220(4)	
360	环草定	lenacil	29.70	153(100)	136(6)	234(2)	
361	糠菌唑	bromuconazole	29.90	173(100)	175(65)	214(15)	
362	脱溴溴苯磷	desbrom-leptophos	30.15	377(100)	171(97)	375(72)	
363	甲磺乐灵	nitralin	30.92	316(100)	274(58)	300(15)	
364	苯线磷亚砜	fenamiphos sulfoxide	31.03	304(100)	319(29)	196(22)	
365	苯线磷砜	fenamiphos sulfone	31.34	320(100)	292(57)	335(7)	
366	拌种咯	fenpiclonil	32.37	236(100)	238(66)	174(36)	
367	氟喹唑	fluquinconazole	32.62	340(100)	342(37)	341(20)	
368	腈苯唑	fenbuconazole	34.02	129(100)	198(51)	125(31)	
		E 组					
369	残杀威-1	propoxur-1	6.58	110(100)	152(16)	111(9)	
370	异丙威-1	isoprocarb-1	7.56	121(100)	136(34)	103(20)	
371	甲胺磷	methamidophos	9.37	94(100)	95(112)	141(52)	
372	二氢苊	acenaphthene	10.79	164(100)	162(84)	160(38)	
373	驱虫特	dibutyl succinate	12.20	101(100)	157(19)	175(5)	
374	邻苯二甲酰亚胺	phthalimide	13.21	147(100)	104(61)	103(35)	
375	氯氧磷	chlorethoxyfos	13.43	153(100)	125(67)	301(19)	
376	异丙威-2	isoprocarb-2	13.69	121(100)	136(34)	103(20)	
377	戊菌隆	pencycuron	14.30	125(100)	180(65)	209(20)	
378	丁噻隆	tebuthiuron	14.25	156(100)	171(30)	157(9)	
379	甲基内吸磷	demeton-S-methyl	15.19	109(100)	142(43)	230(5)	
380	硫线磷	cadusafos	15.13	159(100)	213(14)	270(12)	
381	残杀威-2	propoxur-2	15.48	110(100)	152(19)	111(8)	
382	菲	phenanthrene	16.97	188(100)	160(9)	189(16)	
383	唑螨酯	fenpyroximate	17.49	213(100)	142(21)	198(9)	

表 B.1（续）

序号	中文名称	英文名称	保留时间/min	定量离子	定性离子1	定性离子2	定性离子3
384	丁基嘧啶磷	tebupirimfos	17.61	318(100)	261(107)	234(100)	
385	茉莉酮	prohydrojasmon	17.80	153(100)	184(41)	254(7)	
386	苯锈啶	fenpropidin	17.85	98(100)	273(5)	145(5)	
387	氯硝胺	dichloran	18.10	176(100)	206(87)	124(101)	
388	炔苯烯草胺	propyzamide	19.01	173(100)	255(23)	240(9)	
389	抗蚜威	pirimicarb	19.08	166(100)	238(23)	138(8)	
390	磷胺-1	phosphamidon-1	19.66	264(100)	138(62)	227(25)	
391	解草嗪	benoxacor	19.62	120(100)	259(38)	176(19)	
392	溴丁酰草胺	bromobutide	19.70	119(100)	232(27)	296(6)	
393	乙草胺	acetochlor	19.84	146(100)	162(59)	223(59)	
394	灭草环	tridiphane	19.90	173(100)	187(90)	219(46)	
395	特草灵	terbucarb	20.06	205(100)	220(52)	206(16)	
396	戊草丹	esprocarb	20.01	222(100)	265(10)	162(61)	
397	甲呋酰胺	fenfuram	20.35	109(100)	201(29)	202(5)	
398	活化酯	acibenzolar-S-methyl	20.42	182(100)	135(64)	153(34)	
399	呋草黄	benfuresate	20.68	163(100)	256(17)	121(18)	
400	氟硫草定	dithiopyr	20.78	354(100)	306(72)	286(74)	
401	精甲霜灵	mefenoxam	20.91	206(100)	249(46)	279(11)	
402	马拉氧磷	malaoxon	21.17	127(100)	268(11)	195(15)	
403	磷胺-2	phosphamidon-2	21.36	264(100)	138(54)	227(17)	
404	硅氟唑	simeconazole	21.41	121(100)	278(14)	211(34)	
405	氯酞酸甲酯	chlorthal-dimethyl	21.39	301(100)	332(27)	221(17)	
406	噻唑烟酸	thiazopyr	21.91	327(100)	363(73)	381(34)	
407	甲基毒虫畏	dimethylvinphos	22.21	295(100)	297(56)	109(74)	
408	仲丁灵	butralin	22.24	266(100)	224(16)	295(60)	
409	苯酰草胺	Zoxamide	22.30	187(100)	242(68)	299(9)	
410	啶斑肟-1	pyrifenox-1	22.50	262(100)	294(15)	227(15)	
411	烯丙菊酯	allethrin	22.60	123(100)	107(24)	136(20)	
412	异戊乙净	dimethametryn	22.83	212(100)	255(9)	240(5)	
413	灭藻醌	quinoclamine	22.89	207(100)	172(259)	144(64)	
414	甲醚菊酯-1	methothrin-1	22.92	123(100)	135(89)	104(41)	
415	氟噻草胺	flufenacet	23.09	151(100)	211(61)	363(6)	
416	甲醚菊酯-2	methothrin-2	23.19	123(100)	135(73)	104(12)	
417	啶斑肟	pyrifenox-2	23.50	262(100)	294(17)	227(16)	

表 B.1（续）

序号	中文名称	英文名称	保留时间/min	定量离子	定性离子1	定性离子2	定性离子3
418	氰菌胺	fenoxanil	23.58	140(100)	189(14)	301(6)	
419	四氯苯酞	phthalide	23.51	243(100)	272(28)	215(20)	
420	呋霜灵	furalaxyl	23.97	242(100)	301(24)	152(40)	
421	噻虫嗪	thiamethoxam	24.38	182(100)	212(92)	247(124)	
422	嘧菌胺	mepanipyrim	24.29	222(100)	223(53)	221(9)	
423	除草定	bromacil	24.73	205(100)	207(46)	231(5)	
424		picoxystrobin	24.97	335(100)	303(43)	367(9)	
425	抑草磷	butamifos	25.41	286(100)	200(57)	232(37)	
426	咪草酸	imazamethabenz-methyl	25.50	144(100)	187(117)	256(95)	
427	苯氧菌胺-1	metominostrobin-1	25.61	191(100)	238(56)	196(75)	
428	苯噻硫氰	TCMTB	25.59	180(100)	238(108)	136(30)	
429	灭梭威砜	methiocarb sulfone	25.56	200(100)	185(40)	137(16)	
430	抑霉唑	imazalil	25.72	215(100)	173(66)	296(5)	
431	稻瘟灵	isoprothiolane	25.87	290(100)	231(82)	204(88)	
432	嘧草醚	pyriminobac-methyl	26.34	302(100)	330(107)	361(86)	
433	噁唑磷	isoxathion	26.51	313(100)	105(341)	177(208)	
434	苯氧菌胺-2	metominostrobin-2	26.76	196(100)	191(36)	238(89)	
435	苯虫醚-1	diofenolan-1	26.81	186(100)	300(57)	225(25)	
436	苯虫醚-2	diofenolan-2	27.14	186(100)	300(58)	225(31)	
437	苯氧喹啉	quinoxyphen	27.14	237(100)	272(37)	307(29)	
438	溴虫腈	chlorfenapyr	27.60	247(100)	328(47)	408(42)	
439	肟菌酯	trifloxystrobin	27.71	116(100)	131(40)	222(30)	
440	脱苯甲基亚胺唑	imibenconazole-des-benzyl	27.86	235(100)	270(35)	272(35)	
441	双苯噁唑酸	isoxadifen-ethyl	27.90	204(100)	222(76)	294(44)	
442	炔咪菊酯-1	imiprothrin-1	28.31	123(100)	151(55)	107(54)	
443	唑酮草酯	carfentrazone-ethyl	28.29	312(100)	340(135)	376(32)	
444	炔咪菊酯-2	imiprothrin-2	28.50	123(100)	151(21)	107(17)	
445	氟环唑-1	epoxiconazole-1	28.58	192(100)	183(24)	138(35)	
446	吡草醚	pyraflufen ethyl	28.91	412(100)	349(41)	339(34)	
447	稗草丹	pyributicarb	28.87	165(100)	181(23)	108(64)	
448	噻吩草胺	thenylchlor	29.12	127(100)	288(25)	141(17)	
449	烯草酮	clethodim	29.21	164(100)	205(50)	267(15)	
450	吡唑解草酯	mefenpyr-diethyl	29.55	227(100)	299(131)	372(18)	
451	伐灭磷	famphur	29.80	218(100)	125(27)	217(22)	

表 B.1（续）

序号	中文名称	英文名称	保留时间/min	定量离子	定性离子1	定性离子2	定性离子3
452	乙螨唑	etoxazole	29.64	300(100)	330(69)	359(65)	
453	吡丙醚	pyriproxyfen	30.06	136(100)	226(8)	185(10)	
454	氟环唑-2	epoxiconazole-2	29.73	192(100)	183(13)	138(30)	
455	氟吡酰草胺	picolinafen	30.27	238(100)	376(77)	266(11)	
456	异菌脲	iprodione	30.24	187(100)	244(65)	246(42)	
457	哌草磷	piperophos	30.42	320(100)	140(123)	122(114)	
458	呋酰胺	ofurace	30.36	160(100)	232(83)	204(35)	
459	联苯肼酯	bifenazate	30.38	300(100)	258(99)	199(100)	
460	异狄氏剂酮	endrin ketone	30.45	317(100)	250(31)	281(58)	
461	氯甲酰草胺	clomeprop	30.48	290(100)	288(279)	148(206)	
462	咪三唑酮	fenamidone	30.66	268(100)	238(111)	206(32)	
463	萘丙胺	naproanilide	31.89	291(100)	171(96)	144(100)	
464	吡唑醚菊酯	pyraclostrobin	31.98	132(100)	325(14)	283(21)	
465	乳氟禾草灵	lactofen	32.06	442(100)	461(25)	346(12)	
466	三甲苯草酮	tralkoxydim	32.14	283(100)	226(7)	268(8)	
467	吡唑硫磷	pyraclofos	32.18	360(100)	194(79)	362(38)	
468	氯亚胺硫磷	dialifos	32.27	186(100)	357(143)	210(397)	
469	螺螨酯	spirodiclofen	32.50	312(100)	259(48)	277(28)	
470	苄螨醚	halfenprox	32.62	263(100)	237(6)	476(5)	
471	呋草酮	flurtamone	32.78	333(100)	199(63)	247(25)	
472	环酯草醚	pyriftalid	32.94	318(100)	274(71)	303(44)	
473	氟硅菊酯	silafluofen	33.18	287(100)	286(274)	258(289)	
474	嘧螨醚	pyrimidifen	33.63	184(100)	186(32)	185(10)	
475	啶虫脒	acetamiprid	33.87	126(100)	152(99)	166(58)	
476	氟丙嘧草酯	butafenacil	33.85	331(100)	333(34)	180(35)	
477	苯酮唑	cafenstrole	34.36	100(100)	188(69)	119(25)	
478	氟啶草酮	fluridone	37.61	328(100)	329(100)	330(100)	

附 录 C
（资料性附录）
GC-MS 测定的 A、B、C、D、E 五组农药及相关化学品选择离子监测分组表

GC-MS 测定的 A、B、C、D、E 五组农药及相关化学品选择离子监测分组表，见表 C.1。

表 C.1 GC-MS 测定的 A、B、C、D、E 五组农药及相关化学品选择离子监测分组表

序 号	时间/min	离子/amu	驻留时间/ms
A 组			
1	8.30	138,158,173	200
2	9.60	124,140,166,172,183,211	90
3	10.50	121,154,234	200
4	10.75	120,137,179	200
5	11.70	154,186,215	200
6	14.40	167,168,169	200
7	14.90	121,142,143,153,183,195,196,198,230,231,260,276,292,316	30
8	16.20	88,125,246	200
9	16.70	137,138,145,172,174,179,187,202,204,205,237,246,249,295,304	30
10	17.80	138,173,175,181,186,194,196,201,210,225,236,255,277,292	30
11	18.80	150,165,173,175,222,223,251,255,279	50
12	19.20	125,143,229,261,263,265,293,305,307,329	50
13	19.80	125,261,263,265,285,287,293,305,307,329	50
14	20.10	170,181,184,198,200,206,212,217,219,226,227,233,234,241,246,249,254,258,263,264,266,268,285,286,314	10
15	21.40	143,152,153,158,169,173,180,181,208,217,219,220,247,254,256,260,275,277,278,351,353,355	10
16	22.30	61,143,160,162,181,186,208,210,220,235,248,252,263,268,270,291,351,353,355	20
17	23.00	133,143,146,157,209,211,246,268,270,274,298,303,320,357,359,373,375,377	20
18	23.70	72,104,133,145,152,157,160,162,209,211,215,253,255,260,263,267,274,277,283,285,297,302,309,345,380	10
19	24.80	128,145,154,157,171,175,198,217,225,240,255,258,271,283,285,288,302,303	20
20	25.50	154,185,217,252,253,254,288,303,319,324,334	50
21	26.00	87,139,143,145,165,173,199,208,231,235,237,251,253,273,316,323,384	20
22	26.80	145,150,156,165,173,179,199,231,235,237,245,247,280,288,322,323,384	20

表 C.1（续）

序　号	时间/min	离子/amu	驻留时间/ms
23	27.90	165,166,173,181,253,259,261,281,292,293,308,342	40
24	28.60	118,160,165,166,181,203,212,227,228,231,235,237,272,274,314,323	30
25	29.30	135,163,164,212,227,228,232,233,250,252,278	40
26	30.00	102,145,159,160,161,188,199,227,303,317,340,356	40
27	31.00	175,183,184,220,221,223,232,250,255,267,373	40
28	33.00	127,180,181	200
29	34.40	167,181,225,419	150
30	35.70	172,174,181	200
		B组	
1	7.80	128,132,189	200
2	8.80	146,156,217	200
3	9.70	128,136,161,171,173,203	90
4	10.70	127,164,192,194,196,198	90
5	11.70	191,193,206	200
6	13.40	124,203,215,250,261	100
7	14.40	158,168,200,242,282,284,286	80
8	14.70	116,120,128,148,153,171,176,188,202,211,213,234,236,238,264,266,282,284,286,306,322,335	10
9	16.00	116,148,183,188,219,221,254	80
10	16.80	153,186,231,288	150
11	17.10	153,160,164,169,172,173,176,197,206,210,214,223,225,229,270,318,330,347	20
12	18.20	61,126,160,173,176,206,214,229	60
13	18.70	126,127,134,148,164,171,172,180,192,197,198,210,213,223,243,286,288,305,307	20
14	19.90	134,171,188,197,198,210,213,237,269,276,290,305	40
15	20.60	100,185,211,226,241,253,257,259,378	50
16	21.20	73,139,141,153,161,162,167,185,191,207,213,224,226,237,238,240,250,251,286,304,318,329,331,333,351,353,355,387	10
17	22.00	161,167,207,222,224,226,238,264,280,286,351,353,355	40
18	22.70	161,163,170,171,182,185,205,213,217,241,255,256,265,267,269,276,323,339	20
19	23.40	137,160,176,188,238,240,246,248,259,267,269,316,318,323,331,373,375,377	20
20	23.90	61,160,166,176,188,193,194,246,248,250,259,292,294,297,316,318,329,331,333,339,374,377,379	20

表 C.1（续）

序　号	时间/min	离子/amu	驻留时间/ms
21	24.90	61,105,165,167,172,175,177,187,199,214,231,235,236,237,238,256,263,292,294,297,302,305,311,313,317,339,345,374	10
22	25.60	77,105,139,141,165,169,171,199,202,213,223,235,237,251,252,253,256,271,276,283,297,300,325,360,361	10
23	26.70	105,157,165,195,199,235,237,246,276,297,325,339,342,360,363	30
24	27.60	148,157,161,169,172,173,201,206,257,303,310,325	40
25	28.90	89,99,126,127,157,161,169,172,181,183,257,260,265,272,292,303,339,341,349,365,387,389	10
26	29.80	79,181,183,265,311,349	90
27	30.00	128,157,169,171,189,252,310,323,341,375,377,379	40
28	31.20	132,139,154,160,161,182,189,251,310,330,341,367	40
29	32.90	180,199,206,226,266,308,334,362,364	50
30	34.00	181,250,252	200
		C组	
1	7.30	109,185,220	200
2	8.70	152,153,154	200
3	9.30	58,128,129,146,188,203	90
4	11.20	126,161,163	200
5	11.75	125,126,141,158,169,170,187,208,240	50
6	13.50	122,123,124,151,215,250	90
7	14.70	107,121,150,264,276,292	90
8	16.00	174,202,217	200
9	16.50	126,141,143,156,168,176,198,199,200,210,225,268,270,277,279	30
10	17.60	88,173,183,186,200,215,219,254,274	50
11	18.40	104,130,159,161,204,237,246,257,272,285,288,313,337	40
12	18.90	128,129,161,163,165,175,204,217,242,246,257,264,285,288,303,306,313,326,335	20
13	19.80	73,89,146,162,185,212,223,227,250,265,267	50
14	20.30	61,144,146,162,170,185,198,199,212,213,223,227,258	40
15	20.70	61,103,118,144,170,181,198,199,210,217,219,222,240,254,255	30
16	21.35	108,117,151,160,161,170,219,221,224,225,257,267,351,353,355	30
17	22.20	107,108,119,123,136,145,176,219,221,246,248,263,318,351,353,355	20
18	22.70	77,141,165,167,174,176,206,234,239,246,248,267,268,297,299,318	20
19	23.20	105,123,134,161,248,250,267,297,299	50
20	23.50	131,143,157,161,171,220,248,250,262,296,304,329,336,338,404	30

表 C.1（续）

序 号	时间/min	离子/amu	驻留时间/ms
21	24.30	112,130,162,168,238,262	90
22	25.10	112,116,130,131,162,168,206,233,234,235,238,262	40
23	25.30	254,282,321,323,356,383	90
24	26.00	131,152,206,233,234,236,251,253,315	50
25	26.90	149,162,176,177,190,232,268,270,328	50
26	27.90	105,119,120,135,140,173,266,267,269,350,394	50
27	28.80	105,117,123,140,145,160,183,266,267,350,394	50
28	29.00	117,123,127,145,154,160,183,248,350	50
29	29.60	116,178,186,191,219,255	90
30	30.30	132,162,178,184,219,226,281,293,334	50
31	31.10	120,136,141,147,181,183,184,192,197,247,255,289,309,364	30
32	32.00	112,141,147,170,183,184,255,309,364,428,447,449	40
33	32.60	112,141,163,170,183,376,428,447,449	50
34	33.10	163,165,178,181,251,279	90
35	33.80	157,199,451	200
36	34.70	181,225,250,252,419	100
37	35.40	259,265,287,323,325,354	90
38	36.40	308,318,423	200
D组			
1	5.50	110,153,154	200
2	8.00	153,184,212	200
3	11.00	139,155,211,215,250,252	90
4	13.00	142,156,165,171,196,197,200,201,202	50
5	14.00	143,155,158,167,192,203,211,220,229,231,246	40
6	15.00	106,142,190,237,265,280	90
7	16.00	108,136,145,158,164,171,173,182,186,196,197,201,211,216,213,288	20
8	17.20	161,174,177,197,200,202,214,229,246,357,359,394	40
9	17.90	89,114,128,172,173,174,175,186,189,198,223,229,230,231,233,253,256,258,263,265,268,277,282,292,297	10
10	19.20	142,143,154,157,162,184,185,199,200,201,202,203,214,220,229,230,247,251,252,255,263,264,270,278,285,287,292	10
11	20.00	153,180,197,199,200,201,202,230,239,247,251,252,266,305,308,311,343,375,380,412	15
12	21.00	115,184,193,195,196,198,215,221,225,250,252,263,269,276,285,297,301,332	20
13	21.60	128,170,194,195,210,212,224,225,236,254,279,294	40

表 C.1(续)

序 号	时间/min	离子/amu	驻留时间/ms
14	22.10	129,155,182,184,200,201,210,212,216,224,225,229,230,254,262,263,291,300,314,326,351,353,355	10
15	23.00	136,171,199,215,230,251,253,266,289,407,409,411	40
16	23.90	130,148,178,187,202,211,223,224,226,240,258,267,295,299,311,313,323	20
17	25.00	129,130,145,148,164,168,184,185,196,201,218,219,227,254,259,290,299,326,330,340,360	15
18	26.00	156,159,184,185,213,218,227,229,270,272,290,360	40
19	27.10	143,160,171,206,222,223,224,230,238,251,266,294,312,338,349	30
20	28.00	136,174,186,202,215,231,233,237,254,278,279,294,310,311,326,366,379	20
21	29.00	136,153,192,194,220,234,276,318,324,333,359,394	40
22	30.00	160,161,171,173,175,214,317,375,377	50
23	30.80	173,175,196,213,230,274,292,300,304,316,319,320,335,373	30
24	32.40	147,236,238,340,341,342	90
25	34.00	125,129,198	200
E组			
1	5.50	110,111,152	200
2	7.00	103,107,121,122,136	100
3	9.00	94,95,141	200
4	10.40	160,162,164,205,206,220	100
5	12.00	101,157,175	200
6	12.90	103,104,121,125,130,136,147,153,301	60
7	13.90	125,156,157,171,180,209	100
8	14.80	109,110,111,142,145,152,159,185,213,230,370	50
9	16.80	98,100,126,142,145,153,160,184,187,188,189,198,213,232,234,254,261,273,318	30
10	17.95	98,100,124,126,130,144,145,173,176,177,187,198,206,213,225,232,240,273	30
11	18.70	138,166,173,238,240,255	100
12	19.20	109,119,120,135,138,146,153,162,173,176,182,187,201,202,205,206,219,220,222,223,227,232,259,264,265,296	20
13	20.30	109,121,127,135,153,163,182,195,201,202,206,249,256,268,279,286,306,354	30
14	20.90	121,127,138,195,206,211,221,227,249,264,268,278,279,301,327,332,363,381	30
15	21.95	109,187,224,242,266,295,297,299,351,353,355	50

表 C.1（续）

序　号	时间/min	离子/amu	驻留时间/ms
16	22.30	104,107,123,135,136,144,151,172,187,209,211,212,227,240,242,255,262,294,299,363	35
17	23.30	140,152,189,215,227,272,243,262,272	50
18	24.00	112,128,149,168,182,205,207,212,221,222,223,231,236,247,264,303,335,367	30
19	25.00	91,112,128,136,137,144,168,173,180,185,187,191,196,200,204,215,231,232,238,256,286,290,294,296,412	20
20	26.05	105,125,157,177,186,191,196,225,238,300,302,313,314,330,361	40
21	26.90	116,131,186,194,204,222,225,235,237,247,270,272,294,300,307,328,351,367,369,408,447,449	30
22	28.00	107,123,138,151,183,192,235,260,270,272,295,312,327,340,351,367,369,376	30
23	28.60	108,127,141,164,165,181,205,267,288,339,349,412	50
24	29.20	120,125,136,137,138,164,183,185,187,192,205,206,217,218,226,227,236,240,244,246,249,299,300,330,359,372,	20
25	30.05	122,136,140,148,160,185,187,199,204,206,214,226,229,232,238,244,246,250,258,266,268,285,288,290,300,317,319,320,376	20
26	31.60	111,132,137,144,171,186,194,199,210,226,237,247,259,263,268,274,277,291,303,312,318,325,333,346,357,360,362,442,461,476	20
27	33.00	126,152,166,180,184,185,186,258,286,287,331,333	50
28	34.00	100,119,188	200
29	37.00	328,329,330	200

附　录　D
（资料性附录）
标准物质在鸡肉基质中选择离子监测 GC-MS 图

D.1　A 组标准物质在鸡肉基质中选择离子监测 GC-MS 图，见图 D.1。

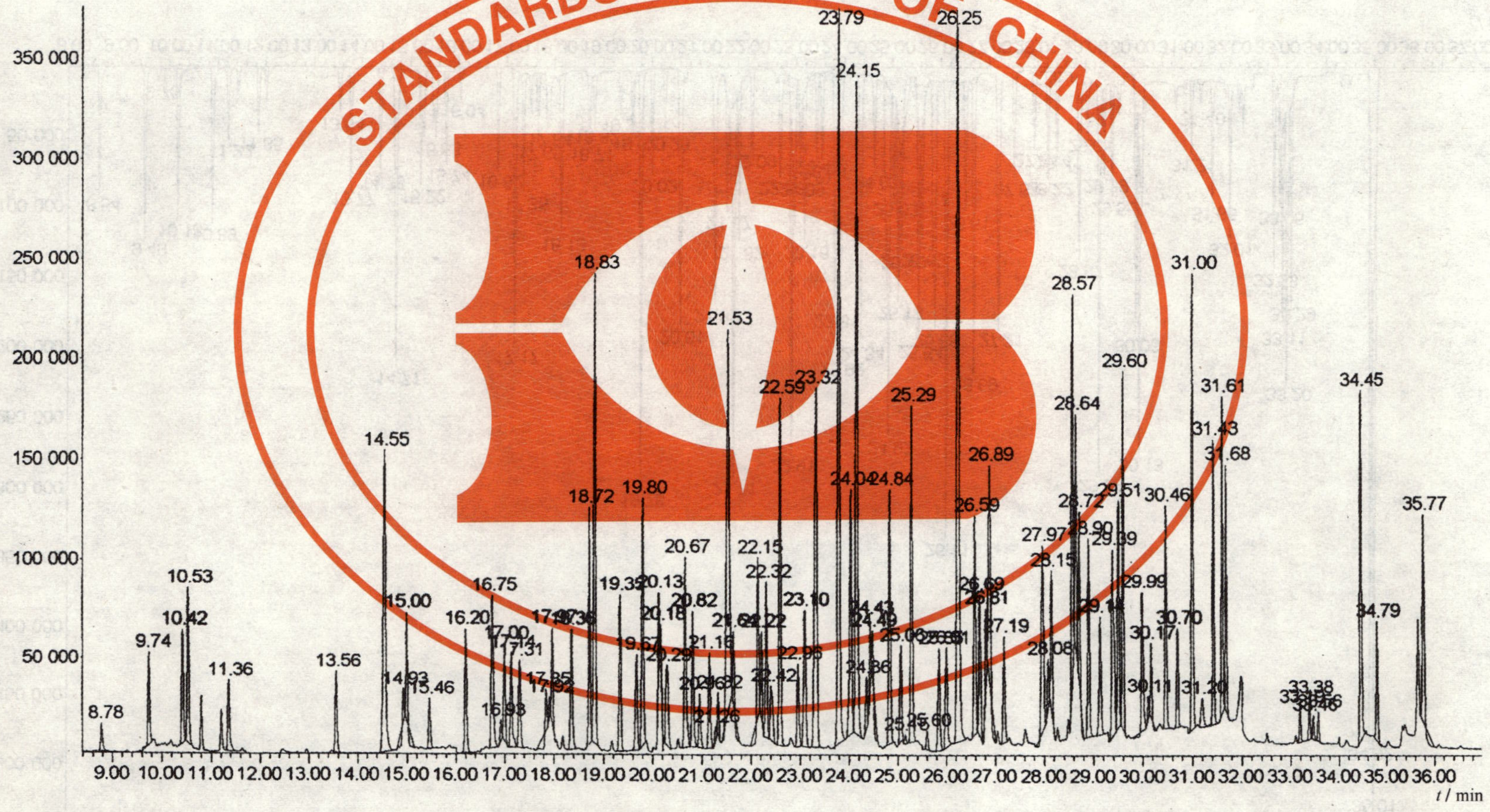

注：农药及相关化学品名称参见附录 A 序号 1～92。

图 D.1　A 组标准物质在鸡肉基质中选择离子监测 GC-MS 图

D. 2　B 组标准物质在鸡肉基质中选择离子监测 GC-MS 图，见图 D. 2。

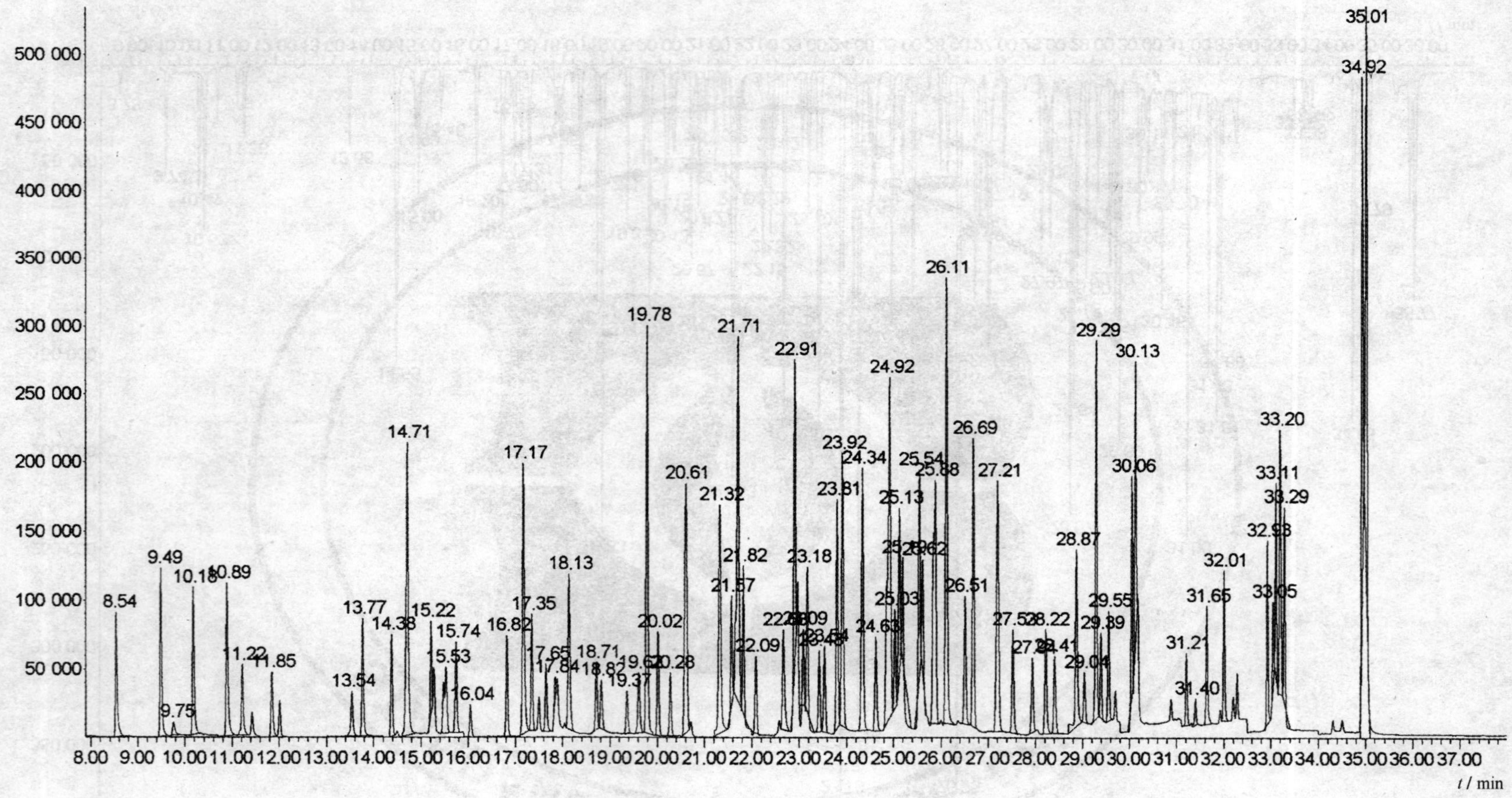

注：农药及相关化学品名称参见附录 A 序号 93～191。

图 D. 2　B 组标准物质在鸡肉基质中选择离子监测 GC-MS 图

D.3 C组标准物质在鸡肉基质中选择离子监测 GC-MS 图,见图 D.3。

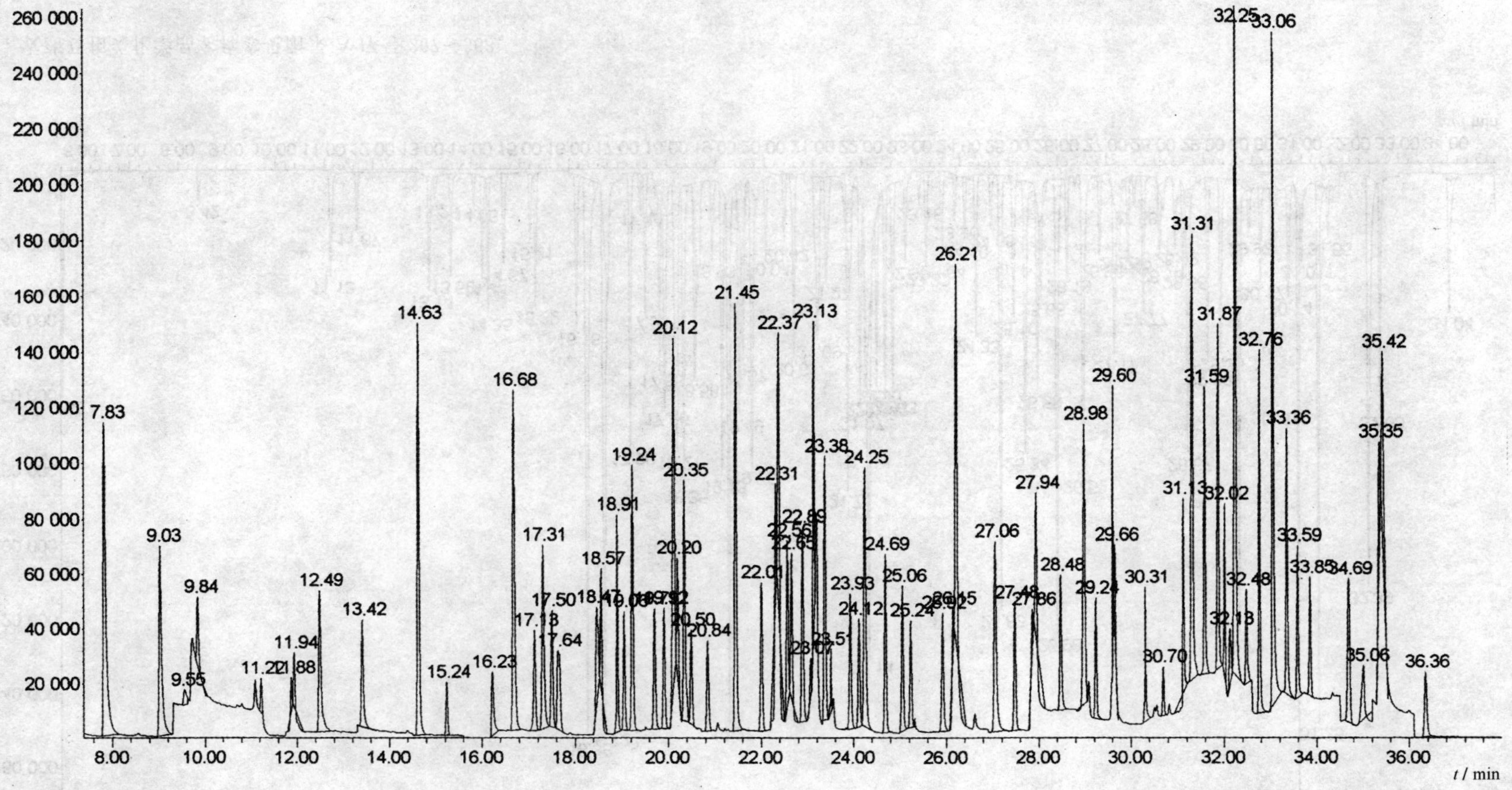

注:农药及相关化学品名称参见附录 A 序号 192～266。

图 D.3 C组标准物质在鸡肉基质中选择离子监测 GC-MS 图

D.4 D组标准物质在鸡肉基质中选择离子监测 GC-MS 图,见图 D.4。

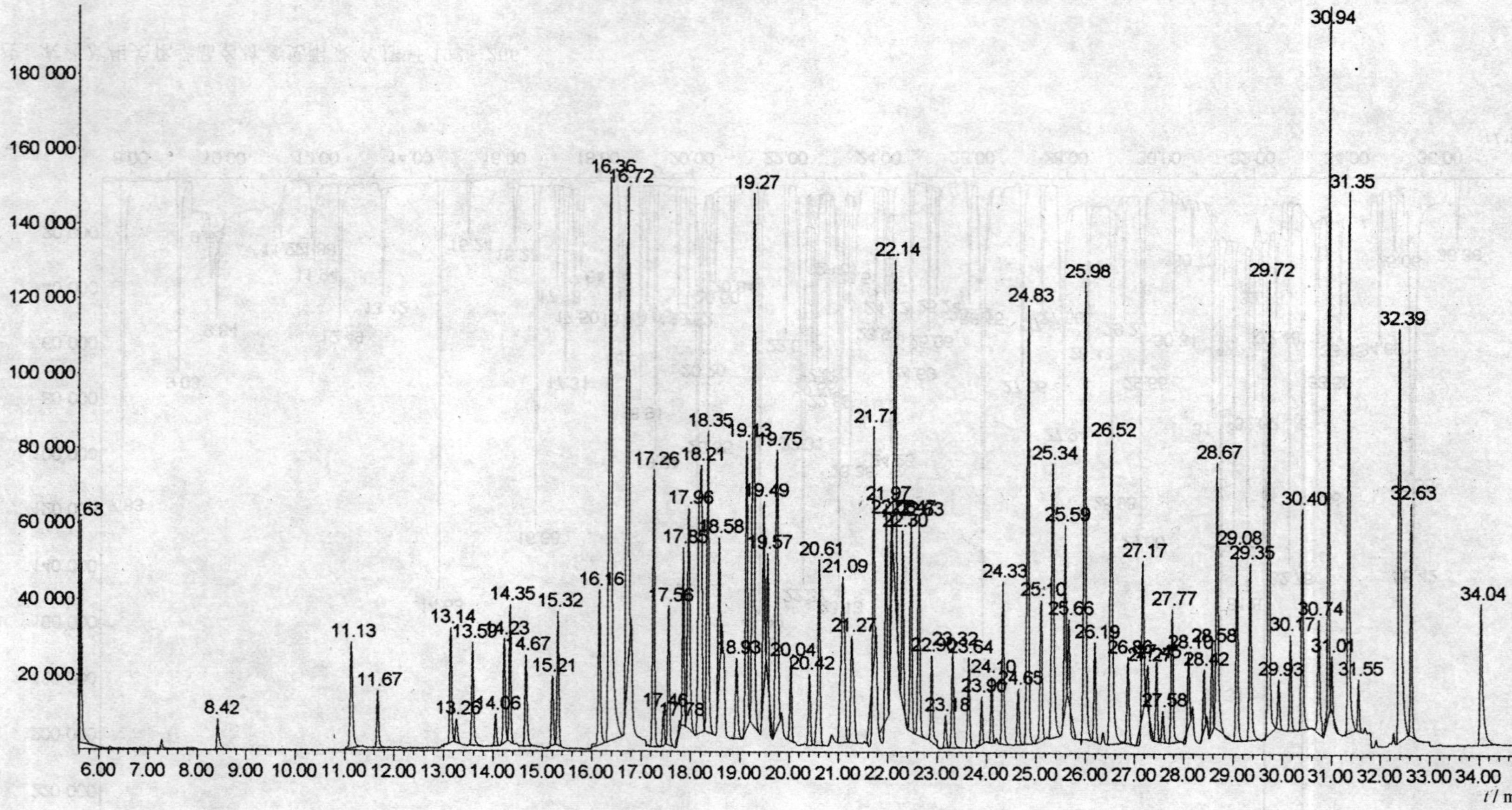

注：农药及相关化学品名称参见附录 A 序号 267～368。

图 D.4 D组标准物质在鸡肉基质中选择离子监测 GC-MS 图

D.5 E 组标准物质在鸡肉基质中选择离子监测 GC-MS 图，见图 D.5。

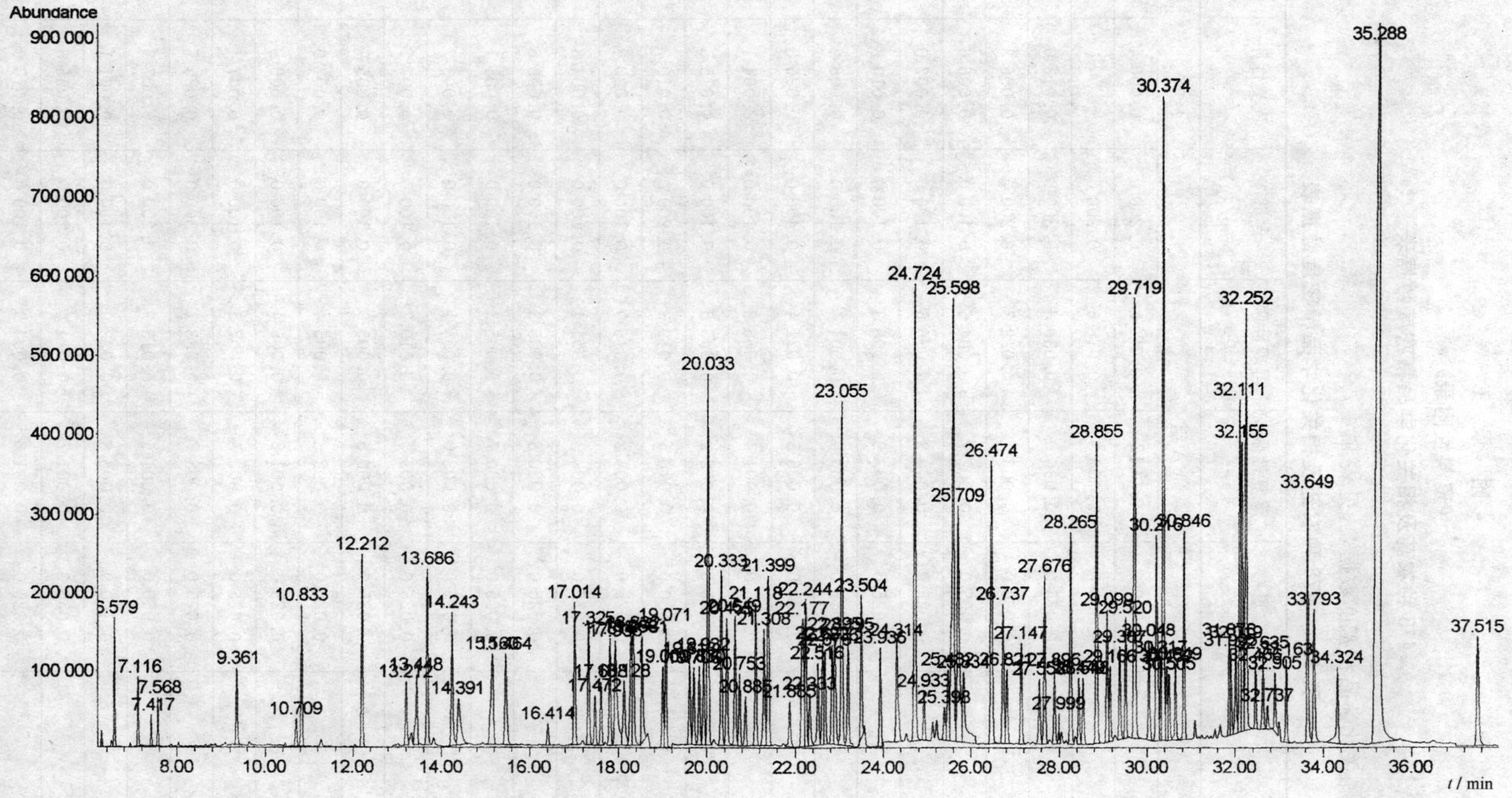

注：农药及相关化学品名称参见附录 A 序号 369～478。

图 D.5　E 组标准物质在鸡肉基质中选择离子监测 GC-MS 图

附　录　E
（资料性附录）
478 种农药及相关化学品精密度数据表

478 种农药及相关化学品精密度数据表，见表 E.1。

表 E.1　478 种农药及相关化学品精密度数据表

序号	中文名称	含量/(mg/kg)	重复性限 *r*	再现性限 *R*	含量/(mg/kg)	重复性限 *r*	再现性限 *R*
A 组							
1	二丙烯草胺	0.050 0	0.0012	0.0224	0.200 0	0.006 4	0.054 4
2	烯丙酰草胺	0.050 0	0.006 3	0.018 6	0.200 0		
3	土菌灵	0.075 0	0.006 0	0.030 3	0.300 0	0.013 0	0.083 9
4	氯甲硫磷	0.050 0	0.003 1	0.019 3	0.200 0	0.006 3	0.058 7
5	苯胺灵	0.025 0	0.002 7	0.004 6	0.100 0	0.006 6	0.026 2
6	环草敌	0.025 0	0.000 3	0.005 6	0.100 0	0.002 0	0.030 3
7	联苯二胺	0.025 0	0.003 2	0.008 3	0.100 0	0.010 3	0.031 8
8	杀虫脒	0.025 0	0.000 9	0.004 4	0.100 0	0.006 2	0.028 4
9	乙丁烯氟灵	0.100 0	0.006 5	0.021 4	0.400 0	0.026 8	0.045 0
10	甲拌磷	0.025 0	0.001 4	0.006 2	0.100 0	0.004 1	0.026 4
11	甲基乙拌磷	0.025 0	0.002 2	0.005 5	0.100 0	0.015 5	0.034 4
12	五氯硝基苯	0.050 0	0.010 5	0.019 3	0.200 0	0.010 7	0.050 5
13	脱乙基阿特拉津	0.025 0	0.005 2	0.016 0	0.100 0	0.020 6	0.017 9
14	异噁草松	0.025 0	0.000 3	0.004 4	0.100 0	0.003 8	0.026 7
15	二嗪磷	0.025 0	0.000 8	0.005 3	0.100 0	0.003 6	0.026 8
16	地虫硫磷	0.025 0	0.000 7	0.005 3	0.100 0	0.004 1	0.026 4
17	乙嘧硫磷	0.025 0	0.003 0	0.004 1	0.100 0	0.003 7	0.023 9
18	西玛津	0.025 0	0.005 5	0.010 2	0.100 0	0.007 7	0.026 4
19	胺丙畏	0.025 0	0.000 5	0.005 0	0.100 0	0.005 7	0.023 7
20	密草通	0.025 0	0.002 3	0.005 4	0.100 0	0.007 0	0.025 7
21	除线磷	0.025 0	0.001 2	0.005 4	0.100 0	0.006 8	0.039 9
22	炔丙酰草胺	0.025 0	0.003 3	0.007 5	0.100 0	0.007 1	0.034 5
23	兹克威	0.075 0	0.008 7	0.033 1	0.300 0	0.025 7	0.092 3
24	艾氏剂	0.050 0	0.001 6	0.013 9	0.200 0	0.007 9	0.063 6
25	氨氟灵	0.100 0	0.006 8	0.023 0	0.400 0	0.061 1	0.040 1
26	皮蝇磷	0.050 0	0.001 7	0.014 4	0.200 0	0.006 3	0.049 0
27	扑草净	0.025 0	0.001 2	0.004 9	0.100 0	0.015 0	0.026 7
28	环丙津	0.025 0	0.002 5	0.007 3	0.100 0	0.008 3	0.026 2

表 E.1（续）

序号	中文名称	含量/(mg/kg)	重复性限 r	再现性限 R	含量/(mg/kg)	重复性限 r	再现性限 R
29	乙烯菌核利	0.025 0	0.001 2	0.007 2	0.100 0	0.004 0	0.026 4
30	β-六六六	0.025 0	0.001 4	0.005 6	0.100 0	0.006 4	0.027 2
31	甲霜灵	0.075 0	0.002 9	0.014 4	0.300 0	0.008 8	0.078 4
32	毒死蜱	0.025 0	0.001 1	0.005 8	0.100 0	0.002 7	0.024 0
33	甲基对硫磷	0.100 0	0.011 9	0.037 1	0.400 0	0.037 9	0.088 5
34	蒽醌	0.025 0	0.002 8	0.005 7	0.100 0	0.013 0	0.010 4
35	δ-六六六	0.050 0	0.007 3	0.027 7	0.200 0	0.005 3	0.047 6
36	倍硫磷	0.025 0	0.000 9	0.006 3	0.100 0	0.004 4	0.021 9
37	马拉硫磷	0.100 0	0.003 0	0.024 5	0.400 0	0.013 3	0.093 4
38	杀螟硫磷	0.050 0	0.003 0	0.017 5	0.200 0	0.009 7	0.044 7
39	对氧磷	0.100 0	0.020 9	0.027 7	0.400 0	0.053 8	0.097 8
40	三唑酮	0.050 0	0.001 8	0.009 4	0.200 0	0.011 0	0.052 7
41	对硫磷	0.100 0	0.005 7	0.022 4	0.400 0	0.028 6	0.097 6
42	二甲戊灵	0.100 0	0.004 9	0.025 8	0.400 0	0.024 8	0.106 9
43	利谷隆	0.100 0	0.011 9	0.027 2	0.400 0	0.043 7	0.068 8
44	杀螨醚	0.050 0	0.003 8	0.011 5	0.200 0	0.017 8	0.050 7
45	乙基溴硫磷	0.025 0	0.003 0	0.005 8	0.100 0	0.004 1	0.026 0
46	喹硫磷	0.025 0	0.001 2	0.004 3	0.100 0	0.004 5	0.023 3
47	反式氯丹	0.025 0	0.001 0	0.006 1	0.100 0	0.002 9	0.025 9
48	稻丰散	0.050 0	0.003 3	0.015 4	0.200 0	0.008 6	0.048 2
49	吡唑草胺	0.075 0	0.012 8	0.020 5	0.300 0	0.011 5	0.076 4
50	苯硫威	0.050 0	0.003 2	0.010 3	0.200 0		
51	丙硫磷	0.025 0	0.002 0	0.006 2	0.100 0	0.004 2	0.024 0
52	整形醇	0.075 0	0.002 1	0.015 5	0.300 0	0.011 5	0.074 8
53	狄氏剂	0.050 0	0.005 3	0.012 2	0.200 0	0.009 1	0.058 4
54	腐霉利	0.025 0	0.004 2	0.010 8	0.100 0	0.008 6	0.023 2
55	杀扑磷	0.050 0	0.004 0	0.023 2	0.200 0	0.009 4	0.039 0
56	敌草胺	0.075 0	0.003 8	0.015 8	0.300 0	0.017 2	0.083 3
57	噁草酮	0.025 0	0.001 9	0.005 5	0.100 0	0.004 7	0.023 7
58	苯线磷	0.075 0	0.003 4	0.030 5	0.300 0	0.048 1	0.080 4
59	杀螨氯硫	0.025 0	0.001 5	0.005 8	0.100 0	0.005 8	0.028 8
60	杀螨特	0.025 0	0.008 2	0.007 2	0.100 0	0.008 8	0.023 5
61	乙嘧酚磺酸酯	0.025 0	0.001 8	0.005 2	0.100 0	0.005 1	0.024 7
62	萎锈灵	0.075 0	0.003 4	0.025 9	0.300 0	0.058 1	0.131 9

表 E.1（续）

序号	中文名称	含量/(mg/kg)	重复性限 r	再现性限 R	含量/(mg/kg)	重复性限 r	再现性限 R
63	氟酰胺	0.025 0	0.001 8	0.004 7	0.100 0	0.006 3	0.019 7
64	p,p'-滴滴滴	0.025 0	0.001 2	0.006 2	0.100 0	0.004 5	0.024 3
65	乙硫磷	0.050 0	0.003 0	0.010 9	0.200 0	0.013 8	0.045 0
66	硫丙磷	0.050 0	0.005 4	0.014 4	0.200 0	0.013 1	0.045 1
67	乙环唑-1	0.075 0	0.026 2	0.023 2	0.300 0	0.055 6	0.078 0
68	乙环唑-2	0.075 0	0.017 8	0.022 9	0.300 0	0.059 8	0.046 4
69	腈菌唑	0.025 0	0.002 5	0.005 4	0.100 0	0.003 5	0.022 8
70	禾草灵	0.025 0	0.005 9	0.007 7	0.100 0	0.005 1	0.020 3
71	丙环唑	0.075 0	0.008 0	0.015 3	0.300 0	0.020 6	0.066 9
72	丰索磷	0.050 0	0.009 7	0.011 7	0.200 0	0.037 9	0.072 2
73	联苯菊酯	0.025 0	0.001 4	0.004 3	0.100 0	0.005 8	0.018 5
74	丁硫克百威	0.075 0	0.013 1	0.059 2	0.300 0	0.090 7	0.069 9
75	灭蚁灵	0.025 0	0.005 0	0.007 8	0.100 0	0.003 5	0.026 7
76	麦锈灵	0.075 0	0.010 3	0.014 3	0.300 0	0.027 3	0.074 5
77	氟苯嘧啶醇	0.050 0	0.003 0	0.008 3	0.200 0	0.009 7	0.042 3
78	甲氧滴滴涕	0.025 0	0.001 5	0.006 0	0.100 0	0.008 4	0.022 9
79	噁霜灵	0.025 0	0.005 8	0.009 1	0.100 0	0.010 4	0.020 2
80	胺菊酯	0.050 0	0.003 7	0.027 0	0.200 0	0.019 0	0.049 7
81	戊唑醇	0.075 0	0.006 4	0.013 8	0.300 0	0.016 1	0.078 2
82	氟草敏	0.025 0	0.004 0	0.008 0	0.100 0	0.007 6	0.023 8
83	哒嗪硫磷	0.025 0	0.002 5	0.006 9	0.100 0	0.009 3	0.029 8
84	亚胺硫磷	0.050 0	0.008 0	0.017 7	0.200 0	0.016 3	0.038 6
85	三氯杀螨砜	0.025 0	0.003 0	0.006 4	0.100 0	0.008 2	0.024 3
86	氧化萎锈灵	0.150 0	0.144 1	0.128 2	0.600 0	0.051 9	0.170 7
87	顺式-氯菊酯	0.025 0	0.000 6	0.004 7	0.100 0	0.006 3	0.028 3
88	反式-氯菊酯	0.025 0	0.001 1	0.007 9	0.100 0	0.005 8	0.025 5
89	吡菌磷	0.050 0	0.003 6	0.012 3	0.200 0	0.012 5	0.045 7
90	氯氰菊酯	0.075 0	0.003 7	0.016 9	0.300 0	0.022 9	0.079 5
91	氰戊菊酯	0.100 0	0.012 6	0.032 9	0.400 0	0.017 3	0.082 2
92	溴氰菊酯	0.150 0	0.027 4	0.098 5	0.600 0	0.081 7	0.188 5
B组							
93	茵草敌	0.075 0	0.010 4	0.013 9	0.300 0	0.019 4	0.056 0
94	丁草敌	0.075 0	0.006 7	0.010 9	0.300 0	0.019 5	0.037 4
95	敌草腈	0.005 0	0.000 8	0.000 6	0.020 0	0.003 0	0.006 2

表 E.1(续)

序号	中文名称	含量/(mg/kg)	重复性限 r	再现性限 R	含量/(mg/kg)	重复性限 r	再现性限 R
96	克草敌	0.075 0	0.008 2	0.011 7	0.300 0	0.012 7	0.041 0
97	三氯甲基吡啶	0.075 0	0.006 7	0.013 5	0.300 0	0.029 2	0.071 7
98	速灭磷	0.050 0	0.002 9	0.006 6	0.200 0	0.066 4	0.081 0
99	氯苯甲醚	0.025 0	0.001 2	0.002 9	0.100 0	0.013 3	0.020 4
100	四氯硝基苯	0.050 0	0.002 6	0.007 5	0.200 0	0.018 6	0.026 9
101	庚烯磷	0.075 0	0.003 7	0.008 5	0.300 0	0.032 5	0.037 3
102	六氯苯	0.025 0	0.003 0	0.002 3	0.100 0	0.009 2	0.012 5
103	灭线磷	0.075 0	0.006 5	0.007 4	0.300 0	0.036 2	0.046 3
104	顺式-燕麦敌	0.050 0	0.004 1	0.019 2	0.200 0	0.025 4	0.034 5
105	毒草胺	0.075 0	0.004 7	0.008 2	0.300 0	0.025 6	0.043 7
106	反式-燕麦敌	0.050 0	0.003 2	0.007 7	0.200 0	0.016 8	0.025 8
107	氟乐灵	0.050 0	0.002 0	0.004 3	0.200 0	0.020 8	0.027 5
108	氯苯胺灵	0.050 0	0.003 1	0.006 8	0.200 0	0.023 3	0.037 0
109	治螟磷	0.025 0	0.001 9	0.003 6	0.100 0	0.009 5	0.014 4
110	菜草畏	0.050 0	0.002 5	0.008 8	0.200 0	0.037 9	0.043 3
111	α-六六六	0.025 0	0.002 9	0.009 9	0.100 0	0.009 0	0.019 8
112	特丁硫磷	0.050 0	0.002 9	0.008 1	0.200 0	0.042 1	0.070 1
113	特丁通	0.075 0	0.004 1	0.010 9	0.300 0	0.039 1	0.051 3
114	环丙氟灵	0.100 0	0.004 9	0.012 6	0.400 0	0.059 1	0.062 6
115	敌噁磷	0.100 0	0.004 3	0.036 0	0.400 0	0.077 0	0.083 3
116	扑灭津	0.025 0	0.002 3	0.002 0	0.100 0	0.012 0	0.014 3
117	氯炔灵	0.050 0	0.008 0	0.017 6	0.200 0	0.045 9	0.037 6
118	氯硝胺	0.050 0	0.008 6	0.010 9	0.200 0	0.037 2	0.039 7
119	特丁津	0.025 0	0.005 3	0.012 8	0.100 0	0.037 1	0.024 5
120	绿谷隆	0.100 0	0.007 7	0.032 8	0.400 0	0.113 4	0.138 7
121	杀螟腈	0.050 0	0.006 7	0.003 0	0.200 0	0.024 9	0.033 9
122	甲基毒死蜱	0.025 0	0.003 1	0.003 4	0.100 0	0.012 1	0.020 1
123	敌草净	0.025 0	0.002 4	0.004 3	0.100 0	0.015 1	0.017 6
124	二甲草胺	0.075 0	0.005 3	0.009 0	0.300 0	0.034 5	0.052 6
125	甲草胺	0.075 0	0.005 5	0.010 8	0.300 0	0.034 3	0.053 9
126	甲基嘧啶磷	0.025 0	0.002 6	0.004 9	0.100 0	0.016 9	0.021 0
127	特丁净	0.050 0	0.002 1	0.010 6	0.200 0	0.029 7	0.033 2
128	杀草丹	0.050 0	0.002 8	0.005 9	0.200 0	0.023 3	0.031 5
129	丙硫特普	0.050 0	0.003 4	0.009 2	0.200 0	0.051 5	0.045 2

表 E.1(续)

序号	中文名称	含量/(mg/kg)	重复性限 r	再现性限 R	含量/(mg/kg)	重复性限 r	再现性限 R
130	三氯杀螨醇	0.050 0	0.005 0	0.010 6	0.200 0	0.063 7	0.100 0
131	异丙甲草胺	0.025 0	0.001 6	0.006 0	0.100 0	0.017 9	0.015 8
132	氧化氯丹	0.025 0	0.002 5	0.004 8	0.100 0	0.016 0	0.020 5
133	嘧啶磷	0.050 0	0.003 0	0.009 2	0.200 0	0.041 0	0.036 1
134	烯虫酯	0.100 0	0.005 0	0.013 7	0.400 0	0.056 0	0.047 2
135	溴硫磷	0.050 0	0.006 7	0.004 5	0.200 0	0.029 1	0.039 5
136	抑菌灵	0.150 0	0.031 1	0.119 4	0.600 0	0.161 0	0.163 1
137	乙氧呋草黄	0.050 0	0.002 4	0.006 0	0.200 0	0.025 5	0.035 8
138	异丙乐灵	0.050 0	0.004 4	0.006 6	0.200 0	0.091 7	0.090 6
139	硫丹Ⅰ	0.150 0	0.007 6	0.015 4	0.600 0	0.075 0	0.091 4
140	敌稗	0.050 0	0.002 3	0.014 2	0.200 0	0.039 2	0.036 8
141	异柳磷	0.050 0	0.001 9	0.012 8	0.200 0	0.030 6	0.042 2
142	育畜磷	0.150 0	0.012 9	0.076 5	0.600 0	0.170 0	0.171 7
143	毒虫畏	0.075 0	0.004 7	0.018 1	0.300 0	0.050 7	0.056 4
144	顺式-氯丹	0.050 0	0.004 1	0.004 7	0.200 0	0.022 3	0.036 3
145	甲苯氟磺胺	0.075 0	0.012 2	0.042 7	0.300 0	0.069 7	0.090 2
146	p,p'-滴滴伊	0.025 0	0.004 8	0.006 6	0.100 0	0.014 2	0.020 6
147	丁草胺	0.050 0	0.006 2	0.013 2	0.200 0	0.053 4	0.046 9
148	乙菌利	0.050 0	0.003 0	0.018 9	0.200 0	0.026 4	0.031 8
149	巴毒磷	0.150 0	0.036 3	0.041 0	0.600 0	0.211 6	0.181 1
150	碘硫磷	0.050 0	0.008 8	0.011 1	0.200 0	0.052 7	0.060 5
151	杀虫畏	0.075 0	0.018 1	0.010 3	0.300 0	0.063 6	0.059 8
152	氯溴隆	0.600 0	0.081 9	0.063 0	2.400 0	0.621 2	0.941 1
153	丙溴磷	0.150 0	0.007 8	0.031 2	0.600 0	0.110 0	0.109 5
154	氟咯草酮	0.050 0	0.007 6	0.004 5	0.200 0	0.0474	0.048 0
155	噻嗪酮	0.050 0	0.002 8	0.015 4	0.200 0	0.031 7	0.042 8
156	o,p'-滴滴滴	0.025 0	0.000 9	0.003 3	0.100 0	0.011 9	0.020 3
157	异狄氏剂	0.300 0	0.019 2	0.026 8	1.200 0	0.158 4	0.217 8
158	己唑醇	0.150 0	0.004 7	0.035 5	0.600 0	0.112 9	0.154 1
159	杀螨酯	0.050 0	0.006 4	0.012 1	0.200 0	0.023 5	0.047 0
160	o,p'-滴滴涕	0.050 0	0.003 9	0.008 8	0.200 0	0.031 5	0.037 4
161	多效唑	0.075 0	0.003 1	0.024 4	0.300 0	0.103 5	0.087 9
162	盖草津	0.075 0	0.007 2	0.023 2	0.300 0	0.064 1	0.078 0
163	抑草蓬	0.050 0	0.005 4	0.017 8	0.200 0	0.072 4	0.061 5

表 E.1（续）

序号	中文名称	含量/(mg/kg)	重复性限 r	再现性限 R	含量/(mg/kg)	重复性限 r	再现性限 R
164	丙酯杀螨醇	0.025 0	0.001 4	0.005 2	0.100 0	0.017 0	0.022 3
165	麦草氟甲酯	0.025 0	0.001 7	0.006 7	0.100 0	0.015 9	0.023 5
166	除草醚	0.150 0	0.014 6	0.055 0	0.600 0	0.149 9	0.136 6
167	乙氧氟草醚	0.100 0	0.010 2	0.045 0	0.400 0	0.110 5	0.110 6
168	虫螨磷	0.075 0	0.003 6	0.013 7	0.300 0	0.065 9	0.072 5
169	硫丹Ⅱ	0.150 0	0.015 2	0.060 2	0.600 0	0.080 8	0.133 5
170	麦草氟异丙酯	0.025 0	0.003 3	0.007 3	0.100 0	0.019 7	0.027 6
171	p,p'-滴滴涕	0.050 0	0.004 7	0.008 5	0.200 0	0.033 4	0.041 3
172	三硫磷	0.050 0	0.004 0	0.016 3	0.200 0	0.041 4	0.048 4
173	苯霜灵	0.025 0	0.001 6	0.006 9	0.100 0	0.019 1	0.026 3
174	敌瘟磷	0.050 0	0.007 0	0.016 1	0.200 0	0.043 9	0.047 1
175	三唑磷	0.075 0	0.004 6	0.020 0	0.300 0	0.057 2	0.076 6
176	苯腈磷	0.025 0	0.001 9	0.006 7	0.100 0	0.017 8	0.025 0
177	氯杀螨砜	0.050 0	0.003 9	0.011 4	0.200 0	0.032 4	0.047 5
178	硫丹硫酸盐	0.075 0	0.016 2	0.018 0	0.300 0	0.097 8	0.091 8
179	溴螨酯	0.050 0	0.004 0	0.012 3	0.200 0	0.035 6	0.051 6
180	新燕灵	0.075 0	0.005 5	0.010 2	0.300 0	0.035 2	0.065 9
181	甲氰菊酯	0.050 0	0.004 4	0.014 6	0.200 0	0.038 8	0.058 2
182	溴苯磷	0.050 0	0.007 8	0.013 0	0.200 0	0.043 9	0.064 7
183	苯硫磷	0.100 0	0.024 0	0.043 3	0.400 0	0.128 1	0.133 0
184	环嗪酮	0.075 0	0.004 2	0.012 1	0.300 0	0.043 7	0.080 8
185	伏杀硫磷	0.050 0	0.010 9	0.008 7	0.200 0	0.0463	0.076 1
186	保棉磷	0.150 0	0.035 6	0.048 3	0.600 0	0.151 9	0.203 3
187	氯苯嘧啶醇	0.050 0	0.003 9	0.011 2	0.200 0	0.032 4	0.050 4
188	益棉磷	0.050 0	0.005 3	0.013 6	0.200 0	0.040 7	0.056 9
189	咪鲜胺	0.150 0	0.018 8	0.044 7	0.600 0	0.213 3	0.204 7
190	蝇毒磷	0.150 0	0.017 8	0.018 7	0.600 0	0.106 9	0.135 3
191	氟氯氰菊酯	0.300 0	0.011 2	0.079 4	1.200 0	0.328 3	0.364 6
C组							
192	敌敌畏	0.150 0	0.013 8	0.022 7	0.600 0	0.086 3	0.206 7
193	联苯	0.025 0	0.003 5	0.008 8	0.100 0	0.019 2	0.032 2
194	灭草敌	0.025 0	0.002 6	0.012 8	0.100 0	0.008 3	0.020 3
195	3,5-二氯苯胺	0.025 0	0.007 3	0.011 3	0.100 0	0.029 8	0.032 8
196	禾草敌	0.025 0	0.003 6	0.005 9	0.100 0	0.012 2	0.017 4

表 E.1（续）

序号	中文名称	含量/(mg/kg)	重复性限 r	再现性限 R	含量/(mg/kg)	重复性限 r	再现性限 R
197	虫螨畏	0.025 0	0.007 4	0.013 6	0.100 0	0.016 0	0.020 9
198	联苯基苯酚	0.025 0	0.005 4	0.005 0	0.100 0	0.004 3	0.004 1
199	四氢邻苯二甲酰亚胺	0.075 0	0.007 8	0.019 6	0.300 0	0.020 9	0.014 7
200	仲丁威	0.050 0	0.007 7	0.009 6	0.200 0	0.004 1	0.007 1
201	乙丁氟灵	0.025 0	0.002 8	0.002 7	0.100 0	0.004 7	0.003 9
202	扑灭通	0.075 0	0.011 9	0.013 3	0.300 0	0.009 6	0.014 0
203	野麦畏	0.050 0	0.005 6	0.007 7	0.200 0	0.004 1	0.007 5
204	嘧霉胺	0.025 0	0.003 1	0.002 8	0.100 0	0.003 4	0.005 0
205	林丹	0.050 0	0.004 5	0.008 3	0.200 0	0.008 3	0.007 9
206	乙拌磷	0.025 0	0.004 1	0.004 3	0.100 0	0.011 2	0.010 6
207	莠去净	0.025 0	0.002 5	0.003 1	0.100 0	0.003 1	0.003 7
208	七氯	0.075 0	0.008 8	0.010 0	0.300 0	0.008 3	0.015 7
209	异稻瘟净	0.075 0	0.022 6	0.014 3	0.300 0	0.025 5	0.037 0
210	氯唑磷	0.050 0	0.012 7	0.011 0	0.200 0	0.006 6	0.008 4
211	丁苯吗啉	0.025 0	0.003 7	0.003 2	0.100 0	0.005 1	0.007 1
212	四氟苯菊酯	0.025 0	0.003 1	0.003 0	0.100 0	0.005 8	0.008 1
213	甲基立枯磷	0.025 0	0.003 3	0.003 1	0.100 0	0.005 4	0.006 2
214	异丙草胺	0.025 0	0.006 2	0.004 2	0.100 0	0.008 5	0.008 1
215	莠灭净	0.075 0	0.013 5	0.011 7	0.300 0	0.014 2	0.017 7
216	西草净	0.050 0	0.007 4	0.008 5	0.200 0	0.011 1	0.017 9
217	溴谷隆	0.150 0	0.029 9	0.033 9	0.600 0	0.063 3	0.088 6
218	嗪草酮	0.075 0	0.010 9	0.009 6	0.300 0	0.011 4	0.012 1
219	ε-六六六	0.050 0	0.019 7	0.014 6	0.200 0	0.007 8	0.016 3
220	异丙净	0.025 0	0.006 6	0.007 5	0.100 0	0.013 1	0.015 0
221	安硫磷	0.050 0	0.012 5	0.011 2	0.200 0	0.013 1	0.012 6
222	乙霉威	0.150 0	0.021 6	0.025 8	0.600 0	0.032 1	0.040 5
223	哌草丹	0.050 0	0.019 9	0.017 4	0.200 0	0.022 7	0.021 3
224	生物烯丙菊酯-1	0.100 0	0.035 7	0.038 9	0.400 0	0.104 0	0.075 6
225	生物烯丙菊酯-2	0.100 0	0.031 9	0.020 3	0.400 0	0.084 3	0.066 7
226	o,p'-滴滴伊	0.025 0	0.003 0	0.003 0	0.100 0	0.003 8	0.002 1
227	芬螨酯	0.025 0	0.011 4	0.009 3	0.100 0	0.018 9	0.015 3
228	双苯酰草胺	0.025 0	0.006 2	0.004 8	0.100 0	0.010 0	0.011 5
229	氯硫磷	0.050 0	0.021 2	0.014 7	0.200 0	0.036 4	0.031 1
230	炔丙菊酯	0.075 0	0.023 5	0.022 3	0.300 0	0.048 1	0.051 9

表 E.1（续）

序号	中文名称	含量/(mg/kg)	重复性限 r	再现性限 R	含量/(mg/kg)	重复性限 r	再现性限 R
231	戊菌唑	0.075 0	0.018 9	0.019 4	0.300 0	0.025 6	0.029 9
232	灭蚜磷	0.100 0	0.093 0	0.069 2	0.400 0	0.123 7	0.212 8
233	四氟醚唑	0.075 0	0.008 5	0.006 8	0.300 0	0.012 9	0.012 6
234	氟节胺	0.050 0	0.012 0	0.007 3	0.200 0	0.018 5	0.021 0
235	三唑醇	0.075 0	0.017 8	0.016 2	0.300 0	0.025 5	0.028 5
236	丙草胺	0.050 0	0.014 6	0.010 2	0.200 0	0.027 6	0.023 2
237	亚胺菌	0.025 0	0.007 7	0.005 7	0.100 0	0.016 6	0.017 2
238	吡氟禾草灵	0.025 0	0.004 6	0.003 6	0.100 0	0.011 9	0.012 8
239	乙酯杀螨醇	0.025 0	0.006 6	0.005 1	0.100 0	0.010 1	0.011 6
240	烯效唑	0.050 0	0.014 0	0.012 4	0.200 0	0.027 3	0.029 8
241	氟哇唑	0.075 0	0.019 6	0.014 9	0.300 0	0.022 7	0.027 4
242	三氟硝草醚	0.025 0	0.007 6	0.011 6	0.100 0	0.020 3	0.023 1
243	烯唑醇	0.075 0	0.020 6	0.013 4	0.300 0	0.027 0	0.039 0
244	增效醚	0.025 0	0.011 7	0.008 7	0.100 0	0.021 8	0.024 9
245	炔螨特	0.050 0	0.037 9	0.042 8	0.200 0	0.099 2	0.123 2
246	灭锈胺	0.025 0	0.008 5	0.014 0	0.100 0	0.018 8	0.067 5
247	吡氟酰草胺	0.025 0	0.009 3	0.007 4	0.100 0	0.016 8	0.017 1
248	喹螨醚	0.025 0	0.007 1	0.011 5	0.100 0	0.028 3	0.022 5
249	苯醚菊酯	0.025 0	0.012 3	0.012 0	0.100 0	0.031 5	0.024 9
250	咯菌腈	0.025 0	0.004 4	0.007 1	0.100 0	0.011 0	0.012 0
251	苯氧威	0.150 0	0.068 6	0.063 6	0.600 0	0.348 4	0.347 5
252	稀禾啶	0.225 0	0.076 1	0.097 0	0.900 0	0.157 0	0.163 0
253	双甲脒	0.075 0	0.025 1	0.024 8	0.300 0	0.033 3	0.051 7
254	莎稗磷	0.050 0	0.018 5	0.013 3	0.200 0	0.030 7	0.032 9
255	苯噻酰草胺	0.075 0	0.022 8	0.016 1	0.300 0	0.033 3	0.037 9
256	氯菊酯	0.050 0	0.015 2	0.010 0	0.200 0	0.030 6	0.028 7
257	哒螨灵	0.025 0	0.008 7	0.004 5	0.100 0	0.012 9	0.013 5
258	乙羧氟草醚	0.300 0	0.078 0	0.093 5	1.200 0	0.182 1	0.222 7
259	联苯三唑醇	0.075 0	0.017 5	0.011 0	0.300 0	0.020 6	0.025 3
260	醚菊酯	0.025 0	0.009 1	0.007 4	0.100 0	0.009 3	0.011 3
261	噻草酮	0.300 0	0.083 6	0.118 2	1.200 0	0.171 0	0.166 8
262	顺式氯氰菊酯	0.050 0	0.008 2	0.007 6	0.200 0	0.017 9	0.018 2
263	S-氰戊菊酯	0.050 0	0.033 0	0.023 0	0.200 0	0.090 8	0.069 9
264	苯醚甲环唑	0.150 0	0.025 2	0.045 6	0.600 0	0.221 4	0.181 4

表 E.1（续）

序号	中文名称	含量/(mg/kg)	重复性限 r	再现性限 R	含量/(mg/kg)	重复性限 r	再现性限 R
265	丙炔氟草胺	0.050 0	0.010 1	0.012 6	0.200 0	0.059 9	0.050 4
266	氟烯草酸	0.050 0	0.016 2	0.012 3	0.200 0	0.024 5	0.025 6
D组							
267	甲氟磷	0.075 0	0.016 3	0.018 7	0.300 0	0.032 8	0.095 3
268	乙拌磷亚砜	0.050 0	0.007 7	0.015 5	0.200 0	0.034 0	0.065 7
269	五氯苯	0.025 0	0.001 5	0.006 2	0.100 0	0.015 0	0.039 1
270	三异丁基磷酸盐	0.025 0	0.008 1	0.008 6	0.100 0		
271	鼠立死	0.025 0	0.005 8	0.004 8	0.100 0	0.013 5	0.031 0
272	4-溴-3,5-二甲苯基-N-甲基氨基甲酸酯-1	0.050 0	0.016 5	0.010 3	0.200 0	0.034 7	0.070 6
273	燕麦酯	0.025 0	0.002 5	0.007 1	0.100 0	0.015 3	0.034 8
274	虫线磷	0.025 0	0.003 2	0.006 8	0.100 0	0.015 3	0.034 8
275	2,3,5,6-四氯苯胺	0.025 0	0.003 2	0.007 9	0.100 0	0.015 6	0.033 7
276	三正丁基磷酸盐	0.050 0	0.005 1	0.015 2	0.200 0	0.015 6	0.033 7
277	2,3,4,5-四氯甲氧基苯	0.025 0	0.001 8	0.007 9	0.100 0	0.015 6	0.031 5
278	五氯甲氧基苯	0.025 0	0.002 7	0.008 1	0.100 0	0.013 7	0.029 8
279	牧草胺	0.050 0	0.006 1	0.015 5	0.200 0	0.030 7	0.064 9
280	蔬果磷	0.250 0	0.024 3	0.084 7	1.000 0	0.162 9	0.335 3
281	甲基苯噻隆	0.250 0	0.032 1	0.064 2	1.000 0	0.149 7	0.369 3
282	西玛通	0.050 0	0.007 6	0.015 4	0.200 0	0.032 0	0.066 8
283	阿特拉通	0.025 0	0.003 3	0.007 4	0.100 0	0.015 2	0.031 1
284	溴烯杀	0.025 0	0.002 6	0.007 7	0.100 0	0.015 0	0.031 3
285	草达津	0.025 0	0.005 4	0.006 5	0.100 0	0.016 7	0.031 4
286	氧乙嘧硫磷	0.025 0	0.002 4	0.007 3	0.100 0	0.015 5	0.030 6
287	环莠隆	0.075 0	0.012 8	0.023 7	0.300 0	0.053 1	0.099 4
288	2,6-二氯苯甲酰胺	0.050 0	0.004 2	0.011 5	0.200 0	0.032 5	0.072 1
289	2,4,4′-三氯联苯	0.025 0	0.002 2	0.008 3	0.100 0	0.015 0	0.030 8
290	2,4′,5-三氯联苯	0.025 0	0.002 0	0.008 2	0.100 0	0.019 3	0.028 2
291	脱乙基另丁津	0.050 0	0.027 2	0.029 2	0.200 0	0.036 0	0.050 0
292	2,3,4,5-四氯苯胺	0.050 0	0.006 5	0.016 2	0.200 0	0.031 7	0.062 1
293	合成麝香	0.025 0	0.003 1	0.005 0	0.100 0		
294	二甲苯麝香	0.025 0	0.003 4	0.005 1	0.100 0	0.008 6	0.029 3
295	五氯苯胺	0.025 0	0.003 2	0.007 3	0.100 0	0.015 7	0.032 4
296	叠氮津	0.200 0	0.053 3	0.061 5	0.800 0	0.160 7	0.248 8

表 E.1(续)

序号	中文名称	含量/(mg/kg)	重复性限 r	再现性限 R	含量/(mg/kg)	重复性限 r	再现性限 R
297	另丁津	0.025 0	0.001 8	0.007 6	0.100 0	0.014 2	0.025 6
298	丁咪酰胺	0.125 0	0.013 5	0.037 5	0.500 0	0.071 2	0.159 2
299	2,2′,5,5′-四氯联苯	0.025 0	0.002 9	0.007 7	0.100 0	0.016 9	0.031 4
300	麝香	0.025 0	0.003 7	0.005 8	0.100 0		
301	苄草丹	0.025 0	0.003 7	0.005 7	0.100 0	0.012 9	0.030 8
302	二甲吩草胺	0.025 0	0.001 6	0.007 3	0.100 0	0.015 8	0.028 0
303	氧皮蝇磷	0.050 0	0.005 5	0.018 4	0.200 0	0.029 8	0.054 0
304	4-溴-3,5-二甲苯基-N-甲基氨基甲酸酯-2	0.050 0	0.018 3	0.019 1	0.200 0	0.059 0	0.065 4
305	甲基对氧磷	0.050 0	0.009 3	0.021 8	0.200 0	0.046 3	0.047 8
306	庚酰草胺	0.050 0	0.004 4	0.016 1	0.200 0	0.032 3	0.053 7
307	西藏麝香	0.025 0	0.003 8	0.003 9	0.100 0	0.017 1	0.018 7
308	碳氯灵	0.025 0	0.002 9	0.007 9	0.100 0	0.017 8	0.030 5
309	八氯苯乙烯	0.025 0	0.002 7	0.008 1	0.100 0	0.016 7	0.033 4
310	嘧啶磷	0.025 0	0.003 6	0.006 5	0.100 0		
311	异艾氏剂	0.025 0	0.004 7	0.007 3	0.100 0	0.021 9	0.036 6
312	丁嗪草酮	0.050 0	0.006 6	0.012 9	0.200 0	0.031 4	0.061 6
313	毒壤磷	0.025 0	0.003 7	0.007 8	0.100 0	0.016 6	0.027 9
314	敌草索	0.025 0	0.002 2	0.008 0	0.100 0	0.015 8	0.030 5
315	4,4-二氯二苯甲酮	0.025 0	0.002 7	0.006 9	0.100 0	0.013 5	0.034 8
316	酞菌酯	0.050 0	0.014 7	0.011 6	0.200 0	0.032 3	0.065 7
317	吡咪唑	0.025 0	0.005 9	0.006 3	0.100 0	0.013 8	0.032 9
318	嘧菌环胺	0.025 0	0.002 4	0.007 3	0.100 0	0.015 5	0.027 6
319	麦穗宁	0.125 0	0.023 6	0.038 3	0.500 0	0.128 4	0.128 0
320	氧异柳磷	0.050 0	0.006 6	0.030 7	0.200 0		
321	呋菌胺	0.050 0	0.020 9	0.023 0	0.200 0	0.051 4	0.049 8
322	异氯磷	0.125 0	0.023 4	0.059 7	0.500 0	0.075 8	0.136 8
323	2,2′,4′,5,5′-五氯联苯	0.025 0	0.002 0	0.008 2	0.100 0	0.016 3	0.030 1
324	2-甲-4-氯丁氧乙基酯	0.025 0	0.004 4	0.006 9	0.100 0	0.018 6	0.028 6
325	水胺硫磷	0.050 0	0.006 2	0.011 8	0.200 0	0.037 1	0.036 3
326	甲拌磷砜	0.025 0	0.006 1	0.008 9	0.100 0	0.013 1	0.026 8
327	杀螨醇	0.025 0	0.004 3	0.008 2	0.100 0	0.015 8	0.027 9
328	反式九氯	0.025 0	0.003 8	0.007 5	0.100 0	0.015 4	0.027 5
329	消螨通	0.250 0	0.107 6	0.275 4	1.000 0	0.336 2	0.609 6

表 E.1（续）

序号	中文名称	含量/(mg/kg)	重复性限 r	再现性限 R	含量/(mg/kg)	重复性限 r	再现性限 R
330	脱叶磷	0.050 0	0.018 1	0.012 5	0.200 0	0.032 3	0.056 3
331	氟咯草酮	0.050 0	0.004 1	0.014 1	0.200 0	0.030 9	0.058 4
332	溴苯烯磷	0.025 0	0.005 3	0.008 0	0.100 0	0.023 4	0.032 1
333	乙滴涕	0.025 0	0.002 8	0.008 4	0.100 0	0.015 9	0.025 3
334	灭菌磷	0.025 0	0.003 0	0.007 1	0.100 0	0.015 4	0.027 5
335	2,3′,4,4′,5-五氯联苯	0.025 0	0.003 7	0.006 4	0.100 0	0.016 3	0.025 4
336	4,4-二溴二苯甲酮	0.025 0	0.007 1	0.006 9	0.100 0	0.017 8	0.031 6
337	粉唑醇	0.050 0	0.006 6	0.014 5	0.200 0	0.032 7	0.062 5
338	地胺磷	0.050 0	0.026 0	0.011 3	0.200 0	0.052 2	0.070 7
339	乙基杀扑磷	0.050 0	0.019 6	0.021 1	0.200 0		
340	2,2′,4,4′,5,5′-六氯联苯	0.025 0	0.001 7	0.007 4	0.100 0	0.015 1	0.029 9
341	苄氯三唑醇	0.100 0	0.010 5	0.030 1	0.400 0	0.068 8	0.124 4
342	乙拌磷砜	0.050 0	0.013 1	0.015 6	0.200 0	0.033 4	0.055 7
343	噻螨酮	0.200 0	0.024 2	0.054 1	0.800 0	0.119 8	0.239 7
344	2,2′,3,4,4′,5′-六氯联苯	0.025 0	0.002 9	0.007 7	0.100 0	0.019 5	0.026 5
345	威菌磷	0.050 0	0.012 3	0.015 5	0.200 0		
346	苄呋菊酯-1	0.050 0	0.014 2	0.030 6	0.200 0	0.077 6	0.147 6
347	环菌唑	0.025 0	0.012 0	0.011 2	0.100 0	0.060 9	0.056 6
348	苄呋菊酯-2	0.050 0	0.014 0	0.020 0	0.200 0	0.061 5	0.095 5
349	酞酸苯甲基丁酯	0.025 0	0.007 2	0.004 6	0.100 0	0.019 0	0.026 6
350	炔草酸	0.050 0	0.006 5	0.013 1	0.200 0	0.049 4	0.065 2
351	倍硫磷亚砜	0.100 0	0.026 7	0.032 2	0.400 0	0.085 6	0.098 2
352	三氯苯唑	0.025 0	0.007 2	0.011 0	0.100 0	0.028 9	0.038 6
353	氟草烟-1-甲庚酯	0.025 0	0.015 7	0.027 9	0.100 0	0.018 5	0.013 7
354	倍硫磷砜	0.100 0	0.020 0	0.018 6	0.400 0	0.074 1	0.093 2
355	三苯基磷酸盐	0.025 0	0.004 6	0.008 9	0.100 0	0.018 5	0.026 0
356	苯嗪草酮	0.250 0	0.0462	0.076 0	1.000 0	0.016 3	0.023 3
357	2,2′,3,4,4′,5,5′-七氯联苯	0.025 0	0.004 3	0.009 4	0.100 0	0.016 3	0.023 3
358	吡螨胺	0.025 0	0.002 8	0.008 1	0.100 0	0.019 8	0.029 5
359	解草酯	0.025 0	0.007 5	0.007 3	0.100 0	0.028 5	0.034 8
360	环草定	0.250 0	0.017 3	0.068 5	1.000 0	0.164 7	0.289 6
361	糠菌唑	0.050 0	0.025 8	0.021 2	0.200 0	0.067 2	0.053 9
362	脱溴溴苯磷	0.025 0	0.002 5	0.005 9	0.100 0	0.023 8	0.034 9

表 E.1（续）

序号	中文名称	含量/(mg/kg)	重复性限 r	再现性限 R	含量/(mg/kg)	重复性限 r	再现性限 R
363	甲磺乐灵	0.250 0	0.080 9	0.099 0	1.000 0	0.196 4	0.327 3
364	苯线磷亚砜	0.100 0	0.030 4	0.022 9	0.400 0	0.081 8	0.160 4
365	苯线磷砜	0.100 0	0.019 3	0.027 4	0.400 0	0.068 7	0.135 9
366	拌种咯	0.100 0	0.018 3	0.032 1	0.400 0	0.071 1	0.135 7
367	氟喹唑	0.025 0	0.002 3	0.008 0	0.100 0	0.016 3	0.028 4
368	腈苯唑	0.050 0	0.003 5	0.015 9	0.200 0	0.030 9	0.057 0
E组							
369	残杀威-1	0.050 0	0.008 3	0.009 9	0.200 0	0.031 6	0.043 4
370	异丙威-1	0.050 0	0.007 6	0.013 2	0.200 0	0.029 5	0.055 9
371	甲胺磷	0.100 0	0.028 5	0.020 9	0.400 0	0.010 3	0.048 9
372	二氢苊	0.025 0	0.002 2	0.005 0	0.100 0	0.009 3	0.022 8
373	驱虫特	0.050 0	0.002 7	0.009 0	0.200 0	0.004 6	0.025 1
374	邻苯二甲酰亚胺	0.050 0	0.006 4	0.008 7	0.200 0	0.038 3	0.037 4
375	氯氧磷	0.050 0	0.002 5	0.007 1	0.200 0	0.007 1	0.027 7
376	异丙威-2	0.050 0	0.005 4	0.009 3	0.200 0	0.009 4	0.022 6
377	戊菌隆	0.100 0	0.023 4	0.042 2	0.400 0	0.057 0	0.068 2
378	丁噻隆	0.100 0	0.504 1	0.498 1	0.400 0	0.018 6	0.033 5
379	甲基内吸磷	0.100 0	0.050 6	0.030 2	0.400 0	0.053 1	0.062 4
380	硫线磷	0.100 0	0.007 6	0.015 7	0.400 0	0.016 7	0.037 0
381	残杀威-2	0.050 0	0.010 6	0.004 5	0.200 0	0.022 8	0.039 3
382	菲	0.025 0	0.002 0	0.002 9	0.100 0	0.003 0	0.006 6
383	唑螨酯	0.200 0	0.018 3	0.036 8	0.800 0	0.016 5	0.100 0
384	丁基嘧啶磷	0.050 0	0.004 4	0.006 0	0.200 0	0.007 8	0.022 7
385	茉莉酮	0.100 0	0.009 1	0.011 3	0.400 0		
386	苯锈啶	0.050 0	0.002 2	0.028 3	0.200 0	0.020 0	0.027 1
387	氯硝胺	0.050 0	0.007 3	0.012 4	0.200 0	0.012 1	0.023 7
388	炔苯烯草胺	0.050 0	0.005 9	0.005 7	0.200 0	0.008 6	0.012 3
389	抗蚜威	0.050 0	0.007 6	0.009 7	0.200 0	0.008 1	0.017 0
390	磷胺-1	0.200 0	0.067 0	0.092 7	0.800 0	0.3443	0.418 6
391	解草嗪	0.050 0	0.006 2	0.005 0	0.200 0	0.012 6	0.021 1
392	溴丁酰草胺	0.025 0	0.002 6	0.003 0	0.100 0	0.002 6	0.007 4
393	乙草胺	0.050 0	0.005 5	0.007 6	0.200 0	0.011 9	0.017 2
394	灭草环	0.100 0	0.013 6	0.006 2	0.400 0	0.017 1	0.041 8
395	特草灵	0.050 0	0.004 6	0.005 4	0.200 0	0.007 7	0.013 4

表 E.1（续）

序号	中文名称	含量/(mg/kg)	重复性限 r	再现性限 R	含量/(mg/kg)	重复性限 r	再现性限 R
396	戊草丹	0.050 0	0.014 2	0.003 2	0.200 0	0.002 1	0.018 4
397	甲呋酰胺	0.050 0	0.005 6	0.006 1	0.200 0	0.008 0	0.010 7
398	活化酯	0.050 0	0.004 2	0.005 7	0.200 0	0.138 0	0.087 4
399	呋草黄	0.050 0	0.005 0	0.011 3	0.200 0	0.008 0	0.014 9
400	氟硫草定	0.025 0	0.097 3	0.095 6	0.100 0	0.004 5	0.007 8
401	精甲霜灵	0.050 0	0.005 4	0.007 2	0.200 0	0.009 0	0.015 4
402	马拉氧磷	0.400 0	0.162 3	0.082 4	1.600 0	0.976 9	1.035 6
403	磷胺-2	0.200 0	0.069 1	0.052 8	0.800 0	0.488 6	0.457 5
404	硅氟唑	0.050 0	0.005 4	0.001 7	0.200 0	0.007 2	0.019 7
405	氯酞酸甲酯	0.050 0	0.005 1	0.007 3	0.200 0	0.009 3	0.012 5
406	噻唑烟酸	0.050 0	0.004 1	0.005 7	0.200 0	0.007 6	0.016 8
407	甲基毒虫畏	0.050 0	0.006 3	0.010 5	0.200 0	0.044 4	0.207 8
408	仲丁灵	0.100 0	0.008 5	0.009 7	0.400 0	0.230 6	0.031 7
409	苯酰草胺	0.050 0	0.005 5	0.008 8	0.200 0	0.010 5	0.012 3
410	啶斑肟-1	0.200 0	0.025 7	0.038 4	0.800 0	0.035 1	0.069 8
411	烯丙菊酯	0.100 0	0.012 7	0.016 8	0.400 0	0.032 2	0.035 5
412	异戊乙净	0.025 0	0.002 5	0.003 4	0.100 0	0.004 2	0.007 9
413	灭藻醌	0.100 0	0.058 7	0.047 0	0.400 0	0.017 8	0.038 7
414	甲醚菊酯-1	0.050 0	0.007 8	0.022 5	0.200 0	0.109 0	0.141 5
415	氟噻草胺	0.200 0	0.019 9	0.019 5	0.800 0	0.069 1	0.012 8
416	甲醚菊酯-2	0.050 0	0.021 5	0.026 3	0.200 0	0.018 4	0.017 7
417	啶斑肟	0.200 0	0.020 2	0.017 2	0.800 0	0.068 1	0.064 0
418	氰菌胺	0.050 0	0.004 1	0.017 0	0.200 0	0.023 0	0.029 9
419	四氯苯酞	0.100 0			0.400 0		
420	呋霜灵	0.050 0	0.005 8	0.007 4	0.200 0	0.008 3	0.015 9
421	噻虫嗪	0.100 0	0.059 6	0.065 1	0.400 0	0.072 5	0.047 3
422	嘧菌胺	0.025 0	0.069 9	0.698 6	0.100 0	0.006 1	0.008 3
423	除草定	0.050 0	0.015 1	0.024 8	0.200 0	0.024 7	0.020 9
424	picoxystrobin	0.050 0	0.004 7	0.008 5	0.200 0	0.007 1	0.013 2
425	抑草磷	0.025 0	0.005 3	0.004 7	0.100 0	0.005 7	0.011 8
426	咪草酸	0.075 0	0.011 3	0.011 8	0.300 0	0.192 5	0.178 2
427	苯氧菌胺-1	0.100 0	0.009 8	0.007 9	0.400 0	0.011 0	0.029 8
428	苯噻硫氰	0.400 0	0.104 3	0.249 5	1.600 0	0.288 0	0.578 2
429	灭梭威砜	0.800 0	0.239 8	0.236 1	3.200 0	0.150 6	0.570 8

表 E.1（续）

序号	中文名称	含量/(mg/kg)	重复性限 r	再现性限 R	含量/(mg/kg)	重复性限 r	再现性限 R
430	抑霉唑	0.100 0	0.013 7	0.021 6	0.400 0	0.077 8	0.668 2
431	稻瘟灵	0.050 0	0.239 9	0.272 6	0.200 0	0.008 2	0.017 3
432	嘧草醚	0.100 0	0.011 2	0.009 2	0.400 0	0.009 1	0.023 7
433	噁唑磷	0.200 0	0.057 6	0.088 1	0.800 0	0.212 7	0.176 0
434	苯氧菌胺-2	0.100 0	0.019 8	0.013 0	0.400 0	0.027 5	0.072 3
435	苯虫醚-1	0.050 0	0.026 1	0.025 9	0.200 0	0.008 1	0.021 0
436	苯虫醚-2	0.050 0	0.006 7	0.009 5	0.200 0	0.009 7	0.020 1
437	苯氧喹啉	0.025 0	0.003 7	0.005 0	0.100 0	0.067 4	0.062 3
438	溴虫腈	0.200 0	0.021 5	0.029 7	0.800 0	0.050 1	0.057 7
439	肟菌酯	0.100 0	0.012 6	0.009 8	0.400 0	0.017 3	0.034 8
440	脱苯甲基亚胺唑	0.100 0	0.021 9	0.060 3	0.400 0	0.122 7	0.198 1
441	双苯噁唑酸	0.050 0	0.007 0	0.012 5	0.200 0	0.007 2	0.022 8
442	炔咪菊酯-1	0.050 0	0.020 8	0.048 3	0.200 0	0.083 3	0.115 8
443	唑酮草酯	0.050 0	0.007 3	0.011 3	0.200 0	0.011 8	0.022 8
444	炔咪菊酯-2	0.050 0	0.010 2	0.020 8	0.200 0	0.018 6	0.031 8
445	氟环唑-1	0.200 0	0.112 6	0.0467	0.800 0	0.052 5	0.093 9
446	吡草醚	0.050 0	0.005 3	0.005 3	0.200 0	0.009 6	0.018 3
447	稗草丹	0.050 0	0.015 7	0.024 4	0.200 0	0.015 1	0.023 5
448	噻吩草胺	0.050 0	0.010 7	0.009 7	0.200 0	0.019 3	0.025 1
449	烯草酮	0.100 0	0.026 5	0.066 9	0.400 0	0.027 3	0.058 5
450	吡唑解草酯	0.075 0	0.006 7	0.017 9	0.300 0	0.020 5	0.033 2
451	伐灭磷	0.100 0	0.011 7	0.017 3	0.400 0	0.421 1	0.425 8
452	乙螨唑	0.150 0	0.020 2	0.034 6	0.600 0	0.034 9	0.067 9
453	吡丙醚	0.050 0	0.005 3	0.003 9	0.200 0	0.008 6	0.078 1
454	氟环唑-2	0.200 0	0.021 4	0.051 5	0.800 0	0.010 0	0.021 0
455	氟吡酰草胺	0.025 0	0.004 3	0.006 5	0.100 0	0.035 8	0.034 5
456	异菌脲	0.100 0	0.016 6	0.044 6	0.400 0	0.014 7	0.055 3
457	哌草磷	0.075 0	0.009 1	0.012 7	0.300 0	0.013 8	0.031 3
458	呋酰胺	0.075 0	0.418 7	1.015 5	0.300 0	0.011 8	0.024 8
459	联苯肼酯	0.200 0	0.017 0	0.027 3	0.800 0	0.071 4	0.103 5
460	异狄氏剂酮	0.100 0	0.016 1	0.022 3	0.400 0	0.039 3	0.047 4
461	氯甲酰草胺	0.025 0	0.010 5	0.017 6	0.100 0	0.014 3	0.019 1
462	咪三唑酮	0.025 0	0.002 5	0.002 6	0.100 0	0.003 0	0.008 6
463	萘丙胺	0.025 0	0.003 9	0.013 3	0.100 0	0.003 7	0.010 7

表 E.1（续）

序号	中文名称	含量/(mg/kg)	重复性限 r	再现性限 R	含量/(mg/kg)	重复性限 r	再现性限 R
464	吡唑醚菊酯	0.600 0	0.120 8	0.420 6	2.400 0	0.874 3	1.584 5
465	乳氟禾草灵	0.200 0	0.048 4	0.050 6	0.800 0	0.042 6	0.085 6
466	三甲苯草酮	0.200 0	0.030 4	0.026 5	0.800 0	0.035 7	0.104 7
467	吡唑硫磷	0.200 0	0.022 7	0.114 0	0.800 0	0.058 8	0.166 3
468	氯亚胺硫磷	0.800 0	0.116 7	0.323 6	3.200 0	0.298 3	0.342 0
469	螺螨酯	0.200 0	0.021 9	0.025 3	0.800 0	0.173 7	0.218 3
470	苄螨醚	0.050 0	0.005 3	0.003 5	0.200 0	0.005 2	0.020 5
471	呋草酮	0.050 0	0.004 6	0.008 5	0.200 0	0.018 9	0.034 1
472	环酯草醚	0.025 0	0.004 6	0.008 5	0.100 0	0.011 4	0.030 2
473	氟硅菊酯	0.025 0	0.010 8	0.014 3	0.100 0	0.014 8	0.029 2
474	嘧螨醚	0.050 0	0.007 8	0.015 2	0.200 0	0.006 0	0.020 8
475	啶虫脒	0.100 0	0.057 0	0.022 8	0.400 0	0.066 5	0.074 0
476	氟丙嘧草酯	0.025 0	0.002 9	0.001 8	0.100 0	0.004 1	0.007 3
477	苯酮唑	0.100 0	0.010 7	0.012 4	0.400 0	0.024 6	0.145 3
478	氟啶草酮	0.050 0	0.008 8	0.018 0	0.200 0	0.007 9	0.022 0

附 录 F
（资料性附录）
478 种农药及相关化学品英文中文名称对照索引

478 种农药及相关化学品英文中文名称对照索引（按英文字母顺序），见表 F.1。

表 F.1 478 种农药及相关化学品英文中文名称对照索引

序号	英文名称	中文名称	附录 A 中序号
1	2,3,4,5-tetrachloroaniline	2,3,4,5-四氯苯胺	292
2	2,3,4,5-tetrachloroanisole	2,3,4,5-四氯甲氧基苯	277
3	2,3,5,6-tetrachloroaniline	2,3,5,6-四氯苯胺	275
4	2,4′-DDD	*o*,*p*′-滴滴滴	156
5	2,4′-DDE	*o*,*p*′-滴滴伊	226
6	2,4′-DDT	*o*,*p*′-滴滴涕	160
7	2,6-dichlorobenzamide	2,6-二氯苯甲酰胺	288
8	2-phenylphenol	联苯基苯酚	198
9	3,5-dichloroaniline	3,5-二氯苯胺	195
10	4,4′-DDE	*p*,*p*′-滴滴伊	146
11	4,4′-DDT	*p*,*p*′-滴滴涕	171
12	4,4′-DDD	*p*,*p*′-滴滴滴	64
13	4, 4-dibromobenzophenone	4,4-二溴二苯甲酮	336
14	4, 4-dichlorobenzophenone	4,4-二氯二苯甲酮	315
15	acenaphthene	二氢苊	372
16	acetamiprid	啶虫脒	475
17	acetochlor	乙草胺	393
18	acibenzolar-S-methyl	活化酯	398
19	alachlor	甲草胺	125
20	aldrin	艾氏剂	24
21	allethrin	烯丙菊酯	411
22	allidochlor	二丙烯草胺	1
23	alpha-cypermethrin	顺式氯氰菊酯	262
24	alpha-HCH	α-六六六	111
25	ametryn	莠灭净	215
26	amitraz	双甲脒	253
27	anilofos	莎稗磷	254
28	anthraquinone	蒽醌	34
29	aramite	杀螨特	60
30	aspon	丙硫特普	129
31	athidathion	乙基杀扑磷	339
32	atratone	阿特拉通	283
33	atrazine-desethyl	脱乙基阿特拉津	13
34	atrizine	莠去净	207
35	azinphos-ethyl	益棉磷	188
36	azinphos-methyl	保棉磷	186
37	aziprotryne	叠氮津	296
38	BDMC-1	4-溴-3,5-二甲苯基-N-甲基氨基甲酸酯-1	272
39	BDMC-2	4-溴-3,5-二甲苯基-N-甲基氨基甲酸酯-2	304
40	benalaxyl	苯霜灵	173
41	benfluralin	乙丁氟灵	201
42	benfuresate	呋草黄	399
43	benodanil	麦锈灵	76
44	benoxacor	解草嗪	391
45	benzoylprop-ethyl	新燕灵	180
46	beta-HCH	β-六六六	30
47	bifenazate	联苯肼酯	459
48	bifenthrin	联苯菊酯	73
49	bioallethrin-1	生物烯丙菊酯-1	224
50	bioallethrin-2	生物烯丙菊酯-2	225
51	biphenyl	联苯	193

表 F.1（续）

序号	英文名称	中文名称	附录 A 中序号	序号	英文名称	中文名称	附录 A 中序号
52	bitertanol	联苯三唑醇	259	86	chlormephos	氯甲硫磷	4
53	bromacil	除草定	423	87	chlorobenzilate	乙酯杀螨醇	239
54	bromfenvinfos	溴苯烯磷	332	88	chloroneb	氯苯甲醚	99
55	bromobutide	溴丁酰草胺	392	89	chloropropylate	丙酯杀螨醇	164
56	bromocylen	溴烯杀	284	90	chlorpropham	氯苯胺灵	108
57	bromofos	溴硫磷	135	91	chlorpyrifos (-ethyl)	毒死蜱	32
58	bromophos-ethyl	乙基溴硫磷	45	92	chlorpyrifos-methyl	甲基毒死蜱	122
59	bromopropylate	溴螨酯	179	93	chlorthal-dimethyl	氯酞酸甲酯	405
60	bromuconazole	糠菌唑	361	94	chlorthion	氯硫磷	229
61	bupirimate	乙嘧酚磺酸酯	61	95	chlorthiophos	虫螨磷	168
62	buprofezin	噻嗪酮	155	96	chlozolinate	乙菌利	148
63	butachlor	丁草胺	147	97	cis-diallate	顺式-燕麦敌	104
64	butafenacil	氟丙嘧草酯	476	98	cis-chlordane	顺式-氯丹	144
65	butamifos	抑草磷	425	99	cis-permethrin	顺式-氯菊酯	87
66	butralin	仲丁灵	408	100	clethodim	烯草酮	449
67	butylate	丁草敌	94	101	clodinafop-propargyl	炔草酸	350
68	cadusafos	硫线磷	380	102	clomazone	异噁草松	14
69	cafenstrole	苯酮唑	477	103	clomeprop	氯甲酰草胺	461
70	carbofenothion	三硫磷	172	104	cloquintocet-mexyl	解草酯	359
71	carbosulfan	丁硫克百威	74	105	coumaphos	蝇毒磷	190
72	carboxin	萎锈灵	62	106	crimidine	鼠立死	271
73	carfentrazone-ethyl	唑酮草酯	443	107	crotoxyphos	巴毒磷	149
74	chlorbenside	杀螨醚	44	108	crufomate	育畜磷	142
75	chlorbenside sulfone	氯杀螨砜	177	109	cyanofenphos	苯腈磷	176
76	chlorbromuron	氯溴隆	152	110	cyanophos	杀螟腈	121
77	chlorbufam	氯炔灵	117	111	cycloate	环草敌	6
78	chlordimeform	杀虫脒	8	112	cycloxydim	噻草酮	261
79	chlorethoxyfos	氯氧磷	375	113	cycluron	环莠隆	287
80	chlorfenapyr	溴虫腈	438	114	cyfluthrin	氟氯氰菊酯	191
81	chlorfenethol	杀螨醇	327	115	cypermethrin	氯氰菊酯	90
82	chlorfenprop-methyl	燕麦酯	273	116	cyprazine	环丙津	28
83	chlorfenson	杀螨酯	159	117	cyproconazole	环菌唑	347
84	chlorfenvinphos	毒虫畏	143	118	cyprodinil	嘧菌环胺	318
85	chlorflurenol	整形醇	52	119	dacthal	敌草索	314

表 F.1(续)

序号	英文名称	中文名称	附录 A 中序号	序号	英文名称	中文名称	附录 A 中序号
120	DEF	脱叶磷	330	149	dieldrin	狄氏剂	53
121	delta-HCH	δ-六六六	35	150	diethofencarb	乙霉威	222
122	deltamethrin	溴氰菊酯	92	151	difenoconazole	苯醚甲环唑	264
123	demeton-S-methyl	甲基内吸磷	379	152	diflufenican	吡氟酰草胺	247
124	DE-PCB 101	2,2′,4′,5,5′-五氯联苯	323	153	dimefox	甲氟磷	267
				154	dimepiperate	哌草丹	223
125	DE-PCB 118	2,3′,4,4′,5-五氯联苯	335	155	dimethachlor	二甲草胺	124
				156	dimethametryn	异戊乙净	412
126	DE-PCB 138	2,2′,3,4,4′,5′-六氯联苯	344	157	dimethenamid	二甲吩草胺	302
				158	dimethylvinphos	甲基毒虫畏	407
127	DE-PCB 153	2,2′,4,4′,5,5′-六氯联苯	340	159	diniconazole	烯唑醇	243
				160	dinitramine	氨氟灵	25
128	DE-PCB 180	2,2′,3,4,4′,5,5′-七氯联苯	357	161	dinobuton	消螨通	329
				162	diofenolan-1	苯虫醚-1	435
129	DE-PCB 28	2,4,4′-三氯联苯	289	163	diofenolan-2	苯虫醚-2	436
130	DE-PCB 31	2,4′,5-三氯联苯	290	164	dioxabenzofos	蔬果磷	280
131	DE-PCB 52	2,2′,5,5′-四氯联苯	299	165	dioxathion	敌噁磷	115
132	desbrom-leptophos	脱溴溴苯磷	362	166	diphenamid	双苯酰草胺	228
133	desethyl-sebuthylazine	脱乙基另丁津	291	167	diphenylamine	联苯二胺	7
134	desmetryn	敌草净	123	168	dipropetryn	异丙净	220
135	dialifos	氯亚胺硫磷	468	169	disulfoton	乙拌磷	206
136	diazinon	二嗪磷	15	170	disulfoton sulfone	乙拌磷砜	342
137	dibutyl succinate	驱虫特	373	171	disulfoton-sulfoxide	乙拌磷亚砜	268
138	dicapthon	异氯磷	322	172	ditalimfos	灭菌磷	334
139	dichlobenil	敌草腈	95	173	dithiopyr	氟硫草定	400
140	dichlofenthion	除线磷	21	174	edifenphos	敌瘟磷	174
141	dichlofluanid	抑菌灵	136	175	endosulfan Ⅰ	硫丹Ⅰ	139
142	dichloran	氯硝胺	387	176	endosulfan Ⅱ	硫丹Ⅱ	169
143	dichlormid	烯丙酰草胺	2	177	endosulfan-sulfate	硫丹硫酸盐	178
144	dichlorvos	敌敌畏	192	178	endrin	异狄氏剂	157
145	diclobutrazole	苄氯三唑醇	341	179	endrin ketone	异狄氏剂酮	460
146	diclofop-methyl	禾草灵	70	180	EPN	苯硫磷	183
147	dicloran	氯硝胺	118	181	epoxiconazole-1	氟环唑-1	445
148	dicofol	三氯杀螨醇	130	182	epoxiconazole-2	氟环唑-2	454

表 F.1（续）

序号	英文名称	中文名称	附录 A 中序号	序号	英文名称	中文名称	附录 A 中序号
183	EPTC	茵草敌	93	217	fenpyroximate	唑螨酯	383
184	erbon	抑草蓬	163	218	fenson	芬螨酯	227
185	esfenvalerate	S-氰戊菊酯	263	219	fensulfothion	丰索磷	72
186	esprocarb	戊草丹	396	220	fenthion	倍硫磷	36
187	etaconazole-1	乙环唑-1	67	221	fenthion sulfone	倍硫磷砜	354
188	etaconazole-2	乙环唑-2	68	222	fenthion sulfoxide	倍硫磷亚砜	351
189	ethalfluralin	乙丁烯氟灵	9	223	fenvalerate	氰戊菊酯	91
190	ethion	乙硫磷	65	224	flamprop-Isopropyl	麦草氟异丙酯	170
191	ethofumesate	乙氧呋草黄	137	225	flamprop-methyl	麦草氟甲酯	165
192	ethoprophos	灭线磷	103	226	fluazifop-butyl	吡氟禾草灵	238
193	etofenprox	醚菊酯	260	227	fludioxonil	咯菌腈	250
194	etoxazole	乙螨唑	452	228	flufenacet	氟噻草胺	415
195	etridiazol	土菌灵	3	229	flumetralin	氟节胺	234
196	etrimfos	乙嘧硫磷	17	230	flumiclorac-pentyl	氟烯草酸	266
197	etrimfos oxon	氧乙嘧硫磷	286	231	flumioxazin	丙炔氟草胺	265
198	famphur	伐灭磷	451	232	fluorochloridone	氟咯草酮	154
199	fenamidone	咪三唑酮	462	233	fluorodifen	三氟硝草醚	242
200	fenamiphos	苯线磷	58	234	fluoroglycofen-ethyl	乙羧氟草醚	258
201	fenamiphos sulfone	苯线磷砜	365	235	fluotrimazole	三氟苯唑	352
202	fenamiphos sulfoxide	苯线磷亚砜	364	236	fluquinconazole	氟喹唑	367
203	fenarimol	氯苯嘧啶醇	187	237	fluridone	氟啶草酮	478
204	fenazaquin	喹螨醚	248	238	flurochloridone	氟咯草酮	331
205	fenbuconazole	腈苯唑	368	239	fluroxypr-1-methyl-heptyl ester	氟草烟-1-甲庚酯	353
206	fenchlorphos oxon	氧皮蝇磷	303				
207	fenfuram	呋酰胺	397	240	flurtamone	呋草酮	471
208	fenitrothion	杀螟硫磷	38	241	flusilazole	氟哇唑	241
209	fenobucarb	仲丁威	200	242	flutolanil	氟酰胺	63
210	fenothiocarb	苯硫威	50	243	flutriafol	粉唑醇	337
211	fenoxanil	氰菌胺	418	244	fonofos	地虫硫磷	16
212	fenoxycarb	苯氧威	251	245	formothion	安硫磷	221
213	fenpiclonil	拌种咯	366	246	fuberidazole	麦穗宁	319
214	fenpropathrin	甲氰菊酯	181	247	furalaxyl	呋霜灵	420
215	fenpropidin	苯锈啶	386	248	gamma-HCH	林丹	205
216	fenpropimorph	丁苯吗啉	211	249	halfenprox	苄螨醚	470

表 F.1（续）

序号	英文名称	中文名称	附录 A 中序号	序号	英文名称	中文名称	附录 A 中序号
250	HCH，epsilon-	ε-六六六	219	283	linuron	利谷隆	43
251	heptachlor	七氯	208	284	malaoxon	马拉氧磷	402
252	heptanophos	庚烯磷	101	285	malathion	马拉硫磷	37
253	hexachlorobenzene	六氯苯	102	286	MCPA-butoxyethyl ester	2-甲-4-氯丁氧乙基酯	324
254	hexaconazole	己唑醇	158				
255	hexazinone	环嗪酮	184	287	mecarbam	灭蚜磷	232
256	hexythiazox	噻螨酮	343	288	mefenacet	苯噻酰草胺	255
257	imazalil	抑霉唑	430	289	mefenoxam	精甲霜灵	401
258	imazamethabenz-methyl	咪草酸	426	290	mefenpyr-diethyl	吡唑解草酯	450
259	imibenconazole-des-benzyl	脱苯甲基亚胺唑	440	291	mepanipyrim	嘧菌胺	422
				292	mephosfolan	地胺磷	338
260	imiprothrin-1	炔咪菊酯-1	442	293	mepronil	灭锈胺	246
261	imiprothrin-2	炔咪菊酯-2	444	294	metalaxyl	甲霜灵	31
262	iodofenphos	碘硫磷	150	295	metamitron	苯嗪草酮	356
263	iprobenfos	异稻瘟净	209	296	metazachlor	吡唑草胺	49
264	iprodione	异菌脲	456	297	methabenzthiazuron	甲基苯噻隆	281
265	isazofos	氯唑磷	210	298	methacrifos	虫螨畏	197
266	isobenzan	碳氯灵	308	299	methamidophos	甲胺磷	371
267	isocarbamid	丁咪酰胺	298	300	methfuroxam	呋菌胺	321
268	isocarbophos	水胺硫磷	325	301	methidathion	杀扑磷	55
269	isodrin	异艾氏剂	311	302	methiocarb sulfone	灭梭威砜	429
270	isofenphos	异柳磷	141	303	methoprene	烯虫酯	134
271	isofenphos oxon	氧异柳磷	320	304	methoprotryne	盖草津	162
272	isomethiozin	丁嗪草酮	312	305	methothrin-1	甲醚菊酯-1	414
273	isoprocarb-1	异丙威-1	370	306	methothrin-2	甲醚菊酯-2	416
274	isoprocarb-2	异丙威-2	376	307	methoxychlor	甲氧滴滴涕	78
275	isopropalin	异丙乐灵	138	308	methyl-parathion	甲基对硫磷	33
276	isoprothiolane	稻瘟灵	431	309	metobromuron	溴谷隆	217
277	isoxadifen-ethyl	双苯噁唑酸	441	310	metolachlor	异丙甲草胺	131
278	isoxathion	噁唑磷	433	311	metominostrobin-1	苯氧菌胺-1	427
279	kresoxim-methyl	亚胺菌	237	312	metominostrobin-2	苯氧菌胺-2	434
280	lactofen	乳氟禾草灵	465	313	metribuzin	嗪草酮	218
281	lenacil	环草定	360	314	mevinphos	速灭磷	98
282	leptophos	溴苯磷	182	315	mexacarbate	兹克威	23

表 F.1(续)

序号	英文名称	中文名称	附录A中序号	序号	英文名称	中文名称	附录A中序号
316	mirex	灭蚁灵	75	350	pentachlorobenzene	五氯苯	269
317	molinate	禾草敌	196	351	permethrin	氯菊酯	256
318	monalide	庚酰草胺	306	352	perthane	乙滴涕	333
319	monolinuron	绿谷隆	120	353	phenanthrene	菲	382
320	musk ambrette	合成麝香	293	354	phenothrin	苯醚菊酯	249
321	musk moskene	麝香	300	355	phenthoate	稻丰散	48
322	musk tibeten	西藏麝香	307	356	phorate	甲拌磷	10
323	musk xylene	二甲苯麝香	294	357	phorate sulfone	甲拌磷砜	326
324	myclobutanil	腈菌唑	69	358	phosalone	伏杀硫磷	185
325	naproanilide	萘丙胺	463	359	phosmet	亚胺硫磷	84
326	napropamide	敌草胺	56	360	phosphamidon-1	磷胺-1	390
327	nitralin	甲磺乐灵	363	361	phosphamidon-2	磷胺-2	403
328	nitrapyrin	三氯甲基吡啶	97	362	phthalic acid, benzyl butyl ester	酞酸苯甲基丁酯	349
329	nitrofen	除草醚	166				
330	nitrothal-isopropyl	酞菌酯	316	363	phthalide	四氯苯酞	419
331	norflurazon	氟草敏	82	364	phthalimide	邻苯二甲酰亚胺	374
332	nuarimol	氟苯嘧啶醇	77	365	picolinafen	氟吡酰草胺	455
333	octachlorostyrene	八氯苯乙烯	309	366	picoxystrobin		424
334	ofurace	呋酰胺	458	367	piperonyl butoxide	增效醚	244
335	oxadiazone	噁草酮	57	368	piperophos	哌草磷	457
336	oxadixyl	噁霜灵	79	369	pirimicarb	抗蚜威	389
337	oxycarboxin	氧化萎锈灵	86	370	pirimiphos-ethyl	嘧啶磷	133
338	oxy-chlordane	氧化氯丹	132	371	pirimiphos-methyl	甲基嘧啶磷	126
339	oxyfluorfen	乙氧氟草醚	167	372	prallethrin	炔丙菊酯	230
340	paclobutrazol	多效唑	161	373	pretilachlor	丙草胺	236
341	paraoxon-ethyl	对氧磷	39	374	prochloraz	咪鲜胺	189
342	paraoxon-methyl	甲基对氧磷	305	375	procymidone	腐霉利	54
343	parathion	对硫磷	41	376	profenofos	丙溴磷	153
344	pebulate	克草敌	96	377	profluralin	环丙氟灵	114
345	penconazole	戊菌唑	231	378	prohydrojasmon	茉莉酮	385
346	pencycuron	戊菌隆	377	379	prometon	扑灭通	202
347	pendimethalin	二甲戊灵	42	380	prometryne	扑草净	27
348	pentachloroaniline	五氯苯胺	295	381	pronamide	炔丙酰草胺	22
349	pentachloroanisole	五氯甲氧基苯	278	382	propachlor	毒草胺	105

表 F.1（续）

序号	英文名称	中文名称	附录 A 中序号	序号	英文名称	中文名称	附录 A 中序号
383	propanil	敌稗	140	417	ronnel	皮蝇磷	26
384	propargite	炔螨特	245	418	sebutylazine	另丁津	297
385	propazine	扑灭津	116	419	secbumeton	密草通	20
386	propetamphos	胺丙畏	19	420	sethoxydim	稀禾啶	252
387	propham	苯胺灵	5	421	silafluofen	氟硅菊酯	473
388	propiconazole	丙环唑	71	422	simazine	西玛津	18
389	propisochlor	异丙草胺	214	423	simeconazole	硅氟唑	404
390	propoxur-1	残杀威-1	369	424	simetone	西玛通	282
391	propoxur-2	残杀威-2	381	425	simetryn	西草净	216
392	propyzamide	炔苯烯草胺	388	426	spirodiclofen	螺螨酯	469
393	prosulfocarb	苄草丹	301	427	sulfallate	菜草畏	110
394	prothiophos	丙硫磷	51	428	sulfotep	治螟磷	109
395	pyraclofos	吡唑硫磷	467	429	sulprofos	硫丙磷	66
396	pyraclostrobin	吡唑醚菊酯	464	430	TCMTB	苯噻硫氰	428
397	pyraflufen ethyl	吡草醚	446	431	tebuconazole	戊唑醇	81
398	pyrazophos	吡菌磷	89	432	tebufenpyrad	吡螨胺	358
399	pyributicarb	稗草丹	447	433	tebupirimfos	丁基嘧啶磷	384
400	pyridaben	哒螨灵	257	434	tebutam	牧草胺	279
401	pyridaphenthion	哒嗪硫磷	83	435	tebuthiuron	丁噻隆	378
402	pyrifenox-1	啶斑肟-1	410	436	tecnazene	四氯硝基苯	100
403	pyrifenox-2	啶斑肟	417	437	terbucarb	特草灵	395
404	pyriftalid	环酯草醚	472	438	terbufos	特丁硫磷	112
405	pyrimethanil	嘧霉胺	204	439	terbumeton	特丁通	113
406	pyrimidifen	嘧螨醚	474	440	terbuthylazine	特丁津	119
407	pyriminobac-methyl	嘧草醚	432	441	terbutryn	特丁净	127
408	pyrimitate	嘧啶磷	310	442	tetrachlorvinphos	杀虫畏	151
409	pyriproxyfen	吡丙醚	453	443	tetraconazole	四氟醚唑	233
410	quinalphos	喹硫磷	46	444	tetradifon	三氯杀螨砜	85
411	quinoclamine	灭藻醌	413	445	tetrahydrophthalimide	四氢邻苯二甲酰亚胺	199
412	quinoxyphen	苯氧喹啉	437				
413	quintozene	五氯硝基苯	12	446	tetramethirn	胺菊酯	80
414	rabenzazole	吡咪唑	317	447	tetrasul	杀螨氯硫	59
415	resmethrin-1	苄呋菊酯-1	346	448	thenylchlor	噻吩草胺	448
416	resmethrin-2	苄呋菊酯-2	348	449	thiamethoxam	噻虫嗪	421

表 F.1(续)

序号	英文名称	中文名称	附录 A 中序号	序号	英文名称	中文名称	附录 A 中序号
450	thiazopyr	噻唑烟酸	406	465	triamiphos	威菌磷	345
451	thiobencarb	杀草丹	128	466	triazophos	三唑磷	175
452	thiometon	甲基乙拌磷	11	467	trichloronat	毒壤磷	313
453	thionazin	虫线磷	274	468	tridiphane	灭草环	394
454	tolclofos-methyl	甲基立枯磷	213	469	trietazine	草达津	285
455	tolylfluanide	甲苯氟磺胺	145	470	trifloxystrobin	肟菌酯	439
456	tralkoxydim	三甲苯草酮	466	471	trifluralin	氟乐灵	107
457	trans-chlordane	反式氯丹	47	472	tri-iso-butyl phosphate	三异丁基磷酸盐	270
458	trans-diallate	反式-燕麦敌	106	473	tri-n-butyl phosphate	三正丁基磷酸盐	276
459	transfluthrin	四氟苯菊酯	212	474	triphenyl phosphate	三苯基磷酸盐	355
460	trans-nonachlor	反式九氯	328	475	uniconazole	烯效唑	240
461	trans-permethrin	反式-氯菊酯	88	476	vernolate	灭草敌	194
462	triadimefon	三唑酮	40	477	vinclozolin	乙烯菌核利	29
463	triadimenol	三唑醇	235	478	zoxamide	苯酰草胺	409
464	triallate	野麦畏	203				